Kükenthals Leitfaden
für das Zoologische Praktikum
24. Auflage

Kükenthals Leitfaden für das Zoologische Praktikum

Volker Storch und Ulrich Welsch

24., neu bearbeitete Auflage

Spektrum Akademischer Verlag Heidelberg · Berlin

Anschriften der Bearbeiter

Prof. Dr. rer. nat. Volker Storch
Zoologisches Institut
der Universität Heidelberg
Im Neuenheimer Feld 230
D-69120 Heidelberg

Prof. Dr. rer. nat. Dr. med. Ulrich Welsch
Anatomische Anstalt
der Universität München
Pettenkoferstr. 11
D-80336 München

Bei Gustav Fischer Verlag sind erschienen:
1. Auflage 1898 –
8. Auflage 1920 bearbeitet von W. Kükenthal
9. Auflage 1928 –
14. Auflage 1959 bearbeitet von E. Matthes
15. Auflage 1967 –
19. Auflage 1984 bearbeitet von M. Renner
20. Auflage 1991 bearbeitet von M. Renner, V. Storch und U. Welsch
21. Auflage 1993 –
22. Auflage 1996

23. Auflage 1999 bearbeitet von V. Storch und U. Welsch (Spektrum)
24. Auflage 2002 bearbeitet von V. Storch und U. Welsch

Portugiesische Ausgabe 1952, 1969
Spanische Ausgabe 1969, 2001

Die Deutsche Bibliothek – CIP-Einheitsaufnahme

Storch, Volker:
Kükenthal Leitfaden für das zoologische Praktikum / Volker Storch und Ulrich Welsch. – 24., neubearb. Aufl. – Heidelberg; Berlin: Spektrum, Akad. Verl., 2002
ISBN 3-8274-1111-4

Lektorat: Dr. Ulrich G. Moltmann, Martina Mechler
Produktion: Ute Amsel
Umschlaggestaltung: Kurt Bitsch, Birkenau
Satz: Typomedia GmbH, Ostfildern
Druck und Verarbeitung: Ebner & Spiegel GmbH, Ulm

Titelbild: *Aurelia aurita*, Ohrenqualle

Für Sabine

Vorwort zur 24. Auflage

Seit über 100 Jahren wird der KÜKENTHAL in der Ausbildung von Studierenden der Biologie und verwandter Fächer eingesetzt, seit über 10 Jahren haben wir an dem bewährten Buch Veränderungen vorgenommen und legen nun unsere 5., insgesamt die 24. Auflage vor.

Was wurde in den letzten fünf Auflagen verändert?

Generell haben wir neue Erkenntnisse aufgenommen und funktionelle Aspekte besonders berücksichtigt. Um das Buch verstärkt einer zeitgemäßen Ausbildung anzupassen, haben wir verschiedene Kurse gestrichen oder ersetzt. Neu sind diejenigen über *Brachionus plicatilis*, *Loligo vulgaris*, *Periplaneta americana*, *Lampetra*, *Xenopus laevis* sowie zur Histologie und mikroskopischen Anatomie von *Rattus norvegicus*.

Die umfangreichste textliche Ergänzung betrifft leicht zu erhaltende Larven, die vielfach lebend studiert werden können; besonders erwähnenswert sind außerdem die Präparationen von Vogelherz und Säugetierauge, die auch an Schulen vorgenommen werden.

Etwa die Hälfte der Abbildungen wurde durch ansprechendere ersetzt, um die ästhetische Komponente stärker zu betonen.

Wichtige Veränderungen betreffen auch Stil und Präsentation des Textes. So wurde das Buch sprachlich überarbeitet, in die neue deutsche Rechtschreibung überführt und durch die Verwendung der roten Farbe zur Kennzeichnung der Präparationsanleitungen benutzerfreundlicher. In dieser Form fand das Buch im Jahr 2001 auch wieder Eingang in den Spanisch sprechenden Raum.

Bei zoologischen Praktika wird man nicht umhin können, Tiere zu opfern. Wir halten das für unumgänglich und – solange es verantwortungsbewusst erfolgt – auch für moralisch vertretbar. Es ist unredlich, die Augen vor der Tatsache zu verschließen, dass kein Tier lebt, ohne dass dabei anderes Leben zugrunde geht. Bei der Bekämpfung der Malaria, an der zurzeit etwa 300 Millionen Menschen erkrankt sind, werden die Krankheitserreger getötet, bei jedem Zähneputzen wird Leben vernichtet, die Ernährung des Menschen muss auf Kosten pflanzlichen und tierischen Lebens erfolgen, und auch die „friedlichen“ großen Wale leben vorwiegend von anderen Tieren.

Speziell Studienanfänger sind mit dem Problem konfrontiert, die Vielfalt der Organismen in ein System einzuordnen, das ihnen noch fremd ist. Eine erste Hilfe dabei möge die Übersicht auf den inneren Umschlagseiten sein.

Die etwa 20 schönen neuen Illustrationen der 24. Auflage wurden von Herrn Horst Ruß (München), Herrn Michael Gottwald (Heidelberg) sowie Frau Barbara Reyerman (München) hergestellt.

Besonders umfangreiche Verbesserungsvorschläge erhielten wir von Prof. Dr. Rudolf Röttger (Kiel). Außerdem halfen mit Ratschlägen: Prof. Dr. Erhard Hinz (Neckarsteinach), Dr. Dieter Fiege (Frankfurt/M.), Dr. Manfred Grasshoff (Frankfurt/M), Dr. Joachim Scholz (Frankfurt/M.), Prof. Dr. Gerd Alberti (Greifswald), Prof. Dr. Thomas Holstein (Darmstadt) sowie Dr. Dirk Brandis (Heidelberg). Allen sind wir dankbar.

Wir hoffen, dass auch diese Auflage in Kursen eine gute Lernhilfe darstellt.

Volker Storch, Ulrich Welsch
Heidelberg, München im Sommer 2002

Vorrede zur ersten Auflage

Das zoologische Praktikum, wie es gegenwärtig an den meisten Hochschulen gehandhabt wird, beschränkt sich nicht auf zootomische Übungen an einigen wenigen einheimischen Typen, sondern stellt ein *praktisches Repetitorium der Grundtatsachen der Zoologie* dar, indem das zu untersuchende Material allen Tierstämmen entnommen und auch das *Mikroskop* als Hilfsmittel herangezogen wird. Die Anfertigung leichter mikroskopischer Präparate wird dem Praktikanten überlassen, während schwierigere, wie z. B. Schnitte, als fertige Präparate gegeben werden. Was die Beschaffung des Materials betrifft, so sind *marine Formen* von den zoologischen Stationen in Neapel, Rovigno, Helgoland usw. jederzeit zu billigen Preisen erhältlich.

Wohl überall dürfte es sich als zweckmäßig herausgestellt haben, diesen für Anfänger bestimmten praktischen Übungen in einem kurzen Vortrage eine zusammenfassende Übersicht über das zu behandelnde Thema vorauszuschicken, denn in den meisten Fällen wird der Anfänger bei der Kürze der zu Gebote stehenden Zeit und der mangelnden Übung nur einzelne, leichter präparierbare Organsysteme in oft sehr verschiedener Reihenfolge sich zur Anschauung bringen können.

Von diesen Gesichtspunkten aus ist vorliegender *„Leitfaden"* geschrieben worden. In zwanzig Kapiteln habe ich den Stoff derart angeordnet, dass jedem *speziellen Kurse* eine *allgemeine Übersicht* vorausgeht. Zahlreiche eingestreute *Notizen technischen Inhaltes* sollen das Buch auch für das *Selbststudium* geeignet machen, natürlich nur in Verbindung mit einem der modernen Lehrbücher der Zoologie. Als Hilfsmittel zur sofortigen Orientierung sollen die kurzen, klein gedruckten *„Systematischen Überblicke"* der Stämme des Tierreiches dienen.

Besonderen Wert habe ich auf die Abbildungen gelegt, welche, soweit sie neu sind, sämtlich nach eigenen Präparaten gezeichnet worden sind, einige von mir selbst, der größte Teil aber von meinem Schüler Herrn Th. KRUMBACH und Herrn A. GILTSCH. Beiden Herren bin ich für das Interesse und die Sorgfalt, welche sie auf ihre Aufgabe verwandten, zu großem Dank verpflichtet.

Manchen wertvollen Wink gab mir die langjährige praktische Erfahrung meines verehrten Lehrers Prof. HAECKEL, und auch meine anderen Jenenser Kollegen haben mich verschiedentlich unterstützt. Ganz besonderen Dank schulde ich meinem Freunde Prof. A. LANG in Zürich für die kritische Durchsicht der Korrekturbogen, und schließlich möchte ich auch nicht verfehlen, das liebenswürdige Entgegenkommen des Verlegers, Herrn Dr. FISCHER, dankend hervorzuheben.

Vielleicht darf ich mich der Hoffnung hingeben, dass auch die Herren Fachgenossen mir ihre Ausstellungen und Vorschläge zu Verbesserungen werden zukommen lassen.

Jena, den 20. Juni 1898 W. KÜKENTHAL

Inhaltsverzeichnis

Einleitung

Der Arbeitsplatz

Erfolgreiche Arbeit im Praktikum setzt die Ausstattung des Arbeitsplatzes mit geeigneten Instrumenten und Chemikalien voraus.

Für jeden Studenten steht neben einem Mikroskop ein Stereomikroskop (Stereolupe, „Binokular") zur Verfügung. Es genügen Geräte mittlerer Leistungsfähigkeit, so genannte Kursmikroskope und Kursbinokulare.

Ein **Kursmikroskop** ist in der Grundausrüstung ein Gerät mit Grob- und Feintrieb, festem Tisch, mon- oder binokularem Tubus mit Schrägeinblick, 4fachem Revolver, in der Höhe verstellbarem Kondensor mit Irisblende und Filterhalter sowie eingebauter Niedervoltleuchte. Als optische Ausstattung genügen achromatische Objektive mit den Eigenvergrößerungen 2,5 ×, 10 × und 45 × und zwei Huygens-Okulare mit 6- bzw. 12facher Eigenvergrößerung. Immersionsobjektive werden von Fall zu Fall ausgegeben.

Unter den **Stereomikroskopen** sind Instrumente mit seitlichem Tragarm vielseitiger verwendbar als solche mit Stativfuß. Mit den durch Okular- oder Objektivwechsel erzielbaren Vergrößerungen von 10 ×, 20 × und 30 × wird man meist auskommen. Als Lichtquelle verwende man regelbare Niedervoltleuchten.

Für Demonstrationen sollten in jedem Praktikum wenigstens ein leistungsfähiges (Forschungs-)Mikroskop mit Dunkelfeld- und Phasenkontrasteinrichtung und ein Stereomikroskop, das bis etwa 100fach vergrößert, verfügbar sein.

Die meisten Präparationen werden in flachen **Präparierwannen** ausgeführt. Es empfiehlt sich, zwei Größen anzuschaffen, runde von etwa 25 cm Durchmesser und 5 cm Höhe und kleinere, quadratische von etwa 12 cm Seitenlänge und 3 cm Höhe. Beide werden mit einer Mischung aus 50% Paraffin, 25% Bienenwachs und 25% Hammeltalg, die mit Ruß schwarz gefärbt wurde, etwa 1 cm hoch ausgegossen.

An **Chemikalien** sind erforderlich: destilliertes Wasser, Alkohol 70%, 96% und 100%, Xylol, Boraxkarmin, HCl-Alkohol, Glycerin und Glyceringelatine. Außerdem werden weitere Chemikalien aufgestellt (z. B. Formol 40%, konzentrierte, wässrige Pikrinsäurelösung und Eisessig zum Ansetzen von Bouinscher Flüssigkeit), weitere Fixierungsgemische bzw. die zu ihrem Ansetzen nötigen Stoffe, des Weiteren Natriumchlorid und Kaliumchlorid zum Ansetzen physiologischer Lösungen und, je nach Bedarf, Farbstoffe wie Neutralrot und Farblösungen wie Eosin und Hämatoxylin.

Schließlich ist jeder Arbeitsplatz noch mit einem **Bunsenbrenner** oder einem elektrischen Erhitzungsgerät ausgestattet. Außerdem werden benötigt: Bechergläser, Erlenmeyerkolben, Messzylinder, Uhrschälchen, Boverischälchen und ein Arkansas-Schleifstein.

Als **Präparierbesteck** (Abb. 1) sind folgende Instrumente erforderlich: eine feine Pinzette von etwa 10 cm Länge, eine gröbere Pinzette von etwa 13 cm Länge, zwei sehr spitz auslaufende, so genannte Uhrmacherpinzetten (Fa. Dumont), zwei Präpariernadeln (in Nadelhalter auswechselbar eingesteckt), eine feine Schere von etwa 11 cm und eine stärkere von etwa 14 cm Länge (beide sollen einen spitzen und einen stumpfen Scherenast haben), ein Skalpell bzw. ein Skalpellhalter mit auswechselbaren Klingen und zwei Sonden von 1 und 1/2 mm Spitzendurchmesser. Schließlich benötigt man noch: Stecknadeln mit Kugelköpfen, ein paar einseitig schneidende Rasierklingen, Objektträger, Deckgläser und einige Pipetten mit Gummisauger.

Für feinere Präparationen ausgezeichnet geeignete Präpariermesser kann man sich aus Rasierklingen selbst herstellen. Dazu bricht man von den Klingenschneiden mithilfe von zwei Zangen (Achtung: Augen schützen!) dreieckige, rauten- oder sensenförmige Stücke ab, natürlich ohne die Schneide zu beschädigen. Die so erhaltenen Splitter-Messer werden mit Siegellack in Glasröhrchen von geeignetem Durchmesser befestigt. Man kann sich leicht ein Sortiment derartiger Präpariermesser zulegen und nach Bedarf erneuern. Weitere, sehr feine Kleinskalpelle, wie sie für die Präparation von Wirbel-

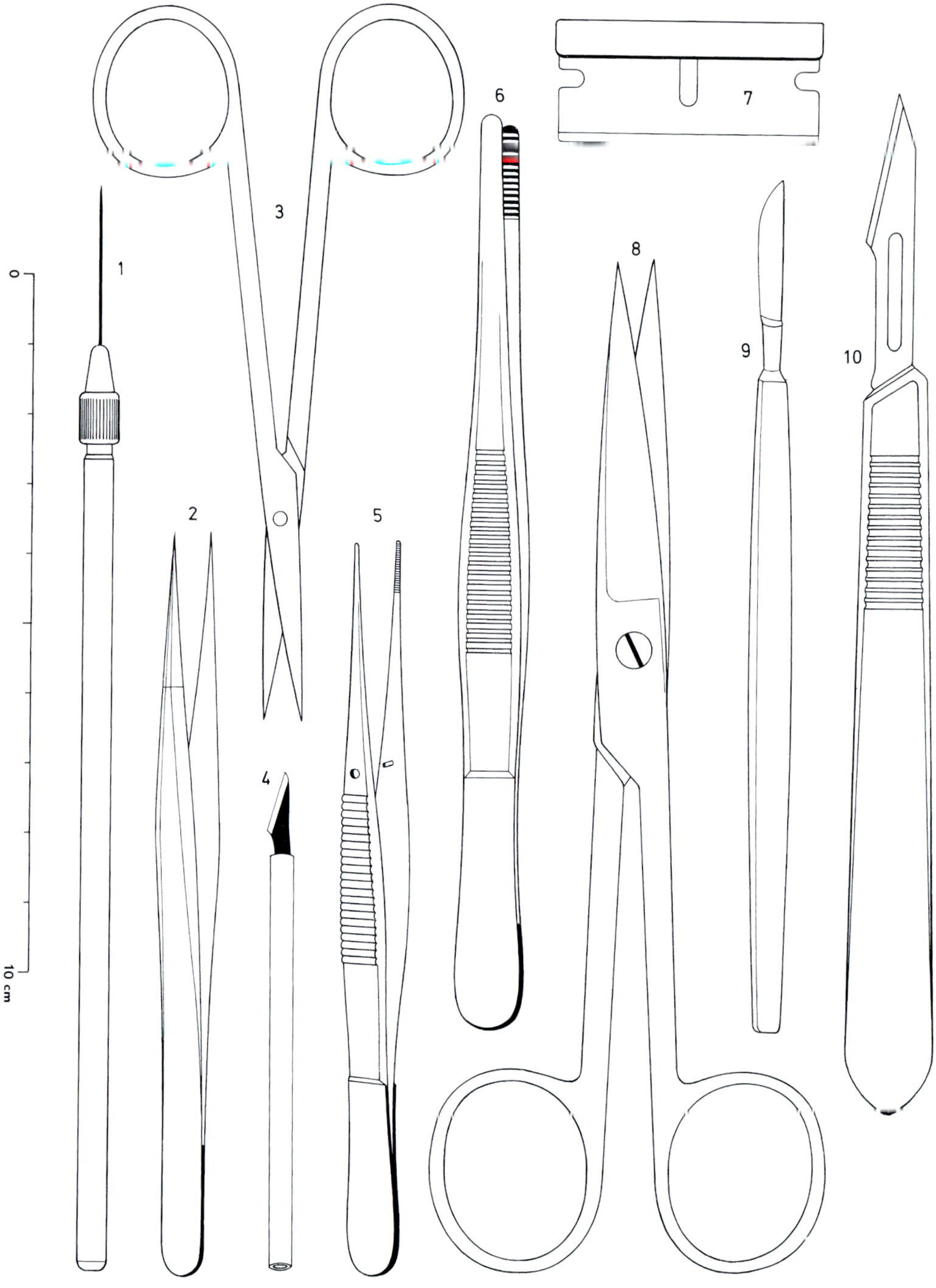

Abb. 1: Präparierinstrumente: 1 Präpariernadel; 2 Uhrmacherpinzette; 3 kleine Schere, 4 Splittermesserchen; 5 feine, spitze und 6 große, stumpfe Pinzette; 7 Rasierklinge; 8 große Schere; 9 Skalpell und 10 Skalpellhalter mit Wechselklinge. Natürliche Größe

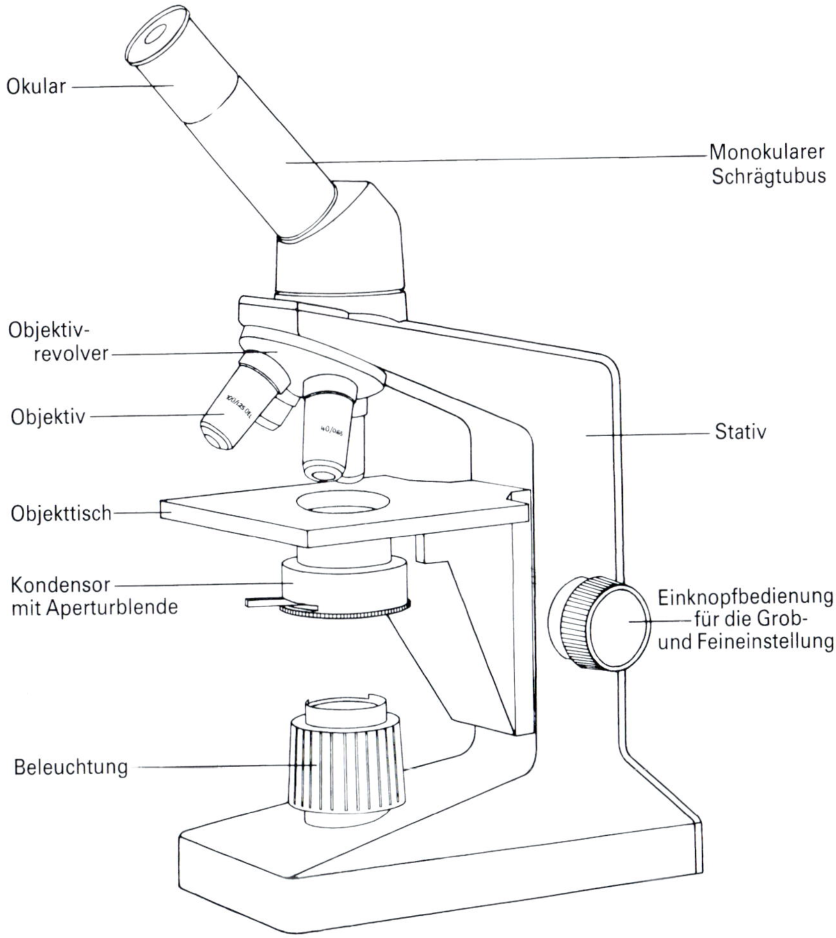

Abb. 2: Monokulares Kursmikroskop

losen bisweilen erforderlich sind, schleift man sich auf einem Arkansas-Schleifstein aus Nadeln zurecht.

Der Gebrauch des Mikroskops und die Anfertigung mikroskopischer Präparate

So verschieden moderne Mikroskope auch gestaltet sein mögen, ihre Hauptbestandteile sind immer: das Stativ, der Objekttisch, der Tubus mit Revolver, die Triebvorrichtungen, die Ansteckleuchte, der Kondensor mit Blende, die Objektive und die Okulare (Abb. 2).

Das **Objektiv** entwirft vom Objekt in der Ebene der Okularblende ein reelles, vergrößertes, auf dem Kopf stehendes und seitenverkehrtes Bild, das durch das **Okular** wie mit einer Lupe betrachtet wird. Jedes Objektiv und jedes Okular besitzt eine bestimmte Eigenvergrößerung. Sie ist in die Fassungen eingraviert. Die von einer gegebenen Objektiv-Okular-Kombination gelieferte **Gesamtvergrößerung** ergibt sich durch Multiplikation der Eigenvergrößerungen. Ein 40fach vergrößerndes Objektiv liefert, kombiniert mit einem 12fachen Okular, eine 480fache Gesamtvergrößerung.

Neben der Eigenvergrößerung ist bei den Objektiven eine weitere Zahl, die **numerische Apertur** (A), eingraviert. Sie entspricht der Lichtstärke der Fotoobjektive und ist ein Maß für die Leistungsfähigkeit des Objektivs. Die Zahlen 40/0,65 zum Beispiel besagen, dass das Objektiv eine Eigenvergrößerung von 40 und eine Apertur von 0,65 besitzt. Von der Apertur – und von der Wellenlänge (λ) des verwendeten Lichtes – hängt das **Auflösungsvermögen** eines Mikroskopobjektivs ab. Das Auflösungsvermögen ist charakterisiert durch den kleinsten Abstand (d) zweier Objektpunkte, die im Mikroskop gerade noch getrennt abgebildet werden. Für geradlinig einfallendes Licht ist

$d = \frac{\lambda}{A}$ d. h., der Abstand, den zwei Objektpunkte mindestens haben müssen, um getrennt abgebildet zu werden, ist umso geringer, je kürzer die Wellenlänge des Lichtes und je größer die Apertur des Objektivs ist. Das Auflösungsvermögen ist umso größer, je kleiner d ist.

Von der Apertur hängt außerdem die nutzbare oder förderliche Gesamtvergrößerung ab. Sie liegt im Bereich des 500- bis 1000fachen der numerischen Apertur. Die mit dem Objektiv 40/0,65 erzielbare, förderliche Gesamtvergrößerung umfasst demnach den Vergrößerungsbereich von 325- bis 650fach. Da die Eigenvergrößerung des Objektivs 40 beträgt, ist es, wenn man im Bereich der förderlichen Gesamtvergrößerung mikroskopieren will, zweckmäßigerweise mit Okularen der Eigenvergrößerung

$$\frac{325}{40} \approx 8\text{-mal bis maximal } \frac{650}{40} \approx 16\text{-mal}$$

zu kombinieren. Ein Okular mit mehr als 16facher Eigenvergrößerung liefert zwar ein größeres Bild, jedoch nicht mehr Einzelheiten; es führt lediglich zu einer „leeren“ Nachvergrößerung. Die Auflösungsgrenze ist in diesem Fall mit einem 16fachen Okular erreicht (Grenzokular).

Man merke sich: Maximale Auflösung ist erreicht bei einer Gesamtvergrößerung, die dem 1000fachen Wert der Objektivapertur entspricht. Sehr leicht lässt sich daraus die Eigenvergrößerung des jeweiligen Grenzokulars errechnen:

Eigenvergrößerung des Grenzokulars

$$= \frac{\text{Objektivapertur} \cdot 1000}{\text{Eigenvergrößerung des Objektivs}}$$

Der in der Höhe verstellbare **Kondensor** ist optisch ähnlich aufgebaut wie ein Objektiv. Er hat die Aufgabe, das von der **Niedervolt-Leuchte** gelieferte Licht gerichtet dem Präparat zuzuführen. Im Gegensatz zu der (meist) unveränderlichen Apertur der Objektive ist die der Kondensoren durch eine eingebaute Irisblende (Aperturblende) – manchmal außerdem durch eine ausklappbare Frontlinse – regelbar. Sie ist der Apertur des jeweiligen Objektivs und den Erfordernissen des Präparats durch Verändern der Blendenweite (bzw. durch Ein- oder Ausklappen der Frontlinse) in jedem Fall anzupassen. Von der richtigen Einstellung der Aperturblende hängt die Bildqualität in hohem Maße ab; ist sie zu weit geöffnet, so zeigt das Bild wegen Überstrahlung nur geringe Auflösung. Auch eine zu geringe Öffnung der Aperturblende setzt die Bildqualität und die Auflösung merklich herab. Die optimale Einstellung ist dann erreicht, wenn sich das Bild bei langsamem Zuziehen der zuvor maximal geöffneten Blende deutlich zu verdunkeln beginnt.

Nach der theoretischen Einführung wird das Mikroskop zuerst mit schwacher Vergrößerung auf ein Objekt eingestellt. Man wähle bei diesem ersten Versuch ein Präparat, das geeignet ist, die Wirkung des Abblendens und der Höhenverstellung des Kondensors klarzumachen (z. B. eingedeckte Totalpräparate von Radiolarien).

Die spektrale Zusammensetzung des Lichtes der Ansteckleuchte ist durch ein Blaufilter zu verbessern, das in den ausklappbaren, am Kondensor befestigten Ring eingelegt wird.

Stets ist das Objekt zunächst mit einem schwach vergrößernden Objektiv (2,5 × bis 10 ×) zu betrachten, eine Regel, die der Ungeübte fast immer zu wenig beachtet. Erst dann, wenn man sich orientiert und die günstigste Stelle des Präparates ausgesucht hat, sind stärkere Objektive zu wählen. Die Meinung, dass man bei starker Vergrößerung „besser“ sieht, ist ebenso verbreitet wie irrig. Die Regel sei: Verwende die schwachen Objektive, solange sie noch ausreichen! Sie haben den großen Vorteil, ein ausgedehnteres Bildfeld zu liefern und zudem eine größere Tiefenschärfe.

Um zu vermeiden, dass beim Senken des Tubus oder beim Heben des Tisches das Objektiv das Präparat zerdrückt und womöglich selbst Schaden leidet, muss die Grobeinstellung stets von der Seite her kontrolliert werden. Besondere Vorsicht ist bei stärkerer Vergrößerung geboten, da die Frontlinse des Objektivs dem Präparat dann bis auf weniger als 1 mm genähert werden muss. Am sichersten geht, wer das Objektiv bei seitlicher Kontrolle bis fast zur Berührung an das Objekt herandreht, dann durch das Okular schaut und so lange den Tubus aufwärts bewegt (bzw. den Tisch senkt), bis das Bild erscheint. Zur Scharfeinstellung dient die Mikrometerschraube. Bei manchen modernen Mikroskopen verhindert eine Sperre den Kontakt der Frontlinsen mit dem Objekt.

Man gewöhne sich gleich von Anfang an daran, beim Mikroskopieren beide Augen geöffnet zu haben. Das mit dem freien Auge Gesehene zentralnervös „abzuschalten", bereitet nur kurzfristig Schwierigkeiten. Der Rechtshänder wird mit dem linken Auge ins Mikroskop sehen. Er kann dann, ohne den Kopf heben zu müssen, beim Zeichnen den Blick rasch zwischen Objekt und Zeichenblatt wechseln.

Zumindest der Anfänger soll so viel wie möglich zeichnen, und zwar nicht nur um das Gesehene festzuhalten, sondern um zu lernen, die Einzelheiten eines mikroskopischen Präparates auch tatsächlich zu sehen. Wer zeichnet, wird gezwungen, genau hinzuschauen. Mit Sorgfalt und Übung kann es auch der zeichnerisch Unbegabte dazu bringen, einfache, aber richtige und klare Skizzen zu entwerfen. Man lege den Zeichenblock rechts vom Mikroskop auf den Tisch und versuche, abwechselnd mit dem linken Auge mikroskopierend und mit dem rechten auf das Papier schauend, das Gesehene wiederzugeben, indem man zunächst die Umrisse mit zarten Bleistiftstrichen entwirft, wobei besonders auf die genaue Einhaltung der Proportionen zu achten ist. Dann werden die Einzelheiten eingetragen. Gewöhnen Sie sich daran, große Zeichnungen zu entwerfen; der Anfänger zeichnet fast immer alles in viel zu kleinem Maßstab. Von Teilen des Objekts, die einer stärkeren Vergrößerung bedürfen, werden Teilabbildungen angefertigt. Man zeichne das Bild möglichst in die Mitte des Blattes, um Platz zu haben für erläuternde Hinweise. Periodisch sich wiederholende Strukturen werden im Allgemeinen nur einmal genau ausgeführt, sonst aber nur skizzenhaft angedeutet.

Das Mikroskop sauber zu halten, ist eine Forderung, die eigentlich selbstverständlich sein sollte. Ein verunreinigter Objekttisch ist in jedem Fall – selbst wenn es sich nur um Wasser handelt – sofort zu reinigen.

Niemals schraube man Objektive und Okulare auseinander, niemals berühre man die Linsen mit den Fingern, Staub wird mit einem trockenen Haarpinsel, fest haftender Schmutz mit einem weichen, reinen (möglichst oft gewaschenen) Leinenlappen – oder besser mit Linsenreinigungspapier – die erforderlichenfalls mit Wasser angefeuchtet werden, entfernt. Sehr bewährt hat sich die Verwendung eines Stückchens Styropor, das man – gegebenenfalls nach Anfeuchten – leicht auf die Linse drückt und drehend bewegt. Um wasserunlösliche Eindeckungsmittel zu beseitigen, wird der Lappen bzw. das Papier mit wenig Xylol benetzt; sofort danach Reste des Lösungsmittels abtupfen. Unter keinen Umständen darf Alkohol verwendet werden, da der Kitt, mit dem die Linsen in der Fassung befestigt sind, alkohollöslich ist.

Zur Aufnahme der Präparate dienen **Objektträger**; zum Abdecken der Objekte, die sich in einem Tropfen Wasser, physiologischer Kochsalzlösung oder Glycerin befinden oder in Eindeckmittel eingeschlossen sind, werden **Deckgläser** verwendet. Nur wenige Objekte werden trocken (in Luft) untersucht.

Die Präparate müssen lichtdurchlässig sein. Bei kleineren Objekten, wie z. B. Protozoen, ist das von vornherein der Fall, andere, größere, werden durch geeignete Mittel durchsichtig gemacht. Von Geweben fertigt man Mazerationspräparate oder – häufiger – histologische Schnitte an.

Beim Mikroskopieren kleiner Wassertiere (Protozoen, *Hydra*, *Cyclops* u. a.) ist durch untergelegte Haare oder Glasfäden oder durch Anbringen von **Wachsfüßchen** zu verhindern, dass das Deckglas die Tiere durch seine Schwere, oder weil es kapillar angezogen wird, zerdrückt. Wachsfüßchen werden aus Baumwachs hergestellt, indem man mit den vier Ecken des sauber geputzten und vorsichtig zwischen Daumen und Zeigefinger gehaltenen Deckglases aus dem durch Kneten weich gemachten Wachs kleine Portionen aussticht. Nach dem Auflegen wird durch leichten Druck auf die Ecken des Deckglases der Abstand vom Objektträger so weit wie erforderlich verringert. Das überschüssige Wasser wird seitlich mit Filtrierpapier abgesaugt.

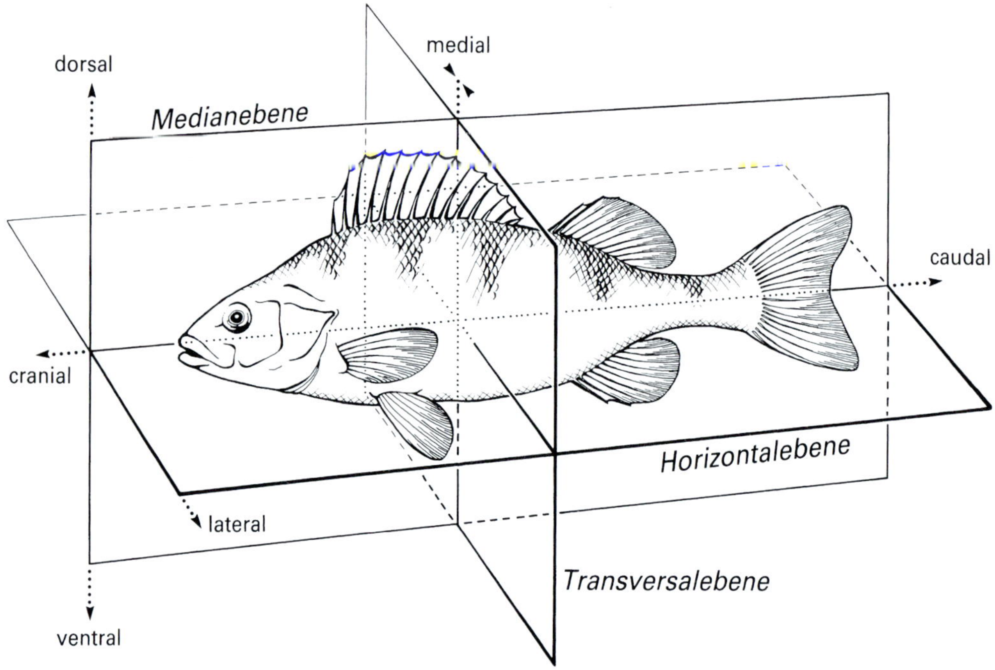

Abb. 3: Symmetrieebenen bei bilateralsymmetrischen Tieren

Lebende Gewebe werden in physiologischer NaCl-Lösung untersucht. Als Aufhellungsmittel für manche tote Objekte wird Glycerin, meist mit Wasser verdünnt, bei Alkoholpräparaten auch Nelkenöl, das sich mit 75–100%igem Alkohol mischt, verwendet.

Das Präparieren größerer Tiere

Bei den im Rahmen dieses Leitfadens durchzuführenden Präparationen werden die toten Tiere in Wachsbecken gelegt und – fast immer – mit Wasser oder physiologischer Kochsalzlösung bedeckt, wodurch ein Austrocknen und Verkleben der Organe verhindert wird. Bei Unterbrechung der Tätigkeit sind die Präparate abzudecken und durch Zugabe von Alkohol oder indem man die Schalen in den Kühlschrank stellt, vor bakterieller Zersetzung zu schützen. Über im späteren Text immer wieder gebrauchte Lagebezeichnungen informiert Abb. 3.

Die Durchführung einer guten Präparation verlangt theoretische Vorbereitung, Sorgfalt und Geduld. Man gehe in Etappen vor. Ein neuer Präparationsschritt hat erst dann zu erfolgen, wenn man sich über die Einzelheiten des bis dahin Erreichten im Klaren ist. Vom Skalpell und der Schere mache man nur da Gebrauch, wo es unumgänglich ist, ansonsten versuche man Organe und Gewebe entlang ihrer natürlichen Grenzen zu separieren. Dazu verwende man Pinzetten, die stumpfen Griffe der Instrumente, einen geeigneten Holzspatel oder auch die Finger. Häufig ist es angebracht, die einzelnen Präparationsschritte in klaren Zeichnungen festzuhalten. Die sorgfältige bildliche Darstellung auch mikroskopischer Präparate ist eine Lernhilfe, die nicht zu unterschätzen ist. Ihr muss eine klare Analyse vorausgehen, und sie gibt eine Gewähr dafür, dass die am Objekt erarbeiteten Kenntnisse nicht sogleich wieder vergessen werden.

I. Unterreich: Protozoa, Einzeller

Technische Vorbereitungen

- Die benötigten Protozoen werden, soweit sie nicht Institutszuchten entstammen, im Labor angesetzten **Aufgüssen** („**Infusionen**") entnommen oder aus Tümpeln, Wassergräben, Regentonnen usw. (s. unten) beschafft. Fixierte Foraminiferen und Radiolarien sind von biologischen Meeresstationen zu beziehen. Parasitische Protozoen gewinnt man aus ihren Wirtstieren.
- Die Infusionen werden 2–4 Wochen vor Beginn des Praktikums angesetzt: Man gibt in größere Petrischalen Proben von Laubstreu, mehr oder weniger zersetztes, zerkleinertes Pflanzenmaterial von Komposthaufen, Strandanwurf oder in Ställen zusammengefegten Staub und fügt Leitungswasser hinzu. Besonders ergiebig sind Moospolster, die man von (auch trockenen) Mauern abkratzt und, wie alle Proben, nicht völlig mit Wasser beschichtet. Alle Schalen deckt man ab und stellt sie im Schatten bei Zimmertemperatur auf. Von Zeit zu Zeit entnimmt man mit sauberen Pipetten zur mikroskopischen Kontrolle kleine Proben. In vielen Fällen werden schon nach wenigen Tagen die ersten Protozoen auftreten, meist winzige Flagellaten und Ciliaten.
  Nach etwa 14 Tagen wird sich eine reiche Protozoenfauna entwickelt haben. Oft treten zunächst Bodoniden, farblose Englenoiden, *Colpoda* und hypotriche Ciliaten, danach *Vorticella* und schließlich Amöben und räuberische Gymnostomata (holotriche Ciliaten) auf. Bei den mikroskopischen Kontrollen sind das Wasser der Oberfläche, der tieferen Schichten und der Bodensatz gesondert zu prüfen.
- Welche Protozoen auftreten, ist nicht genau vorhersagbar; jeder Aufguss wird seine besondere Fauna und Faunenfolge aufweisen. Amöben können in allen Infusionen auftreten. Wenn man sichergehen will, dass zur rechten Zeit die erforderlichen Arten zur Verfügung stehen, ist es notwendig, zu Beginn mehrere und jede Woche weitere Infusionen anzusetzen.
- Ein reiches Protozoenleben entwickelt sich auch auf zerzupften oder zerschnittenen, halbzersetzten und untergetauchten Pflanzenteilen (z.B. *Typha*- und *Iris pseudacorus*-Blattscheiden, die man an Teichufern sammelt und mit Standortwasser in Petrischalen eine oder zwei Wochen stehen lässt. Rasen von Torfmoosarten *(Sphagnum)* kann man durch Auspressen oder Durchspülen Thekamöben gewinnen.
- Die Zucht von *Amoeba proteus* erfolgt bei Zimmertemperatur in abgedunkelten Petrischalen von ca. 10 cm Durchmesser in einer Kulturflüssigkeit aus (doppelt) destilliertem Wasser, dem pro 100 ml etwa 2 ml einer Erdabkochung (siehe unten) zugesetzt sind. Ein- bis zweimal wöchentlich mit Paramecien füttern. Auf Reinhaltung der Kultur ist – besonders bei Zugabe der Futtertiere – zu achten. Es empfiehlt sich, die Paramecien abzuzentrifugieren, die Kulturflüssigkeit durch kohlensäurefreies Mineralwasser zu ersetzen und dann nochmals zu zentrifugieren. Alle 2 bis 3 Wochen die Amöben unter dem Binokular unter Verwendung einer dünn ausgezogenen Pipette in ein frisches Kulturmedium umsetzen. Der pH-Wert soll im leicht sauren Bereich, etwa bei 6 bis 6,5, liegen.
- Die **Erdabkochung** wird folgendermaßen hergestellt: Einen Brei aus 2 l Wasser und 1 kg ungedüngter Gartenerde in einem Glasgefäß im Wasserbad eine Stunde lang auf Siedetemperatur halten. Nach dem Erkalten den Sud vorsichtig abgießen, auf die Hälfte einkochen und bis zur Verwendung im Kühlschrank aufbewahren.
- *Actinosphaerium* lebt in schattigen Tümpeln und kleineren Seen mit klarem, sauberem Wasser. Zum Sammeln Wasser aus dem Uferbereich zwischen Wasserpflanzen in ein größeres Glasgefäß schöpfen und in Augenhöhe gegen das Licht halten. Die schwebenden Actinosphärien sind dann als milchigweiße Kugeln von etwa 0,5 mm Durchmesser leicht zu erken-

nen. Da sie allmählich zu Boden sinken, das Wasser von Zeit zu Zeit vorsichtig aufrühren. Die Actinosphärien einzeln herauspipettieren und in das Transportglas überführen. Die Zucht gelingt in flachen Schalen, die kühl und vor direktem Lichteinfall geschützt aufgestellt werden. Als Kulturflüssigkeit eine Blumendüngerlösung (Substral®; 1 ml auf 100 ml Aqua bidest.) verwenden, der pro 100 ml etwa 2 ml einer Erdabkochung zugesetzt sind. Die Kulturflüssigkeit alle 2–3 Wochen erneuern. Mit *Colpidium, Paramecium* und *Stentor* füttern.

- *Euglena* findet man in seichten Gräben mit stehendem, fauligem Wasser und im Plankton eutropher Teiche. Pfützen und kleinere Teiche in Dörfern sind oft so reich an Euglenen, dass das Wasser grün gefärbt erscheint. Die Zucht gelingt bei guter Beleuchtung in einer Nährlösung aus 0,5 g Pepton, 0,5 g Traubenzucker, 0,2 g Zitronensäure, 0,02 g $MgSO_4$, 0,05 g KH_2PO_4 und 100 ml Aqua dest.
- Ein einfach herzustellender Käseabsud hat sich als Nährmedium besonders bewährt: 2 g Edamerkäse in 400-ml-Bechergläsern mit 250 ml Quarzsand bedecken, mit Wasser auffüllen und im Wasserbad ½ Stunde kochen. Nach dem Abkühlen mit Euglenen impfen. Die Kulturen dicht (etwa 15 cm) unter einer Leuchtstoffröhre aufstellen und 12 Stunden pro Tag beleuchten. Alle 2–3 Wochen erneut überimpfen.
- Um eine möglichst dichte Euglenen-Suspension zu erhalten, die Kulturgefäße allseitig mit schwarzem Papier, in das an einer Stelle eine kleine Öffnung geschnitten ist, umhüllen und sie so aufstellen, dass die Fenster dem Licht zugewendet sind. Im Verlauf von einigen Stunden sammeln sich die Euglenen positiv phototaktisch hinter dem Fenster an und können mit einer Pipette abgesaugt werden.
- Zur Kultur von *Paramecium caudatum* dient ein Steckrüben-Aufguss. Man schneidet einen Teil einer Steckrübe in kleine Würfel, die man vollständig trocknet. Aus diesem Vorrat gibt man drei oder vier Würfel in einen mit Leitungswasser gefüllten Standzylinder (1 l), den man geöffnet stehen lässt. Sobald sich eine durch Trübung erkennbare Bakterienpopulation entwickelt hat, pipettiert man möglichst viele Paramecien hinzu, die man aus natürlichen Proben gewonnen hat, andere Protozoen sterben in diesem Milieu meist ab. Am Ende der Wachstumsphase überimpft man in eine rechtzeitig vorbereitete Bakteriensuspension.
- Zur Demonstration lebender Trypanosomen von einem parasitologischen oder tropenmedizinischen Institut mit *Trypanosoma brucei, T. congolense* oder *T. lewisi* infizierte weiße Mäuse besorgen. Außerdem werden gefärbte Ausstrichpräparate benötigt. Statt der genannten Arten kann man auch *Trypanosoma granulosum* aus dem Aal heranziehen. Fast jeder Aal erweist sich als infiziert.
- Gregarinen dem Darm der Mehlwürmer (Larven des Mehlkäfers *Tenebrio molitor*) entnehmen. Bei guter Infektion enthält jeder oder doch jeder zweite Mehlwurm Gregarinen. Zur Herstellung der Präparate dem Mehlwurm Kopf und Hinterleibspitze abschneiden, dann den zwischen dem Fettkörper bräunlich hervortretenden Darm mit der Pinzette erfassen, herausziehen und auf dem Objektträger in physiologischer NaCl-Lösung (von 0,9%) zerzupfen. Man kann Gregarinen auch aus dem Darm von Küchenschaben entnehmen, doch sind diese meist nicht so reich infiziert wie die Mehlwürmer. Auch der Darm der Ohrwürmer *(Forficula)* und der der Wanderheuschrecke *Locusta migratoria* beherbergt große, schon mit bloßem Auge sichtbare Gregarinen.
- Für Zygoten und Sporen der Gregarinida sind *Monocystis* und andere Gattungen, die in den Samenblasen von Regenwürmern *(Lumbricus)* leben, günstiger. Einen großen mit Chloroform narkotisierten Regenwurm dorsal durch einen Längsschnitt im Bereich der Segmente 9 bis 12 öffnen. An den herausquellenden, auffallenden weißen oder weißgelben Samenblasen (s. S. 178) kann man schon mit bloßem Auge feststellen, ob sie infiziert sind: Sie weisen dann hellere, kugelige Einschlüsse verschiedener Größe auf, die Sporocystencysten, daneben freie Gamonten. Infizierte Samenblasen samt Inhalt in einem Boverischälchen in 0,43%iger NaCl-Lösung zerzupfen.
- Haemosporidia: Von einem parasitologischen Institut Ausstriche plasmodienhaltigen Blutes besorgen und nach Giemsa oder Pappenheim färben. Ungefärbte Präparate können – vor Staub und Feuchtigkeit geschützt – jahrelang aufbewahrt werden.
- *Vorticella* findet man am leichtesten auf den oben beschriebenen, halb zersetzten Pflanzenteilen aus dem flachem Wasser von Teichufern, häufig aber auch an lebenden oder toten Wasserinsekten und Krebsen und an Schneckenschalen. Als weißer, schimmelartiger Besatz heben sie sich gut von der dunklen Unterlage ab.

Allgemeine Übersicht

Protozoen werden hier als Unterreich dem Unterreich der vielzelligen Tiere (Metazoa) gegenübergestellt.

Fast alle Protozoen sind mikroskopisch klein. Wie jede Zelle werden sie von einer Zellmembran (Plasmalemm) umschlossen und enthalten mindestens einen Zellkern und andere Organellen.

Häufig kann man im **Cytoplasma** der Protozoen eine Außenschicht, ein **Ectoplasma**, von einem inneren **Endoplasma** unterscheiden. Das Ectoplasma ist homogen und hyalin (strukturlos und klar), während das Endoplasma die geformten Einschlüsse enthält und daher körnig strukturiert erscheint. Die Dicke des Ectoplasmas kann sich (bei gewissen Rhizopoden) rasch ändern (Ecto-Endoplasma-Transformation). Hier wird durch ein oberflächennahes, mehr oder weniger dickes Geflecht aus Actin- und Myosinfilamenten (s. S. 12) verhindert, dass bei der Ausbildung eines Ectoplasmas geformte Zellbestandteile die Grenzzone zwischen Endo- und Ectoplasma passieren können.

Elektronenmikroskopische Aufnahmen lassen erkennen, dass das Cytoplasma von einem reichverzweigten, flächigen und/oder röhrenförmigen System von Zisternen, dem endoplasmatischen Reticulum (ER), durchzogen ist; die Kernhülle ist ein Teil dieses Systems. Häufig sind den Membranen des ER Ribosomen aufgelagert (rauhes ER). Weitere membranbegrenzte Zellorganellen sind Mitochondrien, Lysosomen, Golgi-Apparat (= Dictyosom) und Peroxisomen. Nicht membranös sind Mikrofilamente, Mikrotubuli und Centriolen.

Die Zellbegrenzung kann so dünn sein, dass sie lichtmikroskopisch nicht wahrzunehmen ist. Sie besteht dann nur aus einer Membran. Häufig ist sie dicker und dann aus mehreren Membranen oder aus einer Kombination von Membranen und festeren Proteinen aufgebaut.

Der **Fortbewegung** dienen im einfachsten Fall (nackte und beschalte Amöben) Vorbuchtungen des Cytoplasmas, die **Scheinfüßchen** oder **Pseudopodien**. Sie gestatten ein nur langsames „Vorwärtsfließen", wobei die Zelle ihre Körperform dauernd verändert („Wechseltierchen"). Die Pseudopodien der Heliozoa und Radiolaria sind fadenartig dünn und strahlen von einem Zellkörper oft kugeliger Gestalt aus. Bei Ciliaten und Flagellaten wirken **Wimpern** und **Geißeln** als dauernd vorhandene Bewegungsorganellen. Durch ihren Schlag werden die Einzeller schnell vorangetrieben.

Die Art und Weise der **Ernährung** ist mannigfaltig. Viele Flagellaten sind in der Lage, sich wie Pflanzen **autotroph** zu ernähren – sie bauen mithilfe der Energie des Sonnenlichtes aus Wasser, anorganischen Salzen und CO_2 organische Substanzen auf –, die meisten Einzeller jedoch ernähren sich wie Tiere **heterotroph**. Für sie ist die Aufnahme organischen Materials lebensnotwendig.

Manche Flagellaten ernähren sich zur gleichen Zeit sowohl heterotroph als auch autotroph (**mixotroph**). Bei den Apicomplexa gelangen Nahrungsstoffe auch durch Mikroporen (Abb. 15 a), winzige, von nur einer Membran begrenzte Stellen der Pellicula, die wie Mikrocytostome (Cytostom = Zellmund; siehe unten) funktionieren, in den Zelleib. In wässrigem Medium gelöste Nahrung wird häufig durch Pinocytose einverleibt.

Die Aufnahme geformter Nahrung erfolgt bei den Protozoen, die nicht von einer komplizierten Pellicula umschlossen sind, an beliebiger Stelle der Körperoberfläche, indem die Nahrungspartikel vom Cytoplasma umflossen werden (Phagocytose). Bei den Formen mit verfestigter Körperoberfläche (Cortex) dient meist eine bestimmte Körperstelle als **Zellmund** (**Cytostom**), eine andere als **Zellafter** (**Cytopyge**). Oft ist der Bereich des Zellmundes mit Cilien versehen, die das Hineinstrudeln der Nahrung besorgen. In anderen Fällen wird verhältnismäßig große Beute verschlungen (Schlinger).

Die von den Protozoen zusammen mit einem Tröpfchen Wasser aufgenommenen geformten Nahrungsbestandteile liegen im Zellplasma in **Nahrungsvakuolen**. In deren Lumen entleeren Lysosomen Verdauungsenzyme. Verdautes wird mittels Pinocytose in das Plasma transportiert. Unverdauliches wird in einer Defäkationsvakuole zur Zellmembran bzw. zum Zellafter befördert und dort nach außen entleert.

Ganz andere Funktionen haben die – ebenfalls von nur einer Membran umhüllten – **pulsierenden (kontraktilen) Vakuolen**, von Flüssigkeit erfüllte Bläschen, die rhythmisch anschwellen (Diastole) und, sich nach außen entleerend, zusammenfallen (Systole). Sie dienen dem Austreiben überschüssigen Wassers, das durch Diffusion oder zusammen mit der Nahrung ins Körperinnere gelangte, sind also Regulatoren des osmotischen Druckes. Möglicherweise haben sie daneben noch exkretorische Aufgaben zu erfüllen. Kontraktile Vakuolen kommen, in Ein- oder Mehrzahl, bei fast allen das Süßwasser bewohnenden Protozoen vor. Sie liegen dicht unter der Zelloberfläche, oft an bestimmten Stellen. Den parasitischen Protozoen fehlen sie meist.

Die Protozoen leben im Wasser oder in wässrigen Flüssigkeiten. Ungünstige Lebensbedingungen, wie Nahrungsmangel und besonders Trockenheit, vermögen viele von ihnen als **Cysten** zu überdauern, indem sie eine mehrschichtige, widerstandsfähige Schutzhülle aus organischen Materialien um sich abscheiden. Den Cysten kommt für die Verbreitung der Protozoen eine große Bedeutung zu. Auch Fortpflanzungs- und Befruchtungsvorgänge spielen sich häufig innerhalb von Cystenhüllen ab.

Außer diesen nur zeitweise auftretenden Schutzhüllen sind bei sehr vielen Protozoen auch dauernde Schutzgebilde vorhanden, die als Hüllen, Gehäuse, Skelete usw. auftreten und aus gallertiger oder – häufiger – oft mit Fremdkörpern inkrustierter Masse (aus Proteinen oder Mucopolysacchariden sowie Chitin) oder aus Calciumcarbonat oder Kieselsäure bestehen.

Der **Zellkern** ist wie der der Metazoen aufgebaut. Neben Arten mit nur einem Kern gibt es solche mit zwei oder – sogar häufig – mit zahlreichen Kernen. Ciliaten (und einigen Foraminiferen) ist ein **Kerndualismus** eigen: Neben einem großen **Makronucleus** ist ein (viel) kleinerer **Mikronucleus** vorhanden. Sie werden, entsprechend ihrer unterschiedlichen Funktion, auch als somatischer und generativer Kern bezeichnet.

Die **Fortpflanzung** und Vermehrung, also die Erzeugung neuer Zellindividuen, erfolgt durch Teilungen. Diese können als halbierende Zweiteilungen, als Knospung oder als multiple Teilungen (= Vielteilung) ablaufen. Die halbierende Zweiteilung kann eine Längs- oder Querteilung sein, Knospung liegt vor, wenn sich kleine Teilstücke von der Mutterzelle abschnüren. Bei der multiplen Teilung zerfällt die Mutterzelle nach einer Vervielfachung der Kerne simultan in viele, der Zahl der Kerne entsprechende Tochterzellen. Entstehen bei derartigen Teilungen keine Geschlechtszellen, so spricht man von **ungeschlechtlicher Fortpflanzung**, von Agamogonie. Die sich so fortpflanzenden Zellen werden als Agamonten bezeichnet, wenn sie in einem Entwicklungszyklus mit Gamonten abwechseln.

Führen die Teilungen jedoch zur Bildung von geschlechtlich differenzierten, haploiden Zellen, also zur Bildung von Gameten, so liegt **geschlechtliche Fortpflanzung** (= Gamogonie) vor. Die die Gameten liefernden Zellen nennt man Gamonten. Die Gameten sind nicht mehr teilungsfähig; sie gehen bald zugrunde, wenn sie nicht mit einem sexuell komplementär differenzierten Partner verschmelzen. Der vollständigen Verschmelzung der Gameten folgt die Vereinigung der haploiden Gametenkerne zum diploiden Synkaryon. Die so entstandene, diploide Zelle, die Zygote, ist Ausgangsindividuum eines neuen Zyklus der betreffenden Art. Neue Gameten können erst nach einer Meiose entstehen. Da bei ihr allein eine Neukombination genetischen Materials möglich ist, stellt sie den wesentlichen Teil der Geschlechtsvorgänge dar.

Die Gameten können nach Form und Größe gleich (Isogameten) oder ungleich (Anisogameten) sein. Auch in den Fällen, bei denen sie sich weder in der Gestalt noch in der Struktur unterscheiden, also bei den Isogameten, liegt (wohl) immer eine Geschlechtsdifferenzierung, eine physiologische Anisogamie vor.

Anders als bei den Metazoen sind bei den Protozoen Geschlechtsvorgänge nicht immer mit Vermehrung verknüpft. Bei dem als **Autogamie** und bei dem als **Konjugation** bezeichneten Sexualgeschehen erfolgt keine Vermehrung (s. unten).

Eine einfache, klare und voll befriedigende Gliederung des Sexualgeschehens bei den Protozoen scheitert an der großen Vielfältigkeit dieser Prozesse. Herkömmlicherweise unterscheidet man Gametogamie, Gamontogamie und Autogamie.

Von **Gametogamie** spricht man dann, wenn Gameten als frei schwimmende Zellindividuen kopulieren.

Als **Gamontogamie** werden geschlechtliche Vorgänge zusammengefasst, bei denen bereits die Gamonten zusammenfinden. Hier gibt es zwei Formen.

Bei der einen entstehen zwar Gameten, aber sie werden nicht völlig frei, sondern verbleiben in einem von den Gamonten bzw. deren Gehäusen umschlossenen Raum (bei manchen Foraminiferen) oder in einer von den Gamonten gebildeten Cystenhülle (bei den Gregarinen) und verschmelzen dort miteinander zu Zygoten.

Bei der zweiten Form, der Konjugation, verwachsen die Partner (Konjuganten) an einer bestimmten Stelle ihres Zellleibes unter Fusion der Zellmembran vorübergehend miteinander und tauschen dann über die Plasmabrücke Geschlechtskerne miteinander aus. Die Konjugation ist der typische Befruchtungsprozess der Ciliaten.

Die **Autogamie** (Pädogamie) ist dadurch gekennzeichnet, dass durch Teilung entstandene Gameten oder Gametenkerne eines Gamonten in diesem miteinander verschmelzen. Autogamie ist von Foraminifera, von in Termiten lebenden Flagellata und Ciliata bekannt.

Wechseln geschlechtliche und ungeschlechtliche Fortpflanzungsweisen und somit geschlechtlich entstandene und ungeschlechtlich entstandene Generationen miteinander ab, so spricht man von einem **Generationswechsel**.

Die Gameten sind immer haploid, die Zygoten immer diploid, die übrigen Individuen des Generationenzyklus können wie die Zygoten alle diploid sein (Reduktionsteilung bei der Gameten- oder Gametenkernbildung, z. B. bei Heliozoen; S. 18), oder sie sind wie die Gameten alle haploid (Reduktionsteilung ist die erste Teilung der Zygote, bei vielen Sporozoa). Schließlich kann mit dem Wechsel der Generationen ein Kernphasenwechsel einhergehen, dergestalt, dass die eine Generation diploid, die andere dagegen haploid ist (heterophasischer Generationswechsel; Reduktionsteilung bei der Agametenbildung; bei Foraminifera; S. 15).

Spezieller Teil

Ihrer Kleinheit wegen sind die Protozoen fast nur mikroskopisch zu untersuchen.

- Aus einem der Aufgüsse oder aus einer der Reinkulturen einen Tropfen auf den Objektträger bringen und ein Deckglas mit Wachsfüßchen auflegen. Zuerst schwache Vergrößerung anwenden.

Rhizopoda, Wurzelfüßer

Charakteristisch für die Rhizopoda ist ihre Fähigkeit, **Pseudopodien** (Scheinfüßchen) auszubilden. Es handelt sich dabei um Organellen der Fortbewegung und Nahrungsaufnahme, die als cytoplasmatische Fortsätze oder Ausstülpungen an beliebiger Stelle oder in einem bestimmten Bereich des Zellkörpers entstehen und jederzeit wieder eingezogen werden können. Ihre Mannigfaltigkeit ist groß, doch lassen sich vier Hauptformen von Pseudopodien unterscheiden: **Lobopodien** sind zungen- oder fingerförmige Zellfortsätze, die relativ rasch gebildet und wieder rückgebildet werden können. Sie sind typisch für viele nackte Amöben und Testacea. Die **Filopodien** sind viel feiner, fadenartig dünn und nicht selten verzweigt. Sie bestehen größtenteils aus hyalinem Ectoplasma. Man findet sie bei manchen Testacea und bei vielen Radiolarien. Ebenfalls fadenartig dünn sind die **Axopodien** bei Heliozoen und Radiolarien. Sie sind unverzweigt und stehen radial vom Körper ab. Ihre Steifheit erhalten sie von einem zentralen Achsenstab, der aus Mikrotubuli besteht und von dünnflüssigem Cytoplasma umgeben ist. Die **Reticulopodien** sind beispielsweise für die Foraminiferen charakteristisch. Sie sind verzweigt und bilden miteinander Querverbindungen (Anastomosen) (s. Abb. 6b).

1. **Amoebina,** Amöben

Amoeba proteus, Amöbe

- Einen Tropfen Amöbenkultur auf den Objektträger geben und ein Deckglas mit etwa ½ mm hohen Wachsfüßchen auflegen. Die Tiere haben sich infolge der Störung abgekugelt. Wenn man Erschütterungen vermeidet, beginnen sie jedoch schon nach wenigen Minuten sich wieder zu bewegen.
- Um zu verhindern, dass die Präparate zu warm werden, empfiehlt sich (hier und auch sonst immer, wenn man lebende Protozoen mikroskopiert) die Verwendung eines Wärmeschutzfilters.
- Mit Borax-Karmin gefärbte Präparate dienen zur Demonstration des Zellkerns.

Bei etwa 80facher Gesamtvergrößerung übt man – bei stark verengter Aperturblende – zunächst das Auffinden der Amöben und studiert dann ihren Bau und ihre **Bewegungsformen.**

Das Wechselspiel der Pseudopodienbildung und -rückbildung zu verfolgen und vor allem die immer wieder die Richtung wechselnden und erstaunlich raschen Cytoplasmaströmungen zu beobachten, die Möglichkeit in eine Zelle hineinsehen zu können, fasziniert. Die Amöbe ist erfüllt von Endoplasma (s. S. 9) mit seinen zahllosen Granula und Kristallen. Am Rand und vor allem im Apikalbereich sich bildender Pseudopodien ist das hyaline Ectoplasma zu sehen. Man sieht die Pseudopodien bald an dieser, bald an jener Stelle des Körpers entstehen, wodurch sich die Gestalt des Tieres ständig ändert. Dabei bewegt sich die Amöbe, häufig die Richtung wechselnd, vorwärts. Es ist ein Kriechen, manchmal auch ein Schreiten, bei bestimmten anderen Amöbenarten ein Rollen. Auch an der Unterseite des Wasseroberflächenhäutchens können sie entlangkriechen.

- Bei einem Tier die verschiedenen Phasen der Bewegung durch eine Serie von Skizzen – mit Zeitangaben – festhalten.

Die Form der Pseudopodien ist bei den einzelnen Amöbenarten verschieden. Nur selten sind sie wurzelförmig, viel häufiger haben sie das Aussehen von breiteren oder schmaleren Lappen (Abb. 4), sind finger- oder auch strahlenförmig. Der Mechanismus der Pseudopodien- und Plasmabewegung wurde für *A. proteus* in seinen Grundzügen geklärt. Die Bewegungen kommen, ebenso wie bei der Kontraktion und Erschlaffung von Muskelzellen, durch das Aneinandergleiten von dünnen (4 nm) Actin- und dickeren (10–30 nm) Myosinfilamenten zustande. Sie sind vornehmlich in der Grenzschicht zwischen hyalinem Ecto- und granulärem Endoplasma in Form eines dichten, die gesamte Zelle umfassenden Netzwerkes angeordnet, durch dessen feine Maschen zwar das homogene Grundplasma, nicht aber die im Endoplasma suspendierten Granula passieren können. Myosin- und Actinfilamente ziehen aber auch quer durch das Cytoplasma und erlangen

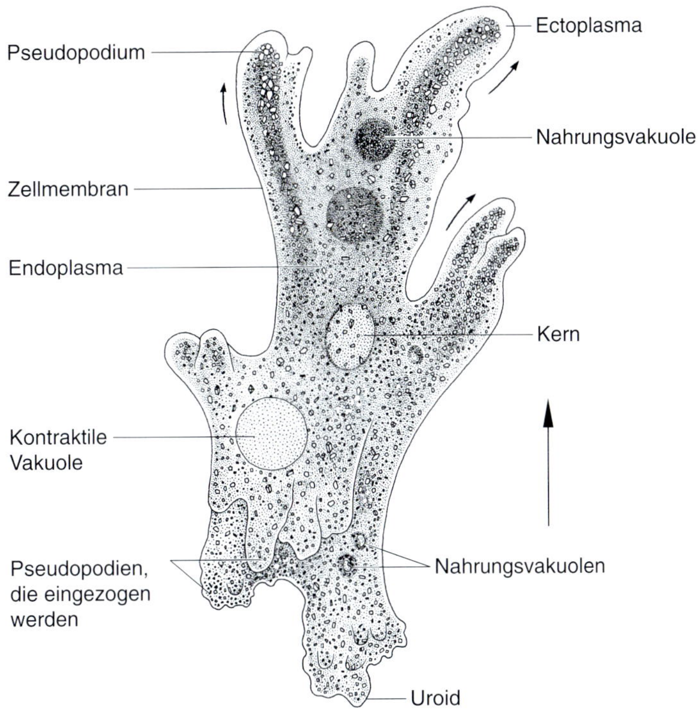

Abb. 4: *Amoeba proteus.* Kleine Pfeile: Fließrichtung der Pseudopodien. Großer Pfeil: augenblickliche Fortbewegungsrichtung der Amöbe. 350 ×

Kontakt mit anderen Bereichen des corticalen Filamentnetzes. Bei bewegungsaktiven Amöben wird durch das Aneinandergleiten und Aneinanderhaften der Actin- und Myosinfilamente in einem bestimmten Bereich eine relative Steifheit und Festigkeit hergestellt, während andere Teile des Netzes erschlafft bleiben. Der Überdruck in der Kontraktionszone treibt das Cytoplasma in Bereiche geringeren Druckes. Entsprechend der differenziert regulierbaren Kontraktionszustände der verschiedenen Teile des Netzwerkes kommt es am jeweiligen physiologischen Hinterende der Amöbe, am Uroid, zum Einziehen der Pseudopodien und dabei zur Faltenbildung der Zellmembran, in anderen Bereichen aber zur Bildung von Pseudopodien. Diese sind nach Form und Bewegungsweise den Erfordernissen angepasst: Mehr oder weniger lange, manchmal leicht gebogene Pseudopodien dienen der Kontaktaufnahme und der Fortbewegung, breit lappenförmige, gewölbte der Phagocytose (s. unten). Es liegt auf der Hand, dass bei dieser mit Gestaltsveränderung verbundenen Fortbewegung und durch Phagocytose sich die Größe der Oberfläche des Tieres laufend ändert; dementsprechend wird nahezu andauernd Zellmembran nicht nur verlagert, sondern durch Endocytose (s. unten) eingeschmolzen bzw. vom Golgi-Apparat neu gebildet.

Bei *Amoeba proteus*, wie bei fast allen Protozoen, trägt die Zellmembran außen eine kohlenhydratreiche Schicht (Glykocalyx), die bei der Nahrungsbeschaffung (z. B. beim Einfangen von Pantoffeltierchen), vielleicht auch bei der Haftung an der Unterlage, eine Rolle spielt.

- Eine besonders große und durchsichtige Amöbe bei etwa 400facher Vergrößerung betrachten – wenn möglich – mit der Phasenkontrastoptik.

Die Pseudopodien dienen auch der Nahrungsaufnahme. Manchmal kann man beobachten, wie sie einen Einzeller oder einen kleinen vielzelligen Organismus (z. B. ein Rädertierchen) von allen Seiten umfließen und in eine Nahrungsvakuole einschließen, indem sich die distalen Zonen der Pseudopodien erst überlappen, um dann – aber das ist nicht zu erkennen – unter Fusion der Zellmembran miteinander zu verschmelzen. Ältere Nahrungsvakuolen mit mehr oder weniger verdauten Einschlüssen werden wir fast stets im Cytoplasma sehen. Die unverdaulichen Reste werden entfernt, indem die Nahrungsvakuole zur Zelloberfläche wandert und dort ihren Inhalt nach außen entleert.

Eine derartige Aufnahmc gcformter Nahrungspartikel nennt man **Phagocytose**, während Einverleiben von kleinsten Flüssigkeitstropfen als **Pinocytose** bezeichnet wird. Bei ihr werden winzige, schlauchförmige und mit der Flüssigkeit des Außenmediums erfüllte Einstülpungen der Zellmembran als membranumhüllte Bläschen nach innen abgeschnürt. Phagocytose und Pinocytose werden unter dem Begriff **Endocytose** zusammengefasst.

Das Endoplasma ist erfüllt von zahlreichen kleinen – ebenfalls in Membranen eingeschlossenen – Granula und Kristallen, die nach Form und Größe und vor allem auch stofflich sehr verschieden sind. Zum Teil konnten sie als Speicherstoffe erkannt werden (Fette, Glykogen, Eiweißkristalle).

Dank der Anwesenheit der Granula und der Nahrungsvakuolen kann man die Strömungen im Endoplasma gut beobachten. Der Saum hyalinen Ectoplasmas ist unterschiedlich dick. Die neu gebildeten Nahrungsvakuolen sind erst kurze Zeit von Ectoplasma, dann aber von Endoplasma umschlossen.

Bei aufmerksamer Beobachtung wird man im Cytoplasma ein helles Bläschen entdecken, das allmählich an Größe gewinnt, um dann plötzlich zu verschwinden. Es ist die sich periodisch entleerende **kontraktile (pulsierende) Vakuole**, das Organell der Osmoregulation. In ihrer Umgebung befinden sich im Cytoplasma submikroskopisch kleine Bläschen, die nach der Systole ihren Inhalt in die dadurch erneut anwachsende Vakuole entleeren. Die kontraktile Vakuole hat bei den meisten Amöben keine feste Lage.

Das Gleiche trifft für den ovalen oder linsenförmigen **Zellkern** zu. Da er annähernd das gleiche Lichtbrechungsvermögen hat wie das Cytoplasma, ist er bei lebenden Amöben nur schwer als ein etwas dunklerer Fleck oder auch eine etwas lichtere Aussparung erkennbar. Manche Amöbenarten sind mehrkernig.

Amöben reagieren auf taktile, chemische und optische Reize, die über die Zellmembran aufgenommen werden. Die **Fortpflanzung** einer Amöbe durch Zweiteilung erst des Kerns, dann des Plasmaleibes, wird man nur selten beobachten können. Geschlechtsvorgänge sind nicht nachgewiesen. Viele Amöben haben die Fähigkeit, sich zu encystieren.

- Zur Beobachtung der Phagocytose hungrige und bewegungsaktive Amöben mit einem Tropfen einer dichten Parameciensuspension, an einer Seite des Deckglases aufgebracht, füttern.

Die Amöben werden sich zunächst abkugeln, gehen aber bald wieder zur Pseudopodienbildung über. Beim Einfangen der rasch beweglichen Ciliaten spielt die Glykocalyx der Amöbenoberfläche eine Rolle.

2. Testacea, Thekamöben

Arcella **spec.,** ***Difflugia*** **spec. und** ***Euglypha*** **spec.** (Abb. 5)

Die 10 µm bis 0,5 mm großen Thekamöben besitzen einkammerige **Schalen** mit meist einer, selten zwei Öffnungen, aus denen die Pseudopodien vorgestreckt werden können. Das Schalenmaterial besteht aus einer organischen Grundsubstanz, in die von der Zelle gebildete Bröckchen oder Plättchen aus Kieselsäure (selten aus Kalk) oder Fremdmaterial (Sandkörner, Diatomeenschalen, auch Schalenteile erbeuteter Thekamöben) eingelagert und verkittet sein können. Bei Fortpflanzung durch Zweiteilung wird die Schale für eines der Tiere neu gebildet.

Bei *Arcella* besteht die Schale aus selbstproduziertem Gerüsteiweiß. Sie ist, je nach Alter, von hellgelber bis dunkelbrauner Farbe, etwa linsenförmig und zeigt bei starker Vergrößerung eine feine hexagonale Felderung (Abb. 5a). Im Zentrum der konkaven Unterseite befindet sich die Öffnung, aus der die fingerförmigen **Pseudopodien** austreten. Sie dienen der Fortbewegung und dem Nahrungserwerb. Für die Fortbewegung werden Pseudopodien ausgestreckt, an der Unterlage angeheftet, dann kontrahiert und so der Hauptteil des Körpers nachgezogen. Die Nahrungsaufnahme geschieht durch Phagocytose. Das Cytoplasma ist mit spitz ausgezogenen Pseudopodien innen an der Gehäusewand befestigt. Vom inneren Bau, z. B. von den kontraktilen Vakuolen oder von den beiden Kernen und dem ihnen benachbarten, wegen seines Ribosomenreichtums basophil färbbaren endoplasmatischen Reticulum ist wegen der Un-

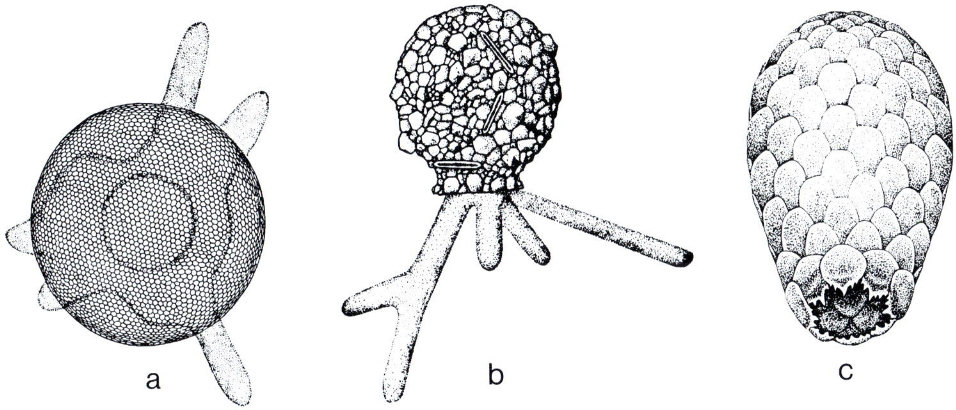

Abb. 5: Testacea. a. *Arcella vulgaris*, b. *Difflugia urceolata*, c. *Euglypha rotunda*. (Nach KÜHN, NETZEL, VERWORN)

durchsichtigkeit der Schale nur selten etwas zu sehen.

Bei *Difflugia* (Abb. 5b), einer anderen Gattung, besteht die Schale aus kleinen Fremdkörpern, meist Sandkörnchen, daneben Diatomeenschalen und Schwammnadeln. Organische Grundsubstanz verbindet die Schalenbausteine. Das Fremdmaterial wird phagocytiert und später bei der Teilung in die Tochterzelle eingebaut. Aus der Gehäuseöffnung treten unter günstigen Bedingungen (Ruhe) die fingerförmigen Pseudopodien heraus. Bei starker Vergrößerung ist die Plasmaströmung zu beobachten.

Besonders schön sind die tannenzapfenförmigen, durchsichtigen Gehäuse von *Euglypha* (Abb. 5c). Sie bestehen aus Kieselsäureplättchen, die wie Dachziegel sich überdeckend sehr regelmäßig angeordnet sind. Sie werden zwischen den Zellteilungen in kernnahen Vesikeln gebildet und dort bis zur Verwendung gespeichert. Bei der Gehäusebildung gelangen sie – von Anfang an richtig orientiert – in die aus der Schalenöffnung knospenartig hervortretende Anlage der neuen Zelle. Nach ihrer Einfügung in die Oberfläche der neuen Gehäusewand werden die Plättchen durch die organische Schalengrundsubstanz, die auch hier das Gehäuse innen auskleidet, befestigt und miteinander verkittet.

Die Testacea leben vorwiegend im Süßwasser und im Waldboden; besonders häufig findet man sie in *Sphagnum*-Polstern der Hochmoore und in Moosrasen.

3. Foraminifera

Foraminiferen sind Meeresprotozoen, die durch ihr Gehäuse, Reticulopodien und einen Generationswechsel gekennzeichnet sind. Die Gehäuse bestehen aus aufgenommenen Sandkörnern (Sandschaler) oder selbst hergestelltem Calcit (Kalkschaler). Unter den Sandschalern agglutinieren die Astrorhizida, Lituolida und Trochamminida Sandkörner mit Glykoproteinen, die Textulariida mit Calciat (Abb. 7b).

Entsprechend ihrer feinkristallinen Struktur unterteilt man die Kalkschaler in die Rotaliida, Lagenida, Buliminida und Globigerinida, deren Gehäuse Poren besitzen, und die Miliolida, die man wegen ihres porzellanartigen Glanzes auch Porzellanschaler nennt. Es gibt einkammerige (monothalame) Gehäuse und solche, die im Laufe einer oft langen Entwicklung sukzessive aus vielen Kammern aufgebaut werden (polythalame Gehäuse). Die Kammerlumina sind durch Öffnungen, die Foramina, miteinander verbunden. Diese Foramina, nicht die feinen Poren, die bei vielen Kalkschalern die Gehäusewand durchsetzen (Abb. 7d, sie dienen dem Durchtritt der Atemgase), waren für die Foraminiferen namengebend.

Die Formenvielfalt der Foraminiferen kommt durch die unterschiedliche Anordnung der Kammern des Gehäuses zustande. Schon einkammerige Gehäuse können sehr vielgestaltig sein: kugel-, röhren-, stern- oder bäumchenförmig (Abb. 7a). Auch bei den vielkammerigen Foraminiferen lassen sich zahlreiche Baupläne

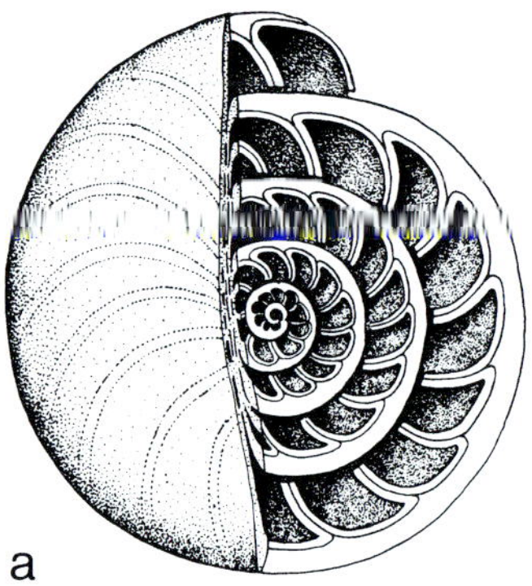
a

b

Abb. 6a: *Nummulites cumingii.* Schale zum Teil aufgeschnitten. (Nach BRADA aus GRELL)

Abb. 6b: *Elphidium crispum.* Lebendes Tier mit Reticulopodien. 1 mm groß. (Nach JAHN)

unterscheiden, von denen hier die fünf häufigsten beschrieben werden.
1. Uniserialer Bau. Die Kammern bilden eine gerade oder gebogene Reihe (z. B. *Reophax*).
2. Biserialer Bau. Zwei Reihen von Kammern liegen versetzt nebeneinander, sodass die Verbindungslinie der Kammern im Zickzack verläuft (z. B. *Textularia*, Abb. 7b).
3. Spiraliger Bau. Die Kammern bilden eine Spirale. Diese kann in einer Ebene liegen (planspiraler Bau, z. B. *Elphidium*, Abb. 7c) oder mehr oder weniger erhoben sein (trochospiraler Bau, z. B. *Globigerinoides*, Abb. 7d). Ist die Spirale hoch und turmförmig schlank, so spricht man auch von triserialem Bau. Die erste, älteste Kammer eines solchen Gehäuses, der Proloculus, liegt an der Turmspitze (z. B. *Eggerella*).
4. Miliolider Bau. Immer nur zwei (lang gestreckt röhrenförmige und bananenartig gekrümmte) Kammern bilden jeweils einen Umgang einer Spirale (z. B. *Quinqueloculina*).
5. Annulärer Bau. Jede Kammer ist ringförmig, und zahlreiche, in ihrem Durchmesser stetig zunehmende Ringe bilden eine flache Scheibe (z. B. *Marginopora*).

Es gibt auch Bauplanwechsel während der Entwicklung. So folgt *Peneroplis* zunächst dem Spiraltypus und geht später zu uniserialer Anordnung über. Bei *Marginopora* ist der älteste Gehäuseteil ebenfalls spiralig, der jüngere, größere, dann annulär.

Die Pseudopodien sind immer ein Netzwerk feinster Fäden, in denen eine lebhafte „Körnchenströmung" zu beobachten ist (Abb. 6b; Dunkelfeld, Phasenkontrast). Die Körnchen sind unter anderem Mitochondrien, die für Foraminiferen typischen elliptischen Vesikel und Nahrungsteilchen. Die Nahrung (vor allem Bakterien und Diatomeen) wird durch Pseudopodien zur Apertur transportiert, der Gehäuseöffnung an der jüngsten Kammer zum Meerwasser. Die millimeter- und zentimetergroßen Großforaminiferen tropischer Flachmeere leben ausschließlich oder teilweise von den Photosyntheseprodukten ihrer endosymbiotischen einzelligen Algen (vor allem schalenlosen Diatomeen und Dinoflagellaten, Grün- und Rotalgen), oder sie verdauen sukzessive einen Teil ihrer Symbionten.

Bei der sehr langsamen Ortsbewegung ziehen die in Bewegungsrichtung ausgestreckten Pseudopodien die Zelle hinter sich her. Beim Gehäusewachstum bauen Pseudopodien jeweils die Anlage einer neuer Kammer, auf der dann die Verkittung der Fremdpartikel oder die Verkalkung stattfindet.

Die Fortpflanzung der Foraminiferen ist mit einem heterosphasischen Generations-wechsel verbunden. Eine haploide geschlechtliche Generation, der Gamont, wechselt regelmäßig mit einer diploiden ungeschlechtlichen Generation, dem Agamonten. Die beiden Generationen sich auch in ihrer Kernzahl zu unterscheiden, Gamonten sind stets einkernig, Agamonten mehrkernig. Außerdem sind die geschlechtlich entstandenen Agamonten meist größer, weisen jedoch eine kleinere Anfangskammer auf (daher auch mikrosphärische Generation genannt), die

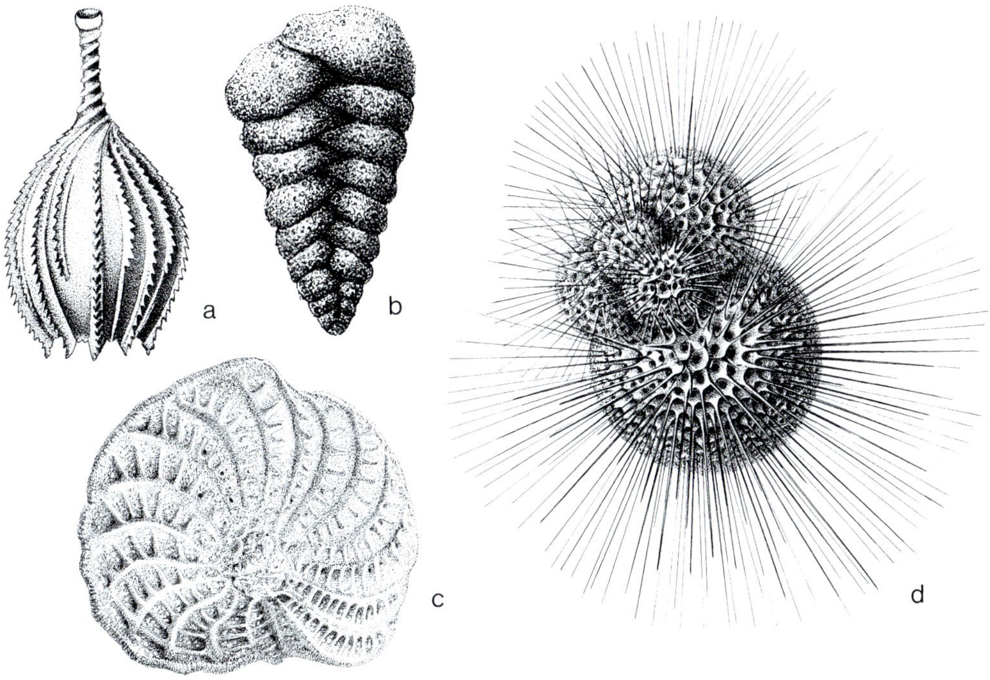

Abb. 7: Gehäuse (Schalen) von Foraminiferen. a. *Lagena* (Länge 0,4 mm), b. *Textularia* (Länge 2 mm), c. *Elphidium* (Durchmesser etwa 0,8 mm), d. *Globigerinoides* (Durchmesser ohne Stacheln etwa 0,3 mm)

ungeschlechtlich gebildeten Gamonten haben meist ein kleineres Gehäuse, aber eine größere Anfangskammer (megalosphärische Generation; Gehäusedimorphismus). Der Gamont bildet Gameten, die mit je einem Gameten des gleichen Gamonten (Autogamie) oder eines anderen Gamonten (Amphimixis) zur Zygote verschmelzen (Gamogonie). Aus der Zygote wächst der Agamont heran. Dieser bildet durch Vielteilung, verbunden mit Meiose, die jungen Gamonten (auch Agameten genannt) (Agamogonie). Bei der Vielteilung kann das Cytoplasma das Agamontengehäuse verlassen und sich außerhalb in die Gamonten teilen, die jeweils ein neues Gehäuse bilden, oder die Vielteilung geschieht innerhalb des Agamontengehäuses, das anschließend aufbricht und die Tochterzellen entlässt (Viviparie).

Die Foraminiferen leben benthisch im Meer und im Brackwasser, am und im Meeresboden oder auf Algen, etwa 40 der 10 000 rezenten Arten leben planktisch in der Hochsee. Die Mehrzahl der Arten misst zwischen 200 und 500 µm, unter den rezenten Großforaminiferen wird der Agamont von *Cycloclypeus carpenteri* (Nummulitidae), 3–13 cm, der Gamont 1 cm groß. Ebenso groß wurden die Nummulitiden, die im Alttertiär tropische Flachmeere besiedelten und fossil in den Nummulitenkalken erhalten sind. Die Gehäuse abgestorbener planktischer Foraminiferen, vor allem der Gattungen *Globigerina* und *Globigerinoides*, bilden den Globigerinensand oder Globigerinenschlamm der Tiefsee.

Die seit dem Kambrium nachgewiesenen Foraminiferen dienen aufgrund ihrer guten Erhaltungsfähigkeit und Häufigkeit als Leitfossilien für die relative Altersbestimmung von Sedimentgesteinen (z. B. bei der Erdölsuche). Sie liefern auch Aufschlüsse über paläoökologische Gegebenheiten, wie Wassertemperatur, Salzgehalt und Nahrungsangebot.

4. **Heliozoa**, Sonnentierchen

Actinosphaerium eichhorni, Sonnentierchen

- Die Einzeller mit weitlumigen Pipetten den Zuchten entnehmen und vorsichtig auf den Objektträger geben. Deckglas mit 1 mm hohen Wachsfüßen. Erschütterungen vermeiden, da sonst die Axopodien rasch abgebaut werden.

- Betrachten mit dem Mikroskop, erst bei schwacher, später bei starker Vergrößerung, oder (Einzeller in planparallelen Küvetten) mit dem Binokular bei ca. 50facher Vergrößerung vor dunklem Hintergrund bei Seitenbeleuchtung (möglichst mit Glasfaserlampen).

Vom kugeligen Leib des Sonnentierchens strahlen – es zeigt sich dies bei Dunkelfeldbeleuchtung besonders eindrucksvoll – radiär zahlreiche feine Axopodien ab. Der Zellkörper besteht aus zwei Zonen, einer helleren **Rindenschicht** (Ectoplasma) mit – nach Nahrungsaufnahme – großen Vakuolen, und einer dunkleren, dichteren **Markschicht** (Endoplasma) (Abb. 8). In der Rindenschicht pulsieren die beiden Vakuolen, in der Markschicht erkennt man als dunklere Gebilde die Kerne. *Actinosphaerium* ist vielkernig, die meisten Heliozoen haben jedoch nur einen Kern.

Die Pseudopodien der Heliozoen sind **Axopodien**. Der Achsenstab (Axonem) ist bei starker Vergrößerung gut zu erkennen und lässt sich bis zur Markschicht verfolgen. Auf dieser Achse aus Mikrotubuli fließt ein an Mitochondrien, Eiweißgranula, Lysosomen, Extrusomen (s. unten) und anderen Einschlüssen reiches Cytoplasma auf und ab. Die Strömungsrichtung lässt sich an den Grana gut beobachten. Nicht selten bewegen sich unmittelbar benachbarte Körnchen in entgegengesetzte Richtungen (**bidirektionale Strömung**). Der verantwortliche Mechanismus ist noch ungeklärt, jedoch konnte man im Cytoplasma von Axopodien Actin- und Myosinfilamente nachweisen. Die Axopodien können verlängert, verkürzt oder auch vorübergehend abgebaut werden. Kurz dauernde mechanische Störungen – Erschütterungen des Objektträgers z. B. – bewirken ein ziemlich rasches Umknicken; das Wiederaufrichten erfolgt langsam. Die Mikrotubuli enden basal an der Kernhülle oder – bei bestimmten einkernigen Arten – an einem inmitten der Zelle liegenden **Zentralkorn.**

- Um den Achsenstab deutlich sichtbar zu machen, das Tier z. B. durch Zusatz von etwas Kochsalzlösung chemisch reizen. Es erfolgt dann ein Einziehen der Pseudopodien, wobei sich ihr Cytoplasma klumpig zusammenballt und den Achsenstab an einigen Stellen frei legt.

Die Axopodien dienen als Schwebefortsätze und zum Schreiten auf Wasserpflanzen und anderen festen Unterlagen und zum Fangen und Festhalten der Beute. Sie scheinen nur auf bestimmte Reize hin klebrige Stoffe abzusondern. Festgehaltene Beute wird durch die Plasmaströmung oder durch Einziehen der Axopodien zur Rindenschicht gebracht und dort phagocytiert. Die Verdauung der in Nahrungsvakuolen eingeschlossenen Nahrung erfolgt im Endoplasma. Unverdauliches wird wieder ausgeschieden.

Bei manchen Heliozoen, nicht aber bei *Actinosphaerium*, gibt es besondere Extrusomen, die Kinetocysten und Mucocysten. Die Kinetocysten sind winzige, membranumhüllte, lichtbrechende Organellen, die in großer Zahl im corticalen Cytoplasma und auf den Axopodien liegen und wahrscheinlich dem Beutefang dienen. Eine ähnliche Funktion haben die Schleim bildenden Mucocysten.

Als Nahrung dienen Bakterien, Einzeller, Algen, Rädertiere und andere kleine Metazoen. Größere Beutetiere werden von mehreren Individuen, die dazu vorübergehend verschmelzen, in einer gemeinsamen Nahrungsvakuole verdaut (Fressgemeinschaft).

Die meisten Heliozoen leben in Seen und Teichen, wenige Arten im Meer. Selten schweben sie frei im Wasser, einige sind gestielt festsitzend. Meist bewegen sie sich auf ihren Axopodien rollend oder schwebend im Lückensystem von Detritus der bodennahen Wasserschicht.

- Im Uhrschälchen *Actinosphaerium* mit einer feinst ausgezogenen Pipette in zwei Teile zerlegen.

Bereits nach etwa einer Stunde kann man erkennen, dass diese Teilstücke sich zu vollständigen, aber zunächst natürlich kleineren Tieren ergänzen, indem ihr Cytoplasma sich in Rinden- und Markschicht sondert und ringsherum Axopodien ausstrahlen lässt.

Geschlechtliche Vorgänge (sie sind nur bei *Actinosphaerium* und *Actinophrys sol*, einer verwandten, einkernigen Art bekannt geworden) laufen in Form einer **Autogamie** (s. S. 11) ab. Bei

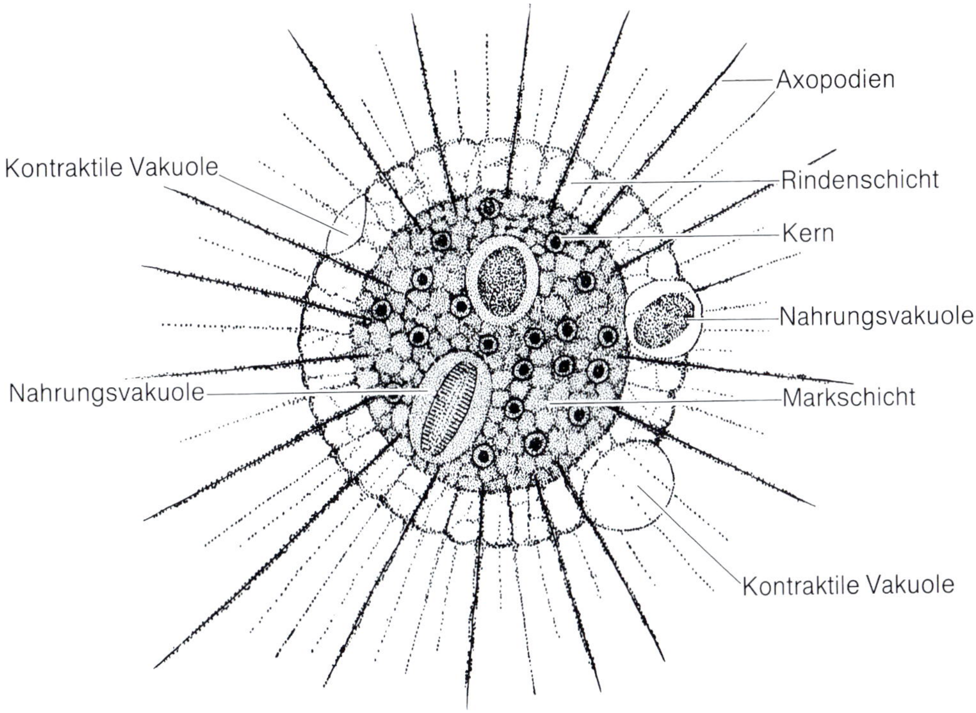

Abb. 8: *Actinosphaerium eichhorni.* 50 ×

Actinosphaerium wird nach Einziehen der Pseudopodien und Abscheiden einer Gallerthülle ein Teil der Kerne aufgelöst. Der Rest des Zellkörpers zerteilt sich multipel in mehrere einkernige Individuen, die sich innerhalb der Gallerthülle jeweils mit einer eigenen Cystenhülle umgeben und noch einmal teilen, sodass schließlich in jeder dieser Cysten zwei diploide Gamonten nebeneinander liegen. Es folgen zwei Kernteilungen; die Zellen teilen sich nicht mehr. Von den bei jeder der beiden Reifeteilungen entstehenden zwei Kernen geht je einer zugrunde und wird resorbiert. In jeder Zelle bleibt ein haploider Kern erhalten; die Zellen sind zu Gameten geworden. Die beiden Geschwistergameten verschmelzen schließlich wieder miteinander zur Zygote, die später auskriecht und Axopodien bildet. Zu Beginn der Verschmelzung wird eine geschlechtliche Differenzierung der beiden Gameten erkennbar: Nur einer von ihnen streckt pseudopodienartige Fortsätze in Richtung des Partners aus.

- Da die Kerne im Leben oft nur schwer zu erkennen sind, dem Präparat schließlich ein wenig Jodtinktur zusetzen. Die Kerne treten dann deutlich hervor.

5. Radiolaria

- Zum Studium der Organisation dienen mikroskopische Präparate von Radiolarienskeleten.

Die Radiolarien haben in der Regel einen kugel- oder ampelförmigen Körper, von dem, wie bei den Heliozoen, die Pseudopodien (Axopodien) radiär abstrahlen. Charakteristisch für sie ist das **Skelet** aus Kieselsäure oder – bei den Acantharia, zu denen *Acanthometron* gehört – aus Strontiumsulfat. *Acanthometron* hat 20 im Zentrum des Körpers zusammenstoßende Stacheln. Sie sind so verteilt, dass zwischen den beiden stachellosen Polen der vertikalen Hauptachse fünf Gürtel von je vier Stacheln liegen, die als Pol-, Tropen- und Äquatorialstacheln bezeichnet werden (Abb. 9).

Meist sind die Skelete erheblich komplizierter gebaut. Neben den radiären Stacheln oder Nadeln treten besonders häufig eine oder mehrere

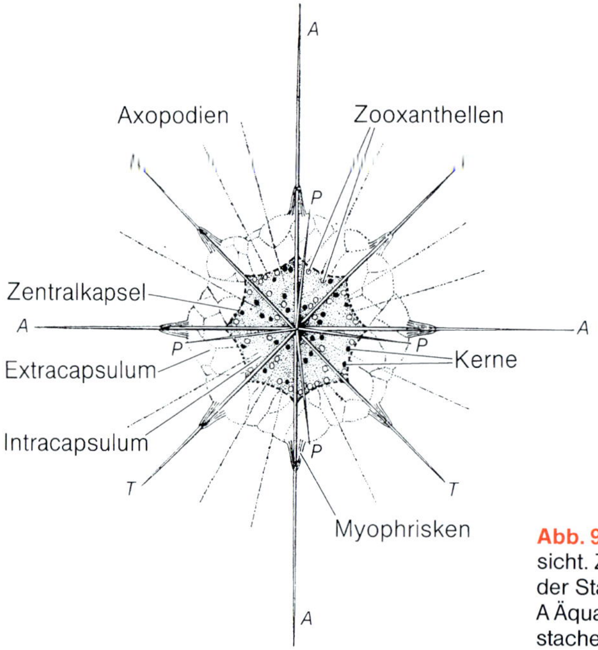

Abb. 9: *Acanthometron elasticum.* Polansicht. Zentralkapsel an den Durchtrittsstellen der Stacheln etwas nach außen gezogen. A Äquatorialstacheln, P Polstacheln, T Tropenstacheln, 200 ×. (Nach R. Hertwig und Kühn)

und dann konzentrisch angeordnete Gitterkugeln auf, aber auch scheiben- oder helmförmige Gerüst- und Plattenkonstruktionen kommen vor. Sämtliche Skeletteile, auch die weit herausragenden Stacheln, sind von einer dünnen cytoplasmatischen Hülle umgeben. Derartige Hüllen stellen auch die Hohlformen dar für neu zu bildende Skeletteile.

Das Cytoplasma der Radiolarien ist durch eine Polysaccharidmembran, die **Zentralkapsel**, in einen äußeren und einen inneren Bezirk, in ein extra- und ein intracapsuläres Cytoplasma geschieden. Zahlreiche feine oder auch einige größere Öffnungen der Kapselwand (Abb. 10) ermöglichen den Stoffaustausch zwischen den beiden Zellbereichen. Im intracapsulären Cytoplasma liegt der Kern oder liegen die polyploiden Kerne. Das Extracapsulum ist grob vakuolisiert. Je nach dem Grad ihrer Füllung schweben, sinken oder steigen die Tiere. Bei anderen Formen sind im Intracapsulum eingeschlossene Öltropfen oder Gasbläschen (CO_2) von Bedeutung.

An weiteren Einschlüssen kommen sowohl im intra- als auch im extracapsulären Plasma Fetttröpfchen, Eiweißkristalle, Pigmente u. dgl. vor; außerdem – im Extracapsulum – natürlich Nahrungsvakuolen. Es fehlen dagegen kontraktile Vakuolen. Sehr häufig findet man im Extracapsulum von Radiolarien Zooxanthellen. Es handelt sich dabei um autotrophe Flagellaten, die den Radiolarien den bei der Photosynthese ausgeschiedenen Sauerstoff und einen Überschuss von Assimilaten zur Verfügung stellen, selbst aber Schutz und Nährstoffe von der Wirtszelle erhalten.

Die Bildung des Skelets erfolgt im extracapsulären Cytoplasma, doch wächst bei Formen mit konzentrisch angeordneten Gitterkugeln die Zentralkapsel (und auch der Kern) nicht selten über die inneren Skeletteile hinaus. Der Kapselmembran wird dabei vermutlich durch Intussuszeption Material eingelagert, das in Form von Stäbchen im Golgi-Apparat gebildet wird.

Die **Fortpflanzung** der Radiolarien erfolgt durch Zweiteilung. Die Bedeutung der zweigeißligen Schwärmsporen, die durch multiple Teilung entstehen, ist unbekannt. Bei der Zweiteilung werden Zentralkapsel und Skeletelemente häufig auf beide Tochterindividuen verteilt. Festgefügte Gittergehäuse dagegen werden von einem Tochtertier verlassen, das dann ein neues

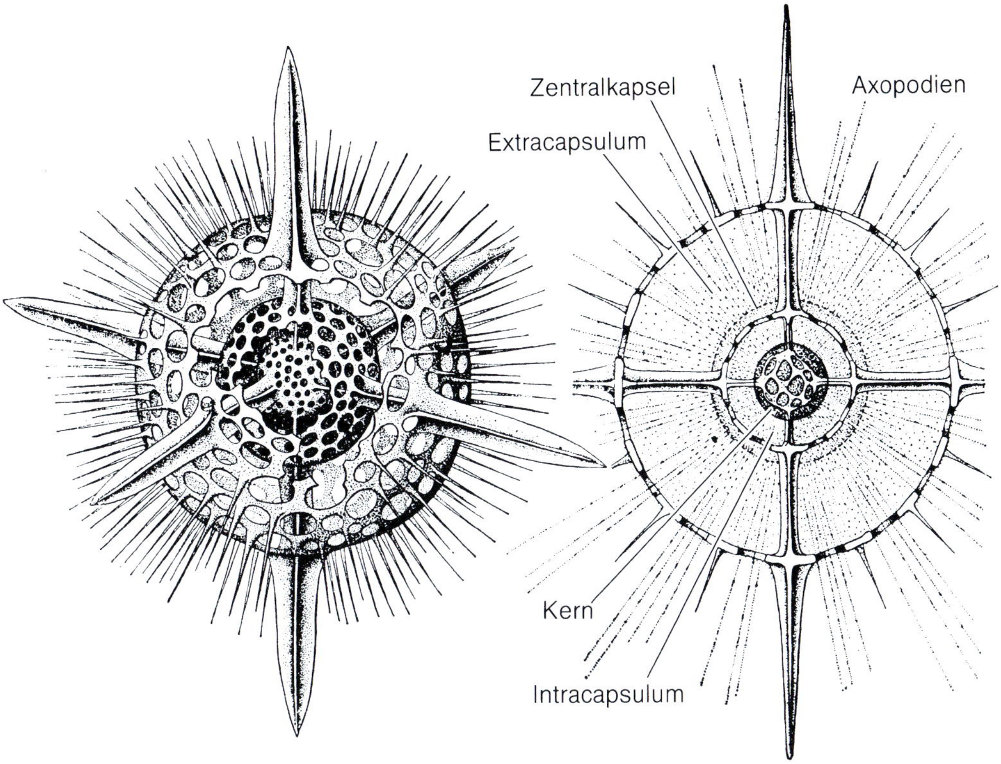

Abb. 10: *Hexacontium asteracanthion.* Links: Skelet aus drei Gitterkugeln, zwei davon innerhalb der Zentralkapsel, die innerste im Kern gelegen. Die beiden äußeren Gitterschalen aufgebrochen. Rechts: Schnitt durch ein Tier mit Weichkörper. (Nach Haeckel und Hertwig aus Kühn)

Skelet ausscheidet. Geschlechtsvorgänge konnten bisher nicht zweifelsfrei nachgewiesen werden.

Die koloniebildenden Radiolarien werden am besten durch Präparate von *Collozoum inerme* veranschaulicht. Die Zentralkapseln dieser skeletlosen Form sind von einem gemeinsamen Extracapsulum umgeben. In jeder Zentralkapsel findet sich beim lebenden Tier eine Ölkugel. Deutlich sind an den Präparaten die die Zentralkapseln umgebenden Zooxanthellen zu bemerken.

Die Radiolarien sind planktische Bewohner vor allem tropischer und subtropischer Meere. Die abgesunkenen Skelete toter Tiere bilden am Meeresboden den Radiolarienschlamm.

Flagellata

Die Flagellaten sind eine polyphyletisch entstandene Organisationsform, die sich sowohl unter Protozoen als auch bei Pflanzen findet. Sie besitzen eine, mehrere oder auch viele Geißeln, mit denen sie sich fortbewegen und auch Nahrung herantransportieren. Geißeln sind relativ lange Kinocilien, die meist am Vorderende der Zelle oder in einer Vertiefung, einem Geißelsäckchen, entspringen. In ihrem submikroskopischen Feinbau stimmen sämtliche bei Protozoen, Spermien und bei vielzelligen Tieren vorkommende Geißeln weitgehend überein: Der Geißelschaft ist von der Zellmembran überzogen. In seinem Inneren befinden sich 2 zentrale Mikrotubuli und, um sie kreisförmig angeordnet, 9 Doppelmikrotubuli. Mikrotubuli sind röhrenförmige Strukturen von 25 nm Außendurchmesser. Ihre Wände sind aus Längsreihen globulärer Tubulinmoleküle aufgebaut.

Die beiden zentralen Tubuli sind nur im Schaft der Geißel ausgebildet. Die peripheren Doppeltubuli dagegen setzen sich in den Zellleib hinein fort. Zu jedem Doppeltubulus tritt dort ein weiterer Mikrotubulus hinzu, sodass die tubuläre Basis jeder Geißel aus einem Kranz von neun Dreifachtubuli besteht. Zusammen mit anderen (in Einzelheiten variierenden) Strukturen der Geißel- oder Cilienbasis bilden sie den zylinderförmigen Basalkörper (das Kinetosom).

An den Bewegungen der Geißeln sind u. a. Struktur- und Motorproteine sowie ATP beteiligt. Die Bewegungen sind schnell (bis zu etwa 200 Schlagzyklen/sec), ihre Bewegungsform ist oft sehr kompliziert (s. S. 24). – Manche Flagellaten können sich außer durch Geißelschlag auch durch Pseudopodien oder durch Veränderung der Körpergestalt fortbewegen.

Besonders interessant ist die **Ernährungsweise** der Flagellaten. Sehr viele von ihnen sind autotroph, d. h. sie ernähren sich nach Art der grünen Pflanzen durch Photosynthese und sind mit Chloroplasten ausgestattet. Diese enthalten Chlorophyll, daneben oft noch Xanthophylle und Carotinoide, und sind daher nicht nur nach Form, sondern auch nach Farbe (grün, gelb, braun) verschieden. Diesen Phytomastigophora (Phytoflagellata) stehen zahlreiche Zoomastigophora (Zooflagellata) gegenüber, die sich rein tierisch (heterotroph) durch Aufnahme organischer Stoffe in fester oder flüssiger Form ernähren. Die Nahrungsstoffe werden durch Pseudopodien, an einer besonders dazu differenzierten Körperstelle mit dem Cytostom (Zellmund) oder wohl auch mit der ganzen Körperoberfläche aufgenommen. Als mixotroph werden Phytoflagellaten bezeichnet, die Chloroplasten haben, zusätzlich aber auch noch heterotroph Nahrung aufnehmen müssen. Schließlich gibt es Arten, die sich je nach Ernährungs- und Lichtbedingungen sowohl auto- als auch rein heterotroph ernähren können (amphitrophe Ernährungsweise). Manche grüne, amphitrophe Flagellaten verlieren, wenn man sie im Dunkeln in Nährlösungen züchtet, ihre Chloroplasten. Sie und ihre Abkömmlinge können sich dann nur mehr heterotroph ernähren.

Kontraktile Vakuolen – sie kommen bei vielen Flagellaten vor – haben im Zellkörper eine feste Position im Bereich des Geißelsäckchens, in das sie ihren Inhalt durch einen Porus entleeren.

Die ungeschlechtliche **Vermehrung** der Flagellaten läuft meist als Längsteilung ab. Geschlechtliche Vorgänge (Isogamie und Anisogamie) sind bei Polymastiginen beobachtet worden. Viele Flagellatenarten leben parasitisch. Eine Reihe von ihnen sind für den Menschen sehr bedeutungsvolle Krankheitserreger (s. S. 25).

1. *Euglena viridis*

Zu den häufigsten Flagellaten zählen die Angehörigen der Gattung *Euglena*. Sie kommen in Pfützen und Gräben mit nährstoffreichem, oft auch ammoniakhaltigem Wasser bisweilen in so großer Menge vor, dass das Wasser dadurch grün gefärbt wird. Die grüne Farbe, die auch im Präparat auffällt, verdanken sie großen, bei *Euglena viridis* sternförmig angeordneten **Chloroplasten** (Abb. 11). Das Assimilationsprodukt, das stärkeähnliche Paramylon, wird in Form

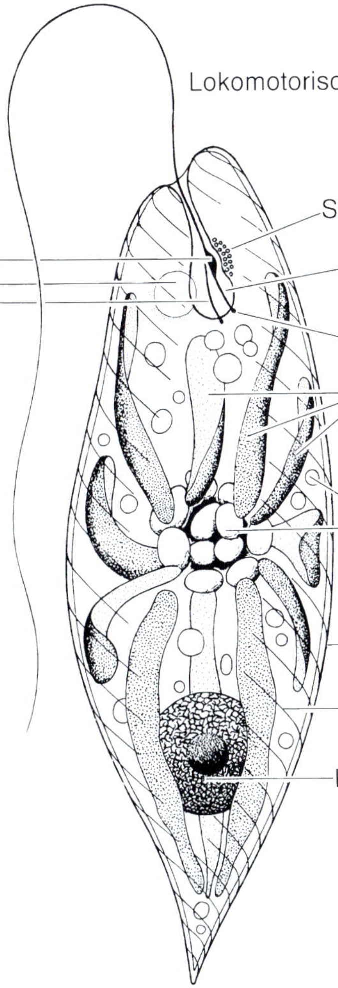

Abb. 11: *Euglena viridis.* Etwa 1000 ×. (Nach Fott, verändert)

zahlreicher Körner im Cytoplasma gespeichert. Wenn durch andauernden Lichtmangel die Photosynthese über längere Zeit unmöglich ist, ernähren sich die Euglenen heterotroph von gelösten organischen Stoffen.

Der spindelförmige Zellkörper erhält Form und Stütze durch eine feste Zellhülle, die **Pellicula**. Sie zeigt eine feine, enge Streifung (in Abb. 11 nur angedeutet). Sie wird hervorgerufen durch leistenförmige Erhebungen, zwischen denen sich relativ tiefe Furchen befinden. Jeder Leiste sind einige im Cytoplasma nahe der Oberfläche furchenparallel verlaufende Mikrotubuli zugeordnet. Durch feinste Poren in den Furchen wird aus Sekretvakuolen, die im oberflächennahen Cytoplasma liegen, eine schleimige Substanz nach außen abgeschieden. Sie überzieht die Zelle als feiner Film.

Trotz der ziemlich festen Pellicula vermag *Euglena* in beträchtlichem Maß seine Gestalt zu verändern. Auch kann sie sich unter ungünstigen Lebensbedingungen abkugeln und durch Abscheiden einer Gallerthülle schützen. Da sich die zwischen Objektträger und Deckglas eingeschlossenen Euglenen unter recht ungünstigen Bedingungen befinden, haben wir Gelegenheit,

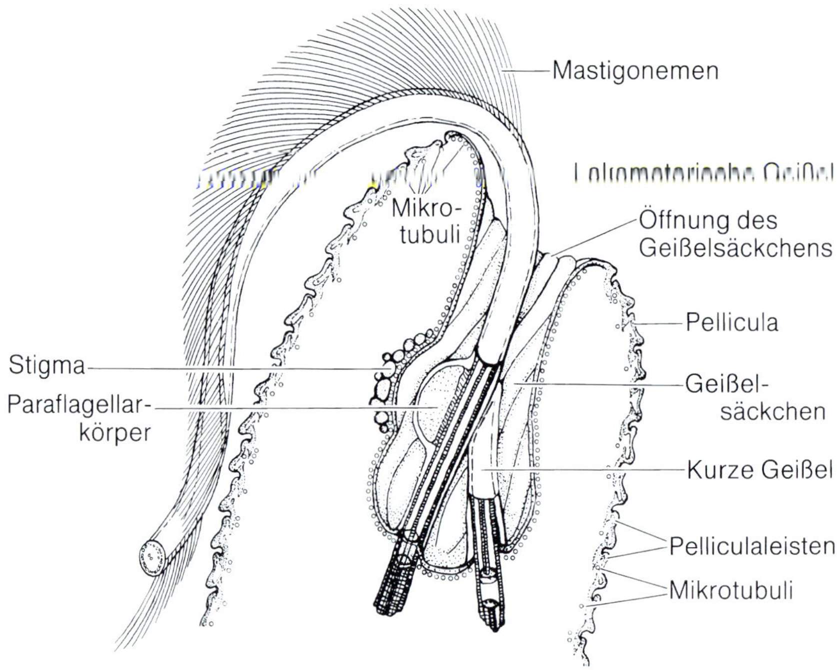

Abb. 12: *Euglena viridis.* Vorderende mit Geißelsäckchen. Etwa 3000 ×. (Nach verschiedenen Autoren)

Formveränderlichkeit und Abkugelung zu beobachten.

Normalerweise dient als Bewegungsorganell die lange **Geißel** (**Flagellum**), die am Vorderende am Boden einer Vertiefung, dem Geißelsäckchen, entspringt (Abb. 12). Die Geißel (Durchmesser des Schaftes etwa 0,4 µm) trägt – für uns nicht erkennbar – einen Besatz fadenförmiger Fortsätze (Mastigonemen).

- Dem Präparat von der Seite etwas schwarze Wasserfarbe zusetzen.

Dabei erkennt man, dass die Geißel beim Schwimmen meist nach hinten gerichtet ist. Ihr Schlag bewirkt neben der in lang gestreckten Schraubenlinien erfolgenden Vorwärtsbewegung eine Rotation des Körpers.

- Man kann die Bewegung verlangsamen, wenn man die Tiere einer niedrigeren Temperatur, etwa 12 °C, aussetzt, oder dadurch, dass man das Medium durch Zusatz einer etwa 3%igen Gelatinelösung dickflüssiger macht oder einige Flocken Methylcellulose zugibt.
- Besonders bewährt hat sich folgende Methode: Eine etwa 1%ige Lösung von Agar in Wasser bereiten und bei 40 °C flüssig halten. Einen kleinen Tropfen der Kulturflüssigkeit, der frei von Schmutzpartikelchen usw. sein soll, auf den Objektträger geben und einen ebenso großen Tropfen der Agarlösung auf ein Deckglas geben, dieses rasch umdrehen, Tropfen über Tropfen abzentrifugieren und das Deckglas auf den Objektträger fallen lassen. Die Temperatur des Gemisches sinkt augenblicklich unter 30 °C; es geliert zu einem inhomogenen Medium, in dem in einem Gelatinenetz viele Mikroaquarien eingeschlossen sind, die den Protozoen nur geringe Bewegungsfreiheit erlauben.
- Nicht auf das Deckglas drücken oder es seitlich verschieben. Diese Methode eignet sich auch für Lebendbeobachtung anderer kleiner Organismen.

Euglena viridis hat, wie alle Arten der Gattung, neben der langen, lokomotorischen eine weitere, kurze Geißel. Sie entspringt ebenfalls im Geißelsäckchen, ragt aber nicht daraus hervor.

Den **Paraflagellarkörper**, eine winzige Anschwellung am Schaft der lokomotorischen Geißel, werden wir mit unseren Hilfsmitteln nicht sehen können, wohl aber das Stigma, das als kleiner, leuchtend orangeroter Fleck am

Vorderende des Einzellers auffällt. Es besteht aus einer Ansammlung kleiner karotinoidhaltiger Lipideinschlüsse, die einer schüsselförmigen Eindellung der Geißelsäckchenwand, in die sich der Paraflagellarkörper schmiegt, unmittelbar anliegen (Abb. 12).

Neben dem Geißelsäckchen liegt eine **kontraktile Vakuole**, konzentrisch umgeben von kleinen Bildungsvakuolen. Sie ergießt ihren Inhalt in das Geißelsäckchen, das man deswegen auch als Reservoir bezeichnet. Aus den Bildungsvakuolen wird die kontraktile Vakuole dann wieder aufgefüllt.

Weiter hinten im Körper liegt der helle **Zellkern** mit großem, zentralem Nucleolus.

Die ungeschlechtliche **Fortpflanzung** beginnt mit der Mitose des Kernes, schreitet fort mit der Verdoppelung der Organellen des Bewegungsapparates und findet ihren Abschluss in der von vorn nach hinten fortschreitenden Längsteilung der Zelle, bei gleichzeitiger Ergänzung der zunächst fehlenden Pelliculaleisten. Geschlechtliche Vorgänge wurden zwar bei anderen Flagellaten, bisher aber nicht bei den Euglenida nachgewiesen.

2. *Trypanosoma brucei*

Die Trypanosomen sind eine Gruppe von Flagellaten, die im Blut zahlreicher Wirbeltiere leben; sie können schwere **Krankheiten** hervorrufen (*Trypanosoma brucei gambiense* und *T. b. rhodesiense* sind die Erreger der **Schlafkrankheit**). *Trypanosoma brucei brucei* kommt im Blut fast aller Großsäuger Afrikas vor, lässt sich aber z. B. auch auf Mäuse überimpfen. Es ruft die **Naganaseuche** hervor. Die Übertragung erfolgt durch die Tsetsefliegen *(Glossina)*, die auch die Erreger der Schlafkrankheit des Menschen übertragen. Die Stechfliegen werden erst 20 Tage nach der Aufnahme trypanosomenhaltigen Blutes infektiös, da die Parasiten im Darm und in den Speicheldrüsen der Fliege einen Formwechsel vollziehen, der mit einer starken Vermehrung verbunden ist. Erst in den Speicheldrüsen werden sie nach weiteren Vermehrungsteilungen zu infektionsfähigen Trypanosomen von typischer trypomastigoter Gestalt.

- Zunächst lebende Trypanosomen mikroskopieren. Eine stark infizierte Maus mit Chloroform töten und Blut mit einer nicht zu feinen Pipette direkt aus dem Herzen entnehmen.
- Einen möglichst kleinen Tropfen auf einen entfetteten Objektträger bringen, ein Deckglas auflegen und vorsichtig andrücken.

Zwischen den dicht gedrängten roten Blutkörperchen, die im Präparat blassgelb aussehen, bewegen sich zahlreiche Trypanosomen lebhaft hin und her. Nach Gestalt und Lage der Geißel handelt es sich um so genannte trypomastigote Stadien. Bei stärkerer Vergrößerung sind auch hier schon einige Einzelheiten wie die „undulierende Membran“ und der Kern zu erkennen (Abb. 13). In erster Linie soll das Präparat jedoch eine Vorstellung von der großen Zahl der Parasiten im Blut und von ihrer Bewegungsweise vermitteln.

Mehr Einzelheiten sind an – nach PAPPENHEIM – gefärbten Ausstrichpräparaten, besonders bei starker Vergrößerung (Ölimmersion!) zu erkennen. Die roten Blutkörperchen sind blassrosa, die viel spärlicheren weißen Blutkörperchen blassviolett gefärbt, ihr Kern dunkelviolett. Die Trypanosomen sind nach Form und Färbung, vor allem da, wo die Erythrocyten nicht zu dicht lagern, leicht zu finden.

Das Vorderende der schlank lanzettförmigen, mehr oder weniger stark geschlängelten Parasiten ist zugespitzt und an der freischwingenden Geißel zu erkennen, das Hinterende stumpfer.

Das Cytoplasma ist bläulich getönt und zeigt eine helle Fleckung. Der Kern ist im gefärbten Präparat lebhaft rot. Er liegt etwa in der Mitte des Körpers. Die bandförmige Geißel entspringt nahe dem Hinterende an einem Basalkörper (Kinetosom) und in einem Geißelsäckchen, läuft außen nach vorn und wird erst am Vorderende frei; im übrigen Teil ist sie mit einer wechselnd hohen, flossensaumförmigen Erhebung mit der Zellmembran des Zellkörpers durch desmosomenähnliche Strukturen verbunden. Durch ihr Schlängeln wird der Saum, die **undulierende Membran**, wellenförmig bewegt. Neben dem Kinetosom liegt, ebenfalls rot gefärbt, der **Kinetoplast**. Dieser ist eine Aussackung des einen, durch die ganze Zelle ziehenden Mitochondriums, in der die mitochondriale DNA in Form besonders gestalteter Ringe dicht gedrängt vorliegt. Wie die übrigen Teile des Mitochondriums entsteht er bei der Zellteilung durch Selbstverdoppelung (er repliziert sich autonom).

Die Zellmembran – auch das ist an dem Präparat nicht zu erkennen – ist innen durch schraubig verlaufende Mikrotubuli verstärkt. An der Stelle der Nahrungsaufnahme, die durch Pinocytose am Boden des Geißelsäckchens erfolgt, fehlen die Festigungsstrukturen (Abb. 14). Außen trägt die Zellmembran eine relativ dicke Glykocalyx, auf die als Antigene das Immunsystem des Wirts mit der Bildung entsprechender Antikörper reagiert. Ein von Zeit zu Zeit durch Aktivierung bzw. Inaktivierung von Genen erfolgender Wechsel der Aminosäuresequenz des Glykoproteinmantels macht die Immunabwehr jedoch immer wieder wirkungslos (Antigenvarianz).

Die ungeschlechtliche **Vermehrung** erfolgt bei *T. brucei* durch Längsteilung. Im lichtmikroskopischen Präparat erkennt man zunächst die Verdoppelung des Basalkörpers, dann die des Kinetoplasten und schließlich des Kerns (Abb. 13). Die Teilung des Basalkörpers hat auch eine Verdoppelung der Geißel zur Folge. Die danach einsetzende Plasmadurchschnürung beginnt von vorn her, sodass die beiden Tochterzellen schließlich nur noch am Hinterende miteinander zusammenhängen, bis sie sich schließlich ganz voneinander lösen.

- Die einzelnen Stadien des Teilungsvorgangs im Präparat aufsuchen und skizzieren.

Ausstrich und Färbung werden folgendermaßen ausgeführt.

- Aus der Pipette auf einen entfetteten Objektträger, etwa 1 cm von der Schmalseite entfernt, einen kleinen Tropfen Blut geben, dann auf die Mitte des Objektträgers unter einem Winkel von etwa 45° hochkant einen zweiten aufsetzen und in Richtung des Bluttropfens bis zur Berührung ziehen.
- Einen Augenblick warten, bis der Tropfen sich in dem Winkel zwischen beiden Gläsern breit ausgezogen hat. Schließlich den Objektträger in umgekehrter Richtung, also wieder zur Mitte hin und darüber hinaus, immer unter Wahrung des Winkels von ungefähr 45°, in gleichmäßigem Zuge über den Objektträger hinwegbewegen. Dadurch breitet sich der Bluttropfen in gleichmäßig dünner Schicht fast über den ganzen Objektträger aus. Schnelles Hin- und Herfächeln lässt den Ausstrich in kurzer Zeit trocknen, und dann kann die Färbung beginnen.
- Die empfehlenswerteste Methode ist die nach Pappenheim. 1. Der horizontal gelegte Objektträger wird mit einigen Tropfen May-Grünwald-Lösung bedeckt und so 3 Minuten stehen gelassen. 2. Man fügt die gleiche Menge destillierten Wassers hinzu und bewegt den Objektträger zur besseren Durchmischung leicht hin und her (1 Minute). 3. Die verdünnte Farblösung wird abgegossen und durch verdünnte Giemsa-Lösung (0,3 ml Lösung auf 10 ccm Aqua dest.) ersetzt; 12–15 Minuten so liegen lassen. 4. Die Farblösung abfließen lassen, mit destilliertem Wasser kräftig abspulen. Trocknen durch Fächeln. Der so gefärbte Ausstrich wird am besten sofort, ohne Deckglas, aber mit Immersion untersucht.

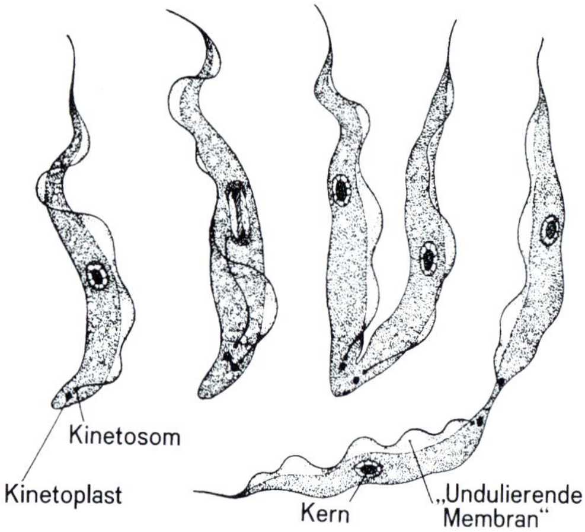

Abb. 13: *Trypanosoma brucei* im Säugerblut. Links gewöhnliche Form, rechts drei Stadien der Längsteilung. Länge 12–35 µm. (Nach Kühn)

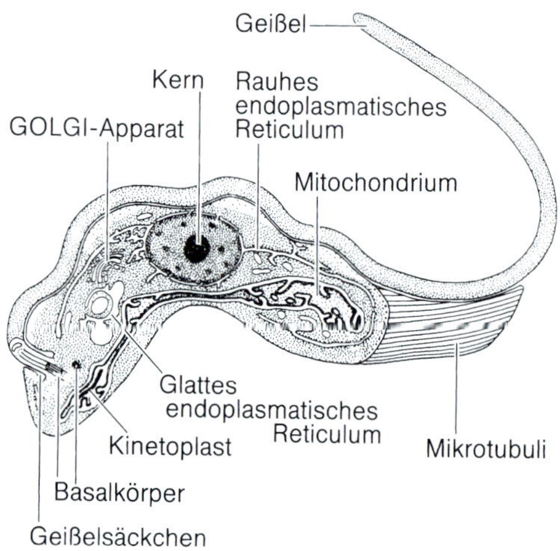

Abb. 14: *Trypanosoma brucei.* Trypomastigote Form aus dem Säugerblut; nach elektronenmikroskopischen Aufnahmen. Länge etwa 30 µm. (Nach Vickerman)

Sporozoa (= Apicomplexa)

Der Stamm der Sporozoa (Apicomplexa) umfasst parasitische Protozoen, deren Infektionsstadien (Sporozoit, Merozoit) am vorderen Zellpol (am Apex) komplexe Strukturen aufweisen (Abb. 15a), die allerdings nur elektronenmikroskopisch darstellbar sind. Die wesentlichen Organellen in diesem apikalen Zellbereich sind ein **Conoid** (ein hohles, kegelförmiges Gebilde, das der Penetration der Wirtszellen dient), keulenförmige Rhoptrien (lytische Enzyme enthaltend) und mit diesen in Verbindung stehende Mikronemen (Funktion unbekannt). Die nur von der Zellmembran begrenzten **Mikroporen** dienen der Nahrungsaufnahme.

Die Apicomplexa sind Endoparasiten, die im Darm oder in der Leibeshöhle extrazellulär oder in Zellen (intrazellulär) leben. Ihr Lebenszyklus hat sich gegenüber vielen freilebenden Protozoen kompliziert. **Multiple Teilung**, sonst relativ selten, ist bei ihnen häufig. Sie dient der Vermehrung des Parasiten innerhalb eines Wirtes (**Schizogonie**) oder auch der Übertragung auf einen neuen Wirt (**Sporogonie**), wobei die Teilungsprodukte in feste, als Sporocysten („Sporen") bezeichnete Kapseln eingeschlossen sind. Wenn die Verbreitung durch einen Überträger (= Vektor) erfolgt, fällt mit der Notwendigkeit eines Schutzes gegen das Vertrocknen die Sporenbildung fort. Zwischen Schizogonie und Sporogonie kommt es zur **Gamogonie**, wobei von Gamonten gebildete Geschlechtszellen (Isogameten oder Anisogameten) entstehen. Je zwei Gameten verschmelzen zu einer Zygote. Der Wechsel zwischen geschlechtlicher und ungeschlechtlicher Fortpflanzung ist regelmäßig, die Sporozoa weisen somit einen obligatorischen Generationswechsel auf (nicht bei *Gregarina* und *Monocystis*).

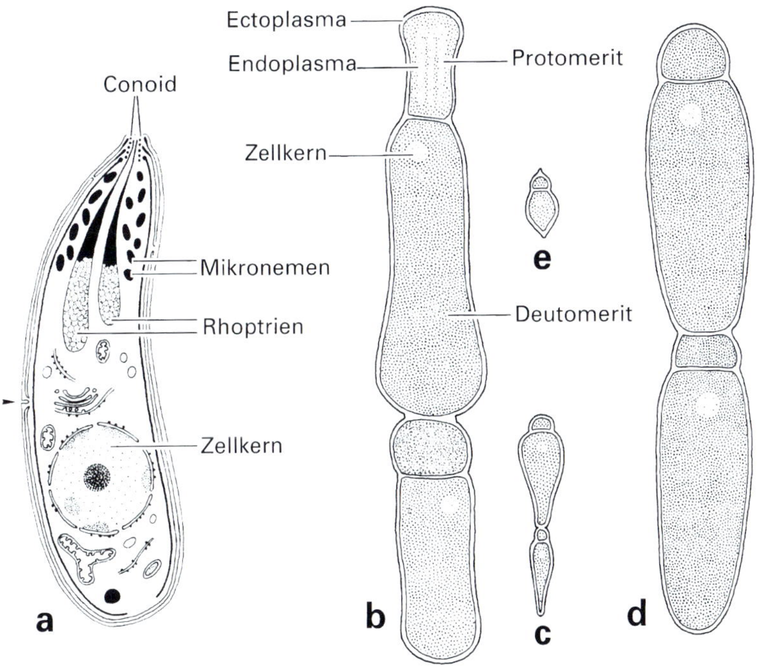

Abb. 15: Apicomplexa. a. Infektionsstadium mit Penetrationsapparat (elektronenmikroskopisches Schema); der Pfeilkopf zeigt auf eine Mikropore. b–d. Gregarinen aus dem Mehlwurmdarm, b. *Gregarina cuneata*, c. *Gregarina steini*, d. *Gregarina polymorpha*, e. junges Individuum der letzten Art. Etwa 200 ×

Die Art der **Fortbewegung** ist mannigfach. Viele Formen zeigen ein eigenartiges Gleiten (z. B. bei Gregarinen), andere bewegen sich mithilfe kräftiger Kontraktionswellen fort. Wieder andere vermögen sich wie Nematoden (s. S. 113) hin und her zu schlängeln. Die meisten Mikrogameten besitzen Geißeln.

Nahrung wird in aufbereiteter und flüssiger Form dem Wirt entzogen und durch Permeation oder auch durch **Mikroporen** (= Mikrocytostom) aufgenommen. Da die Sporozoen in einem isotonischen Medium leben, entfällt die Notwendigkeit der Ausbildung kontraktiler Vakuolen.

1. **Gregarinida**, Gregarinen

Die Gregarinen sind Parasiten, die im Darm und anderen Körperhöhlen wirbelloser Tiere leben (Abb. 15). Sie erreichen eine für Protozoen ungewöhnliche Größe von einigen µm bis maximal 15 mm.

Bei der **Fortpflanzung** wechseln geschlechtliche und ungeschlechtliche Vorgänge miteinander ab. Die geschlechtliche Fortpflanzung ist eine Gamontogamie: Je zwei Gamonten legen sich aneinander und umgeben sich mit einer gemeinsamen Cystenwand (Gamontencyste, Abb. 16). In der Cyste macht jeder der beiden – ursprünglich einkernigen – Gamonten eine starke Kernvermehrung durch. Die Kerne wandern an die Peripherie, worauf sich beide Gamonten in eine der Zahl der Kerne entsprechende Anzahl von Gameten teilen. Ein großer, mittlerer Plasmakomplex der Gamonten, der sog. Restkörper, bleibt von der Teilung unberührt; er geht zugrunde. Die Gameten, Iso- oder Anisogameten (s. S. 11) verschmelzen paarweise miteinander. Die Verschmelzungsprodukte, die Zygoten, umgeben sich – immer noch innerhalb der Gamontencyste und jede für sich – mit einer festen Hülle und werden dadurch zu spindelförmigen Sporen oder Sporocysten. Der Inhalt jeder Sporocyste teilt sich simultan in 8 Sporozoiten. Bei dieser Sporogonie findet, und zwar bei der ersten Teilung des Zygotenkernes, die Reduktion der Chromosomen statt. Diploid ist also nur die Zygote. Gelangen die reifen Sporocysten ins Freie und werden dann von einem neuen Wirtstier mit der Nahrung aufgenommen, so kriechen die Sporozoiten aus einer vorgebildeten Öffnung der Spore aus oder werden durch ihr Auseinanderklappen frei und wachsen allmählich als vegetative Formen (Trophozoiten genannt) zu Gamonten (generativen Formen) heran, von denen wir ausgegangen sind.

- Die vegetativen Formen von Gregarinen aus dem Darm des Mehlwurmes, *Gregarina polymorpha* und *G. cuneata* sowie die seltenere *G. steini* mikroskopieren.

Der Körper von *Gregarina* gliedert sich in zwei Abschnitte, einen vorderen, **Protomerit** genannt, und einem hinteren Hauptabschnitt, den **Deutomeriten**. Bei jungen Individuen setzt sich überdies der vordere Abschnitt des Protomeriten noch als besonderer **Epimerit** ab, der bei anderen Gregarinen-Arten mannigfache Hafteinrichtungen besitzt. Mit ihnen sind die jungen Gregarinen in Zellen der Darmwand verankert.

Die Oberfläche des Zellkörpers lässt manchmal im Lichtmikroskop eine feine Längsstreifung erkennen. Sie kommt, wie elektronenmikroskopische Aufnahmen zeigen, durch längsparallele, faltenartige Erhebungen der aus drei eng benachbarten Membranen aufgebauten Körperwand zustande. Diese drei Grenzschichten stellen mitsamt dem die Falten erfüllenden Ectoplasma die aufgrund lichtmikroskopischer Untersuchungen als Pellicula bezeichnete Außenschicht dar. Im Ectoplasma unter und in den Falten finden sich zahlreiche Mikrofilamente sowie Mikrotubuli. Das Endoplasma ist reich an Reservestoffen (Amylopektin, Fett, Eiweiße) und anderen granulären Gebilden. Die zu Myonemen gebündelten Filamente, die sich vor allem in der Außenschicht des Endoplasmas befinden, macht man für die Gestaltsveränderungen, zu denen die verschiedenen Gregarinida befähigt sind, verantwortlich.

Zwischen dem Protomerit und dem Deutomerit ist ein lichtmikroskopisch hell erscheinendes Septum quer ausgespannt. Zellmund, Zellafter, kontraktile Vakuolen und Nahrungsvakuolen fehlen den Gregarinen. Am Grunde der Pelliculafalten liegen zahlreiche Mikroporen. Der **Zellkern** liegt im Deutomeriten und ist bei lebenden Individuen als hellere Stelle inmitten des durch die Reservestoffe getrübten Endoplasmas zu erkennen.

Fast stets wird man im Präparat paarweise aneinander liegende Gregarinen finden, wobei sich die eine mit ihrem Vorderende am Hinter-

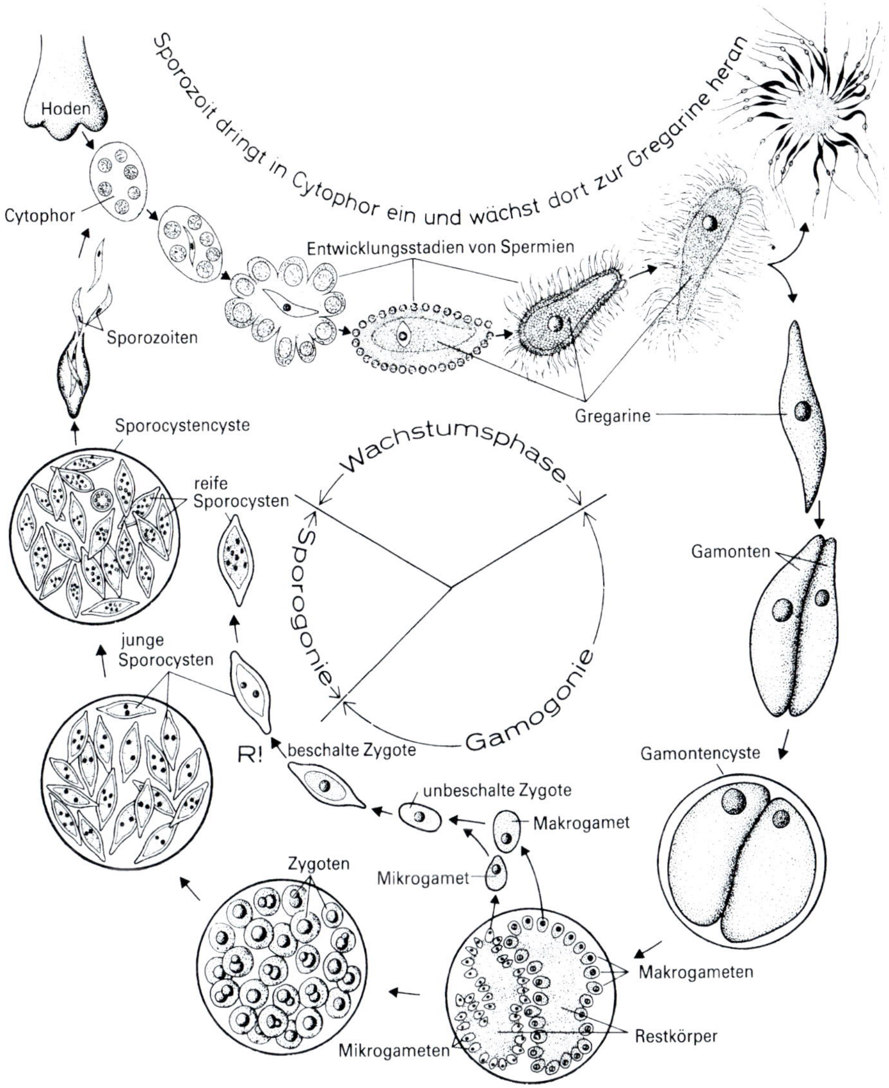

Abb. 16: Entwicklungszyklus von *Monocystis spec.* Die reifen Sporocysten enthalten 8 Sporozoiten, auf den Schnittpräparaten sind jedoch nicht immer alle 8 Kerne zu sehen. R! Reifeteilung. Die einzelnen Entwicklungsstadien sind zum Teil verschieden stark vergrößert

ende der anderen angehängt hat. Es handelt sich dann um zwei Gamonten, die sich später in eine gemeinsame Cyste zur Bildung der Gameten einschließen werden. Bisweilen machen sich an den beiden vereinten Individuen morphologische oder färberische Unterschiede bemerkbar, die man als Zeichen einer geschlechtlichen Differenzierung auffasst. Dieses Stadium wird als Syzygie bezeichnet.

Überaus eigenartig ist die **Fortbewegung** der Gregarinen. Man erkennt sie als ein gleichmäßiges Vorwärtsgleiten bei regungslos erscheinender Zelloberfläche. Wahrscheinlich kommt die Vorwärtsbewegung durch ein wellenförmiges Schwingen der Pelliculafalten zustande. Diese und alle anderen Bewegungsformen sind wohl auf die Aktion subpelliculärer Mikrofilamente und Mikrotubuli zurückzuführen.

- Gamogonie und Sporogonie werden am besten an Regenwurmgregarinen der Gattung *Monocystis* studiert. Sie leben in den Samenblasen der Regenwürmer. Entnahme daraus siehe S. 8. Einen Tropfen der milchigen Suspension samt einigen Stücken Samenblasenwand auf den Objektträger geben. Deckglas mit Wachsfüßchen. Mikroskopieren am besten mit dem Phasenkontrastmikroskop. Anschließend Studium gefärbter Schnittpräparate durch Samenblase und Samenblasenwand.

Zunächst werden im Präparat kugelige Gebilde von verschiedener und oft ansehnlicher Größe auffallen. Es handelt sich um die von je einem Gamontenpaar abgeschiedenen Cysten, jetzt Sporocystencysten genannt. Sie sind dicht mit spindelförmigen Sporocysten voll gepackt, die in ihrem Inneren bei starker Vergrößerung 8 lanzettförmige Sporozoiten erkennen lassen. Werden die Sporocysten nach dem Tode ihres Wirtes frei (das geschieht meist, wenn ein Regenwurm von einer Amsel oder Elster gefressen wurde, mit deren Kot die Sporocysten verbreitet werden) und gelangen mit der Nahrung in den Darm eines anderen Regenwurmes, so wird ihre Wandung von den Verdauungsenzymen aufgelöst. Die von der Hülle befreiten Sporozoiten wandern, die Gewebe durchdringend, in die Samenblasen, die – bei geschlechtsreifen Regenwürmern – mit einer Suspension der verschiedensten Entwicklungsstadien der Spermien erfüllt sind.

Die Sporozoiten dringen oft in junge Follikel ein und wachsen in Cytophoren (Cytoplasmakörpern, die mit Keimzellen in Verbindung stehen; Abb. 16) heran. Dabei wird der sie umhüllende Cytoplasmamantel, in dem die Spermien mit ihren Köpfen befestigt sind, immer dünner, sodass die erwachsenen Gregarinen (Gamonten), zunächst wie bewimperte Infusorien aussehen. Schließlich verlassen sie den Cytophor. Sie sind nun von länglich lanzettförmiger Gestalt und fallen außer durch ihre Größe nicht selten durch ihre Beweglichkeit auf. Der Kern ist meist gut sichtbar. Die bei *Gregarina* beobachtete Zweiteilung in Protomerit und Deutomerit fehlt bei der Gattung *Monocystis*.

Je zwei erwachsene Gregarinen (Gamonten) legen sich aneinander, runden sich halbkugelförmig ab und scheiden die gemeinsame Cystenhülle (Gamontencyste) aus. Durch fortgesetzte und rasch hintereinander ablaufende Mitosen werden die beiden Gamonten erst vielkernig, um schließlich unter Hinterlassung des Restkörpers durch simultane Teilungen in Gameten zu zerfallen, die innerhalb der Gamontencyste paarweise verschmelzen. Jede Zygote umgibt sich mit einer Sporocystenhülle. In ihr entstehen nach Reifeteilung und Mitose – acht haploide, infektionsfähige Sporozoiten.

2. Coccidia

Die zur zweiten Ordnung der Sporozoa, zu den Coccidia gehörenden Haemosporidia sind, wie schon ihr Name zu erkennen gibt, Blutparasiten. Sie leben in den roten Blutkörperchen (Erythrocyten) von Wirbeltieren. Die für den Menschen wichtigste Gattung *Plasmodium* mit den vier Arten *Plasmodium malariae*, *P. vivax*, *P. falciparum* und *P. ovale* ruft die **Malaria** hervor. *Plasmodium malariae* ist der Erreger der Malaria quartana (Viertagefieber; Fieberanfälle alle 72 Stunden, also jeden vierten Tag, wenn man den Anfallstag als ersten Tag bezeichnet). *P. vivax* und *P. ovale* verursachen die Malaria tertiana (gutartiges Dreitagefieber, Fieberanfälle alle 48 Stunden, also jeden dritten Tag) und *P. falciparum* die Malaria tropica (bösartige Malaria, Fieberanfälle unregelmäßig). Auch Mischinfektionen kommen vor. Als Überträger von Mensch zu Mensch fungieren Stechmücken der Gattung *Anopheles*, die beim Blutsaugen die Parasiten aufgenommen haben. Die Mückenweibchen übertragen Sporozoiten, die in der Leber zu einer **exoerythrocytären Schizogonie** mit Merozoitenbildung führt.

Ein bis zwei Wochen nach dem infizierenden Stich der Mücke findet man die Merozoiten dann innerhalb von roten Blutkörperchen (vgl. Abb. 17). Sie wachsen schnell heran, werden kugelig und vielkernig und teilen sich dann in eine entsprechende Zahl von Tochterindividuen (Merozoiten), die durch Zerfall des Blutkörperchens frei werden und sofort wieder neue Erythrocyten befallen. Dieser als **erythrocytäre Schizogonie** bezeichnete Vermehrungsvorgang beansprucht 3 Tage bei *P. malariae* und 2 Tage bei *P. vivax*, *P. ovale* sowie *P. falciparum*. Er wiederholt sich immer von neuem, bis die Zahl der Schizonten so groß ist, dass die Wirtskörper mit Fieberanfällen auf die giftigen Zerfallsprodukte der Erythrocyten und Schizonten-Restkörper reagieren.

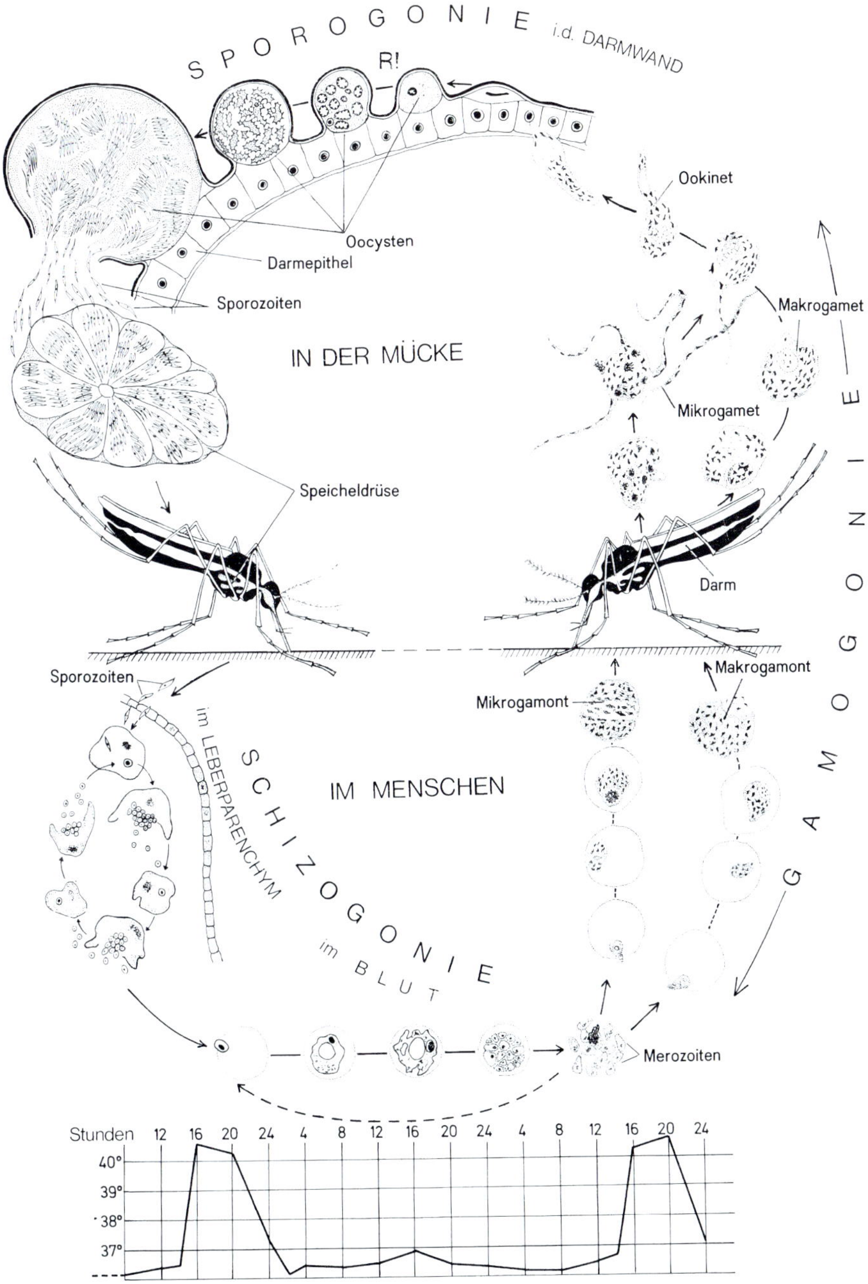

Abb. 17: Entwicklungszyklus von *Plasmodium vivax*, des Erregers der Malaria tertiana. R = Reduktionsteilung; Leberparenchym = Leberepithelzellen (Hepatocyten). Unten Fieberkurve

Nach einer gewissen Zeit setzt die Bildung von Geschlechtsformen ein (**Gamogonie**), die innerhalb der roten Blutkörperchen beginnt, aber nur im Darm der Mücke zum Abschluss kommen kann. Im Blut des Menschen finden sich daher nur Vorstadien der Geschlechtsformen, die weiblichen Makrogamonten und die männlichen Mikrogamonten. Aus ihnen entstehen im Darm der Mücke die Gameten: Der Makrogamont nimmt eine kugelige Form an und wird dann als Makrogamet bezeichnet; der Mikrogamont bildet 4–8 fadenförmige und sich schlängelnd bewegende Mikrogameten aus. Männliche und weibliche Geschlechtszellen verschmelzen paarweise zu Zygoten, die zu beweglichen so genannten Ookineten werden. Diese durchdringen das Darmepithel der Mücke und wachsen, von einer dünnen Hülle des Wirtes umgeben, an der Darmaußenwand zu 60 µm großen Oocysten heran. In den Oocysten entstehen Tausende von sehr kleinen, beweglichen, fadenförmigen Sporozoiten (**Sporogonie**). Nach etwa 14 Tagen werden sie durch Platzen der Oocysten frei, gelangen in die Leibeshöhle, schwimmen zur Speicheldrüse, durchbohren deren Zellen und sammeln sich schließlich in den Drüsenkanälen. Beim Stich werden sie mit dem gerinnungshemmenden Speichel der Mücke in die Blutbahn des Menschen gespritzt.

Die Sporozoiten setzen sich zunächst in den Zellen des Leberepithels und des reticuloendothelialen Systems fest, wachsen heran und vermehren sich – ebenso wie später im Blut – durch Schizogonie. Erst die hier gebildeten Merozoiten begeben sich in die Blutbahn, um dort die roten Blutkörperchen zu befallen, womit sich der Entwicklungskreis schließt. Bei der Penetration der Erythrocyten legen sich die Parasiten erst mit beliebiger Stelle an der Oberfläche der Blutzellen an, dann nehmen sie mit ihrem Vorderende Kontakt mit der Zellmembran auf. Von der nun dort entstehenden Verbindungsschicht wird der Parasit umwachsen und schließlich in die Zelle geschleust.

Im Fortpflanzungszyklus der Haemosporidia wechseln 2 verschiedene ungeschlechtliche Vermehrungsteilungen, die Sporogonie und die Schizogonie, mit geschlechtlichen Vorgängen, einer Gamogonie, ab. Diploid ist nur die Zygote, alle übrigen Stadien haben einen haploiden Chromosomensatz: haplohomophasischer Generationswechsel.

- Nach Pappenheim gefärbte Ausstriche von Blut, das mit *P. vivax* infiziert ist, mikroskopieren. Immersionsobjektiv! Außerdem Demonstration verschiedener Entwicklungsstadien.
- Eine Stelle des Präparates suchen, an der die blassrosa gefärbten Erythrocyten in einfacher Schicht, aber möglichst dicht nebeneinander liegen und zum Immersionsobjektiv wechseln.

Die Plasmodien liegen in roten Blutkörperchen. Ihr Cytoplasma ist blau angefärbt; es beherbergt einen oder mehrere deutlich rot gefärbte Kerne. Man darf sich nicht durch Thrombocyten (Blutplättchen) täuschen lassen, die zufällig auf einen Erythrocyten zu liegen kamen. Sie zeigen eine rotviolette Färbung.

Die jüngsten Stadien des Parasiten sind recht klein, mehr oder weniger rundlich und enthalten jeweils einen Kern und eine Vakuole. Bei *P. vivax* (Name!) sind sie innerhalb des Erythrocyten besonders lebhaft gefärbt.

- Falls kein solches Stadium im Präparat zu finden ist, die etwas weiter entwickelten Stadien des Parasiten betrachten, die durch ihre eigenartige Ringform unverkennbar sind (Abb. 18a; Siegelringstadium).

Sie kommt dadurch zustande, dass im Zentrum des Plasmodiums eine große Vakuole auftritt, die das gesamte Cytoplasma randwärts drängt. Innerhalb des blauen Ringes hebt sich der rote Kern gut ab. Bei weiterem Wachstum wird der Umriss des Parasiten sehr unregelmäßig (Abb. 18b); bisweilen erscheint er in mehrere Stücke zerrissen. In seinem Inneren häufen sich zunehmend schwarzbraune Pigmentgranula an, die aus abgebautem Hämoglobin gebildet werden. Schließlich nimmt der Parasit den größten Teil des Blutkörperchens ein. Jetzt hat auch die Kernteilung eingesetzt, sodass zwei, vier oder mehr Tochterkerne zu erkennen sind, deren Zahl bei *P. vivax* auf 12 bis 24 ansteigt (Abb. 18c, d).

Das befallene rote Blutkörperchen zeigt eine auffallende Größenzunahme und ein Verblassen der Farbe; außerdem tritt in ihm in zunehmendem Maße eine feine Punktierung, die „Schüffnersche Tüpfelung" auf. Kurz darauf würde das Blutkörperchen zerplatzen und der Parasit sich in eine der Zahl der Tochterkerne entsprechende Zahl von Merozoiten aufteilen, während das jetzt in seiner Mitte zusammengeballte Pigment als „Restkörper" übrig bleibt (Abb. 18e). Damit endet der sich bei dieser Art

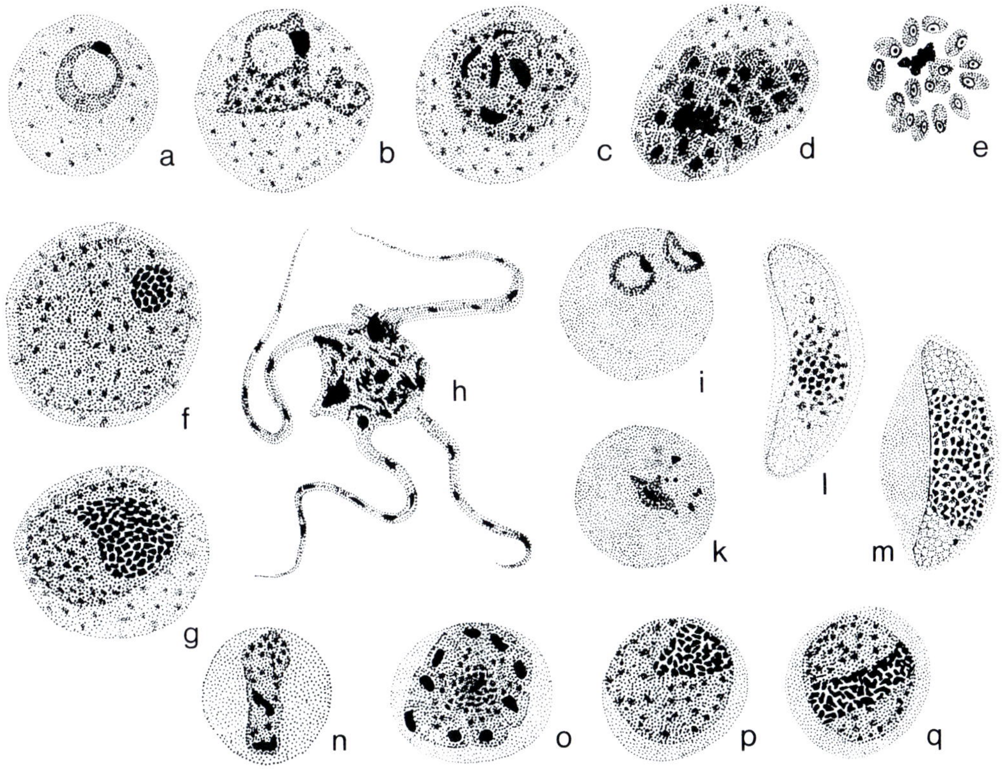

Abb. 18: Die drei häufigsten Malaria-Erreger im Ausstrich des peripheren Blutes. Kerne bzw. Chromatinbrocken der Kerne schwarz, Pigment sehr dicht punktiert, etwas heller das Plasma des Parasiten, am hellsten die roten Blutkörperchen. Etwa 2800 ×. (Nach Doflein-Reichenow). a–k. *Plasmodium vivax* (Tertiana-Erreger). a. Siegelringstadium, Schüffnersche Tüpfelung der Wirtszelle, b. ältere, amöboide Form mit großer Vakuole, c. junger Schizont, d. ausgewachsener Schizont kurz vor Zerfall in Merozoiten, mit zentraler Pigmentanhäufung, e. Zerfall in Merozoiten; in der Mitte der Restkörper, f. Makrogamont, g. Mikrogamont, h. Mikrogametenbildung.
i–m. *Plasmodium falciparum* (Erreger der Malaria tropica), i. kleine Ringform, Doppelinfektion, k. etwas älteres Stadium; Maurersche Fleckung der Wirtszelle, l. Makrogamont, m. Mikrogamont.
n–q. *Plasmodium malariae* (Quartana-Erreger), n. halberwachsener, bereits zweikerniger Schizont von typischer Bandform, o. reifer Schizont, p. Makrogamont, q. Mikrogamont

in 48 Stunden abspielende Zyklus der Schizogonie.

Etwa 8–10 Tage nach dem ersten Fieberanfall treten auch Gamonten (= Gametocyten) im peripheren Blut auf. Jüngere Stadien können leicht mit Schizonten verwechselt werden, doch zeigen sie, da eine Vakuole fehlt, nie Ringform. Die erwachsenen Gamonten sind große, kugelige, im Präparat jedoch scheibenförmig erscheinende Gebilde, die den Raum des stark vergrößerten Erythrocyten bis auf einen schmalen Randsaum ausfüllen. Sie sind reich an groben Pigmentkörnchen. Eine Verwechslung dieser Stadien mit Schizonten ist schon deshalb nicht möglich, weil Schizonten bei entsprechender Größe bereits vielkernig wären. Der Kern liegt bei den Makrogamonten (Abb. 18 f) randständig, bei den Mikrogamonten (Abb. 18 g) mehr zentral, oft bandförmig und wirkt dann bedeutend größer. Um auch die ganz anders gestalteten Gamonten von *P. falciparum* kennen zu lernen, wollen wir uns jetzt noch Ausstriche von Blut ansehen, das damit infiziert ist. Die ausgewachsenen Gamonten (Abb. 18 l) haben hier eine so charakteristische Form, dass man sie unschwer auffinden kann. Die Gamonten haben eine längsovale Gestalt, können aber, da sie an Länge (9–14 µm) den Durchmesser der Erythrocyten (8 µm) übertreffen, nur eingekrümmt in ihnen Platz finden, was ihnen die typische Sichelform (daher der Artname *falciparum*) gibt. Im Innern finden sich neben dem relativ großen Kern zahlreiche Pigmentkörnchen. Das Pigment ist bei den Makrogamonten in der Mittelpartie um den Kern herum angehäuft (Abb. 18 l), während es bei den (übrigens selteneren) Mikrogamonten gleichmäßig fast über das ganze Cytoplasma verteilt ist (Abb. 18 m).

Man wird wahrscheinlich in den gleichen Ausstrichen auch junge Formen antreffen, die den entsprechenden Stadien des *Vivax*-Parasiten sehr ähneln, da auch sie typische Ringgestalt aufweisen (Abb. 18 i). Doch sind sie anfangs erheblich kleiner (⅙ Erythrocytendurchmesser), und der Plasmaring ist so dünn, dass der Kern vorspringt. Oft liegen sie ganz oberflächlich im Blutkörperchen, das nicht selten von zwei oder mehr Parasiten befallen ist. Später nehmen die Schizonten amöboide Gestalt an (Abb. 18 k). Diese Schizonten treten aber nur in der präletalen Phase im peripheren Blut auf. Größe und Farbe der Erythrocyten werden durch *P. falciparum* im Gegensatz zu *P. vivax* nicht verändert, wohl aber tritt in ihnen gelegentlich eine großschollige Fleckung („Maurersche Fleckung") auf.

Für das Studium der Schizogonie sind diese Präparate nicht geeignet. Wohl kann man bisweilen einen Ring mit zweigeteiltem Kern beobachten, alles Weitere aber spielt sich in den Capillaren innerer Organe ab. Die Neigung der Schizogoniestadien, sich in den Capillaren anzuhäufen und diese zu verstopfen, bedingt übrigens den lebensgefährlichen Charakter der von *P. falciparum* hervorgerufenen bösartigen Malaria.

Beim Erreger des Viertagefiebers, *Plasmodium malariae*, nehmen die Schizonten, die zuerst gleichfalls ringförmig sind, bald eine wenig gegliederte, amöboide Form an; stärker herangewachsen zeigen sie oft eine rechteckige Gestalt, indem sie bandförmig das ganze Blutkörperchen durchziehen (Abb. 18 n). Die Erythrocyten selbst bleiben nach Größe und Farbe unverändert; eine Vergrößerung, wie sie für *P. vivax* so charakteristisch ist, tritt jedenfalls nicht ein, ebenso wie eine Tüpfelung oder Fleckung fehlt. Die reifen Schizogoniestadien zeigen in der Regel acht Kerne, die nicht wie bei *P. vivax* über den ganzen Zellkörper verstreut, sondern peripher angeordnet sind, sodass das typische Bild einer Rosette entsteht, in deren Mitte ein großer Pigmenthaufen zu sehen ist (Abb. 18 o).

Die Gamonten von *P. malariae* ähneln denjenigen von *P. vivax*. Es sind große, kugelige, grob pigmentierte Gebilde, die das Blutkörperchen fast ausfüllen, es jedoch nicht ausdehnen. Makro- und Mikrogamonten lassen sich durch Größe und Lage des Kerns in der gleichen Weise unterscheiden, wie es für *P. vivax* angegeben wurde (Abb. 18 p, q).

Ciliata, Wimpertierchen

Die Ciliaten sind die am höchsten differenzierten Protozoen. In Zahl und Ausbildung ihrer Organellen übertreffen sie alle übrigen Einzeller. Sie unterscheiden sich außerdem durch ihre Kernverhältnisse von ihnen (Abb. 19).

Als Bewegungsorganellen dienen allgemein **Wimpern (Cilien)**. Sie sind kürzer als Geißeln, weisen aber einen mit diesen übereinstimmenden Feinbau auf (s. S. 22). Im einfachsten Fall sind alle Cilien von gleicher Länge und Stärke und in regelmäßiger Reihung über den ganzen Körper verteilt. In anderen Fällen sind sie ungleich lang oder/und auf bestimmte Zonen der Körperoberfläche beschränkt. Ihre Bewegungsform ist ein kräftiger, rückwärts gerichteter Schlag und ein langsameres, mit einer seitlichen Einkrümmung verbundenes Zurückkehren zur Ausgangsstellung. Dort wo sie in (geraden oder spiraligen) Reihen angeordnet sind, schlagen die Cilien einer Reihe metachron. Umkehr des Cilienschlages ist eine normale und häufige Erscheinung. Bei bestimmten Gruppen bilden sehr dicht nebeneinander stehende Cilien stärkere Borsten (Cirren) oder dreieckige Membranellen.

Die elastisch feste **Pellicula** von kompliziertem Feinbau (s. S. 38) wird bei den Ciliaten Cortex genannt. Bestandteile des Cortex sind außer den Wimpern ein System von Mikrofilamenten, Mikrotubuli und Alveolen, die parasomalen Säcke und die Extrusome (Abb. 20). Die gattungsspezifische Körperform ist weitgehend konstant; sie kann passiv – beim Passieren von Engstellen – oder aktiv verändert werden. Im Ectoplasma, mehr oder weniger dicht unter der Pellicula, liegt ein meist recht kompliziertes System von Mikrofilamenten und Mikrotubuli (Abb. 20).

Die Nahrung wird durch den **Zellmund (Cytostom)** aufgenommen. Er liegt bei den von größerer Beute lebenden Ciliaten, den „Schlingern", vorn oder seitlich. Bei den von Bakterien und anderer Kleinnahrung lebenden Formen, den „Strudlern", ist er meist nach hinten verlagert an den Grund eines Mundtrichters (Vestibulum) verlagert (Abb. 19). Vom Cytostom gelangt die Nahrung über den mit „Schlundfasern" (Mikrotubuli) ausgestatteten **Cytopharynx** – in Nahrungsvakuolen eingeschlossen – ins Körperinnere. Nach der Verdauung des verwertbaren Materials werden die Nahrungsvakuolen zur **Cytopyge**, das ist eine spezielle Differenzierung der Pellicula, transportiert, wo sie sich nach außen öffnen und die unverdaulichen Nahrungsreste entleeren.

Der Wasserausscheidung und somit der Osmoregulation dienende **kontraktile Vakuolen** (s. S. 10) sind in der Ein- oder Mehrzahl bei allen im Süßwasser lebenden (und einem Teil der marinen) Ciliaten an bestimmter Stelle vorhanden. Sie können von längs oder radiär gestellten Sammelkanälen gespeist werden, die vor ihrer Mündung in die Vakuole zu erweiterungsfähigen Ampullen werden (Abb. 19). Das Blase und Ampullen umgebende Cytoplasma (häufig als Spongiom bezeichnet) ist durchsetzt von einem dichten Flechtwerk feinster (∅ 40 nm), anastomosierender Röhrchen, die mit den Sammelkanälen dauernd in offener Verbindung stehen. Peripher von diesem anastomosierenden Röhrengeflecht liegen im Cytoplasma Bündel von geraden, an ihren Enden blind geschlossenen, starren Tubuli (∅ 50 nm).

Hochorganisierte Organellen sind auch die bei vielen Ciliaten vorkommenden **Trichocysten.** Sie stehen, senkrecht zur Zelloberfläche orientiert, als einige μm lange, membranumhüllte spindelförmige Gebilde zu Tausenden im Corticalplasma. Ihre mit einer Kappe versehene Spitze erreicht die Zelloberfläche (Abb. 20). Trichocysten bestehen aus Proteinen; ihre Spitze ist calcifiziert. Bei Reizung werden sie ausgeschleudert, indem sich der Schaft blitzschnell auf das 8fache verlängert. Er weist dann, rohrförmig geworden, eine deutliche Querstreifung auf. Trichocysten dienen der Abwehr und, bei räuberischen Ciliaten, dem Beutefang. Ob sie darüber hinaus noch andere Funktionen erfüllen, ist ungewiss. Sie entstehen in Vesikeln im Verlauf von einigen Stunden im Cytoplasma. Ausgestoßene Trichocysten werden durch neue ersetzt.

Ciliaten sind durch **Kerndualismus** gekennzeichnet. Die Zellkerne werden dem Größenverhältnis nach als **Makronucleus** und **Mikronucleus**

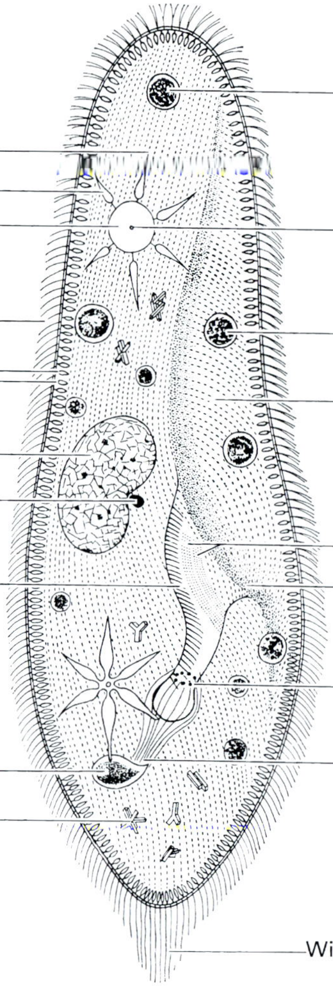

Abb. 19: *Paramecium caudatum.* Etwa 500 ×

bezeichnet, der physiologischen Bedeutung nach als somatischer und generativer Kern. Der Makronucleus ist durch Amplifikation bestimmter Gene ausgezeichnet; er steuert Stoffwechsel- und Bewegungsvorgänge. Der diploide Mikronucleus spielt insbesondere bei Geschlechtsvorgängen eine Rolle, hat aber auch Funktionen bei der Morphogenese. Mikronucleuslose Formen leben und teilen sich normal, können aber nicht mehr konjugieren. Individuen ohne Makronucleus gehen zugrunde.

Die Vermehrung erfolgt in den meisten Fällen durch **Querteilung**. Der Durchschnürung der Zelle geht die Differenzierung der für die zwei Tochterzellen notwendigen Organellen und die Teilung von Mikro- und Makronucleus voraus. Der Mikronucleus teilt sich mitotisch. Beim Makronucleus erfolgt keine dem Bild der Mitose vergleichbare Ordnung des chromosomalen Materials; er streckt sich, wird etwa sanduhrförmig und teilt sich schließlich in zwei (meist) gleich große Stücke. Diesem Teilungsvorgang geht eine Verdopplung des DNA-Gehalts voraus.

Die geschlechtliche Fortpflanzung der Ciliaten ist eine Form der Gamontogamie (s. S. 10),

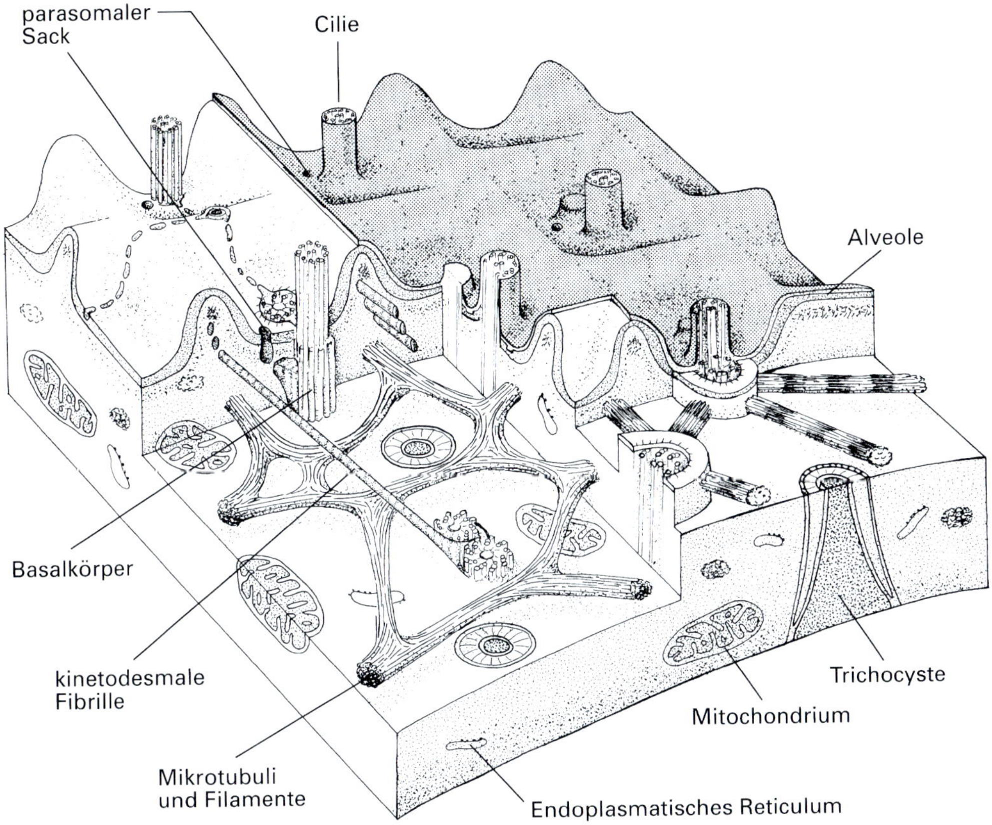

Abb. 20: Aufbau des Cortex von *Paramecium caudatum*, basierend auf elektronenmikroskopischen Untersuchungen. (Nach ALLEN)

eine **Konjugation**. Im typischen Fall verbinden sich die Konjuganten in der Mundregion miteinander. Während der Makronucleus zerfällt und schließlich aufgelöst wird, führt der Mikronucleus in rascher Folge die beiden meiotischen Teilungen durch. Drei der Kerne werden aufgelöst. Der bleibende macht eine weitere Teilung, eine Mitose, durch, sodass schließlich jeder der Konjuganten zwei (haploide) Gametenkerne besitzt. Einer der beiden Kerne bleibt stationär, während der andere über die Verwachsungsbrücke zum Konjugationspartner hinüberwandert (Wanderkern) und dort mit dem stationären Kern zum diploiden Synkaryon verschmilzt. Es findet also eine wechselseitige Befruchtung und somit ein Austausch genetischen Materials statt. Danach trennen sich die beiden Partner wieder.

In den Exkonjuganten laufen nun in rascher Folge mehrere mitotische Kern- und (bei *Paramecium caudatum*) zwei Zellteilungen ab, wobei 4 Zellen mit je zwei diploiden Kernen entstehen. Einer der beiden bleibt diploid, wird zum Mikronucleus, der am Stoffwechselgeschehen der Zelle nicht teilnimmt, der andere wird durch Amplifikation bestimmter Gene zum Makronucleus. Die Mikronuclei der Ciliaten sind somit immer diploid; haploid sind nur die Gametenkerne.

1. *Paramecium caudatum*, Pantoffeltierchen

Als Vertreter der Ciliaten oder Wimperinfusorien wird zunächst *Paramecium caudatum* mikroskopiert.

- Einen Tropfen aus der Paramecienkultur (s. S. 9) auf den Objektträger bringen und ein Deckglas mit Wachsfüßchen auflegen. Zunächst die schwache Vergrößerung verwenden.

P. caudatum hat eine spindelförmige Gestalt. Eine schraubig verlaufende Einwölbung der Körperoberfläche, die sich von dem etwas schlankeren Vorderende bis etwa zur Mitte des Körpers hinzieht, lässt das Tier ausgesprochen asymmetrisch erscheinen. Die Einwölbung ist das **Mundfeld (Peristom)**, das sich nach hinten über den **Mundtrichter (Vestibulum)** zum Zellmund (**Cytostom**) verengt. Das Peristom kennzeichnet die Ventralseite (Abb. 19).

Die **Fortbewegung** der Paramecien wird durch den rhythmischen Schlag der zahlreich über den ganzen Körper verteilten Cilien bewirkt. Es handelt sich dabei, wie man bei genauerem Beobachten erkennt, um eine recht komplizierte Bewegungsart: Das Tier beschreibt eine lang gestreckte Wendel und rotiert gleichzeitig um seine Längsachse. Stößt es auf ein Hindernis, so schwimmt es zunächst, durch Umkehr des Cilienschlages, ein Stück zurück, hält an, beschreibt mit dem Vorderende einen kleinen Kreisbogen und schwimmt in der so gewonnenen neuen Richtung wieder vorwärts. Kommt es trotzdem an dem Hindernis nicht vorbei, wiederholt sich die gleiche Reaktion. Dasselbe Verhalten kann man beobachten, wenn das Tier bei der Vorwärtsbewegung in ein Reizfeld gerät, das ihm nach Art oder Stärke nicht zusagt.

- Um die Organisation von *Paramecium* im Einzelnen bei starker Vergrößerung studieren zu können, ist es erforderlich, seine Bewegung zu verlangsamen. Das kann man durch Zusetzen einer vorher in der richtigen Konsistenz angesetzten Gelatinelösung (oder durch Zusetzen von etwas Agar-Agar, Traganth usw., vgl. S. 24) erreichen, oder man bringt zerfasertes Filtrierpapier unter das Deckglas: auf den Berührungsreiz hin legen sich die Paramecien oft mit den still stehenden Cilien der berührenden Körperseite an den Papierfasern fest.
- Eine andere Methode besteht darin, durch Druck auf die Wachsfüßchen den Abstand zwischen Objektträger und Deckglas so zu verringern, dass sich die Tiere nur noch ganz langsam von der Stelle bewegen können. Das hat äußerst behutsam und unter ständiger Kontrolle bei schwacher Mikroskopvergrößerung zu erfolgen. Das überschüssige Wasser ist abzusaugen.

Der ganze Körper wird von einer elastisch festen **Pellicula**, dem **Cortex**, begrenzt (Abb. 20). Unter der Zellmembran liegen membranbegrenzte, blasenförmige Räume (Alveolen). Diese prägen das kennzeichnende Oberflächenrelief des Cortex, das aus einem Mosaik hochgeordneter Gruben (den Wimperfeldern) besteht. In der Mitte eines jeden Wimperfeldes entspringen eine oder zwei Cilien. An deren Basalkörpern inserieren die quer gestreiften kinodesmalen Fibrillen. Ein weiteres System von Bündeln aus Mikrotubuli und Filamenten bildet ein Netzwerk im Cytoplasma des Cortex. Neben jeder Cilie befindet sich eine Einsenkung der Plasmamembran, der parasomale Sack. Des Weiteren liegen im Cortex die Trichocysten. Im Endoplasma finden sich die Nahrungsvakuolen und oft recht ansehnliche Kristalle von mannigfacher Gestalt.

Mundfeld (Peristom) und Mundtrichter (Vestibulum) sind bewimpert. Letzterer trägt eine spezifische Bewimperung: ein lang gestrecktes, aus 2 × 4 parallelen Cilienreihen aufgebautes Wimperfeld, den Peniculus, und ein weiteres Wimperfeld aus 4 Reihen langer Cilien, den Quadrulus (Vierreihenorganell). Die nebeneinander inserierenden Wimpern aller dieser Organellen sind funktionell, jedoch nicht strukturell, zu undulierenden Membranen verbunden. Anschließend folgt der Zellmund, das Cytostom, der Cytopharynx.

Das Pantoffeltierchen gehört nach der Art seiner **Nahrungsaufnahme** zu den Strudlern: Durch den Schlag der Cilien des Peristoms werden die Nahrungspartikel zum Vestibulum gestrudelt. In ihm übernehmen die Cilien des Peniculus und des Quadrulus ihre Weiterbeförderung, bevor sie schließlich am Cytostom in eine Nahrungsvakuole eingeschlossen werden.

- Um die Bildung der Nahrungsvakuolen zu beobachten, einem frischen Tropfen mit Paramecien etwas Karmin (Wasserfarbe) oder chinesische Tusche beimischen und nach etwa einer halben Minute das Deckglas auflegen. Sehr informativ ist die Fütterung der Pantoffeltierchen mit Hefezellen, die mit einem Indikatorfarbstoff gefärbt sind.
- Zu 15 g Bäckerhefe 30 mg Neutralrot und 30 ml destilliertes Wasser geben, gut durchrühren und etwa 15 Minuten lang kochen. Von der erkalteten Suspension eine winzige Menge – so-

viel wie an einer in die Hefeaufschwemmungen getauchten Präpariernadel hängen bleibt – einer Objektträgerkultur zumischen. Neutralrot ist im sauren Bereich bis zum pH 6,8 rot, im neutralen und basischen goldgelb. Die Hefesuspension wird fast immer schwach sauer und somit rot angefärbt sein, während (vor allem ältere) Paramecienkulturen meist leicht basisch reagieren. Die erst roten Hefezellen werden also nach Zugabe zum Kulturtropfen eine blassgelbe Färbung aufweisen.

Man sieht, dass die Paramecien die Hefezellen nach Art von Nahrungspartikeln – als solche kommen in erster Linie Bakterien in Frage – einstrudeln. Nach kurzer Zeit wird man im vorliegenden Präparat zahlreiche Tiere, deren Nahrungsvakuolen gefärbte Hefezellen enthalten, antreffen und kann die allmähliche Bildung einer Nahrungsvakuole, ihre Ablösung und Formveränderung deutlich verfolgen. Die abgelöste Nahrungsvakuole wird in einer regelmäßigen Bahn durch den ganzen Körper geführt (Cyclose der Nahrungsvakuole). Währenddessen laufen Verdauungsvorgänge in ihr ab (s. S. 10). Sie sind von einem Wechsel des pH-Wertes der Nahrungsvakuole begleitet. An der Färbung der Hefezellen erkennen wir, dass der pH-Wert nach Abschnürung der Nahrungsvakuole für kurze Zeit dem des aufgenommenen Mediums entspricht. Er wird dann immer sauer (deutliche Rotfärbung der Hefe) und erreicht ein pH von 4 bis 1,4. Gleichzeitig nimmt das Volumen der Nahrungsvakuole ab. Später wird ihr Inhalt neutral bis leicht basisch und somit erneut blassgelb. Die unverdaulichen Reste der Nahrung werden schließlich am Zellafter (Cytopyge) nach außen entleert.

- Statt Neutralrot kann man auch Kongorot zur Anfärbung der Hefe verwenden, Kongorothefezellen sind im neutralen oder schwach alkalischen Kulturmedium kräftig rot. Sie lassen die Entstehung der Nahrungsvakuolen daher weit besser verfolgen als die anfangs blassgelben Neutralrothefezellen. Da ihre Färbung jedoch erst bei pH 3 deutlich in Blau umschlägt, ist der Wechsel der H-Ionenkonzentration dann nicht nachzuweisen, wenn das Kulturmedium alkalisch reagierte. Erforderlichenfalls vorher bis zu einem pH von 7 ansäuern.

Ganz vorzüglich in ihrer Tätigkeit zu beobachten sind bei *Paramecium* die beiden **kontraktilen Vakuolen**, von denen die eine im vorderen, die andere im hinteren Drittel des Körpers dicht unter der dorsalen Oberfläche liegt. Sie ziehen sich in regelmäßigen Abständen zusammen (Systole) und geben ihren Inhalt durch den Porus nach außen ab. Damit verschwinden sie für das Auge, werden aber bald wieder sichtbar, schwellen allmählich an (Diastole), um sich schließlich in einer neuen Systole zu entleeren. Man zählt etwa 3–10 Entleerungen pro Minute. Die Frequenz ist von der Temperatur und der mit der Nahrung aufgenommenen Wassermenge abhängig. Um die Vakuolen herum erkennt man die Zuführungskanäle in radiärer Anordnung. Die allmähliche Füllung und Leerung der Kanäle lässt sich bei starker Vergrößerung gut beobachten.

- Dem Präparat etwas Tusche zusetzen.

Dadurch wird das Ausstoßen des Wassers besser erkennbar.

- Um jetzt auch die (im Leben kaum sichtbaren) Kerne hervortreten zu lassen, auf einem sauberen Objektträger einen Tropfen Paramecien-Kultur mit einem ebenso großen Tropfen des Fixier-Farb-Gemisches Methylgrünessigsäure (0,1%) vermischen. Deckglas mit kleinen Wachsfüßchen.
- Natürlich können zur Demonstration des Makro- und Mikronucleus auch mit Boraxkarmin gefärbte Präparate ausgegeben werden.

Die **Zellkerne** der getöteten und fixierten Tiere nehmen im Verlauf von ein bis zwei Minuten eine hellgrüne Färbung an. Der Makronucleus ist etwa bohnenförmig gestaltet, der sehr viel kleinere Mikronucleus schmiegt sich ihm in einer kleinen Vertiefung an.

Durch den starken chemischen Reiz ist bei diesen Tieren auch die Mehrzahl der **Trichocysten** ausgeschleudert worden. Sie umgeben als lange Fäden das ganze Tier wie ein Haarkleid.

- Besser sichtbar zu machen sind die Trichocysten, wenn man vom Deckglasrand her einen kleinen Tropfen Tinte oder etwas Presssaft aus Geraniumblättern zufügt.

2. *Vorticella* spec., Glockentierchen

- Von dem weißen Überzug alter, ins Wasser hängender Zweige, Wurzeln usw. der aus Vorticellen besteht, etwas Material abschaben und mit einem Tropfen Wasser auf den Objektträger bringen.

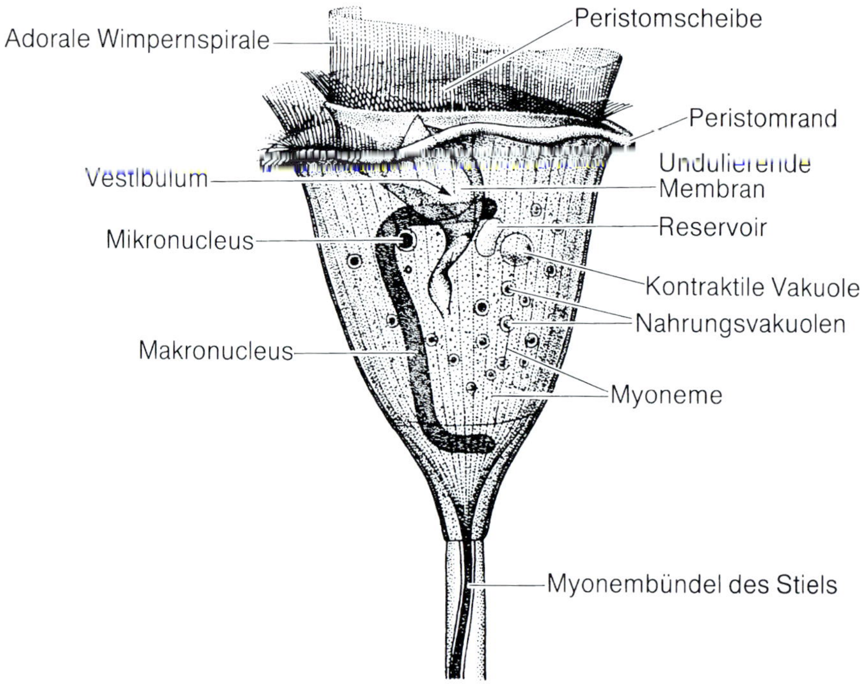

Abb. 21: *Vorticella nebulifera.* 900 ×. (Nach BÜTSCHLI aus GRELL)

Vorticella hat die Gestalt eines Glöckchens, dessen Öffnung durch eine Art Deckel, die **Peristomscheibe**, fast völlig geschlossen ist (Abb. 21) und das mit seinem entgegengesetzten Ende einem langen Stiel aufsitzt, mit dem sich das Tier festheftet. Die Gattung gehört zu den peritrichen Ciliaten (Peritricha), die durch eine adorale Wimperspirale charakterisiert sind. Die aus drei Wimperreihen bestehende, in der Aufsicht linksgewundene Spirale zieht zunächst am Rand der Peristomscheibe entlang, geht dann auf den Rand des Bechers selbst über und endet im trichterförmigen Vestibulum. Der äußere, saumartig vorspringende Wimperstreifen hält die Nahrungspartikel zurück, die ein Wasserstrom heranträgt, den die zwei inneren Wimperbänder erzeugen (Strudler, Suspensionsfresser).

Das **Cytostom** ist auch bei *Vorticella* durch Ausbildung eines Vestibulums in die Tiefe versenkt worden. Die an der Vestibulumwand entspringenden Cilien sind zu einer undulierenden Membran zusammengeschlossen, deren lebhaftes Schwingen deutlich erkennbar ist. Die Bildung und Ablösung der Nahrungsvakuolen ist auch bei *Vorticella*, besonders nach Karminzusatz, sehr gut zu beobachten.

Die **kontraktile Vakuole** ergießt ihren Inhalt durch Vermittlung eines oft auch als Reservoir beschriebenen Ausführungsganges in das Vestibulum, in das sich auch der Zellafter öffnet.

Bei jeder Erschütterung oder bei einem stärkeren Berührungsreiz schnellen die Vorticellen sehr rasch zurück, wobei sich der **Stiel** korkenzieherartig aufrollt, die Peristomscheibe sich deckelartig schließt und der Peristomrand sich sphinkterartig zusammenzieht, sodass der Körper kugelförmig wird. Nach kurzer Zeit streckt sich der Stiel wieder, das Glöckchen öffnet sich, und die Wimperspirale beginnt von neuem ihre Tätigkeit. Diese schnellen Bewegungen werden durch zahlreiche kontraktile Fibrillen (**Myoneme**) ermöglicht, die vom Stiel her in die Wandung des Glöckchens aufwärts strahlen und teilweise auch auf die Peristomscheibe übergreifen, während andere den Peristomrand ringförmig durchziehen. Im Stiel vereinigen sich die Myoneme zu einem Bündel. Es verläuft bis zur Basis des Stieles. Dieser axiale Strang ist umge-

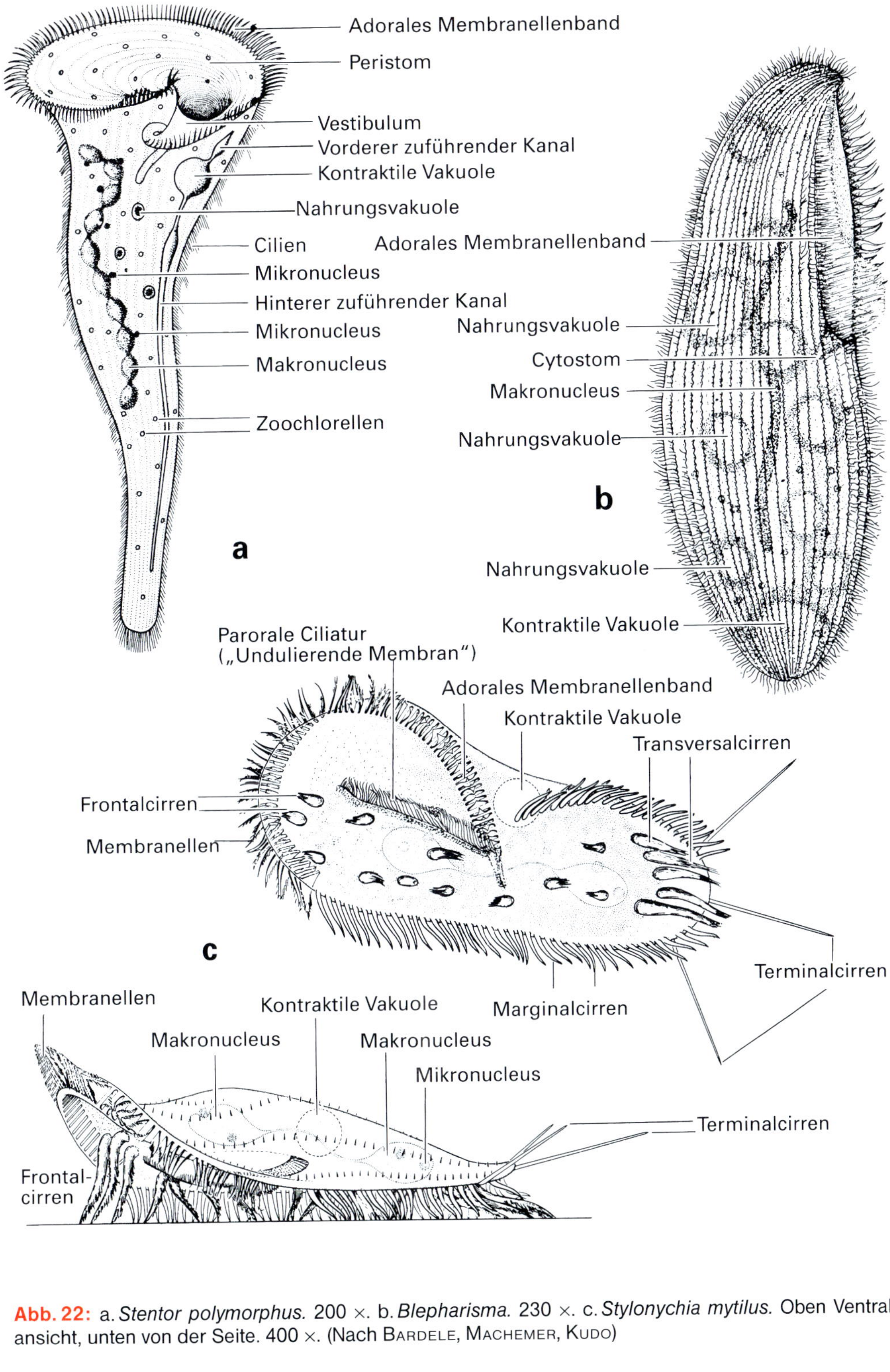

Abb. 22: a. *Stentor polymorphus.* 200 ×. b. *Blepharisma.* 230 ×. c. *Stylonychia mytilus.* Oben Ventralansicht, unten von der Seite. 400 ×. (Nach BARDELE, MACHEMER, KUDO)

ben von einem peripheren, flüssigkeitserfüllten Mantel, der von achsenparallel angeordneten elastischen Fibrillen durchzogen wird. Sie sind die Gegenspieler der Stielmyoneme.

Der große, wurstförmige **Makronucleus** ist bisweilen schon im Leben gut zu erkennen. Ihm liegt ein sehr kleiner **Mikronucleus** an.

- Jodlösung zusetzen.

Dadurch treten die Kerne besser hervor.

3. *Stentor* spec., Trompetentierchen, *Blepharisma* spec. und *Stylonychia* spec.

Außer den beschriebenen wird man in den meisten Präparaten noch eine Anzahl anderer Ciliaten vorfinden. Eines der größten und schönsten, *Stentor* (Abb. 22 a), hat, wenn es sich mit seinem Hinterende festheftet, die Gestalt eines schlanken Trichters oder einer Trompete. Das Tier kann sich aber auch vom Substrat ablösen und frei umherschwimmen, wobei es eine mehr abgerundete, etwa ovale Körperform annimmt. Die Gattung *Stentor* gehört zu den Spirotricha, die durch ein **adorales Membranellenband** gekennzeichnet ist. Die einzelnen Membranellen sind schlanke, dreieckige, aus zahlreichen Cilien bestehende Plättchen, die in einer im Uhrzeigersinn verlaufenden Schraube zum Cytostom führen. Das adorale Membranellenband dient zum Einstrudeln der Nahrung und als Bewegungsorganell. Daneben findet sich eine feine, in Längsreihen angeordnete Bewimperung, und zwar am ganzen Körper, was die Unterordnung Heterotricha, zu der *Stentor* gehört, von den beiden anderen Unterordnungen Oligotricha und Hypotricha unterscheidet.

Für schnelle Veränderungen der Körperform verfügt *Stentor* über ein System von kontraktilen Fibrillen (**Myonemen**).

Die **kontraktile Vakuole** ist mit zwei Zuführungskanälen ausgestattet, einem vorderen kürzeren und einem sehr langen hinteren, der sich bis zum Körperende erstreckt.

Der **Makronucleus**, der bei der abgebildeten Art *Stentor polymorphus* (Abb. 22a) wie eine Perlschnur aussieht, ist oft schon beim lebenden Tier erkennbar. Ihm sind mehrere rundliche **Mikronuclei** angelagert.

Stentor polymorphus ist meist durch **Zoochlorellen** (symbiotische Algen der Gattung *Chlorella*) grün gefärbt, während eine andere, gleichfalls häufige Art, *Stentor coeruleus*, ihre blaugrüne Farbe Pigmentgranula verdankt, die in längs verlaufenden Streifen im Corticalplasma liegen. In den unpigmentierten, hellen „Zwischenstreifen" entspringen die Cilien, im Corticalplasma darunter verlaufen die kontraktilen (Längs-)Fibrillen. Die unpigmentierten *Stentor*-Arten weisen die gleichen Baueigentümlichkeiten auf, nur sind bei ihnen die Körnchen pigmentfrei und die Streifen daher weniger deutlich.

Ebenfalls zu den Spirotricha zählt *Blepharisma* (Abb. 22 b). Diese rosafarbene Form ist ausgesprochen polymorph: Bei Nahrungsmangel entstehen auf ein Hundertstel verkleinerte Zwergformen. Auch Cysten können ausgebildet werden, wenn die Nahrung erschöpft ist. In normalen Kulturen können andererseits „Giganten" entstehen, die als Kannibalen von ihresgleichen leben. Gut zu erkennen sind im Zellinneren der Makronucleus, Nahrungsvakuolen und die endständige kontraktile Vakuole.

Auch die zu den Spirotricha gehörenden Hypotricha sind in den Aufgüssen durch die eine oder andere Gattung, besonders durch *Stylonychia* (Abb. 22 c) und *Oxytricha*, vertreten. Der Körper der Hypotricha ist abgeflacht. Die Dorsalseite ist leicht gewölbt und trägt Reihen kurzer Cilien, die vielleicht als Organellen des Tastsinnes dienen; die Ventralseite ist mit Cirren besetzt. Die **Cirren** sind kräftige, aus Cilien bestehende Bewegungsorganellen, die diese Ciliaten zu schnellem Lauf befähigen. Daneben ist, wie bei allen Spirotricha, eine adorale Membranellenzone vorhanden, während im übrigen die Bewimperung stark rückgebildet ist.

II. Unterreich: Metazoa, Vielzeller

Porifera, Schwämme

Allgemeine Übersicht

Die Porifera (Schwämme) sind sessile Tiere, die besonders Hartböden der Meere besiedeln. Die folgenden Ausführungen beziehen sich im Wesentlichen auf Calcarea und Demospongiae. Nur sie werden im speziellen Teil behandelt. Schwämme sind Strudler, die einen Wasserstrom durch ein den Körper durchsetzendes Kanalsystem befördern. Ihre Oberfläche wird von einem Epithelverband (**Pinakoderm**) aufgebaut, der Wasserstrom wird durch Kragengeißelzellen (**Choanocyten**; Abb. 23) hervorgerufen. Den Binnenraum des Körpers nimmt ein umfangreiches Bindegewebe (**Mesogloea**, **Mesohyl**) ein, das verschiedene Zelltypen enthält. Kontraktile Zellen kommen vor, die Existenz von **Nervenzellen** ist umstritten. Kennzeichnend ist die starke Umwandlungsfähigkeit vieler Zellen der Schwämme.

Das im Pinakoderm mit Dermalporen beginnende, von Pinakocyten ausgekleidete **Wasserleitungssystem** führt zu einer bis zahlreichen **Geißelkammern**, dann in einen Zentralraum und mündet über eine Egestionsöffnung (**Osculum**) wieder nach außen (Abb. 24 und Abb. 25). Den Durchtrieb des Wassers, das u. a. Atmung, Ernährung und Abtransport gewährleistet, besorgen die Choanocyten der Geißelkammern.

Die Porifera weisen unterschiedliche Baupläne auf (**Ascon-, Sycon- und Leucon-Typ;** Abb. 25), wobei der Ascon-Typ mit einem Zentralraum, der von Kragengeißelzellen ausgekleidet wird, oft als Grundform der Porifera angesehen wird. Er kommt, ebenso wie der Sycon-Typ mit den um einen zentralen Sammelraum angeordneten Radialtuben, nur bei manchen Kalkschwämmen vor. Alle übrigen Porifera sind nach dem Leucon-Typ angelegt.

Abb. 23: Rekonstruktion einer Kragengeißelzelle nach elektronenmikroskopischen Aufnahmen. (Nach Brandenburg)

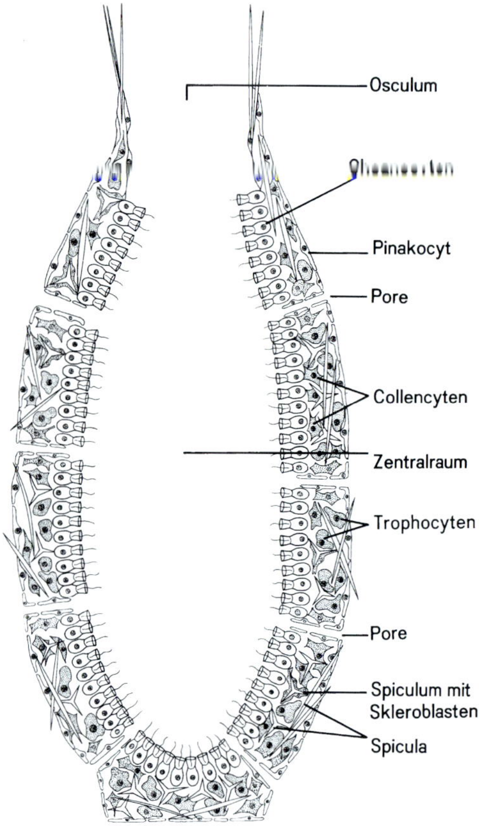

Abb. 24: Schematisierter Schnitt durch einen Schwamm vom Ascon-Typ. (Nach HYMAN, verändert)

Die Porifera sind fast ausschließlich Meeresbewohner. Einige Familien leben allerdings im Süßwasser. Groß ist die Vielfalt der Wuchsformen. In der Größe schwanken sie von knapp 1 mm dicken, mehr oder weniger großflächigen Krusten bis zu fladen-, kugel-, becher-, röhren- und baumartigen Gebilden von maximal 3 m Größe.

Die Porifera sind getrenntgeschlechtig oder zwittrig. Sie können sich geschlechtlich und ungeschlechtlich vermehren. Ihre Oocyten entwickeln sich in der Regel aus großen Archaeocyten (s. u.), die Spermien aus Choanocyten. **Geschlechtsorgane** im eigentlichen Sinne gibt es nicht. Die Spermien werden ins Wasser abgegeben und von benachbarten Schwämmen in die Kragengeißelkammern eingestrudelt; von dort gelangen sie dann in die Mesogloea, wo die Befruchtung der Eier stattfindet.

Von Fall zu Fall treten frei schwimmende **Amphiblastula-**, **Coeloblastula-** oder auch **Parenchymula-Larven** auf. Diese drei **Larven-Typen** stimmen in ihrer Entwicklungsgeschichte nicht überein, und auch ihre Entwicklung zum jeweiligen Adultus ist sehr unterschiedlich.

Bei den Süßwasser- und einigen Meeresschwämmen entstehen gegen Ende der Wachstumsperiode in der Mesogloea beschalte Überlebensformen (**Gemmulae**; Abb. 28), die ungünstige Umweltphasen überdauern und zur Verbreitung beitragen. Aus ihnen entwickeln sich bei wiedergewonnenen günstigen Lebensbedingungen neue Individuen. Wenige Porifera bilden äußere Knospen, die sich ablösen und wieder heranwachsen.

Die meisten Porifera werden von einem einschichtigen **Epithel** aus sehr flachen Zellen, den **Exopinakocyten**, begrenzt (Abb. 24). **Endopinakocyten** bilden die Wandung des den Schwamm durchziehenden wasserführenden Kanalsystems mit seinen ein- und ausführenden Anteilen. Den Übergang zwischen den ein- und ausführenden Kanälen bilden die **Kragengeißelkammern**. Sie dienen als Antriebsaggregate für den Wasserfluss durch den Schwamm und als Nahrungsreusen. Sie bestehen im Wesentlichen aus **Choanocyten** (Abb. 23, 27) und besitzen in Verbindung mit zwei weiteren Zellarten, nämlich wenigen Conuszellen (Choanocyten-Abkömmlingen) und einer Poruszelle (Pinakocyten-Abkömmling der Wandung des ausführenden Kanalsystems), beim Leucon-Typ Organcharakter. Das Wasser tritt durch Lücken (**Prosopylen**) zwischen Choanocyten in die Kragengeißelkammer ein. Die engen Abstände der Mikrovilli im basalen Kragenbereich wirken wie Reusen, denn sie gestatten den Nachfluss des durch den Geißelschlag aus dem Kragen verdrängten Wassers und somit die Gewinnung der partikulären Nahrung.

Die von Exo- und Endopinakocyten allseits umgebene **Mesogloea** der Porifera enthält in einer Matrix u. a. Zellen mit speziellen cytoplasmatischen Differenzierungen zur Erzeugung der Grundsubstanz, des Spongins und der Nadeln. Viele Zellen können sich amöboid fortbewegen und werden mit dem allgemeinen Begriff **Amoebocyten** belegt. Von besonderer Bedeutung sind die amöboid beweglichen, totipo-

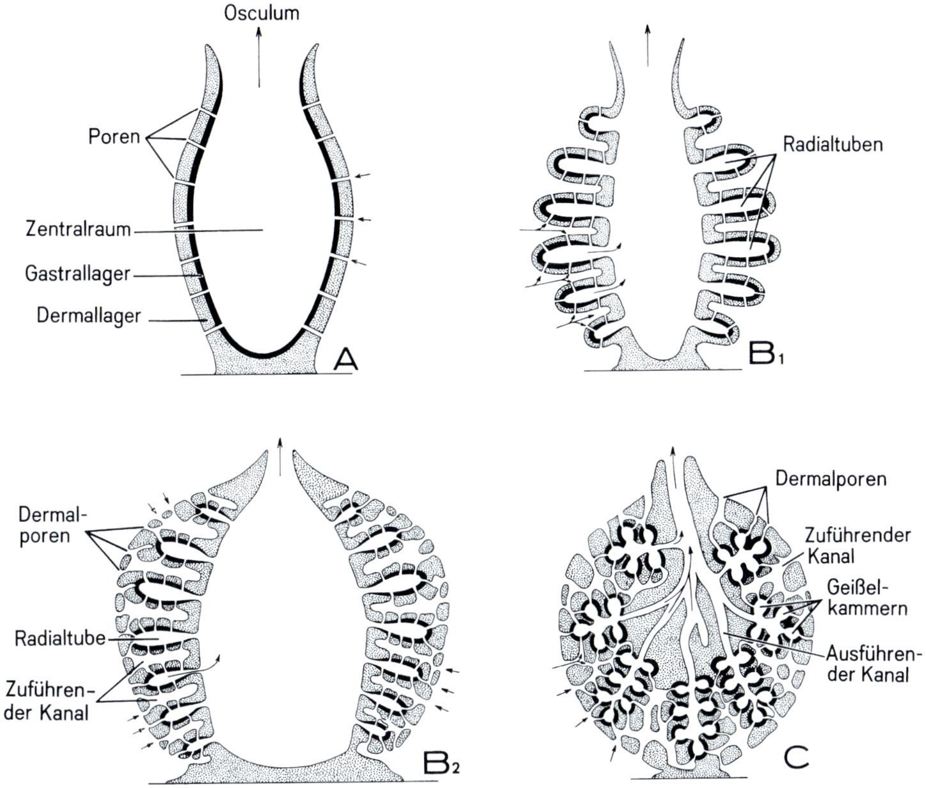

Abb. 25: Schematischer Längsschnitt durch Schwämme von A Ascon-Typ, B Sycon-Typ, C Leucon-Typ. Pinakoderm: dünne schwarze Linie, Mesogloea: punktiert, Choanocytenverband: dick schwarz. Die Pfeile geben die Richtung des Wasserstroms an. (Nach Hyman, verändert)

tenten **Archaeocyten**, und zwar für den Nahrungstransport und die Defäkation sowie für das Schwammwachstum, die Regeneration und Oogenese. Die von Archaeocyten abstammenden **Skleroblasten** sind ebenfalls amöboid beweglich. Sie produzieren entweder Kalk- oder Kieselnadeln jeweils von verschiedener Gestalt und Größe. Begleitzellen können bei Fertigstellung der Kieselnadeln mit den Skleroblasten in engen Kontakt treten und sie zu den Bestimmungsorten im Schwammkörper geleiten, wo die Nadeln in ihrer Funktionsstellung freigesetzt werden. **Spongioblasten**, sofern vorhanden, bilden die Kittsubstanz **Spongin**, die den Zusammenhalt der Nadeln im Skelet gewährleistet. Die **Collencyten** unterscheiden sich von den anderen Zellarten durch ihre extrem dendritische Form. Sie können einzeln und in netzartiger Formation innerhalb der Mesogloea als Antagonisten des stützenden Nadelskelets Spannfunktion ausüben. Die ebenfalls dendritischen **Lophocyten** hinterlassen bei ihrer gerichteten Bewegung durch die Mesogloea parallel verlaufende **Kollagenfasern**. Die **Trophocyten** stammen von Archaeocyten ab. Sie bilden Lipidgranula und deponieren diese in zahlreichen kleinen Schollen. Sie haben zur Zeit der Gemmulation und bei der Oogenese Ernährungsfunktion. Sie werden von den Archaeocyten der jungen Gemmula-Anlagen und den heranwachsenden Oocyten portionsweise phagocytiert und dabei quantitativ vertilgt. Die daraus resultierenden dotterreichen Zellen in der Gemmula nennt man **Thesocyten**. Einige weitere Zelltypen der Schwamm-Mesogloea bleiben hier unerwähnt, weil sie zahlenmäßig zurücktreten, nicht bei allen Schwammarten vorkommen oder hinsichtlich ihrer Funktion kaum erforscht sind. Die meisten Zellarten lassen sich von den Archaeocyten ableiten.

Spezieller Teil

1. *Sycon raphanus*

- Konservierte Exemplare dieses Kalkschwammes demonstrieren und Präparate – Längs- und Querschnitte von entkalkten und nichtentkalkten Stücken – mikroskopieren.

Sycon raphanus ist schlank, becher- bis nahezu schlauchförmig. Die meist ziemlich weite Öffnung am freien Ende ist die Ausströmöffnung, das **Osculum**. Es ist von einem Kranz sehr langer, dünner, einstrahliger Kalknadeln umgeben, die langsam bewegt werden können. Die Oberfläche ist mit zahlreichen Papillen besetzt, die aber kaum zu erkennen sind, da sich zwischen den aus jeder Papille herausragenden Büscheln von Kalknadeln zahlreiche Fremdkörper ansammeln.

Auf einem Querschnitt durch einen entkalkten Schwamm (Abb. 26) sieht man bei schwacher Vergrößerung in der Mitte den kreisrunden **Zentralraum**, von dem eine Anzahl kleinerer, lang gestreckter Hohlräume, die **Radialtuben**, ausstrahlt. Sie sind mit ihren zentralen Teilen untereinander verwachsen, während sie peripher frei vorragen und so die Papillen der Außenfläche hervorrufen. Die Mündungen der Radialtuben in den Zentralraum sind nicht immer zu sehen, da sie ziemlich eng sind und die Schnitte zudem meist etwas schräg durch die Radialtuben gehen. Dadurch erklärt es sich auch, dass in Abbildung 26 nicht alle Radialtuben in ihrer vollen Längsausdehnung getroffen sind. Zwischen den Radialtuben bleiben ziemlich breite zuführende Kanäle ausgespart, die das Wasser von außen aufnehmen und den Radialtuben durch feine Poren zuführen. Man wird diese Poren nur selten finden, da sich die meisten beim Fixieren geschlossen haben.

Längsschnitte durch den Schwamm lassen, besonders wenn sie durch die Mitte geführt sind, seine kelchförmige Gestalt deutlich erkennen. Die Radialtuben im unteren Teil eines derartigen Präparats erscheinen infolge ihrer schrägen Lage und gegenseitiger Abplattung meist als sechseckige Felder. Tangentiale Schnitte durch die Wand zeigen sehr schön die Anordnung der (quergetroffenen) Radialtuben und der zuführenden Kanäle in regelmäßig alternierenden Reihen.

Stärkere Vergrößerung (Abb. 27) lässt bisweilen erkennen, dass die Radialtuben von **Kragengeißelzellen** ausgekleidet sind, die einen deutlich

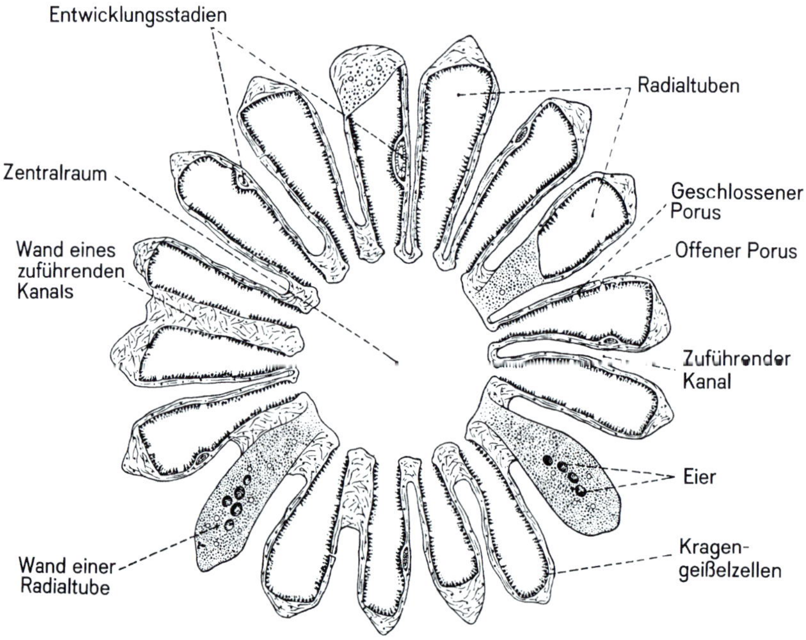

Abb. 26: Querschnitt durch einen entkalkten *Sycon raphanus*. 40 ×

Cnidaria, Nesseltiere

Am Aufbau der Cnidaria sind nur zwei Epithelien beteiligt. Das äußere, das **Ectoderm** (die **Epidermis**), bildet die Körperdecke, das innere, das **Entoderm** (die **Gastrodermis**), umkleidet den Gastralraum. Beide sind stets einschichtig. Im einfachsten Fall befindet sich zwischen ihnen eine dünne, extrazelluläre **Mesogloea** (auch Stützlamelle genannt), die in ihrer Grundsubstanz aus Glykoproteinen und Proteoglykanen besteht, in die Kollagen eingelagert ist. Aufgrund ihrer Faserstruktur verleiht die Mesogloea dem Körper eine beträchtliche Zugfestigkeit bei gleichzeitiger hoher Elastizität und Dehnbarkeit. Bei Medusen und Anthozoen ist sie durch Wassereinlagerung oft sehr voluminös. Sie kann durch Einwandern von Zellen aus dem Ectoderm den Charakter eines Bindegewebes erlangen. Die Epithelzellen von Ectoderm und Entoderm sind basal mit fingerförmigen Fortsätzen in der Mesogloea verankert und apikal durch septierte Junktionen miteinander verbunden.

Der Gastralraum ist nur selten ein einfacher Sack, meist ist er ein durch Taschen oder Kanäle kompliziertes Hohlraumsystem, das – da es nicht nur der Verdauung, sondern auch der Verteilung der Nährstoffe dient – als **Gastrovaskularsystem** bezeichnet wird. Eine zweite Körperöffnung fehlt; der Mund dient auch zum Ausstoßen unverdaulicher Nahrungsreste und partikulärer Stoffwechselprodukte.

Das **Muskelsystem** besteht aus längsparallelen und aus ringförmig angeordneten Elementen. Die für die Kontraktion verantwortlichen Myofibrillen, die quer gestreift sein können, liegen oft in den spindelartig ausgezogenen Basen der Ectoderm- und Entodermzellen (**Epithelmuskelzellen**).

Das **Nervensystem** besteht aus Sinnesnervenzellen (sensorischen Neuronen), die zwischen den Epithelzellen liegen und mit einem cilienbesetzten Fortsatz die Epitheloberfläche erreichen, und einem Netzwerk von bi- und multipolaren Nervenzellen in der Tiefe des Epithels. Es durchzieht die netzförmigen Zwischenräume, die zwischen den Epithelzellen ausgespart sind. Konzentrationen von Neuronen gibt es insbesondere bei Medusen, bei denen Nervenzellen und ihre Fasern häufig zu strangartigen Bahnen, die Schrittmacherneurone bei Scyphomedusen sogar ganglienartig angeordnet sind. Auch bei *Hydra* findet sich im „Kopf" (so wird die Region der Tentakel und des Hypostoms oft bezeichnet) und im Bereich der Fußscheibe eine Häufung von Nervenzellen. Ein Zentrum des Nervensystems, das man als Gehirn bezeichnen könnte, gibt es bei den Cnidariern jedoch nicht.

Neben den zwischen den Epithelzellen eingestreuten sensorischen Neuronen, deren Cilium aus der Oberfläche der Epithelien hervorragt, befinden sich zu Sinnesorganen zusammengefasste Gruppen sensorischer Neurone. Schweresinnesorgane und Augen findet man bei Medusen, auf Berührung und Vibrationen ansprechende Mechanoreceptoren auch bei Polypen.

Die **Verteilung der Nährstoffe** im Gastrovaskularsystem erfolgt durch den koordinierten Schlag der Cilien der Gastroderm(muskel)zellen und durch die rhythmische Kontraktion und Expansion der Gastrodermkanäle. Die Ausbildung spezieller Atmungs- und Exkretionsorgane erübrigt sich, da die beiden einschichtigen Epithelien direkt bzw. über die Mundöffnung mit dem umgebenden Wasser Kontakt haben, wodurch die Versorgung mit Sauerstoff ebenso leicht vonstatten geht wie die Ausscheidung von CO_2 und von löslichen stickstoffhaltigen Endprodukten des Stoffwechsels.

Die Cnidaria zeichnen sich durch den Besitz von hoch differenzierten **Nematocyten** (synonym: **Cnidocyten**, Nesselzellen) aus. Diese formen in ihrem Inneren mithilfe ihres Golgi-Apparates das komplizierteste Sekretionsprodukt, das wir kennen: die **Nematocyste** (synonym: **Cnide**, Nesselkapsel). Diese schleudert bei Reizung explosionsartig einen langen, dünnen Schlauch aus. Die Nematocysten dienen dem Beutefang, der Abwehr von Fraßfeinden und bisweilen dem vorübergehenden Haften auf einem Substrat. Gemäß ihrer dominanten Funktion als Waffen zum Beutefang sind die meisten abschussbereiten Nematocysten in den Fangarmen der Polypen oder Medusen lokalisiert.

Nematocyten werden nicht am Ort ihres Verbrauchs hergestellt, sondern in entfernten Körperregionen, und wandern, voll entwickelt, von dort auf die Tentakel. Da sie nur einmal gebrauchsfähig sind, müssen die Cnidarier zeitlebens neue herstellen. Sie gehen bei den Hydrozoen aus kleinen, teilungsfähigen Stammzellen (Nematoblasten) hervor, die sich in den Zwischenräumen zwischen den Epithelzellen des Ectoderms befinden und daher interstitielle Stammzellen heißen.

Die an ihrem Zielort aufgestellte Nematocyte weist mit ihrem sensorischen Apparat (**Cnidocil**), einem Cilium, das von einem Kranz von Mikrovilli umstellt ist, über die Körperoberfläche in die Außenwelt; bisweilen ist die Nematocyte von weiteren sensorischen Zellen umgeben oder steht in synaptischem Kontakt zu Nervenzellen. In ihrem Inneren beherbergt die Nematocyte die ovale, flüssigkeitserfüllte Nesselkapsel, in der sich – präzise aufgewunden – ein feiner Schlauch befindet. Bei Reizung des Cnidocils „explodiert" die Kapsel, d. h. der Hohlfaden wird blitzschnell, indem er sich handschuhfingerartig umstülpt, durch den Innendruck ausgeschleudert. Wir kennen etwa 30 Nematocystentypen. Bei einigen der Kapseltypen wird ein – vermutlich im Schlauchinneren eingelagertes – Gift frei, das die Beutetiere rasch lähmt und schließlich tötet (s. S. 57). Neben mehr oder weniger hochmolekularen Peptiden, die für die Toxizität verantwortlich sind und die Hauptmasse des Giftes ausmachen, wurden Histamin, Serotonin und Prostaglandine gefunden. Die Cniden der meisten Nesseltiere können die menschliche Haut nicht durchdringen, doch gibt es Arten, die äußerst schmerzhaft nesseln und deren Gift zu Ausschlägen, Geschwüren und zum Gewebezerfall führt. Der Kontakt mit den Tentakeln der Seewespe (*Chironex fleckeri*), einer Cubomeduse, die an den Küsten Nordaustraliens vorkommt, kann innerhalb von wenigen Minuten zum Tod durch Herzstillstand führen.

Die Cnidaria treten in zwei Hauptformen auf, dem festsitzenden **Polyp** und der meist frei beweglichen **Meduse** (Qualle). Bei Hydrozoen und den Scyphozoen wechseln beide Formen häufig regelmäßig miteinander ab: An den Polypen entstehen ungeschlechtlich Medusen, die, sich geschlechtlich fortpflanzend, wieder Polypen hervorbringen (Generationswechsel: **Metagenese**). Die meist kleinen Medusen der Hydrozoa (Hydromedusen) entstehen normalerweise durch Knospung an einer Polypenkolonie. Die Polypen der Scyphozoa sind größer als die der Hydrozoa, die Medusen (Scyphomedusen) ebenfalls und bisweilen sehr differenziert. Die Anthozoen treten nur als Polypen auf.

Ungeschlechtliche Fortpflanzung ist bei den Polypen weit verbreitet; sie führt, meist in der Form einer Knospung, zur Entstehung neuer, sich ablösender Polypen. Häufig bleibt der Zusammenhang bewahrt und führt zur Bildung von Tierstöcken oder Kolonien. In den Tierstöcken, insbesondere der Anthozoen, kommt es meist zu **Skeletbildung**. Das Skelet kann als Exo- oder Endoskelet ausgebildet sein und mächtige Ausmaße erreichen (Riffkorallen).

Die Eier entwickeln sich nach (meist) totaler Furchung zu einer bewimperten **Blastula**, die sogleich oder nach ihrer Weiterentwicklung zur **Planulalarve** freigesetzt wird. Während sich die Blastula zur längsovalen Planula streckt, gliedert sie sich durch Sonderung der Zellen in eine äußere und eine innere Schicht (Delamination, Kompaktation) oder durch Einwanderung von Zellen aus der Außenschicht (unipolare oder multipolare Ingression), selten auch durch Einstülpung (Invagination, bei einigen Anthozoen beobachtet) in Ectoderm und Entoderm. Außerdem entsteht während dieses Prozesses die Mesogloea. Die bewimperte Planula beherbergt im Entoderm bereits Nematoblasten, im Ectoderm einige Nematocyten und an ihrem Vorderpol Drüsenzellen und sensorische Neurone. Sie setzt sich mit ihrem Vorderpol fest und wandelt sich zum Polypen um. Dessen Mund und Tentakel werden aus der hinteren Region der Larve geformt. Einige Cnidarier entwickeln sich unter Umgehung des Larvenstadiums direkt zum Polypen.

I. Hydrozoa: Hydroidpolypen

Technische Vorbereitungen

- Benötigt werden lebende Individuen von wenigstens einer der folgenden Arten: *Hydra viridissima* (durch Symbionten grün), *H. oligactis* (=*Pelmatohydra oligactis*, braun, deutlich abgesetzter Stiel, Tentakel ausgestreckt mit Mehrfachem der Körperlänge) oder *H. vulgaris* (braun, Stiel nicht sehr ausgeprägt, Tentakel mehr oder weniger körperlang; in der entwicklungsbiologischen Literatur bis 1989 *H. attenuata* genannt). Die Süßwasserpolypen sind weit verbreitet, aber nicht immer leicht zu finden. Am besten ist es, wenn man Schilfstängel, Tausendblatt *(Myriophyllum)*, Wasserpest *(Elodea)*, Wasserlinse *(Lemna)* usw. von verschiedenen Fundorten ein paar Tage ruhig in Wasser stehen lässt und dann unter Vermeidung von Erschütterungen auf Polypen hin untersucht. Sie sitzen dann, gut sichtbar, an den Wänden wie am Boden des Aquariums, besonders an der dem Licht zugekehrten Seite. Hat man einmal einen Fundort entdeckt, so kann man ziemlich sicher sein, alljährlich dort Hydren wiederzufinden.

- Die mindestens acht Tage vor der Verwendung gesammelten Hydren werden auf zwei Gläser verteilt. In eines gibt man kleine Süßwasserkrebse, Cyclopiden und Daphniden, die den Hydren als Futter dienen. Die so reichlich genährten Tiere treiben innerhalb dieser Zeit zahlreiche Knospen. Die in dem anderen Glas befindlichen erhalten keinerlei Nahrung. Knospung unterbleibt bei ihnen.
- Man kann Hydren das ganze Jahr über im Aquarium züchten, wenn man sie zusammen mit Wasserpflanzen hält und gelegentlich mit Daphnien füttert. Zum Füttern eignen sich auch frisch geschlüpfte Nauplien von *Artemia* (Eier und Zuchtanleitung in Zoogeschäften erhältlich). Sie werden vor dem Verfüttern abgesiebt und in Süßwasser aufgeschwemmt.
- Außerdem sind mit Boraxkarmin gefärbte Präparate verschiedener Arten mariner Hydroidpolypen erforderlich: *Tubularia larynx* als Vertreter der Athecata, *Laomedea flexuosa* als Vertreter der Thecata.

Allgemeine Übersicht

Der Körper der Hydroidpolypen ist in seiner einfachsten, auf die Gastrula zurückführbaren Form ein zylindrischer Schlauch, der mit dem **aboralen Pol** festsitzt und am **oralen Pol** eine Mundöffnung trägt. Die Mundöffnung – sie führt in einen einheitlichen Gastralraum – liegt im Zentrum des Mundfeldes (Peristom), das häufig zu einem Mundkegel (Hypostom) oder Rüssel (Proboscis) ausgezogen ist. Das Mundfeld ist umgeben von Tentakeln. Diese sind entweder schlauchförmig hohl (zum Beispiel bei *Hydra*) oder solide und fadenförmig. Sie sind reichlich mit Nematocyten besetzt, sehr beweglich und kontraktil. Die **Tentakel** sind bisweilen auf zwei Kränze verteilt, einen Kranz von Oraltentakel in Höhe der Mundöffnung und einen Kranz von Aboraltentakel, etwas basal davon. Auch eine unregelmäßige Verteilung der Tentakel kommt vor. Der Körper, der unten zu einer Fußscheibe verbreitert sein kann, ist fast immer in einen schmäleren und in der Regel erheblich längeren Stiel (**Hydrocaulus**) und in einen erweiterten oberen Abschnitt, das **Polypenköpfchen** (**Hydranth**) gegliedert.

Die **Körperwand** des Polypen ist zweischichtig. Die beiden Epithelschichten, das **Ectoderm** (**Epidermis**) und das **Entoderm** (**Gastrodermis**) entsprechen den zwei Körperschichten der bei vielen Metazoen während der Entwicklung auftretenden Gastrula. Zwischen Ectoderm und Entoderm liegt die von beiden Epithelien erzeugte dünne, im Lichtmikroskop strukturlose **Mesogloea**.

Die Basis der Ectodermzellen ist in der Längsrichtung ausgezogen; in diesem, der Stützlamelle anliegenden Fortsatz, verlaufen die kontraktilen Fibrillen. Ihrer Doppelfunktion entsprechend bezeichnet man Zellen dieser Art auch als **Epithelmuskelzellen**. In den Verband der ectodermalen Epithelmuskelzellen sind schlanke Sinnesnervenzellen, in bestimmten Bereichen auch Drüsenzellen eingefügt. Oberhalb ihres kontraktilen Fortsatzes sind die Epithelzellen taillenartig eingeschnürt und lassen so Räume zwischen sich frei: In diese Zwischenräume – Interstitien – sind verschiedene Zellen eingelagert: (1) die Nervenzellen, (2) die interstitiellen Zellen (s. S. 56), (3) die noch teilungsfähigen Nematoblasten, aus denen durch Differenzierung die Nematocyten hervorgehen, und (4) die Urkeimzellen, Gametogonien. Die Nematocyten erzeugen im Zuge ihrer Differenzierung mittels ihres Golgi-Apparates in ihrem Inneren die Nesselkapseln. Oft scheidet das Ectoderm eine Cuticula (Periderm, Perisark) ab, die den Stiel stützt und vielfach auch das Köpfchen schützend umfasst. Die Cuticula ermöglicht aufgrund ihrer Festigkeit den Aufbau von Polypenstöcken (Kolonien).

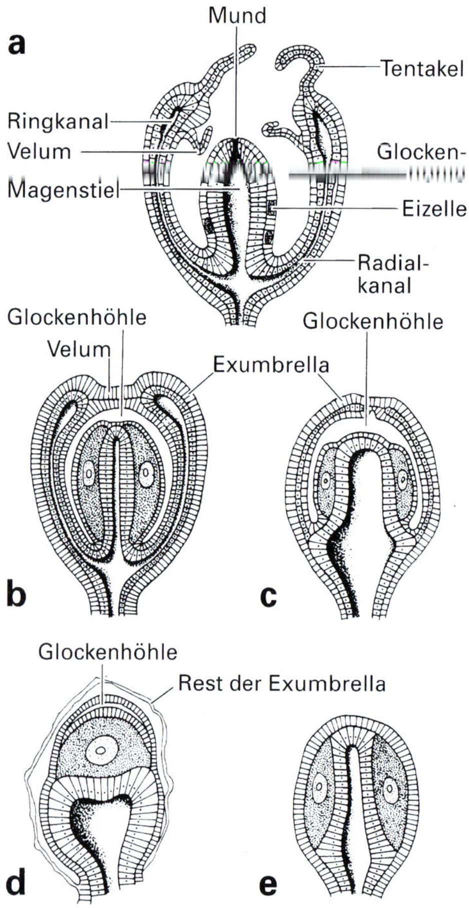

Abb. 30: Schematische Darstellung verschiedener Rückbildungsstufen von Gonophoren. Ectoderm ohne, Entoderm mit eingezeichneten Zellkernen; Gastrovaskularsystem plastisch; Eizellen punktiert. a. Meduse, b. Eumedusoid mit Radialkanälen und Magenstiel, c. Cryptomedusoid mit einfacher Entodermlamelle (keine Radialkanäle mehr) und gut ausgebildeter Glockenhöhle, d. Heteromedusoid ohne Entodermlamelle, Glockenhöhle nur angedeutet, e. styloider Gonophor, einfache Ausstülpung aus Ectoderm und Entoderm. (Nach KÜHN, verändert)

Die begeißelten Entodermzellen besorgen als Drüsen- und Fresszellen (**Nährzellen**, phagocytierende Epithelmuskelzellen) die Verdauung der aufgenommenen Nahrung; auch in ihrer Basis liegen meist kontraktile Fibrillen, die ringförmig um den Körperzylinder verlaufen.

Geschlechtliche und ungeschlechtliche **Fortpflanzung** kommen nebeneinander vor. Wenn sich, wie es die Regel ist, bei der ungeschlechtlichen (vegetativen) Fortpflanzung die Knospen nicht loslösen, sondern mit dem Muttertier verbunden bleiben, entstehen Tierstöcke.

Auch die Medusen entstehen in der Regel durch Knospung am Polypenstock. Die Geschlechtszellen werden immer im Ectoderm gebildet. Ihre endgültige Differenzierung wird bei den meisten Hydroidpolypen (nicht bei *Hydra*) in besonders gestaltete Individuen des Stöckchens verlegt, die sich entweder loslösen und als Medusen frei umherschwimmen oder als sessile Gonophoren am Stock verbleiben. Abb. 30 zeigt eine Reihe Rückbildungsstadien, bei denen die Medusengeneration schließlich bis zur Unkenntlichkeit reduziert ist.

Aus den befruchteten Eizellen, gleichgültig ob sie von Medusen oder sessilen Gonophoren stammen, entwickeln sich Planulalarven (außer bei *Hydra*), die sich im Zuge einer Metamorphose zum Primärpolypen umwandeln. Auf vegetativem Weg entstehen aus den Primärpolypen Polypenstöcke und – ebenfalls vegetativ – an den Polypenstöckchen wiederum die Geschlechtsindividuen, Medusen oder Gonophoren.

Spezieller Teil

I. ***Hydra* spec.**, Süßwasserpolyp

- Eine *Hydra* wird mit ziemlich viel Wasser auf den Objektträger gebracht und mit einem Deckgläschen zugedeckt, das mit 1–2 mm hohen Wachsfüßchen versehen ist. Zunächst nur die schwache Vergrößerung einsetzen.

Die Körpergestalt gleicht einem unten geschlossenen Schlauch, der am oberen Ende eine Tentakelkrone trägt (Abb. 31). Die Zahl der Tentakel schwankt bei den verschiedenen Arten, aber auch je nach Ernährungs- und Umweltbedingungen zwischen 4 und 12.

Am entgegengesetzten Pol heftet sich der Polyp mit einem von den Zellen der **Fußscheibe** abgeschiedenen, klebrigen Sekret an Wasserpflanzen fest. Das innerhalb der Tentakelkrone gelegene Mundfeld ist zu einem kleinen Hügel emporgewölbt, dem **Hypostom**, auf dessen Spitze die

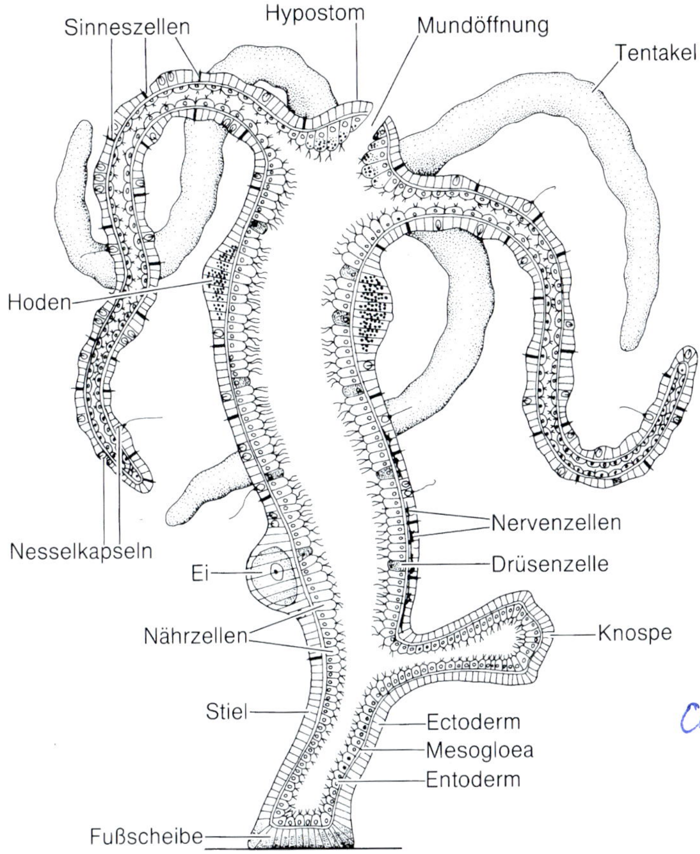

Abb. 31: Längsschnitt durch *Hydra viridissima*, schematisch. Zellkerne im Ectoderm nicht eingezeichnet

meist fest verschlossene und daher schwer erkennbare Mundöffnung liegt; sie erweist sich beim Schlingakt als erstaunlich erweiterungsfähig. Das Innere des Schlauches wird von einem einzigen großen Hohlraum, dem **Gastralraum**, eingenommen; er sendet Ausläufer in die Tentakel. Der Abschnitt des Körpers unterhalb der Knospungsregion kann als ein dünner Stiel gegen den oberen Abschnitt, die Magen- oder Gastralregion, abgesetzt sein. Bei *Hydra oligactis* ist die Stielbildung besonders ausgeprägt, bei *Hydra vulgaris* ist der Durchmesser des Körperschlauchs in der Stielregion lediglich geringfügig verringert.

Aus morphologischen und entwicklungsgeschichtlichen Gründen unterscheidet man fünf Regionen am Körper von *Hydra:* Die „Kopf"-region mit Hypostom und Tentakeln, die Gastralregion (sie nimmt den größten Raum ein), die Knospungszone, den Stiel und die Fußregion. In der Gastralregion vermehren sich die interstitiellen Stammzellen. Sie liefern zu 10% interstitielle Zellen, die sich zu Nervenzellen differenzieren, und zu 30% solche, die zu Nematoblasten und schließlich zu Nematocyten werden. Die restlichen 60% ergeben wieder interstitielle Stammzellen. In der Gastralregion findet auch die Nematocytendifferenzierung statt. In der Kopf- und in der Fußregion differenzieren sich aus den interstitiellen Stammzellen ausschließlich Nervenzellen. Die Dichte des Nervennetzes ist dort besonders hoch.

Hydra kann in hohem Maße ihre **Körpergestalt** verändern.

- Leicht auf das Deckglas klopfen. Bei jeder Erschütterung zieht sie sich schnell auf einen Bruchteil ihrer Länge, bis zur Kugelform, zusammen, um sich dann langsam wieder auszustrecken, eine Bewegung, an der auch die Tentakel gleichsinnig teilnehmen. Außerdem sind ein gelegentliches Abbiegen des Körpers und Einkrümmen der Tentakel zu beobachten.
- Um die zwei Formen des aktiven Ortswechsels von *Hydra* zu studieren, diese in Blockschälchen unter dem Stereomikroskop beobachten.

(1) Sie kann durch Überschlag („Salto") einen neuen Standort aufsuchen. Kopf und Tentakel biegen sich zur Seite und zum Substrat herab. Die Tentakel haften durch Ausschleudern klebriger Fäden aus den Kapseln eines besonderen Nematocystentyps (Isorhizen, Abb. 34) am Substrat, während sich die Fußscheibe umgekehrt vom Substrat löst. Nun biegt sich der Körper zur Seite und heftet den Fuß an anderer Stelle wieder an. Alsdann werden durch Ausstoßen der Nesselkapseln die Tentakel wieder vom Substrat gelöst, und der ganze Vorgang kann von neuem beginnen.

(2) Hungernde Hydren lösen sich oft vom Untergrund und schweben zur Wasseroberfläche empor. Dort biegen sie ihren Fuß hoch und kleben sich mit ihren Drüsen an der Unterseite der Wasseroberfläche fest. Sie lassen sich dann kopfunter, an der Wasseroberfläche schwimmend, umhertreiben und ihre Tentakel als Angelschnüre herabhängen. Stößt man die Polypen unter die Wasseroberfläche, bleibt am Fuß eine Luftblase hängen, die als Gasballon den Körper sogleich wieder an die Wasseroberfläche zurückträgt. Weil sich unter der Gasblase inmitten der Fußscheibe ein in den Gastralraum führender Porus befindet, gibt es die Vorstellung, *Hydra* könne durch aktives Ausscheiden von CO_2 aus dem Gastralraum selbst eine Gasblase erzeugen und so durch Senken des spezifischen Gewichts Auftrieb erzeugen. Unterstützt wird das Hochschweben durch gelegentliches langsames Schlagen der Tentakel.

Gut kann man die beiden Körperschichten unterscheiden: Das Ectoderm ist heller, durchsichtiger, das Entoderm durch Nahrungs- und Sekreteinschlüsse getrübt. Besonders deutlich ist der Unterschied bei *Hydra viridissima*, wo nur das Entoderm die namengebende, durch symbiotische **Zoochlorellen** bedingte Grünfärbung aufweist. Abb. 32 zeigt den zellulären Aufbau der Körperwand von *Hydra*.

An der Oberfläche stoßen die einzelnen Ectodermzellen dicht aneinander und rufen dadurch eine aus unregelmäßigen Vielecken bestehende Felderung hervor (Abb. 35). Etwas unter der Oberfläche sind sie pfeiler- oder wurzelartig ausgezogen, sodass zahlreiche, miteinander kommunizierende Hohlräume, die interstitiellen Räume, ausgespart bleiben. In ihnen liegen in großer Zahl kleine, amöboid bewegliche Zellen, die **interstitiellen Zellen**; sie entstehen während der Entwicklung früh aus embryonalen Entodermzellen und weisen embryonalen Charakter auf. Sie durchqueren in der späten Embryonalentwicklung (bei anderen Hydrozoen während der Metamorphose der Planula zum Primärpolypen) die Mesogloea und siedeln sich in den Interstitien des Ectoderms an. Sie können sich zu Nematocyten, Nervenzellen und auch zu Geschlechts-, nicht aber zu Epithelmuskelzellen differenzieren.

Viele interstitielle Zellen werden zu Nematoblasten (Abb. 32), den Vorstufen der für die Cnidaria charakteristischen **Nematocyten**. Ihre Kapseln sind besonders deutlich und zahlreich an den Tentakeln (Abb. 33) zu sehen.

Der Teil der Nematocyte, in dem die Kapsel (Nematocyste) liegt, wird von einer Epithelmuskelzelle umhüllt; die apikale Oberfläche der Nematocyte trägt nur das Cnidocil.

Die Kapsel ist ein relativ großes Bläschen von eiförmiger oder zylindrischer Gestalt. Sie liegt im Inneren der Nematocyte und wird von einer äußeren stärkeren und elastischen sowie einer zarten, inneren Wand umschlossen. Die äußere Wand bildet oben einen Deckel, die innere schlägt sich hier in Gestalt eines langen, mehr oder weniger aufgerollten, dünnen Schlauches ins Innere um. Struktur und Länge des Schlauches sind für die verschiedenen Kapseltypen charakteristisch. Er kann an seiner Basis mit Stiletten und Lamellen oder entlang seiner ganzen Länge mit feinen Fortsätzen bewehrt sein.

Das im Lichtmikroskop als feine Borste erkennbare **Cnidocil** erweist sich im Elektronenmikroskop als hochdifferenziert: Eine starre Cilie mit 9+2-Muster der Mikrotubuli steht im Zentrum zahlreicher, regelmäßig angeordneter Stereocilien. Bei letzteren handelt es sich um Mikrovilli, die in ihrem Inneren Mikrofilamente enthalten.

Man findet bei *Hydra* verschiedene Nematocysten (Abb. 33–35):

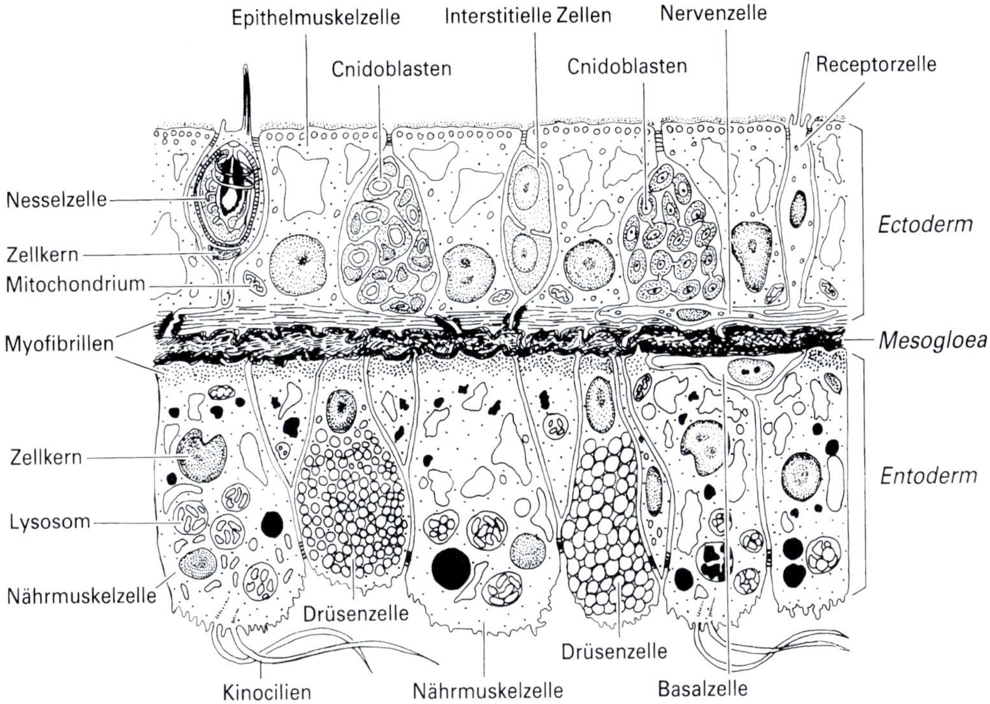

Abb. 32: Zellulärer Aufbau der Körperwand von *Hydra*. (Nach Tardent)

Die größten, die **Durchschlagskapseln**, die **Stenotelen** (**Penetranten**; Abb. 33, 35) treten vor allem gegenüber Beutetieren mit glatter, fester Cuticula in Tätigkeit. Die Wand ihrer Schlauchbasis ist verstärkt und im Inneren mit drei spitzen Stiletten bewehrt und außerdem mit drei Reihen schraubig angeordneter Lamellen ausgestattet. Bei Anwesenheit von Stoffen, die von den Beutetieren in das Wasser diffundieren und auf die Chemoreceptoren ansprechen, führt mechanische Reizung des Cnidocils zur Explosion der Kapsel: Der Deckel springt auf, der Schlauch stülpt sich nach außen um, und die vorschnellenden und sich spreizenden Stilette reißen ein Loch in die Cuticula, durch das dann der Rest des Schlauches eindringt und sein Gift entleert. Der gesamte Entladungsvorgang dauert nur 3 Millisekunden. Das Gift der Stenotelen führt zur raschen Lähmung und schließlich zum Tod der Beutetiere.

Ein zweiter Typ sind die **Wickelkapseln**, die **Desmonemen** (**Volventen**; Abb. 34, 35). Sie sind eiförmig; der kurze Faden ist nur wenig aufgewunden. Nach der Explosion umwinden ihre ausgeschleuderten Fäden Haare und Borsten der Beutetiere und halten sie so fest, bis sie der Wirkung der Stenotelen erlegen sind. Die Desmonemen sind die kleinsten Nematocysten.

Der dritte Typ sind die **Haftkapseln** (**Glutinanten** oder **Isorhizen**), die in zwei Formen vorkommen (als sog. holotriche und atriche Isorhizen, Abb. 34, 35). Sie sind schlank zylindrisch; der sehr lange Faden ist in der Kapsel stark geknäuelt. Nach dem Ausschleudern ist er gestreckt. Die Isorhizen sondern ein klebriges Sekret ab und spielen weniger beim Beutefang als bei der Ortsbewegung von *Hydra* eine Rolle (wie zuvor auf S. 56 beschrieben).

Die einzelnen Kapselformen sind über den Körper und die Tentakel ungleichmäßig verteilt. Die besonders stark bewehrten Tentakel enthalten in jeder Ectodermzelle („Batteriemutterzelle") eine ganze Batterie von Nematocysten (Abb. 35), wobei die hochgewölbte Mitte von 1–2 Stenotelen eingenommen wird, die von einigen Isorhizen und zu äußerst von einem ganzen

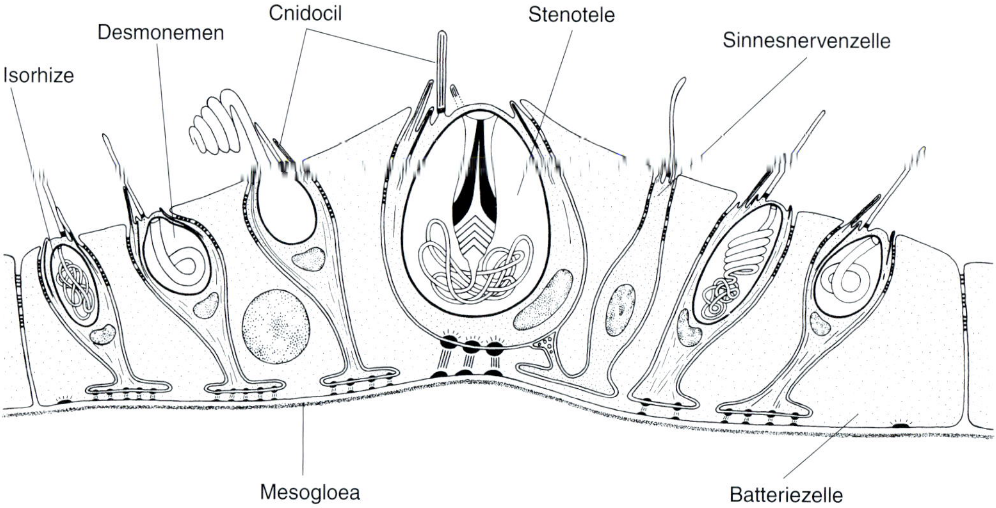

Abb. 33: Ectoderm (Epidermis) von *Hydra*, basierend auf elektronenmikroskopischen Untersuchungen. (Nach HOLSTEIN)

Kranz von Desmonemen umgeben werden. Bei der Art *Hydra vulgaris* zählt man beispielsweise 1–2 Stenotelen, 2–3 Isorhizen und 14–18 Desmonemen in jeder Batteriemutterzelle.

Der Entstehungsort der Nematocyten ist das Ectoderm der mittleren Körperregion. Hier bilden sie sich aus interstitiellen Zellen. Diese teilen sich und bilden Nester von bis zu 32 Nematoblasten, die zunächst noch mittels cytoplasmatischer Brücken miteinander verbunden bleiben. Nach Abschluss der Teilungen bilden die Zellen in ihrem großen Golgi-Apparat in der Nachbarschaft zu 2 Centriolen und unter dem Dach von Mikrotubuli die Nesselkapsel. Während die Kapsel fertig gestellt wird, trennen sich die – nun Nematocyten genannten – Zellen und begeben sich in die Tentakel.

In den Tentakeln werden die Nematocyten bei *Hydra* in ganz eigenartiger Weise in Schussposition gebracht: Sie lassen sich von ectodermalen Epithelzellen, den Batteriezellen, in Einstülpungen der Zellmembran aufnehmen. Neurone können synaptische Kontakte zu Nematocyten bilden. Nematocyten sind unabhängige Effektoren und können selbst auf Reize reagieren. Damit dies möglich wird und der Faden ausgeschleudert werden kann, rücken sie in den apikalen Bereich der Zellmembraneinstülpungen, sodass sie wie in einer Schießscharte die Oberfläche des Epithels erreichen. Jede Nematocyste funktioniert nur einmal. Die Nematocyte stirbt, wenn die Kapsel ausgerissen ist, ab oder gelangt nach der Explosion ihrer Kapsel in den Gastralraum und wird vom Entoderm verdaut; an ihre Stelle wandert eine neu gebildete ein.

Die Ectodermzellen sind, ebenso wie die Zellen des Entoderms, basal in der **Mesogloea** verankert. An ihrer Oberfläche sezernieren sie schleimige Glykoproteine, die sie schützend überziehen. Die Drüsenzellen der Fußscheibe sondern klebrige Glykoproteine ab, die ein Haften an der Unterlage oder der Oberflächenhaut des Wassers ermöglichen.

Zwischen den Epithelmuskelzellen sind, was an unserem Präparat aber nicht erkennbar ist, schlanke **Sinneszellen** in Form sensorischer Neurone eingestreut. Sie sind mit einem Kinocilium als receptorischem Fortsatz ausgerüstet und stehen an ihrer Basis mit dem Nervennetz in Verbindung. Die kleinen bi- und multipolaren **Nervenzellen** liegen mitsamt ihren Fortsätzen, den Axonen und Dendriten, den muskulären Teilen der ectodermalen Epithelmuskelzellen auf. Die Axone enden an den Basen der Nematocyten und an den kontraktilen Fortsätzen der Epithelmuskelzellen beider Keimblätter. Im Bereich der Gastrodermis finden sich nur wenige Nervenzellen.

Die Zellen der **Gastrodermis** sind von zweierlei Art: **Nährzellen** und **Drüsenzellen**. Die Nährzellen sind durch den Reichtum an Nahrungsvakuolen und durch ein Geißelpaar ausgezeichnet. An der Basis bilden auch sie Muskelfibrillen aus, die aber zirkulär verlaufen, bei Kontraktion somit den Körper schlank und lang werden lassen. Die Drüsenzellen sind weniger zahlreich, schlanker und entbehren zum Teil der Geißeln. Von ihnen gibt es zwei Typen: Die einen produzieren schleimige Sekrete, die das Darmepithel vor Verletzungen und vor den Verdauungsenzymen schützen, die vom zweiten Drüsentyp sezerniert werden. Die Verdauung der aufgenommenen Nahrung findet zunächst extrazellulär, im Inneren des stark erweiterungsfähigen Gastralraumes unter der Einwirkung der protein-, fett- und chitinspaltenden Enzyme statt, die das Gewebe der Beutetiere zersetzen. Bereits gelöste Nahrungsstoffe werden von den Nährzellen resorbiert, Partikel phagocytiert. Die Verdauung wird also intrazellulär zum Abschluss gebracht. Die unverdaulichen Reste werden durch die Mundöffnung ausgestoßen. Die Nährzellen vermögen auch Reservestoffe (Glykogen, Lipide, Proteine) zu speichern. Zur Deckung des Stoffwechsels aller übrigen Zellen geben sie Grundbausteine der Nahrungsstoffe in den Interzellularraum ab.

- Hungrige Hydren unter dem Deckglas mit Daphnien füttern.

Das Verschlingen der großen Beutetiere ist dann besonders gut zu beobachten.

Die **Fortpflanzung** von *Hydra* ist eine geschlechtliche und eine ungeschlechtliche. Bei der ungeschlechtlichen – sie ist viel häufiger als die geschlechtliche – kommt es an der Grenze von Stiel und Rumpf zur Ausbildung einer oder mehrerer **Knospen**, in die interstitielle Zellen einwandern, aus denen beispielsweise Nervenzellen werden. Es formt sich erst ein Hypostom, zuletzt ein ringförmiger Fuß, der sich wie eine Blende schließt und so die Ablösung des jungen Polypen bewerkstelligt. Der ganze Vorgang, von der ersten Andeutung einer Knospe bis zum Ablösen der jungen *Hydra*, kann in zwei Tagen beendet sein. Daher wird man im Sommer und bei guter Fütterung der in Kultur genommenen Hydren oft Individuen mit 3–4 verschieden weit entwickelten Knospen antreffen.

Es gibt unter den Süßwasserpolypen getrenntgeschlechtliche und hermaphroditische Arten. Bei den zwittrigen – sie sind meist protandrisch, d. h. die **Hoden** treten (bis zu mehreren Wochen) früher auf als die **Ovarien** – entwickeln sich die Hoden im oberen Abschnitt der Magenregion, die Ovarien im unteren. Der Stiel ist in jedem Fall gonadenfrei. Die Gonaden bestehen aus lokalen Anhäufungen interstitieller Zellen des Ectoderms, die sich vergrößern und

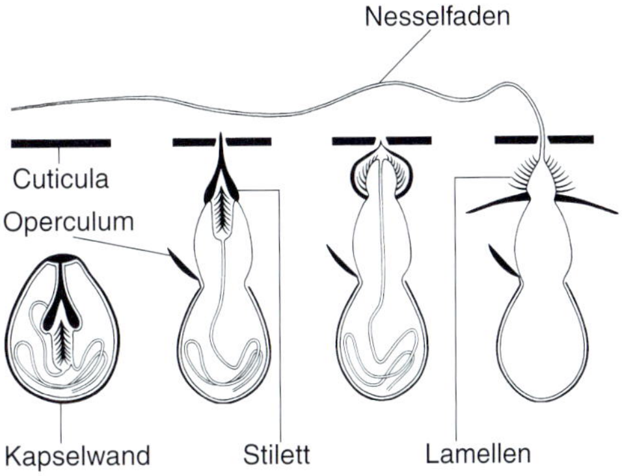

Abb. 34: Phasen der Entladung einer Stenotele, deren Stilettapparat ein Loch in die Cuticula eines Beutetieres schlägt. Das Vorschnellen der Stilette nach Öffnung des Operculums erfolgt in weniger als 10 Mikrosekunden. Durch die entstandene Öffnung wird der giftführende Nesselfaden in das Beutetier ausgestülpt. (Nach Holstein)

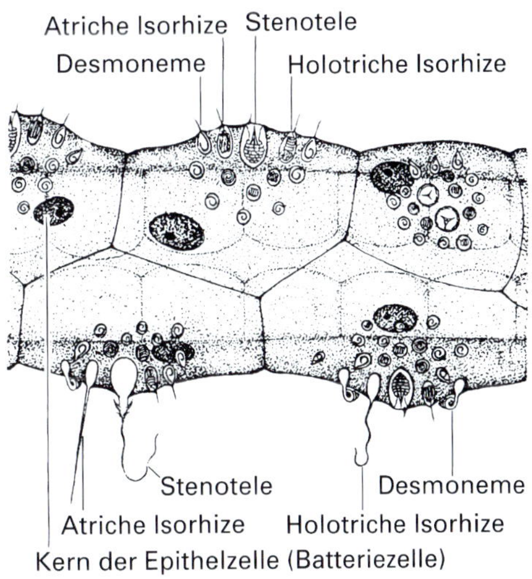

Abb. 35: Stück eines Tentakels von *Hydra* mit Nematocystenbatterien. Die Zellmembranen der Nematocyten sind nicht eingezeichnet. Oben: Cniden im Ruhezustand; unten: ausgeschleudert. (Nach Kühn und Gelei)

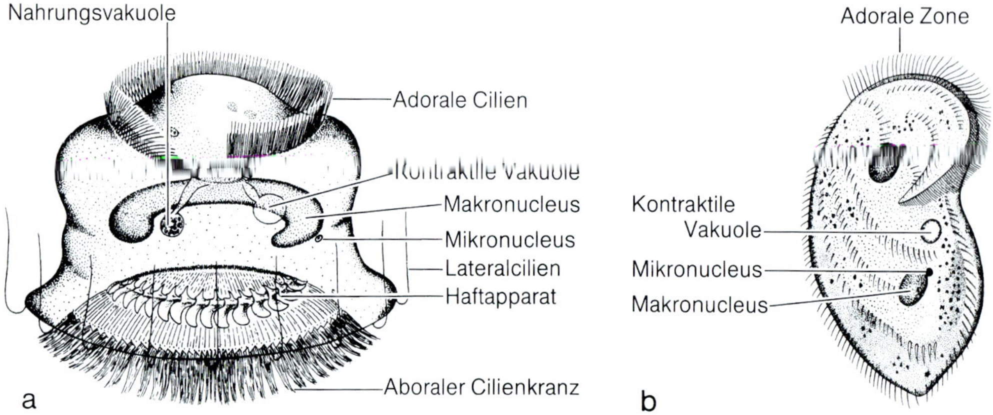

Abb. 36: a. *Trichodina pediculus.* Haftscheibe durchschimmernd. (Nach Haider, verändert). b. *Kerona polyporum*

zu Oogonien bzw. Spermatogonien werden. Dies trägt zur Auswölbung der Gonaden bei. Die Spermatogonien der Hodenanlagen entwickeln sich zu einer großen Zahl von Spermien. Oocyten phagocytieren zu Nährzellen umgestaltete interstitielle Zellen und nehmen amöboide Gestalt an. Das reife, kugelige Ei durchbricht die Ectodermzellen, wird aber von ihnen wie in einer kleinen Schüssel festgehalten. Befruchtung und totale Furchung erfolgen am Körper des Muttertieres. Nach der Gastrulation entsteht eine kräftige Schale (Embryothek), und der Keim löst sich ab und fällt zu Boden. Nach einiger Zeit platzt die Schale und gibt den bereits relativ weit differenzierten Embryo frei, der durch Munddurchbruch und Tentakelbildung seine endgültige Form gewinnt.

- Bei Hydren mit reifen Hoden die Spermien durch vorsichtiges Zerzupfen freilegen.

Sie bestehen aus einem stark lichtbrechenden Köpfchen und einer sehr zarten, langen Geißel.

Häufig wird man bei *Hydra* auf der Körperoberfläche Ciliaten herumkriechen sehen, ohne dass dadurch eine Explosion der Nematocysten ausgelöst wird. Es handelt sich um Arten, die fast ausschließlich auf *Hydra* leben. Eine von ihnen ist die „Polypenlaus", *Trichodina pediculus* (Abb. 36a). Diese hat zwei Wimperzonen ausgebildet. Die vordere führt zum Cytostom, mit der unteren (hinteren) vermag sich das Tier kriechend schnell vorwärts zu bewegen, doch schwimmt es auch frei umher. Die Gestalt ist die eines kurzen, trommelähnlichen Zylinders („fliegende Untertasse"). Die von dem unteren Wimperkranz umschlossene Fläche trägt einen aus etwa 24 hakenförmigen „Zähnen" bestehenden Haftapparat. Eine andere häufig anzutreffende Art ist *Kerona polyporum* (Abb. 36b).

Bemerkenswert ist die große Regenerationsfähigkeit von *Hydra*. Man kann ein Individuum in mehrere Stücke zerschneiden, jedes regeneriert wieder zu einem vollständigen Tier.

- Zum Schluss dem Präparat 0,2%ige, mit Methylgrün angefärbte Essigsäure zusetzen, wodurch die Nematocysten zur Explosion kommen.
- Die Mazeration kann in Bela-Hallerscher Flüssigkeit vorgenommen werden, einem Gemisch aus Eisessig (1 Teil), Glycerin (1) und Wasser (13). Man geht folgendermaßen vor: eine *Hydra* wird auf einen sauberen Objektträger gegeben, das Wasser entfernt und durch 2 bis 3 Tropfen der Bela-Hallerschen Flüssigkeit ersetzt. Nach 30–60 Sekunden wird die Mazerationsflüssigkeit mit Zellstoff sorgfältig abgesaugt. Nun überschichtet man das Präparat mit einer wässerigen Methylgrün- oder Methylviolettlösung, lässt den Farbstoff einige Minuten lang einwirken, saugt wiederum ab und gibt frisches Wasser zu. Schließlich wird sehr vorsichtig ein Deckglas aufgelegt und, wenn die *Hydra* nicht schon jetzt in Zellen und Zellgruppen zerfallen ist, mit der Spitze der Präpariernadel auf das Deckglas getupft. Das Ergebnis ist überraschend: Man kann meist alle Zelltypen identifizieren.
- Zum Verständnis des mikroskopisch-anatomischen Aufbaus empfiehlt es sich ferner, ge-

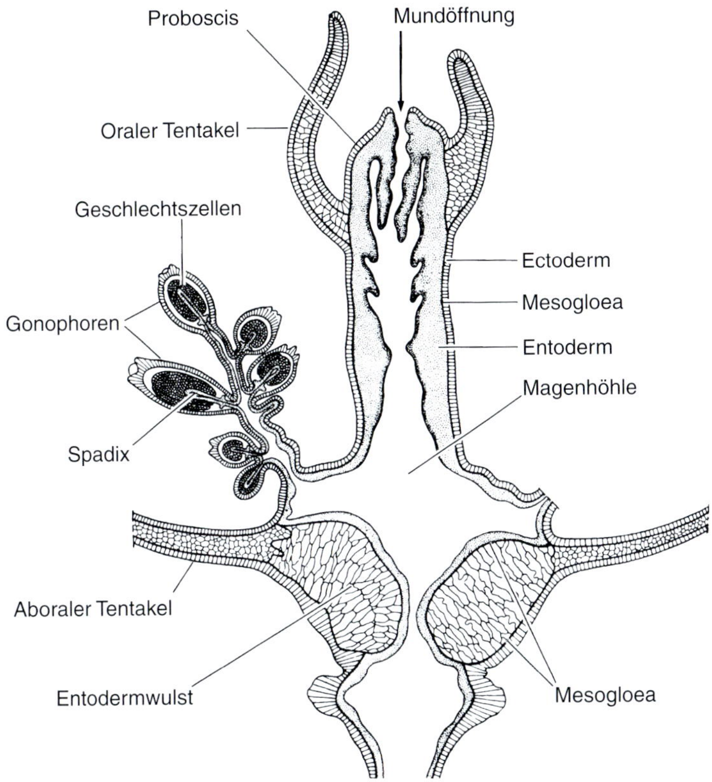

Abb. 37: Längsschnitt durch einen Polypen von *Tubularia larynx*

färbte Querschnitte von Hydren, die mit Rußgelatine gefüttert wurden, zu mikroskopieren.

2. *Tubularia larynx*

- Mit Boraxkarmin gefärbte Präparate von ganzen Polypenköpfchen sowie Längsschnitte durch die Köpfchen mikroskopieren.

Diese auch in der Nordsee vorkommende Form bildet individuenreiche, durch Knospung entstandene Stöckchen von etwa 7 cm Höhe. An den Ganzpräparaten erkennt man, dass die Gliederung der Einzelpolypen in **Köpfchen (Hydranth)** und **Stiel (Hydrocaulus)** deutlich ausgebildet ist und dass der Stiel von einer vom Ectoderm abgeschiedenen, röhrenförmigen **Hülle (Periderm, Perisark)** – sie besteht aus chinongegerbten Glykoproteinen und Chitinmikrofibrillen – umgeben und gestützt wird. Sie wird von innen laufend verstärkt und endigt unterhalb des Köpfchens, das also nicht geschützt wird (Athecata!). Das rundliche Köpfchen sitzt dem Stiel breit auf und zieht sich nach oben in eine Art Rüssel aus, der mit der Mundöffnung endet. Die Tentakel sind in zwei Kränzen angeordnet, der eine – tiefer gelegene – mit etwa 20 größeren, der andere mit ebenso vielen oder etwas weniger, kleineren Tentakeln um die Mundöffnung herum; sie werden aborale und orale Tentakel genannt.

Bei adulten Exemplaren entspringen etwas oberhalb vom aboralen Tentakelkranz als traubenförmige Bildungen an kurzen Stielen sitzende Gonophoren (s. S. 54), abweichend gestaltete Individuen, die die Geschlechtszellen bilden (Abb. 37).

Die Gonophoren der vorliegenden Art bleiben am Polypen sitzen, sind also sessil. Durch Vergleich verschiedener Präparate lässt sich die Ausbildung der Gonophoren verfolgen: Die kurzen Stiele treiben zunächst kleine Seitenknospen aus, die Anlagen der künftigen Gonophoren, deren Wandung, wie die des Polypen und des Stiels, aus Ectoderm, Mesogloea und Entoderm besteht. Am freien Ende drängen aus interstitiellen Zellen hervorgegangene Gametogonien nach innen und bilden eine Masse, die sich kappenförmig um den als Spadix bezeichneten Entodermkegel herumlegt. Aus dieser abgeschnürten Gametogonienmasse entwickeln sich die Geschlechtszellen, und zwar in einem Polypen entweder nur männliche oder nur weibliche. Die weiblichen Gonophoren enthalten einige Eier, die in der Weise entstehen, dass eine Anzahl von Keimzellen verschmelzen, aber nur ein Kern bestehen bleibt, der zum Eikern wird. Das befruchtete Ei lässt noch innerhalb des Gonophors eine kleine, mit einigen Tentakeln ausgestattete Larve entstehen, die **Actinula**, die aus der von drei oder vier Höckern umstellten Öffnung am freien Ende des Gonophors ausschlüpft. Die Larve setzt sich bald darauf fest und wandelt sich in einen Polypen um, den Primärpolypen einer künftigen Kolonie.

- Den feineren Bau von *Tubularia larynx* am besten an Längsschnitten einzelner Polypenköpfchen untersuchen (Abb. 37).

An den Präparaten fällt zunächst ein ringförmiger Wulst auf, der in Höhe der aboralen Tentakel den inneren Hohlraum zu einem schmalen Kanal verengt. Der Wulst, eine Besonderheit der Gattung *Tubularia*, entsteht durch Umbildung, vor allem Vakuolisierung von Entodermzellen. Er ist allseitig von der Mesogloea umschlossen und sowohl gegen das axiale Entoderm der Tentakel als auch gegen das den Gastralraum auskleidende Entoderm abgegrenzt.

Die Tentakel werden von großen, unregelmäßig in mehreren Reihen angeordneten Entodermzellen erfüllt. Nach außen zu folgt die Stützlamelle und dann das Ectoderm mit seinen zahlreichen Nesselzellen.

Im oberen Abschnitt des Gastralraumes erhebt sich das Entoderm zu Längsfalten. Der Kanal, der die Magenhöhle des Hydranthen mit dem den ganzen Stiel durchsetzenden Hohlraum verbindet, erweitert sich unmittelbar unterhalb des Entodermwulstes, was äußerlich in einer ringförmigen Anschwellung, dem „Knopf", zum Ausdruck kommt, der dadurch noch mehr hervortritt, dass in seinem Bereich die Zellen des Ectoderms hoch werden.

Die von den einzelnen Hydranthen aufgenommene und zu Partikeln vorverdaute Nahrung wird – bei allen stockbildenden Hydrozoen – durch starke Kontraktionen der Polypen in den Hydrocaulus gepumpt und so den Epithelien der Röhren und auch anderen Hydranthen zugänglich gemacht.

3. *Laomedea flexuosa*

Diese in der Nord- und Ostsee häufige Form gehört zur Unterordnung der Thecata: Die Peridermhülle des Stieles erweitert sich zu Bechern (Hydrothecae), die die Hydranthen umgeben.

Laomedea flexuosa bildet aufrecht stehende Kolonien, die sich, im Gegensatz zu den Athecata, **sympodial** verzweigen. Die Seitenzweige enden entweder in Hydranthen oder in Gonangien, das sind von Periderm, von einer Gonotheca, umhüllte Kapseln, die eine Anzahl von Geschlechtsindividuen (Gonophoren) einschließen. Gonotheca und Hydrotheca stellen eine unmittelbare Fortsetzung des den Hydrocaulus umgebenden Peridermrohres dar, das im Bereich ihrer Stiele eine sehr charakteristische Ringelung aufweist. Die Hydrotheca gewährt dem zurückziehbaren Polypenköpfchen Schutz. Im Präparat sind mutmaßlich einige der Köpfchen gänzlich in sie eingezogen, während andere mit ausgestreckten Tentakeln aus der Hydrotheca hervorragen.

Bei stärkerer Vergrößerung erkennt man, besonders deutlich innerhalb der Hydranthenstiele, den von einschichtigem Entoderm ausgekleideten Kanal, der die ganze Kolonie durchzieht und sich innerhalb eines jeden Polypenköpfchens zum Magenraum erweitert, in dessen Bereich die Entodermzellen besonders hoch sind. Außen liegt, durch die Mesogloea von ihm getrennt, das Ectoderm, das sich manchmal bereits im Leben, regelmäßig aber im Zuge der Fixierung, vom Periderm zurückzieht; es bleibt nur hier und da durch seitliche Ausläufer mit dem Periderm in Verbindung. Im untersten Abschnitt einer jeden Hydrotheca bildet das Periderm eine ringförmige Querwand (Diaphragma), auf der die durch einen Ectodermwulst verbreiterte Basis des Polypenköpfchens aufsitzt (Abb. 38).

Der obere, die Mundöffnung tragende Abschnitt des Hydranthen ist zu einem typischen Rüssel verschmälert, der von drüsigen, ein

lich regelmäßiger, adradialer Anordnung vorhanden. Man verwechsle sie nicht mit den Basalknöpfen.

Die Statolithen selbst sind nur dann noch vorhanden, wenn die Tiere mit neutralem Formol fixiert wurden. Ocellen kommen bei *Obelia* nicht vor. Die Nematocyten sind als dunkle Pünktchen an den Tentakeln gut zu erkennen; sie zeigen eine ringförmige Anordnung.

Ein Velum, wie es für die große Mehrzahl der Hydromedusen so charakteristisch ist (craspedote Medusen), fehlt bei *Obelia.*

III. Scyphozoa

Technische Vorbereitungen

- Als Beispiel der Scyphomedusen wurde *Aurelia aurita* gewählt, die in der Nord- und Ostsee im Sommerhalbjahr in gewaltigen Schwärmen auftritt. – Außerdem werden mikroskopische Präparate von sehr jungen Exemplaren von *Aurelia aurita* mikroskopiert (Durchmesser bis etwa 1 cm), ferner Ephyren derselben Art sowie schließlich Polypen, nach Möglichkeit polydiske Strobilae.

Allgemeine Übersicht

Die Scyphomedusen, die Medusenform der Scyphozoa, werden von den Scyphopolypen durch **Querteilung** gebildet. Dabei wird die Mundscheibe des Polypen nach Reduktion der Tentakel durch eine ringförmige Furche als junge Meduse „abgeschnürt“, oder es entsteht durch übereinander liegende, ringförmige Einschnürungen gleich ein ganzer Satz von frei beweglichen Jungmedusen (**Strobilation**; Abb. 43). Bei den meisten Scyphozoen wechselt eine sich ungeschlechtlich fortpflanzende Polypengeneration mit einer Medusengeneration ab, die Gonaden entwickelt und sich geschlechtlich fortpflanzt (Metagenese). An der Rumpfwand der Polypen oder auch an kurzen Stolonen können außerdem Tochterpolypen entstehen, die sich bald ablösen. Bei manchen Arten fehlt das Polypenstadium völlig; aus den befruchteten Eiern der Medusen entstehen dann wieder über Planulalarven junge, frei schwimmende Medusen. Andererseits gibt es aber auch polypenförmige, festsitzende Scyphomedusen ohne Polypengeneration (Stauromedusae).

Der kleine, nur 1–7 mm große Scyphopolyp wird bei Rhizostomeae und Semaeostomeae **Scyphistoma** genannt. Er unterscheidet sich vom Hydroidpolypen vor allem durch vier entodermale, an Drüsenzellen reiche Längsfalten (**Gastralwülste**, **Septen**, **Täniolen**, Abb. 41), die weit in den Gastralraum vorspringen und seine Peripherie in vier Gastraltaschen unterteilen. Zwar springen auch bei Hydropolypen im Bereich des Mundes 4 entodermale Falten vor, doch sind diese Falten strukturell viel einfacher als die Septen der Scyphozoen. Diese sind von Mesogloea erfüllt, die Zellen enthalten kann und von Längsmuskelsträngen durchsetzt wird, die Teile der Epithelzellen sind und an trichterförmigen Einsenkungen des Mundscheibenectoderms (**Septaltrichter**) ihren Anfang nehmend bis zur Basis des Polypen ziehen. Durch Öffnungen (**Septalostien**) im oberen Bereich der Septen sind die Gastraltaschen miteinander verbunden. Die Mundscheibe erhebt sich zu einem vierkantigen Rüssel; die an ihrem Rand entspringenden Tentakel sind mit einer einreihigen Achse von Entodermzellen ausgefüllt. Die Basis des Polypen scheidet einen Peridermbecher ab.

Die **Scyphomeduse** ist von glocken- oder scheibenförmiger Gestalt. Die Mesogloea ist stark entwickelt, in der Exumbrella wie auch in der Subumbrella (Abb. 42). Sie enthält bei manchen Formen (z. B. *Aurelia* und *Rhizostoma*) neben zahlreichen Fibrillen auch Zellen, sodass sie bei den Scyphomedusen den Charakter eines Bindegewebes annehmen kann. Die Zellen in der Mesogloea entstammen sowohl Ecto- als auch Entoderm. Sie beteiligen sich wahrscheinlich am Aufbau der Mesogloea, deren chemische Komponenten noch nicht völlig bekannt sind. Neben stark glykosyliertem Kollagen sind Proteoglykane nachgewiesen. Auf der Unterseite hängt ein Magenstiel herab. Am Rand fehlt ein echtes Velum (daher acraspede Medusen!), dagegen finden sich hier mindestens 8 paarige, lappenförmige Ausbuchtungen der Scheibe, die Randlappen. Die Mundöffnung ist – wenn ausgebildet – kreuzförmig gestaltet, ihre Ecken sind in Zipfel ausgezogen, die zu mächtigen Mundarmen auswachsen können. Die die

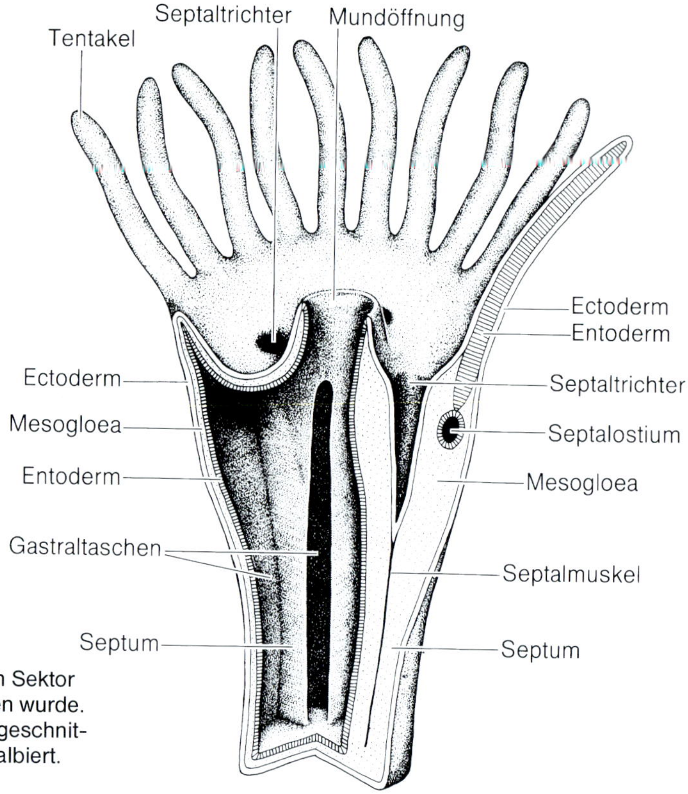

Abb. 41: Scyphopolyp, dem ein Sektor von etwa 120° herausgeschnitten wurde. Links ist eine Gastraltasche aufgeschnitten, rechts wurde ein Septum halbiert. Schematisiert. Etwa 20 ×

Ecken des Mundkreuzes verbindenden Achsen werden als Perradien bezeichnet. Mit ihnen alternieren die vier Interradien. Zwischen diesen acht Hauptradien (Perradien + Interradien) kann man noch acht Adradien ziehen.

Das **Gastrovaskularsystem** ist bei den einzelnen Ordnungen recht verschieden, es kann sehr kompliziert sein. Sein innerhalb des Magenstiels gelegener Abschnitt, das Mundrohr, ist wie das ganze Gastrovaskularsystem von Entoderm ausgekleidet. Innerhalb des Schirmes erweitert sich der Hohlraum beträchtlich; er kann durch vier interradiale Septen, die denen des Scyphopolypen entsprechen, in einen Zentralmagen und vier perradiale Magentaschen (Gastralta-

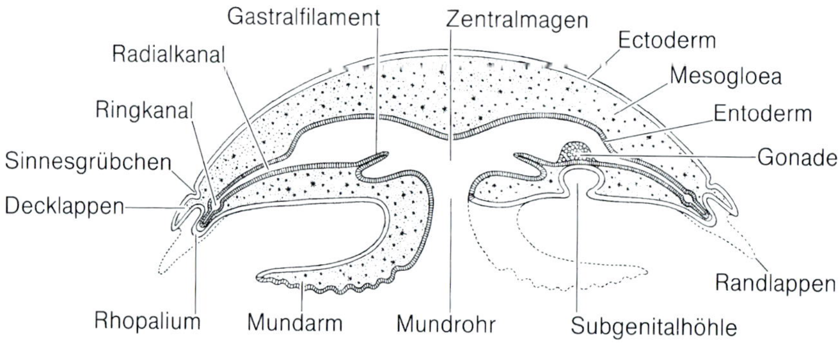

Abb. 42: Schematischer Schnitt durch eine Scyphomeduse, links perradial, rechts interradial geführt

schen) gegliedert werden. Vom freien Rand der Septen entspringen tentakelförmige, als Gastralfilamente bezeichnete Fortsätze. Sie sind sehr reich an Entodermzellen, die verdauende Enzyme produzieren. Die Septen gehen in der Mehrzahl der Fälle in der weiteren Entwicklung verloren, sodass nur die Gastralfilamente bestehen bleiben und der Magenraum sich wieder einheitlich gestaltet. Er treibt zahlreiche Radialkanäle vor, die einfach bleiben oder sich vielfach verzweigen und an der Peripherie in einen Ringkanal münden können.

Neben der Mundrohrbasis liegen interradial in der Subumbrella meist vier ectodermale Einbuchtungen, die Subgenitalhöhlen, die bei manchen Arten zusammenfließen können. Unmittelbar über ihnen entstehen im Entoderm des Zentralmagens die nach innen vorspringenden Gonaden. Magentasche und Subgenitalhöhle bleiben aber durch eine zarte Gastrogenitalmembran geschieden; die Geschlechtsprodukte treten durch den Schlund aus.

Die **Sinnesorgane** der Scyphomedusen finden sich meist in der Achtzahl am Rand der Scheibe oder Glocke. Sie werden als **Rhopalien** (Rand- oder Sinneskörper) bezeichnet und haben die Form hohler und von Entoderm ausgekleideter, kleiner Tentakel oder Keulen, die durch einen Vorsprung der Exumbrella, den Decklappen, geschützt werden. In den Entodermzellen der Spitze der Keule bilden sich zahlreiche Statolithen aus. An den Rhopalien finden sich häufig **Lichtsinnesorgane** (Ocellen, Becheraugen) mit ciliären Lichtsinneszellen und zwei mit Sinnesepithel ausgekleidete Gruben.

Das **Nervensystem** der Subumbrella verdichtet sich an der Basis eines jeden Rhopaliums zu ganglionartigen Aggregationen von Nervenzellen, die sich durch ihren Gehalt an Neuropeptiden unterscheiden. Eine Konzentration des Nervensystems in Form zweier dem Schirmrand parallel laufender Ringe, wie man das bei den Hydromedusen findet, ist bei den Scyphomedusen nur wenig angedeutet oder fehlt vollkommen.

Spezieller Teil

Aurelia aurita, Ohrenqualle

Aurelia aurita ist die häufigste Scyphomeduse der europäischen Küsten. Sie gehört zur Ordnung der **Semaeostomeae** (**Fahnenquallen**), deren Mundrohr in vier faltige Mundarme ausgezogen ist.

Ihre etwa ¼ mm lange **Planula-Larve** kann in heimischen Meeren in den Monaten Juli bis Oktober im Plankton gefunden werden. Sie setzt sich mit ihrem Aboralpol bevorzugt an der Unterseite von Hartsubstraten fest und wächst zu einem mit langen Tentakeln ausgestatteten Scyphistoma-Polypen aus. Dieser kann sich ganzjährig durch Knospung vermehren, wird mehrere Jahre alt und produziert in heimischen Meeren bei niedrigen Temperaturen durch Strobilation Ephyren (Abb. 43). Vor allem Ende Dezember bis Ende März und von Ende April bis Ende Mai findet dieser Vorgang in großem Maße statt. Die **Strobilation** beginnt apikal und setzt sich zur Basis fort, die in einem Peridermbecher ruht. Nach erfolgter Strobilation entsteht aus dem basalen Restkörper wiederum ein Polyp mit langen Tentakeln.

Die **Ephyra** (Abb. 44), das Jugendstadium der Meduse, hat die Gestalt einer flachen Scheibe, von deren Rand acht Stammlappen (Randlappen) ausgehen. Jeder teilt sich an seinem Ende in zwei Flügellappen (Okularlappen). Zwischen diesen erkennen wir als kleinen, kolbenförmigen Vorsprung einen Sinneskörper. Zwischen den Stammlappen entwickeln sich später acht Velarlappen, die rascher wachsend schließlich gleiche Länge erreichen.

Am Ende des kurzen, vierkantigen Magenstieles liegt die kreuzförmige Mundöffnung. Der Magenstiel führt in den flachen Magen, an dessen unterer Wand vier Gruppen von Gastralfilamenten durch ihre stärkere Färbung leicht erkennbar sind.

Vom Magen gehen acht größere, taschenförmige Ausstülpungen in die Stammlappen hinein (Lappentaschen). Zwischen ihnen, also adradial, stülpen sich acht kleinere Taschen gegen die Basis der Velarlappen vor (adradiale Taschen).

Bei stärkerer Vergrößerung kann man die parallel zum Schirmrand ziehende Ringmuskulatur der Subumbrella erkennen und außerdem die feineren Längsmuskelzüge, die in die Flügellappen hineinziehen.

- Um den Bau der Scyphomedusen kennen zu lernen, werden jetzt entweder mikroskopische Präparate kleiner Aurelien von etwa 1 cm Scheibendurchmesser mikroskopiert oder in Formol konservierte, ausgewachsene, am besten weibliche Tiere mit voll entwickelten Gonaden und Furchungsstadien der Eier an den Mundarmen untersucht.

Der Körperumriss der adulten Meduse ist gleichmäßiger und weniger gelappt als der der Ephyra, da die tiefen Einschnitte zwischen je zwei Stamm- oder Randlappen von den breiten Velarlappen ausgefüllt werden (Abb. 45). An der Peripherie finden sich zahlreiche kurze Tentakel, die den Velarlappen aufsitzen. Das Mundrohr ist in vier einfache, fahnenartige Mundarme mit gekräuselten Rändern ausgezogen.

Stark umgewandelt ist das **Gastrovaskularsystem.** Aus den 16 peripheren Taschen der Ephyra sind 16 schmale, lang gestreckte Radialkanäle geworden, die am Rand in einen Ringkanal einmünden. Von ihnen sind die adradialen einfach, die per- und interradialen reich verzweigt, hier und da durch Anastomosen verbunden. Zwischen den einzelnen Kanälen ist das Entoderm zu einer Platte (Kathammalplatte) verwachsen. Die Zahl der Gastralfilamente ist stark vermehrt.

Peripher von ihnen, also gleichfalls interradial, sehen wir die hufeisenförmigen, im Leben durch blaue oder rote Färbung auffallenden **Gonaden**. Sie bilden sich als Falten des Entoderms, die sich in den Zentralmagen vorstülpen und im Innern die Geschlechtszellen entstehen lassen. Im Bereich der Gonaden ist die Gallertschicht der Subumbrella unterdrückt (Abb. 42), sodass sich an der Unterseite der Scheibe eine Vertiefung, die **Subgenitalhöhle**, bildet, die nur durch eine zarte Gastrogenitalmembran vom Zentralmagen geschieden ist.

Die reifen Eier werden in den Magen entlassen und dort befruchtet. Durch den Mund werden sie dann zwischen die zusammengefalteten Mundarme geleitet, an denen sie, von einem schleimigen Sekret umhüllt, ihre Embryonalentwicklung bis zur **Planulalarve** durchmachen.

- Findet man am untersuchten Tier überhaupt Entwicklungsstadien, so kann man den ganzen Entwicklungsgang von der Furchung bis zur Larve verfolgen, indem man an verschiedenen Stellen kleine Stücke des angeschwollenen Randes eines Mundarmes entnimmt und auf dem Objektträger zerzupft.

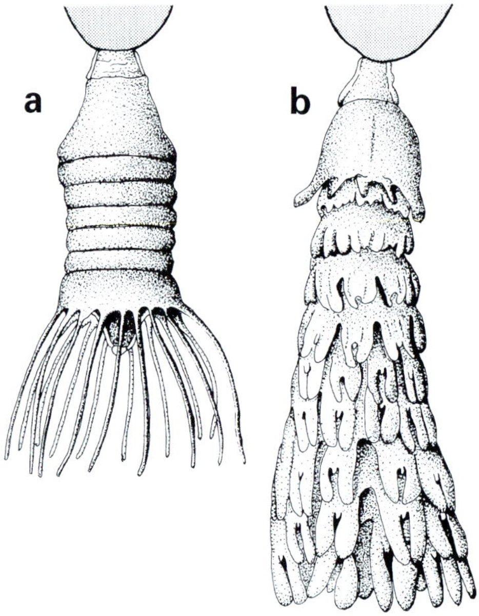

Abb. 43: Strobilation von *Aurelia aurita*. a. Anfangsstadium einer polydisken Strobila mit langen Tentakeln; Länge 3 mm. b. Fortgeschrittene Strobila mit fast fertigen Ephyren; Länge 4 mm. (Nach Holtmann, Yasuda)

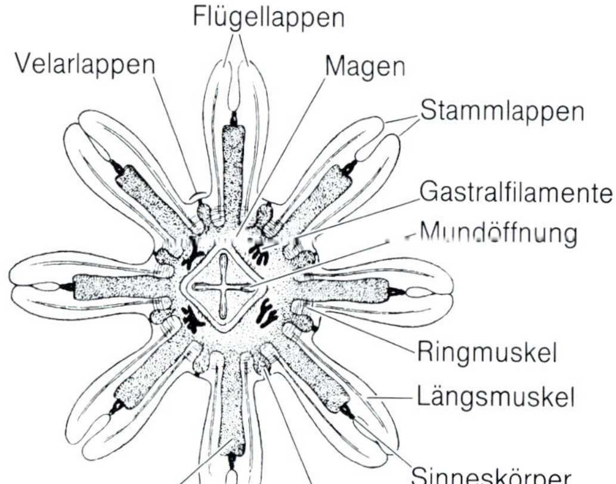

Abb. 44: Ephyra von *Aurelia aurita*. 28 ×. (Nach Claus und Friedemann)

a

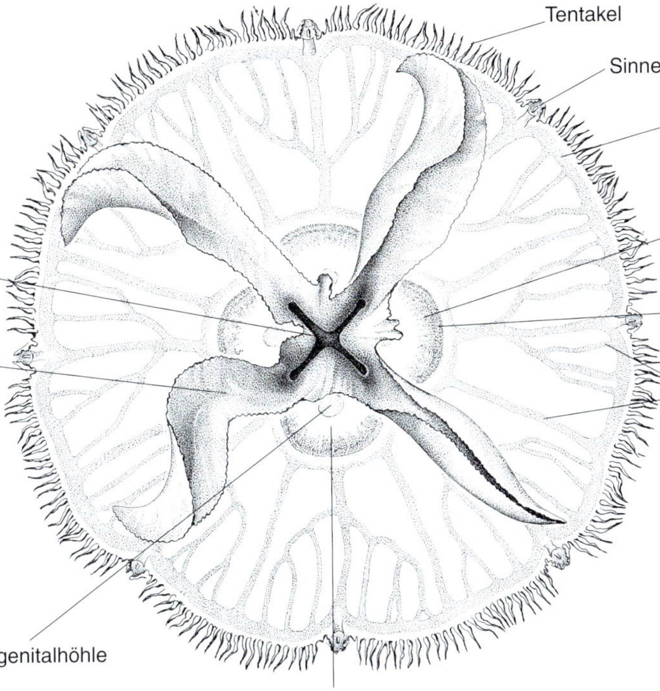

b

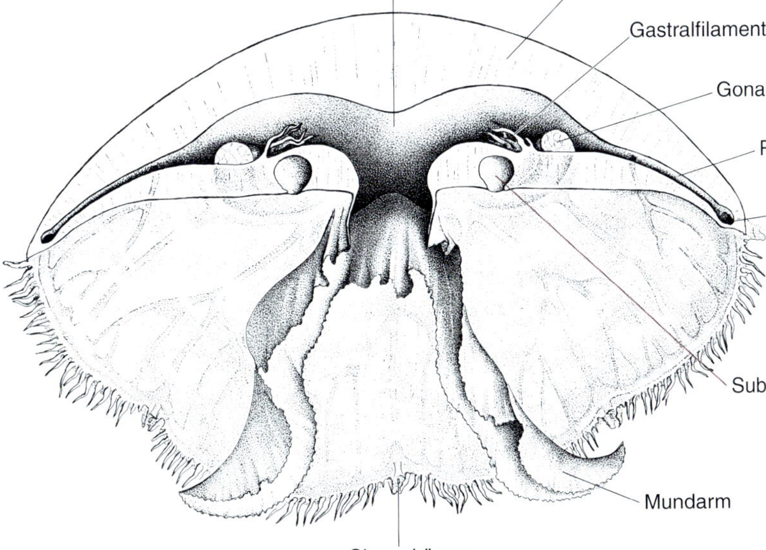

Abb. 45: *Aurelia aurita*, junges Tier. **a** Ansicht von unten; **b** Ansicht eines Tieres, das in der Mitte in zwei Hälften geschnitten wurde

Die Furchung ist total und äqual. Die elliptische bis birnenförmige Planula zeigt außen ein einschichtiges Ectoderm, innen wird sie zunächst von einem kompakten Entoderm ausgefüllt. Erst später bildet sich im Inneren des Entoderms der Gastralraum. Die bewimperte Planula schwärmt dann aus, setzt sich nach einiger Zeit mit dem verbreiterten Vorderpol fest und wird zum Scyphopolypen.

Die acht **Rhopalien** (Sinneskörper, Randkörper; Abb. 44, 45) bezeichnen durch ihre Lage die Spitzen der Stammlappen der Ephyra. Schneidet man einen dieser Sinneskörper mit seiner Umgebung heraus und betrachtet ihn mit der Stereolupe, so erkennt man einen kleinen Kolben, der vom Schirmrand horizontal nach außen absteht und von einer Deckplatte helmartig überwölbt wird. Die kolbige Endanschwellung birgt zahlreiche prismatische Kristalle, die Statolithen, die aus Entodermzellen hervorgegangen sind. An der Unterseite des Randkörperstieles stehen im Verband mit Stützzellen zahlreiche Tastsinneszellen (mit unbeweglichen Cilien ausgestattete sensible Neurone). Zwei Grübchen, das eine an der Basis des Rhopaliums, das andere an der Deckplatte, werden zuweilen als Riechgruben gedeutet. Ihre Funktion ist jedoch noch nicht überprüft und daher die Bezeichnung „Sinnesgruben" besser. Zwei dunkle Flecke geben sich als Lichtsinnesorgane zu erkennen. Das eine, an der Außenseite, ist ein flacher Ocellus, dessen Sinneszellen zwischen Pigmentzellen liegen, das andere liegt im Inneren des Randkörpers unter einer ectodermalen Deckschicht. Es ist als Becherauge ausgebildet: Ein Becher aus entodermalen Pigmentzellen umhüllt eine Gruppe ectodermaler Sehzellen.

IV. Anthozoa, Korallentiere

Technische Vorbereitungen

- Material: Gefärbte Längs- und Querschnitte durch ein Stück einer Kolonie von *Alcyonium digitatum*, gefärbte oder ungefärbte Präparate von einzelnen Polypen und Skleriten. Außerdem in Alkohol konservierte Seeanemonen, z. B. *Anemonia sulcata* aus dem Mittelmeer. Um zu vermeiden, dass sich die Tiere kontrahieren, was das Studium der inneren Organisation sehr erschweren würde, ist es unerlässlich, die Seeanemonen vor dem Fixieren zu betäuben. Man setzt einige Exemplare in ein kleines Aquarium und fügt, sobald sich die Tiere ausgestreckt haben, dem Wasser etwas Magnesiumsulfat oder Menthol zu.

Allgemeine Übersicht

Anthozoen treten lediglich in der Polypenform auf (Anthopolyp).

Am Polypen unterscheidet man **Fußscheibe**, **Körperwand** (bei Aktinien **Mauerblatt** genannt) und **Mundscheibe**. Besonders kennzeichnend für die Anthopolypen ist das **Schlundrohr** (**Pharynx**), das ist eine zentrale Einstülpung der Mundscheibe, die als Rohr ziemlich weit in den Gastralraum hineinhängt und die – ihrem Ursprung gemäß – von Ectoderm ausgekleidet ist. Von der Körperwand gehen wie bei den Scyphozoen **Septen** („Mesenterien") aus, deren Innenränder am Schlundrohr ansetzen und so die **Gastrovaskularhöhle** in einen zentralen **Gastralraum** und in **Radialkammern** (**Gastraltaschen**) gliedern, deren Zahl der der Septen entspricht. Unterhalb des Schlundrohres ragen die Septen mit freien Rändern in den Gastralraum hinein, sodass hier die Radialkammern („Fächer") gegen den Zentralraum hin offen sind. Die Kammern können außerdem durch Öffnungen kommunizieren, die die Septen in Höhe des Mundes durchsetzen (**Septalostien**). Die Unterschiede im Bau des Gastrovaskularraumes von Hydro-, Scypho- und Anthopolypen werden besonders deutlich bei einem Vergleich ihrer Querschnitte (Abb. 46).

Die zwischen Ectoderm und Entoderm eingeschaltete **Mesogloea** enthält außer extrazellulären Fasern auch zahlreiche Zellen, die aus dem Ectoderm eingewandert sind und nun in der gallertigen Masse liegen, die den Hauptbestandteil dieses Gewebes ausmacht. Die Gewebeverbindung zwischen den Polypen koloniebildender Anthozoen wird bei Steinkorallen **Coenosark**, bei Octocorallia **Coenenchym** genannt (Abb. 49).

Die in der Mitte der Mundscheibe gelegene Mundöffnung ist meist spaltförmig. Der Kör-

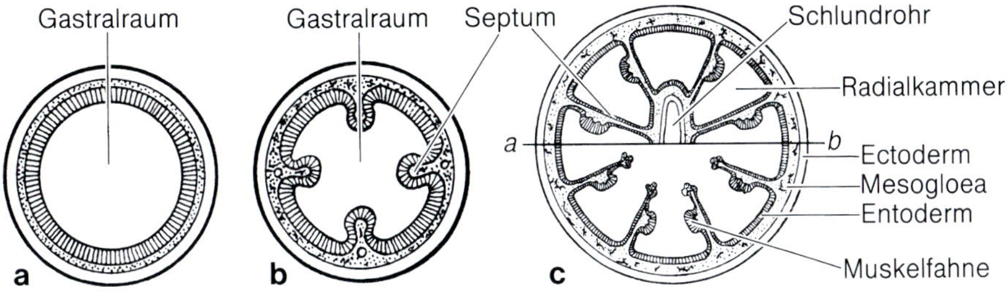

Abb. 46: Schematische Querschnitte durch Hydropolyp (a), Scyphopolyp (b) und Anthopolyp (c). Der Anthopolyp ist oberhalb der Linie a–b im Bereich des Schlundrohres, unterhalb dieser Linie unter dem Schlundrohr durchschnitten

per erhält dadurch, wie auch durch die Anordnung der Muskelfahnen (s. unten), eine bilaterale Symmetrie. Die durch den großen Durchmesser der Mundöffnung gehende Ebene (Sagittalebene) teilt den Körper in zwei spiegelbildlich gleiche Hälften. Ansonsten erscheinen die Anthozoen äußerlich meist radiär gebaut. Das Schlundrohr ist im Querschnitt oval bis spaltförmig, seltener kreisrund. Es ist an beiden oder nur an einer Schmalseite mit einer **Flimmerrinne** (**Siphonoglyphe**) versehen. Die Zellen der Siphonoglyphe haben Geißeln, die Wasser und damit Sauerstoff in die Gastrovaskularhöhle hineintreiben. Die freien Ränder der Septen tragen krausenförmige, an Resorptions- und Drüsenzellen sowie nematocytenreiche, teilweise flimmernde **Septal-** oder **Mesenterialfilamente**. Unterhalb der Septalfilamente finden sich mitunter (bei Aktinien) fadenförmige, mit Nesselzellen bestückte **Akontien**, die durch den Mund oder durch seitliche, das Mauerblatt durchsetzende Poren herausgeschleudert werden können (Ab. 47). Zwischen den Septen, die das Schlundrohr erreichen, entwickeln sich oft kürzere, die es nicht erreichen, wodurch sich das Querschnittsbild komplizieren kann.

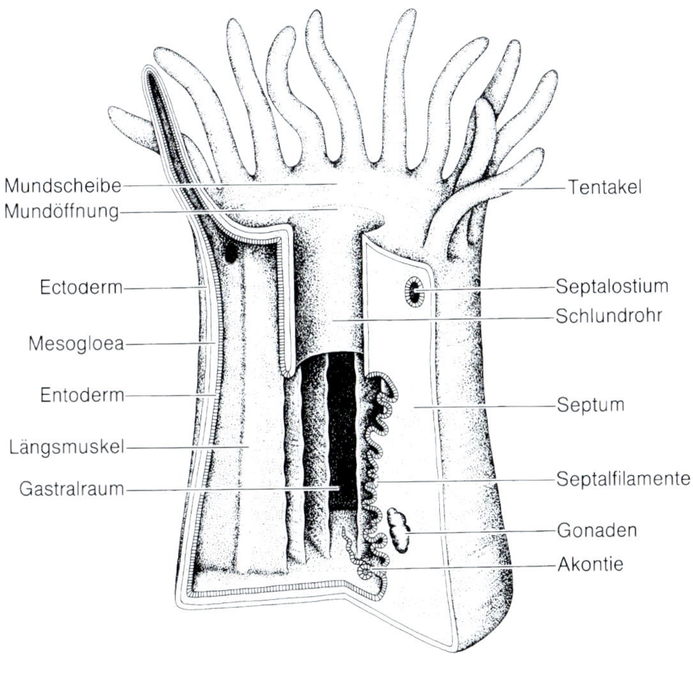

Abb. 47: Organisation eines Anthopolypen. Aus der Körperwand wurde ein Sektor von 120° herausgeschnitten, Schnitt links durch eine Radialkammer, rechts durch ein Septum geführt. Schematisiert, Längsmuskeln, Septalfilamente, Akontien und Gonaden wurden nur einmal eingezeichnet

Vom Rand der Mundscheibe gehen die **Tentakel** ab, deren Zahl acht (**Octocorallia**), eine Vielzahl von sechs (viele **Hexacorallia**), selten sechs (Antipatharia) beträgt. Sie sind hohl und stehen in offener Verbindung mit den Radialkammern. Bei manchen Anthozoen (Aktinien) haben die Spitzen der Tentakel feine Öffnungen, die vermutlich bei der Kontraktion der Tiere zur schnellen Entleerung der in den Tentakeln befindlichen Flüssigkeit dienen.

Die **Muskulatur** der Anthozoen ist hoch entwickelt. In den Tentakeln, vor allem an deren Innenseite, und im Mauerblatt findet sich Längsmuskulatur, auf der Mundscheibe radiäre, beide ectodermalen Ursprungs. Die Muskulatur der Septen leitet sich vom Entoderm ab. Sie erscheint auf der einen Seite schwach ausgebildet als transversale Muskulatur, auf der anderen Seite in starker Ausbildung („Muskelfahnen") als Längsmuskulatur. Auch die Anordnung der Muskelfahnen an den Septen bewirkt eine bilaterale Symmetrie (Abb. 47). Weitere entodermale Muskulatur findet sich in Form von Ringmuskeln der Mundscheibe, der Fußscheibe, der Tentakel und des Schlundrohres. Am oberen Ende des Mauerblattes entwickelt sich zudem oft ein besonders kräftiger Ringmuskel, der als Schließmuskel dient.

Sinneszellen befinden sich verstreut in den Epithelien. Das **Nervensystem** ist als intraepithelialer Plexus über den ganzen Körper verbreitet, sowohl dem Ectoderm als auch dem Entoderm angeschlossen; das entodermale System ist im Allgemeinen schwächer entwickelt. Eine Verdichtung des Netzes pflegt an Mundscheibe, Schlundrohr und Tentakeln aufzutreten.

Die Mehrzahl der Anthozoen bildet durch **Teilung** der Polypen oder seitliche Knospung ohne nachfolgende Trennung „Stöcke". Das Gewebe zwischen den Polypen hat bei den Anthozoengruppen unterschiedliche Herkunft und unterschiedlichen Bau; bei den Oktokorallen wird es Coenenchym, bei den Steinkorallen und Krustenanemonen Coenosark genannt. Es ist in jedem Fall von Kanälen (Solenien) durchzogen, die die Gastralräume der Polypen verbinden. Schmal bandförmige Gewebeverbindungen werden als Stolonen bezeichnet.

Die meisten Anthozoen weisen **Skeletbildungen** auf, die entweder nach außen, vom Ectoderm, oder im Inneren, von Ectodermzellen, die in die Mesogloea eingewandert sind, abgeschieden und danach als **Außenskelet** oder **Innenskelet** bezeichnet werden. Skeletbildende Substanzen sind eine im chemischen Aufbau dem Kollagen der Wirbeltiere ähnelnde, hornartige Substanz, $CaCO_3$ und Calciumsalze nach Art des Apatits. Das Außenskelet der Antipatharia (die tragende Achse des Polypenstocks) besteht aus einer Hornsubstanz, das der Steinkorallen aus Kalk.

Die kompliziertesten Skelete haben die Oktokorallen. In der Mesogloea werden einzelne Skeletelemente aus Kalk gebildet, die Sklerite. Sie können zu großen, fest verbundenen Massen zusammentreten, die den Polypenstock stützen und damit erhebliches Größenwachstum erlauben. Die Gorgonaria (Hornkorallen) bauen zudem als Außenskelet eine im Inneren des Polypenstocks liegende Achse aus Hornsubstanz, in die Kalk eingelagert sein kann. Die Seefedern haben ebenfalls eine zusätzliche, im Inneren liegende Hornachse. Ausnahmen sind nur die Blaue Koralle *Heliopora*, die nur ein Außenskelet aus Kalk bildet, ähnlich dem der Steinkorallen, und die kleinen Polypen von Cornularia, die eine Umhüllung aus Horn ähnlich der vieler Hydrozoen haben.

Bei den **Steinkorallen** (**Madreporaria**) erfolgt die Skeletbildung nur im unteren Teil des Korallenpolypen. Zunächst scheidet das Ectoderm der Fußscheibe eine kreisrunde, ebene Kalkplatte, die sog. Basalplatte, ab. Auf dieser werden dann 12 radiär angeordnete Kalklamellen (Sklerosepten) gebildet, die in die Gastralkammern zwischen den weich bleibenden Sarkosepten hineinragen. Schließlich wächst peripher, nahe der Körperwand, eine die Sklerosepten verbindende, ringförmige Mauerplatte (Theca) in die Höhe, im Zentrum der Basalplatte oft auch noch eine säulenartige Erhebung, die Columella. Da das Skelet vom ectodermalen Epithel gebildet wird, tritt es nirgends in den Körper ein; es ist stets von allen drei Schichten der Fußscheibe, dem Ectoderm, der Mesogloea und dem Entoderm umkleidet.

Die **Geschlechtszellen** entstehen im Entoderm der Septen zwischen den Filamenten und den Muskelfahnen. Reif geworden, werden sie in die Gastraltaschen entleert. Aus den befruchteten Eiern entwickeln sich, häufig schon vor dem Ausstoßen, also noch im Polypengastralraum, bewimperte, anfangs tentakellose Larven (**Planulae**), die frei umherschwimmen und sich dann auf einem geeigneten Untergrund festsetzen.

Spezieller Teil

1. *Alcyonium digitatum,* Tote Mannshand

Als Vertreter der **Octocorallia**, die durch den Besitz von acht Septen und acht gefiederten Tentakeln gekennzeichnet sind, wird *Alcyonium digitatum*, eine in den nördlichen Meeren sehr häufige Form, untersucht. *Alcyonium* bildet rötliche, gelbe oder weißliche, klumpige, in einige stumpfe, fingerförmige Fortsätze ausstrahlende Körper, auf denen die kleinen, durchscheinenden, weißen Polypen teils ausgestreckt, teils ins Innere eingezogen sitzen.

- Es werden zunächst Präparate von gefärbten oder ungefärbten Einzelpolypen mikroskopiert.

Man sieht einen schlauchförmigen, zarten Körper, der an seinem freien Ende mit acht gefiederten **Tentakeln** besetzt ist (Abb. 48). Vom Mund zieht sich das etwa 1 mm lange, längsgefaltete **Schlundrohr** herab, an dem die acht an diesem Präparat schwer sichtbaren Septen ansitzen. Dagegen lassen sich sehr deutlich die acht Septalfilamente wahrnehmen, von denen sechs stark gewunden und kurz sind und zwei lang gestreckt. An einzelnen geschlechtsreifen Polypen wird man auch die Gonaden sehen, ansehnliche, gelbrote Eier bergende Ovarien oder milchweiße Hoden, die seitlich an den ventralen und lateralen, entodermal bekleideten Septen sitzen.

Bei etwas stärkerer Vergrößerung werden an der Basis sowie unterhalb der Tentakel der Polypen kleine, aus Kalk bestehende Skeletteile, die **Sklerite**, sichtbar.

- Zur Untersuchung des Coenosarks werden gefärbte Querschnitte verwendet. Sie müssen parallel der Oberfläche und nicht zu tief geführt sein.

Auf den Querschnitten erkennt man zunächst einige größere, kreisrunde Hohlräume, die **Gastralräume** der Polypen, die in verschiedener Höhe getroffen sind.

- Zu Beginn einen tief unterhalb des Schlundes liegenden Querschnitt (Abb. 49, rechts oben) betrachten.

In den von Entoderm ausgekleideten, kreisrunden Hohlraum springen acht **Septen** (Mesenterien) vor. Man sieht die von der Mesogloea der Körperwand ausgehende, strukturlose Lamelle als Achse des Septums und beiderseits davon Muskulatur. Die Muskulatur einer Seite ist stets stark entwickelt und bildet die so genannte **Muskelfahne.** Sie ist im Präparat quer durchschnitten, d. h. dass die Muskelzellen längs verlaufen. Die der anderen Seite ist dagegen eine sehr schwach entwickelte transversale Muskulatur, die vom Mauerblatt schräg abwärts zur Fußscheibe sowie schräg aufwärts zur Mundscheibe zieht. Die Anordnung der Septenmuskulatur ist sehr regelmäßig, indem die beiden in der Sagittalachse liegenden Fächer die gleiche Muskelart einander zugekehrt haben.

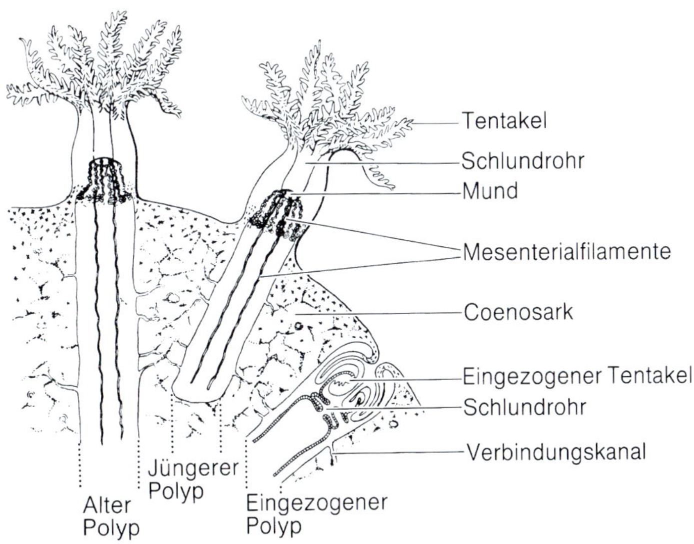

Abb. 48: Längsschnitt durch *Alcyonium digitatum*

Auf jeder Seite der Sagittalachse bleiben nunmehr noch zwei Septen übrig, die ihre Muskulatur gleichsinnig mit den beiden anderen Septen derselben Körperhälfte angeordnet zeigen. Am freien Ende jedes Septums sitzt eine oft krausenartig eingefaltete, stärker gefärbte Zellmasse, der Querschnitt durch ein Septalfilament. Zwei Septen sind länger als die anderen und fallen auch im Querschnitt als abweichend auf: Sie tragen Geißeln, die das Wasser zur Mundöffnung heraustreiben, während die übrigen Septen besonders reich an Drüsenzellen sind, die Verdauungsenzyme absondern. Die sechs kurzen Septen bilden Gonaden, welche an langen Stielen in die Gastralhöhle hineinragen.

- Einen Querschnitt durch einen Polypen suchen, der in einer höheren Lage geführt worden ist und das Schlundrohr getroffen hat (Abb. 49, links).

Hier erreichen die Septen das Schlundrohr und teilen so den Gastrovaskularraum in acht **Radialkammern**. Das Schlundrohr zeigt im Querschnitt innen das Ectoderm, dann folgen eine Mesogloeaschicht mit einzelnen eingestreuten Kalkskleriten und das Entoderm. Eine breite Rinne des Schlundrohres, die von geißeltragenden Zellen ausgekleidet wird, ist die **Siphonoglyphe.** In dem ihr zugeordneten Fach sind die Muskelfahnen einander zugekehrt.

Bei diesem und noch höher geführten Schnitten ist zu beachten, dass das Bild dadurch kompliziert werden kann, dass sich die Polypen in das Innere des **Coenosarks** zurückgezogen haben.

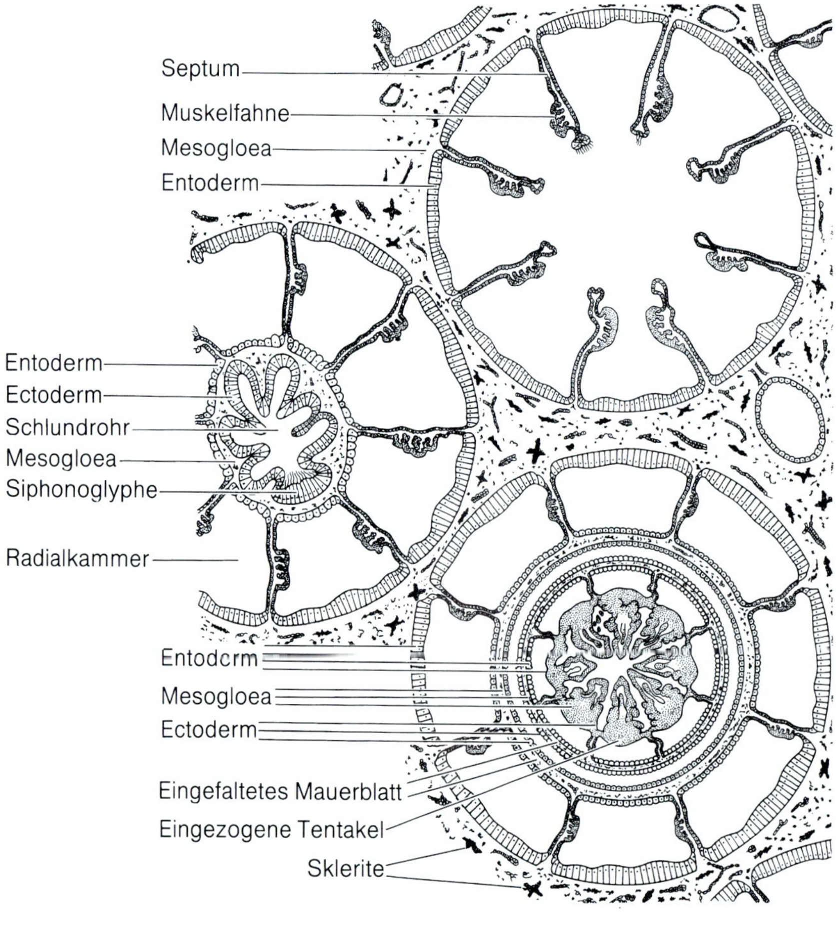

Abb. 49: Querschnitt durch das Coenosark und durch drei in verschiedener Höhe getroffene Polypen von *Alcyonium digitatum*

Die Tentakel sind dann auf die Mundscheibe eingeschlagen und mit ihr in die Tiefe gesunken. Ferner weist auch das Schlundrohr starke Faltungen auf.

Sehr viel schwieriger wird die Deutung folgender, sehr häufig anzutreffender Bilder. Man sieht die **Gastrovaskularhöhle** in zwei konzentrischen Ringen das Schlundrohr umgeben, sodass also ein innerer und ein äußerer Kranz von Septen sichtbar werden (Abb. 49, rechts unten). Die Erklärung ist die, dass der obere Teil des Polypen handschuhfingerartig in den unteren eingestülpt ist. Der innere Kranz entspricht dem oberen Abschnitt des Polypen, der äußere dem unteren.

- **Sklerite** werden als Dauerpräparate mikroskopiert oder indem man eine möglichst feine Scheibe von *Alcyonium* mit etwas Eau de Javelle übergießt. Nach einigen Minuten sind die Weichteile gelöst und die Skleriten übrig geblieben.

Man sieht, dass die Sklerite unregelmäßige, vielzackige Gebilde sind. Sie haben bei jeder Art eine bestimmte Form und sind daher für die Systematik der Alcyonarien von großem Wert. Sie sind aus $CaCO_3$ und daher in verdünnten Säuren unter Kohlendioxidbildung löslich.

2. *Anemonia sulcata,* Wachsrose

Anemonia sulcata, eine an den Küsten des Mittelmeeres häufige Art, gehört zu den **Hexacorallia**, einer Unterklasse der Anthozoa, und innerhalb dieser zu der unter dem deutschen Namen Seerosen oder Seeanemonen allgemein bekannten Ordnung Actiniaria.

- Es werden in Alkohol konservierte Tiere untersucht.
- Zunächst die äußere Form dieser Seerose mit dem Stereomikroskop betrachten.

Die breite, stark gefaltete **Fußscheibe**, mit der das Tier dem Untergrund aufsitzt, lässt deutlich Ring- und Radiärmuskulatur erkennen. Die Körperwand, bei Aktinien **Mauerblatt** genannt, zeigt starke, ringförmige Einschnürungen, die zumeist auf die Kontraktion des Tieres beim Abtöten zurückzuführen sind. Die die Kontraktion bedingende Längsmuskulatur ist in Form von parallelen Streifen deutlich von außen wahrnehmbar.

Die **Mundscheibe** wird von 4–5 Kränzen dicht gestellter, ungefiederter Tentakel umgeben.

- Einige Tentakel dicht über der Basis abschneiden, um ihre Anordnung anschaulich zu machen.

Dabei sieht man, dass die Hohlräume der Tentakel mit den Radialkammern kommunizieren. An der Spitze der Tentakel sind feine Öffnungen sichtbar. Die Tentakel der Wachsrose sind nicht rückziehbar, während dies bei den meisten anderen Aktinien der Fall ist.

Die Mundscheibe ist flach ausgebreitet; in ihrer Mitte liegt die ovale Mundöffnung. Außerhalb des Tentakelkranzes findet sich am oberen Rand des Mauerblattes eine vorspringende Falte (Randfalte), auf der kleine, warzenförmige Erhebungen in dichter Anordnung sitzen, die so genannten Randsäckchen (Acrorhagen), die in ihrem Inneren zahlreiche Nesselkapseln bergen und so als Nesselbatterien dienen.

- Mit einem scharfen Messer wird die Aktinie in der Sagittalebene durchschnitten.

Von der Mundöffnung aus führt das **Schlundrohr** ins Körperinnere hinein, das durch die zahlreichen **Septen** in Fächer gegliedert wird. Nur ein Teil der Septen erreicht das Schlundrohr, die anderen endigen frei in der Gastrovaskularhöhle. Die Septen tragen an der einen Fläche eine Längsmuskelfahne, ihr freier Rand ist zu den Septalfilamenten verdickt.

Bei geschlechtsreifen Tieren wird man die Septen durch die in die Mesogloea eingebetteten, oft mächtig entwickelten **Gonaden** aufgetrieben finden. Sie nehmen den mittleren Abschnitt des Septums zwischen Gastralfilament und Muskelfahne ein, doch tragen nicht alle Septen Geschlechtsorgane.

- Um einen Überblick über die Anordnung der Septen zu erhalten, wird ein zweites Exemplar durch Querschnitte, deren erster dicht über der Fußscheibe geführt wird, in einzelne Scheiben zerlegt.

Die Septen sind paarweise angeordnet. Der Raum zwischen den beiden Septen eines Paares wird als Binnenfach bezeichnet, der zwischen zwei Paaren als Zwischenfach. Die unvollständigen Septen entstehen paarweise in den Zwischenfächern. Im Allgemeinen liegen die Muskelfahnen eines Paares im Binnenfach, sind also einander zugewandt. Nur die beiden Paare, die an die Schlundrinnen angrenzen, machen hiervon eine Ausnahme, indem sie die Muskelfahnen nach außen gekehrt tragen; sie werden als Richtungsfächer bezeichnet, weil sie die bilaterale Symmetrieachse kennzeichnen.

Ctenophora, Rippenquallen

Technische Vorbereitungen

- Für die Untersuchung der Ctenophoren sind am günstigsten gut fixierte, in 4%igem Formol aufbewahrte Exemplare von *Pleurobrachia pileus*.

Allgemeine Übersicht

Die Ctenophora bilden einen etwa 100 Arten umfassenden, rein marinen Tierstamm. Wie die Cnidaria sind sie aus zwei Keimblättern aufgebaut; der Raum zwischen ectodermalem (Epidermis) und entodermalem Epithel (Gastrodermis) wird von einer voluminösen, wasserreichen Mesogloea eingenommen.

Die formenreiche Gruppe erinnert durch die gallertige Beschaffenheit ihres Körpers und durch ihre meist planktische Lebensweise und Transparenz an Medusen, was ihnen den Namen „Rippenquallen" eingetragen hat.

Nach dem Verlassen der Eihülle sind alle Ctenophoren kugelig. Diese Form bleibt nur bei der Ordnung der Cydippea erhalten, die übrigen ändern sie postembryonal ab. Dabei kann sich der Körper durch die Ausbildung breiter Schwimmlappen komplizieren oder durch Kompression zu einem langen Band werden. Bei den wenigen zu kriechender Lebensweise übergegangenen Gattungen ist er dagegen abgeflacht. Immer jedoch ordnen sich die Einzelteile so um die Hauptachse an, dass der Körper durch zwei durch diese Achse gelegte Symmetrieebenen in spiegelbildlich gleiche Hälften zerlegt werden kann: Die Ctenophoren sind **zweistrahlig-symmetrisch** (biradial oder disymmetrisch) gebaut. Die Hauptachse verbindet die Mundöffnung mit dem gegenüberliegenden apikalen Pol, der durch ein Sinnesorgan, das Scheitelorgan, gekennzeichnet ist. Die beiden Symmetrieebenen werden als Schlund- und Tentakelebene bezeichnet.

Charakteristisch ist der **Bewegungsapparat**, der in dieser Form nur bei Ctenophoren vorkommt. Er besteht aus den acht „Rippen", das sind in Meridianebenen verlaufende Reihen quer gestellter Ruderplättchen („Kämme"), die dicht am apikalen Pol beginnen und sich an der Körperaußenwand mehr oder weniger weit gegen die Mundöffnung hinabziehen. Der Schlag der Plättchen, die aus funktionell verbundenen Kinocilien bestehen, ist normalerweise gegen den apikalen Pol gerichtet, sodass das Tier mit der Mundöffnung voran schwimmt.

Die Mehrzahl der Ctenophoren besitzt zwei **Tentakel**, die in der Tentakelebene vom Körper abgehen. Meist sind sie mit zahlreichen Neben- oder Senkfäden versehen und entspringen aus einer tiefen, blind endigenden ectodermalen Tentakeltasche, in die sie zurückgezogen werden können. Sie sind außerordentlich verlängerungsfähige Fangapparate und bestehen aus einer mesogloealen, an Muskelzellen reichen Achse und einem Epithel, das fast völlig von den eigenartigen **Klebzellen** (**Kolloblasten**, S. 83 und Abb. 52) gebildet wird. Die Kolloblasten sind auf die Tentakel beschränkt, fehlen also den tentakellosen Formen und sind innerviert.

Das **Gastrovaskularsystem** ist reich gegliedert. Der Mund führt in einen röhren- oder sackförmigen, stark erweiterungsfähigen Abschnitt (Schlund), der durch Einwachsen des Ectoderms entsteht. Seine Wand ist reich an Drüsenzellen. Sie sondern Verdauungssekrete ab.

Der Schlund kann wenig oder stark abgeflacht sein, die Mundöffnung ist in diesem Fall schlitzförmig, und der größte Durchmesser von Mund und Schlund fallen in die Schlund- oder Sagittalebene. Oben schließt sich an den Schlund der eigentliche, transversal gestellte Magen an, der auch als Trichter oder Infundibulum bezeichnet wird. Er ist nur wenig geräumig, stellt aber den zentralen Abschnitt des ganzen Gastrovaskularsystems dar, da von ihm aus die als „Gefäße" bezeichneten kanalartigen Teile des Systems abgehen. Von ihnen seien hier nur die acht Rippengefäße genannt, die dicht unter den Ruderplättchen entlangziehen. Sie können sich reich verzweigen und durch Anastomosen ein Netzwerk bilden. Die Verdauung beginnt extrazellulär, wird dann aber in den Gefäßen und im Magen intrazellulär zu Ende geführt.

Die zwischen Ectoderm und Entoderm liegende gallertige **Mesogloea** macht somit bei weitem die Hauptmasse des Körpers aus. Sie ist sehr wasserreich – der Körper der Ctenophoren besteht zu mehr als 99% aus Wasser – und von einem System von Fasern (darunter Kollagen) und bandförmigen Membranen (Laminae) mit elastischen Eigenschaften durchzogen, die mit den Basalmembranen von Epi- und Gastrodermis in Verbindung stehen und so eine Art Skelet darstellen. Die Laminae umschließen Kammern, die mit gallertiger Grundsubstanz gefüllt sind. Zwischen den Membranen und zwischen ihnen und den Basen der Zellen der Epidermis und der Gastrodermis sind glatte Muskelzellen ausgespannt. Außerdem befinden sich in der Mesogloea noch weitere Zellen.

Das **Nervensystem** besteht aus einem basal zwischen den Epidermiszellen liegenden, polygonalen Netzwerk meist multipolarer Nervenzellen. Im Verlauf der acht Rippen ordnen sich die hier bipolaren Nervenzellen zu je zwei Längssträngen an, die zwischen den Ruderplättchen quer miteinander verbunden sind. Ein ähnlicher Nervenstrang umzieht ringförmig die Mundöffnung. Bei jenen Arten, die Tentakel besitzen, verbinden zwei kräftige Stränge aus Nervenzellen und Fasern das Scheitelorgan und die Tentakel. Eine besondere Konzentration von Nervenzellen findet sich im Bereich des Scheitelorgans.

Das den apikalen Pol der Rippenquallen einnehmende **Scheitelorgan** (**Apikalorgan**) ist von sehr kompliziertem Bau (S. 81). Es ist ein Organ des statischen Sinnes, das den Wimperschlag koordiniert und so die Lage im Raum reguliert. Ob es gleichzeitig auch als Licht- und Vibrationssinnesorgan funktioniert, ist nicht zweifelsfrei belegt.

Fast alle Ctenophoren sind Zwitter. Die **Geschlechtsorgane** entwickeln sich in der den Rippen zugewandten Wand der Rippengefäße als einheitliche oder unterbrochene Bänder. Männliche und weibliche Gonaden sind regelmäßig verteilt (Abb. 51). Eier und Spermien gelangen durch das Gastrovaskularsystem und den Mund ins Freie.

Spezieller Teil

Pleurobrachia pileus

Die euryhaline Art *Pleurobrachia pileus* ist weit verbreitet, kommt in der Nordsee häufig vor und dringt in der Ostsee bis Gotland und zur Danziger Bucht vor.

- Jeder Praktikant erhält ein Exemplar in einem Glasschälchen mit Wasser zur Betrachtung unter dem Stereomikroskop auf schwarzem Untergrund.

Der zweistrahlig-symmetrische Körper hat etwa die Form einer Stachelbeere (Abb. 50) und besteht größtenteils aus der mächtig entwickelten, weichen, beim lebenden Tier glasklaren **Mesogloea**, in der neben der gallertigen Grundsubstanz ein als Skelet funktionierendes System von Fasern, bandförmigen Membranen und glatten Muskelzellen enthalten ist.

An einem Pol des Körpers ist die Mundöffnung erkennbar, am entgegengesetzten liegt das Scheitelorgan.

Auf der Oberfläche liegen in gleichem Abstand acht meridional verlaufende Bänder, die **„Rippen"** (**Pleurostichen**), die aus zahlreichen, quer gestellten Wimperplättchen oder „Kämmen" bestehen. Sie lassen durch ihre streifige Struktur erkennen, dass sie aus funktionell verbundenen Kinocilien entstanden sind. Die Wimperplättchen schlagen beim lebenden Tier in rhythmischer Folge, wobei sie ein irisierendes Farbenspiel erzeugen. In der Ruhelage überdecken sich die Plättchen dachziegelartig, dem Körper anliegend und den freien Rand dem Mundpol zugekehrt. Der Anstoß zur Bewegung geht immer von dem dem Scheitelpol nächsten Plättchen aus, das somit auch den Takt für die übrigen bestimmt. Hört es zu schlagen auf, kommen auch die anderen Plättchen zur Ruhe. Dadurch, dass nur die Rippen einer Körperseite schlagen (oder mit voller Kraft schlagen), kann sich das Tier, mit dem Mund voran, in jeder beliebigen Richtung fortbewegen. Umkehr des Schlages – und als Folge davon eine Bewegung mit dem Scheitelpol voran – tritt nur auf starke Reizung hin auf. Es ist verständlich, dass ein auf Cilienschlag aufgebauter Bewegungsapparat keine große Kraft entfalten kann. Die passive Ortsveränderung durch Meeresströmungen spielt daher eine überlegene Rolle.

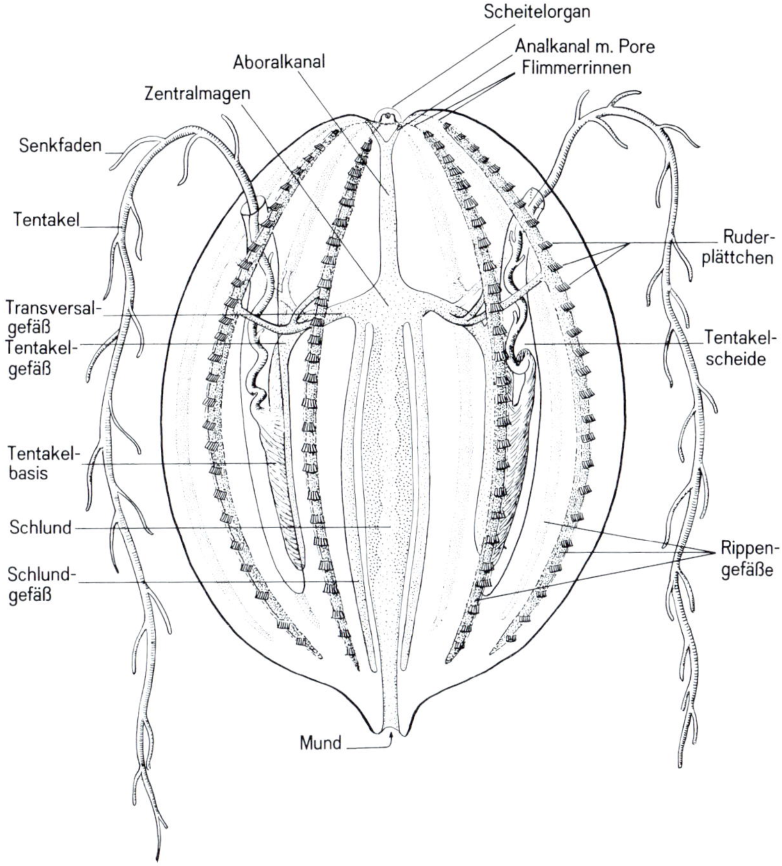

Abb. 50: *Pleurobrachia pileus*

Am Aufbau des **Scheitelorgans** (s. auch S. 80) sind mehrere, meist bewimperte Zelltypen beteiligt. Der leicht konkave Boden des Organs besteht aus einer dicken, bilateral symmetrischen Ansammlung von unterschiedlich differenzierten Zellen. Von seinem Rand erhebt sich eine durchsichtige Wand aus durch Glykoproteine verklebten Cilien, die das Zentrum des Organs kuppelartig überdacht. Innerhalb dieser Kuppel entsenden vier randständige Zellgruppen lange, ebenfalls miteinander verklebte, S-förmig gebogene Cilien, die sog. Federn, nach oben zur Mitte; sie sind dort verbunden mit einer kugelförmigen Ansammlung von Zellen, die Kalkkonkremente enthalten. Die Gesamtheit dieser Statocyten stellt den Statolithen dar; er ermöglicht die Orientierung im Schwerefeld. Im Bereich des Ursprungs der Federn beginnt je eine Flimmerrinne, die durch eine Öffnung an der Kuppelbasis nach außen zieht, sich gabelt und zu den beiden Wimperplättchenreihen eines Quadranten führt. Zwei weitere Öffnungen führen zu zwei sich in der Sagittalebene erstreckenden, bewimperten Feldern, die vom Sinnesepithel der Grube abgehen. Sie werden als Polplatten bezeichnet. Ihre Funktion ist unbekannt. Organe des chemischen Sinnes, wie man früher annahm, sind sie jedenfalls nicht, erweisen sich dagegen als mechanisch stark reizbar. Zellen im Zentrum des Bodens weisen Differenzierungen auf, die es wahrscheinlich machen, dass sie zur Wahrnehmung von Licht befähigt sind. Die fixierten Tiere lassen auch von den größeren Einzelstrukturen des Scheitelorgans nur wenig erkennen: An vertikal aufgestellten Pleurobrachien erkennt man den Rand

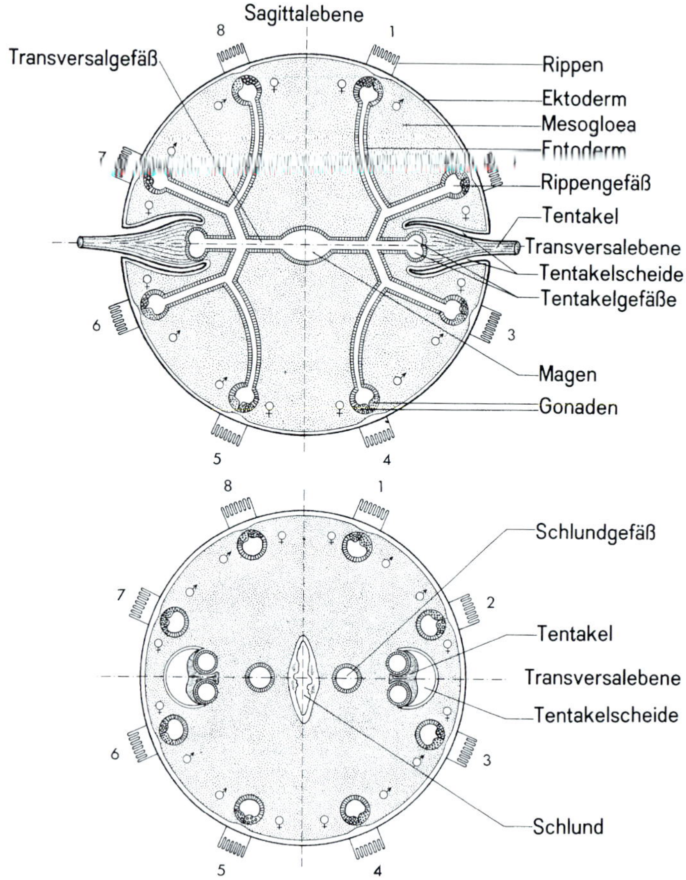

Abb. 51: *Pleurobrachia pileus.* Oben: Querschnitt in der Höhe der Mündung der Tentakelscheiden. Unten: Querschnitt in der Höhe der Schlundgegend

der Kuppel als Kreis; vier milchig getrübte Stellen peripher in ihm lassen die Wimperfedern ahnen, die den Statolithen tragen. Sehr gut sind dagegen die lang gestreckten Polplatten zu sehen.

Der schlitzförmige **Mund** ist sehr erweiterungsfähig, sodass auch größere Beutetiere verschlungen werden können. Seine an Sinneszellen reichen Ränder können sich lippenartig vorstülpen und wieder einziehen. Auf den Mund folgt als langes, abgeflachtes, gleichfalls sehr erweiterungsfähiges Rohr, der **Schlund (Pharynx)**, der vom Ectoderm ausgekleidet wird. Durch seine milchweiße Färbung hebt er sich gut von der Umgebung ab, und man sieht, dass er senkrecht bis zu zwei Drittel der Körperhöhe aufsteigt. Sein größter Durchmesser liegt in der Sagittalebene. Auf den Schlund folgt der entodermale **Magen**. Er ist ein zarthäutiger Sack, dessen größter Durchmesser senkrecht zu dem des Schlunds steht. Der Schlund ragt von unten her in ihn hinein und steht mit ihm nur durch eine enge, durch Muskeln verschließbare Schlundpforte in Verbindung. Der Magen setzt sich nach oben zu im **Aboralkanal** fort, den wir fast bis zum Scheitelpol verfolgen können.

Während Schlund, Magen und Aboralkanal schon bei äußerer Betrachtung gut erkennbar sind, wird man, da die Tiere durch die Fixierung an Transparenz eingebüßt haben, die von diesem zentralen Abschnitt des Gastrovaskularsystems ausgehenden weiteren „Gefäße" meist nicht deutlich wahrnehmen können.

- Mit einer feinen Schere einen Sektor der Haut mit darunterliegender Mesogloea herausschneiden. Die Schnitte werden am besten entlang der Innenseite der in Abb. 51 mit 3 und 6 bezeichneten Rippen geführt. Es ist zweckmäßig, das Tier vorher festzulegen, wofür kleine Metallwinkel, wie sie zum Einbetten in Paraffin benutzt werden, gut geeignet sind.

Von dem gegen den Aboralkanal nicht deutlich abgesetzten Magen gehen zunächst zwei kurze, aber weite radiale Kanäle ab, die in der Transversalebene leicht abwärts ziehen (**Transversalgefäße**). Sie gabeln sich zweimal und geben dadurch je vier engeren, schräg nach oben und gegen die Peripherie gerichteten Gefäßen den Ursprung, die in die unter den Wimperplättchenreihen verlaufenden **Rippengefäße** einmünden. Von der Verzweigungsstelle der Transversalgefäße entspringt jederseits ein **Tentakelgefäß**, das sich gabelnd die Tentakelbasis nach unten begleitet. Unmittelbar vom Magen geht außerdem jederseits ein Gefäß ab, das in der Transversalebene neben dem Schlund hinabzieht (**Schlundgefäße**). Der axial verlaufende Aboralkanal ist schon erwähnt worden. Er gabelt sich unter dem Apikalpol in vier kurze, zu kleinen Ampullen anschwellende Äste, von denen zwei dicht neben dem Scheitelorgan blind enden, während die anderen beiden hier durch Analporen nach außen münden. Die Poren sind deutlich zu erkennen, wenn das Tier vom apikalen Pol aus betrachtet wird. Durch sie werden, ebenso wie durch den Mund, unverdauliche Nahrungsreste ausgeleitet.

Das ganze Gastrovaskularsystem ist von einem Wimperepithel ausgekleidet, dessen Schlag streifenweise gegensinnig ist und so Strömungen in beide Richtungen hervorbringt. In die nach außen gerichtete Wandung der Rippengefäße sind außerdem die **Gonaden** eingebettet. Ovarien und Hoden sind in zwei Längsstreifen so angeordnet, dass auf den einander zugewandten Seiten zweier Rippengefäße stets gleichgeschlechtliche Gonaden liegen (Abb. 51). Die reifen Geschlechtszellen gelangen durch das Gastrovaskularsystem und den Mund nach außen.

Auch die **Tentakel**, die sich durch die gelbe Farbe gut abheben, sind jetzt besser als vor der Präparation zu erkennen. Sie entspringen mit

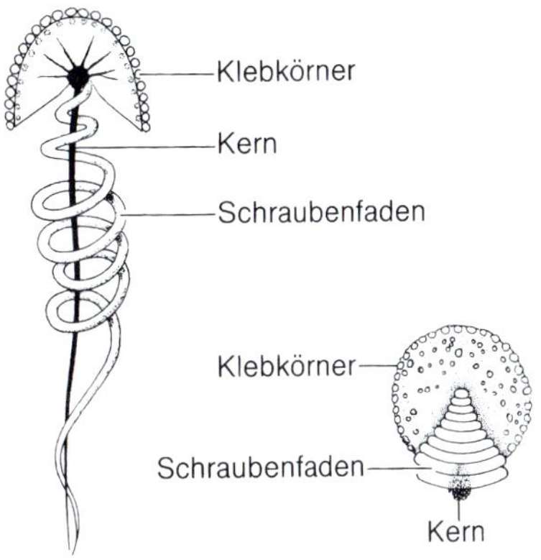

Abb. 52: Rechts junge, links funktionierende Klebzelle (Kolloblast). (Nach KOMAI, verändert nach STORCH)

stark verbreiterter Wurzel an der Innenwand einer geräumigen Ectodermeinstülpung, der Tentakelscheide. In voll ausgestrecktem Zustand sind sie bis über einen Meter lange, einreihig mit zahlreichen kürzeren Seitenfäden besetzte Fangleinen. Bei unseren Exemplaren sind sie entweder ganz eingezogen oder ragen nur wenig aus den gut sichtbaren Öffnungen der Tentakelscheiden hervor. Die Nebenfäden sind dicht mit **Klebzellen** (**Kolloblasten**, Abb. 52) besetzt. Es handelt sich um hochdifferenzierte Zellen, deren glockenförmiges Kopfstück durch einen zentralen Stiel und einen diesen umwindenden Schraubenfaden fest an der Basis des Deckepithels verankert ist.

Die Oberfläche des Kopfstücks ist mit Körnern eines sehr klebrigen, aber nicht giftigen Sekrets dicht besetzt. Die Klebzellen sind Epidermiszellen und wandern zunächst an die Tentakelbasis, um sich hier zu differenzieren, wobei der den Kern enthaltende Teil zum Stiel wird; der Schraubenfaden ist aus einer Kinocilie hervorgegangen. Beutetiere, die mit den Klebzellen in Berührung kommen, bleiben an ihnen haften, und der Schraubenfaden sorgt dafür, dass sie immer wieder an den Tentakel herangezogen werden. Die sehr langen Tentakel werden als Angelleinen hinter dem Tier hergeschleppt. Sobald Beutetiere festgeklebt sind, werden die Tentakel schnell eingezogen und zum Mund geführt, dessen Lippen die Beute abnehmen. In der Ruhe oder bei schneller Bewegung sind die Tentakel ganz in ihre Taschen zurückgezogen.

Zum Schluss kann man noch folgende Zupfpräparate machen.

- Hierfür einige Tentakelfäden auf dem Objektträger in einem Tropfen Wasser mithilfe von zwei Präpariernadeln fein zerzupfen.

Nach Auflegen eines Deckgläschens kann man meist – bei starker Mikroskopvergrößerung – einige Kolloblasten in ausgestrecktem Zustand finden, an denen deutlich der größere Schraubenfaden und das Köpfchen mit seinen Klebkörnern zu erkennen sind (Abb. 52).

Plathelminthes, Plattwürmer

Die Plathelminthes sind in der Regel dorsoventral abgeflacht. Das Körperinnere ist von **mesodermalem Bindegewebe („Parenchym")** erfüllt, in das die übrigen Organe eingebettet sind. Eine Leibeshöhle fehlt. Die Zellen des Bindegewebes bilden u. a. Kollagenfasern und Proteoglykane. Dieses Bindegewebe hat Stützfunktion und bildet wasserreiche Diffusionsräume für Metaboliten und Nährstoffe. Ein Teil der Zellen speichert Glykogen und Lipide.

Die **Körperdecke** ist bei den Turbellarien ein bewimpertes Epithel. Bei den beiden parasitischen Klassen, den Trematoda und den Cestoda, besteht sie aus einer syncytialen, kernlosen Außenlage (Tegument) und kernhaltigen Teilen (Perikaryen), die unterhalb der Muskulatur im Parenchym liegen und über cytoplasmatische Fortsätze mit der Außenlage verbunden sind. Die Perikaryen wandern während der Entwicklung aus dem Bindegewebe in den Bereich der Muskulatur und nehmen von dort aus Verbindung mit der vorhandenen Epidermis auf, dringen in diese ein und ersetzen sie schließlich (Neodermis). Unter dem Tegument liegt eine Schicht aus glatten Ring-, Längs- und Dorsoventralmuskeln. Eine derartige, bei Wirbellosen nicht seltene, funktionelle Einheit aus Körperdecke und Muskulatur wird als **Hautmuskelschlauch** bezeichnet.

Das **Nervensystem** besitzt ein im Vorderkörper über dem Darm liegendes Gehirn (Cerebralganglion). Von ihm aus ziehen längsparallel verlaufende Markstränge (s. S. 87) mehr oder weniger nahe der Oberfläche durch den Körper. Sie sind von vorn bis hinten durch ringförmige Nervenbahnen (Kommissuren) miteinander verbunden. Außerdem liegt ein Maschenwerk von Nervenzellen und -fasern, ein Nervenplexus, zwischen Epithel- und Muskelzellen des Hautmuskelschlauches. Ein weiterer derartiger Plexus findet sich im Bereich des Verdauungstraktes (stomatogastrisches Nervensystem). Beide Plexus sind zwar durch Markstränge mit dem Cerebralganglion verbunden, funktionieren jedoch schon weitgehend unabhängig (autonomes Nervensystem). – Sinneszellen mit Cilien finden sich eingestreut in der Epidermis, Sinnesorgane (Pigmentbecherocellen, Wimpergruben und Statocysten) kommen nur bei freilebenden, allenfalls noch bei den Larven der parasitischen Arten vor.

Der **Darm** ist, soweit vorhanden, fast immer blind geschlossen. Er ist ein gerades oder gegabeltes, bisweilen auch verzweigtes Rohr. Er funktioniert, da er die Nahrung nicht nur verdaut und resorbiert, sondern auch verteilt, als Gastrovaskularsystem. An der Verteilung von aufgeschlossenen Nahrungsstoffen, aber auch an der von O_2, Wasser, Salzen und am Transport von Stoffwechselendprodukten, ist außerdem die Flüssigkeit beteiligt, die das System der Interzellularräume erfüllt.

Als exkretorisch-osmoregulatorische Organe fungieren die **Protonephridien**. Sie sind im Bindegewebe liegende, oft reich verzweigte, feine Röhren, die zur Leibeshöhle blind geschlossen sind und in der Regel in zwei stärkere, laterale Längskanäle münden, welche mit einem gemeinsamen Porus oder – häufiger – mit paarigen Poren nach außen münden.

Ein Protonephridium besteht zumindest aus drei Zellen: Terminal-, Kanal- oder Gangzelle und Nephroporuszelle. Die Terminalzelle bildet allein oder im Verbund mit der anschließenden Kanalzelle eine Filtrationsstruktur: Durch extrazelluläre Bestandteile, z. B. die Basalmembran, wird Leibeshöhlenflüssigkeit in das Ganglumen filtriert (Abb. 53). Motor für diesen Transport sind eine oder mehrere Cilien der Terminalzelle, die Flüssigkeit in dem Kanalsystem nach distal treiben. Dadurch entsteht im proximalen Teil des Kanalsystems ein Unterdruck. Kommt der Cilienschlag zum Stillstand (z. B. durch Applikation von Glutaraldehyd oder Nickelchlorid), fällt das Kanallumen des Protonephridialkanals zusammen. Der Filtrationsprozess ist eine Ultrafiltration. Das Ultrafiltrat, der Primärharn, wird durch Reabsorption der Kanalzellen modifiziert und schließlich zum Endharn, der über den Nephroporus abgegeben wird.

Nur aus drei Zellen bestehende Protonephridien sind von Plathelminthes nicht bekannt. Bei

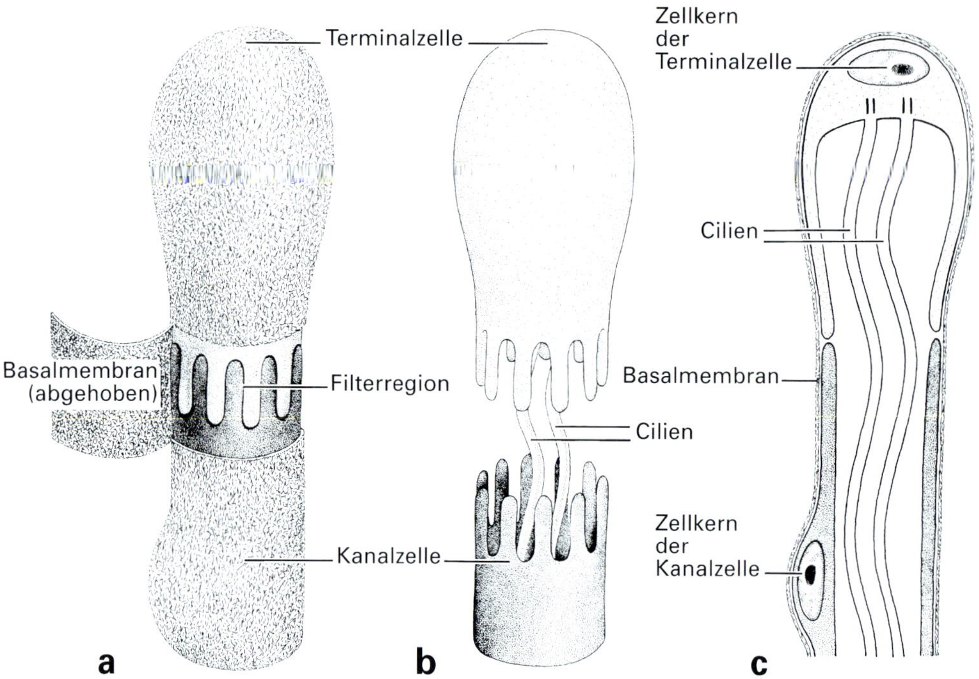

Abb. 53: Terminal- und Kanalzelle eines Protonephridiums. a. Außenansicht mit aufgeschnittener und abgehobener Basalmembran, um die Filterregion zwischen Terminalzelle (hell) und Kanalzelle (dunkel) zu zeigen, b. beide Zellen ohne Basalmembran und voneinander getrennt, um die Cilien zu zeigen, c. Längsschnitt

ihnen können Protonephridien sehr groß und vielzellig sein, insbesondere bei großen Arten.

Die Funktion der Protonephridien ist mannigfaltig: Durch sie wird die Interzellularflüssigkeit in Bewegung gehalten, sie dienen der Osmo- und der Ionenregulation, der Exkretion von Endprodukten des Proteinstoffwechsels (Ammoniak, Harnstoff) und – bei den Endoparasiten – der von Carbonsäuren und Alanin, die beim anaeroben Abbau der Glucose anfallen.

Die **Geschlechtsorgane** sind, ganz im Gegensatz zur im übrigen relativ einfachen Organisation der Plathelminthes, auch bei vielen nicht parasitischen Formen außerordentlich komplex. Bis auf wenige Ausnahmen, z. B. die humanpathogene Gattung *Schistosoma*, sind die Plattwürmer Zwitter.

I. Turbellaria, Strudelwürmer

Technische Vorbereitungen

- Sehr gut zur Lebendbeobachtung eignen sich *Dugesia gonocephala*, *Dendrocoelum lacteum* und *Mesostoma ehrenbergi.* Man sammelt die Tiere in Bächen, Flüssen und Teichen, in denen sie an der Unterseite von Steinen, Holzstücken und Blättern zu finden sind. Mit angefeuchtetem Pinsel (auf keinen Fall mit einer Pinzette) werden sie vorsichtig aufgenommen und zum Schutz vor Erwärmung in eine Thermosflasche, die mit Wasser vom Herkunftsort gefüllt ist, überführt. Gehalten werden sie in abgestandenem Leitungswasser zu 20 Tieren in Boverischalen von etwa 6 cm Durchmesser. Einen Teil der Planarien lässt man hungern, die anderen werden 1–2-mal wöchentlich mit Daphnien, kleinen Schnecken oder Fisch-Trockenfutter gefüttert. Die Haltungstemperatur soll 20 °C

ihren Mandibeln vornehmlich in den kühleren Abendstunden in Blätter oder Blüten. Die Pflanzen fressenden Endwirte (Schaf, Rind) nehmen sie mit dem Futter auf und infizieren sich mit den in der Leibeshöhle der Ameise encystierten Parasiten. Sie werden im Wirt nach 7 Wochen geschlechtsreif und beginnen etwa 4 Wochen danach mit der Eiablage.

Auch bei zahlreichen anderen Trematodenarten gelangen die Cercarien in einen zweiten Zwischenwirt (Mollusk, Arthropode, Fisch oder Frosch), in dem sie sich einkapseln, um erst dann, wenn sie samt diesem von einem dritten Wirt gefressen werden, zu geschlechtsreifen Saugwürmern heranzuwachsen. Die endoparasitischen Trematoden weisen also einen durch Metamorphose und Wirtswechsel komplizierten **Generationswechsel** auf. Ob dabei die Redien und Cercarien auf jeden Fall parthenogenetisch (aus geschlechtlich differenzierten, aber unbefruchteten Zellen) entstehen oder ob sie bei manchen Formen, wie behauptet wird, durch Polyembryonie (also ungeschlechtlich) gebildet werden, muss vorerst noch offen bleiben.

Spezieller Teil

1. *Dicrocoelium dendriticum,* Kleiner Leberegel

Dicrocoelium dendriticum, der Kleine Leberegel oder Lanzettegel, findet sich in den Gallengängen zahlreicher Säugetiere, vor allem von Schaf und Rind, aber auch beim Menschen.

- Es werden die mikroskopischen Totalpräparate zunächst mit schwacher Vergrößerung betrachtet.

Der bis zu 10 mm lange Körper des Tieres ist lanzettförmig (Abb. 55). Deutlich lassen sich die beiden **Saugnäpfe** erkennen, von denen der Bauchsaugnapf der größere ist. An den Mundsaugnapf schließt sich der kurze, muskulöse Schlund (Pharynx) an, der sich zur dünnen Speiseröhre (Oesophagus) verlängert. Über dem Beginn der Speiseröhre liegen dorsal die beiden durch eine Kommissur verbundenen, oft schwer sichtbaren **Cerebralganglien**. Der Darm gabelt sich, die beiden einfachen, unverästelten Schenkel enden blind am Anfang des letzten Körperviertels.

Vom **Protonephridialsystem** ist an den Präparaten fast nichts wahrzunehmen; alles, was man an Organen sonst noch sieht, gehört zu den beiden **Geschlechtsapparaten**. Hinter dem Bauchsaugnapf liegen zwei große, etwas gelappte Hoden, und vor dem Bauchsaugnapf sieht man den in einem Cirrusbeutel eingeschlossenen Cirrus sich bis zur Gabelung des Darmes erstrecken. Die Mündung des Cirrusbeutels, d. h. die männliche Geschlechtsöffnung, liegt unmittelbar hinter der Gabelung des Darmes. Von den Hoden gehen die mit stärkerer Vergrößerung erkennbaren Ausführgänge (Vasa efferentia) ab, die sich zu einem kurzen, in den Cirrus übergehenden, unpaaren Samenleiter vereinigen.

Vom weiblichen Geschlechtsapparat fällt zuerst der meist in ganzer Länge von Eiern erfüllte Uterus auf. Er beginnt in der Mitte des Körpers, zieht bis zum hinteren Körperende, wendet sich dann wiederum nach vorn und mündet schließlich unmittelbar neben der männlichen Öffnung aus. Er windet sich in zahlreichen, quer laufenden Schlingen, was im Präparat oft eine reiche seitliche Verzweigung vortäuscht. Die jüngsten, im Anfangsteil des Uterus liegenden Eier haben eine hellgelbe, durchsichtige Schale, diese wird mit fortschreitender Sklerotisierung der sie aufbauenden Proteine braun. Die ältesten, in den Endabschnitt des Uterus vorgeschobenen Eier sind undurchsichtig und schwarzbraun.

Das Germarium liegt hinter dem zweiten Hoden und erscheint als rundlicher Körper von geringerer Größe, in dem bei starker Vergrößerung die kleinen Eier sichtbar sind. Stets werden die Eier später reif als die Spermien. Von hier gelangen die Eier in den Ootyp (Abb. 56). Dieser ist umgeben von der nur schwach sichtbaren Mehlisschen Drüse. Ebenfalls nur schwer, wenn überhaupt, erkennbar ist der Laurersche Kanal, der als feiner Gang vom Ootyp zur Rückenfläche zieht. Sehr gut zu erkennen ist dagegen, falls es mit Sperma gefüllt ist, das ihm anhängende Receptaculum seminis. Es liegt als scharf konturierte Blase mit lebhaft gefärbtem Inhalt unmittelbar hinter dem Germarium.

Die beiden Dotterstöcke nehmen im Bereich der Körpermitte die rechte und linke Seite ein und fallen wegen ihrer abweichenden Färbung auf. Sie bestehen aus Gruppen von meist kurzen, keulenförmigen, oft verzweigten Dotter-

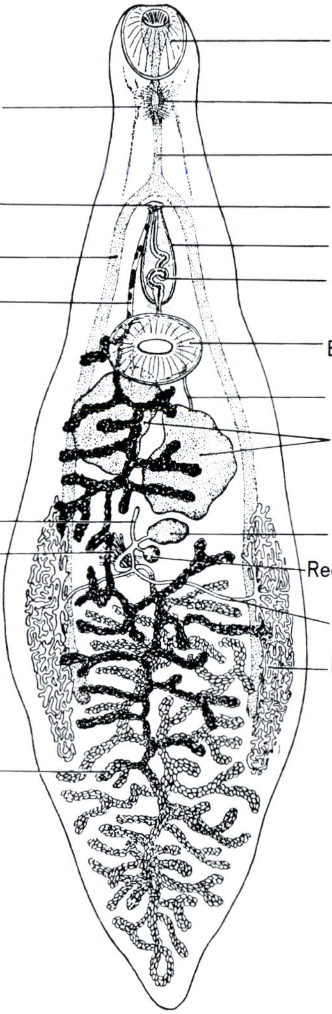

Abb. 55: *Dicrocoelium dendriticum. 28 ×*

säckchen, die jederseits in einen oft nur undeutlich sichtbaren Längskanal münden. Von der Mitte des Längskanals führt ein quer verlaufender Dottergang zum Ootyp.

2. *Fasciola hepatica,* Großer Leberegel

Fasciola hepatica, der Große Leberegel, lebt gleichfalls in den Gallengängen von Schafen und anderen Säugetieren, oft vergesellschaftet mit dem Kleinen Leberegel. Er erreicht eine Länge von etwa 3 cm und eine Breite von etwa 1 cm. Auch beim Menschen wird er, allerdings selten, angetroffen. Früh auftretende Symptome stehen in Beziehung zur Wanderung der Larven zur und innerhalb der Leber: Oberbauchschmerzen, Fieber, Durchfälle, Gelbsucht, Hautquaddeln, Juckreiz, Gelenkschmerzen und im Blut Eosinophilie. Wenn viele adulte Würmer lange Zeit in den Gallenwegen leben, kann es zu Leberzirrhose kommen; Verstopfung der Gallenwege tritt öfter auf.

- Es werden mit Boraxkarmin gefärbte mikroskopische Totalpräparate sowohl junger als auch voll entwickelter Tiere mit dem Stereomikroskop oder schwacher Mikroskopvergrößerung studiert; stärkere Vergrößerung führt bei diesen

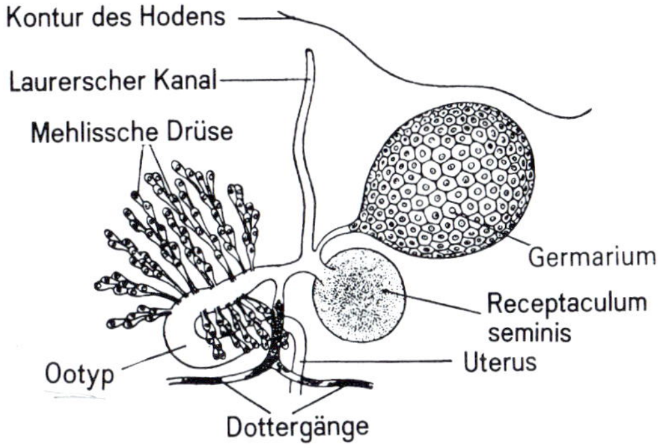

Abb. 56: Weibliche Geschlechtsorgane von *Dicrocoelium dendriticum.* Etwa 300 ×. (Aus BRAUN, nach LEUCKART)

dicken Präparaten zu nichts – es sei denn zur Zertrümmerung des Präparates.

Der Körper ist stark abgeflacht, fast blattförmig, sein vorderster Abschnitt als „Kopfzapfen" deutlich abgesetzt. Etwas dahinter liegt die breiteste Stelle des Tieres, das sich dann nach hinten zu allmählich verjüngt. Die Körperoberfläche ist dicht mit kleinen, schuppen- oder stachelartigen Bildungen besetzt, die in Querreihen angeordnet sind. Sie sind besonders gut an den Seitenrändern des Kopfzapfens zu erkennen und bestehen aus stark lichtbrechenden Proteinen. Sie spielen, da ihre Spitzen alle nach hinten gerichtet sind, zweifellos eine Rolle bei der Verankerung der Tiere in den Gallengängen des Wirtes.

Bei den noch nicht geschlechtsreifen Leberegeln kann man den **Darm** in ganzer Ausdehnung gut überblicken, während er bei den herangewachsenen durch die mächtig entwickelten Geschlechtsorgane größtenteils verdeckt wird. Der Darmkanal beginnt in der Tiefe des endständigen Mundsaugnapfes. Der Bauchsaugnapf liegt nur wenig hinter dem Mundsaugnapf und damit sehr weit vorn. An den Mundsaugnapf schließt sich ein kräftiger Pharynx an, dem ein sehr kurzer Oesophagus folgt. Der Pharynx kann durch eine besondere Muskulatur zurückgezogen oder auch, wie es Abb. 57 zeigt, bis in den Mundsaugnapf hinein vorgeschoben werden. Da er sich einerseits gegen den Oesophagus, andererseits gegen den Mundsaugnapf abschließen kann, arbeitet er abwechselnd als Saug- und Druckpumpe. Der Oesophagus ist sehr kurz und gabelt sich noch im Gebiet des Kopfzapfens in die beiden Darmschenkel, die fast bis zum Hinterende des Tieres ziehen. Sie sind sehr reich mit verzweigten Blindsäcken ausgestattet. Da die Wandung der Blindsäcke sehr dehnungsfähig ist, erscheinen sie je nach dem Füllungsgrad des Darmes bald als feine Kanäle, bald als breite, einander fast berührende Räume.

Am hinteren Körperpol öffnet sich das **Protonephridialsystem**, das mit einer lang gestreckten, in der Medianlinie verlaufenden Blase beginnt und sehr reich verästelt ist, doch kann man das im Allgemeinen nur an Präparaten sehen, bei denen das Protonephridialsystem mit Tusche injiziert wurde.

Vom **Geschlechtsapparat** fällt an erwachsenen *Fasciola*-Exemplaren im vorderen Körperdrittel der Uterus auf. Er zieht, dicht mit gelb bis gelbbraunen Eiern gefüllt, in Windungen nach vorn und mündet hier in die weibliche Geschlechtsöffnung, die vor dem Bauchsaugnapf liegt. Unmittelbar hinter dem Uterus befindet sich, durch kräftigere Färbung auffallend, die den Ootyp umgebende Mehlissche Drüse. Ein wenig caudal davon sind die mehr oder weniger bräunlich gefärbten, von den Seiten zur Mitte ziehenden und dort zusammenmündenden Dottergänge zu erkennen. Kurz vor dem Ootyp vereinigt sich der nun unpaare Dottergang mit dem vom Germarium kommenden Eileiter, der sich zum Ootyp erweitert und dann in den Uterus übergeht. Als Receptaculum seminis funktioniert eine ootypnahe Erweiterung des Uterus. Der Laurersche Kanal zieht im Bereich der Mehlisschen Drüse dorsalwärts.

Eileiter, unpaarer Dottergang und Anfangsteil des Uterus sind recht feine Kanäle, und da sie zudem noch in der Mehlisschen Drüse verpackt sind, werden sie nur selten klar zu erkennen sein, im Gegensatz zum Germarium, das die

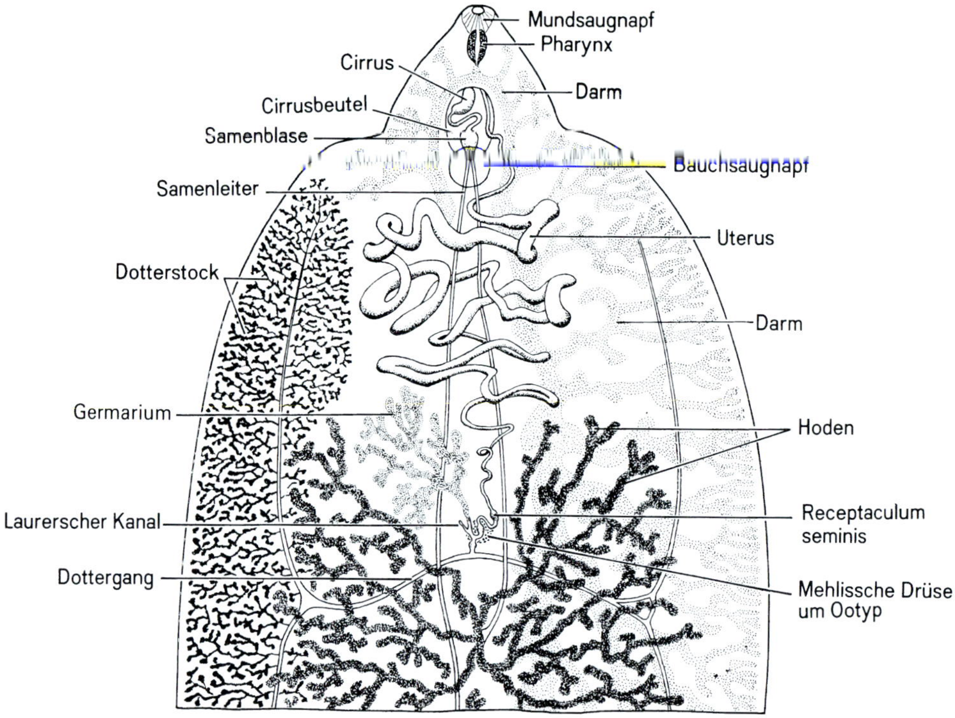

Abb. 57: Großer Leberegel, *Fasciola hepatica.* Vorderes Körperdrittel von ventral; leicht schematisiert. Dotterstock nur links, Darmschenkel nur rechts eingezeichnet. 8 ×

Gestalt verzweigter Schläuche hat; es ist im Präparat lebhaft rot gefärbt.

Die mächtig entwickelten Dotterstöcke erstrecken sich an den Körperseiten von vorn bis hinten. Sie setzen sich aus einer Unzahl kleiner, bräunlicher Bläschen, den Dotterfollikeln, zusammen. Die Ausführgänge der Follikel münden jederseits in einen der meist gut sichtbaren seitlichen Längskanäle.

Ein Großteil des Körpermittelfeldes wird von den außerordentlich stark entwickelten Hoden eingenommen. Es sind reich verzweigte Schläuche, die sich in je ein Vas efferens vereinigen. Die beiden Vasa efferentia ziehen seitlich der Mittellinie nach vorn und vereinigen sich in der Gegend des Bauchsaugnapfes zum unpaaren Samenleiter (Vas deferens), der sich unmittelbar danach zur Samenblase (Vesicula seminalis) erweitert, die ihrerseits in den muskulösen, ausstülpbaren Cirrus übergeht. Der Cirrus, er mündet unmittelbar neben der weiblichen Geschlechtsöffnung, und die Samenblase sind meist gut erkennbar.

- Es werden nun mit Hämatoxylin-Eosin gefärbte Querschnitte durch die Körpermitte geschlechtsreifer Exemplare von *Fasciola hepatica* mikroskopiert.

Die Form des **Querschnitts** (Abb. 58) und das die Leibeshöhle erfüllende Bindegewebe sind für Plathelminthes typisch. Die syncytiale, kernfreie Außenlage der Epidermis (das Tegument) zeigt eine vertikale Streifung. Die meist nicht in voller Länge getroffenen Hautdornen sind auch da, wo sie über die Körperoberfläche vorragen, von Cytoplasma überzogen, liegen also intraepidermal.

Die Perikaryen der syncytialen Epidermis liegen einzeln oder zu traubigen Gruppen vereint tief im Bindegewebe. Man kann sie an den großen, blau angefärbten Kernen zwischen den Muskelzellen erkennen. Die feinen, halsartig dünnen Verbindungsstücke zwischen kernloser Außen-

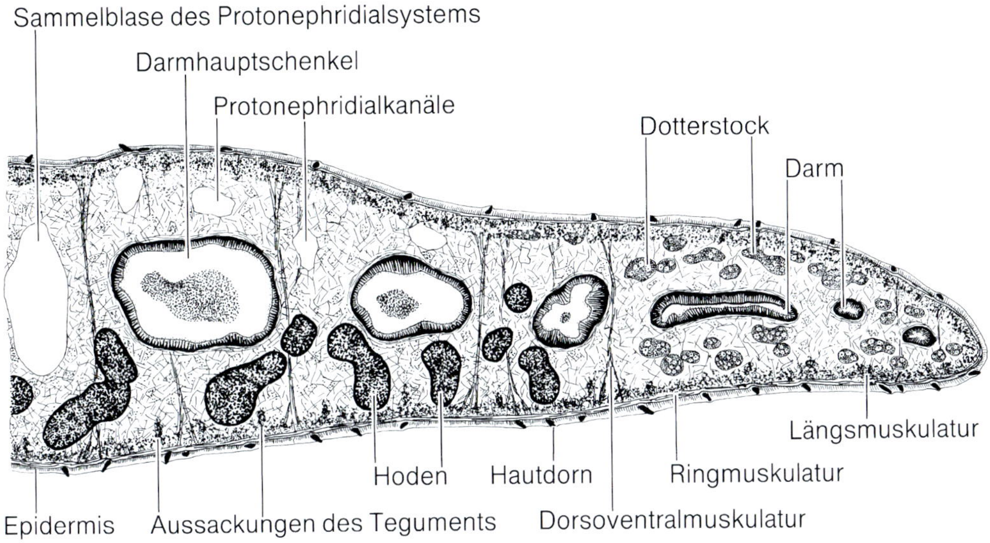

Abb. 58: *Fasciola hepatica.* Eine Hälfte eines Querschnitts durch die Körpermitte. 20 ×

lage und Perikaryen sind dagegen nur selten zu erkennen (Abb. 59).

In die Außenzone des Bindegewebes ist die Muskulatur des Hautmuskelschlauches eingebettet. Oberflächennah verlaufen parallel zur Schnittebene die Zellen der Ringmuskulatur. Etwas tiefer im Bindegewebe liegen die quer getroffenen Zellen der Längsmuskelschicht. Sie sind in senkrecht orientierten Reihen oder schmalen Gruppen angeordnet und heben sich durch ihre rötliche Färbung gut ab. Noch tiefer im Bindegewebe erkennt man – weniger gut – die Dorsoventralmuskulatur, die ihrem Verlauf entsprechend in kurzen, schrägen Anschnitten getroffen ist.

Vor der Betrachtung und Diagnose der inneren Organe ist es gut, sich noch einmal den Bauplan des Tieres ins Gedächtnis zu rufen und sich zu vergegenwärtigen, dass der Schnitt – hinter der Mehlisschen Drüse – durch die Körpermitte geführt wurde. Vom Darm sind die gleich rechts und links der Mitte liegenden Hauptschenkel am größten. Nach den Seiten zu wird ihr Lumen mit fortschreitender Verzweigung immer geringer. Bisweilen wird ein in der Querrichtung verlaufender Ast in größerer Länge getroffen oder die Stelle einer Verzweigung angeschnitten sein. Die Darmschenkel können von einer homogenen, bräunlichen Masse, der aufgenommenen Nahrung (Blut und Zellen des Epithels der Gallengänge), erfüllt sein. Das Epithel des Darmes erscheint auf den Schnitten bisweilen sternförmig gefaltet oder in einzelne Keile zerspalten, tatsächlich aber ist es ein geschlossenes, einschichtiges Epithel, dessen große Kerne im Gegensatz zu den Zellgrenzen leicht erkennbar sind.

Das Epithel des Protonephridialsystems ist sehr flach und kaum zu sehen; Blase und Kanäle erscheinen daher wie Lücken innerhalb des Bindegewebes. Die Reusengeißelzellen und ihre Wimperflammen sind nur an mit Eisenhämatoxylin gefärbten Schnitten bei Verwendung eines Immersionsobjektivs deutlich zu erkennen.

Die Anschnitte der verzweigten Hoden fallen wegen ihres Kernreichtums durch ihre sattblaue Färbung auf. Die männlichen Keimzellen befinden sich in den verschiedensten Entwicklungsstadien. Man erkennt zahlreiche Zellteilungsstadien und an vielen Stellen ganze Bündel ausdifferenzierter, fadenförmiger Spermien, deren lang gestreckte Kopfabschnitte sich nur wenig absetzen.

Die von den Verzweigungen des Hodens freigelassenen Seitenfelder werden von den Dotterstöcken eingenommen. Die Dotterzellen sind großkernig; ihr Cytoplasma ist erfüllt von Dot-

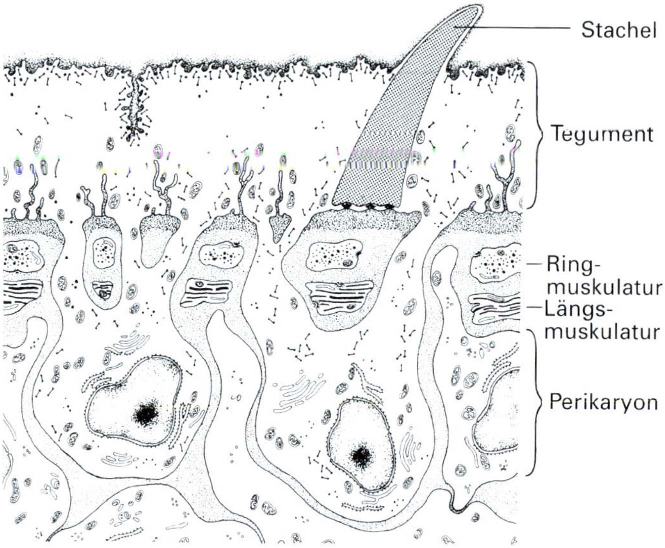

Abb. 59: Feinstruktur der Körperwand von *Fasciola hepatica* mit ins Bindegewebe eingesenkten Perikaryen der syncytialen Epidermis. Längsschnitt. Etwa 1300 ×

tertröpfchen, die zur Schalenbildung verwendet werden.

3. Sporocysten, Redien, Cercarien

- Gefärbte, mikroskopische Totalpräparate von Sporocysten und Redien verwende man nur dann, wenn kein Lebendmaterial, an dem die Einzelheiten der Organisation dieser Larvenstadien viel besser zu erkennen sind, zur Verfügung steht. Lebende Larven entnimmt man aus der Leibeshöhle und/oder Mitteldarmdrüse (unter Wasser zerzupfen) einer *Lymnaea*-Art. Die Larven von *Fasciola hepatica* leben nur in *Lymnaea truncatula*; in anderen Lymnaeen wird man Entwicklungsstadien (oft verschiedener) anderer Trematodenarten finden. Sie unterscheiden sich meist nur geringfügig von den Larven des Großen Leberegels.

Die Sporocysten und Redien sind wenig bewegliche, sack- oder schlauchartige Gebilde, erfüllt von Tochterstadien, die sich in ihrem Inneren aus Keimzellen entwickeln. Die Entscheidung, ob eine Sporocyste oder eine Redie vorliegt – nicht immer ist beides vorhanden –, gelingt meist leicht (vgl. Abb. 60). Die **Sporocysten** sind sehr einfach gebaut. Es sind lediglich dünnwandige, mit zarter Muskulatur versehene Säcke, die außer Protonephridien und Keimzellen keine Organe haben. Die Keimzellen im Inneren der Sporocysten entwickeln sich in der Regel zu Redien (bei manchen Arten aber wiederum zu Sporocysten oder auch direkt, unter Überspringen der Rediengeneration, zu Cercarien), die Keimzellen in den Redien zu Cercarien. Die **Redien** sind in der Regel schlanker, haben oft einen durch einen Ringwulst abgesetzten „Kopfteil", zwei stumpfe, zum Vorwärtsstämmen dienende Fortsätze am Hinterkörper, vor allem aber sind sie durch den Besitz eines Pharynx mit anschließendem, kurzem oder längerem, nicht gegabelten Darm und einer Geburtsöffnung im vorderen Körperdrittel ausgezeichnet.

- Nun werden Cercarien, wenn möglich frisch mit der Pipette einem Schneckenglas entnommen und (vgl. S. 90) mikroskopiert.

An den **Cercarien** kann man meist einen ovalen Körper und einen kräftigen Ruderschwanz unterscheiden. Mund- und Bauchsaugnapf, Pharynx und gegabelter Darm sind vorhanden; sogar die Protonephridialorgane mit ihren Endzellen samt schlagenden Wimperflammen sind gut zu erkennen. Der Bau der adulten Trematoden ist im Wesentlichen schon erreicht, nur die Geschlechtsorgane sind noch nicht entwi-

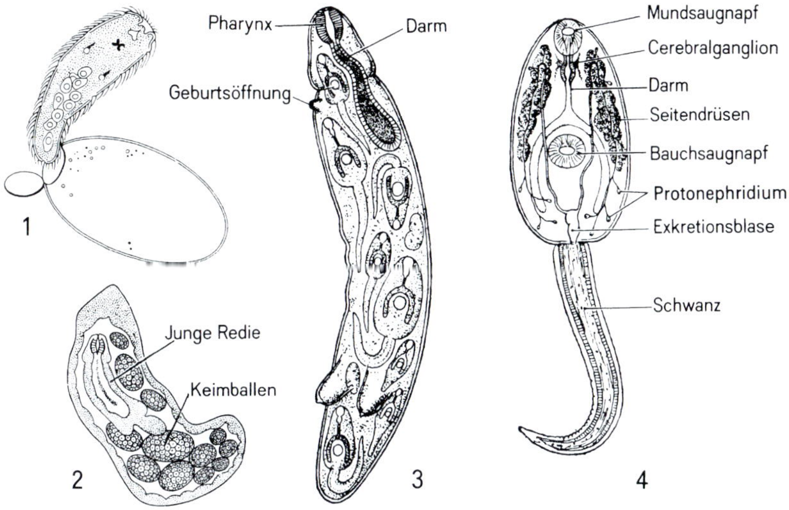

Abb. 60: Entwicklungsstadien von Trematodon. Miracidium aus dem Ei schlüpfend (1), Sporocyste (2), Redie (3) und Cercarie (4) von *Fasciola hepatica.* Vergr. 1 = 130, 2 = 60, 3 = 30 und 4 = 50 ×

ckelt. Oft finden sich zwei große, seitliche Drüsenpakete, die bei der späteren Encystierung der Cercarie eine Hülle (aus sklerotisierenden Proteinen und Mucopolysacchariden) um das Tier bilden. In der dorsalen Lippe des Mundsaugnapfes liegt bei einigen Arten ein kleiner Bohrstachel. Der Ruderschwanz ist bei manchen Arten gegabelt. Er wird kurz vor der Encystierung (in den Präparaten oft schon früher) abgeworfen.

- Es empfiehlt sich, den Cercarienpräparaten einen Tropfen einer sehr schwachen Neutralrotlösung zuzusetzen und das Deckgläschen durch Absaugen des Wassers anzupressen. In den Minuten vor dem Absterben der gepressten Tiere treten die einzelnen Organe, vornehmlich das Protonephridialsystem, besonders deutlich hervor.

III. Cestoda, Bandwürmer

Technische Vorbereitungen

- Von Cestodenmaterial besorge man finniges Rindfleisch vom Schlachthof, das entweder frisch oder mit Formol fixiert und in 70%igem Alkohol konserviert untersucht wird. Ferner werden in Alkohol konservierte Proglottiden von *Taenia solium*, *Taenia saginata* und *Diphyllobothrium latum* mikroskopiert.
- An mikroskopischen Dauerpräparaten sind erforderlich: 1. Reife Proglottiden dieser drei wichtigsten im Menschen vorkommenden Bandwürmer, gefärbt oder ungefärbt. 2. Mittlere Proglottiden mit vollständig entwickelten Geschlechtsapparaten, gefärbt. 3. Gefärbte Ganzpräparate von *Echinococcus granulosus.* 4. Gefärbte Präparate von Wandstücken einer *Echinococcus*-Cyste.
- Als Demonstrationsmaterial sind vollständige, konservierte Exemplare der häufigeren Bandwürmer, eine *Echinococcus*-Cyste sowie, unter dem Mikroskop, einige Bandwurmköpfe aufzustellen.

Allgemeine Übersicht

Die Bandwürmer sind ausnahmslos Parasiten. Die mit dieser **Lebensweise** einhergehende Umgestaltung des Körpers ist noch einschneidender als bei den Trematoden. So fehlt ihnen ein Darm; die Nahrungsstoffe werden in gelöster Form und durch Pinocytose über die Körperwand aufgenommen, im Bindegewebe in Form von Glykogen (und Lipiden) gespeichert und anaerob abgebaut.

Der Körper der meisten Cestoden besteht aus einem mit Haftorganen versehenen, häufig deutlich abgesetzten Vorderende (Kopf oder **Scolex**) und hintereinander angeordneten und durch Querfurchen voneinander abgesetzten

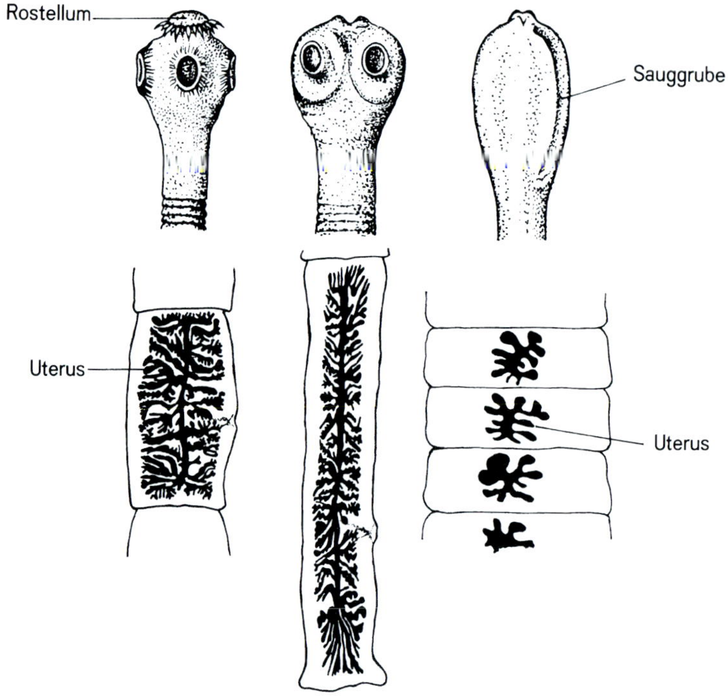

Abb. 61: Köpfe und reife Proglottiden von *Taenia solium*, Schweinebandwurm (links), *Taenia saginata*, Rinderbandwurm (Mitte) und *Diphyllobothrium latum*, Fischbandwurm (rechts).

Abschnitten, den **Proglottiden** (Abb. 61). Unmittelbar hinter dem Scolex, wo sich die Proglottiden in einer **Wachstumszone** differenzieren, sind sie klein und schmal; in dem Maße, in dem sie durch neu entstehende nach hinten abgedrängt werden, wachsen sie heran.

Die **Entwicklung** der Cestoden ist eine Metamorphose, die bei wenigen Arten mit einem Generationswechsel, aber fast immer mit einem Wirtswechsel verknüpft ist. Die Larve setzt sich im Bindegewebe, den Muskeln, der Leber und in anderen Organen des Zwischenwirtes fest, das geschlechtsreife Endstadium lebt in der großen Mehrzahl der Fälle als Parasit im Darm von Wirbeltieren. Beim Menschen können dementsprechend Bandwurminfektionen in drei Gruppen eingeteilt werden: 1) Der Mensch ist der Endwirt (*Taenia saginata*, *Diphyllobothrium latum*, *Hymenolepis nana*). 2) Der Mensch ist Zwischenwirt (*Echinococcus*). 3) Für *Taenia solium* kann der Mensch End- und Zwischenwirt sein.

Die befruchteten Eier vieler Bandwürmer entwickeln sich zunächst zur „Sechshaken-Larve" (**Oncosphaera**), die, um zur 2. Larve zu werden, von einem Zwischenwirt aufgenommen werden muss. Bei *Taenia solium* (Schweinebandwurm) ist es das Schwein, das die Oncosphaeren mit der Nahrung aufnimmt. Die Oncosphaeren werden im Dünndarm, dessen Enzyme die Eischale auflösen, frei, durchbohren dann das Darmepithel und gelangen mit dem Blutstrom in das Bindegewebe der Muskeln und anderer Organe, wo sie sich zu **Finnen** (s. unten) umwandeln. Durch Verzehr „finnigen" Fleisches kommen die Finnen in ihren Endwirt (bei *Taenia solium* den Menschen). In seinem Darm wächst der in der Finne enthaltene Scolex hervor, an dessen Hinterende differenzieren sich die Proglottiden, in denen Eier in sehr großer Zahl ausgebildet werden. Durch stück- oder gruppenweise Ablösung der endständigen, reifen Proglottiden gelangen die darin eingeschlossenen befruchteten und in der Regel schon zu Embryonen weiter entwickelten Eier mit dem Kot ins Freie.

Die Finne ist ein Bläschen (**Cysticercus**, **Blasenwurm**). In einer Einsenkung der Wandung sprosst der künftige Scolex nach innen (Abb. 62). Der Wirt umgibt die Finne mit einer bindegewebigen Cyste. Im Darmkanal des Endwirts wird die Cyste verdaut und der Scolex ausgestülpt. Spezielle Organe sichern seine Festheftung an der Darmwand. Sehr häufig sind mit besonderer Muskulatur ausgebildete Saugnäpfe, aber auch einfachere, grubenartige Vertiefungen, die dem gleichen Zweck dienen, kommen vor. Nicht selten sitzen Haken an der Außenfläche eines durch Muskeln beweglichen vorderen Teiles (Rostellum) des Scolex.

Bei manchen Arten werden viele Scolices von der einzelnen Blase erzeugt, bisweilen in der Weise, dass sich von der Wand der großen Finnenblase zunächst Tochterblasen (und von diesen eventuell Enkelblasen) abschnüren, die dann erst in „Brutkapseln" eine Reihe von Scolices ausbilden (z. B. *Echinococcus granulosus*, Hundebandwurm, s. S. 105).

Anders verläuft der Entwicklungsgang von *Diphyllobothrium latum*, dem Fischbandwurm. Hier treten vier Larven auf, die sehr verschieden gestaltet sind.

Die durch eine langbewimperte Embryonalhülle schwimmfähigen, erst im Wasser aus dem Ei sich entwickelnden, die Oncosphaeren enthaltenden **Coracidium-Larven** gelangen zunächst in einen kleinen Süßwasserkrebs (*Cyclops* oder *Diaptomus*), in dem sie sich zum ersten parasitischen Larvenstadium, dem **Procercoid**, entwickeln. Das Procercoid ist keine Blase, sondern lang gestreckt und trägt auf einem kugeligen Anhang des Hinterendes die Embryonalhaken der Oncosphaera. Werden die Krebse von einem Fisch gefressen, so bilden sich die Parasiten in der Muskulatur oder anderen Organen des Fisches zum zweiten parasitischen Larvenstadium, dem **Plerocercoid**, um. Dieses ist ein bereits wurmähnliches Entwicklungsstadium mit wohl ausgebildetem Scolex am Vorderende. Durch Verzehr von Fisch in den Darm des Endwirts, des Menschen, gelangt, wächst das Plerocercoid zum reifen Bandwurm heran.

Die **Körperdecke** der Cestoden ist wie die der Trematoden eine Neodermis (s. S. 85). Ihrer Funktion als Organ der Nahrungsaufnahme entsprechend, zeigt die Außenschicht der Epidermis eine Oberflächenvergrößerung durch Mikrovilli mit elektronendichten Spitzen (Mikrotrichen). Die Körperwand scheidet außerdem

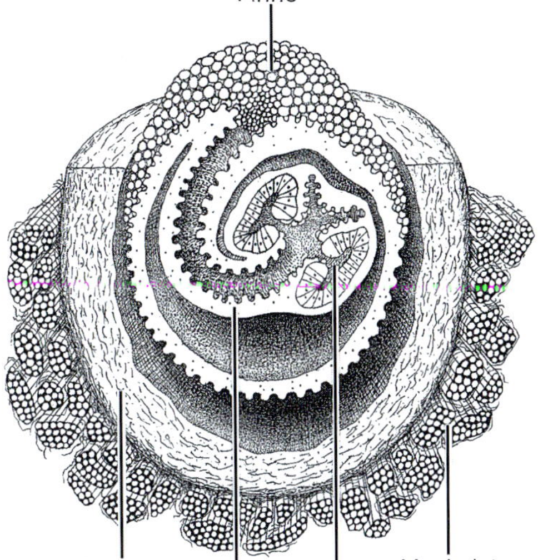

Abb. 62: Finne von *Taenia saginata* in Cyste und Wirtsmuskulatur; teilweise aufgeschnitten. Die Finne erreicht einen Durchmesser von 10 mm, die Cyste (= vom Rind gebildetes Bindegewebe) bis 15 mm. Die Oberfläche der Finne ist typisch skulpturiert; die Außenseite der Cyste steht in enger Verbindung mit den Kollagenfasern, welche die Muskelbündel umhüllen. Zwischen Finne und Cyste liegt ein flüssigkeitsgefüllter Hohlraum. (Nach Böckeler, Pisot)

Stoffe aus, die verhindern, dass der Wurm verdaut wird.

Der Ring- und Längsmuskulatur enthaltende **Hautmuskelschlauch** ist verhältnismäßig schwach entwickelt. Dafür ist eine kräftige Binnenmuskulatur vorhanden, die in das Parenchym eingebettet ist und aus Muskelzügen oder -platten besteht. Das Parenchym, das wie bei den anderen Plathelminthes den Raum zwischen Haut und inneren Organen völlig ausfüllt, lässt eine Mark- von einer Rindenschicht unterscheiden, die durch transversal verlaufende Muskelfaserzüge geschieden werden. In der Rindenschicht verläuft eine kräftige Längsmuskulatur, dorsoventral verlaufende Zellen durchsetzen den ganzen Körper.

Das **Nervensystem** besteht außer aus einem unter dem Hautmuskelschlauch gelegenen Plexus aus einer Reihe von längs verlaufenden Marksträngen (s. S. 85), von denen die beiden seitlich gelegenen meist am stärksten entwickelt sind. Die Stränge durchziehen den Bandwurm in ganzer Länge. Sie beginnen im Kopf in einem kräftig entwickelten, paarigen Gehirn und sind dort außerdem in jedem Glied durch Kommissuren miteinander verbunden. Vom Gehirn ziehen Nerven zu den Haftorganen. Sinnesorgane fehlen, freie Sinnesnervenendigungen finden sich zahlreich in der Epidermis.

Das **Protonephridialsystem** umfasst meist vier Längskanäle (darunter zwei sehr schwach entwickelte), von denen kleinere Seitengefäße in den Körper gehen, die mit Reusengeißelzellen (s. S. 85) beginnen. Die Längskanäle münden am Hinterrand der jeweilig letzten Proglottis aus; sie sind in jedem Glied durch einen Querkanal, im Kopf durch ein Schleifensystem miteinander verbunden.

Die **Geschlechtsorgane**, männliche und weibliche in jeder Proglottis, sind sehr stark entwickelt. Nur die jüngsten, dem Kopf am nächsten stehenden Glieder haben noch keine Geschlechtsorgane, bei den mittleren sind sie am vollständigsten entwickelt, während bei den letzten und ältesten Gliedern, den „reifen", fast nur der mit Eiern bzw. Embryonen gefüllte Uterus übrig bleibt.

Bei vielen Cestoden (z. B. beim Fischbandwurm) existieren drei Geschlechtsöffnungen, eine männliche und zwei weibliche, von denen die eine die Mündung der Vagina, die andere die des Uterus darstellt; bei den meisten Arten fehlt jedoch die Uterusmündung (so bei *Taenia*). Die Genitalöffnungen sind rand- oder flächenständig.

Die männlichen Geschlechtsorgane bestehen meist aus zahlreichen Hodenbläschen im Parenchym, deren Vasa efferentia sich zu einem muskulösen Vas deferens vereinigen. Das Ende dieses Samenleiters, der Cirrus, liegt in einem gleichfalls muskulösen Beutel, dem Cirrusbeutel. Er ist ausstülpbar und wird bei der Paarung in die weibliche Geschlechtsöffnung eingeführt.

Die weiblichen Organe beginnen mit dem im unteren Bereich jeder Proglottis liegenden Keimstock (Germarium). Der davon ausgehende Eileiter vereinigt sich mit dem Ausführgang des Dotterstockes, der unpaar oder paarig sein kann. Im Umkreis der als Ootyp bezeichneten Vereinigungsstelle liegt die Mehlissche Drüse. Im Ootyp werden jeder Eizelle eine (bei den Taeniidae), wenige oder viele (*Diphyllobothrium*) Dotterzellen, die u. a. dem sich entwickelnden Embryo als Nahrung dienen, beigegeben. Das nunmehr zusammengesetzte Ei wird im Ootyp oder Uterus von einer Schale umhüllt. Das Schalenmaterial stammt ebenfalls zum Teil von den Dotterzellen oder von dem sich bereits im Uterus entwickelnden Embryo. So auch bei der Gattung *Taenia*. Das Sekret der Mehlisschen Drüse bildet höchstens eine feine Grundlamelle um Ei und Dotterzellen, an die das Schalenmaterial von innen angelagert wird. Der Ootyp nimmt vor seinem Eintritt in die Mehlissche Drüse noch einen anderen Kanal auf, die nach außen führende Vagina, die dicht neben dem Cirrus in einer gemeinsamen Grube, dem Genitalatrium, mündet. Nach seinem Austritt aus der Mehlisschen Drüse wird der Eileiter zum Uterus; er enthält die fertigen Eier und mündet entweder ebenfalls – jedoch ventral – nach außen (*Diphyllobothrium*) oder endigt blind (*Taenia*), vorher zahlreiche Seitenäste aussendend.

Spezieller Teil

1. *Taenia solium*, Schweinebandwurm, *Taenia saginata*, Rinderbandwurm, *Diphyllobothrium latum*, Fischbandwurm

- Aus einem Stück finnigen Fleisches die einzelnen Finnen – ohne sie anzustechen – herauslösen und in ein mit Wasser gefülltes Schälchen bringen. Schon mit bloßem Auge lässt sich der meist ins Innere der Blase eingestülpte Scolex als weißlicher Fleck erkennen. Um ihn besser zur Anschauung zu bringen, kann man ihn entweder durch vorsichtiges Quetschen der Blase zwischen zwei Fingern zur Ausstülpung bringen, oder man hebt ihn mittels einer Nadel aus der Blase heraus, oder man schneidet ihn samt einem Stück der Umgebung aus der Blasenwand aus, bringt ihn dann mit reichlich Wasser auf einen Objektträger und legt unter leichtem Druck einen zweiten Objektträger auf das dann fertige Präparat.
- Falls finniges Fleisch nicht beschafft werden kann, werden gefärbte Dauerpräparate ausgestülpter Scolices mikroskopiert.

Bei schwacher Vergrößerung wird sichtbar, dass der **Scolex** einen fast rechteckigen Umriss hat. Deutlich treten an den vier Ecken die halbkugeligen Saugnäpfe hervor. Charakteristisch für den Schweinebandwurm ist der Besitz eines Hakenkranzes von meist 26 bis 28 Haken an der Vorderfläche des Kopfes. Man erkennt zweierlei Haken, größere und kleinere, die in zwei konzentrischen Kreisen stehen. Im inneren Kreis befinden sich die größeren Haken, im äußeren Kreis, mit ihnen wechselständig, die kleineren. Die Spitzen der Haken beider Kreise liegen vom Zentrum gleich weit entfernt. Die genauere Betrachtung der Haken zeigt deren einzelne Teile: eine etwas nach außen gekrümmte Spitze, einen in das Integument eingesenkten Stiel und eine seitliche Zacke. Der Hakenkranz sitzt auf dem beweglichen Rostellum, einem Muskelpolster, das die Haken aufrichten bzw. nach außen umschlagen kann. Seine Wirkungsweise lässt sich durch verminderten oder verstärkten Druck auf den dem Objekt aufliegenden Objektträger demonstrieren.

- Um die wesentlichen Unterschiede der drei beim Menschen vorkommenden Bandwürmer zu zeigen, werden möglichst reife Glieder von *Taenia solium*, *Taenia saginata* und *Diphyllobothrium latum* verglichen. Die Proglottiden in Glycerin zwischen zwei Objektträgern leicht pressen, das Präparat dann gegen das Licht halten und mit einer schwachen Lupe betrachten. Außerdem gefärbte Dauerpräparate mikroskopieren.

Die **Proglottiden** der beiden *Taenia*-Arten unterscheiden sich dadurch von denen des *Diphyllobothrium*, dass ihre auf einer leichten Erhebung ausmündenden Ausführgänge der Geschlechtsorgane randständig sind und leicht wahrgenommen werden können, während sie bei *Diphyllobothrium* flächenständig und bei diesen Präparaten kaum erkennbar sind. Einzelne Proglottiden der beiden *Taenia*-Arten lassen sich nicht immer mit Sicherheit bestimmen, da die als Bestimmungsmerkmal herangezogene Anzahl der Uterusseitenäste erheblich variieren kann. Sie beträgt bei *Taenia solium* (Schweinebandwurm) jederseits 7–16 und bei *Taenia saginata* (Rinderbandwurm) 14–32. Bei *Diphyllobothrium latum* bildet der in der Mitte der Proglottis liegende Uterus eine dunkel erscheinende, rosettenförmige Figur; zudem sind hier die reifen Proglottiden erheblich breiter als lang, bei *Taenia* dagegen länger als breit.

Die Unterschiede der **Köpfe** der drei Formen ergeben sich aus Abb. 61: *Taenia solium* hat vier Saugnäpfe und einen Hakenkranz, *Taenia saginata* vier besonders kräftige Saugnäpfe, aber keinen Hakenkranz, *Diphyllobothrium latum* einen gestreckten, abgeflachten Scolex mit zwei tief einschneidenden, länglichen Sauggruben (**Bothrien**). An den gefärbten Präparaten von *Taenia* sieht man bei mikroskopischer Betrachtung, dass der Uterus dicht von derbschaligen Eiern erfüllt ist; sie enthalten bereits Oncosphaeren. Hoden und Ovarien sind in den reifen Proglottiden vollkommen zurückgebildet, vom ganzen Geschlechtsapparat sind außer dem Uterus nur noch Vagina und Vas deferens übrig geblieben. Sie sind leicht zu unterscheiden, da das Vas deferens vor der Vagina liegt und bedeutend stärker ist.

- Zum Studium der Geschlechtsorgane dienen mikroskopische Präparate mittelreifer Proglottiden (evtl. auch Flächenschnitte) von *Taenia saginata.*

Die männlichen und weiblichen **Geschlechtsöffnungen** liegen, wie bereits erwähnt, am Rande der Proglottis, und zwar dicht beieinander und in der Tiefe einer kraterförmig ausgehöhlten Erhebung, der Genitalpapille. Die Hoden setzen sich aus sehr zahlreichen, im Parenchym verstreuten Bläschen zusammen, von denen Sammelgänge (Vasa efferentia) ausgehen, die mehr und mehr zusammenfließen, um schließlich in das weite und stark gewundene Vas deferens einzumünden. Sein Endabschnitt, der Cirrus, liegt in einer besonderen Hülle, dem Cirrusbeutel, kann hervorgestülpt werden und dient als Begattungsorgan (Abb. 63).

Die Vagina zieht als feiner Kanal in flachem Bogen von der weiblichen Geschlechtsöffnung gegen den Hinterrand der Proglottis, schwillt zu einem kleinen Receptaculum seminis an und vereinigt sich mit einem Gang, der vom zweiteiligen Eierstock herkommt, mit dem Eileiter. Kurz darauf nimmt der vereinigte Gang, jetzt „Befruchtungsgang" genannt, noch den Ausführgang des Dotterstocks auf, biegt dann nach vorn um und erweitert sich zu dem in der Mittellinie verlaufenden, geraden, blind endenden Uterus. An der Umbiegungsstelle münden zahlreiche, radiär gestellte, einzellige Drüsen in den Gang ein, in ihrer Gesamtheit als Mehlissche Drüse bezeichnet. In dem von ihr umhüllten, etwas erweiterten Abschnitt des Ganges, dem Ootyp, werden die Eier von der Grundlamelle umgeben (s. S. 102) und in den Uterus geschoben. Der Uterus ist, je nach dem Reifegrad,

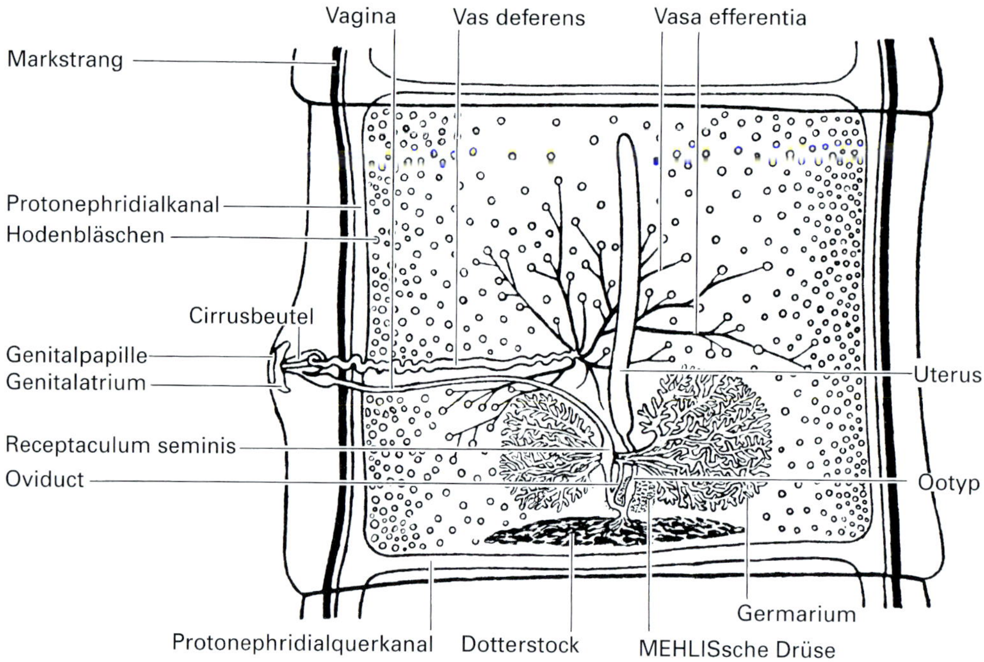

Abb. 63: Proglottis mittleren Reifegrades vom Rinderbandwurm, *Taenia saginata*

noch unverzweigt oder zeigt bereits einige aussprossende Seitenzweige. Diese Verzweigung wird später sehr viel reicher, entsprechend der wachsenden Zahl der im Uterus unterzubringenden Eier.

Außer dem Geschlechtsapparat sind an diesen Präparaten lediglich noch die beiden starken seitlichen Kanäle des Protonephridialsystems mit dem sie am Hinterrand jeder Proglottis verbindenden Querkanal zu erkennen.

- An aufgestelltem Demonstrationsmaterial ganzer Taenien ist die verschiedene Form der Proglottiden zu beachten.

Die reifen Endglieder sind lang gestreckt, nach vorn zu werden die Glieder quadratisch, noch weiter vorn quer gestreckt. Die randständigen Genitalpapillen aufeinander folgender Glieder alternieren, bei *T. solium* ziemlich regelmäßig, bei *T. saginata* unregelmäßig.

- Nun werden Präparate halbreifer Proglottiden von *Diphyllobothrium latum* betrachtet.

Diphyllobothrium zeigt einen stark abweichenden, mehr trematodenähnlichen Bau der Geschlechtsorgane (Abb. 64). Der männliche Geschlechtsapparat, der sonst ähnlich wie bei *Taenia* gebaut ist, mündet in der Mittellinie, dem Vorderrand der Proglottis genähert, nach außen. Im weiblichen Geschlechtsapparat treten zwei große Dotterstöcke auf. Der vom Ootyp abgehende Uterus zieht in vielen Windungen, also ähnlich wie bei *Dicrocoelium dendriticum*, nach vorn, enthält in reifem Zustand sehr große, derbschalige, zusammengesetzte Eier und mündet ebenfalls in der Mittellinie, ein Stück hinter der männlichen Geschlechtsöffnung nach außen (im Gegensatz zum blind endenden Uterus von *Taenia*). Außerdem ist eine Vagina vorhanden, deren Mundung unmittelbar hinter derjenigen des Vas deferens liegt.

Die reifen Proglottiden des Fischbandwurmes entleeren die Eier bereits im Darm; danach verkümmern sie und gehen mit dem Stuhl ab. Die Eier des Schweine- und die des Rinderbandwurmes werden erst frei, nachdem die reifen Glieder den Darm verlassen haben. Beim Schweinebandwurm gehen kleine Ketten aus einigen Proglottiden mit den Exkrementen ab, während beim Rinderbandwurm die längere Zeit zu krie-

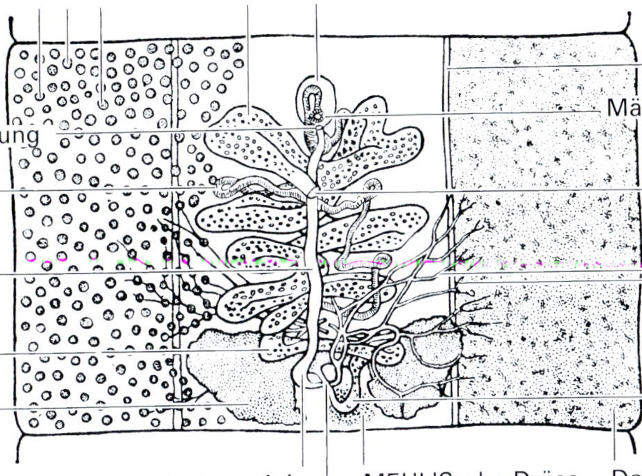

Abb. 64: Proglottis mittleren Reifegrades vom Fischbandwurm, *Diphyllobothrium latum.* Rechts nur der Dotterstock, links nur die Hoden eingezeichnet

chender Fortbewegung befähigten Glieder einzeln und unabhängig von der Stuhlentleerung den Darm durch die Afteröffnung verlassen. – *Taenia saginata* kann im Darmlumen des Menschen bis zu 25 Jahre alt werden. Selten treten gravierende Symptome auf. Öfter kommt es zu Diarrhoe, Reizbarkeit, Appetitzunahme, vereinzelt auch zu Gewichtsverlust. Selten dringen die Tiere in Gallen- und Pankreasgang ein. *Taenia solium* kann jahrzehntelang im Darm des Menschen leben und ruft ähnliche Symptome wie *Taenia saginata* hervor. Bei starkem Befall kann Darmverschluss erfolgen. Die klinischen Symptome einer Cysticerkose sind je nach befallener Körperregion verschieden; gefährlich sind besonders Befall von Augen und Gehirn. Eine *Diphyllobothrium*-Infektion ist oft symptomlos, mitunter kommt es zu leichtem Unwohlsein und Bauchbeschwerden. Bei 0,1–2% der Befallenen tritt Anämie auf, da der Wurm Vitamin B12 resorbiert. Mitunter kann die Anämie mit neurologischen Symptomen (Taubheitsgefühl, Schwäche, Opticusatrophie) verbunden sein.

2. *Echinococcus granulosus,* Hundebandwurm

- Gefärbte Präparate ganzer Tiere werden mikroskopiert.

Echinococcus granulosus lebt im Dünndarm von Hund, Wolf, Fuchs, anderen Hundeartigen, Katzen und im Dachs, meist in sehr großer Zahl. Er ist sehr klein und wird nur 3–6 mm lang. Der Scolex trägt ein vorstülpbares Rostellum und einen zweireihigen Hakenkranz. Von den drei, höchstens vier Proglottiden ist die vorletzte geschlechtsreif, während die etwa 2 mm lange und 0,6 mm breite, letzte Proglottide einige hundert Eier mit bereits reifen Larven (sechshakigen Oncosphaeren) enthält. Die Proglottiden gelangen mit dem Kot ins Freie bzw. in die Analregion ihrer Wirte.

Während der im Hundedarm parasitierende, geschlechtsreife Wurm seinen Wirt nicht nennenswert schädigt, hat die Infektion mit Eiern des *Echinococcus granulosus* für den Zwischenwirt (Pflanzenfresser, vor allem wild lebende Wiederkäuer, aber auch Rind, Schaf, Ziege, Schwein, Pferd, Esel, Kamel, Kaninchen, Affe und Mensch) schwere, beim Menschen fast immer katastrophale Folgen. Die Larvenstadien des *Echinococcus granulosus*, die sich vornehmlich in der Leber, aber auch in der Lunge, in Herz, Gehirn und anderen Organen ansiedeln, wachsen nämlich im Verlauf von Monaten oder Jahren unter schweren, letztlich oft tödlichen Zerstörungen des befallenen Organs zu apfel-, beim Menschen sogar bis kopfgroßen, flüssigkeiterfüllten Blasen (Echinococcusblase, Hydatide) heran. Aus ihr entstehen Hunderttausende von Brutkapseln, winzige, etwa 1/3 mm große Gebilde mit einem tegumentumkleideten Binnenraum und einer äußeren Keimschicht, die so genannte Protoscolices erzeugt. Häufig werden von der Hydatide nach innen Tochterblasen gebildet, die ihrerseits Brutkapseln oder auch Enkelblasen aus sich hervorgehen lassen. Bei Ruptur der Hydatide kommt es zur „Aussaat" der Protoscolices, die sich dann andernorts weiterentwickeln. Frisst ein Hund finniges Fleisch, so wächst in seinem Darm jeder Protoscolex zu einem Bandwurm heran. Die Infektion der Zwischenwirte erfolgt durch die mit *Echinococcus*-Eiern verunreinigte Nahrung. Die Oncosphaeren verlassen im Darm des Zwischenwirts die Eihülle, durchbohren das Darmepithel und gelangen über die Pfortader in die Leber oder, wenn sie diese passieren, in andere Organe. – *Echinococcus* ist einer der wenigen Bandwürmer, bei denen der Wirtswechsel mit einem Generationswechsel, einer Metagenese, gekoppelt ist.

- Es werden gefärbte Präparate von Wandstücken einer *Echinococcus*-Hydatide mikroskopiert.

Es ist zu erkennen, dass sich an der Wand der Brutkapseln einige Scolices ausgebildet haben. Im Ganzen können durch diese ungeschlechtliche Fortpflanzung im Larvenzustand aus einer Oncosphaera Millionen von Scolices hervorgehen.

Ein naher Verwandter von *E. granulosus* ist der Fuchsbandwurm *Echinococcus multilocularis*. Endwirt ist der Fuchs (selten auch Katze und Hund), Zwischenwirte sind Wühl-, Feld- und Hausmäuse sowie der Mensch. Das Finnenstadium ist nicht unilokulär-blasig, sondern bildet mehrere kleine Kammern und ist somit multilokulär bzw. alveolär. Es wuchert und breitet sich wie eine Krebsgeschwulst im Gewebe aus. Beim Menschen wird besonders häufig die Leber befallen. Der Verlauf dieser als Alveolar-Echinococcose bezeichneten Wurmerkrankung ist unbehandelt bei 70% der Betroffenen tödlich.

Eine wirkungsvolle Therapie der Echinococcose durch Medikamente beim Menschen gibt es derzeit noch nicht. Durch regelmäßige Entwurmungen von Hund und Katze (vor allem in den Verbreitungsgebieten der Hundebandwürmer) und durch strenge Beachtung hygienischer Normen kann die Gefahr einer Infektion verringert werden. Zur Bekämpfung von *E. multilocularis* werden in Süddeutschland Köder zur Entwurmung der Füchse ausgelegt.

Aschelminthes, Rundwürmer

Die Aschelminthes enthalten äußerlich sehr verschiedene Gruppen. Ihr bilateral-symmetrischer Körper ist meist wurmförmig und unsegmentiert. Ihre **Leibeshöhle** ist einheitlich; ihr fehlt ein auskleidendes Epithel („Pseudocoel") (s. S. 113). Bindegewebe ist im Gegensatz zu den Plathelminthes – mit Ausnahme der Nematomorpha – höchstens schwach entwickelt, meist fehlt es. Oft wird die Leibeshöhle von den Organen fast ganz ausgefüllt, Flüssigkeit findet sich dann nur spärlich zwischen den dicht gepackten Organen. Bei anderen Arten ist in der Leibeshöhle der Anteil von Flüssigkeit beträchtlich.

Die **Epidermis** kann zellig oder syncytial sein. Oft wird sie von einer proteinhaltigen **Cuticula** bedeckt. Bei den Gastrotrichen sind ventral Wimperstreifen, bei den Rotatorien am Kopf Räderorgane ausgebildet. Der **Darm** ist ein durchgehendes Rohr, hat also einen After. Als **Exkretionsorgane** finden sich in mehreren Klassen Protonephridien; in anderen Fällen haben die Exkretionsorgane die Form von Drüsen oder Hautkanälen oder fehlen ganz. Respirationsorgane und Blutgefäßsystem fehlen immer. Die **Geschlechtsorgane** sind einfach gebaut, oft sind sie schlauchförmig, bei den Weibchen nur selten in Keim- und Dotterstock geschieden. Die Geschlechter sind fast stets getrennt. Ungeschlechtliche Fortpflanzung kommt nirgends vor. Die Befruchtung ist meistens eine innere. Ein vielen Aschelminthes zukommendes Merkmal ist die Neigung zur Bildung von Syncytien. Der Körper vieler, vor allem kleinerer Arten, wird aus verhältnismäßig wenigen Zellen von für jede Art charakteristischer Anzahl und Anordnung aufgebaut. Diese **Zellkonstanz** (= **Eutelie**) geht mit einem extrem schwach ausgebildeten Regenerationsvermögen einher, das höchstens zum Wundverschluss reicht.

Es werden hier Rotatoria (Rädertiere) und Nematoda (Fadenwürmer) behandelt, die beiden größten Gruppen der Aschelminthes.

I. Rotatoria, Rädertiere

Technische Vorbereitungen

- Als Untersuchungsobjekt dient das Rädertier *Brachionus plicatilis*, das für den Kurs in Kultur zu nehmen ist. Es kann jedoch auch zu allen Jahreszeiten aus Brackwasser und Binnensalzgewässern beschafft werden. *Brachionus plicatilis* wird in verschiedenen Ländern in der marinen Aquakultur gezüchtet und als Larvenfutter eingesetzt, z. B. in der Zucht des Steinbutts und anderer Fische und in der Zucht verschiedener Krebse (Decapoda).

Proben aus limnischen Gewässern enthalten neben der verbreiteten Gattung *Brachionus* zum Beispiel Arten aus den Gattungen *Keratella, Synchaeta* und *Filinia*. Alle gehören der Gruppe der Monogononta an, die durch eine unpaare Gonade ausgezeichnet ist. Man findet in den Proben üblicherweise nur Weibchen, zu bestimmten Zeiten treten jedoch auch Zwergmännchen auf. Moosproben sind besonders günstig zum Erhalt von Bdelloidea. Diese Gruppe umfasst nur Weibchen, die paarige Gonaden aufweisen.

Bezugsquelle von *Brachionus plicatilis:* PREIS-AQUARISTIK, Hauptstraße 7, D-67808 Bayerfeld

- **Kultur:** Seewasser (Salzgehalt 31–35 ‰) einige Tage bei 22–24 °C und Dauerbeleuchtung belüften (Ausströmer). Dann nur noch ohne Ausströmer blasenweise belüften und *Brachionus*-Zuchtansatz dazugeben. Füttern mit Preis-Microplan (Preis-Aquaristik, s. o.). Die Entwicklungsdauer ist temperaturabhängig und währt bei 15 °C etwa 3 Tage, bei 25 °C 1,5 Tage vom Schlüpfen bis zum Erreichen der Geschlechtsreife. Die Lebensdauer beträgt bei 25 °C etwa 3–4 Tage, bei etwas geringeren Temperaturen können 10 Tage erreicht werden. Ein Weibchen kann über 20 Eier produzieren. Über längere Zeit lässt sich in der Kultur eine Dichte von 500 Individuen/ml (500 000 Individuen/l) aufrechterhalten, aber auch Werte von 2000 Individuen/ml (2 Millionen Individuen/l) sind erreichbar. Im

Freiland kann man in stehenden Gewässern bis 1000 Tiere pro Liter Wasser erwarten, Maximalwerte liegen jedoch wesentlich höher.

- Die Immobilisierung der Rotatorien lässt sich auf verschiedene Weise erreichen:
1. Im einfachsten Fall werden Rädertiere nach der Anreicherung in einem Wassertropfen auf einen Objektträger gebracht. Dann gibt man einige Wattefasern hinzu. Darauf setzt man vorsichtig ein mit Plastilin- oder Knetfüßchen (nicht zu groß!) versehenes Deckglas und drückt dieses unter dem Mikroskop vorsichtig an. Wenn die Tiere an die Wattefasern stoßen, stoppen sie für kurze Zeit und ermöglichen einige Beobachtungen. Der Nachteil dabei ist, dass die Tiere verformt werden können und ihr natürlicher Bewegungsablauf stark verändert wird.
2. Will man den natürlichen Bewegungsablauf nur einschränken oder weitgehend hemmen, setzt man stark viskose Lösungen aus Gelatine oder Methylcellulose zu. Die Konzentration der Lösung sollte 1%–2% betragen. Aus einer vorher angesetzten Lösung wird ein Tropfen zusammen mit der Rotatorienprobe auf den Objektträger gegeben. Dabei ist darauf zu achten, dass die Rädertiere mit möglichst wenig Wasser zuzugeben sind, da sonst der Verdünnungseffekt zu groß ist und die Tiere wieder beweglicher werden. Dann Deckglas mit Füßchen aufsetzen. Bei Färbungen (s. u.) ist die Färbelösung vor der viskosen Flüssigkeit aufzubringen, da sonst der Mischungseffekt gering ist und die Anfärbung sehr lange dauert.
3. Acrylamid: Giftklasse 2; giftig beim Einatmen, Verschlucken und bei Berührung mit der Haut; kann Krebs erzeugen.
Aufbewahrung: Kühlschrank unter +15 °C. Acrylamid als möglichst frisch angesetzte 1-molare Lösung in destilliertem oder entmineralisiertem Wasser verwenden (7,1 g Acrylamid in 10 ml Wasser). Die Lösung kann im Kühlschrank abgedunkelt einige Zeit aufbewahrt werden. *Brachionus* anreichern (kleines Sieb mit Planktongaze), im Seewasser in kleines Gefäß geben und tropfenweise (Pipette) Acrylamid zugeben, bis eine 0,7–1-molare Lösung entsteht. Nach 1–5 Minuten wird der Fuß ausgestreckt und heftig bewegt. Danach kann man an den ausgestreckten Tieren sehr schön den Cilienschlag beobachten.

- **Färbung:** Um bestimmte Strukturen besser sichtbar zu machen, haben sich Vitalfärbungen bewährt. Es müssen starke Verdünnungen angewendet werden, da zu hohe Konzentrationen letal sind.
1. Neutralrot. Ausgangslösung: 6 mg auf 50 ml aqua dest. Davon 3–4 Tropfen auf vorbereiteten Objektträger, bis leichte Rotfärbung der Lösung eintritt, dann Deckglas auflegen. Bei eingeklemmten Tieren Lösung mit Filterpapier durchziehen. Die Färbung entwickelt sich langsam. Zunächst werden die großen Zellen des Magens sowie Teile im Kopfbereich (Retrocerebralorgan) gefärbt, später auch Magendrüsen, eventuell Muskulatur und verschiedene Ausführgänge.
2. Brillantkresylblau. Ausgangslösung: 4–5 mg auf 100 ml aqua dest. Davon 1–3 Tropfen auf Probe. Der Farbstoff färbt Gehirn und andere Teile im Kopfbereich sowie Magenzellen. Vorsicht, überfärbt leicht. Es kann bis zu 15 min dauern, bis die Färbung eintritt.

Es ist sinnvoll, einen Teil der Probe abzutöten. Dabei kontrahieren sich die Tiere, und der Panzer wird sichtbar. Die Tötung erfolgt am einfachsten durch Zugabe einiger Tropfen Formalin.

Allgemeine Übersicht

Die Rädertiere sind mikroskopisch kleine Aschelminthes und gehören zu den kleinsten Metazoen. Die Mehrzahl ist wesentlich kürzer als 1 mm, die größten erreichen knapp 3 mm Länge. Die bei den Monogononta vorkommenden Zwergmännchen werden nur 40–130 µm lang. Rädertiere sind vor allem im Süßwasser verbreitet, wo sie oft in großer Arten- und Individuenzahl auftreten, selbst in kleinen Wasseransammlungen und Moospolstern (Bdelloidea). Sie besiedeln aber auch Brackgewässer und das Meer.

Rädertiere bestehen aus etwa 1000 Zellen, ihre Zell- bzw. Zellkernzahl ist innerhalb der Arten weitgehend konstant (**Eutelie**). In verschiedenen Geweben kommt es zur Ausbildung von **Syncytien**. Trockenperioden können viele Rotatorien unbeschadet als ganze Tiere in **Kryptobiose** (Bdelloidea) oder als Dauereier (Monogononta) überstehen.

Der Körper der Rädertiere besteht aus einem Vorderende mit dem Räderorgan, dem Rumpf sowie einem Fuß (Abb. 65).

Das **Räderorgan** ist ein vielgestaltiges Wimperfeld mit Cilien, die den Mund umgeben (Mund-

oder Buccalfeld) und als Ringband (Circumapicalband) das Vorderende umgürten. Dabei fallen besonders ein vorderer (Trochus) und ein hinterer Ring (Cingulum) mit langen Cilien auf. Durch verschiedene Ausgestaltung dieser Grundelemente entsteht eine große Mannigfaltigkeit. Das Räderorgan dient der Fortbewegung und dem Nahrungserwerb.

Die **Epidermis** ist größtenteils syncytial und enthält eine im Cytoplasma gelegene Verdichtung (**Lorica**) aus keratinartigen Proteinen, die zu einem dornenbewehrten Panzer verstärkt sein kann, in besonderem Maße bei *Keratella*, aber auch bei *Brachionus*. In den Rumpf können oft Vorderende (Räderorgan) und Fuß eingezogen werden. Die Epidermis ist im Bereich des Räderorgans verdickt und wölbt sich hier in die Leibeshöhle vor (Epidermispolster). Rädertiere häuten sich nicht, ihnen fehlt fast vollständig die Fähigkeit zur Regeneration; nach dem Schlüpfen aus dem Ei werden keine Mitosen mehr durchgemacht.

Der sehr bewegliche **Fuß** trägt terminal meist zwei Zehen, auf deren Spitzen Klebdrüsen (Fußdrüsen) münden. Er dient dem Steuern beim Schwimmen und dem Festhalten am Substrat, wobei das Drüsensekret eine Rolle spielt. Bei manchen pelagischen Formen ist der Fuß zurückgebildet (*Asplanchna*, *Keratella*). Auch das Vorderende kann Klebdrüsen tragen, insbesondere bei kriechenden Formen. Es handelt sich um das **Retrocerebralorgan**, das über oder hinter dem Cerebralganglion liegt und sein Sekret in den Bereich des Wimperapparates entlässt.

Das **Nervensystem** besteht aus dem dorsal über dem Vorderdarm liegenden Cerebralganglion und zahlreichen in den Körper ziehenden Nerven sowie verschiedenen Ganglien, z. B. dem Mastax- und Caudalganglion.

Sinnesorgane sind oft einfache Sensillen mit cilienbesetzten bipolaren Receptorzellen (sog. Taster), Augen sind oft ausgebildet, auch bei *Brachionus*.

Der **Verdauungstrakt** beginnt mit dem subterminal gelegenen Mund. Kompliziert ist der Pharynx, der ventral eine kropfartige, muskulöse Erweiterung aufweist, den Mastax, Kauer oder Kaumagen, der besondere Hartteile (Trophi) entwickelt hat. Der Mastax dient dem Zerkleinern von Nahrung und bei räuberischen Formen auch dem Ergreifen von Beute. Es schließt sich der bewimperte Oesophagus an, der in den geräumigen und mit Drüsen verbundenen Magen mündet. Dann folgt das Intestinum (Mitteldarm); der Enddarm mündet meist über einen After (bei *Asplanchna* fehlend). Die Hartteile des Mastax gliedern sich im einfachsten Fall folgendermaßen: Ein ventrocaudaler Teil, Incus (= Amboss) genannt, wird von den beiden Rami und dem Fulcrum gebildet (Abb. 66). Zu beiden Seiten des Incus liegt je ein Malleus (= Hammer). Dieser setzt sich aus Manubrium und Uncus (Haken) zusammen. Der Uncus kann z. B. bei *Brachionus* aus mehreren Zähnen zusammengesetzt sein. Diese Teile sind in den einzelnen Gruppen sehr verschieden ausgebildet und variieren auch in ihren Funktionen. Andere Teile können hinzutreten, auch Reduktionen und Verschmelzungen kommen vor. Man kann aufgrund der Form und Funktion dieser Hartteile verschiedene Kauertypen unterscheiden.

Die **Muskulatur** besteht im Wesentlichen aus quer gestreiften Strängen, welche als Rückzieher von Räderorgan und Fuß fungieren, und aus Ringmuskelbändern.

Rädertiere haben ein Paar **Protonephridien**, deren Terminalzellen mehrere Cilien tragen. Ihr Schlag lässt sich am lebenden Tier gut beobachten. Eine unpaare Harnblase liegt nahe dem Hinterrand des Rumpfes.

Die **Gonaden** sind paarig (Seisonidea, Bdelloidea) oder unpaar (Monogononta). Die Geschlechter sind getrennt. Bei den Monogononta kommt Generationswechsel (Heterogonie) vor: Aus hartschaligen Dauereiern schlüpfen Weibchen, die in rascher Folge dünnschalige, diploide Subitaneier hervorbringen, aus denen nach kurzer Zeit parthenogenetisch sich fortpflanzende (= amiktische) Weibchen schlüpfen. Diese Art der **Fortpflanzung** ermöglicht rasches Populationswachstum. Nach einer Reihe von Generationen entstehen miktische Weibchen, die sich von amiktischen nur dadurch unterscheiden, dass sie haploide Eier produzieren. Auslöser hierfür können Salzgehalts- und Temperaturschwankungen, hohe Populationsdichte oder unzureichendes Nahrungsangebot sein. Aus den haploiden Eiern gehen haploide Männchen hervor, wenn sie nicht befruchtet werden, oder hartschalige Dauereier, wenn sie befruchtet wurden. Diese können im Falle unseres Untersuchungsobjektes, *Brachionus plicatilis*, fast

60% des Volumens des Weibchens erreichen. Die Dauereier überwintern oder überstehen Trockenperioden.

Spezieller Teil

Brachionus plicatilis

Der sehr dünne und durchsichtige **Panzer** (die Lorica) von *Brachionus plicatilis* erlaubt eine mikroskopische Analyse der inneren Organe bis in Einzelheiten. Dabei lässt sich oft feststellen, dass Gestalt und Länge (100–340 µm) des Panzers Variationen unterliegen, was zum Teil auf die abiotischen Verhältnisse des Gewässers bzw. in unserem Fall auf die Kulturbedingungen, zum Teil aber auch auf andere Rotatorien zurückgeht. Der Panzer ist meist dorsoventral abgeflacht. Auf seiner Oberfläche sind verschiedenartige Musterungen, Körnelungen und Skulpturierungen zu erkennen. Am Vorderrand trägt er eine Reihe von Vorder- oder Apikaldornen. Interessant ist die Abwandlung der Lorica-Struktur im Rahmen einer spezifischen Räuber-Beute-Beziehung zwischen den Gattungen *Asplanchna* und *Brachionus*/*Keratella*. *Asplanchna*-Arten sind räuberische Rädertiere, die Fuß und After weitgehend reduziert haben und die meist von sack- oder birnenförmiger Gestalt sind. Ihr Mund und Pharynx sind stark dehnbar, sodass sie in der Lage sind, ihre Beute, zum größten Teil andere Rotatorien, zu verschlingen. Viele Rotatorien, wie *Brachionus* oder *Keratella*, bilden bei Anwesenheit dieser Räuber pränatal lange Apikaldornen an ihrem Panzerrand aus, die verhindern, dass sie verschlungen werden können. Die Ausbildung dieser Dornen wird durch bestimmte Stoffwechselprodukte von *Asplanchna* ausgelöst.

- Zunächst das **Räderorgan** betrachten.

Am auffälligsten sind zwei Kreise langer Cilien: der Trochus (der Nahrung zum Mund transportiert) und das Cingulum (das der Fortbewegung dient). Ein Teil der Trochus-Cilien ist in Form von Cirren organisiert (Sinnesborsten). Das Mund- oder Buccalfeld liegt in direkter Nähe der Mundöffnung und ist durch kurze Cilien gekennzeichnet.

- Nahrung hinzufügen, z. B. Blaualgen (*Chroococcus*, *Coelosphaerium* oder *Merismopedia*), Dinoflagellaten (*Gymnodinium*), Grünalgen (*Dunaliella*) oder Hefe.

Dabei kann man beobachten, wie diese eingestrudelt wird. *Brachionus* nimmt die Nahrung selektiv auf, die Menge hängt von der Größe der Nahrungsobjekte ab. Bevorzugt werden Partikelgrößen von 12–15 µm Durchmesser. Partikel von 30 µm Durchmesser können noch aufgenommen werden.

Etwas weiter hinten liegt der **Mastax** mit seinen Hartteilen. Man unterscheidet das Fulcrum, die siebenzähnigen Unci und die kräftigen Manubrien sowie die mit stumpfen Innenzähnen besetzten Rami. *Brachionus* besitzt einen so genannten malleaten Typ (Abb. 66): Das Fulcrum ist kurz. Die Rami laufen nach vorne spitz zu und sind nach hinten stark verbreitert. Die gegenüber liegenden Kanten sind mit stumpfen Zähnchen besetzt. Rami und Fulcrum bilden einen stumpfen bis rechten Winkel. Die Unci bestehen jeweils aus sieben Zähnen. Die Manubrien sind kräftig gebaut. Der Mastax arbeitet mahlend-greifend.

Ein kurzer, mit Wimperepithel ausgekleideter **Oesophagus** verbindet den Mastax mit dem **Magen**, der mit paarigen Magendrüsen ausgestattet ist. Diese sind in ihrer Gestalt recht variabel. Sie können zugespitzt oder abgerundet sein, ein- oder zweizipfelig und variieren auch in der Größe. Die Wand des Magens wird von großen bewimperten Epithelzellen gebildet, die bei Vitalfärbungen den Farbstoff stark annehmen.

Auf den Magen folgt das bewimperte **Intestinum**, das in Abb. 65 teilweise von der Blase verdeckt wird. Der After mündet dorsal über der Fußbasis.

Die Cilienaktivität kann man besonders deutlich im Oesophagus immobilisierter Tiere beobachten.

Der oberflächlich geringelte **Fuß** endet mit zwei Zehen, an deren röhrenförmigen Spitzen die Fußdrüsen (Klebdrüsen) ausmünden, mit denen sich die Tiere am Substrat festheften können.

Die in den Rumpf einstrahlende Fußmuskulatur, vermittelt eine lebhafte Bewegung des Fußes. Im Vorderteil des Rumpfes sieht man Retraktoren für das Räderorgan.

Das **Exkretionssystem** besteht aus paarigen Protonephridien, die beiderseits des Mastax be-

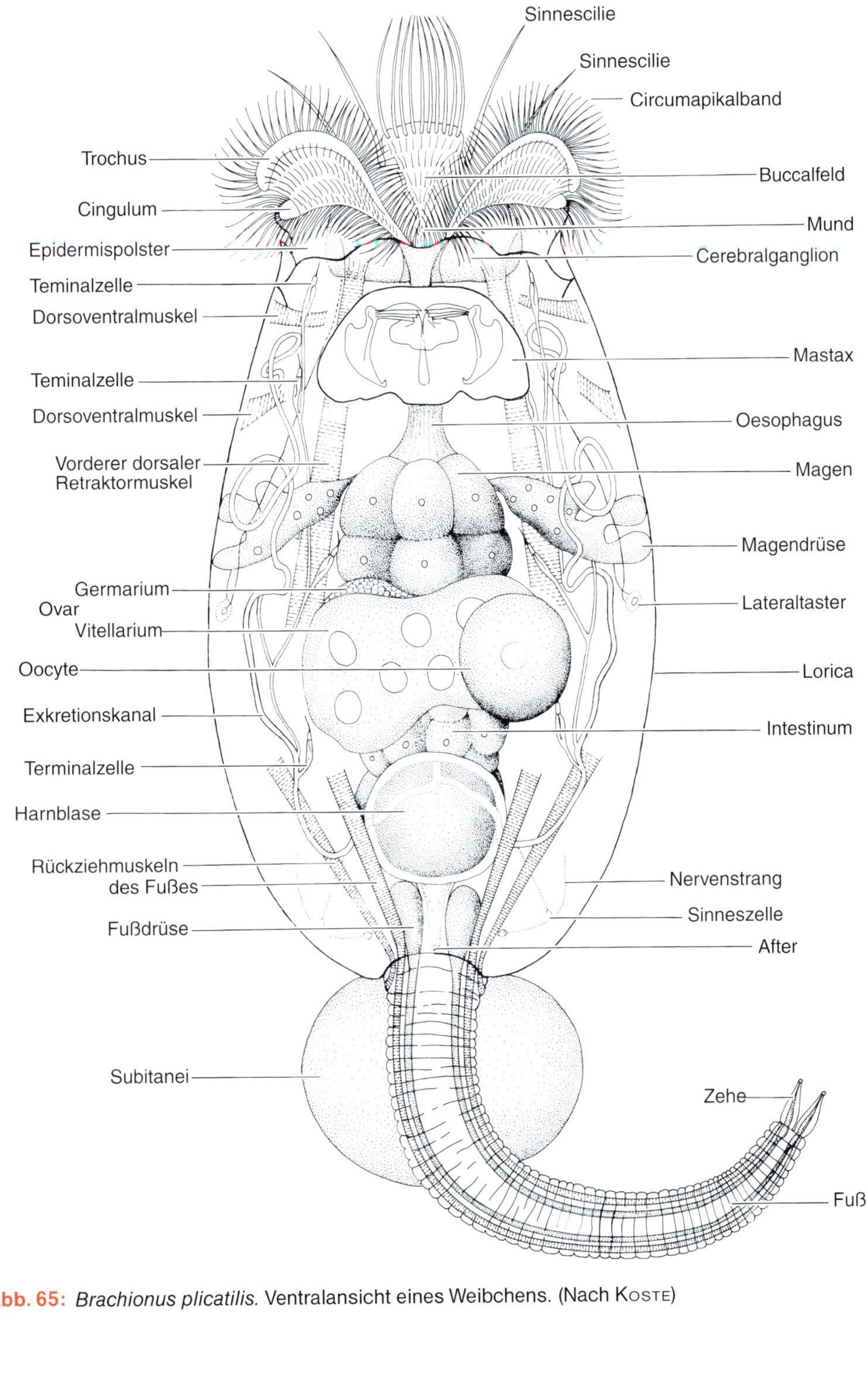

Abb. 65: *Brachionus plicatilis.* Ventralansicht eines Weibchens. (Nach Koste)

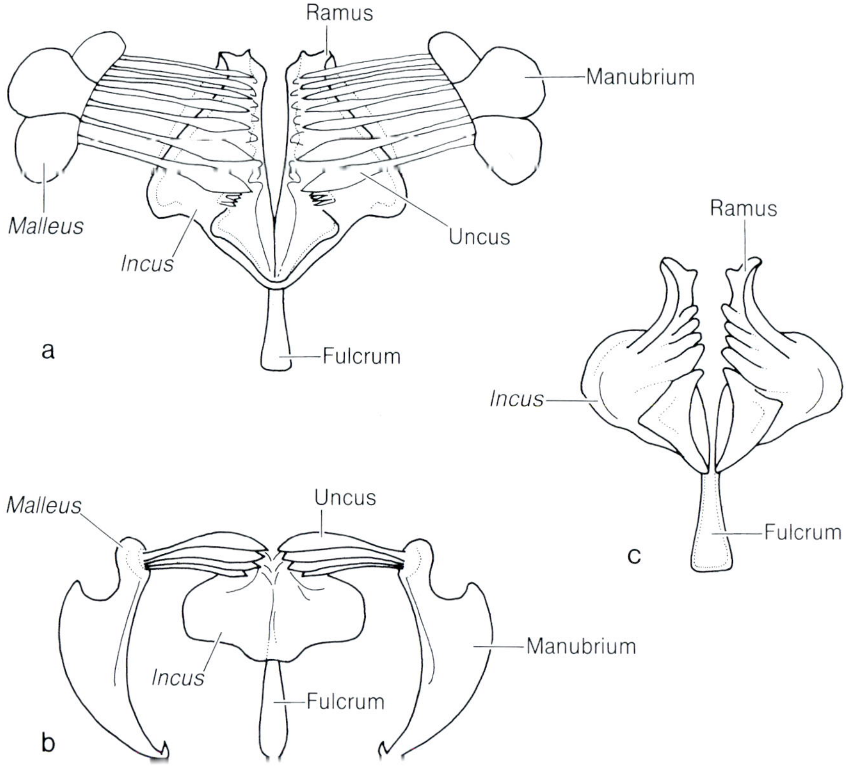

Abb. 66: Hartteile des Mastax von *Brachionus plicatilis.* a. Aufsicht, b. Ventralansicht, c. Incus. (Nach Koste)

ginnen und dorsal in die unpaare Blase münden, welche über den Enddarm entleert wird. Insbesondere bei immobilisierten Tieren lässt sich unter mittlerer Mikroskopvergrößerung der Schlag der Wimperflamme der Terminalzellen beobachten. Bei *Brachionus* treten jederseits vier Terminalzellen auf.

Der weibliche **Geschlechtsapparat** besteht aus einem achtkernigen Syncytium, dem Dotter bereitenden Vitellarium (Dotterstock), und dem darauf sitzenden, Eier produzierenden Germarium (Keimstock), das eine konstante Anzahl von Oocyten enthält. Die Eier werden über den Enddarm abgegeben, der somit eine Kloake darstellt (Abgabe von Faeces, Exkreten und Geschlechtsprodukten).

Die Subitaneier werden nach der Ablage durch die Kloake mithilfe eines Sekretes am Panzer angeheftet, wo sie bis zum Schlüpfen der Jungtiere verbleiben. Sie sind in der Regel 135×105 µm groß (haploide Eier: 52×50 µm).

Vom **Nervensystem** ist insbesondere das umfangreiche Cerebralganglion zu sehen; in Dorsalansicht erkennt man an dessen Hinterrand ein großes, rotes **Auge** (auf Abb. 65 verdeckt; Ventralansicht!). Des Weiteren kann man im ganzen Rumpfbereich Nervenbahnen und kleine Ganglien sehen. Als auffällige Sinnesorgane sind noch die **Lateraltaster** zu nennen. Bei der Artbestimmung ist oft eine Analyse der Hartteile des Mastax nötig.

- Hierzu einen Tropfen Natronlauge (4%) oder Natriumhypochlorid („Eau de Javelle") an den Deckglasrand geben und ihn mit Filterpapier so vorsichtig unter dem Deckglas hindurchziehen, dass ein Herausschwemmen des Rädertieres verhindert wird.

In wenigen Minuten wird das Tier mit Ausnahme der Hartteile des Kauapparates aufgelöst.

- Leicht auf das Deckglas klopfen (Mastax dabei beobachten!) oder das Deckglas sehr vorsichtig verschieben. Dabei lösen sich die Teile des Mastax etwas voneinander und werden in eine überschaubare Position gebracht.

II. Nematoda, Fadenwürmer

Technische Vorbereitungen

- Es wird der Schweinespulwurm (*Ascaris suum*) präpariert, der dem Spulwurm des Menschen (*Ascaris lumbricoides*) sehr ähnlich ist. Auch der Rinderspulwurm (*Neoascaris vitulorum*) ist gut geeignet; er kommt häufig bei Kälbern vor. Spulwürmer leben oft in großer Zahl im Dünndarm ihrer Wirte. Die in Formol fixierten und in Alkohol aufbewahrten Tiere werden im Wachsbecken präpariert. Kurz vorher werden sie durch Kochen in Wasser erweicht.

- Besser ist es, weil sie dann weich und elastisch bleiben und sich besonders gut präparieren lassen, die lebendfrischen Ascariden in 80%iges Isobutanol einzulegen. Nach 48 Stunden sind sie über 60%iges in 40%iges Isobutanol zu überführen, in dem sie dann aufbewahrt werden. Vor der Präparation einen Tag wässern.

- Von mikroskopischen Präparaten sind gefärbte Querschnitte durch die Körpermitte eines weiblichen Tieres sowie durch die Pharynxregion nötig.

- Die zur mikroskopischen Lebendbeobachtung vorzüglich geeignete *Rhabditis pellio* kann man leicht züchten, indem man mit Wasser abgespülte, lebend in Stücke zerschnittene Regenwürmer in Petrischalen überträgt, in die man je einen Esslöffel geriebener roher Kartoffeln gegeben hat. Die Schale wird geschlossen im Dunkeln aufbewahrt. Schon nach wenigen Tagen haben sich reichlich Nematoden entwickelt, die man mit der Pipette abnimmt und in einem Tropfen Wasser untersucht.

- Für das Studium von *Trichinella spiralis* sind mikroskopische Präparate von trichinösem Fleisch erforderlich, die ungefärbt oder mit Boraxkarmin gefärbt sein können, außerdem gefärbte Totalpräparate männlicher und weiblicher Darmtrichinen.

Allgemeine Übersicht

Die Nematoden sind eine artenreiche Gruppe, die fast sämtliche **Lebensräume** erobert und teilweise in großer Individuenzahl besiedelt hat. Viele Arten sind Parasiten von Pflanze, Mensch und Tier. Im Gegensatz zur Vielgestaltigkeit ihrer Lebensweise steht die Einheitlichkeit ihres **Körperbaues**. Die Nematoden sind drehrund, manchmal fadenartig, sehr oft spindelförmig. Die meisten sind unter 1 cm lang. Nur manche Parasiten werden viel größer, z. T. mehrere Meter lang. Den Körper umgibt fast immer eine biegsame, oft geringelte, oft aber auch glatte, elastische, jedoch nur beschränkt dehnbare **Cuticula**. Sie wird von der darunter liegenden Epidermis gebildet. Ihre Struktur ist häufig sehr komplex (s. auch S. 118). Die Proteine, aus denen sie aufgebaut ist, sind zum Teil Kollagene. Sie können durch Polyphenole oder auch durch Chinone gegerbt sein. In der Jugend ist die **Epidermis** ein einschichtiges Epithel, dessen Zellen häufig in 8 Längsreihen angeordnet sind. Später verschwindet ein Teil der Zellgrenzen: Die Epidermis wird größtenteils zu einem **Syncytium**. Die Kerne sind unregelmäßig verstreut oder liegen in vier nach innen vorragenden leistenförmigen Verdickungen (**Epidermisleisten**), von denen zwei kräftigere lateral und je eine schwächere dorsal und ventral den Wurm der Länge nach durchziehen.

Zwischen den Epidermisleisten befindet sich eine einschichtige Lage großer **Längsmuskelzellen**. Sie ragen bei größeren Formen mit keulenförmigen Anschwellungen weit in die Leibeshöhle hinein (Abb. 68). Der periphere, der Epidermis ansitzende Abschnitt der Muskelzellen, enthält kontraktile Myofibrillen, die peripher liegen und an die Zellmembran grenzen. Der keulenförmige Teil – in ihm liegt der Kern – ist reich an Glykogen; von ihm aus ziehen zum dorsalen und ventralen Markstrang ein oder einige Fortsätze, die Kontakt zu den Nervenfasern aufnehmen (Abb. 68, 69 b). Ringmuskulatur fehlt. Epidermis, Cuticula und Längsmuskulatur bilden eine funktionelle Einheit, den **Hautmuskelschlauch**.

Der Raum zwischen Körperwand und Darm, das **Pseudocoel**, beherbergt die Gonaden. Bei Ascariden und einigen anderen größeren Arten ist er prall gefüllt mit einer Flüssigkeit, die Proteine, Kohlenhydrate, Fette und anorganische

Ionen enthält. Bei den meisten Nematodenarten ist der Flüssigkeitsanteil viel geringer, das Pseudocoel wird dann mehr oder weniger vollständig von den Organen ausgefüllt. Im vorderen Viertel des Körpers fallen bei parasitischen Nematoden zwischen den Bauch- und Seitenleisten 2 Paar große, büschelförmige Zellen auf (Abb. 67), die mit ihren amöboid beweglichen Fortsätzen mehr oder weniger weit in die Leibeshöhle hineinragen. Sie sind selbst bei ein und demselben Individuum unterschiedlich gefärbt, ockerfarben, bräunlich oder lachsrot. Ihre Funktion ist unbekannt.

Der **Darm** ist in drei Abschnitte gegliedert. Auf den mit einer kräftigen Muskulatur ausgerüsteten und nach Art einer Pumpe arbeitenden Pharynx folgt der geradlinig nach hinten verlaufende Mitteldarm (oft ohne Muscularis) und schließlich ein kurzer, wieder mit Muskulatur versehener Enddarm. Zwischen Mittel- und Enddarm befindet sich ein Klappenventil, das bei Darmentleerungen durch Muskelzug geöffnet wird. Pharynx und Enddarm sind ectodermal und dementsprechend mit einer Cuticula ausgekleidet. Der oft von Lippen oder Papillen umstellte Mund liegt terminal, der After ventral, unweit vom hinteren Körperende.

Das **Zentralnervensystem** besteht aus einer ringförmig den Schlund umgebenden so genannten Commissura cephalica und ihr zugeordneten Ganglien, darunter den zwei neuronenreichen Lateralganglien. Dem zentralen Nervensystem ist auch der Ventralnerv zuzuordnen, in dessen Verlauf ganglienähnliche Regionen eingeschaltet sind und der am Hinterende in den Analganglien endet. Vor diesen Ganglien bildet sich die hintere ringförmige sog. Rectalcommissur aus. Der Dorsalnerv entspringt vom Dorsalganglion am Hinterrand des Schlundnervenringes. Er besteht bei vielen Nematodenarten nur aus Nervenfasern; Perikaryen von Neuronen sind in seinem Verlauf bisher nur bei wenigen Arten gefunden worden. Weitere, dorso- und ventrolateral in der Epidermis längs verlaufende sowie asymmetrisch verteilte, z. T. nur halbringförmige Commissuren sind schwächer als der Ventral- und der Dorsalnerv, die in der ventralen bzw. dorsalen Epidermisleiste verlaufen. **Sinnesorgane** – es handelt sich durchweg um wenigzellige, borsten- oder papillenförmige Sensillen – sind vor allem am Vorderende und im Bereich des Mundes ausgebildet. Es handelt sich um Chemo- und Mechanoreceptoren, die apikal je eine Cilie tragen. Chemoreceptoren sind außerdem die Seitenorgane oder Amphiden, die an den Kopfseiten in grubenförmigen Vertiefungen untergebracht sind. Einige in flachen Gewässern freilebende Formen haben Pigmentbecherocellen.

Ein **Blutgefäßsystem** fehlt, die **Atmung** erfolgt durch die Haut. Die das Pseudocoel erfüllende Flüssigkeit und die Körperwand enthalten bei den Ascariden Hämoglobin. Darmparasiten bauen die Nahrungsstoffe durch Glykolyse anaerob ab, sind aber auch zu aerobem Stoffwechsel befähigt.

Das **Exkretionssystem** der Nematoden ist einzigartig im Tierreich. Es besteht aus einer oder einigen Drüsenzellen (Ventraldrüse), die im Bereich des Pharynx liegen und über einen kurzen Gang ventromedian ausmünden. Bei abgeleiteten Formen, und somit auch bei den Ascariden, bildet (meist nur) eine Zelle ein H- oder auch stimmgabelförmiges Röhrensystem aus. Die langen Schenkel des H verlaufen als Röhren in den lateralen Epidermisleisten, der Querbalken stellt die Verbindung der lateralen Kanäle dar. Dort liegt das Perikaryon der Zelle. Vom Querbalken zieht ein kurzer Ausführgang zum ventralen Exkretionsporus. Die Funktion dieser H-förmigen Organe ist noch nicht voll geklärt. Endprodukte des Eiweißstoffwechsels scheinen sie nicht auszuscheiden; dies geschieht durch den Darm. Vorerst ist nur ihre Funktion als Ionenregulatoren (Na^+, K^+) und als Ausscheider von überflüssigem Wasser nachgewiesen. Bei einigen zooparasitischen Nematoden produzieren sie Enzyme, die für die extraintestinale Verdauung von Bedeutung sind.

Nematoden sind meist getrenntgeschlechtig. Der **Geschlechtsapparat** ist sehr einfach gebaut. Beim Weibchen besteht er meist aus zwei Schläuchen, die bei größeren Formen sehr lang und dünn werden und in zahlreichen Windungen auf- und abziehen. Das blinde Ende der Schläuche liefert die Eizellen, stellt also das Ovarium dar; von hier aus gelangen die Eizellen in einen etwas weiteren Abschnitt, den Eileiter, der seinerseits in einen wiederum erweiterten Uterus übergeht. Die beiden Uteri vereinigen sich zu einem kurzen Gang (Vagina), der in der Ventrallinie nach außen mündet. Diese Öffnung liegt etwa in der Mitte des Körpers. Beim Männchen stellt der Geschlechtsapparat fast stets einen unpaaren Schlauch dar, dessen terminaler, vorn gelegener Hauptabschnitt dem Hoden entspricht, während der hinten im Körper gelegene Abschnitt als Samenleiter dient. Er mündet in den Enddarm ein, der demnach als Kloake zu bezeichnen ist. Meist haben die Männchen als Begattungsorgane ein oder zwei Spicula, gekrümmte, vorstreckbare Nadeln, die als Haftorgane und zur Erweiterung der Vagina dienen.

Die **Befruchtung** der zunächst noch schalenlosen Eizellen erfolgt im Uterus, in den die geißellosen, amöboid beweglichen Spermien aus der Vagina eingewandert sind. Danach werden die befruchteten Eizellen von einer mehr oder weniger dicken Schale umschlossen, die oft Chitin enthält. Die Ablage der Eier erfolgt vor (*Ascaris, Parascaris*) oder während der Furchung oder erst, nachdem in ihnen bereits die Jugendstadien ausgebildet sind. In seltenen Fällen sprengen die Jungtiere die Eischale noch im Uterus der Mutter (*Trichinella*). Parthenogenese kommt vor, ist jedoch selten.

Die **Furchung** ist weitgehend determiniert. Die Entwicklung ist direkt; trotzdem werden die Jugendstadien herkömmlich als „Larven" bezeichnet. In den Entwicklungsgang sind vier Häutungen eingeschaltet.

Spezieller Teil

1. *Ascaris suum,* Schweinespulwurm

Der 20–30 cm lange, spindelförmige Körper der weiblichen Tiere läuft nach beiden Enden spitz aus, doch ist das Vorderende durch die drei Lippen, die den terminal liegenden Mund umstellen, leicht zu diagnostizieren. Dicht vor dem Hinterende liegt ventral der quergestellte After. Etwa am Ende des ersten Körperdrittels findet sich eine ringförmige Einschnürung und ventral in ihr als feiner Porus die Geschlechtsöffnung. Bauch- und Rückenleisten schimmern an konservierten Exemplaren nur undeutlich durch, dagegen sind die beiden Seitenleisten sehr deutlich. Außerdem sieht man als gewundene, weiße Schläuche einen Teil der Geschlechtsorgane.

Der Körper ist relativ fest und prall mit Flüssigkeit gefüllt. Der Druck der Leibeshöhlenflüssigkeit beträgt 70 mm Hg, die Cuticula ist nur wenig dehnbar. Festigkeit und Form des Körpers beruhen auf einem hydrostatischen Druck; es liegt ein Hydroskelet vor. Die unter Druck stehende Leibeshöhle und die Cuticula sind auch Antagonisten der Längsmuskulatur.

- Sofern nicht durch Verletzungen beim Sammeln der Würmer oder durch Aufplatzen bei der Fixation schon ein Druckausgleich zwischen Leibeshöhlenflüssigkeit und Umgebung stattgefunden hat, sticht man die Ascariden zweckmäßigerweise vor Beginn der Präparation im Wachsbecken unter Wasser mit einer kräftigen Nadel im Bereich der Körperenden an, dabei die Einstichstelle mit der Hand abdeckend, um zu verhindern, dass herausspritzende Flüssigkeit in die Augen gelangt.
- Der Wurm wird nun mit der feinen Schere etwas seitlich von der Rückenlinie bei sehr flacher Scherenführung aufgeschnitten, wieder in das Wachsbecken unter Wasser gebracht, auseinander gebreitet und mit Nadeln festgesteckt.
- Da beim Zerschneiden frischer Ascariden flüchtige Stoffe entweichen, die heftiges Hautjucken, Augenstechen, auch Erbrechen hervorrufen können, empfiehlt es sich, nur konservierte Exemplare zu verwenden oder die frischen Tiere vor der Präparation für mehrere Stunden in 0,9%ige Kochsalzlösung zu legen.

Der **Darm** durchzieht den Körper geradlinig (Abb. 67). Er bildet vorne einen muskulösen Pharynx. Der darauf folgende Mitteldarm ist wegen des hohen hydrostatischen Druckes, der Leibeshöhlenflüssigkeit nicht rund, sondern flach und bandförmig. Er ist größtenteils von den weißen Gonadenschläuchen umgeben. Der letzte Darmabschnitt ist der muskulöse Enddarm.

Die **Geschlechtsorgane** sind am besten vom Geschlechtsporus aus zu verfolgen. Sie beginnen beim Weibchen mit einer kurzen, sich allmählich erweiternden Vagina, die sich in zwei dicke Röhren aufgabelt. Die beiden Röhren ziehen nebeneinander weit nach hinten, biegen dann, erheblich dünner werdend, nach vorn um, wenden sich darauf, immer feiner werdend, wieder nach hinten, und so fort, bis schließlich jeder dieser langen Schläuche als zarter Faden endet. Hier liegt jeweils eine große Terminalzelle, die einen zellteilungsstimulierenden Faktor abgibt. Die langen, dünnen Endabschnitte sind die Ovarien, in denen sich die außerordentlich zahlreichen Eier bilden und heranwachsen. Die darauf folgenden, stärkeren Abschnitte dienen als Eileiter, und die zur unpaaren Vagina führenden, mächtig anschwellenden Schläuche sind die beiden Uteri, in denen die Eier befruchtet und beschalt werden.

- Aus dem Uterus, dicht vor der Vagina, ein kleines Stück herausschneiden, mit einem Längsschnitt eröffnen und auf dem Objektträger in einem Tropfen Glycerin zerzupfen.

Der Uterus ist dicht gefüllt mit befruchteten, aber noch ungefurchten Eiern. Das Ei von *Ascaris suum* ist – wie auch das Ei des Menschenspulwurms (*A. lumbricoides*) – ovoid, ca. 60×50 µm groß und mit runzeliger Schale versehen. Bei fixierten Spulwürmern findet man die Eier häufig in verschiedenen Stadien der Furchung, bisweilen auch bereits wurmförmige Embryonen innerhalb der Eischale. Durch die Fixation wird auf eine noch unbekannte Art und Weise die Entwicklung der Eier, die sonst erst nach der Ablage in Gang kommt, induziert. Durch das langsam eindringende Fixiermittel werden sie schließlich in unterschiedlich fortgeschrittenen Furchungsstadien abgetötet und fixiert.

- Uterus weiter nach caudal verfolgen.

Man findet in dem Abschnitt nach der ersten scharfen Umbiegung nach vorn noch unbeschalte Eier. Hier findet die Befruchtung statt. Zwischen den apikalen Zellkuppen der Uteruswandzellen liegen hier i. a. die keilförmigen und aflagellaten Spermien.

- Geschlechtsorgane entfernen und den Darm vorsichtig abheben.

Die lateralen **Epidermisleisten** (Seitenleisten), in die die längs verlaufenden Kanäle der H-förmigen Zelle (die sog. Exkretionskanäle) eingebettet sind, werden deutlich. Außerdem wird die ventrale Epidermisleiste (Bauchleiste) sichtbar und lässt den Verlauf des ventralen Markstranges erkennen. Etwas hinter dem Pharynx sind an den Seitenleisten die büschelförmigen Zellen befestigt (s. S. 114)

Zwischen den längs verlaufenden Epidermisleisten sitzen der Körperwand als samtartiger Besatz die **Längsmuskelzellen** auf.

- Diese mit der feinen Pinzette, indem man tief angreift und in Längsrichtung zieht, ablösen.

Unter dem Mikroskop sind an den Muskelzellen deutlich die weit in die Leibeshöhle hineinragenden Kolben und die schmalen Myofibrillen enthaltenden Anteile zu unterscheiden. Manchmal sind auch die Anfangsstücke der zu

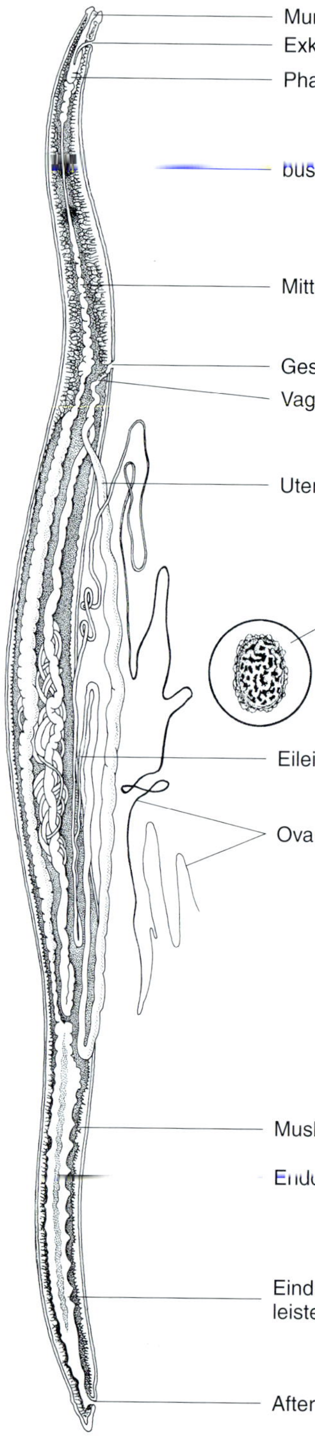

Abb. 67: Anatomie eines weiblichen *Ascaris suum*. Ei (lichtmikroskopisch).

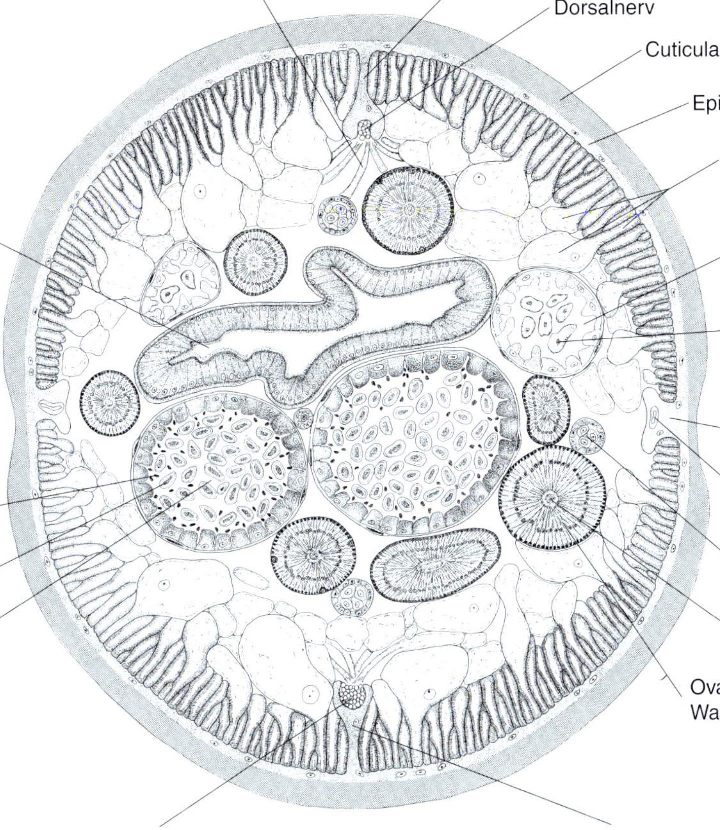

Abb. 68: *Ascaris suum*. Histologischer Querschnitt durch ein erwachsenes weibliches Tier. Uterus und Oviduct besitzen unter dem Epithel glatte Muskelzellen; die Wand des Ovars besitzt außen kleine lang gestreckte Epithelzellen; die Rhachis ist ein zentraler Cytoplasmastrang, der mit den Eizellen kontinuierlich verbunden sein kann. 40 ×

den Nerven ziehenden Fortsätze gut zu erkennen. Im kolbenartigen Teil der Zellen ist viel Glykogen eingelagert (bis zu 24% des Trockengewichts der Würmer).

Die **Exkretionskanäle** sind innerhalb der Seitenleisten zu verfolgen und vereinigen sich etwa 2–3 mm hinter der Mundöffnung durch eine Brücke. Von hier aus zieht der kurze, unpaare Ausführgang zum ventralgelegenen Exkretionsporus.

- Mit einem Scherenschnitt die drei den Mund umgebenden Lippen abschneiden und unter Glycerin auf den Objektträger bringen. Das Präparat mit einem Deckglas bedecken und bei schwacher Vergrößerung unter dem Mikroskop betrachten.

Die Gestalt der Lippen ist artcharakteristisch. Erkennbar sind eine dorsale und zwei ventrale, deutlich voneinander abgesetzte Lippen, von denen jede ein Kreissegment von etwa 120° einnimmt. An ihren lateralen und zentralen Rändern sind sie mit zahlreichen, winzigen Zähnchen besetzt. Die dorsale Lippe hat, dem Außenrand nahe, seitlich je eine Doppelpapille, während die beiden ventralen Lippen, ebenfalls seitlich und ihrem oberen Rand genähert, mit je einer einfachen Papille und einem Seitenorgan (Amphide) ausgestattet sind.

- Es werden jetzt mit Hämatoxylin-Eosin gefärbte Querschnittspräparate durch die Mitte eines weiblichen Wurmes mikroskopiert; vergleiche dazu die Abbildungen 68 und 69.

Zu äußerst liegt die transparente **Cuticula**. Sie ist hoch differenziert und besteht aus vier Hauptschichten: Epicuticula, Cortexschicht, Medianschicht und Basalschicht. Die Fasern der einzelnen Lagen sind parallel zueinander angeordnet, überkreuzen sich aber von Lage zu Lage in einem Winkel von 150°, sodass eine Art Korbgeflecht von sich überkreuzenden Fasern entsteht. Im Schnitt ist von diesem Feinbau außer einer Schichtung nichts erkennbar. Die Cuticula wurde von der **Epidermis** gebildet. Diese ist deutlich dünner als die Cuticula. Die Kerne sind unregelmäßig verteilt, auch zu Reihen angeordnet und von unterschiedlicher Größe. Die Epidermisleisten sind als nach innen vorragende Verdickungen zu erkennen. Die Seitenleisten sind bedeutend breiter als die beiden anderen; in ihnen sind die Querschnitte durch die Kanäle des H-förmigen Organs zu sehen. In der Mitte der Seitenleisten ist, mit ihrer Basis der Cuticula aufsitzend, auch bei erwachsenen Tieren eine sich nach oben verbreiternde Zelle zu erkennen. Es handelt sich um eine der Zellen der sog. medialen Zellreihe. Zu beiden Seiten ihres oberen Endes finden sich häufig zwei Nester unterschiedlich großer und meist stark angefärbter Kerne (Abb. 69a). Die die beiden Seitenleisten durchziehenden Nervenfasern sind nur schwer zu erkennen. Die Rücken- und die Bauchleiste sind, vor allem basal, viel schlanker als die Seitenleisten, ragen aber weiter nach innen vor. In der Rückenleiste verläuft ein kräftiger motorischer Nerv, in der Bauchleiste ein noch dickerer, motorischer und sensorischer Markstrang.

Unter der Epidermis liegt die **Längsmuskulatur**. Sie besteht aus den mächtigen, keulenförmig in die Leibeshöhle vorspringenden Zellen, die in ihrem peripheren Teil quer getroffene, also längs laufende, kontraktile, schräg gestreifte Myofibrillen aufweisen (Abb. 69b). Die langen, zum dorsalen und ventralen Nervenstrang ziehenden Fortsätze der Zellen werden nur sehr selten in voller Ausdehnung getroffen sein. An den Nervenbahnen nehmen immer mehrere Muskelzellen Verbindung mit einem einzelnen Axon auf.

Inmitten der geräumigen Leibeshöhle liegt, quer angeschnitten, der **Darm**, dessen Lumen oft kollabiert ist und dessen Epithel von sehr langen, schmalen Zylinderzellen gebildet wird. Ihre Kerne liegen in sehr regelmäßiger Anordnung nahe der Zellbasis; die dem Darmlumen zugekehrte Oberfläche der Zellen ist mit einem im Lichtmikroskop fein gestreift erscheinenden Mikrovillisaum besetzt. Den Abschluss der Darmzellen zur Leibeshöhle hin bildet eine Basalmembran. Eine Muskulatur fehlt dem Mitteldarm. Beim Weitertransport des Darminhaltes spielt der bei der schlängelnden Bewegung auftretende wechselnde Binnendruck eine Rolle. Zur Darmentleerung wird ein Klappenventil zwischen Mittel- und Enddarm geöffnet; gleichzeitige Kontraktion aller Muskeln des Hautmuskelschlauches führt wegen der damit verbundenen Druckerhöhung in der Leibeshöhle zum Ausspritzen des Kotes.

Neben dem Darm sieht man in der Leibeshöhle noch zahlreiche, meist quer, zuweilen aber auch längs getroffene Röhren von verschiedenem Durchmesser: Sie alle stellen Abschnitte des **Geschlechtsapparates** dar. Bei zwei von ihnen, die besonders weit und mit Eiern gefüllt sind, handelt es sich um die beiden Uterusschenkel. Die Uteruswand ist ein einschichtiges Epithel aus großen, kolbenförmigen Zellen. Sie wird außen von einer aus extrazellulärer Substanz bestehenden Grenzlamelle, in die Muskelzellen eingelagert sind, umgeben. In den Lücken zwischen den apikalen Vorwölbungen der Epithelzellen liegen oft stark angefärbte Spermien. Auch die Eileiter besitzen Muskelzellen in der kräftigen Grenzlamelle. Ihr Epithel ist unterschiedlich hoch, es fallen schlanke apikale Vorwölbungen der Epithelzellen auf; die Kerne sind kleiner als die des Uterusepithels. Im Lumen befinden sich schlank-ovale Eizellen, die noch nicht beschalt sind. Alle anderen Anschnitte der Gonaden gehören zum Ovar, in dem zwei Zonen zu unterscheiden sind; recht kleine Anschnitte gehören zur Keimzone, die größeren Anschnitte zur Wachstumszone. In der Keimzone liegen die Eizellen gleichmäßig im Inneren verteilt, außen liegen mehr oder weniger flache Wandzellen. In der Wachstumszone befinden sich die schlanken mit vielen Dottertröpfchen versehenen Eizellen radiär angeordnet und sitzen mit ihrem spitzen Ende an einem cytoplasmatischen zentralen Strang, der Rhachis. Diese enthält auch Dotter-

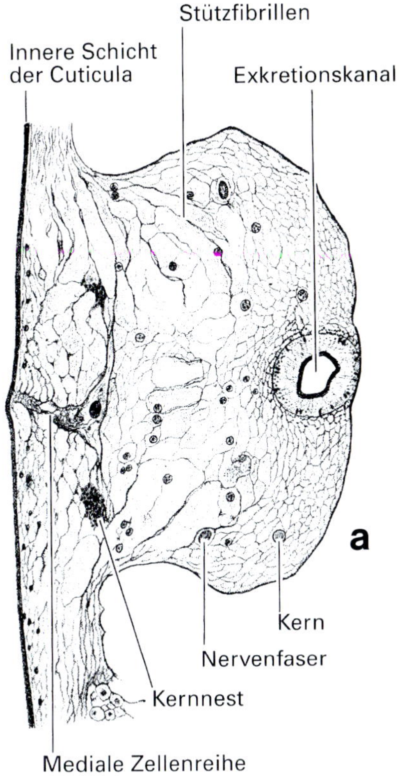

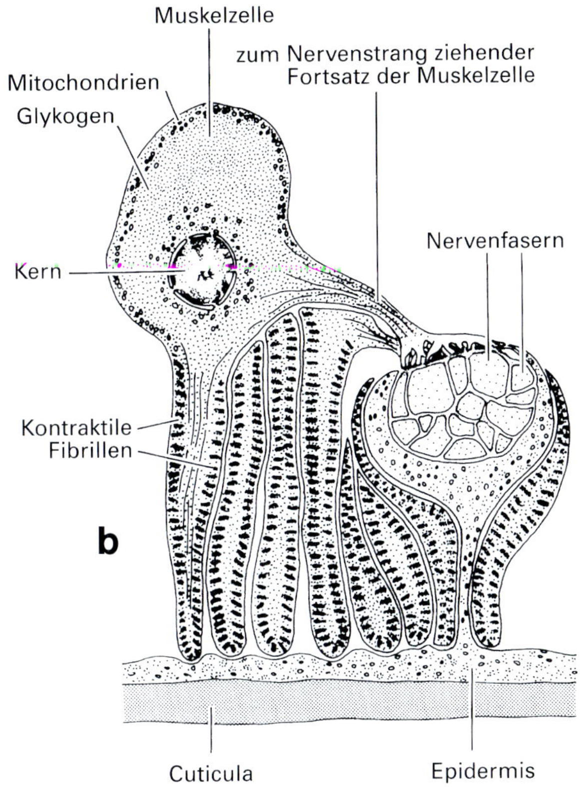

Abb. 69a: *Ascaris suum.* Querschnitt durch eine laterale Epidermisleiste. Etwa 170 ×. (Nach C. Schneider)

Abb. 69b: *Ascaris lumbricoides.* Querschnitt durch Muskelzellen und ihre myoneuralen Fortsätze. (Nach Rosenbluth)

tröpfchen, ihre Funktion ist nicht sicher bekannt. Ultrastrukturell ist zu erkennen, dass zwischen Rhachis und Eizellen cytoplasmatische Kontinuität – zumindest zeitweise – besteht. Die schlanken längs verlaufenden Wandzellen sind mitochondrienreich; ihre Kerne sind gelegentlich bei höherer Vergrößerung erkennbar. Erst im Eileiter werden die Eizellen frei und runden sich langsam ab. Im Uterus findet die Befruchtung statt, worauf sich die Eier mit einer Schale umgeben.

- Um die Struktur des **Pharynx** kennen zu lernen, einen zweiten, durch die vorderste Körperregion gelegten Querschnitt betrachten.
- Mit einem scharfen Skalpell kann man sich von einem fixierten Tier auch selbst Querschnitte der Pharynxregion herstellen.

Man sieht, dass das Pharynxlumen durch kräftige, intraepitheliale Myofibrillenbündel eingeengt wird, die radiär verlaufen. Durch Kontraktion dieser Muskulatur kann sich das Lumen stark erweitern und so eine Saugwirkung ausüben. Als Gegenspieler der Muskulatur wirkt die starke, gelbliche Cuticula. Sie verringert bei Erschlaffung der Radiärmuskeln dank ihrer hohen Elastizität das Pharynxlumen und pumpt so den angesaugten Nahrungsbrei in den langen Mitteldarm.

Die männlichen Würmer sind bedeutend kleiner als die Weibchen und an der ventralen Einkrümmung oder gar spiraligen Einrollung des Hinterendes zu erkennen. Sie haben keine gesonderte Geschlechtsöffnung, sondern eine Kloake, die dicht vor dem Körperende liegt. Das unpaare Genitalrohr, das aus einem fadendünnen Hoden, einem sich daran anschließenden Samenleiter und einem als Ductus ejaculatorius funktionierenden Endstück besteht, mündet in den Enddarm. In der Wand des Enddarmes liegen in muskulösen Säcken zwei gekrümmte, cuticulare Nadeln, die Spicula. Sie werden bei der Paarung zur Erweiterung und zum Festhalten in die weibliche Geschlechtsöffnung eingeführt.

Spulwürmer leben im Dünndarm ihrer Wirte und ernähren sich vom Darminhalt. Die abgelegten, ungefurchten Eier gelangen mit dem Kot ins Freie. Erst dort, in sauerstoffhaltiger Umgebung, entwickeln sie sich weiter. Im Ei entsteht nach zwei Häutungen ein sehr kleines, etwa 200 µm langes Jugendstadium (oft Larve genannt), das frei wird, wenn das Ei in den Darm des Wirtes gelangt. Es durchbohrt das Darmepithel und wandert in das Blutgefäßsystem ein, wo es in der Leber in etwa 10 Tagen auf 2 mm Länge heranwächst und dann vom Blutstrom weiter befördert wird. In der Lunge verlässt es schließlich, aus Capillaren in Alveolen durchbrechend, die Blutbahn, häutet sich abermals und wird vom Flimmerepithel der Trachea in den Rachen befördert. Wird es jetzt mit dem Speichel verschluckt, so wächst es, zum zweitenmal im Dünndarm angekommen, nach einer weiteren Häutung zum geschlechtsreifen Tier heran.

2. *Rhabditis pellio*

- Mit der Pipette wird auf eine gut mit Würmern besetzte Stelle der *Rhabditis*-Kultur ein Tropfen Wasser gegeben, der dann wieder eingezogen und auf einen Objektträger übertragen wird. Deckglas mit Wachsfüßchen. Zunächst schwache, dann stärkere Mikroskopvergrößerung.
- Wenn man den Objektträger mit den Nematoden vor dem Auflegen des Deckglases auf die warme Mikroskopierlampe legt oder ein paarmal durch die Flamme eines Streichholzes zieht, fallen die Würmer in Hitzestarre und lassen sich so leichter untersuchen. Die Hitzestarre muss reversibel sein; auf keinen Fall dürfen die Würmer gekocht werden.

Meist wird es sich bei den Würmern der Kultur um *Rhabditis pellio* handeln, eine Art, die in der Erde saprozoisch lebt, deren 3. Larvenstadium bei Verschlechterung der Lebensbedingungen durch die Nephridialporen in Regenwürmer eindringt und dort in der Leibeshöhle oder den Nephridien, ohne Nahrung aufzunehmen, als Dauerlarve verharren kann. Erst nach dem Tod des Regenwurmes setzen sie ihre Entwicklung fort. Es ist allerdings möglich, dass nicht alle Nematoden des Präparates zu dieser Art gehören, da in der Erde eine sehr große Zahl freilebender Formen – oft in außerordentlich großer Individuenzahl – auftritt. Da die Organisation aller dieser „Erdnematoden" die gleiche ist, kann eine jede von ihnen Verwendung finden.

Dank ihrer geringen Größe und vor allem dank ihrer Durchsichtigkeit zeigen diese Arten die Nematodenorganisation in fast schematischer Klarheit. Der Körper ist typisch spindelförmig, das Vorderende meist etwas breiter als das Hinterende, das in eine schlanke Spitze ausgezogen sein kann. Die Bewegungsweise der Tiere ist sehr charakteristisch: Es handelt sich – wie bei den meisten Nematoden – um ein Schlängeln ohne jede Veränderung der Körperlänge oder -dicke, das durch abwechselnde Kontraktion dorsaler und ventraler Muskelzellen zustande kommt.

Von den inneren Organen sind Darm und Geschlechtsapparat gut zu erkennen. Der Vorderdarm weist oft zwei hintereinander angeordnete Anschwellungen auf (Pharynx und Oesophagus). Der Geschlechtsapparat ist weniger ausgedehnt als bei den Spulwürmern, da die Ovarien viel kürzer sind. Die Männchen zeigen am Hinterende Spicula oder (je nach Art) einen von radiären Strahlen gestützten, schirmartigen Kopulationsapparat (Bursa copulatrix).

Häufig sind verpaarte Tiere zu finden. Bei den befruchteten Weibchen ist die Geschlechtsöffnung durch einen Sekretpfropf verklebt; in ihrem Inneren sind unbefruchtete wie befruchtete Eier, Furchungsstadien und eventuell weit entwickelte Jugendstadien wahrzunehmen.

- Ein befruchtetes Weibchen durch leichten Druck auf das Deckglas zerquetschen.

Die Einzelheiten der Eireifung, Befruchtung und Furchung treten noch klarer zutage.

3. *Trichinella spiralis*, Trichine

Trichinella spiralis, die Trichine, ist ein gefährlicher Parasit. Man unterscheidet nach dem Ort ihres Vorkommens **Muskeltrichine** (Jugendstadium) und **Darmtrichine** (Adultstadium). Die Darmtrichinen leben, in die Darmwand eingebohrt, im Dünndarm von Mensch, Schwein, Hund, Fuchs, Braunbär, Schwarzbär, Katze,

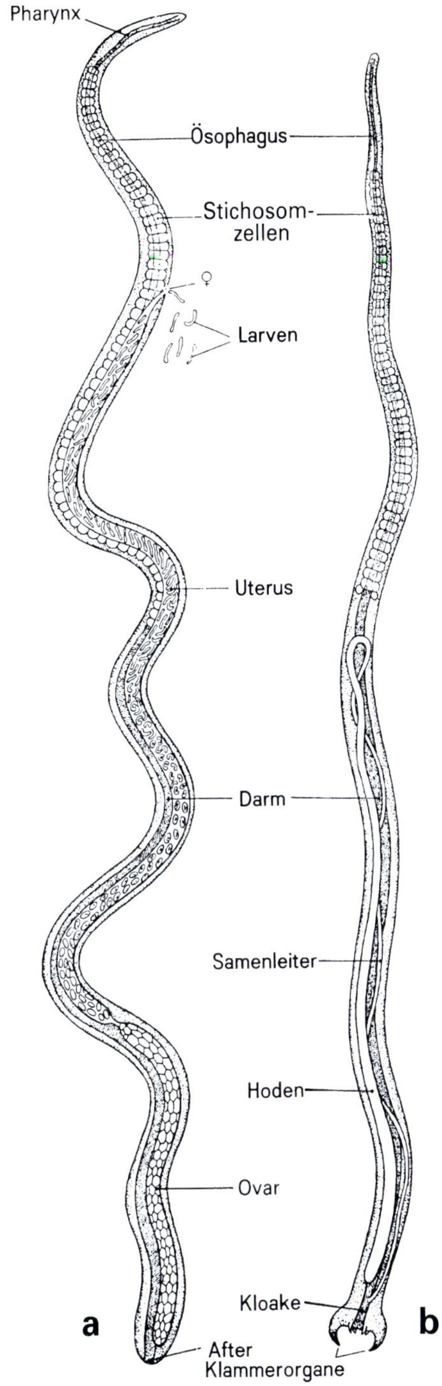

Abb. 70: *Trichinella spiralis*, a. Weibchen, 70 ×; b. Männchen, 120 ×. (Nach CSOKOR und MATTHES)

Kaninchen, Ratte, Robben u. v. a. Säugern. Nach der Begattung, die im Darmlumen stattfindet, sterben die Männchen innerhalb einer Woche ab. Die Weibchen leben 4–6 Wochen und bohren sich in die Darmschleimhaut ein und gebären schubweise bis zu 1500 100 μm lange Jugendstadien („Larven"), die mithilfe ihres Mundstachels in Gefäße der Darmwand eindringen. Mit dem Lymph- und Blutstrom gelangen sie über das Herz in die Muskulatur, dringen in eine Muskelzelle ein, wachsen heran, rollen sich schraubig auf und werden von einer von der Wirtszelle erzeugten Kapsel umschlossen, die schließlich verkalken kann. In diesen Cysten können die Muskeltrichinen vermutlich 5–10 Jahre lebensfähig bleiben. In anderen Geweben des Wirtes gehen die Larven zugrunde. Erst in der Kapsel der Muskelzelle sind die Larven nicht mehr dem Abwehr- und Immunsystem zugänglich. Beim Menschen sind vor allem folgende Muskeln befallen: Diaphragma, Zunge, Augenbewegungsmuskeln, Deltoideus, Pectoralis, Gastrocnemius, Intercostalmuskeln. Gelangen die Kapseln bei Verzehr trichinösen Fleisches in den Magen eines neuen Wirtes (Mensch, Schwein usw.), werden sie aufgelöst; die Trichinen werden frei, erlangen im Dünndarm Geschlechtsreife und begatten sich, womit der Kreis geschlossen ist. Vor allem die Schädigung der Darmschleimhaut durch die Darmtrichinen, aber auch der Befall der Muskulatur durch die Muskeltrichinen kann in schweren Fällen, vor allem bei immunsupprimierten Patienten, zu tödlichen Erkrankungen führen.

Oft verläuft die Infektion symptomlos. An Symptomen können während der Entwicklung der Adulten im Darm Durchfälle im Vordergrund stehen. Während der Wanderung der Larven im Gewebe kann es zu Fieber, Abgeschlagenheit, Muskelentzündung, periorbitalem Ödem, eosinophiler Leukocytose und gelegentlich zu Myocarditis, Pneumonie oder Encephalitis kommen. Der Mensch infiziert sich in über 90% der Fälle über Schweinefleisch. In Nordamerika sind ca. 1,5 Millionen Menschen mit Muskeltrichinen befallen. Die Ursache ist fast immer ungenügend erhitztes Schweinefleisch (unter 77 °C).

- Es werden Präparate männlicher und weiblicher Darmtrichinen mikroskopiert.

Die weibliche Darmtrichine ist 3–4 mm lang und 60 μm dick, das Männchen wird bei einem

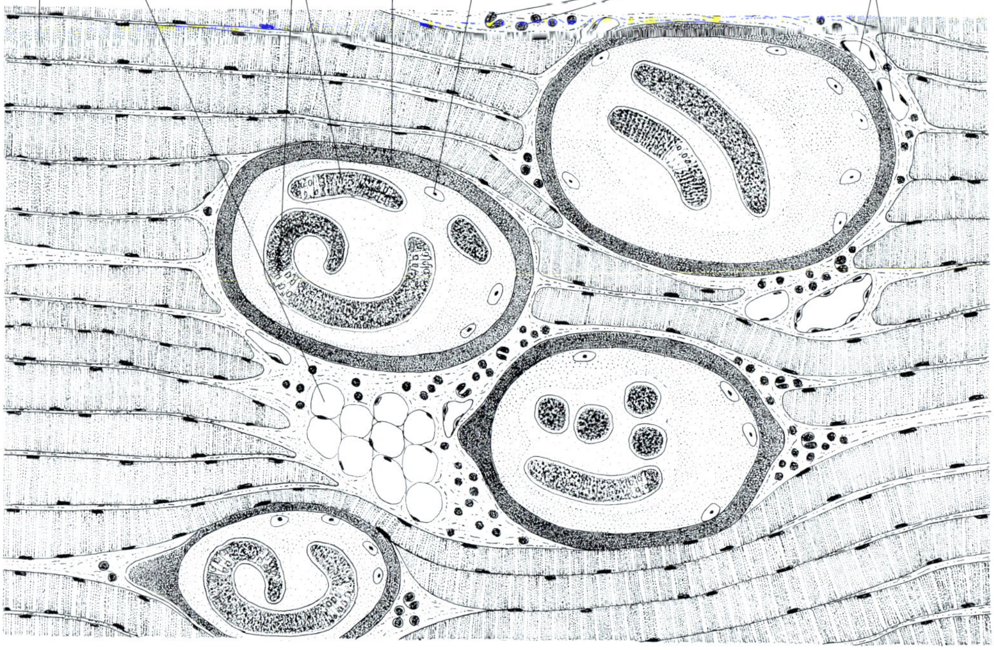

Abb. 71: Muskeltrichinen. Histologischer Schnitt durch Zungenmuskulatur vom Schwein mit vier angeschnittenen Muskeltrichinen. Die Trichinen dringen in Skeletmuskelzellen ein, die sich dann stark umwandeln. In der Umgebung der eingeschlossenen Trichinen sind vermehrt Leukocyten (Eosinophile und Lymphocyten) zu finden

Durchmesser von 40 µm nur etwa 1,5 mm lang und ist außerdem durch zwei kegelförmige Zapfen am Hinterende gekennzeichnet. Der Oesophagus nimmt fast die ganze vordere Körperhälfte ein. Er wird von vielen drüsenartigen Zellen (Stichosomzellen) umfasst.

Der unpaare weibliche Genitalschlauch gliedert sich in Ovarium und Uterus, die Geschlechtsöffnung liegt am Ende des vordersten Körperfünftels. Der Uterus ist mit Larven verschiedener Entwicklungsstufen angefüllt.

Der schlauchförmige Geschlechtsapparat des Männchens mündet kurz vor dem Hinterende in den Enddarm (Kloake). Er zieht von hier bis etwa zur Mitte des Körpers, biegt um und zieht wieder bis fast zum Hinterende zurück, wo er blind endet. Dieser rückläufige Schenkel ist dicker, er stellt den Hoden dar, der andere Abschnitt den Samenleiter (Abb. 70).

- Es werden histologische Präparate von trichinösem Fleisch mikroskopiert.

In ihnen sind schon bei schwacher Vergrößerung unschwer die Trichinen innerhalb der Muskulatur zu finden, und zwar in der Regel bereits eingekapselt (Abb. 71). Die Kapselwand ist – in Abhängigkeit von der Zeit, die seit dem Eindringen in die Muskelzelle vergangen ist – unterschiedlich dick. Die befallene Muskelzelle ist stark erweitert und enthält zahlreiche vergrößerte Kerne, ihre Myofibrillen haben sich aufgelöst. Die Kapseln haben Zitronenform und enthalten den aufgerollten Parasiten. Gelegentlich kann man zwei von einer gemeinsamen Kapsel eingeschlossene Trichinen finden. In der Umgebung der Kapsel sind i. a. zahlreiche Zellen eines entzündlichen Infiltrats, v. a. Lymphocyten und Eosinophile, zu erkennen.
Die Verkalkung der Kapsel beginnt nach 6–18 Monaten von den Polen her.

Mollusca, Weichtiere

Die Molluscen sind nach den Arthropoden der zweitgrößte Tierstamm und besiedeln im Meer, Süßwasser und auf dem Land die verschiedensten Biotope. Die Kopffüßer haben eine besondere Organisationshöhe erreicht.

Der Besitz eines ausgedehnten oder auf die Perikardhöhle und die Gonadenhöhlen beschränkten **Coeloms**, das Vorkommen einer an die Trochophora der Anneliden (s. S. 170) erinnernden Larve (**Veliger**) und die häufig zu beobachtende **Spiralfurchung** (Ausnahme Cephalopoda) ließen die Vermutung aufkommen, dass die Molluscen von segmentierten Vorfahren abzuleiten seien. Diese Vermutung wurde verstärkt durch die Entdeckung der ursprünglichen Monoplacophora (s. S. 447), in deren Rumpf sich paarige Organe wiederholen.

Am Körper der Molluscen lassen sich häufig **Kopf**, **Fuß** und **Eingeweidesack** unterscheiden. Der Kopf enthält das Cerebralganglion, trägt Sinnesorgane (Fühler, Augen) und umfasst die Mundöffnung. Der Fuß ist der mit einer besonders kräftigen Muskulatur ausgestattete ventrale Teil des Hautmuskelschlauches, der Eingeweidesack eine von einer dünnen Haut umschlossene Vorwölbung der Rückenseite. Als **Mantel** (**Pallium**) bezeichnet man meist jene Region der Körperdecke, die die Schale abscheidet. Das Mantelepithel bildet, von der Basis des Eingeweidesackes ausgehend, eine Hautduplikatur, die **Mantelfalte** (oft allein als Mantel bezeichnet). In den überdachten Räumen, der **Mantelrinne** oder **Mantelhöhle**, liegen die Atmungsorgane, die Osphradien (Sinnesorgane) und die Hypobranchialdrüsen, in die Mantelhöhle münden der After und die Ausführungsgänge der Exkretions- und Genitalorgane.

Die **Haut** trägt, soweit sie nicht von der Schale bedeckt wird, oft Cilien, bisweilen Stacheln oder Schuppen, entbehrt fast immer einer Cuticula und ist sehr reich an großen Drüsenzellen, daher schlüpfrig und weich (Weichtiere). Die **Schale** besteht aus mindestens 3 Lagen, aus dem äußeren, organischen Periostracum und zwei (bis 4) Kalkschichten. Das Periostracum – es wird in einer Einfaltung des Mantelrandes abgeschieden, wächst vom Rand her und besteht aus Conchin, einem durch Chinone gegerbten und sklerotisierten Proteingemisch. Auch am Aufbau der Kalkschichten ist Conchin beteiligt. Es bildet feinste Umhüllungen für die Kalkprismen (aus Aragonit oder Calcit), die in der äußeren Kalklage senkrecht, in der oder den inneren Lagen dagegen mehr oder weniger parallel zur Oberfläche abgeschieden werden. Das innerste, also an das Mantelepithel angrenzende Schalenmaterial kann als Perlmutt ausgebildet sein. In ihm sind feinste Aragonitplättchen oberflächenparallel angeordnet. Das herrliche Farbenspiel kommt durch Interferenz zustande. Das Flächenwachstum der Schale erfolgt also am Mantelrand; dort werden in einer schmalen Zone die Prismen der äußeren Kalkschicht gebildet. An der Bildung der übrigen Schalenschichten, am Dickenwachstum, ist das gesamte übrige Mantelepithel beteiligt. Zwischen Mantel und Schale befindet sich, außer an Muskelinsertionen, ein feiner, flüssigkeitserfüllter, extrapallialer Raum. Verlagerung der Schale ins Innere des Körpers und Rückbildung sind nicht selten.

Das **Coelom** der Molluscen ist im Allgemeinen auf einen Raum beschränkt, der die Gonaden und das Herz – manchmal auch noch einen Teil des Darmes – einschließt. Meist ist nur der das Herz umschließende Teil (der Herzbeutel) als **Perikardhöhle** erhalten.

Sehr charakteristisch für die Molluscen ist die Organisation des **Zentralnervensystems**. Es zeigt zwar bei den verschiedenen Klassen, zum Teil auch bei den verschiedenen Ordnungen unterschiedliche Differenzierungen, doch ist die Ableitung von der ursprünglichen Organisation immer möglich. Von dem über dem Schlund gelegenen, paarigen **Cerebralganglion** ziehen zwei Paar Nervenbahnen nach hinten: ventral die Pedalstränge, seitlich die Pleuralstränge. Bei den Polyplacophora haben sie den Charakter von Marksträngen, d. h., es sind Perikaryen von Neuronen über ihre gesamte Länge verteilt. Bei anderen Molluscenklassen sind letztere meist zu Ganglien zusammengefasst. Die Pedalstränge bilden die oft miteinander verschmolzenen **Pedalganglien** aus, die Pleuralstränge (von

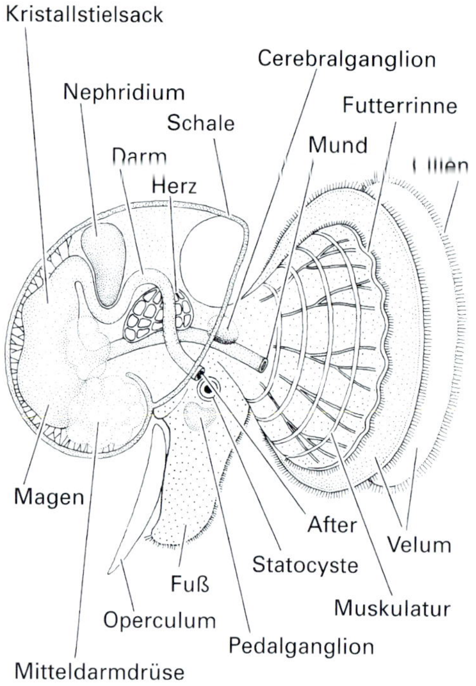

Abb. 72: Veligerlarve von *Crepidula* (Prosobranchia)

vorn nach hinten), **Pleural-**, **Parietal-** und **Visceralganglien**. Die Pedalganglien sind untereinander durch die Pedalcommissur und mit den Cerebralganglien durch die Cerebropedalkonnektive verbunden. Auch die Visceralganglien haben eine Commissur ausgebildet. Von den Ganglien der Cerebrovisceralkonnektive können die Pleuralganglien mit dem Gehirn, die Parietalganglien mit den Visceralganglien verschmolzen sein. Schließlich können sich alle Ganglien zu einem umfangreichen Zentralorgan um den Schlund herum vereinigen.

An **Sinnesorganen** sind **Augen,** Statocysten und die in der Mantelhöhle liegenden **Osphradien**, die der Chemoreception dienen, weit verbreitet. Häufig sind **Tast-** und **Chemoreceptoren** und auch die Augen auf Tentakeln untergebracht. Die Entwicklungshöhe der Lichtsinnesorgane ist überaus unterschiedlich. Von flachen Gruben- über Becher- und Blasenaugen bis zu komplizierten Linsenaugen kommen alle Augentypen vor.

Das **Herz** liegt dorsal, ist meist kurz und empfängt das von den Atmungsorganen kommende, sauerstoffreiche Blut. Es besteht aus einer Kammer (Ventrikel) und aus einer meist der Zahl der Kiemen entsprechenden Anzahl von Vorkammern (Atrien). Das **Gefäßsystem** ist, obwohl Arterien, Venen und zum Teil auch Capillaren reich entwickelt sein können, stets „offen“; bei Cephalopoden ist es besonders differenziert. **Respiratorischer Blutfarbstoff** ist bisweilen das Hämocyanin, seltener Hämoglobin, meist fehlen Blutfarbstoffe.

Die für die Molluscen charakteristischen **Atmungsorgane** sind **Kammkiemen** (**Ctenidien**) oder davon ableitbare Faden- oder Blattkiemen. Sie liegen in der Mantelhöhle. Die typischen Ctenidien – sie kommen heute nur noch bei wenigen Gattungen vor – bestehen aus einem medianen Septum, in dem die zu- und abführenden Gefäße verlaufen, und ihm beidseits oder auch nur an einer Seite ansitzenden dreieckigen Kiemenplättchen. Die meisten rezenten Molluscen haben ein oder zwei Paar oder auch nur eine Kieme. Beim Übergang zum Landleben werden die Kiemen funktionell durch reiche Blutgefäßverzweigungen in der Decke der Mantelhöhle, die dann als **Lunge** fungiert, ersetzt. Manche amphibischen Schnecken haben Kieme und Lunge. Sehr kleine Schnecken haben oft keine Atmungsorgane. Der Gaswechsel erfolgt dann über die Haut (**Hautatmung**).

Der vorderste Abschnitt des **Darmes** wird durch Entwicklung einer kräftigen Muskulatur zum Schlundkopf. An seinem Boden liegt sehr oft eine mit nach hinten gerichteten Zähnchen besetzte conchinös-chitinige Membran, die **Radula**, die Nahrung abraspelt. Sie ist ein Organ, das auf die Molluscen beschränkt ist. Der Mitteldarm ist mit einer umfangreichen, meist paarigen, aus einer großen Anzahl von Drüsenschläuchen bestehenden **Mitteldarmdrüse** ausgestattet. Der oft nach vorn verlagerte After mündet in die Mantelhöhle.

Die meist paarigen **Exkretionsorgane** leiten sich von **Metanephridien** ab (s. S. 170). Sie beginnen mit einer dem Wimpertrichter der Anneliden entsprechenden Öffnung im Herzbeutel. Der anschließende, mehr oder weniger lange Renoperikardialgang führt in den exkretorisch tätigen Nierenteil, der von kompliziertem Bau und reich durchblutet ist. Die Ausleitung erfolgt direkt oder über die Ureteren in die Mantelhöhle.

Außer den Nieren und der Mitteldarmdrüse ist auch die Wand der Perikardhöhle exkretorisch tätig; auch Druckfiltration von Harn durch die bisweilen mit Podocyten besetzte Herzwand in die Perikardhöhle kommt vor.

Die paarigen oder unpaaren **Gonaden** entwickeln sich in der Wand des Coeloms. Zur Ableitung der Geschlechtsprodukte dienen Ausführkanäle (Gonodukte). Hermaphroditismus ist häufig; die Fortpflanzungsorgane sind dann recht kompliziert gebaut.

Die bei vielen Molluscen auftretende, freischwimmende **Larve** stimmt mit der Trochophora der Anneliden (s. S. 170) durch ihren äquatorialen Wimperkranz, die Scheitelplatte, Exkretionsorgane und das Auftreten paariger, wenigzelliger Mesodermanlagen überein. Der Wimperkranz wächst bei ihr zu Lappen aus, die als Velum (Segel) bezeichnet werden, und die ihr den Namen **Veliger** eintrugen (Abb. 72).

I. Polyplacophora, Käferschnecken

Technische Vorbereitungen

- Bei der Untersuchung der Käferschnecken wird von einer Präparation abgesehen. Zum Studium der äußeren Anatomie werden möglichst große, in Alkohol konservierte Exemplare von *Chiton* oder einer verwandten Gattung verwendet, während der innere Bau an mikroskopischen Querschnitten durch kleinere Exemplare studiert wird.
- Zur makroskopischen Demonstration der inneren Anatomie ist die bis 12 cm große pazifische Art *Katharina tunicata* besonders geeignet. Zu beziehen von Carolina Biological Supply Company, Burlington, N. C. 27215, USA.

Allgemeine Übersicht

Die Polyplacophora oder Käferschnecken stehen der mutmaßlichen Stammform der Molluscen nahe, weisen aber in ihrer Organisation neben primitiven Merkmalen auch Abweichungen auf, die als Anpassungserscheinungen an das Leben in der Brandungszone zu betrachten sind.

So sind die Ausbildung eines breiten Saugfußes und die abgeflachte Körpergestalt sicher als sekundäre Anpassung aufzufassen, vielleicht auch die **Gliederung der Schale** in acht aufeinander folgende, gegeneinander verschiebbare Stücke, die dem Tier ein Einrollen gestatten.

Unter den primitiven Merkmalen ist an erster Stelle die ausgesprochen **bilaterale Symmetrie** zu nennen, die sich nicht nur in der äußeren Gestalt, sondern auch im inneren Bau zeigt.

Das **Nervensystem** ist noch nicht in Ganglien und Nerven gesondert, vielmehr sind **Markstränge** vorhanden: ein quer liegender Cerebralstrang, der durch eine ventrale Commissur zu einem den Schlund umgebenden Ring vervollständigt ist, und zwei Paar von ihm aus nach hinten ziehende Längsstränge, die Pedalstränge (die der Mitte genähert im Fuß verlaufen) und die Pleurovisceralstränge (die in den Körperseiten nach hinten ziehen). Alle 4 Längsstränge sind durch zahlreiche Commissuren miteinander verbunden.

Die **Mantelhöhle** wird von einer Kopf und Fuß ringförmig umgebenden Rinne dargestellt. In ihr liegen zu beiden Seiten zahlreiche – bis zu 88 – gefiederte Kiemen.

Die bilaterale Symmetrie prägt sich außerdem in der medianen Lage des Afters und in der paarigen Ausbildung von Mitteldarmdrüse, Niere und Herzvorkammer aus. Die rechte Hälfte der Mitteldarmdrüse ist kleiner als die linke. Die **Nieren** sind reich verzweigte, etwa U-förmige Gänge, die mit je einem Wimpertrichter im Perikard beginnen und auf der Höhe der 7. Schalenplatte beidseits in die Mantelrinne münden. Die meist unpaare **Gonade** hat paarige Ausführungsgänge; sie öffnen sich dicht vor den Nierenmündungen.

Die **Perikardhöhle** und in ihr das kurze **Herz** liegen unter der 7. und 8. Schalenplatte. Zwei seitliche Vorkammern empfangen das sauerstoffreiche Blut aus den Kiemenvenen und leiten es durch eine oder zwei seitliche Öffnungen in die Herzkammer, die es über eine unpaare, dorsomedian gelegene Aorta in Gefäße und Lakunen pumpt.

Die Mundhöhle ist mit einer sehr langen **Radula** ausgestattet. In den Pharynx münden ein

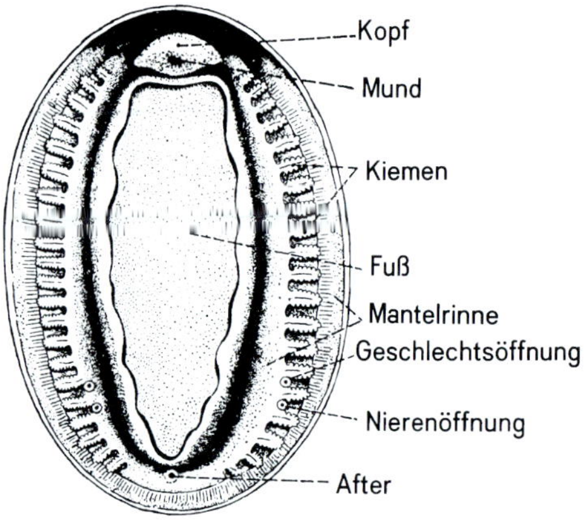

Abb. 73: *Chiton*, Ventralansicht. (Nach BOAS)

Paar Drüsen, in den Oesophagus die so genannten **Zuckerdrüsen** (sie liefern Glykogenase) und in den langen und gewundenen Mitteldarm zwei **Mitteldarmdrüsen**.

Die Ausstattung mit **Sinnesorganen** ist, der fast sessilen Lebensweise der Tiere entsprechend, nicht besonders mannigfaltig. Tastborsten finden sich an verschiedenen Stellen. Auf chemische Reize reagierende Sinneszellen sind besonders im Bereich des Mundes gehäuft. Im Mundboden befindet sich außerdem eine ausstülpbare Tasche, in deren Epithel ebenfalls Chemorezeptoren liegen. Die obere Schicht der Schalenplatten wird von eigenartigen Sinnesorganen, den **Ästheten** durchsetzt. Sie enthalten neben Sehzellen Drüsenzellen, deren Funktion unklar ist. Bei einigen Arten ist ein Teil der Ästheten zu so genannten Schalenaugen umgebildet.

Spezieller Teil

Chiton spec.

- Es werden zunächst möglichst große Exemplare einer *Chiton*-Art untersucht.

Auf dem Rücken der ovalen, oben gewölbten, unten abgeflachten Tiere liegen hintereinander, sich dachziegelartig bedeckend, acht verkalkte **Schalenstücke**. Die von der Schale unbedeckte Randpartie des Körpers, das **Perinotum**, ist durch eine starke Cuticula geschützt, in der kurze Kalkstacheln, -schuppen oder -borsten sitzen.

Die Bauchseite (Abb. 73) zeigt in der Mitte den breiten, äußerst muskulösen Fuß und vorn den deutlich davon abgesetzten, etwas tiefer liegenden Kopf mit der quer stehenden Mundspalte in der Mitte.

Von dem oft als Mantelfalte (oder Gürtel) bezeichneten Perinotum, das ziemlich breit und muskulös ist und ebenso wie der breite, als Saugscheibe wirkende Fuß zum Festheften des Tieres dient, werden Fuß und Kopf durch eine tiefe Rinne getrennt, die sich ringsherum zieht und der Mantelhöhle anderer Molluscen entspricht. In dieser Rinne liegen zu beiden Seiten die dicht aneinander gelagerten, doppelfiedrigen Kiemen; bei manchen Arten sind sie auf den hinteren Teil des Körpers beschränkt.

- Mit der feinen Schere eine einzelne Kieme ausschneiden, auf einen Objektträger legen und unter Wasser bei schwacher Vergrößerung betrachten.

Es zeigt sich, dass die breite, oben spitz zulaufende Kieme aus einer Achse besteht mit zahlreichen zarten Fiederchen auf jeder Breitseite, die lamellenartig dicht nebeneinander liegen.

Im hinteren Abschnitt der Mantelrinne liegen rechts und links die Geschlechtsöffnungen, dicht dahinter die Nierenöffnungen und ganz hinten median der After.

- Es werden jetzt Querschnitte durch die mittlere Körperregion einer kleineren, vorher entkalkten Form mikroskopiert.

Die Rückenseite ist gewölbt, die Bauchseite durch den breiten, muskulösen Fuß leicht kenntlich (Abb. 74). Zu beiden Seiten des Fußes verläuft das Perinotum, mit einer nach innen vorspringenden Lateralleiste und von einem inneren und einem äußeren Mantelmuskel durchzogen. Zwischen Mantelfalte und Fuß liegt jederseits die Mantelhöhle, eine tiefe Rinne, in die von oben die Kiemen hineinragen, deren einzelne, transversal gelagerte Blättchen deutlich sichtbar sind.

Im Integument des Perinotums erkennt man tief eingesenkte Becher; in ihnen saßen Kalkstacheln, die aber bei der der histologischen Aufarbeitung vorausgehenden Entkalkung herausgelöst worden sind.

Der mittlere Teil des Rückens wird von der **achtteiligen Schale** bedeckt. Sie ist aus zwei

Wasserssparer; Exkretionsprodukt ist die schwer wasserlösliche Harnsäure.

Mit den ersten zwei Schnitten wurde nur die Lungenhöhle eröffnet.

- Um die Eingeweide freizulegen, mit der Schere vom Kopf aus einen dicht über der Mundöffnung ansetzenden Medianschnitt durch die Körperdecke bis zum Mantelwulst führen und diesen durchschneiden.
- Immer in der Medianlinie weiterschneiden und dabei die Decke des Eingeweidesackes – den Boden der Atemhöhle – spalten.
- Weitergehend kommt man auf die zweite Windung. Mit dem Schnitt der Höhe der Windungen soweit wie möglich folgen (Abb. 77). Die Schere beim Schnitt unbedingt flach ansetzen, da sonst das Gewebe der Mitteldarmdrüse verletzt und der Zwittergang durchschnitten wird.
- Die aufgeschnittenen Hälften der Eingeweidehülle vorsichtig und möglichst nahe am Fuß abschneiden und das Tier im Wachsbecken unter Wasser feststecken. Hierfür eine starke Nadel durch die hintere Spitze des Fußes führen, zwei schwächere Nadeln durch seine vorderen Seitenlappen.
- Die zarten Bindegewebsbrücken, die die einzelnen Organe miteinander verbinden, durchschneiden und die Organe, wie Abb. 78 zeigt, auseinander legen.

Dicht hinter der Mundöffnung liegt als ansehnlicher, weißlicher Körper der **Schlundkopf**, von dem aus der **Oesophagus** nach hinten zieht, um ohne deutliche Grenze in den geräumigen, lang gestreckten **Magen** überzugehen. Auf dem erweiterten Abschnitt des Magens liegen flach ausgebreitet die zwei lang gestreckten, weißlichen **Speicheldrüsen**, die auf der uns zugekehrten, also dorsalen Seite ein Stück weit verschmolzen sind. Jede dieser beiden Drüsen geht in einen bandartig gewundenen Kanal über, der zu beiden Seiten der Speiseröhre nach vorn zieht und in den Schlundkopf einmündet. Der hintere Abschnitt des Magens verschmälert sich allmählich und geht in den eine Schlinge bildenden **Dünndarm** über. An der Grenze von Magen und Dünndarm liegt ein Blindsack, in den die beiden umfangreichen, braunen Mitteldarmdrüsen einmünden, die die oberen Windungen des Eingeweidesackes fast völlig erfüllen. An den Dünndarm schließt sich der **Enddarm** an, der am Rande der Atemhöhle zum After zieht.

Vom **Nervensystem** sind die beiden großen, dicht aneinander liegenden Cerebralganglien zu sehen, die den Oesophagus in Form eines breiten Bandes dorsal überbrücken. Von ihnen gehen kopfwärts einige Nerven ab, von denen ein Paar als Tentakelnerven zur Basis der hinteren Fühler ziehen. Eine zweite Ganglienmasse findet sich ventral vom Oesophagus. In ihr sind dicht aneinander gerückt die Pleural-, Parietal- und Visceralganglien enthalten sowie am weitesten vorn und unten sitzend die Pedalganglien. Obere und untere Ganglienmasse werden rechts und links vom Oesophagus durch Nervenfaserzüge, die kurzen Cerebropleural- und Cerebropedalkonnektive, miteinander verbunden. Streptoneurie liegt in diesem Fall nicht vor.

Von den seitlich und unterhalb vom Oesophagus verlaufenden Muskeln fallen besonders die lateralen auf, die zu den hinteren Tentakeln ziehen und als deren Rückziehmuskeln dienen. Oft sind im Präparat die **Tentakel** eingestülpt und liegen im Inneren, fallen aber durch ihre schwärzliche Färbung sofort auf; das Auge schimmert durch die Wandung hindurch. Auch die zu den vorderen Tentakeln führenden, schwächeren Muskelbündel sind zu erkennen, sowie weitere, die als Retraktoren des Kopfes und der Schlundmasse dienen. Alle diese Muskelzüge gehören zu dem von der unteren Hälfte der Spindel entspringenden Musculus columellaris, der sowohl in den Fuß einstrahlt als auch den Körper in zwei längs gerichteten, sich vorn aufspaltenden Hauptmuskelbündeln durchzieht. Er gewährleistet also ein Zurückziehen des Weichkörpers in die Schale. Das Ausstrecken erfolgt durch hydrostatischen Druck, indem Blut in die primären Leibeshöhlenräume des Fußes eingepresst wird. Der erforderliche Blutdruck wird durch Kontraktion der Muskulatur des Mantelhöhlenbodens erzeugt.

Mächtig entwickelt ist der zwittrige **Genitalapparat**. Die unpaare Gonade ist ein aus zahlreichen Follikeln zusammengesetzter, rundlicher Körper, der aus seinen Wandzellen sowohl Eier als auch Spermien entstehen lässt und daher als **Zwitterdrüse** bezeichnet wird. Die Zwitterdrüse ist in das Mitteldarmdrüsengewebe eingebettet, hebt sich von ihm aber durch ihre weißliche Färbung gut ab.

- Durch vorsichtiges Zerzupfen der Mitteldarmdrüse die Zwitterdrüse freilegen. Die Präpara-

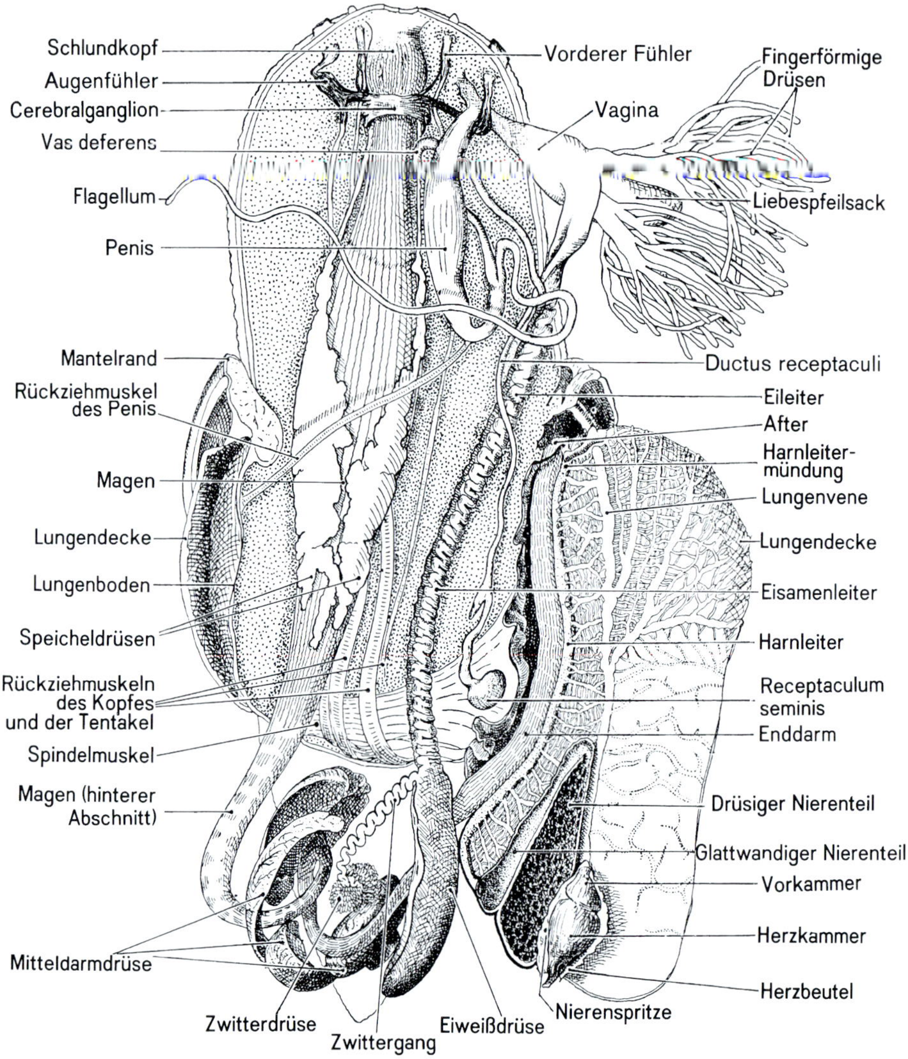

Abb. 78: Anatomie von *Helix pomatia.* Die beiden Fühlerpaare sind nach innen zurückgezogen

tion gelingt am sichersten, wenn man zunächst ihren Ausführgang, den Zwittergang, aufsucht und diesen dann in die Mitteldarmdrüse hinein verfolgt, bis man auf die puderquastenförmige Gonade trifft.

Der **Zwittergang** führt als ein zunächst sehr feiner und daher bei der Präparation leicht abreißender, dann dickerer, gewundener Kanal von der Gonade quer hinüber zur Basis der umfangreichen, wurstförmigen **Eiweißdrüse**. Im Inneren der Eiweißdrüse ist an der Stelle, an der der Zwittergang eintritt, ein kleiner, länglicher Hohlraum ausgespart, der seiner Funktion nach als Befruchtungstasche bezeichnet wird. Er liegt an der abgeflachten Seite der Drüse.

Von der Befruchtungstasche aus zieht als kräftiger, mit wulstigen Auftreibungen versehener Schlauch der **Eisamenleiter** kopfwärts. Der dickere Teil funktioniert als Eileiter, der dünnere als Samenleiter. Beide haben eine drüsige Wand; die Lumina sind von Wimperepithel ausgekleidet. Im Vorderkörper trennen sich die Gonodukte. Der Samenleiter führt nun als Vas deferens unter dem Rückziehmuskel des rechten Augententakels hindurch zur Basis des muskulösen **Penis**. In den Penis mündet außerdem ein peitschenförmiger Anhang, das **Flagellum**, das als hohler Drüsenschlauch zur Bildung der Spermatophore (s. unten u. Abb. 79) dient. Von der Basis des männlichen Begattungsorgans zieht der dünne Rückziehmuskel (**Retractor penis**) zur linken Körperwand.

Der Eileiter geht kurz nach der Abspaltung des Samenleiters in die **Vagina** über. Vagina und Penis münden nebeneinander in einen gemeinsamen Vorhof (Atrium, Vestibulum), der in der äußeren Geschlechtsöffnung die Körperoberfläche erreicht.

Mit der Vagina kommunizieren noch drei weitere Anhangsorgane. Unmittelbar neben dem Eileiter mündet als langer, vom tief im Körperinneren liegenden **Receptaculum seminis** (= Bursa copulatrix im Englischen) kommender Schlauch, der **Ductus receptaculi**, in die Vagina. Im gleichen Bereich vereinigen sich mit der Vagina der **Liebespfeilsack** und die relativ großen Büschel der beiden **fingerförmigen Drüsen**.

- Mit einer spitzen Schere den Pfeilsack vorsichtig der Länge nach aufspalten.

Man findet in seinem Inneren meist den **Liebespfeil**, einen vierkantigen, distal scharf zugespitzten Kalkstachel von etwa 1 cm Länge. Er sitzt in der Tiefe des Sackes mit breiter Basis einer Papille auf, die ihn abgeschieden hat. Die Wandung des Sackes besteht aus einer sehr kräftigen Muskulatur, die den Pfeil bei der Begattung herauspresst und dem Partner tief in den Körper, meist in die Muskulatur des Fußes hineintreibt. Dabei wird ein von den fingerförmigen Drüsen stammendes Sekret injiziert. Es enthält neben sauren Mucopolysacchariden ein Kontakt-Pheromon, das das Ausstülpen der terminalen Teile der Genitalorgane bewirkt.

Bei der Kopulation, die sich ab Ende April über Stunden erstreckt, führt jedes der beiden kopulierenden Tiere nach Vorwölbung des Geschlechtsatriums den ausgestülpten Penis in die Vagina des Partners ein. Die Spitze des Penis dringt dabei weit in den Ductus receptaculi vor. Kurz vorher hat sich in Penis und Flagellum eine mehrere Zentimeter lange **Spermatophore** gebildet, indem eine große Menge von Spermien, die von der Zwitterdrüse her durch Zwittergang und Samenleiter bis in den Penisschlauch gelangt waren, von dem Sekret des Flagellums in eine gallertartige Masse eingeschlossen wurde. Man kann an einer solchen Spermatophore (Abb. 79) ein Kopfstück, den mit Spermien gefüllten Samenbehälter und einen langen, peitschenförmigen Endfaden unterscheiden. Sie stellt einen Ausguss von Penisrohr und Flagellum dar. Bei jeder Paarung wird, kurz vor deren Ende, innerhalb von nur vier bis sieben Minuten und nur von einem der Partner eine Spermatophore abgesetzt. Sie wird in den Ductus receptaculi geschoben und von dort durch dessen Peristaltik weiterbefördert. Drei bis sechs Stunden nach der Kopulation erreicht der Spermatophorenkopf die Receptaculumblase, wird aber erst Stunden später ganz von ihr aufgenommen. Von den Spermien hat vorher ein geringer Teil am offenen Ende des peitschenförmigen Endfadens die Spermatophore verlassen, um aktiv durch den proximalen Teil des Ductus in den Eisamenleiter zu wandern und in diesem hoch bis in die Befruchtungstasche. Hier bleiben sie etwa einen Monat lang liegen. Dann erst gelangen inzwischen reif gewordene Eier von der Zwitterdrüse her durch den Zwittergang zu ihnen, und die Befruchtung kann stattfinden. Die Spermatophore und mit ihr der größte Teil ihres Spermiendepots werden nach der Paarung im Receptaculum seminis verdaut und resorbiert.

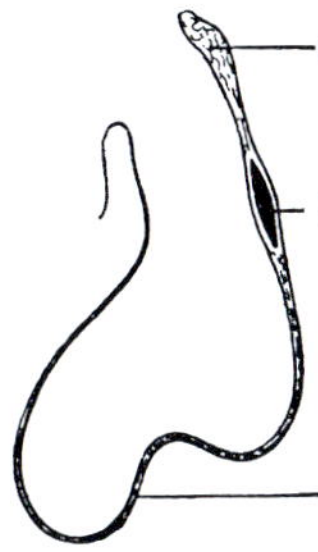

Abb. 79: Eine Spermatophore von *Helix pomatia*. Ca. 2 ×. (Nach MEISENHEIMER)

Die befruchteten **Eizellen** werden, von der Eiweißdrüse sehr reichlich mit Nährmaterial umgeben – sie erreichen dadurch einen Durchmesser von 5 mm –, im Eileiter mit einer dünnen Kalkschale und außen mit einer vermutlich vor Bakterien- und Pilzbefall schützenden Schleimschicht versehen. Vier bis sechs Wochen nach der Paarung (in unseren Breiten zwischen Mitte Juni und Anfang August) werden in einer vom Muttertier gegrabenen Erdhöhle im Verlauf von 24 bis 36 Stunden vier bis sechs Dutzend Eier abgelegt. Danach verschließt es die Höhle mit eingeschleimter Erde. Etwa zwei Wochen später schlüpfen die Jungschnecken; sie haben gegen Ende ihrer Entwicklung den Kalk der Eischale resorbiert und zum Aufbau ihres Gehäuses verwendet. Zunächst bleiben sie in der Höhle, fressen Erde und ernähren sich von den damit aufgenommenen organischen Stoffen. Nach etwa vier Wochen ist die Höhle dadurch, vor allem oben, so erweitert, dass die nun 4–5 mm großen Jungschnecken durch ein Loch ins Freie gelangen können. Nun fressen sie – bevorzugt nachts – Blätter der verschiedenen Pflanzen. Weinbergschnecken erreichen ein Alter von elf Jahren.

- Den Schlundkopf herauslösen und in einem Reagenzgläschen 2 bis 3 Minuten in starker Kalilauge kochen (Vorsicht!).

- Die nach dem Zersetzen der Weichteile übrig bleibenden Stücke, Radula und Oberkiefer, mit Wasser abspülen und mikroskopieren.

- Die Radula lässt sich übrigens auch herauspräparieren, indem man den Schlundkopf von oben aufschneidet; sie fällt durch ihre gelbliche Farbe auf und lässt sich leicht ablösen.

Der bräunliche **Oberkiefer** besteht aus mit Kalksalzen imprägniertem Chitin-Protein. Er liegt als breit-sichelförmige Platte quer in der Decke der vorderen Mundhöhle. Man sieht, dass sich seine Oberfläche in 6 bis 7 Leisten erhebt, die beim Anschneiden von Pflanzenteilen eine wichtige Rolle spielen.

Die gleichfalls chitinige **Radula** liegt einem bindegewebig-muskulösen Polster des hinteren Mundhöhlenbodens auf. Nach hinten senkt sie sich in eine taschenartige Vertiefung, die Radulatasche, ein, in der sie ständigen, der Abnutzung am freien Vorderende entsprechenden Zuwachs erfährt. Die Radula ist ein zartes, gelbliches Band, dem nach hinten gerichtete Zähnchen in großer Zahl (20 000–25 000) aufsitzen. Sie sind in regelmäßigen Längs- und Querreihen und symmetrisch zu einer Mittelreihe angeordnet. Die Zahnformeln der Radula sind für die Systematik der Schnecken, vor allem der Prosobranchia, von großem Wert.

III. Bivalvia, Muscheln

Technische Vorbereitungen

- Präpariert wird die Miesmuschel (*Mytilus edulis*). Miesmuscheln sind über den Handel oder von der Biologischen Anstalt Helgoland das ganze Jahr über zu beziehen. Zum Töten lege man die Tiere etwa 5 bis 10 Stunden, bis sie die Schalen permanent geöffnet halten, in eine 1 %ige Lösung von Chloralhydrat in Seewasser. Die Präparation erfolgt an frisch getöteten Tieren.
- Außerdem werden Muscheln benötigt, die nach dem Abtöten wenigstens einige Tage lang in 4 %igem Formol-Seewasser oder in einem Gemisch von einem Teil 4 %igem Formol-Seewasser und 70 %igem Alkohol gelegen haben.

Allgemeine Übersicht

Der **Körper** der Muscheln besteht aus einem den größten Teil der Eingeweide beherbergenden **Rumpf** (= **Eingeweidesack**) und einem ventralen muskulösen Fuß. Der Kopf ist zurückgebildet. Seine ursprüngliche Lage ist nur an der am Vorderende gelegenen Mundöffnung und an den Mundlappen erkennbar. Von dorsal umhüllen umfangreiche Hautduplikaturen, die **Mantelfalten** (= **Mantellappen**), fast den gesamten Körper (Abb. 80). Sie können nach hinten und vorn über den Rumpf hinaus verlängert sein und umschließen mit den beiden **Schalen** die ventrolateralen **Mantel- oder Atemhöhlen**. Rechts und links inseriert zwischen Mantellappen und Fußbasis je eine **Kieme** (Abb. 80).

Das innere Epithel der **Mantelfalten** ist bewimpert, das äußere scheidet die innere(n) Lage(n) der **Schale** ab, in dem zwischen den Epithelien liegenden Bindegewebe verlaufen Muskelzellen. Am freien, unteren Rand der Mantelfalten verlaufen zwei Rinnen, die durch drei **Mantelrandfalten** (= **Marginalfalten**) begrenzt sind. In der äußeren Mantelrinne wird das Periostracum gebildet, eine elastische, organische Schicht, die die Schale außen überzieht (s. S. 123 und 139). Die mittlere Marginalfalte ist mit Sinneszellen besetzt und trägt oft Sinnesorgane und Tentakel. Die inneren Falten der beiden Mantellap-

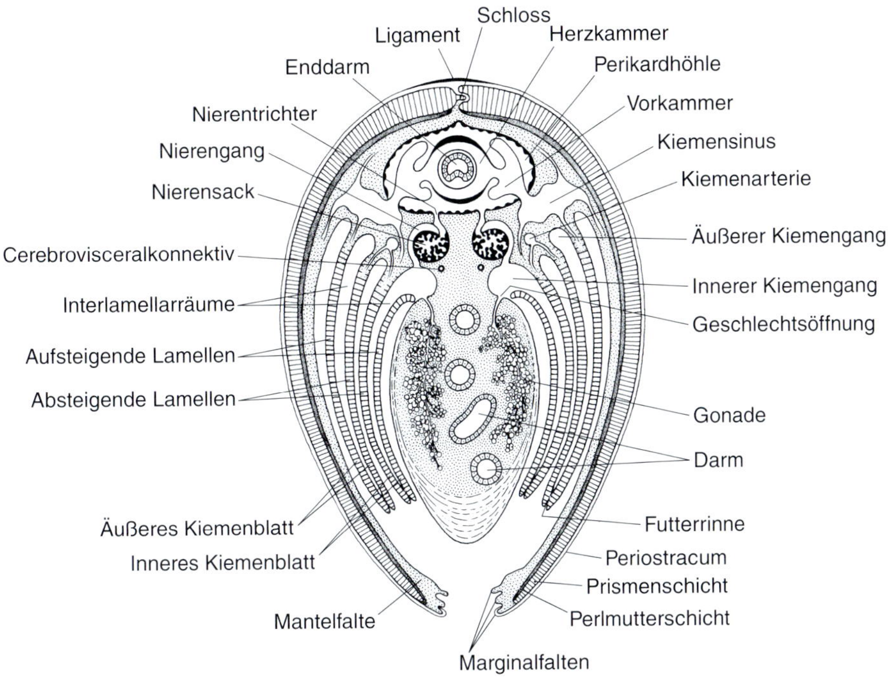

Abb. 80: Schematischer Querschnitt einer Muschel (*Unio*)

pen sind muskulös und können die Mantelhöhle hermetisch abschließen. Manchmal sind sie sogar miteinander verwachsen. Ausgespart bleiben dann nur drei Öffnungen, eine ventrale zum Durchtritt des Fußes und zwei am Hinterende übereinander angeordnete. Durch die untere, die **Einströmöffnung** (= **Ingestionsöffnung**) gelangt frisches Wasser in die Mantelhöhle, die obere dient als **Ausströmöffnung** (**Egestions-** oder **Kloakenöffnung**) zum Ausstoßen von verbrauchtem Atemwasser, Kot und Exkreten. Nicht selten sind die Mantellappen am Hinterende zu mehr oder weniger langen, beweglichen und oft einziehbaren **Siphonen** differenziert, an deren Enden sich dann die beiden Öffnungen befinden.

Der **Fuß** ist zungenförmig, stark schwellbar und kann durch Einpressen von Haemolymphe vorgestreckt werden. Er dient der Fortbewegung und dem Graben und kann durch Muskeln, die in ihn einstrahlen, meist völlig zwischen die Schalen zurückgezogen werden.

Die beiden Hälften der zweiklappigen **Schale** sind dorsal durch ein straff elastisches **Ligament** aus Proteinen miteinander verbunden. In diesem Bereich befindet sich auch meist das **Schloss**, eine scharnierartige Struktur des Schalenrandes mit Erhebungen (Zähnen) und Vertiefungen. Der Zug des bei geschlossenen Schalenklappen gespannten Ligaments bewirkt deren Öffnung, sobald die beiden quer von Schale zu Schale ziehenden **Schließmuskeln** erschlaffen. Darum klaffen tote Muscheln. Nicht selten, und besonders bei Bivalvia, die durch rasches Öffnen und Schließen der Schale zu schwimmen vermögen, ist auch noch ein inneres Ligament (Resilium) vorhanden, das aus einem hochelastischen, Abductin genannten Protein besteht. Es ähnelt chemisch und funktionell dem Resilin der Insekten. Das Resilium liegt ventral der Drehachse, wird darum beim Schließen der Schale zusammengepresst und wirkt durch Druck gegen die Kraft der Schließmuskeln.

An der Innenseite trockener Schalen fallen die Insertionsstellen durch ihre abweichende Färbung oder als leichte Eindellungen der Schließmuskeln auf; ferner eine dem Schalenrand parallel ziehende Linie, die **Mantellinie**, die von den an der Schale befestigten Muskelzügen des Mantelrandes herrührt (Abb. 81). Bei den mit

Siphonen versehenen Muscheln buchtet sich die Mantellinie hinten ein (Insertionsstellen der Sipho-Rückzieher). Die Schale besteht bei den Süßwasser- und manchen Meeresmuscheln aus drei Schichten: innen liegt die **Perlmutterschicht**, die aus sehr dünnen, schalenoberflächenparallelen Kristall-Lamellen besteht, nach außen zu folgt die **Prismenschicht** mit senkrecht zur Oberfläche gestellten Prismen und ganz außen das verschieden gefärbte **Periostracum**. Bei vielen marinen Muscheln ist die innere Schicht nicht perlmuttern, sondern porzellanartig.

Die **Kiemen** sind bei einigen ursprünglichen Muscheln noch typische Ctenidien (s. S. 124). Die meisten Arten haben jedoch entweder Fadenkiemen (= Filibranchien) oder Blattkiemen (= Eulamellibranchien). Der Schaft beider trägt eine äußere und eine innere Reihe langer Kiemenfäden (= Kiemenfilamente). Die Fäden einer Reihe sind meist durch Halterungen miteinander verbunden: Bei den Filibranchien stellen sehr häufig klettenartig miteinander verhakte Cilienbürsten die Verbindung her, während die Fäden der Eulamellibranchien durch Gewebsbrücken miteinander verwachsen sind. Die Kiemen sind also engmaschige Netze. Sie bestehen fast immer aus einem Doppelnetz, das dadurch entsteht, dass die Kiemenfäden ventral haarnadelförmig umbiegen – die lateralen nach außen, die medianen nach innen – und wieder zum Schaft aufsteigen. Der dadurch entstehende Kiemenbinnenraum (Interlamellarraum) wird bei den Eulamellibranchien immer, bei den Filibranchien häufig durch meist regelmäßig angeordnete, quer verlaufende Gewebsstränge überbrückt. Die Enden der Filamente sind auf der Höhe des Kiemenschaftes mit dem Rumpf verwachsen (Eulamellibranchien), durch Cilien mit ihm verbunden oder liegen ihm nur an (Filibranchien). Bei beiden Kiementypen erweitern sich die Interlamellarräume oben zu nach hinten ziehenden Kanälen, den Kiemengängen oder Suprabranchialräumen.

Die Kiemen dienen der **Atmung** und dem Nahrungserwerb. Ihre Oberfläche ist mit Flimmerepithel bekleidet, im Inneren sind sie von zahlreichen Blutbahnen durchzogen. Das Atemwasser wird durch die Tätigkeit des Flimmerepithels der Kiemen und der Mantellappen durch die Einströmöffnung angesaugt und gelangt durch die Spalten in den Kiemenraum, von dort nach oben und wird in den Kiemengängen zur terminalen Ausströmöffnung abgeleitet. Die aus kleinsten Organismen und organischen Abfallstoffen (Detritus) bestehende Nahrung wird dabei von einem die Kiemenfläche überziehenden Schleimmantel abgefangen, durch den Flimmerschlag in die Futterrinnen am ventralen Rand der Kiemen und dann nach vorn zum Mund befördert. Gröbere Partikel werden hier von den Mundlappen (s. unten) zurückgewiesen.

Die Kiemen überragen hinten – ebenso wie der Mantel – den Eingeweidesack. Die medialen, also aufsteigenden Lamellen der beiden inneren Kiemenblätter sind hier miteinander verbunden. Von der Mantelhöhle wird so ein Raum abgetrennt, dessen Boden von den oberen Randpartien aller Kiemenblätter gebildet wird. In diesen Raum münden also auch die lateralen Suprabranchialräume und außerdem der After; daher die Bezeichnungen: Kloakenraum, Egestionsraum oder dorsomedianer Suprabranchialraum.

Der quer gestellte Mund ist seitlich jederseits in zwei große, nach hinten gerichtete Lappen, die **Mundsegel** oder **Mundlappen**, ausgezogen. Bewimperte Furchen und Leisten an ihrer Innenseite treiben die Nahrungspartikel dem Mund zu. Speicheldrüsen, Radula und Kiefer fehlen. Eine sehr kurze Speiseröhre führt in den weiten, kompliziert gebauten Magen. In ihm oder im Anfangsteil des Darmes findet sich der **Kristallstiel**, eine gallertartige Sekretmasse, die verdauende Enzyme, vor allem Amylase, enthält. Er wird in einem Blindsack des Mitteldarmes gebildet, durch die Darmbewimperung in langsame Rotation versetzt und in dem Maße, in dem er sich verbraucht, in den Magen nachgeschoben. In den Magen mündet die große, paarige **Mitteldarmdrüse**. Der Darm zieht in einer bis einigen Windungen, die häufig in den Fuß eintreten, nach hinten und mündet in den Kloakenraum. Um den Enddarm ist in der Regel die Herzkammer herumgewachsen, sodass der Darm das Herz zu durchbohren scheint.

Das **Nervensystem** der Muscheln ist dadurch ausgezeichnet, dass sich die Pleuralganglien den Cerebralganglien und die Parietalganglien den Visceralganglien angegliedert haben. Die beiden Pedalganglien liegen dicht aneinander. Alle drei Ganglienkomplexe sind weit voneinander gerückt. Auf den Pedalganglien liegen die beiden von den Cerebralganglien innervierten **Stato-**

cysten. Sind **Sehorgane** vorhanden, so sitzen sie in großer Zahl am Mantelrand oder an den Siphonen. Als Organe des chemischen Sinnes finden sich zwei in der Mantelhöhle hinter der Fußbasis gelegene, mit Wimperepithel versehene **Osphradien**.

Das **Herz** liegt in der Perikardhöhle, in die eine Drüse exkretorischer Funktion (**Perikardialdrüse**) mündet. Es besteht aus der Herzkammer (Ventrikel) und einer flügelförmigen Vorkammer (Atrium) jederseits. Die Vorkammern nehmen das sauerstoffreiche Blut von den Kiemen auf und leiten es in die Herzkammer. Diese pumpt es in die Arterien, die bei den meisten Muscheln mit einer vorderen und einer hinteren Aorta beginnen. Aus den Arterien gelangt das Blut in ein Lakunensystem und sammelt sich in einem unter dem Herzbeutel liegenden venösen Längssinus wieder an. Von ihm aus strömt es größtenteils zu den Nieren, um dann in je einem Kiemengefäß in die Kiemen einzutreten. Nachdem es in den Kiemen oxygeniert worden ist, fließt es in den beiden ableitenden Kiemengefäßen zu den Atrien des Herzens zurück. Nur bei wenigen Muschelarten enthält das Blut Hämoglobin oder Hämocyanin; bei den übrigen fehlt ein respiratorischer Farbstoff.

Die **Nieren** sind paarig. Sie differenzieren sich in der Wand des Ganges, der Perikard- und Mantelhöhle verbindet, als Nierensack. Dieser bildet gut durchblutete Gewebefalten aus und ist exkretorisch tätig. Der Teil des Ganges, welcher Perikardhöhle und Nierensack verbindet, heißt Renoperikardialgang und beginnt mit dem Nierentrichter (= Nephrostom). Der Anteil des Ganges, der vom Nierensack zur Mantelhöhle führt, wird Nierengang oder Ureter genannt. Nicht selten münden die **Gonaden** in die Nierengänge, die dann auch als Gonodukte dienen. Meist aber münden die Ausführgänge der im Fuß oder in gewissen Bereichen des Eingeweidesackes oder auch im Mantel untergebrachten, stark verästelten Geschlechtsorgane mit besonderen Öffnungen neben den Exkretporen in den inneren Suprabranchialraum.

Die Muscheln sind fast immer **getrenntgeschlechtig**. Eier und Spermien werden durch die Kiemengänge und die Egestionsöffnung ins freie Wasser entleert. Bei den marinen Muscheln tritt, wie bei marinen Schnecken, die **Veligerlarve** auf.

Alle Muscheln sind **Bodenbewohner**. Die meisten leben halb oder ganz eingegraben. Manche (z. B. Austern) sind mit einer Schalenhälfte festgewachsen und werden dadurch asymmetrisch; andere vermögen sich mit seidenartigen Fasern, den **Byssusfäden**, festzuheften. Diese werden von der im hinteren Teil des Fußes gelegenen Byssusdrüse ausgeschieden und mithilfe des vorn zu einem Spinnfinger ausgezogenen Fußes dem Untergrund angeheftet. Einige Arten vermögen durch rasches Auf- und Zuklappen der Schale kürzere Strecken zu schwimmen.

Spezieller Teil

Mytilus edulis, Miesmuschel

- Miesmuscheln verwenden, die wenigstens einige Tage in 4%igem Formol gelegen haben. Man kann dann den Weichkörper ohne Zuhilfenahme von Instrumenten und ohne Verletzung des den Schalenrand umfassenden Periostracums entfernen: Muscheln in Leitungswasser abspülen, Schalenklappen auseinanderdrücken und Weichkörper behutsam so entfernen, dass der Mantel möglichst unverletzt bleibt. Weichkörper für spätere Verwendung wieder in die Formollösung legen.

Das Zentrum des Wachstums der **Schalen** ist durch einen mehr oder weniger deutlichen Höcker, den Wirbel (Umbo) ausgezeichnet. Um ihn herum verlaufen konzentrisch und etwa randparallel die Zuwachsstreifen. Der Wirbel der Miesmuschelschale liegt am Vorderende der etwa dreieckigen Schale (Abb. 81).

Die „Hypotenuse" ist die Ventralseite. Der dorsale Schalenrand wird in der vorderen Hälfte von den **Ligamenten** eingenommen. Man unterscheidet ein äußeres, vom Periostracum gebildetes Ligament, und ein inneres, das in den beiden Schalenhälften jeweils in einer Rinne liegt. Unter jeder Rinne sieht man eine Reihe länglicher Poren. Beim Schließen der Schale wird das äußere Ligament gespannt, das innere zusammengepresst. Beim Erschlaffen der Schließmuskeln bewirkt die Elastizität der Ligamente ein Klaffen der Schalen.

Am übrigen Bereich des Schalenrandes ist, olivbräunlich, glänzend und durchscheinend, der nach innen umgeschlagene Periostracum-Saum zu erkennen, der in der äußeren Mantelrinne,

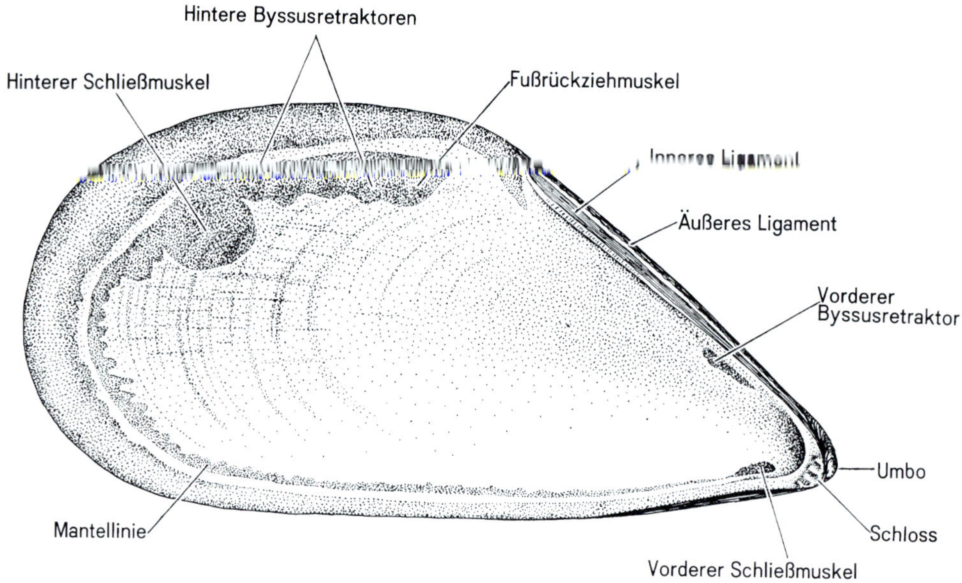

Abb. 81: *Mytilus edulis.* Linke Schalenklappe von innen mit Mantellinie und Muskelinsertionen

seinem Bildungsort, befestigt war. Nicht selten bleiben beim Herausnehmen der Muschel Teile des Mantelrandes dort hängen. Der Periostracum-Saum überzieht auch die 2 bis 5 kleinen Zähne des vorn liegenden Schlosses. Die Perlmutterschicht, die den größten Teil der Schale innen auskleidet, ist weißlich und irisiert höchstens schwach. Die Prismenschicht schimmert bläulich. Sie bleibt am Rand und an den Ansatzstellen der Muskeln der inneren Mantelrandfalte, der **Mantellinie**, und an den Insertionen der übrigen Muskeln von der Perlmutterschicht unbedeckt. Über die Insertionsstellen der Muskulatur an der Schale informiert Abb. 81, über die Muskulatur Abb. 85. Besonders auffallend sind im dorsalen, hinteren Schalenbereich die ineinander übergehenden Insertionsstellen des **hinteren Schließmuskels**, der hinteren **Byssusretraktoren** und des **Fußrückziehmuskels**. Sehr nahe beim Umbo befindet sich, weniger deutlich, die Ansatzstelle des relativ kleinen **vorderen Schließmuskels** und dorsal davon, ebenfalls nur schlecht zu erkennen, die längliche Insertionsstelle des **vorderen Byssusretraktors**. Bei geschlossener Schale bleibt ventral eine schmale Öffnung zum Durchtritt des Byssus frei.

- Zur Information über den Bau des Körpers der Miesmuschel möglichst kurz vor der Präparation in Chloralhydrat getötete Tiere verwenden. Die Schalen klaffen.

Vom **Weichkörper** zu sehen sind nur der Mantelrand und seine Differenzierungen. Die inneren Mantelrandfalten sind streckenweise miteinander verwachsen. Am Vorderende reicht die Verwachsung vom Ligament um die Spitze herum bis wenig hinter den vorderen Schließmuskel. Am Hinterende lassen die Mantelrandverwachsungen eine deutlich erkennbare, glattwandige **Ausströmöffnung** (= **Egestionsöffnung**) frei (Abb. 82). Eine weitere Verwachsung der inneren Mantelrandfalten, die Branchialmembran, begrenzt die Ausströmöffnung ventral. Die **Einströmöffnung** (= **Ingestionsöffnung**) ist bei der Miesmuschel morphologisch vom umfangreichen, ventralen Mantelspalt nicht abgetrennt, tatsächlich aber funktioniert nur der hintere, unmittelbar unter der Ausströmöffnung liegende Teil des Mantelspalts als Einströmöffnung. Ihr Durchmesser wird bestimmt durch den Kontraktionszustand der Branchialmembran, die, wenn sie weit nach unten ausgestreckt ist, die Einströmöffnung verschließen kann. Die Mantelränder in diesem Bereich sind mit Papillen besetzt, die Sinnesfunktionen erfüllen. Auch die Ausströmöffnung ist verschließbar. Sie wird innen quer überspannt von zwei muskulö-

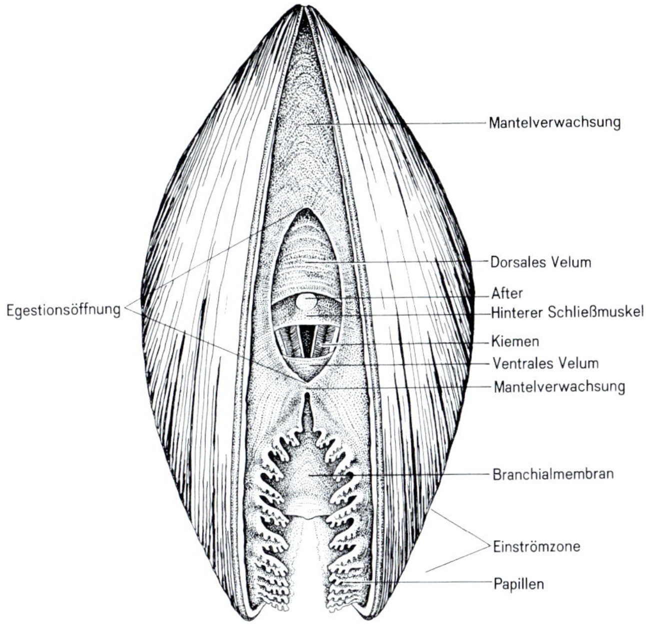

Abb. 82: *Mytilus edulis.* Ansicht von hinten

sen Bändern, dem dorsalen und ventralen Velum, die einen Spalt zwischen sich frei lassen. Im geschlossenen Zustand ist der Spalt im Präparat kaum zu sehen. Er befindet sich nahe dem unteren Rand der Ausströmöffnung (Abb. 82).

- Die rechte Schale entfernen. Dazu wird zunächst das Periostracum entlang dem Schalenrand mit der Schere aufgeschnitten. Gegen den Schalenrand schneiden.
- Dann werden mit einem kleinen, schmalen Skalpell, besser mit einem Iridektomiemesser, die Insertionen der Mantelrandmuskeln (entlang der Mantellinie) vorsichtig gelöst, indem man die Klinge zwischen Mantel und Schale etwa 1 cm tief einführt und mit gegen die Schalenfläche angestellter Schneide um den gesamten freien Rand herumführt.
- Besondere Sorgfalt erfordert danach das Abtrennen des hinteren Schließmuskels. Man führt die Klinge von hinten dorsal ein, sucht den Kontakt mit der Muskelinsertion und durchtrennt sie schneidend und schabend. Sobald das geschehen ist, klaffen die Schalen etwas weiter als bisher.
- Das Ablösen der übrigen Muskeln ist weniger schwierig. Es werden nacheinander durchtrennt: die Insertion der hinteren Byssusretraktoren und die des Fußrückziehmuskels, dann die des vorderen Schließmuskels und schließlich die des vorderen Byssusretraktors.
- Nun rechte Schale weiter aufklappen und entfernen. Muschel in der wassergefüllten Präparierwanne mit Haftplast festlegen. Man sieht auf die Außenfläche des rechten Mantels (Abb. 83).
- Bei Formolmaterial gelingt das Ablösen der Muskeln ohne Schwierigkeiten; für die zunächst beschriebenen Präparationsschritte sind konservierte Muscheln wegen ihrer Brüchigkeit und auch wegen ihres veränderten Aussehens jedoch weniger gut geeignet.

Ein Großteil der **Gonaden** liegt bei *Mytilus* in den Mantelfalten. Deren Aussehen ist daher je nach Reifezustand sehr verschieden. Bei unreifen Tieren sind sie dünnhäutig und opak-weißlich, bei reifen deutlich voluminös und undurchsichtig, bei den ♂♂ weiß oder hellgelb, bei den ♀♀ gelborange bis rötlich. Sie werden von den Gonodukten und den Mantelarterien durchzogen, die beide von dorsal nach ventral divergieren. Die Arterien sind als scharf begrenzte Linien am besten an reifen Tieren zu sehen, während die Genitalkanäle an Muscheln, deren Mantellappen nur mäßig mit Ge-

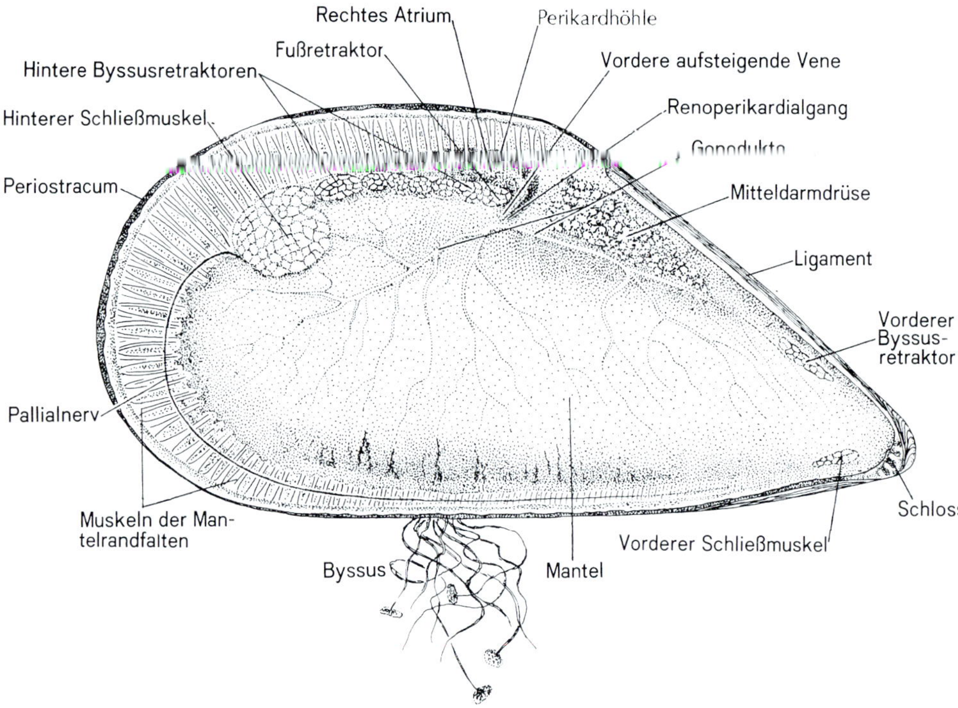

Abb. 83: *Mytilus edulis*, ♀. Rechte Schalenklappe entfernt. Blick auf den Mantel

schlechtsprodukten gefüllt sind, deutlich sichtbar sind (siehe S. 145).

Am Mantelrand fallen weiß und glänzend radiär ausgerichtete Muskeln auf. Deutlich zu erkennen sind hinten dorsal der hintere Schließmuskel und davor die Reihe der hinteren Byssusretraktoren und des Fußrückziehmuskels. Weniger gut zu sehen sind der vordere Schließmuskel und der vordere Byssusretraktor. Ein länglicher, sich dunkel vom übrigen Mantel abhebender Bereich dorsal von den Muskeln ist frei von Gonaden und durchsichtig. Hier erkennt man die Perikardhöhle und in ihr die rechte Herzvorkammer. Sie empfängt Blut von der vorderen aufsteigenden Vene, die – zuletzt sehr oberflächlich verlaufend – bogig von ventral-caudal kommend (unmittelbar vor dem Fußrückziehmuskel) vorn in die Perikardhöhle eintritt. Unmittelbar davor – und ebenfalls oberflächennah – verlässt der Renoperikardialgang die Perikardhöhle. Er begleitet die Vene ein kurzes Stück und verschwindet dann im Mantelgewebe. Die von oben in das Perikardialfenster einstrahlenden weißen Streifen sind Muskeln des oberen Mantelrandes. Die zwischen Perikard, Ligament und vorderem Bereich der Mantellappenbasis (häufig) auffallende Fleckung rührt von der olivgrünen Mitteldarmdrüse her. Schließlich ist noch ein Teil des hinteren Pallialnerven zu erkennen. Er wird unten am rückwärtigen Rand des großen Schließmuskels sichtbar, zieht von da bogig in einiger Entfernung vom Hinterende der Muschel nach ventral und verläuft dann im Mantelrand nach vorn.

- Man durchtrenne die vordere, ventrale Mantelverwachsung bis zur Spitze und außerdem den vorderen Schließmuskel median, durchschneide dann ventral vom hinteren Schließmuskel den Mantelrand und führe den Schnitt der Basis der Mantelrandmuskeln entlang bogig nach oben bis zum Hinterrand des Schließmuskels (s. Abb. 83). Der caudal davon befindliche Mantelrand samt Branchialmembran und Egestionsöffnung bleibt unverändert.
- Die Muschel wird wieder festgelegt, der Mantel (zunächst nicht die Kiemen) nach oben umgeschlagen und festgesteckt. Bei Trübung durch

- Schleim und durch abgelöstes Pigmentepithel ist das Wasser zu erneuern.

Zunächst fallen die paarigen **Kiemen** auf. Es handelt sich um **Filibranchien** (s. S. 138). Ihr Schaft ist median der Mantelfalten und lateral vom Fuß mit dem Eingeweidesack verwachsen. Am Schaft entspringen zwei Reihen blutdurchströmter **Kiemenfäden** (= **Kiemenfilamente**), die parallel zueinander in die Mantelhöhle hängen. Sie sind V-förmig gestaltet: Die am Schaft entspringenden absteigenden Äste biegen ventral in spitzem Winkel nach dorsal um, die inneren nach median, die äußeren nach lateral, und erreichen als aufsteigende Äste fast die Höhe des Schaftes. Ihre Enden sind verdickt, miteinander verwachsen und von den efferenten Kiemenvenen durchzogen, die das oxygenierte Blut, das ihnen aus den Branchialgefäßen der Kiemenfäden zuströmt, zu den Herzvorkammern leiten. Die Enden der aufsteigenden Äste liegen der Mantelfalte bzw. dem Eingeweidesack an. Die ab- und aufsteigenden Äste der Kiemenfäden sind an mehreren Stellen durch Gewebsbrücken miteinander verbunden. Die Kiemenfäden jeder Reihe sind dagegen in regelmäßigen Abständen durch Cilienbüschel – wie mit winzigen, scheibenförmigen Klettverschlüssen – miteinander verbunden. Die Cilien schlagen, solange der Kontakt mit dem Nachbarbüschel unterbrochen ist, und verharren in Ruhe, sobald der Kontakt wieder gefunden ist. Durch die regelmäßige Anordnung der Kontaktstellen ergibt sich eine senkrecht zur Fadenrichtung verlaufende Streifung. Bei zu lange gekühlt aufbewahrten Muscheln ist die ciliäre Verknüpfung gelöst.

- Den Mantelrand mit der Pinzette anheben.

Hinter dem hinteren Schließmuskel wird das Hinterende der Kiemen zwischen Mantelrand und der median eingefalteten Branchialmembran gehalten.

- Den stehengebliebenen Mantel mit der Pinzette nach caudal ziehen und die freien Kiemenenden mit einem Pinsel nach unten wegdrücken.

Nur dann kann man die Einfaltung sehen. Zwei, an ihrer Basis miteinander verwachsene, zipfelartige Fortsätze des unteren Velums ragen genau in Höhe des Kiemenschaftes nach vorn bis zum Schließmuskel (s. unten u. Abb. 84 und 86). Sie trennen zusammen mit dem Kiemenschaft und den Enden der aufsteigenden Äste der Kiemenfäden den Egestionsraum von der Mantelhöhle. In diesen Egestionsraum mündet der Enddarm.

- Den Mantelrand der Egestionsöffnung nach hinten ziehen.

Die unpigmentierte und sich daher weiß von der dunkelbraunen Umgebung abhebende Afteröffnung ist dann leicht zu finden. Sie befindet sich in Höhe der Schließmuskelmitte auf dessen Rückseite und fällt durch die Aufwölbung ihres freien Randes auf. Der Enddarm liegt dem Schließmuskel dorsal auf und lässt sich vom After aus sondieren. Eine größere Öffnung dorsal vom After führt in die Mantelhöhle.

Die Vorderenden der Kiemen werden von je zwei beweglichen und in ihrer Größe sehr variablen **Mundlappen** (**Mundsegeln**) umfasst. Die beiden medianen sind zwischen Kiemenbasis und vorderem Byssusmuskel befestigt, während die lateralen am Mantel festgewachsen sind. Die Basen der Mundlappen setzen sich in die die quer liegende Mundöffnung begrenzenden Lippen fort, und zwar bildet die Gewebsbrücke zwischen den lateralen Mundsegeln die obere und die zwischen den Basen der medianen Segel die untere Lippe. Die bewimperten Mundsegel übernehmen die von den Kiemen eingefangenen und eingeschleimten Nahrungspartikel, sortieren sie und führen sie dem Mund zu.

Im Winkel zwischen Mantellappen- und Kiemenschaft fällt in dem Bereich, der sich vom hinteren Schließmuskel etwa eine halbe Muschellänge nach vorn erstreckt, eine Reihe von merkwürdigen Säulchen auf. Es handelt sich um einen Teil der so genannten „gekräuselten Organe", in Abständen stark gefalteten, von Blutgefäßen durchzogenen Gebilden unklarer Funktion. Bisweilen werden sie als akzessorische Kiemen gedeutet. Weitere gekräuselte Organe sind zwischen der Basis der inneren Kieme und der Körperwand (über dem vorderen Byssusmuskel) ausgespannt.

- Um sie sichtbar zu machen, die Kiemen nach oben umschlagen (Abb. 84).

Die olivgrüne Färbung des Eingeweidesacks in diesem Bereich rührt von der Mitteldarmdrüse her. Die **Nieren** liegen dorsal von den Kiemenbasen und zwar median sowohl als auch lateral und erstrecken sich etwa von der Höhe des Fußvorderrandes bis zum hinteren Schließmuskel. Sie sind nur an frisch getöteten Tieren an ihrer dunkel rotbraunen Färbung zu erkennen. Der Farbstoff bleicht rasch aus; eine Abgren-

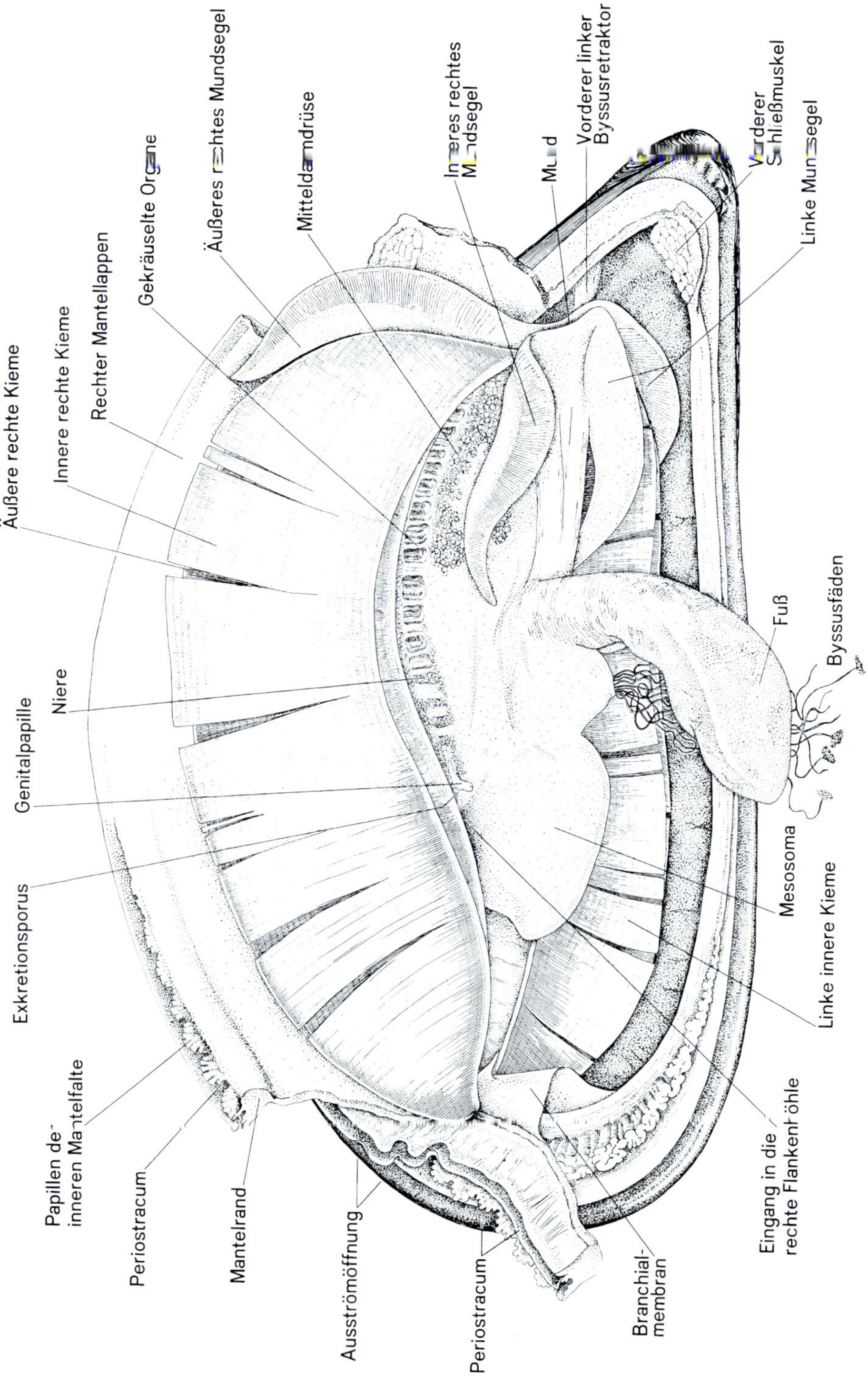

Abb. 84: Die Mantelhöhle der Miesmuschel. Rechte Schalenklappe entfernt, rechter Mantellappen und rechte Kiemen hochgeschlagen

zung der Nieren vom übrigen Gewebe ist dann nicht mehr möglich. Immer zu erkennen ist in diesem Bereich, etwa in der Mitte zwischen Fuß und hinterem Schließmuskel, als kleiner, vorragender Zapfen die (rechte) Genitalpapille. Auf ihr mündet terminal mit breiter Öffnung der (rechte) Gonodukt. Nicht selten treten aus ihrer Mündung Eier oder Sperma oder ein orangefarbener Schleim aus. Der Gonodukt lässt sich ein Stück weit verfolgen: Er zieht, dem Nierengewebe aufliegend, parallel zur Kiemenbasis nach vorn und verschwindet dann im Gewebe des Eingeweidesacks. Die Ausmündung der Niere, der Exkretionsporus, ist selbst mit guten optischen Hilfsmitteln nur sehr schwer zu finden; er befindet sich auf einem winzigen Zapfen, der der Basis der Genitalpapille caudal aufsitzt. Die Niere ist durch den Renoperikardialgang und den nephridialen Trichter mit dem Herzbeutel verbunden.

Zwischen den Kiemen liegt der muskulöse zungenförmige **Fuß**. Er wird von einem sich sehr leicht ablösenden, dunkelbraunen Wimperepithel bedeckt. Von seiner Basis ziehen die paarigen Byssusrückziehmuskeln nach vorn. Die Rückseite des Fußes ist fast auf seiner gesamten Länge von einer tiefen Furche durchzogen. Sie beginnt proximal mit der Öffnung für den **Byssus** und endet unweit der Spitze mit einer rundlichen Vertiefung, die als Saugnapf zum Anheften an fester Unterlage und zum Befestigen der Byssusfäden dient. Der Fuß wird von paarigen Rückziehmuskeln durchzogen, deren Befestigung an der Schale die Reihe der dorsalen Muskelinsertionen vorn abschließt. Die sehr zugfesten Byssusfäden und der Byssusstamm, an dem sie befestigt sind, werden von vier Drüsen, die im Fuß liegen, gebildet. Es können über hundert Fäden erzeugt werden. Jeder Faden wird einzeln vom Fuß mit einem scheibenförmig erstarrenden Haftsekret auf der Unterlage festgeklebt. *Mytilus* kann sie mit dem Fuß, einen nach dem anderen, wieder abreißen.

Der Klebstoff besteht aus Proteinen, die in weniger als drei Minuten erhärten.

Hinter dem Fuß ragt von dorsal ein Anhang der Visceralmasse, das Mesosoma, in die Mantelhöhle. Es wird von Verästelungen der Gonaden durchsetzt und ist daher in Abhängigkeit vom Reifezustand der Muscheln unterschiedlich voluminös. Unmittelbar vor dem Vorderrand des Schließmuskels befindet sich in dem Winkel zwischen Mesosomabasis und Kiemenschaft ein länglicher Spalt, der ein Drittel der Mesosomalänge nach rostral reicht und vorn und seitlich vom hinteren Byssusretraktor begrenzt wird. Der Spalt führt in einen ausgedehnten, länglichen Hohlraum, der oben überdacht von dem Gewebe, das den Herzbeutel ventral begrenzt, weit nach vorn reicht. Seitlich wird er von den Byssusretraktoren und vom Rückziehmuskel des Fußes, ventral von den Nieren begrenzt. Median zieht die Fortsetzung des Mesosomas nach dorsal und trennt so den rechten dieser paarigen Flankenhöhlen von seinem linken Pendant.

- Kiemen und rechten Mantel in die Ausgangslage zurückbringen und die Perikardhöhle öffnen und gleichzeitig wohl auch immer den flachen, dorsalen Mantelraum (den Hohlraum über dem Eingeweidesack, s. S. 151), da das Epithel, das ihn ventral gegen das Perikard abgrenzt, so dünn ist, dass ein anderes Vorgehen nur dem Geübten gelingt.

In der **Perikardhöhle** fällt zunächst die bräunlich gefärbte (rechte) Herzvorkammer (Atrium) auf. An ihren Enden scheint sie am Perikard befestigt zu sein, tatsächlich aber münden dort Venen in das Atrium, eine besonders kräftige am Vorderende. Rostral davon zieht der rechte Renoperikardialgang nach unten. Vene und Renoperikardialgang bilden in diesem Bereich die seitliche Begrenzung der rechten Flankenhöhle, die sich noch ein Stück weiter nach vorn fortsetzt. Die Braunfärbung des Atriums rührt von der exkretorisch tätigen Perikardialdrüse her, die ihm als feines Epithel aufliegt. Etwas vor seiner Mitte mündet das Atrium in den Ventrikel. Die Mündung ist weit. Ein zweiklappiges Faltenventil verhindert, dass Blut bei der Kontraktion der Ventrikelmuskulatur in die Vorkammer zurückgepumpt wird (s. Abb. 86). Der schlauchförmige Ventrikel durchzieht die Perikardhöhle in gerader Linie. Hinten ist er blind geschlossen, vorn mündet er in den Aortenbulbus, von dem mehrere Arterien und, mit gemeinsamer Wurzel, die vordere und die hintere Aorta ihren Ursprung nehmen.

- Die präparative Darstellung der Blutgefäße ist schwierig. Sie gelingt nur nach Injektion einer Farblösung in das Herz der narkotisierten Muschel.

Das **Herz** umhüllt bei *Mytilus*, wie bei den meisten Muscheln, eigenartigerweise den End-

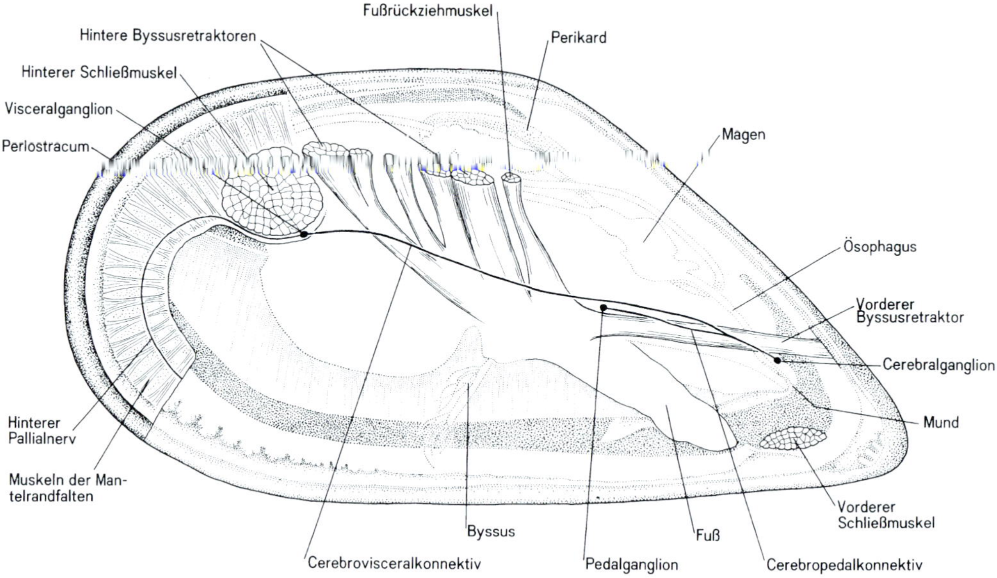

Abb. 85: *Mytilus edulis.* Muskulatur und Nervensystem. Von den paarigen Muskeln und den paarigen Bahnen des Nervensystems sind nur die der rechten Seite eingezeichnet

darm. Wenn die Muskelzellen der Herzwand in kontrahiertem Zustand sterben, und das wird meist der Fall sein, liegt der Herzschlauch dem Enddarm sehr eng an.

- Die dorsale Mantelhöhle wird vom Herzbeutel bis zum Schließmuskelhinterrand eröffnet, indem man die Mantelrandmuskeln unmittelbar über der Reihe der Muskelstümpfe durchtrennt (s. Abb. 85, 86).

Der Verlauf des Enddarms lässt sich nun unschwer verfolgen. Er zieht nach dem Verlassen der Perikardhöhle gerade und oberflächlich nach caudal, verläuft dann im Bogen über dem Schließmuskel und mündet schließlich in den Egestionsraum.

- Die übrigen Teile des Darmsystems sind ungleich schwieriger darzustellen. Die Präparation gelingt befriedigend nur an formolfixierten Tieren.
- Relativ leicht ist es, die beiden unter der Perikardhöhle verlaufenden Darmabschnitte (s. unten) freizulegen, die in die Mitteldarmdrüse eingebetteten Darmteile dagegen lassen sich nur schwierig von deren Gewebe trennen. Die Injektion einer Farbstofflösung (z. B. Methylenblau) durch den Mund erleichtert das Finden und Verfolgen des Darmkanals.
- Man trenne zunächst an der Verwachsungsstelle mit dem Rumpf den Mantellappen und die Kiemen der rechten Seite ab und präpariere dann im Bereich der Mitteldarmdrüse in die Tiefe, indem man ihr Gewebe mit der Pinzette und mit einem Pinsel entfernt.
- Dort, wo man schließlich ein Stück Darmwand freigelegt hat, lässt sich mit der spitzen Pinzette ihre bindegewebige Umhüllung aufreißen und mitsamt dem ihr anhaftenden Drüsengewebe abziehen. Wasser wechseln! Die Präparation verlangt Ausdauer, Geduld und Geschick. Abb. 85, 86.

Der **Darm** beginnt mit der Mundöffnung. Der wie der gesamte Darmtrakt bewimperte Oesophagus ist kurz. Er mündet in den erweiterten Magen, der inmitten der Mitteldarmdrüse liegt und mehrere Blindsäcke aufweist. Vom Magen verläuft der Darm in leichtem Bogen nach dorsal und zieht dann unter der Perikardhöhle gerade nach hinten bis über den Schließmuskel, wendet in spitzer Kehre um 180° und verläuft dann nach vorn. Diese beiden Abschnitte des Darmes bilden zusammen mit dem sie umgebenden Gewebe die Bodenlage der Perikardhöhle und gleichzeitig das Dach der beiden Flankenhöhlen. Der rückläufige Darmschenkel kreuzt ventral und wenig vor dem Aortenbulbus

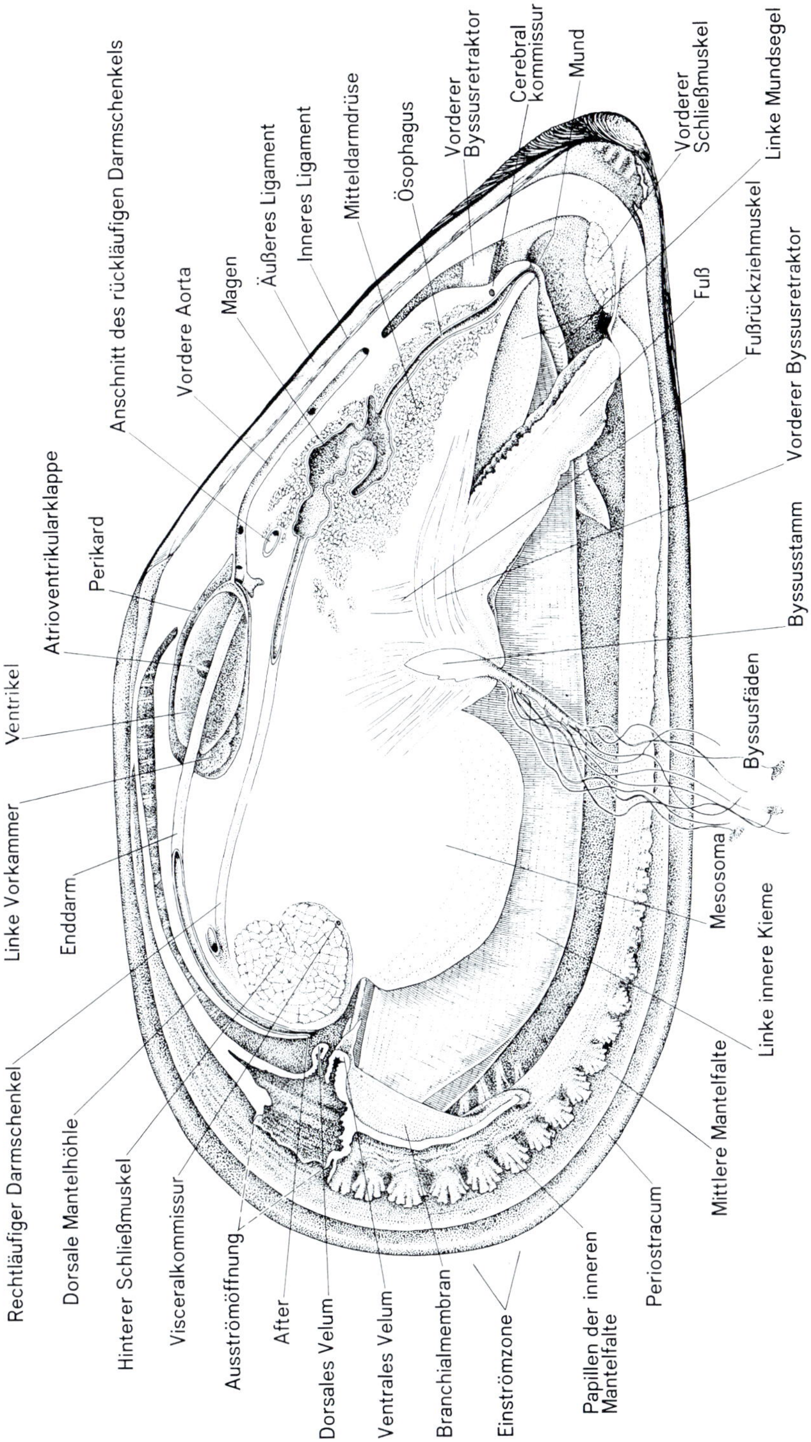

Abb. 86: Medianschnitt durch eine formolgehärtete Miesmuschel

von der rechten zur linken Körperseite, zieht, eingebettet in das Gewebe der Mitteldarmdrüse, links vom Magen nach vorn, fast bis zum vorderen Byssusretraktor; hier wendet er wiederum zur Gegenrichtung, nimmt dann, immer noch links vom Magen, seinen Weg nach dorsal und tritt schließlich, nachdem er knapp unter dem die Seite wechselnden Stück seines rückläufigen Schenkels die Mediane erreicht hat, in die Perikardhöhle ein. An der Umkehrstelle über dem Schließmuskel befindet sich als Anhang des rechtläufigen Schenkels ein kurzer Blindsack. Von ihm aus nimmt der Kristallstiel seinen Ursprung. Der rechtläufige Schenkel ist durch zwei laterale Einfaltungen in einen kleinen ventralen und einen größeren dorsalen Bezirk unterteilt. Im größeren liegt der Kristallstiel (s. S. 138). Er reicht bis in den Magen hinein, ist aber nur an Tieren, die vor der Präparation nicht zu lange ungünstigen Bedingungen ausgesetzt waren, vollständig erhalten. Die reich verzweigten, blind endigenden Kanäle der Mitteldarmdrüse sind in reichlich Bindegewebe eingebettet. Sie kommunizieren über mehrere, weitlumige Gänge mit dem Magen, dessen Wand dadurch wie durchlöchert wirkt.

Nicht selten wird man im Darm der Miesmuscheln den parasitischen Copepoden *Mytilicola intestinalis* finden. Die ♂ ♂ werden bis 3,5, die ♀ ♀ bis 8 mm lang. Die ersten drei Larvenstadien leben frei, die folgenden 7, bei denen die Schwimmbeine schließlich bis zu Stummeln rückgebildet werden, und die Adulti sind bisweilen außerordentlich schädliche Endoparasiten.

- Die **Muskulatur** an fixierten Tieren freipräparieren (Abb. 85).

Sämtliche Byssusretraktoren und der Fußretraktor sind paarig; sie divergieren vom median gelegenen Fuß aus nach oben bzw. nach vorn.

- Zur Präparation des **Nervensystems** verwende man wiederum fixierte Muscheln. Tiere aus der Schale befreien (s. S. 141), Mantelverwachsung am Vorderende und vorderen Schließmuskel median durchschneiden.
- Muschel mit der Rückseite nach unten in das Becken legen, Vorderende vom Beschauer abgewandt.
- Feststecken: Eine Nadel durch die hintere Hälfte des großen Schließmuskels, jeweils zwei weitere zu beiden Seiten durch den Mantelrand.
- Fuß (vom Beschauer aus) wenig nach links drücken und feststecken. Das fixierte Gewebe ist spröde; man gehe bei der Präparation sehr behutsam vor.
- Am sichersten gelingt die Darstellung der Ganglien und der Konnektive, wenn man am caudalen Ende des Cerebrovisceralkonnektivs, kurz vor seinem Eintritt in das (im Tier) linke Visceralganglion beginnt. Der dicke Nerv verläuft dort sehr oberflächlich unmittelbar am Rand des Eingangs zum Flankenhohlraum.
- Man präpariere den Nerv erst nach rückwärts bis zum Visceralganglion und dann nach vorn bis zu den Cerebralganglien frei (Abb. 85).

Die kleinen Cerebralganglien liegen den vorderen Byssusretraktoren vor der Mundöffnung ventral auf. Die Cerebralkommissur ist dünn. Sie verläuft dorsal vom Oesophagus zum Ganglion der Gegenseite. Rostral nimmt von jedem Ganglion der vordere Pallialnerv seinen Ursprung, während das Cerebropedal- und das Cerebrovisceralkonnektiv jeder Seite als kräftiger, einheitlicher Nervenstrang das Ganglion caudal verlässt. Der Nerv zieht, ihm aufliegend, um den Byssusretraktor herum schräg nach hinten. An der dorsolateralen Fläche des Muskels trennen sich die beiden Konnektive. Das Cerebrovisceralkonnektiv tritt in das Mitteldarmdrüsengewebe ein, verläuft dort ziemlich oberflächennah leicht schräg nach lateral, zieht seitlich der Retraktormuskeln und neben den hinteren gekräuselten Organen parallel und median der Kiemenbasis (ebenfalls sehr oberflächennah) im Nierengewebe nach rückwärts, an der Genitalpapille vorbei zum linken Visceralganglion, das dem Schließmuskel ventral vorn aufliegt.

Die Visceralganglien sind die größten Ganglien der Miesmuschel; sie sind, wie die übrigen Ganglien, an frisch toten Tieren rötlich gefärbt. Die Commissur ist kräftig. Von den Ganglien entspringen mehrere Nerven.

- Den gut erkennbaren Pallialnerv und den weniger dicken Branchialnerv freilegen.

Der hintere Pallialnerv tritt in den Mantel ein, zieht zum Mantelrand und verläuft dort nach vorn; er endet schließlich als vorderer Pallialnerv im Cerebralganglion.

- Nun den vorderen Byssusretraktor an der Nervengabelung und dann den Fußrückziehmuskel etwa 5 mm proximal der Stelle, an der er in den Fuß eintritt, durchschneiden. Fuß samt Muskelstümpfen nach links biegen.

Das unpaar erscheinende Pedalganglion liegt den beiden Byssusretraktoren dort dorsomedian auf, wo sie lateral von den Fußretraktoren gekreuzt werden. Die Konnektive treten vorn in das Ganglion ein; ventral entspringen die beiden Pedalnerven und an der Rückseite 2 Paar von Nerven, die die Byssusretraktoren versorgen.

- Nach sorgfältiger Präparation an diesem Präparat von der Genitalpapille und dem Exkretionsporus aus nach rostral die Niere eröffnen.
- Außerdem die große Vene bis zu ihrer Einmündung in das Atrium verfolgen. Auch die gekräuselten Organe können nun genauer betrachtet werden.

Die Miesmuscheln sind – wie die meisten Bivalvia – getrenntgeschlechtig. Bei reifen Individuen findet man die mit Eiern oder Spermien gefüllten Verzweigungen der **Gonaden** in verschiedenen Bereichen des Körpers, vor allem in den dann verdickten Mantellappen im Mesosoma und dorsal der Nieren.

- Sehr informativ ist das Studium von Median- (Abb. 86) und von Transversalschnitten. Dazu in Formol fixierte Muscheln verwenden.
- Zur Anfertigung der Medianschnitte wird die in der Schale belassene Muschel mit der Ventralseite nach unten hochkant gestellt und dann median mit einem nicht zu kurzen, scharf schneidenden Messer halbiert.
- Für die Transversalschnitte ist die Schale entweder vorher zu entkalken – was zeitraubend ist – oder in der beschriebenen Weise (S. 141) zu entfernen.

Bedeutend anschaulicher als an toten Tieren ist es, die **Ein- und Ausströmöffnung** an einer lebenden Muschel zu betrachten (Abb. 82).

- Man stelle das Tier mit dem Hinterende nach oben in eine mit Seewasser gefüllte Küvette. Die Befestigung gelingt leicht mit Haftplast, das man vorher dem Boden des Gefäßes angedrückt hat. Das Wasser soll die Muschel nur knapp bedecken.
- Sehr gute Beleuchtung – am besten mit Glasfaserleuchten – von oben und von der Seite her in Richtung auf den ventralen Schalenspalt! Stereolupe.
- Wenn das Präparat ruhig steht, wird die Muschel schließlich die Schale öffnen. Das kann sehr bald aber auch erst nach einigen Stunden erfolgen. Ausgestrudelten Kot mit Pipette absaugen.

Nun kann man die Ausströmöffnung besser erkennen. Sie führt nur wenig in die Tiefe und ist dort von den beiden Vela begrenzt, die den Spalt völlig verschließen oder weit öffnen können. Man kann sie zu raschem Reagieren veranlassen.

- Hierfür die dorsale Membran mit der Nadel berühren, ohne vorher am Mantelrand anzustoßen.

Ist die Öffnung zwischen den beiden Vela weit, so erkennt man in der Tiefe dorsal als weiteren dunkelbraunen Bezirk die Rückseite des hinteren Schließmuskels und genau median den weißen Bereich der Afteröffnung, und ventral davon, durch die seitliche Beleuchtung wie hellglühend, die inneren Kiemen.

An herumwirbelnden Schmutz- und Kotpartikeln wird der durch die Wimpern der Kiemen und des Mantels erzeugte Wasserstrom eindrucksvoll demonstriert. Die Papillen des Mantelrandes, die Branchialmembran, die Begrenzung der Egestionsöffnung und die beiden Vela sind bei lebenden Muscheln dunkelbraun pigmentiert.

- Die Schärfenebene der Stereolupe senken.

Dadurch kann man in der Tiefe, wie Saiten ausgespannt, Teile der Gewebsbrücken erkennen, die die zwei Fadenbereiche streckenweise miteinander verbinden (s. S. 143). Die Papillen um die Einströmöffnung sind nun ausgestreckt und viel größer als an konservierten Exemplaren. Sie strecken sich ungestört ziemlich weit aus. Zwischen denen der rechten und der linken Seite ragt die Branchialmembran von der Verwachsungsstelle mehr oder weniger weit nach ventral innen. Sie reguliert zusammen mit dem Mantelrand die Größe des Einströmbereiches. Die Mantelränder sind außerordentlich sensibel; schon nach feinem Berührungsreiz nähern sie sich rasch einander und schließen die Ingestionsöffnung ab. Wer geduldig beobachtet, kann sehen, wie die Branchialmembran vorher nahezu ruckartig ihre Ausdehnung maximal erweiterte. Bei stärkerer Reizung werden die Schalen geschlossen. Der Verschluss ist so gut, dass die Muscheln tagelang trockenfallen können, ohne Schaden zu leiden.

- Man kann reife Muscheln zum Ablaichen bringen, wenn man dem Aquariumwasser, in dem man sie hält, etwas H_2O_2 zufügt. Es gelingt nicht immer sofort; man habe Geduld. Spermien und Eier mikroskopieren!

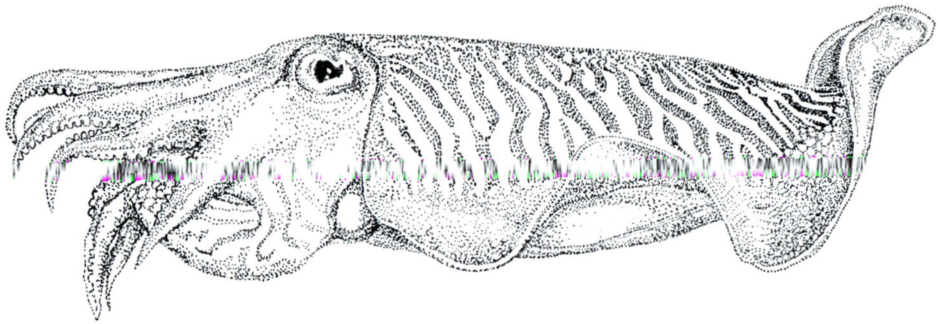

Abb. 87: Schwimmende *Sepia*. (Nach einem Foto von Lane)

IV. Cephalopoda, Kopffüßer

Technische Vorbereitungen

- In Alkohol oder Formol fixierte und aufbewahrte *Sepia officinalis* können von der Zoologischen Station Neapel, *Alloteuthis subulata* und *Loligo vulgaris* von der Biologischen Anstalt Helgoland bezogen werden. Sie eignen sich allerdings, wenn sie länger als einige Wochen konserviert waren, nur sehr bedingt zur Präparation.
- Man verwende darum, wenn es sich irgendwie ermöglichen lässt, unmittelbar vor der Präparation getötete Tiere.

Bei den frischen (auf Eis liegenden) oder tiefgefrorenen Tintenfischen, die in Fischhandlungen angeboten werden, sind fast immer die Eingeweide durch die auch einige Zeit nach dem Tod des Tieres noch aktiven Verdauungsenzyme angegriffen und mazeriert und somit für eine Präparation unbrauchbar.

Allgemeine Übersicht

Die Kopffüßer (Cephalopoda) sind eine Tiergruppe, deren Blütezeit der Vergangenheit angehört: mehr als 10 000 ausgestorbenen Arten stehen nur etwa 700 rezente gegenüber. Sie sind rein marine Tiere. In Körpergröße und Schnelligkeit ihrer Reaktionen überragen sie alle anderen Molluscen. Sie werden in ihrer Organisationshöhe nur von den Wirbeltieren übertroffen.

Die Cephalopoden haben einen **bilateralsymmetrischen** Körper, an dem sich zwei durch eine Einschnürung getrennte Hauptabschnitte unterscheiden lassen, der Kopf und der Rumpf (Abb. 87).

Der Rumpf entspricht im Wesentlichen dem Eingeweidesack; er wird, wie bei anderen Molluscen, von einem – hier allerdings sehr muskulösen und daher relativ dicken – Mantel umfasst, der ventral eine geräumige Mantelhöhle umschließt. Sie öffnet sich vorn unmittelbar hinter der Kopfbasis mit einem schmalen, verschließbaren Spalt. In der Mantelhöhle liegen die Kammkiemen, vier bei *Nautilus*, zwei bei den anderen rezenten Cephalopoden, und die übrigen Organe des pallialen Komplexes: der After und die Ausmündungen der Nieren und der Gonaden. Osphradien fehlen den Cephalopoden mit Ausnahme von *Nautilus*.

Eine tiefgreifende Umbildung hat der ursprüngliche **Molluscenfuß** erfahren. Sein Vorderabschnitt ist um den Mund herumgewachsen und zu acht oder zehn mit Saugnäpfen besetzten Armen (bei *Nautilus* zu zahlreichen Tentakeln) umgebildet, sein Hinterabschnitt ist zu einem Paar ventralwärts gekrümmter Seitenlappen ausgezogen, die durch Übereinanderlagerung (Nautiloida) oder Verwachsung (alle übrigen Cephalopoda: Coleoida) zum Trichter werden, einem konischen Rohr, durch das das Atemwasser aus der Mantelhöhle ausgestoßen wird.

Eine äußere **Schale** findet sich unter den heute lebenden Cephalopoden nur bei *Nautilus*. Sie ist hier in der Medianebene spiralig eingerollt und im Innern durch quer angeordnete Septen gekammert. Alle anderen Gattungen haben eine innere, mehr oder weniger rückgebildete Schale,

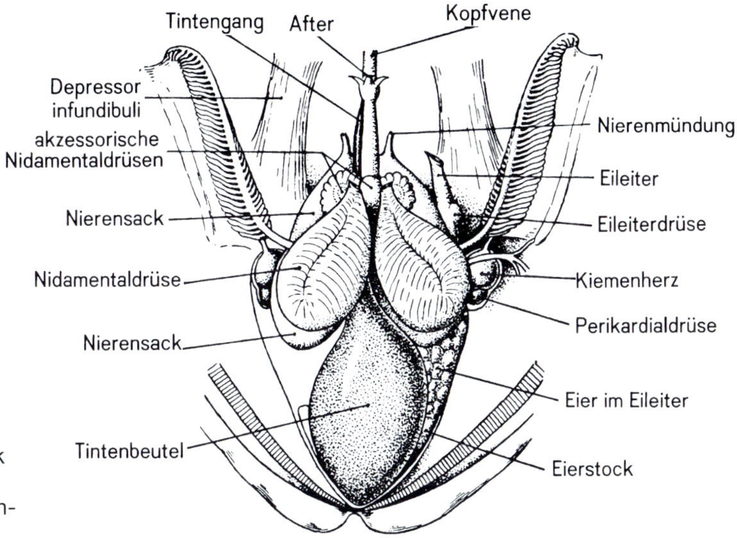

Abb. 91: Eingeweidesack einer weiblichen *Sepia*, nach Eröffnung der Bauchdecke

Vor dem Tintenbeutel liegen rechts und links die großen, eine blättrige Struktur aufweisenden **Nidamentaldrüsen**. Sie sondern die Hauptmasse der Sekrete ab, die zur Herstellung der äußeren Eihülle dienen. Vor ihnen erkennt man die akzessorischen Nidamentaldrüsen, die Symbiontenorgane darstellen (vgl. S. 154).

- Die beiden großen Nidamentaldrüsen werden entfernt, indem man sie hinten erst mit dem Griff des Skalpells vom darunter liegenden Nierensack abhebt und dann mit den Fingern von hinten nach vorn ablöst.
- Um ein Ausfließen von Tinte zu verhindern, wird der Tintengang kurz vor seiner Mündung in den Enddarm abgebunden und dann vor der Schnürung durchtrennt.
- Nun kann man den Tintenbeutel samt Ausführgang auf gleiche Weise wie die Nidamentaldrüsen herausnehmen; bindegewebige Membranen werden mit der Pinzette entfernt.

Der Eierstock erweist sich als großes, etwa dreieckiges Organ, das den hintersten Teil des Eingeweidesackes einnimmt (Abb. 91). Weiter vorn, in Höhe der Kiemenbasen, liegen die beiden ansehnlichen Nierensäcke, die zu beiden Seiten des Afters in die Mantelhöhle münden. Sie erstrecken sich weit auf die Oberseite und bilden dort einen unpaaren, geräumigen dorsalen Nierensack, der vorläufig aber von den paarigen Nierensäcken und dem Magen verdeckt wird.

- Die außerordentlich dünne Haut der Nierensäcke an der dem Betrachter zugewandten Seite aufschneiden.

Man findet in ihnen die traubigen **Venenanhänge**, die man schon vorher durchschimmern sah. Diese alveolären Ausbuchtungen der Venenwand ragen weit in das Nierenlumen hinein.

Im Präparat (Abb. 92 und 93) links liegt der **Magen** (Muskelmagen) und rechts davon ein Magenblindsack (Caecum) von je nach der Füllung verschiedener Form.

- Den Blindsack aufschneiden.

Seine Wandung ist mit zahlreichen vorspringenden Lamellen besetzt und im oberen Teil spiralig eingedreht, was zur Bezeichnung Spiralcaecum führte. Geformte Speisereste wird man in diesem Blindsack nie finden; er dient dazu, Nahrungsbrei und die Sekrete der Mitteldarmdrüsen, die ihm über das Vestibulum durch die beiden sich im Endabschnitt vereinigenden Ausführgänge zugeführt werden, aufzunehmen.

- Mit Nadel und Pinzette die Venenanhänge entfernen.

Dadurch lässt sich vom Magen aus der Darm verfolgen, der mit einem etwas erweiterten Abschnitt beginnt, eine Schlinge durchläuft und, geradlinig nach vorn ziehend, mit dem After endet (Abb. 93).

Unter und links der Enddarmschlinge befindet sich das arterielle **Herz**, ein quer gestellter

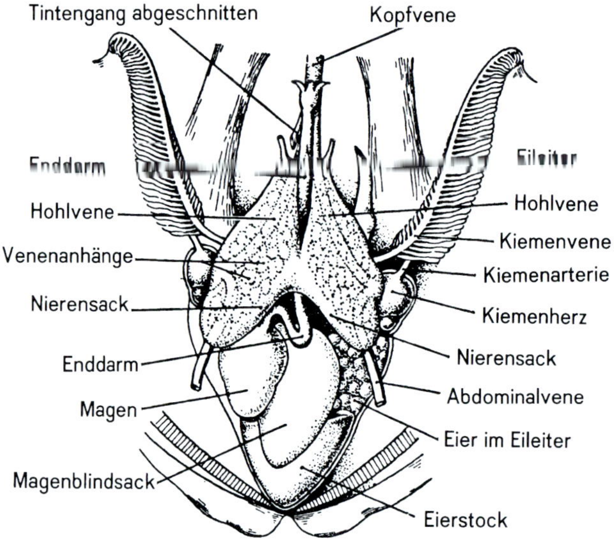

Abb. 92: Eingeweidesack einer weiblichen *Sepia*, nach Entfernung der Nidamentaldrüsen und des Tintenbeutels

Schlauch, der (im Präparat) von rechts hinten nach links vorn aufsteigt; das von ihm nach vorn abgehende Blutgefäß ist die Kopfaorta, das nach hinten ziehende die Bauchaorta. Die Kiemenvenen münden rechts und links ins Herz und sind vor der Mündung blasig aufgetrieben. Sie führen arterielles Blut zum Herzen, von dem es dann durch die Aorten zu den Organen fließt. Vom Venensystem sieht man Folgendes: Eine starke Kopfvene, die zum Teil unter dem Enddarm und Trichtergang verborgen liegt, führt das venöse Blut den Kiemen zu. Sie gabelt sich in die beiden Hohlvenen, die wir zusammen mit den Venenanhängen der Nierensäcke größtenteils entfernt haben. Jede Hohlvene mündet in das an der Basis der Kiemen liegende **Kiemenherz**, das auch das Blut einiger anderer Venen aufnimmt. Die Kiemenherzen sind kontraktil und treiben das Blut durch die Kiemenarterien in die Kiemen, wo es oxygeniert wird, um dann durch die Kiemenvenen dem Herzen zugeführt zu werden. An der Hinterseite der Kiemenherzen sind die **Perikardialdrüsen** zu erkennen.

Bei den **männlichen** Tieren fehlen die Nidamentaldrüsen, sodass man nach Wegnahme der Eingeweidehülle gleich die Nierensäcke sieht. Die übrige Anordnung ist etwa die gleiche: Anstelle des Eierstockes findet sich der Hoden und anstelle des Eileiters der Samenleiter, an dem man mehrere Abschnitte unterscheiden kann. Er beginnt als stark aufgeknäuelter Kanal und erweitert sich dann plötzlich zu der mit zwei Anhangdrüsen versehenen, sackförmigen Samenblase. Die in ihr gebildeten Spermatophoren gelangen durch den anschließenden, wieder kanalartigen Abschnitt in das zur **Needhamschen-** oder **Spermatophorentasche** angeschwollene Endstück, das ebenso wie der Eileiter auf einer rechts gelegenen Papille in die Mantelhöhle mündet.

- Durch einen medianen Längsschnitt wird jetzt der Trichter aufgetrennt, sodass man in seine Höhlung hineinsieht.

Man bemerkt innen an seiner dorsalen Wand nahe der Mündung die als Ventil wirkende **Trichterklappe** sowie das meist W-förmige, große Trichterorgan, ein Schleimdrüsenpolster. Der Trichter öffnet sich breit in die Mantelhöhle und verjüngt sich nach vorn. Das in der Mantelhöhle die Kiemen umspülende Wasser wird durch rhythmische und koordinierte Kontraktionen von Muskeln des Mantels und des Kopffußes bewegt. Es tritt bei Erweiterung der Mantelhöhle und geschlossenem Ventil durch die Mantelspalte in die Mantelhöhle ein. Zur Ausatmung wird der Mantelspalt geschlossen, während sich die Trichterklappe öffnet, sodass das Wasser bei Verengung des Mantelhöhlenraumes durch die Trichteröffnung ausströmt. Es kann – die Tiere machen bei der Flucht davon Gebrauch – so kräftig ausgestoßen werden,

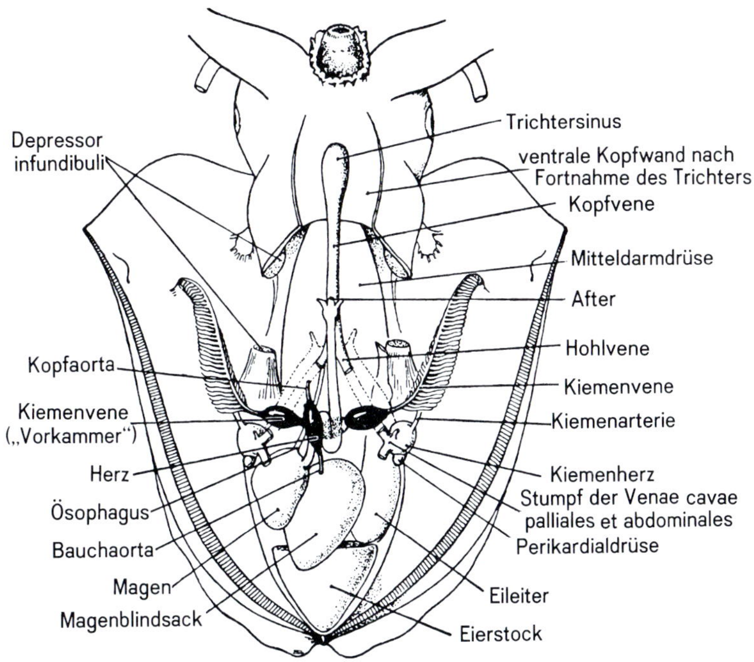

Abb. 93: Situs von *Sepia*, nach Entfernung der Nieren, der Venenanhänge und des Trichters

dass die Sepien mit dem Hinterende voran durch das Wasser schießen.

- Den Trichter entfernen: Zunächst die beiden großen Muskeln hinter dem Trichter durchschneiden, dann durch einen Flächenschnitt die dorsale Trichterwand abtragen, sodass sich der gesamte Trichterapparat abheben lässt.

In der Medianlinie der freigelegten Fläche erkennt man den vorderen Abschnitt der Kopfvene, die sich vorn zum Trichtersinus erweitert. Das venöse Blut des Kopfes und der Arme sammelt sich zunächst in einem anderen, den Schlundkopf umgebenden Sinus an und tritt dann in die Kopfvene über, die sich nach hinten in die beiden die Nierensäcke durchziehenden Hohlvenen gabelt (s. Abb. 93).

- Die Kopfvene samt Trichtersinus ablösen und die Decke der über dem Trichter freigelegten Fläche entfernen.

Es erscheint die von einer zarten Hülle umgebene, hellbraune bis olivfarbene **Mitteldarmdrüse**. Sie besteht aus zwei langen, dreieckigen, in der Medianen zusammenstoßenden Teilen (Abb. 94).

- Diese mit dem Griff des Präpariermessers auseinander drücken.

In der Tiefe erscheinen dann der geradlinig verlaufende, dünne Oesophagus und neben ihm die Kopfaorta.

- Mit einem Messerschnitt in der Medianlinie die Muskulatur zwischen den Ventralarmen durchtrennen und den Schnitt vorsichtig weiter nach vorn führen, bis man auf den großen, annähernd kugeligen Schlundkopf stößt.

Der muskulöse **Schlundkopf** ist vorn durch Muskeln mit den Buccalpfeilern verbunden, die zipfelartig nach vorn streben und ihrerseits außen an die Armbasen geheftet sind.

Hat man den Schnitt tief genug geführt, so sind auch der **Kopfknorpel** und die Ventralmasse des Gehirns durchtrennt worden. Damit ist der Ösophagus in ganzer Länge sichtbar, dem seitlich, unmittelbar vor den Mitteldarmdrüsen, ein Paar kleiner Drüsen anliegt. Sie werden als hintere Speicheldrüsen oder **Giftdrüsen** bezeichnet. Sie sezernieren ein sehr starkes Gift, das beim Biß durch die sich in der Medianlinie zu einem unpaaren Kanal vereinigenden Ausführgänge in die Schlundhöhle gelangt.

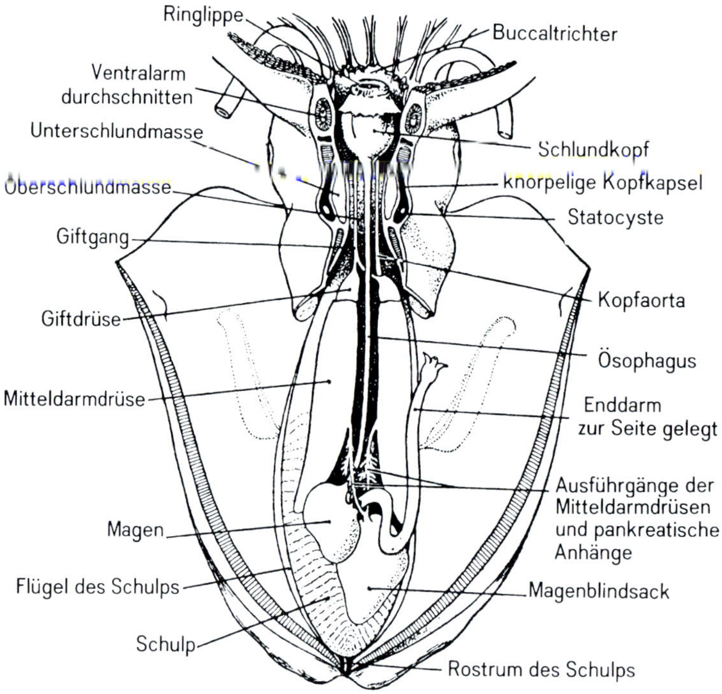

Abb. 94: Anatomie von *Sepia*, ventrale Kopfwand median gespalten

Am Innenwinkel jeder Mitteldarmdrüse entspringt ein Ausführgang, der, mit den **Pankreasanhängen** besetzt, der Speiseröhre parallel zum Magen zieht. Die beiden Ausführgänge vereinigen sich kurz vor ihrer Einmündung in den Magen.

- Schließlich noch den Schlundkopf aufschneiden; das Messer wird bei einem Medianschnitt bald auf Widerstand stoßen, verursacht durch einen der beiden hornigen Kiefer. Seitlich vorbei präparieren und die beiden Kiefer herausziehen.

Dadurch wird die **Radula** frei, eine zahnbesetzte Platte, die einer vorspringenden, zungenartigen Leiste aufliegt. Unter dem Stereomikroskop lässt sich erkennen, dass die spitzen, nach hinten gerichteten Zähnchen in sieben Längsreihen angeordnet sind.

- Will man Kiefer und Radula unverletzt gewinnen, so empfiehlt sich eine Mazeration des Schlundkopfes in Kalilauge (Kochen in 5%iger Kalilauge [Vorsicht!] oder Einlegen in ca. 30%ige Kalilauge im Thermostat bei 37 °C).
- Nun führt man in der Medianlinie der dunkel gefärbten Oberseite einen Schnitt durch das dünne Integument und kann dann leicht den in einer Tasche, dem Schalensack, liegenden Schulp freipräparieren und herausnehmen.

Der **Schulp** ist ein ansehnlicher, ellipsoider Körper, dessen Ränder chitinig sind, während die Hauptmasse, wie auch das in einen spitzen Dorn, das Rostrum, auslaufende Hinterende im Wesentlichen aus Calciumcarbonat besteht. Die lamelläre Struktur des Schulps zeigt seine Herkunft von einer ursprünglich gekammerten Schale an. Die Hohlräume des Schulps sind z. T. mit Gas erfüllt. Der dadurch bedingte Auftrieb bewirkt die Stabilisierung der normalen Körperstellung.

Das **Zentralnervensystem** wird, da seine gesamte Unterschlundmasse durch den vorhin ausgeführten Medianschnitt gespalten wurde, besser an einem anderen Exemplar untersucht.

- Dabei von der Rückenseite ausgehend, kopfwärts von der Schulptasche die Muskulatur abpräparieren.

Man stößt so auf den Kopfknorpel, nach dessen schwieriger Eröffnung das Gehirn sichtbar wird.

- Die die Augengruben bildenden Seitenwände des Kopfknorpels abtragen.

Dadurch wird die Gesamtheit jener Ganglien freigelegt, die mit den Cerebralganglien einen Schlundring um den Oesophagus bilden. Die Cerebralganglien sind durch zwei Paar Konnektive mit der ventralen Hirnmasse verbunden, die aus der Verschmelzung von Brachial-, Pedal- und Visceralganglien hervorgegangen ist. Ein mächtiger Nervenstamm (Tractus opticus) führt zum Ganglion opticum im Augapfel. Von den Brachialganglien entspringen jederseits fünf starke Armnerven, von den Pedalganglien die Trichternerven.

Vom **peripheren Nervensystem** sind die beiden Mantelganglien ohne weiteres sichtbar (s. Abb. 90). Sie liegen vorn an der Innenseite des Mantels, seitlich von den Gruben des Schließapparates. Mit den Visceralganglien sind sie jederseits durch einen starken Nerven (Mantelkonnektiv) verbunden und senden strahlenförmig eine größere Anzahl Nerven aus, die in die Mantelmuskulatur eindringen und ihnen ein sternförmiges Aussehen geben, weshalb sie auch als **Sternganglien (Ganglia stellata)** bezeichnet werden.

- Das vorsichtig herausgenommene **Auge** durch einen äquatorial geführten Schnitt ringsum aufschneiden.

Man sieht dann die zarte Retina, die dunkle Pigmentschicht und die vom Ciliarkörper umgürtete, kugelrunde Linse, die aus einem kleineren, äußeren und einem größeren, inneren Abschnitt besteht.

- Von der Stelle aus, wo sich der Trichter befand, weiter in die Tiefe präparieren. Man stößt bald auf einen Knorpel, der zur Kopfkapsel gehört.
- Diesen vorsichtig abtragen.

Damit erhält man Einblick in die zwei geräumigen, in der Mittellinie durch eine Scheidewand getrennten Statocysten.

- Zur Untersuchung der **Spermatophoren** bei einem erwachsenen männlichen Tier die Spermatophorentasche aufschneiden und einige der zahlreichen, etwa 2 cm langen, weißen Fäden entnehmen.
- Diese in Wasser auf einen Objektträger legen, das Präparat mit einem Deckglas bedecken und bei schwacher Vergrößerung betrachten (Abb. 95).

Die Fäden entpuppen sich als doppelwandige Röhren, deren hinterer Abschnitt mit Spermien gefüllt ist (Spermienbehälter). Der vordere Abschnitt, dessen Ende schraubig eingerollt ist,

Abb. 95: Spermatophore von *Sepia*. (Nach Edwards)

bildet einen kompliziert gebauten Ejakulationsapparat. Gelangen reife Spermatophoren ins Wasser, so stülpt sich infolge einer Quellung der Ejakulationsapparat mit dem Spermienbehälter aus.

- Von den **Chromatophoren** mikroskopische Präparate anfertigen (vgl. S. 168; *Loligo*).

2. *Loligo vulgaris*, Kalmar

Kalmare haben einen stromlinienförmigen Körper und nehmen im Pelagial des Meeres eine ähnliche Stellung ein wie Fische. Ihr Aktivitäts- und Leistungsniveau geht weit über das anderer Molluscen und auch über das der anderen Cephalopoden hinaus. Ihre Stoffwechselrate ist die höchste, die bei marinen Invertebraten gemessen wurde. Sie geht allerdings mit einem kurzen Leben einher (*Loligo vulgaris:* 1–2 Jahre).

Arten der Gattung *Loligo* kommen in der Regel küstennah in den Schelfmeeren vor, *Loligo vulgaris* auch in der Nordsee.

Durch funktionelle Integration der Flossenbewegung und des durch ausgestoßenes Wasser erzeugten Rückstoßes sind Kalmare in der Lage, sich sehr schnell vor- und rückwärts zu bewegen. Der Wasserausstoß erfolgt durch den hochbeweglichen Trichter. Garnelen und kleinere Fische können durch die zwei vorgeschleuderten Fangarme (Tentakel) blitzschnell ergriffen werden. Mit den Saugnäpfen auf den Tentakeln wird das Opfer festgehalten, dann in den Armkranz gezogen und durch Biss, verbunden mit Giftinjektion, getötet. Durch Farbwechsel (Chromatophoren in der Haut) passen sich Kalmare rasch der jeweiligen Umgebung an. Werden sie angegriffen, stoßen sie eine Tintenwolke aus, in deren Schutz sie fliehen.

- Vor der Präparation die äußere Gestalt untersuchen. Männliche Tiere erreichen eine Mantellänge von 54 cm, Weibchen bleiben kleiner.
- Man orientiert das Tier so, dass es auf der durch Chromatophoren dunkler gefärbten Körperseite (physiologische Rückenseite) liegt.

Am Kopf lassen sich seitlich die großen Linsenaugen erkennen, dahinter jeweils eine faltenartige Riechgrube. Der Trichter ragt ventral zwischen Kopf und Rumpf hervor. Zwei der 10 Arme sind lange Fangarme (Tentakel) mit keulig verdickten Enden, acht Arme sind kürzer und kräftiger und umgeben den Mund. Die beiden stärksten Arme dieser vier Paare werden als Ventralarme bezeichnet. Darauf folgen beiderseits die Lateroventralarme, dann die Laterodorsalarme und schließlich die Dorsalarme. Die Stiele der Fangarme inserieren zwischen den Ventral- und Lateroventralarmen. Jeder Arm trägt auf der Innenseite 2 Reihen gestielter Saugnäpfe, die nach der Spitze zu an Größe abnehmen. Die Saugnäpfe werden von gezähnten, aus Keratochitin bestehenden Ringen gestützt.

Die Fangarme sind viel dünner als die übrigen Arme, fast kreisrund und tragen nur an ihren Enden 4 Reihen Saugnäpfe, wobei die Saugnäpfe der beiden mittleren Reihen am größten ausgebildet sind.

Die hinteren zwei Fünftel des abgeplatteten Rumpfes werden von Flossen umgeben. Auf der dunkler gefärbten Rückenseite lässt sich die rudimentäre, innere und kalkfreie Schale, der Gladius, ertasten.

- Zur Diagnose der Geschlechter den linken Ventralarm betrachten.

Er ist bei Männchen zum Begattungsarm, dem Hectocotylus umgebildet. Auch er besitzt Saugnäpfe, diese sind aber im Bereich der Armspitzen teilweise reduziert und sitzen auf einem schmalen Stiel.

- Die Arme des Weibchens auseinander falten.

Auf diese Weise lässt sich die von zwei Lippen umgebene Mundöffnung erkennen, aus welcher die braune Spitze des Unterkiefers herausragt. Die innere Lippe (peristomale Membran) ist tentakellos, auf der äußeren Lippe (Buccalmembran) sitzen 7 kurze, reduzierte Ärmchen. Ventral bildet die Buccalmembran eine kranzförmige Tasche, die Bursa copulatrix.

- Die Präparation erfolgt in einer wassergefüllten Schale.
- Durch einen etwa 1 cm seitlich der Mittellinie verlaufenden Schnitt wird der Mantel mit dem Präpariermesser ventral aufgetrennt. Der flache Schnitt beginnt an dem den Trichter überdeckenden Mantelrand und wird bis zum Hinterende des Eingeweidesacks geführt.
- Werden die beiden Mantelflächen nun vorsichtig auseinander gebogen, erkennt man ein medianes Septum, in dem die Mantelarterie verläuft.
- Dieses Septum muss durchtrennt werden, um den Mantel ausgebreitet feststecken zu können.
- Ist Tinte ausgelaufen, wasche man das Präparat unter fließendem Wasser.

Mit diesem Schnitt wurde die **Mantel-** oder **Atemhöhle** eröffnet. Der **Trichter** kann nun in seiner vollen Länge betrachtet werden. An ihm sind rechts und links zwei Knorpelrinnen zu sehen, die je in eine von der Innenseite des Mantels vorspringende Knopfleiste passen. Eine ähnliche Haftvorrichtung findet sich dorsal zwischen Hals und Mantel. Sie bilden den Mantelschließapparat (Abb. 96). Vom Trichterrand ziehen zwei Trichtermuskeln (Trichterretraktoren) nach hinten; sie enden etwa in der Mitte des Mantels. Dorsal davon verlaufen zwei weitere Muskeln, die Kopfrückziehmuskeln.

Der Trichter öffnet sich breit in die Mantelhöhle und verjüngt sich nach vorn. Das in der Mantelhöhle befindliche Wasser wird beim lebenden Tier durch rhythmische Kontraktionen des Mantels und leichte Retraktionen des Körpers bewegt. Es tritt bei Erweiterung der Mantelhöhle und geschlossener Trichterklappe über einen dorsalen Wasserstrom in die Mantelhöhle ein und wird so in je einem Strom den Kiemen zugeleitet. Bei der Ausatmung führt das ausströmende Wasser zur Erweiterung des Trichters, wodurch der Mantelspalt geschlossen wird, während sich die Trichteröffnung erweitert. Durch Verengung der Mantelhöhle strömt es

- Für die Betrachtung des Verdauungstraktes den Trichter entfernen. Dazu werden die beiden großen Trichterretraktoren durchschnitten.
- Anschließend mit einem Flächenschnitt die dorsale Trichterwand abtrennen, wodurch sich der gesamte Trichterapparat abheben lässt.

Der **Verdauungstrakt** beginnt mit einem Schlundkopf (Pharynx). Dieser wird erst in einem späteren Stadium aufpräpariert, sodass man die in ihm gelegenen Kiefer und die Radula erkennen kann. Hier münden über einen unpaaren, parallel zum Oesophagus verlaufenden, median auf dem Schlundkopf ziehenden Kanal auch die paarigen, hinteren Speicheldrüsen, die ein starkes Gift (Alkaloid) sezernieren und daher auch als Giftdrüsen bezeichnet werden. In die Muskulatur des Pharynx eingebettet liegen die vorderen Buccalspeicheldrüsen. Nach Zerkleinern und Einspeicheln der teilweise schon angedauten Nahrung gelangt letztere aus dem Schlundkopf in den cuticularisierten Oesophagus. Über ihm verlaufen parallel die sehr großen, zwischen den Trichterretraktoren gelegenen, weißlichen, paarigen Mitteldarmdrüsen.

- Diese median auseinander drücken.

Dorsal lassen sich der Oesophagus und die Kopfarterie erkennen. Zwischen den cranialen Spitzen der Mitteldarmdrüsen findet man auch die kleinen, ovalen, hinteren Speicheldrüsen. Der Oesophagus mündet in den unter dem Magenblindsack gelegenen Muskelmagen. An diesen schließen sich ein Zwischenstück oder Vestibulum und der je nach Füllung verschieden ausgebildete Magenblindsack (Caecum) an, der länglich ausgezogen ist und einen Spiralteil nur vorn erkennen lässt. Er stellt ein dünnes, mit Lamellen besetztes Häutchen dar, das u. a. zur Speicherung von Sekreten der Mitteldarmdrüse dient. Den paarigen Ausführgängen der Mitteldarmdrüsen in den Magenblindsack sitzt das Pankreas in Form einer weißlichen, schlauchförmigen Drüse an. Auf Höhe der Ausführgänge der Mitteldarmdrüse lässt sich auch der Durchtritt der vom Herzen kommenden Kopfarterie und des Oesophagus durch die Mitteldarmdrüsen erkennen.

Magen und Magenblindsack sind an der Verdauung beteiligt, unterscheiden sich aber dabei funktionell. Die mit dem Mundraum in Verbindung stehenden Speicheldrüsen besitzen keine wichtige Verdauungsfunktion. Der Verdauungsprozess beginnt mit der Aufnahme der Nahrung in den Magen (Kropffunktion). Ein enzymatischer Aufschluss ist über die aus Mitteldarmdrüsen, Pankreas oder Caecum eingeschleusten Sekrete möglich. Die eigentliche Verdauung findet im Magenblindsack statt, Mitteldarmdrüse und Pankreas steuern die Enzyme bei. Hier findet auch Resorption von Nährstoffen statt. Unverdaubare Reste wie Knochen, Chitin u. a. werden nur im Magen, nicht im Magenblindsack gefunden.

Direkt neben der Einmündung des Oesophagus in den Magen liegt die Ausmündung des Darms, der ventral mit dem Enddarm und dem bereits erwähnten Tintenbeutel in der Mantelhöhle endet.

- Mit einem Messerschnitt in der Medianlinie die Muskulatur zwischen den Ventralarmen durchtrennen und den Schnitt vorsichtig weiter nach vorn führen, bis man auf den großen, annähernd kugeligen muskulösen Schlundkopf stößt.
- Hat man den Schnitt tief genug geführt, so werden auch der Kopfknorpel mit den beiden Statocysten und die ventrale Gehirnmasse durchtrennt.

Damit ist der Oesophagus in ganzer Länge sichtbar. Parallel dazu verläuft ein dünner Speichelgang, der median auf dem Schlundkopf entlang zieht und in ihn einmündet.

- Schließlich den Schlundkopf median aufschneiden. Dabei stößt man auf den Widerstand der hornigen Kiefer. Seitlich vorbei präparieren und die beiden Kiefer herausziehen.

Die kräftigen **Kiefer** werden entsprechend ihrer Form auch als Schnabel bezeichnet. Der Oberkiefer beißt in den Unterkiefer. Tintenfische sind Räuber und können mit diesen Kiefern Fleischstücke aus ihrer Beute heraustrennen. Kleine Beutestücke werden direkt heruntergeschluckt. Die bis zu 1 cm lange **Radula**, die ausschließlich Greiferfunktion hat, liegt auf einer zungenartigen Leiste im Schlundkopf.

- Die Radula mit einer Pinzette anheben und aus dem Schlundkopf heraustrennen.
- Die Betrachtung erfolgt bei geringer Vergrößerung unter dem Mikroskop.
- Will man Kiefer und Radula unverletzt erhalten, empfiehlt sich eine Mazeration des Schlundkopfes in Kalilauge.

Ohne entsprechende Präparation ist die Radula nicht in ihrer ganzen Länge sichtbar. Die spitzen, nach hinten gerichteten Zähne sind in sieben Längsreihen angeordnet. Eine unpaare Reihe dreispitziger Mittelzähne begleiten drei paarige Seitenreihen. Die Zähne nehmen nach außen an Länge zu und sind nach innen gerichtet. Einen solchen Radula-Typ bezeichnet man als taenioglоss. Die Radula ist auf ihrer ganzen Länge mit dem darunter gelegenen Stützpolster verwachsen und kann eingezogen und vorgestreckt werden.

Das große **Gehirn** der Cephalopoden gehört zu den höchstentwickelten Gehirnen der Wirbellosen. Seine makroskopische und mikroskopische Gliederung und Differenzierung sind außerordentlich komplex. Es entsteht durch die Verschmelzung der verschiedenen Ganglien. Vom Gehirn wurde die Unterschlundganglienmasse durch den zuvor ausgeführten Medianschnitt abgetrennt. Diese Masse ist aus der Verschmelzung der Brachial-, Pedal-, Pleural- und Visceralganglien hervorgegangen. Das gesamte Gehirn und die ventral gelegenen Statocysten sind von Kopfknorpel umgeben. In ventraler Aufsicht lassen sich die in der ventralen Knorpelmasse liegenden Statocysten erkennen.

- Aus ihnen blättchenartige Statolithen isolieren.

Unter den Statocysten befinden sich die Visceralganglien. Nach vorn schließen sich die Pedalganglien an, seitlich die Pleuralganglien sowie die dorsal gegenüber den Pedalganglien gelegenen Cerebralganglien, die durch zwei paarige Konnektive mit der ventralen Gehirnmasse verbunden sind. Sie bilden zusammen mit den anderen Ganglien einen Schlundring um den Oesophagus. Sehnerven ziehen vom Cerebralganglion zum Ganglion opticum am Augapfel. Eine Verdickung des Sehnerven wird als Lobus opticus bezeichnet. In der Nähe des Auges finden sich noch die blattartigen weißen Körperchen, ihre Funktion soll die Blutzellbildung sein. An den Brachialganglien entspringen jederseits die fünf Paar starken Armnerven, an den Pedalganglien die Trichternerven.

Vom peripheren Nervensystem sind die beiden Mantelganglien ohne weiteres sichtbar. Sie liegen an der Innenseite des Mantels nahe dem Trichtereingang. Strahlenförmige, in den Mantel ziehende Nerven geben ihnen ein sternförmiges Aussehen, weswegen sie auch als Sternganglien (Ganglia stellata) bezeichnet werden. Ihre Verbindung mit den Visceralganglien über die starken Mantelkonnektive kann man leicht verfolgen. Sie steuern die Kontraktion des Mantels und damit auch indirekt die Atemfrequenz.

- Das Auge herausnehmen und aufschneiden.

Man sieht dann die zarte Retina, die dunkle Pigmentschicht und die vom Ciliarkörper umgürtete, kugelrunde Linse, die aus einem kleineren äußeren und einem größeren inneren Abschnitt besteht.

Nun noch die Schale (**Gladius**) betrachten.

- Dazu die Eingeweide entfernen.

Man sieht ein elastisches Stützelement, das den gesamten Eingeweidesack durchzieht und in einem Schalensack liegt. Der Gladius ist ein Produkt einer ectodermalen, dorsalen Invagination, wodurch ein innerer Schalensack entsteht. Deswegen spricht man auch von einer inneren Schale.

Von den Chromatophoren lassen sich gut mikroskopische Präparate anfertigen.

- Ein rechteckiges Hautstück von etwa 5 mm Breite und ein bis zwei Zentimeter Länge an einer Schmal- und den beiden Längsseiten mit dem Skalpell umschneiden.
- Nach dem Entfernen der zarten, einschichtigen Epidermis versucht man, beginnend an einer angeschnittenen Schmalseite, einen möglichst dünnen Streifen der Cutis abzuziehen.
- Dieser wird mit Eisenhämatoxylin gefärbt und in Eukitt eingedeckt.

Die Chromatophoren und die sie radiär umgebenden Muskelzellen sind an dünnen Stellen gut zu erkennen. Je nach Kontraktionszustand der Muskelzelle ist die pigmentführende Zelle größer oder kleiner. Bei maximaler Pigmentkonzentration (Chromatophoren klein, kugelförmig) wirkt das Tier heller, bei flächiger Pigmentausbreitung dunkler. Wegen der engen Assoziation von Farbzellen und Muskelzellen spricht man auch von Chromatophoren-Organen. Am lebenden Tier ist ein sehr schneller Farbwechsel zu beobachten, der in Sekundenbruchteilen abläuft.

Annelida, Ringelwürmer

Die Anneliden sind Bewohner des Meeres, der Süßgewässer und des Bodens. Sie haben eine **sekundäre Leibeshöhle (Coelom)** in Form von oft zahlreichen, hintereinander angeordneten und durch Querwände (**Dissepimente**) voneinander getrennten Abschnitten. Diese **Segmentierung** oder **Metamerie** betrifft die Mehrzahl der Organe, sodass der Körper sich aus aufeinander folgenden Abschnitten (Segmenten, Metameren) von mehr oder weniger gleichförmigem Bau zusammensetzt. Diese Form der Metamerie prägt sich auch äußerlich durch die an den Segmentgrenzen verlaufenden Furchen aus, die auch für den Namen Ringelwürmer verantwortlich sind: Annelida (von lat. anellus, kleiner Ring).

Im typischen Fall sind die Coelomräume paarig und werden von einem einschichtigen Coelomepithel ausgekleidet. Die medianen **Septen (Mesenterien)** wie auch die Dissepimente sind daher aus zwei fest miteinander verwachsenen Epithelien aufgebaut, die nur dort auseinander treten, wo sie Organe wie z. B. den Darm überziehen. Wie der Darm werden auch alle anderen in der Leibeshöhle liegenden oder an sie angrenzenden Organe vom Coelomepithel bedeckt. Das periphere, die Körperwand innen auskleidende (parietale) Coelomepithel wird als **Somatopleura** bezeichnet, während man das zentrale, den Darm umhüllende (splanchnische) Coelothel **Visceropleura** nennt. Die Leibeshöhlenflüssigkeit, in der Zellen flottieren, kann durch Öffnungen von einer Kammer zur anderen bewegt werden.

Der vorderste Körperabschnitt, das **Prostomium**, und der letzte, das **Pygidium**, sind keine Segmente.

Der Körper wird von einer kollagenhaltigen **Cuticula** bedeckt; die Epidermis enthält verschiedene Drüsenzellen. Für die meisten Anneliden charakteristische Bildungen der Epidermis sind die haar- oder hakenförmigen **Borsten**. Sie bestehen aus Proteinen und Chitinfibrillen und werden einzeln oder zu mehreren in der Tiefe einer epidermalen Einstülpung (Borstensäckchen) jeweils von einer einzigen Borstenbildungszelle erzeugt. Die Borsten sind nach Form und Größe sehr unterschiedlich; sie dienen der Fortbewegung und dem Schutz. Bisweilen sind sie reduziert. Bei den Hirudineen (Ausnahme: *Acanthobdella*) fehlen sie ganz.

Die Körpermuskulatur bildet zusammen mit dem Integument einen kräftigen **Hautmuskelschlauch**, an dem zumindest eine äußere Ring- und eine innere Längsmuskelschicht aus schräg gestreiften Muskelzellen zu unterscheiden sind. Er funktioniert zusammen mit der Leibeshöhlenflüssigkeit als **hydrostatisches Skelet**, dessen Wirksamkeit besonders grabende Arten, wie die Regenwürmer, demonstrieren.

Das Nervensystem der Anneliden ist ein **Strickleiternervensystem**. Es besteht aus dem im Prostomium über dem Schlund gelegenen Gehirn (Oberschlundganglion, Cerebralganglion) und dem paarigen Bauchmark. Die beiden Längsbahnen des Bauchmarks entspringen beiderseits am Gehirn, wenden sich links und rechts den Schlund umgreifend (als Schlundkonnektive) ventralwärts, um dann zwischen Darm und ventraler Körperwand eng nebeneinander den Körper von vorn bis hinten zu durchziehen. Die Perikaryen ihrer Nervenzellen sind in jedem Segment in einem Paar von **Ganglien** untergebracht, die durch quer verlaufende Nerven, die **Commissuren**, miteinander verbunden sind. Die Nerven zwischen hintereinander liegenden Ganglien werden als **Konnektive** bezeichnet. Die beiden Ganglien der Segmente entsenden lateral jeweils drei oder vier Seitennerven zur Körperperipherie. Das Prostomiun und, soweit vorhanden, die Prostomialanhänge (Antennen, Palpen) werden von Nerven des Oberschlundganglions versorgt.

Die Ausstattung mit **Sinnesorganen** hängt von der Lebensweise ab. Vor allem die freibeweglichen (erranten) Polychaeten haben gut entwickelte Tast- und Chemoreceptoren. Bei den Lichtsinnesorganen finden sich von einfachen, im Epithelverband stehenden, einzelligen Ocellen bis hin zu Linsen- und Komplexaugen alle Augentypen.

Die Ringelwürmer haben ein **geschlossenes Blutgefäßsystem**, dessen Lumen einen Restraum der primären Leibeshöhle darstellt und das von der Basalmembran anschließender Coelomepithel- oder Muskelzellen begrenzt wird. Es setzt sich aus zwei Hauptlängsstämmen zusammen, von denen der über dem Darm gelegene meist kontraktil ist und das Blut nach vorn treibt (Rückengefäß). Er steht mit dem unter dem Darm liegenden Bauchgefäß über Gefäße in der Darmwand und durch Ringgefäße, die in den Dissepimenten verlaufen, in Verbindung. Segmentale, den Längsgefäßen entspringende bzw. in sie mündende Seitengefäße versorgen mit reichen Capillarnetzen den Hautmuskelschlauch, die Nephridien und Gonaden und – bei den Polychaeten – Parapodien und Kiemen. Nicht selten sind einige der Seitengefäße kontraktil (Lateralherzen; s. S. 177). Bei den Hirudineen ist das Blutgefäßsystem meist rückgebildet. Seine Aufgabe wird dann vom röhrenförmig eingeengten Coelom übernommen. Als Blutfarbstoff fungieren **Hämoglobin** oder das grüne **Chlorocruorin** oder vereinzelt das violette **Hämerythrin**. Alle enthalten Eisen.

Vor allem bei Polychaeten sind **Kiemen** als Atmungsorgane entwickelt, während sonst der reich durchblutete Hautmuskelschlauch als Atmungsorgan dient.

Der **Darm** durchzieht den Körper meist als gerades Rohr. Die Mundöffnung liegt hinter dem Prostomium, der After im Pygidium. Differenzierungen von Darmabschnitten (Kropf, Kaumagen, Blindsäcke u. a.) kommen in Abhängigkeit von der Ernährungsweise vor.

Die **Exkretionsorgane** sind stark gewundene, reich mit Blutgefäßen versorgte Kanäle, von denen jedem Segment ursprünglich ein Paar zukommt (**Metanephridien**). Sie beginnen mit einem Wimpertrichter (Nephrostom), der, dem hinteren Dissepiment der Coelomräume vorne aufsitzend, sich in die Leibeshöhle öffnet. Das anschließende Nephridialkanälchen durchsetzt das Dissepiment, nimmt – von Coelothel überzogen – im folgenden Segment seinen windungsreichen Lauf und mündet dort durch einen seitlichen Porus nach außen. Die Coelomflüssigkeit kann als Primärharn betrachtet werden, da durch die mit Podocyten besetzte Wand von Blutgefäßen Ultrafiltration stattfindet. In den Nephridialkanälchen erfolgt Abscheidung von Endprodukten des Proteinstoffwechsels (meist NH_3), aber auch Osmoregulation und Rückresorption von verwertbaren organischen Verbindungen und von Wasser.

Die **Gonaden** werden metamer als flächenhafte Bildungen des Coelomepithels angelegt. Die Geschlechtszellen gelangen nach Platzen des Coelothels in die Leibeshöhle und werden entweder durch besondere trichterförmige Ausführungen (Gonodukte) oder aber durch die Exkretionskanäle nach außen befördert. Bei manchen Polychaeten gelangen die Geschlechtsprodukte durch Aufreißen der Körperwand nach außen. Bei den Clitellata sind die Gonaden auf bestimmte, oft nur sehr wenige Segmente beschränkt.

Die Polychaeten sind meist getrenntgeschlechtlich, die Clitellaten dagegen ausnahmslos proterandrische Zwitter.

Die Eier furchen sich nach dem **Spiraltyp**. Die Entwicklung erfolgt direkt oder über eine Metamorphose, bei der eine typische Larvenform, die **Trochophora** (Abb. 98a), durchlaufen wird. Sie ist von kugeliger, birnen- oder auch walzenförmiger Gestalt und mit durchgehendem Verdauungstrakt ausgestattet. Der Mund liegt ventral, der After terminal. Der Fortbewegung, und zum Teil auch der Nahrungsaufnahme, dienen Wimperringe. Der auffallendste, der Prototroch, umzieht den Körper äquatorial vor dem Mund, der schwächere Metatroch verläuft hinter dem Mund. Weniger häufig findet sich im Bereich des Afters als weiteres Wimperorgan der Telotroch. Der Prototroch gliedert den Körper in eine obere Episphäre und eine untere Hyposphäre. Die Episphäre trägt am Scheitel ein Wimperbüschel und eine Ansammlung von Sinnes- und Ganglienzellen (Scheitelplatte), die mit einem Nervennetz in Verbindung stehen. In der primären Leibeshöhle liegen paarige Protonephridien. Aus dieser frei schwimmenden Larve geht der Ringelwurm durch einen Sprossungsvorgang hervor. Die beiden links und rechts neben dem Anus liegenden Urmesodermzellen teilen sich und liefern zwei ventrale Zellstränge (Urmesodermstreifen), die sich nach vorn bis zum Mund schieben und sich dann oft synchron in drei bis sechs Coelomsackpaare gliedern. Die Bildung weiterer Coelomsackpaare erfolgt in einer Sprossungszone, die vor dem After liegt. Ein Teil der Episphäre wird als Prostomium und ein Teil der Hyposphäre als den After umgebender Endabschnitt (Pygidium) bei der weiteren Entwicklung zum adulten Tier übernommen. Vielfach findet man im

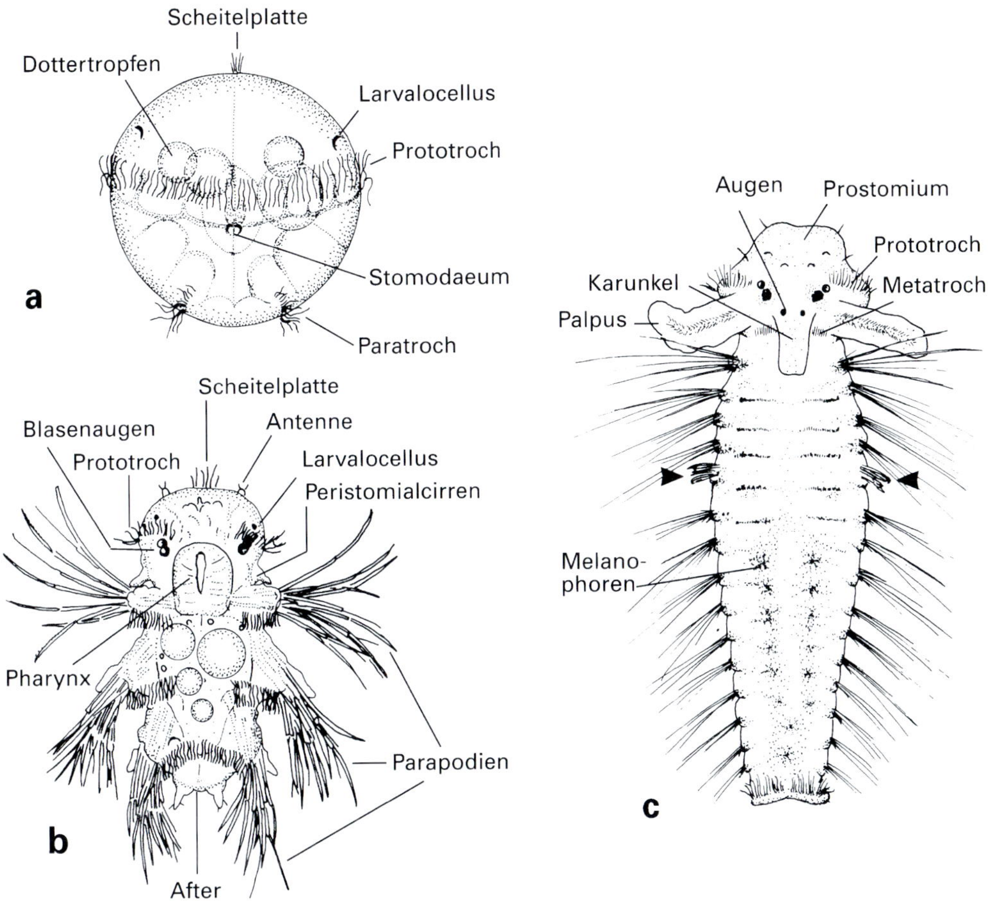

Abb. 98: Larven von Polychaeten. a, b. *Platynereis.* a. Trochophora, b. Nectochaeta, c. fortgeschrittene Nectochaeta von *Polydora*, die besonders lange im Plankton lebt. Die bodenbelebenden Adulten bohren sich mit speziellen Borsten, die schon bei der Larve zu sehen sind (Pfeile), in das Substrat, z. B. Schneckenschalen, ein. (Nach Fischer, Husemann, Plate)

Plankton Larven, die schon mehrere Segmente ausgebildet haben (**Nectochaeta**, Abb. 98 b, c).

I. Oligochaeta, Wenigborster

Technische Vorbereitungen

- Präpariert wird *Lumbricus terrestris.*
- Tiere zum **Abtöten** eine halbe Stunde vor der Verwendung in 10%igen Alkohol, dem etwas Chloroform zugefügt wurde, legen. Einzelheiten der Körperoberfläche lassen sich besonders gut an Würmern beobachten, die in wässeriger, konzentrierter Pikrinsäure fixiert und in Alkohol aufbewahrt wurden.
- Als **mikroskopische Präparate** sind mit Hämatoxylin-Eosin oder mit Azan gefärbte Querschnitte der mittleren Körperregion erforderlich. Dabei ist zu beachten, dass der Darm i. d. R. nicht schneidbare Erde enthält. Deshalb die zur Fixation vorgesehenen Tiere für einige Tage in ein Zylinderglas bringen, das mit angefeuchteten Filtrierpapierschnitzeln gefüllt ist. Die Regenwürmer fressen das Filtrierpapier, scheiden den erdigen Kot aus und erlangen so in einigen Tagen die erwünschte Schneidfähigkeit.

Allgemeine Übersicht

Die Oligochaeten, zu denen die Regenwürmer gehören, und die Hirudineen werden als **Clitellata** (Gürtelwürmer) in einer Klasse vereinigt. Das die Klasse kennzeichnende **Clitellum** ist eine oft deutlich über die Körperoberfläche vorgewölbte drüsige Umbildung der Epidermis im Bereich bestimmter Segmente. Das Sekret der Drüsenzellen dient zur Bildung des Eikokons, liefert eine Nährflüssigkeit für die sich im Kokon entwickelnden Embryonen und spielt außerdem in einigen Taxa bei der Begattung eine Rolle. Von der Klasse der Polychaeten unterscheiden sich die Clitellaten außerdem durch das Fehlen von Parapodien und durch den **zwittrigen Geschlechtsapparat**.

Die Oligochaeten sind lang gestreckte, drehrunde oder leicht kantige Würmer mit deutlich ausgebildeter innerer und äußerer Segmentierung. Die Zahl der Segmente beträgt 7 bis 600. Die geräumige sekundäre Leibeshöhle ist durch Dissepimente in hintereinander liegende Kammern aufgeteilt. Das Mesenterium ist stark reduziert und meist nur ventral vom Darm ausgebildet. Die Leibeshöhle wird von einer Flüssigkeit erfüllt, in der mehrere Typen von Coelomocyten und abgelöste Chloragogzellen flottieren. Den Dissepimenten entsprechen meist genau die Intersegmentalfurchen, die außen die einzelnen „Ringel" voneinander abgrenzen; innere und äußere Segmentierung decken sich also. Die einzelnen Segmente sind ursprünglich gleichartig gebaut (**homonome Segmentierung**). Nervensystem, Blutgefäße und Exkretionsorgane können sich Segment für Segment in ihrem Aufbau wiederholen.

Die **Leibeswand** der Oligochaeten ist ein typischer **Hautmuskelschlauch**. Die Epidermiszellen sind zu einem einschichtigen Epithel angeordnet, in das Drüsen- und Sinneszellen eingestreut sind. Sie scheiden eine zarte (beim Regenwurm ca. 1 µm dicke) oft irisierende Cuticula ab. Innen an die Epidermis schließt sich der aus schräg gestreiften Muskelzellen bestehende Muskelschlauch an, der sich aus einer äußeren Ring- und einer inneren, viel mächtigeren Längsmuskellage zusammensetzt. Manchmal ist auch noch Diagonalmuskulatur ausgebildet. Innen liegt das flache bis kubische Coelomepithel.

Das **Nervensystem** ist zwar der Anlage und auch dem mikroskopischen Aufbau nach ein typisches **Strickleiternervensystem**, jedoch sind die Bauchganglien und die Konnektive einander so genähert, dass das Bauchmark bei makroskopischer Präparation als zwar knotiger, aber einheitlicher Strang erscheint. Das Cerebralganglion liegt nicht im Prostomium, sondern etwas weiter hinten. Im Verband der Epidermis liegen freie Nervenendigungen und bisweilen zu Knospen zusammengefasste oder in Flimmergruben eingesenkte Sinneszellen. Sie dienen der Tast- und Chemoreception. Die ebenfalls in der Haut, oder auch darunter, im Verlauf von Nerven liegenden Lichtsinneszellen sind sowohl am Vorder- als auch am Hinterende gehäuft (s. S. 184). Pigmentbecherocellen kommen nur selten vor.

Der **Darmkanal** beginnt mit der meist etwas ventral verschobenen Mundöffnung, die vom Kopflappen (Prostomium) überdacht wird. Auf die mit der Cuticula ausgekleidete Mundhöhle folgt der muskulöse Pharynx, der seinerseits in den schlanken Oesophagus übergeht. Der erste Abschnitt des Oesophagus besitzt ein auffallendes, nach innen vorspringendes Faltensystem. Ein zweiter Abschnitt ist durch Längsfalten gekennzeichnet; hier liegen bei vielen landbewohnenden Arten die **Kalkdrüsen**. Sie entsprechen säckchenförmigen Ausstülpungen, die durch weiße Farbe und reiche Blutversorgung auffallen. Der Oesophagus kann sich zu kropf- und magenartigen Bildungen erweitern. Die Funktion der Kalkdrüsen ist noch nicht eindeutig geklärt. Sie stehen zweifellos im Dienst der Regulation des inneren Milieus. Durch sie wird sowohl der Calcium- als auch der CO_2-Spiegel im Blut und in der Coelomfüssigkeit kontrolliert. Bei landlebenden Arten wird ein Überschuss an Calcium und CO_2 von den Zellen als Kalk (in Form von Calcit) sezerniert und über den Darm ausgeschieden. Der Mitteldarm ist meist ein gerades und ziemlich weites Rohr. Bei den in der Erde lebenden Oligochaeten ist seine dorsale Wand median mehr oder weniger tief rinnenförmig nach innen eingefaltet. Durch diese **Typhlosolis** wird die Oberfläche erheblich vergrößert. Die Wand des Darmes baut sich aus dem bewimperten Darmepithel, einer inneren Ring- und äußeren Längsmuskelschicht sowie dem Peritonealepithel auf, dessen Zellen zum sog. **Chloragoggewebe** spezialisiert sein können.

Die Chloragogzellen speichern Fette und synthetisieren Glykogen. Sie spielen außerdem eine Rolle beim Proteinabbau und bilden Harnstoff und Harnsäure. Sie sind am Eisenstoffwechsel beteiligt und enthalten das eisenreiche Ferritin und Hämoglobin. Viele Chloragogzellen lösen sich, auch im intakten Tier, ab, flottieren im Coelom, um später durch die **Rückenporen** ausgeschieden zu werden. Zwischen Darmepithel und Darmmuskulatur verlaufen Blutgefäße. Der Enddarm ist meist kurz und einfach gebaut, der After endständig.

Das nahezu völlig geschlossene **Blutgefäßsystem** entspricht dem des Annelidengrundplanes. Das median über dem Darm verlaufende Rückengefäß ist kontraktil und treibt das Blut von hinten nach vorn. Es steht über den Darmblutsinus, aus dem es Blut empfängt, mit dem Ventralgefäß in Verbindung. Im Vorderkörper können paarige, den Darm umfassende Gefäßschlingen eine besonders kräftige Muskulatur ausbilden und so zu Lateralherzen werden, die das Blut vom Dorsal- zum Ventralgefäß treiben. Weitere bogig verlaufende Adern, die vom Ventralgefäß entspringen, versorgen Metanephridien und Hautmuskelschlauch, andere führen – von dem unter dem Bauchmark den Körper axial durchziehenden Subneuralgefäß kommend – dem Rückengefäß Blut zu. In diese Dorsoparietalgefäße münden Venen aus den Nephridien und Gefäße, die, aus der Haut kommend, sauerstoffreiches Blut führen. Durch Ausbildung weiterer, sowohl längs als auch quer verlaufender Gefäße kann das System erheblich komplizierter werden. Meist ist das Blut durch gelöstes Hämoglobin rot gefärbt; es enthält nur wenige Blutzellen.

Atmungsorgane in Form von Kiemen kommen bei Oligochaeten nur vereinzelt vor; Hautatmung ist die Regel.

Die **Exkretionsorgane** sind meist typische **Metanephridien**. Sie können in einigen der vordersten und hintersten Segmente fehlen; im übrigen kommt jedem Segment ein Paar zu.

Der **Geschlechtsapparat** der Oligochaeten ist zwittrig. Die Gonaden, ursprünglich zwei Paar Ovarien und zwei Paar Hoden, liegen in bestimmten Segmenten des Vorderkörpers, die Hoden stets vor den Ovarien. Ei- und Samenzellen, die sich unreif aus den Gonaden lösen, werden vorübergehend von Aussackungen der Dissepimente, von Samensäcken und Eisäcken, auch Samenblasen und Eihälter genannt, aufgenommen und später durch besondere Gänge abgeleitet. Diese Ausführgänge beginnen mit Wimpertrichtern in den die Gonaden beherbergenden Coelomkammern. Zum weiblichen Apparat gehören die Receptacula seminis (Spermatheca), kugelige Einstülpungen der Epidermis, die bei der wechselseitigen Begattung das Sperma des Partners aufnehmen und bis zur Eiablage aufbewahren.

Die **Entwicklung** der Oligochaeten erfolgt **direkt**, ohne freies Larvenstadium. Ungeschlechtliche Fortpflanzung kommt bei einigen Familien vor.

Die Oligochaeten **leben** teils im Süßwasser, teils im Schlamm oder in feuchter Erde; auch im Meer sind sie vertreten.

Spezieller Teil

Lumbricus terrestris, Regenwurm

Äußere Anatomie

Das Vorderende des Körpers ist zugespitzt, das Hinterende abgerundet und dorsoventral etwas abgeplattet. Die wegen der Cuticula schwach irisierende Haut ist auf der Dorsalseite dunkler gefärbt als auf der Ventralseite. Die vordere Hälfte des Körpers ist zylindrisch, die hintere flacht sich zunehmend ab.

Der bis 30 cm lange Körper ist in ganzer Länge segmentiert. Die Zahl der – maximal 180 – Segmente nimmt mit dem Alter zu; die **Wachstumszone**, die Segmentbildungszone, liegt nahe dem Hinterende. Man spricht daher von teloblastischer Erzeugung neuer Segmente. Die vorderen Ringel sind länger als die übrigen. Dorsal sieht man das meist etwas geschlängelte Rückengefäß durchschimmern, ventral – weniger deutlich – das Subneuralgefäß.

Das Vorderende des Körpers wird vom **Prostomium** (Kopflappen) eingenommen. Es durchsetzt dorsal das erste Segment, ventral befindet sich, nahe seinem Hinterrand, die je nach Kontraktionszustand unterschiedlich gut erkennbare Mundöffnung (Sondieren!). Am Hinterende liegt im **Pygidium** die senkrecht verlaufende Afterspalte.

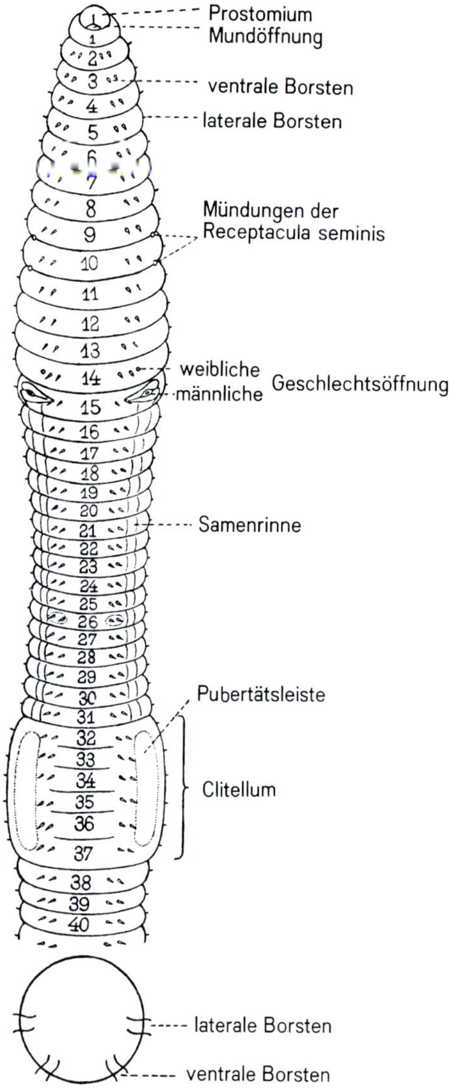

Abb. 99: *Lumbricus terrestris.* Ventralansicht des vorderen Körperabschnittes. Unten: Borstenstellung im Querschnitt. 4 ×

Geschlechtsreife Tiere haben von Februar bis August im vorderen Körperabschnitt eine auch durch ihre hellere Färbung auffallende Verdickung, das **Clitellum**. Es umfasst Rücken und Flanken der Segmente 32 bis 37 und verdankt seine Entstehung der mächtigen Entwicklung von 2 Typen von Drüsenzellen, die Proteine und Mucopolysaccharide absondern. Das Sekret ist bei der gegenseitigen Begattung der zwittrigen Würmer und bei der Eiablage von Bedeutung. Die Seitenränder des Clitellums treten als sog. Pubertätsleisten besonders hervor. Papillenartige Vorwölbungen mit so genannten Kittdrüsen finden sich oft auch im 26. Segment, um die ventralen Borsten herum (Abb. 99).

Beim **Kriechen** streckt sich zunächst die vordere Körperregion infolge einer Kontraktion der Ringmuskulatur lang aus. Gleich darauf folgt eine von vorn nach hinten verlaufende Kontraktionswelle der Längsmuskulatur, die zu einer lokalen Verdickung führt und den Körper nach vorn zieht. Ein Zurückrutschen wird durch das Ausfahren der Borsten verhindert. Unmittelbar anschließend oder auch gleichzeitig streckt sich die vordere Körperregion erneut aus, es folgt eine zweite Kontraktionswelle der Längsmuskulatur und so fort. Die Festigkeit (Rigidität), die der Wurmkörper durch Kontraktion der Muskulatur des Hautmuskelschlauches erreichen kann, ist erheblich. Dieses hydrostatische Skelet spielt vor allem beim Graben eine wichtige Rolle.

An fixierten Tieren (Abb. 99) kann man die Borsten besser erkennen als am lebenden Tier. Jedem Segment kommen acht Borsten zu. Sie sind jederseits zu einem ventralen und einem lateralen Paar angeordnet.

An den fixierten Tieren lassen sich auch die Geschlechts- und Exkretionsöffnungen besser als am lebenden Wurm erkennen. Die **Geschlechtsöffnungen** liegen seitlich an der Bauchfläche, und zwar die weiblichen im 14., die männlichen im 15. Segment, unmittelbar lateral von den ventralen Borsten. Die männlichen Öffnungen werden von lippenförmigen Querwülsten eingefasst, die weiblichen sind sehr fein und daher schwerer erkennbar. Vom Außenrand der die männliche Geschlechtsöffnung einfassenden Lippen führt eine Rinne nach hinten bis zum Clitellum; sie dient dem Transport des Spermas und wird daher als Samenrinne bezeichnet. Eine ihr parallel laufende zweite Rinne unbekannter Funktion (Transport der Eier?) geht vom Innenrand der Lippen aus. Zur Zeit der Fortpflanzung wird man ferner in den beiden das 10. Segment begrenzenden Furchen jederseits die feinen Öffnungen der **Receptacula seminis** finden. Die nicht immer wahrnehmbaren Exkretionsporen liegen ganz vorn im Segment, oft unmittelbar in seiner vorderen Grenzfurche, teils im Zuge der ventralen Borstenpaare, teils in dem der lateralen oder noch höher; sie fehlen den ersten drei Segmenten.

Auf der Rückseite sieht man bei gut gestreckten Würmern feine Poren in der Medianlinie, die durch ringförmige Muskulatur verschließbaren **Rückenporen**. Sie liegen in der Tiefe der die Segmente trennenden Furchen, fehlen nur den vordersten Segmenten und stellen Verbindungen der Leibeshöhle mit der Außenwelt dar, durch die Coelomflüssigkeit und in ihr enthaltene Zellen ausgestoßen werden können, was besonders als Folge einer Reizung (Zwicken mit der Pinzette, Erwärmung auf 35 °C) eintritt.

Präparation

- Den Wurm im Becken unter Wasser (besser in 0,43%iger NaCl-Lösung) so aufstecken, dass die dunklere Rückenseite nach oben zu liegen kommt.
- Eine starke Stecknadel an der Grenze vom 1. zum 2. Segment, eine zweite etwas vor dem Hinterende einführen.
- Den Wurm allmählich so weit ausspannen, wie es ohne Zerreißen möglich ist.
- Den Hautmuskelschlauch mit einer feinen Schere von vorn her in der durch das Rückengefäß angegebenen Mittellinie eröffnen. Dabei den Hautmuskelschlauch mit einer Pinzette anheben, um nicht das Gefäß oder den unmittelbar darunter liegenden Darm anzuschneiden. Besonders vorsichtig beim 3. Segment (Cerebralganglion!) und vom 20. Segment nach hinten sein, da hier der Darm dem Hautmuskelschlauch dicht anliegt. Es ist von Vorteil, den Schnitt in der hinteren Körperhälfte etwas seitlich zu führen.
- Die zwei Körperseiten vorsichtig auseinander biegen und sie seitlich durch schräg eingeführte feinere Nadeln feststecken (Abb. 100). Dazu, soweit das erforderlich ist, die die einzelnen Segmente trennenden Dissepimente durchschneiden. Den Hautmuskelschlauch **keinesfalls** so weit auseinanderziehen, dass er platt wie ein Brett dem Boden des Präparierbeckens aufliegt, da manche Organe dadurch eine unnatürliche Lage erhalten oder auch zerrissen werden. Man verwende das Stereomikroskop.

Die nach unten gerichtete Mundöffnung führt in die Mundhöhle, die nach hinten in den bauchigen, muskulösen **Pharynx** übergeht. Seinem Vorderrand liegt dorsal das wegen seiner weißen Farbe auffallende, paarige **Cerebralganglion** auf. Zahlreiche Muskelfaserzüge ziehen vom Pharynx zur Körperwand. Die vorderen sind kurz und seitlich gerichtet, die folgenden werden zunehmend länger und ziehen schräg nach hinten, wobei sie mehrere Dissepimente durchsetzen. Durch ihre Kontraktion wird der Pharynx erweitert und nach hinten gezogen. Die Wand des Pharynx ist außerdem dicht mit kurzen Büscheln von Drüsenzellen besetzt. Ihr Sekret ist reich an Schleim (Erleichterung des Schlingaktes), enthält aber auch Amylase und Proteasen zur Verdauung.

An den Pharynx schließt sich der schlankere **Oesophagus** an, der etwa vom 7. bis zum 13. Segment reicht. Sein hinterer Abschnitt (10. bis 12. Segment) ist beiderseits zu drei Paar weißen, reich durchbluteten Kalksäckchen ausgebuchtet, von denen die beiden hinteren die eigentlichen, Calciumcarbonat ausscheidenden Drüsen, die vorderen, die sich in den Darm öffnen, lediglich Reservoire sind. Das Innere der Kalkdrüsen ist durch Gewebelamellen stark untergliedert. Die Lamellen werden von Ionen transportierendem Epithel bedeckt. Der Kalk gelangt in den Darm und wird mit dem Kot ausgeschieden. Die physiologische Bedeutung der Kalkdrüsen ist noch nicht völlig geklärt, auf alle Fälle aber sind sie an der Einregulierung eines bestimmten pH-Wertes im Blut und in der Coelomflüssigkeit beteiligt (s. S. 172). Auf den Oesophagus folgen der rundliche **Kropf** und, unmittelbar daran anschließend, der mit einer sehr kräftigen Muskulatur und einer starken Cuticula ausgestattete **Muskelmagen**, in dem die aus alten Blättern und anderen Pflanzenteilen bestehende Nahrung mithilfe der gleichzeitig aufgenommenen Sandkörnchen zerrieben wird. Der **Mitteldarm**, dessen Anfangsteil an Breite den Magen übertrifft, läuft geradlinig, sich allmählich verschmälernd nach hinten. Er wird durch die sich ansetzenden Dissepimente segmental eingeschnürt und ist von einer gelbbraunen Masse bedeckt, die sich besonders im Zuge des Rückengefäßes anhäuft und, wie wir mit dem Stereomikroskop erkennen können, aus keulenförmigen, zelligen Anhängen besteht. Es handelt sich um die so genannten **Chloragogzellen**, das sind stark vergrößerte und umgewandelte Zellen des visceralen Coelomepithels.

- Den Mitteldarm seitlich eine Strecke weit aufschneiden, man erkennt die als Längsfalte in sein Lumen hineinragende **Typhlosolis**, die im hinteren Mitteldarm fehlt.

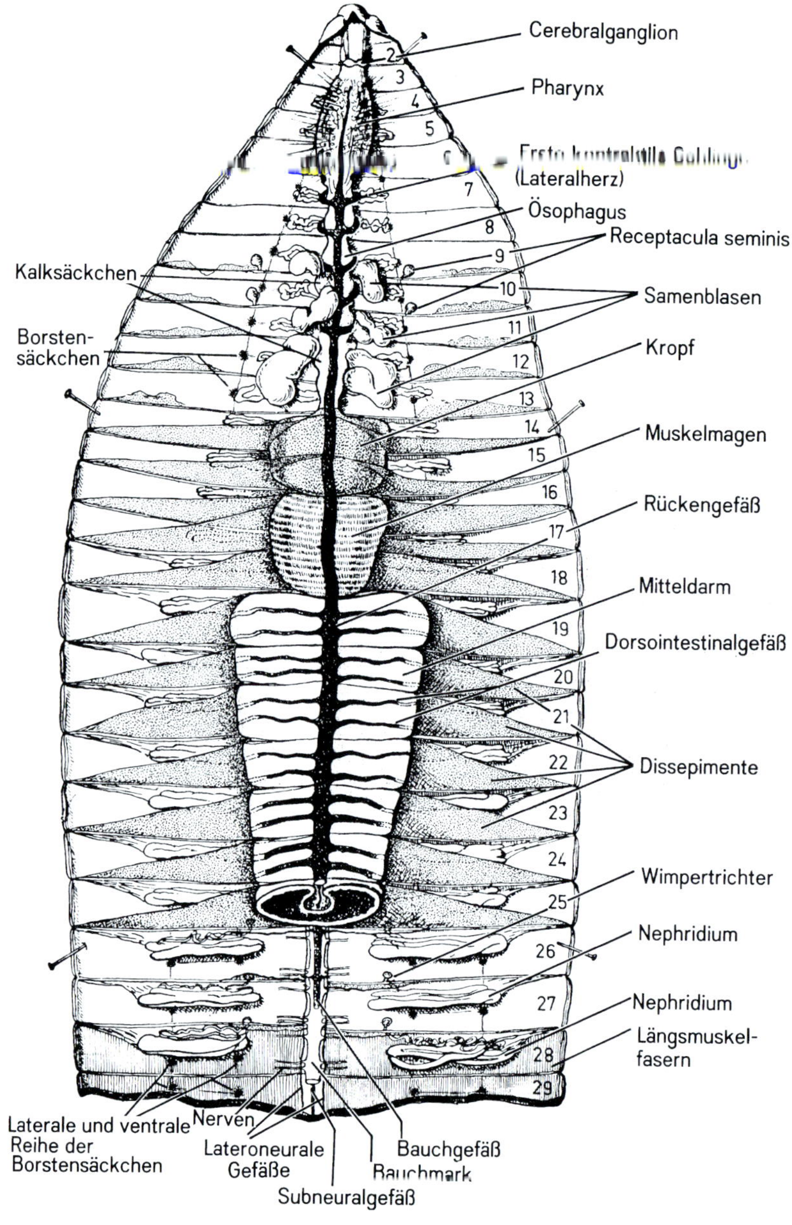

Abb. 100: Dorsalansicht eines präparierten *Lumbricus terrestris.* Die Längsmuskulatur ist nur in den Segmenten 28 und 29 eingezeichnet

Sie wird von Gefäßen durchzogen, ist von Chloragogzellen erfüllt und bewirkt eine bedeutende Vergrößerung der sezernierenden und resorbierenden Darmfläche.

Das starke **Rückengefäß** liegt dorsal dem Darm auf; es ist bis in die Region des Pharynx zu verfolgen. Es ist kontraktil und treibt das Blut nach vorn. Ein Nach-hinten-Fließen des Blutes bei der Diastole (Erweiterung von Gefäßabschnitten) wird durch Ventilklappen verhindert. Bei frisch getöteten Würmern sind die rhythmischen Kontraktionen des Gefäßes gut zu beobachten. Im 7. bis 11. Segment gehen vom Rückengefäß jederseits Gefäßschlingen ab, die den Oesophagus umfassend in das ventral vom Darm verlaufende Bauchgefäß einmünden. Die Wandung dieser Gefäßschlingen, die gleichfalls im Inneren mit Ventilklappen ausgestattet sind, ist besonders muskelzellreich. Peristaltische Kontraktionen dieser als **Lateralherzen** bezeichneten Gefäßschlingen treiben das Blut vom Rücken- in das Bauchgefäß. Im 12. Segment münden in das Rückengefäß zwei von vorn kommende Längsgefäße ein, die rechts und links dem Oesophagus anliegen (Oesophagusgefäße).

Im Bereich des Darmes selbst münden in jedem Segment drei Paar Gefäßschlingen in das Rückengefäß ein.

- Gefäßschlingen durch Abpinseln der sie dicht bedeckenden Chloragogzellen freilegen.

Die vorderste Schlinge ist sehr zart und daher nicht immer gut erkennbar; sie wurde in Abb. 100 nicht dargestellt. Sie verläuft dicht an dem das betreffende Segment vorn abschließenden Dissepiment, wird als Dorsoparietalgefäß bezeichnet und kommt (Abb. 101 und 102) von dem unterhalb des Bauchmarks gelegenen Subneuralgefäß her, wobei sie Seitenzweige von der Körperwand und den Nephridien aufnimmt. Deutlich sichtbar sind stets die beiden hinteren Schlingen (Dorsointestinalgefäße), die das Blut aus dem Capillarnetz der Darmwand (s. S. 183) ableiten, das seinerseits von dem zwischen Darm und Bauchmark gelegenen **Bauchgefäß** (**Subintestinalgefäß**) gespeist wird. Diese ventralen Abschnitte des Gefäßsystems können besser in jener Region erkannt werden, in der die Körperwand seitlich aufgeschnitten wurde.

- Eventuell den Darm noch etwas zur Seite ziehen und feststecken.

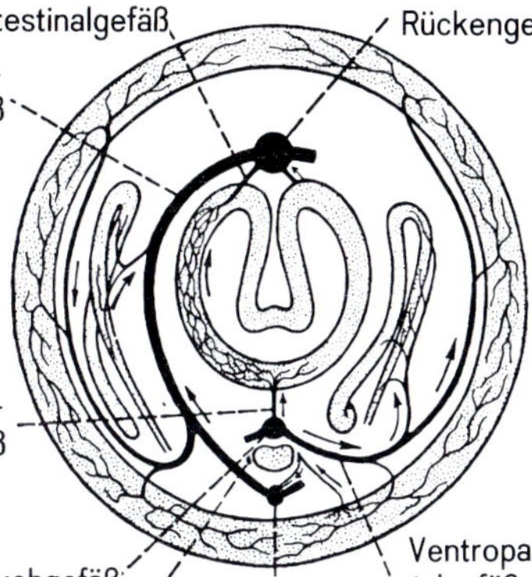

Abb. 101: *Lumbricus.* Schema des Gefäßsystems im Querschnitt

Man sieht jetzt noch ein weiteres segmentales Gefäßpaar, die **Ventroparietalgefäße**, die vom Bauchgefäß zur Körperwand ziehen.

Insgesamt kann man vom Gefäßsystem folgendes Schema entwerfen (Abb. 101 und 102): Einem dorsalen Hauptgefäß (Rückengefäß), in dem das Blut von hinten nach vorn getrieben wird, stehen zwei ventrale Gefäße gegenüber, das subintestinale (Bauchgefäß) und das subneurale, in denen das Blut von vorn nach hinten fließt. Das Rückengefäß ist mit den beiden ventralen in jedem Segment durch zwei Gefäßbogen verbunden. Der eine, als splanchnischer Bogen bezeichnet, entspringt mit mehreren Wurzeln (Ventrointestinalgefäße) aus dem subintestinalen Gefäß, teilt sich zum Capillarnetz der Darmwand auf und mündet durch die Dorsointestinalgefäße ins Rückengefäß. Der zweite Gefäßbogen, als somatischer bezeichnet, breitet sich mit seinen capillaren Verzweigungen vor allem in der Körperwand aus, steht also unter anderem im Dienst der Hautatmung. Sein zuführendes Gefäß ist das ventroparietale, das vom Bauchgefäß entspringt, seine abführenden Gefäße sind die vom subneuralen zum Rückengefäß ziehenden Dorsoparietalgefäße und die aus der Haut zu den Lateroneuralgefäßen ziehenden Adern. Die vordere Körperregion weicht von diesem Schema ab, einmal durch Ausbildung der beiden seitlichen Oesophagusgefäße, besonders aber durch die Einschaltung der Lateralherzen als direkte Verbindungen zwischen Rücken- und Bauchgefäß.

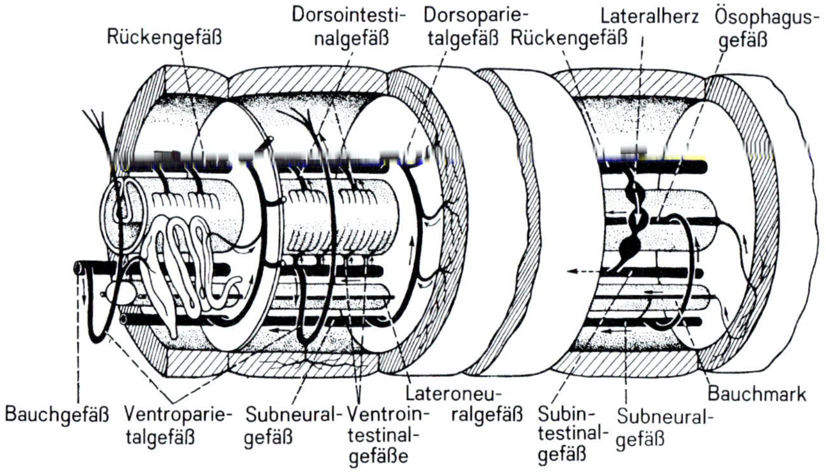

Abb. 102: *Lumbricus.* Schema des Gefäßsystems, rechts im Bereich des Oesophagus, links im Bereich des Darmes

Die **Dissepimente** sind zarte, gefensterte und daher die Körpersegmente nur unvollkommen trennende Wände, die sich am Darm und an der Leibeswand anheften und nur den vordersten Segmenten fehlen. Sie entwickeln sich als Duplikaturen des Peritoneums, das die ganze Leibeshöhle auskleidet. In einigen Segmenten der Oesophagusregion werden sie zu dicken, nach hinten geneigten, muskulösen Scheidewänden.

In jeder Coelomkammer findet man rechts und links vom Darm als opake, in Querschlingen liegende Kanälchen die **Metanephridien** (Segmentalorgane). Sie sind vom Peritoneum überzogen und durch eine Peritonealfalte an der vorderen Dissepimentwand befestigt; sie fehlen nur den ersten drei und den letzten Segmenten. Jedes Nephridium beginnt mit einem **Wimpertrichter (Nephrostom)**, der jedoch nicht in demselben Segment wie das zugehörige Exkretionskanälchen, sondern in dem davor liegt. Die sehr kleinen und flachen Nephrostome sitzen mit kurzem, verdicktem Hals den rückwärtigen Dissepimentwänden der Coelomkammern im Bereich zwischen Darm und ventraler Leibeshöhlenbegrenzung vorn auf; ihre zum Nephridium führenden Kanälchen durchbrechen das Dissepiment.

Die Wimpertrichter muß man bei 20- bis 30facher Vergrößerung des Stereomikroskops und guter Beleuchtung (Mikroskopierlampe) im Gebiet des Mitteldarms in den Segmenten suchen, deren Dissepimente wenigstens im basalen Teil nicht zerstört sind. Man findet die sehr kleinen Nephrostome (⌀ 0,1 mm) im Winkel zwischen Darm- und ventraler Körperwand den Dissepimenten vorn aufsitzend.

- Hierfür den Darm vorsichtig zur Seite schieben und mit zwei Nadeln fixieren.
- Abgelöste Chloragogzellen mit feinem Pipettenstrahl wegspülen.

Der muskulöse Endabschnitt der Nephridialkanälchen ist erweitert und wird als Harnblase bezeichnet. Sie mündet mit dem Exkretionsporus nach außen.

Vom **Geschlechtsapparat** fallen gleich bei der Eröffnung der Leibeswand die drei Paar großen, gelblich-weißen **Samenblasen** auf; es sind sackförmige Ausstülpungen der Dissepimente in den Segmenten 9 bis 13; sie umgreifen, wenn sie stark entwickelt sind, dorsal den Oesophagus.

- Oesophagus hinter dem Pharynx durchschneiden, mit der Pinzette anheben und sehr vorsichtig bis zum 12. Segment von seiner Unterlage trennen und abschneiden.

Die Samenblasen gehen von taschenförmigen Räumen aus, von denen der eine im 10., der andere im 11. Segment unter dem Oesophagus liegt. Es sind dies die sog. Samenkapseln, Coelomräume, die völlig von den segmentalen Coelomkammern „abgekapselt“ sind. In ihnen liegen die Hoden und die grellweiß durch die Kap-

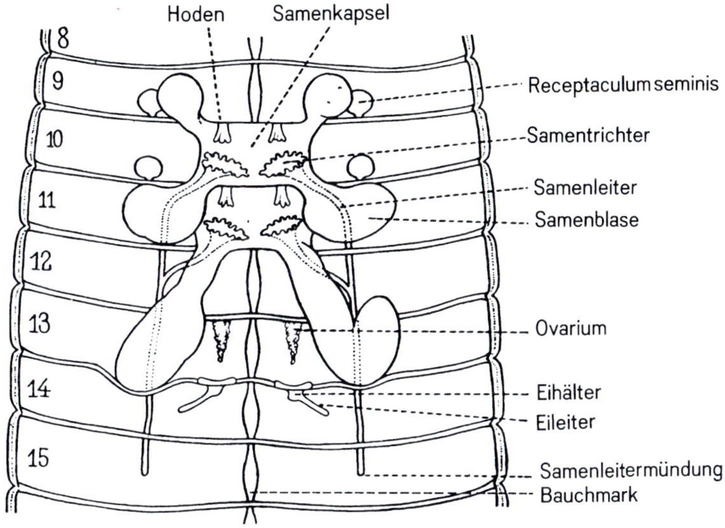

Abb. 103: Geschlechtsorgane des Regenwurmes, *Lumbricus terrestris*

selwand schimmernden Samentrichter. Das erste und zweite Samenblasenpaar gehen von der vorderen Samenkapsel aus (Abb. 103 und 104), wobei das erste Paar eine nach vorn gerichtete Aussackung des Dissepiments 9/10 ist, das zweite eine nach hinten gerichtete des Dissepiments 10/11. Von der hinteren Samenkapsel stülpt sich das dritte Paar von Samenblasen nach hinten zu als Aussackung des Dissepiments 11/12 aus; es kann so groß werden, dass es noch das ganze Segment 13 durchsetzt.

- In die Decke der Samenkapseln ein Fenster schneiden und die trübe Spermiensuspension mit der Pipette ausspülen.

Man findet mit dem Stereomikroskop die wie kurzfingerige Handschuhe aussehenden Hoden. Sie sitzen der Basis der die Kapsel vorne begrenzenden Dissepimentwand an. Es sind insgesamt zwei Paar Hoden vorhanden, je eines im 10. und 11. Segment. Hinter jedem Hoden liegt einer der großen, flimmernden Samentrichter. Sie sehen wie Faltenfilter aus und setzen sich nach hinten in den Samenleiter fort. Die Samentrichter fallen durch ihr grelles Weiß auf. Es kommt durch den dichten Besatz ihrer Oberfläche mit stark lichtbrechenden, reifen Spermien zustande. Der Samenleiter durchbricht die gleichfalls von einem Dissepiment gebildete Hinterwand der Samenkapsel und zieht zunächst schräg, dann geradlinig nach hinten. Die beiden Samenleiter einer Seite vereinigen sich zu einem Kanal, der im 15. Segment den Hautmuskelschlauch durchsetzt und mit der männlichen Geschlechtsöffnung ausmündet.

Die **männlichen Geschlechtszellen** lösen sich unreif, in Form mehrkerniger, kugeliger Follikel von den Hoden ab, geraten in die Samenkapsel, dann in die Samenblasen, wo sie Teilungen und ihre Enddifferenzierung durchmachen. Im Zuge der Teilungen entsteht eine zentrale Cytoplasmamasse (Cytophor), an der letztlich Spermien ausgebildet werden, die in die Samenkapseln

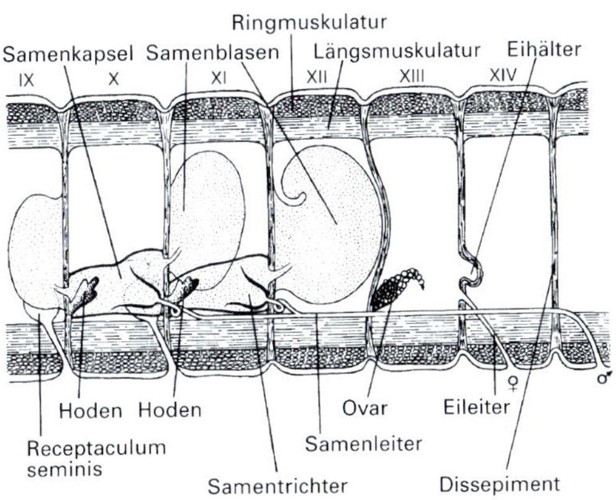

Abb. 104: Schematischer Längsschnitt durch die Genitalsegmente von *Lumbricus terrestris*. (Nach Hesse)

zurückwandern, aus denen sie durch die Samentrichter abgeleitet werden.

- Mit dem Phasenkontrastmikroskop einen Tropfen des mit 0,43%iger NaCl-Lösung verdünnten Samenblaseninhalts mikroskopieren.

In der Suspension erkennt man neben den Entwicklungsstufen von *Monocystis* (Gregarinen) die verschiedenen Stadien der Spermienentwicklung.

Die **weiblichen Geschlechtsorgane** bestehen aus einem Paar sehr kleiner, wie Zipfelmützen aussehender opak-weißlicher Ovarien, die vorn im 13. Segment, rechts und links neben dem Bauchmark der Basis des Dissepiments 12/13 angeheftet sind, und zwei kurzen, schräg nach hinten und außen gerichteten Eileitern, die im 14. Segment ausmünden. Die Eileiter beginnen mit einem Flimmertrichter, der mit nach vorne gerichteter Öffnung flach im Dissepiment 13/14 liegt.

Unmittelbar darüber bildet das Dissepiment häufig je eine kleine, den Samenblasen entsprechende Aussackung, die Eihälter, in denen sich die zur Ablage bereiten Eier ansammeln.

- Die Samenblasen und den Oesophagus im 13. Segment seitlich verschieben und mit Nadeln fixieren. Wurde bei der Präparation der männlichen Geschlechtsorgane der Oesophagus nicht nur bis zum 12. Segment, sondern ganz entfernt, so sind die Ovarien nur dann noch erhalten, wenn man sehr umsichtig präpariert hat. Im anderen Fall wurden sie mit dem Dissepiment 12/13 herausgerissen.

Zum weiblichen Geschlechtsapparat gehören außerdem noch zwei Paar Receptacula seminis, Einstülpungen des Integuments, die zur Leibeshöhle hin geschlossen sind und als weiße, kugelrunde Körper auffallen, die lateral im 9. und 10. Segment liegen. Man kann sie leicht finden und, von hier aus die Segmente zählend, zur Orientierung benutzen.

Bei der gegenseitigen **Begattung** legen sich zwei Würmer mit der Bauchfläche aneinander, und zwar so, dass das Clitellum des einen Wurmes den Segmenten 9 bis 15 und damit den Öffnungen der Receptacula seminis des anderen anliegt. Drüsen scheiden nun schleimige Sekrete ab, welche die Genitalregionen wie mit einer Manschette umhüllen. Das aus der männlichen Öffnung austretende Sperma wird in der sich durch Muskelkontraktion zu einem Rohr schließenden Samenrinne bis zu den Receptacula seminis des Partners geleitet und dort gespeichert. Dann trennen sich die Würmer. Zur Eiablage bildet der Wurm erneut einen Sekretgürtel um die Region des Clitellums herum. Dieser Gürtel wird durch peristaltische Bewegungen des Hautmuskelschlauches langsam kopfwärts verschoben. Während er an den beiden weiblichen Geschlechtsöffnungen vorbeigleitet, werden in ihm ein (bei *Lumbricus terrestris*) oder einige Eier abgelegt. Dann zieht sich der Wurm allmählich nach rückwärts aus dem Gürtel heraus; beim Passieren der Receptacula seminis wird Sperma zu den Eiern gegeben. Ist der Gürtel ganz abgestreift, so schließt er sich vorn und hinten und wird so zu einem zitronenförmigen, Eier, Sperma und eine eiweißreiche Flüssigkeit enthaltenden Kokon. Der Keim ernährt sich mithilfe einiger zum Munde führenden Wimperorganellen vom Eiweiß der Kokonflüssigkeit. Die Entwicklung dauert drei bis vier Monate, dann verlassen die Jungwürmer die schützende Hülle. *Lumbricus terrestris* kann zehn Jahre alt werden.

- Jetzt die Samenkapseln mit den anhängenden Samenblasen abtragen, unter Schonung des Cerebralganglions den Pharynx und den Darm einschließlich des ihrer Ventralseite angelagerten Bauchgefäßes entfernen.

Als Teil des **Nervensystems** besteht das **Bauchmark** aus zwei Längssträngen, die aber so innig miteinander verbunden sind, dass sie wie ein einziger Strang erscheinen. Die in der Mitte eines jeden Segments liegenden Ganglien sind nicht scharf abgesetzt. Von jedem Ganglion gehen dicht beieinander zwei Paar Nerven ab, die in den Hautmuskelschlauch übertreten. Ein drittes, feineres Nervenpaar entspringt weiter vorn vom Bauchmark, dicht am Dissepiment.

- Das Bauchmark eine Strecke weit von seiner Unterlage abtrennen.

Man sieht das mäßig starke Subneuralgefäß, während die ihm rechts und links anliegenden feinen lateroneuralen Gefäße in Abhängigkeit von der Blutfüllung meist nur streckenweise zu erkennen sind. In jedem Segment geht vom subneuralen Gefäß rechts und links eines der oben erwähnten dorsoparietalen Gefäße ab, und in jedem Segment führen ihm zwei von den lateroneuralen Blutbahnen kommende Adern Blut zu. Die Lateroneuralgefäße empfangen ihrerseits Blut aus der Haut.

ihrem hinteren Abschnitt miteinander verschmolzen.

Bei **weiblichen Tieren** (Abb. 120) sind die ähnlich angeordneten Ovarien ebenfalls im hinteren Teil verschmolzen. Vom Ovarium geht jederseits ein kurzer Ovidukt (Eileiter) zur Coxa des dritten Peraeopoden.

- Den Krebs auf die rechte Seite legen und beim Männchen den linken Samenleiter sowie (bei beiden Geschlechtern) die wie bindegewebige Stränge anmutenden, durchsichtigen Branchioperikardialkanäle entfernen.
- Mit Fingerspitzen und stumpfer Pinzette die Lappen der Mitteldarmdrüsen so beiseite drängen, dass sie die Sicht nicht behindern.

Es ist nun leicht, die Gefäße in ihrem Verlauf zu verfolgen. Die Arteria descendens zieht am Enddarm vorbei nach unten und verschwindet zwischen Längsmuskeln in einem Loch eines inneren Skeletelementes.

- Die Längsmuskeln, die die Sicht behindern, mit der Pinzette auseinander drücken.

Vorn führt, vom Mund her kommend, der kurze Oesophagus senkrecht nach oben zum Kaumagen, an dessen Außenwand eine komplizierte Muskulatur zu erkennen ist.

- Die dorsale Decke des Magens wird nun – ohne das hinten abgehende Darmrohr zu verletzen – vorn, links und hinten umschnitten und nach rechts geklappt und der bräunliche, schleimige Mageninhalt mit Pipette und Pinzette entfernt.

Der **Magen** – er gehört noch zum ectodermalen Vorderdarm – ist zweiteilig. In der vorderen, geräumigen **Cardia** (Kaumagen) sieht man von beiden Seiten zwei starke, gezähnte Cuticulaleisten ins Innere vorspringen und an der Magendecke median eine weitere, unpaare. Im Verein mit der hochentwickelten Spezialmuskulatur dienen diese drei „Magenzähne" zum Zerkleinern und Durchkneten der Nahrung, die außerdem von den hierher geleiteten Verdauungsenzymen der Mitteldarmdrüse aufgeschlossen wird. Manchmal liegen in zwei seitlichen, nach außen vorragenden Ausbuchtungen der Cardia die Magensteine, halbrunde, weiße Ablagerungen aus Calciumcarbonat, die nach der Häutung bei der Neubildung des Panzers verbraucht werden.

Im zweiten Teil des Magens, im **Pylorus** (Filtermagen), sind komplizierte Falten und Reusen zu sehen. Sie dienen dazu, Grobes und Feines zu trennen. Nur feinste Partikel gelangen zur Endverdauung in die Mitteldarmdrüsen, die gröberen werden über ein Trichterventil in den Enddarm befördert.

Der eigentliche, eine cuticulare Auskleidung entbehrende, entodermale **Mitteldarm** ist, wie gesagt, auf das Gebiet der Mitteldarmdrüsenöffungen beschränkt. Unmittelbar dahinter beginnt der nun wieder ectodermale und mit einer Cuticula versehene **Enddarm**. Er zieht unter dem unpaaren Teil der Gonade und unter dem Herzen als gerades Rohr ins Abdomen, wo er, in die kräftige Schwanzmuskulatur eingebettet, unter der Hinterleibsaorta dem Körperende zustrebt.

Beiderseits der vorderen, seitlichen Magenwände, hinten begrenzt von den großen Mandibelmuskeln, liegen in der Tiefe die Exkretionsorgane, die **Antennennephridien** (**Antennendrüsen**). Das coelomatische Endsäckchen, der Sacculus, ist klein und gefaltet und präparativ nicht leicht darstellbar. Es sitzt dem vorderen, dorsalen Ende eines wegen seiner smaragdgrünen Färbung auffallenden Organs („Grüne Drüse"), dem so genannten Labyrinth, auf. Der aus dem Sacculus führende Trichtergang steht in offener Verbindung mit dem stark zergliederten Hohlraumsystem des Labyrinths. Der von hier zur meist kollabierten, sackförmigen Harnblase führende weißliche Strang (Nephridialkanal) wird von einem sehr stark geschlängelten Kanal durchzogen. Der Exkretionsporus liegt auf einer kleinen Erhebung im Basalglied der zweiten Antenne. Die Antennennephridien dienen der Exkretion und Osmoregulation. An der Exkretion beteiligt sind außerdem die Kiemen, über deren große Oberfläche der überwiegende Teil des anfallenden NH_3 ausgeschieden wird.

- Vor der Präparation des Nervensystems ist es erforderlich, einen Teil der Organe zu entfernen. Den Flusskrebs mit ein paar Nadeln im Wachsbecken befestigen und die das Herz vorn und hinten verlassenden Gefäße durchschneiden. Dabei jedoch die A. descendens schonen.
- Den Magen vom Oesophagus trennen und samt Mitteldarmdrüsen und Enddarm herausnehmen.
- Die Ausführgänge der Gonaden so weit wie möglich verfolgen und die Gonaden anschließend entfernen.

Die Präparation des **Nervensystems** erfolgt von hinten nach vorn.

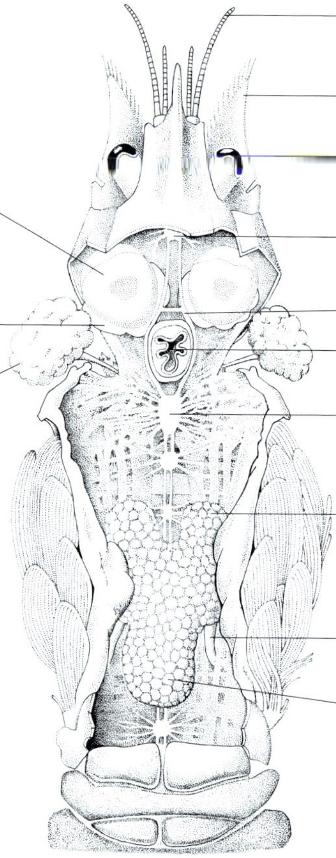

Abb. 120: Anatomie eines weiblichen Flusskrebses. Dorsalansicht. Magen, Mitteldarmdrüse und Herz sind entfernt

- Hierzu die Muskeln des Abdomens einen nach dem anderen vorsichtig herausnehmen.

Man stößt dann in der Tiefe auf das weiße Bauchmark. Es bildet in jedem Segment ein Ganglienpaar, sodass im Hinterleib sechs solcher Ganglienpaare vorhanden sind, von denen jederseits drei Nerven entspringen.

Verfolgt man das Bauchmark nach vorn, so sieht man es etwa 1 cm caudal von der Stelle, an der die A. descendens sich unseren Blicken entzieht, unter einer aus mehreren Stücken bestehenden, endoskeletalen Platte verschwinden. Der zwischen dieser Skeletplatte und der ventralen äußeren Körperwand liegende Raum beherbergt seitlich die Muskeln von Coxa und Basis der Thoraxextremitäten, während sein mittlerer, von senkrechten Streben seitlich begrenzter Abschnitt einen Kanal bildet (Sternalkanal), in dem das Bauchmark und die Subneuralarterie liegen.

- Diese innere Skeletplatte vorsichtig und Stück für Stück abpräparieren.

Man kann das Bauchmark durch den Cephalothorax bis zum Unterschlundganglion hin verfolgen. Von ihm gehen die beiden Schlundkonnektive, den Oesophagus umfassend, nach oben zum Gehirn, das vorn im Kopf zwischen den Basen der beiden Augenstiele zu finden ist. Außer dem Unterschlundganglion sind fünf Ganglienpaare im Thorax vorhanden, die den fünf mit Schreitbeinen ausgestatteten Segmenten zugehören. Zwischen dem dritten und vierten Paar weichen die Konnektive etwas weiter auseinander; hier tritt die Aorta descendens hindurch. Viertes und fünftes Ganglienpaar des Cephalothorax liegen dicht hintereinander. Das große Unterschlundganglion ist aus einer Verschmelzung der sechs Ganglienpaare entstanden, die den sechs der Nahrungsaufnahme dienenden Extremitäten entsprechen. Von diesen sechs Ganglienpaaren liegt das hinterste, das also dem dritten Kieferfußpaar zugehört, etwas getrennt (Abb. 121).

- Die Präparation des Nervensystems gelingt besser, wenn man die Krebse mit 70%igem Alkohol übergossen über Nacht (abgedeckt!) stehen lässt.
- Schließlich werden noch sämtliche Gliedmaßen einer Körperseite mit Skalpell und kleiner Schere an ihrer basalen Eingelenkung von hinten nach vorn fortschreitend abgetrennt und, wie in Abb. 118 dargestellt, der Reihe nach auf einen Bogen Papier gelegt.
- Zum Abschluss einzelne Organe mikroskopisch untersuchen.

So kann man die ersten Antennen mit dem Stereomikroskop betrachten, um den von Borsten umstellten Eingang zur Statocyste zu sehen.

- Zur Präparation der **Statocyste** wird das Rostrum an der Basis abgeschnitten. Dadurch wird im Schaftglied der ersten Antenne der dreieckige, von mehreren Schichten von Haaren überdeckte Eingang zum Statocystenbläschen zugänglich.
- Es wird nun vom medianen und lateralen Rand der Öffnung aus die Cuticula abgetragen.
- Nach Erweiterung der Öffnung erhält man Einblick in das Statocystenbläschen.

Zunächst fällt der Statolith auf. Er besteht aus miteinander verbackenen, winzigen Sandteilchen. Als ectodermale Bildung wird bei jeder Häutung auch die Cuticula des Statocystenbläschens abgestoßen. Dabei wird auch der Statolith entfernt. Bei der Häutung wirbelt der Krebs Sand und Schlick auf und streicht dann mit einer der kleinen Scheren über die Öffnung der Statocyste und drückt so – die den Eingang umstellenden Haare sind zu diesem Zeitpunkt noch weich – feinste Sandkörner in die Blase.

- Der Statolith wird mit einer feinen Pinzette oder durch den Strahl aus einer fein ausgezogenen Pipette vom Sinnespolster abgehoben.

Die Sinneshaare liegen dann frei. Man erkennt zwei Gruppen, eine kleinere, dem medianen Rand genäherte, und eine größere, laterale mit sichelförmiger Anordnung der Sensillen.

- Eines der nahezu kugeligen **Komplexaugen** abschneiden und bei Auflicht mikroskopieren.

Die Corneae der Ommatidien sind viereckig und nicht wie bei den Insekten sechseckig.

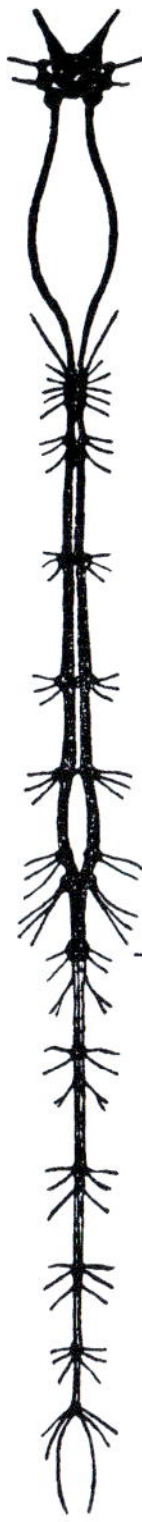

Abb. 121: Nervensystem des Flusskrebses

- Einen Samenleiter zerzupfen.

Bei starker Vergrößerung kann man dann die Spermien erkennen, die unbeweglich sind. Sie bestehen aus einem zentralen, scheibenförmigen Teil und einigen langen und starren davon abgehenden Strahlen.

- Ein Stück vom Bauchmark abschneiden, auf dem Objektträger ausbreiten und in Glycerin untersuchen.

Die Doppelnatur der einzelnen Ganglien sowie der sie verbindenden Konnektive ist gut zu erkennen.

An den Kiemen, aber auch auf der Körperoberfläche der Krebse wird man nicht selten einen nur wenige Millimeter langen, weißen Oligochaeten finden. Es handelt sich um *Branchiobdella*. Die Durchsichtigkeit der Tiere erlaubt, im mikroskopischen Präparat ihren Bau zu studieren.

- Einen Wurm unter Wasser auf den Objektträger bringen und ein Deckglas mit Wachsfüßchen auflegen.

Obwohl *Branchiobdella* oft zu den Oligochaeten gerechnet wird, erinnert ihr Bau in mancher Hinsicht an Hirudineen, so durch den Besitz eines hinteren Saugnapfes und das Fehlen von Borsten. Die vier sehr deutlichen Nephridien besitzen große Flimmertrichter, die in der geräumigen Leibeshöhle liegen. Ein dorsales und ein ventrales Blutgefäß sind durch transversale Bogen verbunden. Der muskulöse, gelbbraune Darm zeigt Kontraktionsbewegungen; vorn liegen zwei kräftige Kiefer. Die beiden Ovarien liegen im 7., die Hoden im 5. Segment. Die mit einem Trichter beginnenden Samenleiter führen in einen ausstülpbaren Penis. Die ovalen Eikokons werden an Stielchen an den Kiemen befestigt. – Einen weiteren, 1–2 mm langen Parasiten, den Trematoden *Astacotrema cirrigerum*, findet man häufig in der Nähe des Darmes in der Schwanzmuskulatur.

4. *Carcinus maenas*, Strandkrabbe

- Einige lebende Strandkrabben werden zur Beobachtung der Atembewegungen, des Seitwärtsganges, des Aufbäumreflexes und der Autotomie bereitgehalten; die Autotomie lässt sich allerdings nur an völlig gesunden und kräftigen, am besten frisch gefangenen Tieren zeigen.

Die Strandkrabbe gehört wie der Flusskrebs zur Ordnung **Decapoda** und zur Unterordnung **Reptantia**, also zu den zehnfüßigen, im Wesentlichen sich laufend fortbewegenden Krebsen. Innerhalb der Reptantia gehört die Strandkrabbe zu den kurzschwänzigen Krebsen (**Brachyura**). Diese sind durch den stark verbreiterten Cephalothorax ausgezeichnet, während das Abdomen kurz und schmal ist und ventral nach vorn umgeschlagen getragen wird, sodass es bei dorsaler Betrachtung nicht zu sehen ist.

Der **Cephalothorax** wird von dem stark verkalkten **Carapax** bedeckt. Man kann an ihm einen dem Rostrum des Flusskrebses entsprechenden Stirnrand unterscheiden, der seitlich durch die beiden Augenbuchten abgegrenzt wird und in drei Zähne ausgezogen ist (Abb. 122a). Zwischen Stirnrand und Augenbuchten ragt jederseits eine der einästigen zweiten Antennen hervor. Die ersten Antennen sind beim getöteten Tier von oben her in der Regel nicht zu sehen, da sie bei Beunruhigung zusammengeklappt und in besonderen Gruben unter dem Stirnfortsatz verborgen werden. In den Augenbuchten, die von unten her durch eine besondere Zacke des Außenskelets geschützt werden, liegen die beweglichen Augenstiele mit den stark gewölbten Augen an der Spitze.

Die Oberfläche des Carapax zeigt ein System von Furchen, durch die bestimmte Organbezirke auch äußerlich abgegrenzt werden (Abb. 122a). Helle Flecke, wie sie besonders im Verlauf der Furche zwischen Mitteldarmdrüsen- und Kiemenregion hervortreten (Abb. 122a), entsprechen Muskelansatzstellen. Weiße, spiralige Röhrchen, die dem Panzer bisweilen angeheftet sind, sind die Kalkgehäuse Röhren bauender Polychaeten der Gattung *Spirorbis*, die sich neben Seepocken als Epoeken oft hier ansiedeln.

An der **Ventralseite** des Tieres müsste man nach dem für das Außenskelet der Arthropoden gültigen Schema seitlich die Pleurite, median die Sternite der einzelnen Cephalothoraxsegmente antreffen. Nun zieht sich aber der durch die Verschmelzung der Rückenstücke (Tergite) entstandene Teil des Carapax mit scharfer Kante umbiegend auf die Ventralseite hinunter und schränkt so den Raum der Pleurite, die zudem nahtlos untereinander verschmolzen sind, beträchtlich ein.

Die Tergite und Pleurite der Cephalothoraxsegmente sind zu einem einzigen Stück verschmolzen. Auch die Sternite sind fest miteinander verbunden; doch sind hier die Segmentgrenzen als Querfurchen noch deutlich erkennbar. Die vorderen Sternalsegmente werden durch die Mundgliedmaßen, insbesondere die beiden deckelförmigen dritten Maxillipeden verdeckt, sodass vorläufig nur die postoralen Sternite zu erkennen sind. Sie bilden die vorn spitz zulaufende Sternalplatte, deren Mittelteil zur Aufnahme des hochgeschlagenen Abdomens grubig vertieft ist. Von den einzeln unterscheidbaren Segmenten der Sternalplatte ist das zum ersten Peraeopoden, dem Scherenbein, gehörende am breitesten. Der vor ihm liegende Teil der Sternalplatte entspricht den beiden Maxillen- und den drei Maxillipedensegmenten. Hinter dem Scherenbeinsegment folgen noch vier weitere Thoraxsternite, das letzte allerdings erst nach Anheben des Abdomens sichtbar werdend.

Den Querfurchen der Sternalplatte entsprechen im Inneren Skeletquerwände, die Endosternite, die jedoch erst am Ende der Präparation sicht-

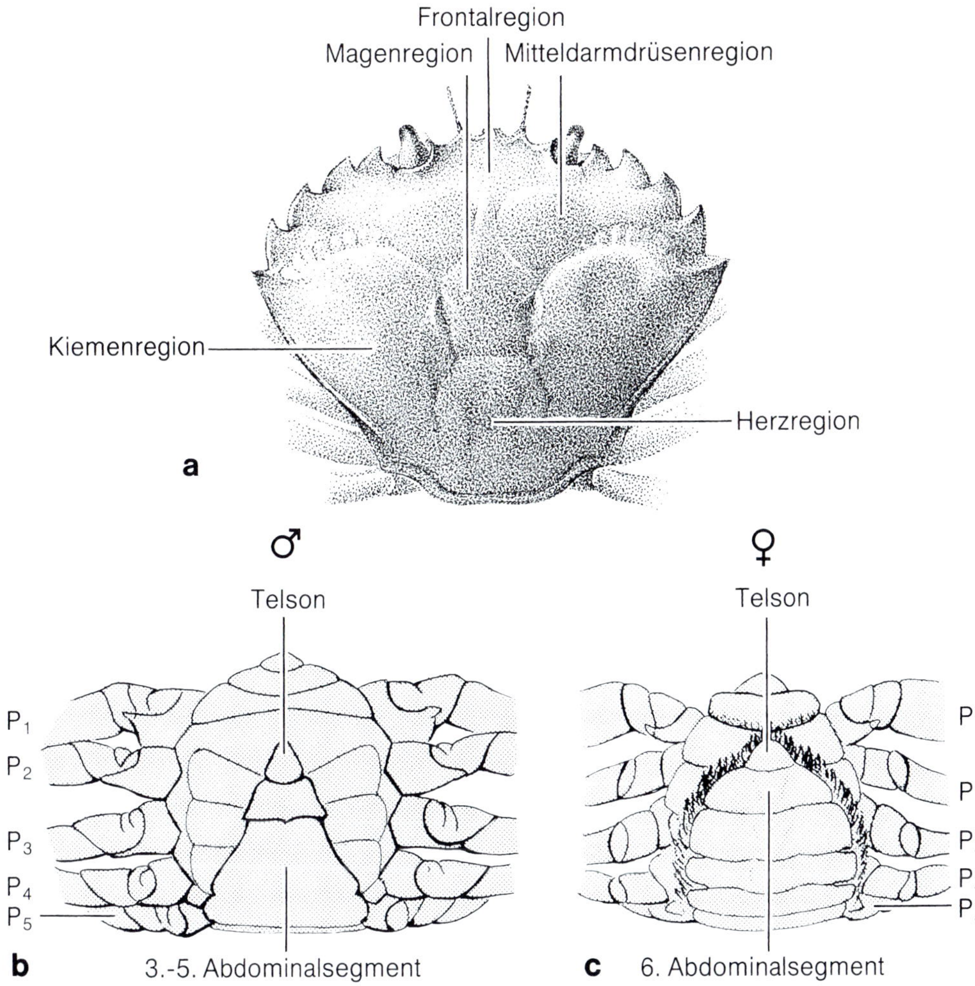

Abb. 122: a. Regionen auf der Dorsalseite des Carapax der Strandkrabbe; b. Ventralansicht einer männlichen Strandkrabbe; c. Ventralansicht eines Weibchens. P1–P5: Peraeopoden

bar werden. Fortsätze, die von den hinteren seitlichen Ecken der Sternite nach caudal ziehen, die Episternite, gestalten die Gelenkgruben für die Hüftglieder der seitlich eingelenkten Extremitäten vollständiger.

Von den fünf Paar **Peraeopoden** trägt nur das erste eine Schere (Chela): Sie ist kräftig entwickelt und die wichtigste Waffe des Tieres für Angriff und Verteidigung. Die Mundwerkzeuge (Mandibeln, erste und zweite Maxillen) sowie die beiden ersten Maxillipeden werden durch das dritte Maxillipedenpaar verdeckt. Studium und Präparation der Mundextremitäten erfolgen später (s. S. 223), da man sie jetzt nur unvollständig ablösen könnte.

- Die letzten Maxillipeden nur auseinander biegen.

Man erkennt in der Tiefe die kräftigen Kauladen der Mandibeln, die die Lage der Mundöffnung angeben.

Außen schließen die Pleurite dicht an die Hüftglieder der Schreitbeine an, doch so, dass kleine Öffnungen erhalten bleiben, durch die das Atemwasser in die Kiemenkammer einströmen kann. Sie liegen über bzw. zwischen den Hüftgliedern der Extremitäten, sind aber im Allgemeinen so klein, dass sie nur mit einer feinen Borste sondiert werden können. Lediglich die vorderste dieser Öffnungen, die unmittelbar über dem Scherenbein liegt, ist groß und daher leicht erkennbar. Sie dient als Hauptinspirationsöffnung. Längere Borsten an ihrem Rand verhindern das Einströmen größerer Schmutzpartikel. Die weite Exspirationsöffnung finden wir unmittelbar lateral von den Mundextremitäten.

Das **Abdomen** (Abb. 122b, c) bietet die Möglichkeit, die Geschlechter zu unterscheiden. Es ist beim Weibchen etwas länger und viel breiter als beim Männchen, sodass es die Sternalplatte fast völlig verdeckt. Dementsprechend ist auch die grubige Vertiefung in der Sternalplatte beim Weibchen erheblich breiter (aber flacher) als beim Männchen. Das Pleon setzt sich wie beim Flusskrebs aus sechs Segmenten und dem Telson zusammen. Das Telson, das ventral den After erkennen lässt, ist bei den Brachyuren eine kleine, dreieckige Platte; ein Schwanzfächer fehlt. Zwei Längsfurchen auf der Dorsalseite grenzen die schmalen Tergite gegen die Pleurite ab, die auch einen großen Teil der Ventralseite abdecken. Die Sternite sind so dünnhäutig, dass der Enddarm in der Mitte hindurchschimmert (Abb. 123). Beim Weibchen sind alle sechs Abdominalsegmente getrennt und gegeneinander beweglich, beim Männchen dagegen sind die 3., 4. und 5. Abdominalsegmente zu einer großen, trapezförmigen Platte verschmolzen. Das 1. Abdominalsegment, das nur als schmale Querspange gleich hinter dem Carapax zu erkennen ist, setzt sich unter dieser Platte nach vorn in ein dreieckiges Endstück fort.

Beim **Weibchen** tragen das 2. bis 5. Abdominalsegment je ein Paar zweiästiger, reich beborsteter Pleopoden, die dem Anheften der Eiballen und damit der Brutpflege dienen. Die weiblichen Geschlechtsöffnungen liegen an der Ventralseite des 6. Thoracalsegments. Sie sind als grubig eingesenkte Öffnungen der Sternalplatte leicht erkennbar.

Beim **Männchen** tragen nur das 1. und das 2. Abdominalsegment Extremitäten, die der Spermatophorenübertragung dienen. Die beiden männlichen Geschlechtsöffnungen liegen an der Ventralseite der Basalglieder der letzten Laufbeine. Sie sind zu schlauchförmigen Papillen ausgezogen (Penes).

Der männliche Kopulationsapparat (Abb. 123) ist ein paariges Gebilde und besteht aus den 1. und 2. Pleopoden (den Gonopoden) sowie den beiden Penes, die an der Coxa der 5. Peraeopoden entspringen. Das Endglied des 1. Pleopoden ist eine Röhre, in die der stabförmige 2. Pleopode sowie der Penis derselben Körperseite eingelassen sind. Beide werden in je eine proximale Öffnung der Röhre des 1. Pleopoden eingeführt, der 2. Pleopode von ventral, der Penis von dorsal.

- Das Pleon abklappen.

Die Grundglieder des 2. Pleopoden werden an der Basis der Röhre sichtbar.

- Den 2. Pleopoden vorsichtig mit einer Pinzette aus dem 1. Pleopoden herausziehen.
- Das Kopulationsorgan einer Seite vorsichtig abklappen.

Der Penis wird als weißer Strang zwischen der Coxa des 5. Peraeopoden und der Dorsalseite des 1. Pleopoden sichtbar (Abb. 123). Bei der Spermatophorenübertragung werden die 1. Pleopoden in den sternal gelegenen Geschlechtsöffnungen des Weibchens verankert. Im 1. Pleopoden wird der 2. Pleopode vergleichbar einem Kolben in einem Zylinder bewegt. Dadurch gelangen die Spermienpakete aus dem Penis heraus in die Röhre des 1. Pleopoden. Durch die Pumpbewegungen des 2. Pleopoden werden sie dann durch die Röhre des 1. Pleopoden in die weibliche Geschlechtsöffnung transportiert.

Nicht selten wird ventral am Pleon ein helles Säckchen vorragen. Die Strandkrabbe ist dann von einem Parasiten, von *Sacculina carcinii*, befallen, dem extrem umgestalteten Weibchen eines Rankenfüßers (Cirripedia; S. 457). Außen an der Krabbe sichtbar ist nur der Brutsack des Parasiten, die sog. Sacculina externa. Er birgt außer einem Ganglienknoten und einem Hohlraum, der Mantelhöhle, nur die Ovarien und – bei reifen Tieren in paarigen Receptacula seminis – Spermien. Der Brutsack ist über einen Stiel mit wurzelartig den Körper des Wirtstieres durchziehenden feinen Fortsätzen verbunden (Sacculina interna), die mit Ausnahme von Herz und Kiemen alle inneren Organe oberflächlich so stark umspinnen, dass eine Präparation befallener Krabben unmöglich ist. Die Krebsnatur von *Sacculina* ist nur durch ihre

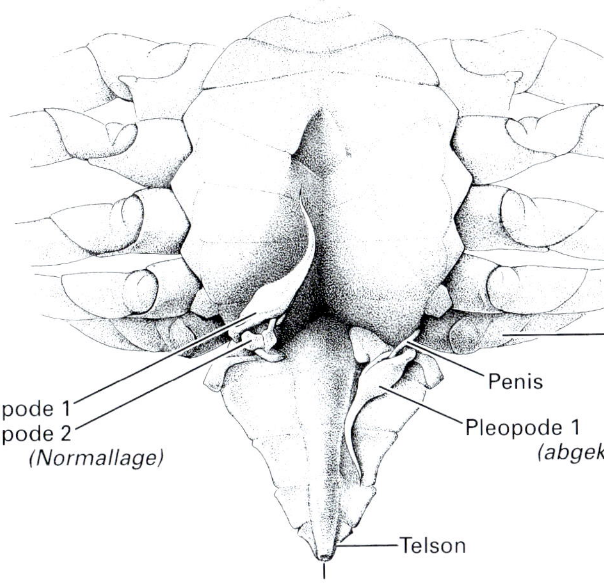

Abb. 123: Ventralansicht einer männlichen Strandkrabbe mit abgeklapptem Abdomen, um die Kopulationsorgane zu zeigen. Kopulationsorgan der einen Seite in Normallage, der anderen Seite abgeklappt dargestellt. P1–P5: Peraeopoden

Larven offenkundig. Sie verlassen als Nauplien den Brutsack und verwandeln sich im Verlauf von einigen Häutungen zu sog. Cyprislarven. Weibliche Larven setzen sich an jungen Krabben fest, durchlaufen dort eine Umgestaltung zu einem Epidermissack, der ausschließlich undifferenzierte Zellen enthält. Der Wirt wird durch den Parasiten nicht getötet, aber so stark geschädigt, dass die Häutungen und damit das Wachstum unterbleiben.

- Eine nicht zu schwache Schere in die Gelenkhaut über dem letzten Schreitbein einführen und von hier entlang der Hinterseitenkante bis zum hintersten Zahn schneiden.
- Der Schnitt wird dann so weitergeführt, dass er die Zähne gerade noch stehen lässt und sich vom Stirnrand etwa ½ cm entfernt hält, wobei die starken hinteren Begrenzungswülste der Augenbuchtungen umschnitten werden.
- Nachdem so der Carapax beiderseits und vorn aufgeschnitten ist, die Gelenkhaut zwischen Cephalothorax und Abdomen durchtrennen.
- Dann den Carapax von hinten beginnend vorsichtig anheben und die ihm anhaftende Epidermis nach unten abdrängen. Hiermit fortfahrend den Carapax immer weiter aufklappen.
- Dabei sind verschiedene Muskelbündel zu erkennen, die von ihm entspringen und die Epidermis durchsetzen. Indem sie durchschnitten werden, kann man weiter präparierend schließlich die ganze Carapaxdecke abheben.

An der **Innenfläche des Carapax** befindet sich ein den äußeren Furchen genau entsprechendes Leistensystem, das dem Muskelansatz dient. Der Blick auf die inneren Organe wird noch durch die graubraun oder auch gelblich marmorierte zarte Epidermis verwehrt.

- Mit der feinen Schere stückweise die Epidermis entfernen. Vorsicht über dem Herzen und der Mitteldarmdrüse!

Die Färbung der Epidermis rührt von dicht liegenden **Pigmentzellen** her.

- Ein kleines Stückchen Epidermis gut ausgebreitet auf einen Objektträger legen, einen Tropfen Wasser hinzufügen, ein Deckglas auflegen und unter dem Mikroskop betrachten.

Man sieht die von schwarzbraunem Pigment erfüllten, in der Form je nach der mehr oder weniger vollständigen Ballung bzw. Ausbreitung der Pigmentkörnchen sehr verschiedenen Pigmentzellen.

- Das Vorderstück des ersten Abdominaltergiten, eine durchscheinende, vorn tief ausgebuchtete Platte, die durch Abtragen des Rückenpanzers freigelegt wurde, wegschneiden.

Dadurch gewinnt man einen guten Überblick über die wichtigsten inneren Organe (Abb. 17-4). In der Mittelregion sind vorn der geräumige, sich nach hinten zu keilförmig verschmälernde **Magen** und dahinter das bei guter Präparation noch in den Perikardialsinus eingeschlossene **Herz** zu sehen. Seitwärts vom Magen liegt jederseits die **Mitteldarmdrüse**, ein umfangreiches, weißlichgelbes, sich aus zahlreichen kleinen Schläuchen zusammensetzendes Organ. Ihm liegen bei weiblichen Tieren die paarigen, vorderen Schenkel der **Ovarien** auf, die zwischen Magen und Herz durch ein Querstück verbunden sind. Beim Männchen befinden sich an gleicher Stelle die **Hoden**.

Seitwärts vom Anfangsstück der Ovarien fallen als feine, gewundene Schläuche von weißlicher Färbung die paarigen Blindsäcke (Coeca) des Mitteldarms auf.

- Mitteldarmdrüse und Ovarium vorsichtig von der Magenwand wegdrücken.

So wird das gerade Anfangsstück der Blindsäcke, mit dem sie aus dem Mitteldarm entspringen, sichtbar.

Etwas nach hinten und innen von dem Knäuel der Mitteldarmcoeca liegt jederseits eine Muskelmasse von ovalem Umriss, die aus einzelnen Bündeln besteht. Es handelt sich um einen der kräftigen, die Mandibel bewegenden Muskel, den inneren Schließmuskel (Adductor mandibulae internus). Er entspringt vom Carapax und geht in der Tiefe in eine lange, feste Sehne über, durch die er an der Mandibel inseriert.

- Den Muskel bis auf die Sehne abtragen oder abzupfen.

Hinter dem Herzen werden ein Stück des Enddarmes und seitlich davon weitere Abschnitte der Mitteldarmdrüse und Ovarien (bzw. Samenleiter) sichtbar. Dem Enddarm liegt hinten als langer, in sich aufgerollter Schlauch das Rectalcoecum auf, der seitliche Raum hinter der Mitteldarmdrüse wird von den olivgelben Kiemen eingenommen. Meist zieht ein schlankes, federförmiges Gebilde über sie hinweg, ein als Kiemenbürste oder Flabellum bezeichneter Anhang des ersten Maxillipeden, der als Reinigungsapparat für die Oberseite der Kiemen dient.

Das **Herz** befindet sich in einem geräumigen Perikardialsinus, dessen Wände bei der Präparation meist verletzt werden. In diesem Raum ist das Herz durch Bänder, die Herzligamente oder Alac cordis, aufgehängt, von denen die an den vorderen und hinteren Seitenecken ausgehenden besonders gut zu erkennen sind. Dank ihrer Elastizität bewirken sie die Wiederausdehnung des Herzens nach beendeter Kontraktion. Das Herz ist etwa fünfeckig, etwas breiter als lang und lässt nach vollständiger Entfernung des Perikardialsinus deutlich zwei Paar Öffnungen (Ostien) in der Dorsalwand erkennen, durch die das Blut aus dem Perikardialsinus einströmt. Ventile an den Ostien sorgen dafür, dass bei der Kontraktion des Herzens das Blut nicht in den Perikardialsinus zurücktreten kann. Zwei weitere Ostien bleiben vorläufig verborgen, da sie in den Seitenwänden des Herzens liegen.

Von Arterien sind bei sorgfältiger Präparation die vorn in der Mittellinie abgehende Aorta zu erkennen, die über den Magen weg zu Cerebralganglion und Stirnregion zieht. Ferner zwei Arteriae laterales cephalicae, rechts und links neben der Aorta entspringend, die den Magen, die beiden Antennenpaare und andere Organe versorgen, aber oft schwer erkennbar sind.

- Die Arterien sind noch besser zu sehen, wenn man die Blutbahnen mit Kongorotlösung injiziert.

Schließlich gibt es eine median hinten abgehende Arteria abdominalis dorsalis, auch als Aorta posterior bezeichnet, die oberhalb des Darmes weit in das Abdomen hineinzieht.

- Das Herz abtragen.

Man stellt fest, dass auch aus seiner Ventralseite ein größeres Gefäß entspringt, die senkrecht absteigende Arteria descendens (A. sternalis). Jetzt tritt das zwischen Magen und Herz gelegene quer verlaufende Verbindungsstück der beiden Ovarien noch deutlicher hervor.

- Auch dieses Querstück entfernen.

So gewinnt man einen freien Blick auf den ganzen Darmtrakt, soweit er im Cephalothorax gelegen ist.

Der vordere Abschnitt des **Magens** (Cardia) ist als Kau- und Knetapparat ausgebildet, der die von den Mundwerkzeugen lediglich in Streifen geschnittene Nahrung zerkleinert und mit den Sekreten der Mitteldarmdrüse, die sich bis in

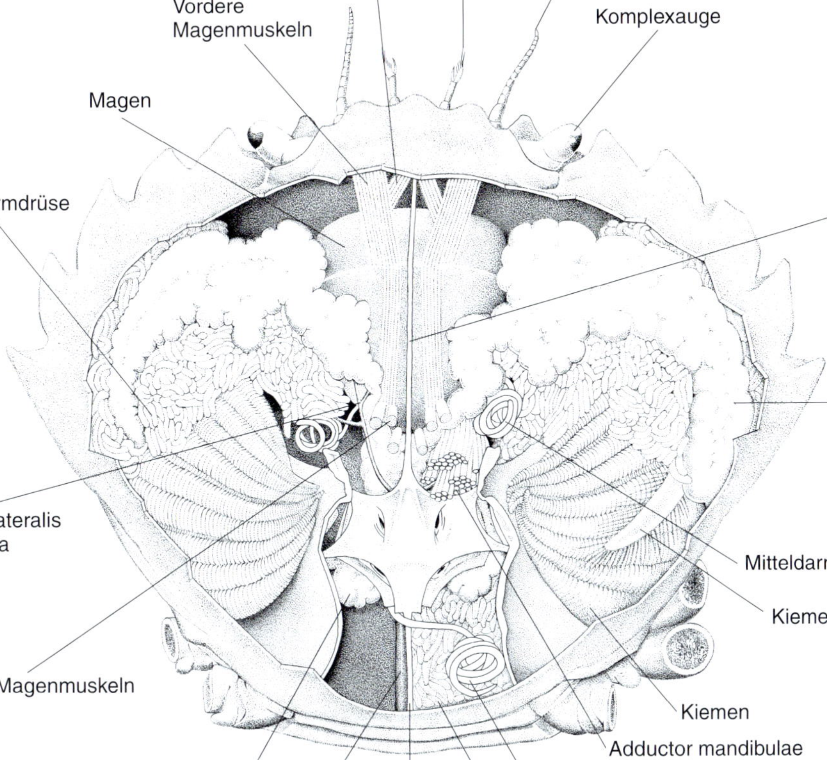

Abb. 124: *Carcinus maenas.* Weibchen, dorsal geöffnet. Haut, Herzbeutel und vorderes Stück des ersten Abdominaltergiten abgetragen

diesen vorderen Magenteil ergießen, durchmischt. Da der Magen ein Teil des ectodermalen Vorderdarmes ist, wird er von einer Cuticula ausgekleidet, die sich örtlich zu härteren Platten, verkalkten Skeletspangen und starken Zähnen verdickt.

Der hintere Magenabschnitt (Pylorus) hat ovalen Umriss und setzt sich gegen den anschließenden entodermalen Mitteldarm deutlich ab. Auf die zahlreichen in der Wand der beiden Magenteile entwickelten Skeletstücke und die zugehörenden Muskeln soll nicht näher eingegangen werden.

Der **Mitteldarm** ist sehr kurz und geht ohne äußerlich erkennbare Grenze in den lang gestreckten, ectodermalen Enddarm über. In den Pylorus und unmittelbar hinter dem Magen in den Mitteldarm münden die beiden Blinddärme (Mitteldarmcoeca) ein, kurz dahinter rechte und linke Mitteldarmdrüse.

Der **Enddarm** weist etwas vor der hinteren Grenze des Cephalothorax eine Verbreiterung auf, von deren linkem oder rechtem Ende der bereits erwähnte stark aufgerollte Blinddarm (Rectalcoecum) nach hinten abgeht.

- Den Darmtrakt, mit dem Magen beginnend, herauslösen. Der cardiacale Abschnitt wird vorn und hinten seitlich angehoben und bis auf den vom Magen senkrecht nach unten ziehenden Oesophagus freipräpariert.
- Diesen möglichst dicht am Magen abschneiden und nach hinten bis zur Einmündung der beiden Mitteldarmcoeca weiterpräparieren.
- Letztere in einiger Entfernung vom Darm durchschneiden, da es kaum gelingt, sie im Ganzen aus der sie unterlagernden und durchsetzenden Mitteldarmdrüse freizupräparieren. Auch die Mitteldarmdrüse vom Darm trennen.
- Den Enddarm hinter dem Abgang des Rectalcoecums durchschneiden und herauslösen.
- Den Darm zu genauerer Untersuchung unter dem Stereomikroskop in ein Schälchen mit Glycerinwasser 1 : 1 legen und dieses auf schwarzen Untergrund stellen.

Betrachtet man zunächst den **Magen** von der Seite her, so sieht man, dass seine Wand von Skeletspangen gestützt wird und dass sich die Magenwand vor ihnen zu kissenförmigen Polstern verstärkt. An der Grenze von Cardia und Pylorus springt der Boden mit einer nach oben und vorn gerichteten Falte tief ins Magenlumen ein. Diese den Übertritt des Nahrungsbreies in den Pylorus erschwerende Staufalte wird als Cardiopyloricalklappe bezeichnet. Weiter nach hinten zu liegen an den Seiten des pyloricalen Abschnittes zwei sehr kräftige, rötlich oder gelblich gefärbte Polster, die als Pressplatten bezeichnet werden und im Verein mit komplizierten Filtereinrichtungen dafür sorgen, dass nur Flüssigkeit und sehr kleine Partikel in die Mitteldarmdrüse gelangen. Der unverdauliche Rückstand, soweit er nicht aus dem Mund wieder herausbefördert wurde, wird dem Enddarm zugeleitet, der als ectodermales, von einer Cuticula ausgekleidetes Rohr lediglich dem Kottransport dient.

- Die vordere und untere Magenwand im Bereich der Cardia abtragen.

Damit bekommt man einen vollständigen Einblick in die „Magenmühle". Von oral und ventral in den Magen hineinsehend, bemerkt man die Vorderwand der weit in das Lumen hineinragenden Cardiopyloricalklappe, sieht unmittelbar über ihr den Medianzahn und seitlich die beiden Lateralzähne, die aber ein ganzes Zahnsystem bilden, von dem der zunächst nur erkennbare laterale Zahn lediglich das vorderste Element war. Der hintere Abschnitt dieses Systems nimmt die Form einer Reibplatte an.

- Die Cardia durch einen Längsschnitt eröffnen. So ist die Magenanatomie noch besser zu erkennen.

Am Hauptpräparat sind nach der Herausnahme von Herz und Darm Mitteldarmdrüse und Ovarium vollständig zu überblicken. Die **Mitteldarmdrüse** lässt zwei ausgedehnte vordere Lappen und zwei schlankere hintere Schenkel unterscheiden, die dem Hinterdarm von rechts nach links anliegen. Das **Ovarium** entwickelt sich gleichfalls in der Hauptachse nach vorn zu mit den beiden der Mitteldarmdrüse aufliegenden Schenkeln, die sich im (bereits entfernten) Querstück zwischen Magen und Herz, den Mitteldarm überlagernd, vereinigen. Von hier ziehen zwei Schenkel nach hinten, die lateral von den hinteren Abschnitten der Mitteldarmdrüse liegen.

Von den hinteren Ovarschenkeln führt je ein kurzer Eileiter nach unten zur Geschlechtsöffnung. Sein Anfangsstück bildet eine blasige Erweiterung des Receptaculum seminis, in dem die von der letzten Kopulation stammenden Spermien monatelang voll funktionsfähig bleiben, denn Kopulationen finden nur unmittelbar nach einer Häutung der Weibchen statt, und die Häutungen sind bei alten Krabben durch ein Jahr oder länger getrennt. Den zum Receptaculum seminis führenden kurzen Eileiter findet man am besten, wenn man von der Geschlechtsöffnung in der Sternalplatte aus mit einer schwarzen Borste sondiert. – Bei voll ausgewachsenen Weibchen wird man die Ovarien während der Fortpflanzungsperiode erheblich weiter ausgedehnt finden als auf Abb. 124, die ein Tier mit nicht maximal entwickelten Ovarien darstellt. Bei legereifen Weibchen haben die Ovarien infolge starker Dotteranhäufung eine orangerote Farbe, und man kann in ihnen die einzelnen Eier gut erkennen.

Beim Männchen stimmen die Geschlechtsorgane der Lage und Form nach mit den weiblichen überein. Die **Hoden** liegen den vorderen Lappen der Mitteldarmdrüse auf und sind gleichfalls je nach Alter und Jahreszeit von recht verschiedener Größe. Der Hauptteil eines jeden Hodens liegt neben dem cardiacalen Magen, ein von ihm abgehender Schenkel zieht parallel zur Magenwand nach hinten und vereinigt sich zwischen Magen und Herz mit dem

Hoden der Gegenseite durch ein über den Darm hinwegziehendes Querstück. Die Samenleiter (Vasa deferentia) ziehen als stark geschlängelte, weiße Kanäle unter dem Herzen hinweg neben dem Enddarm nach hinten; ihre Mündungen liegen an den Coxen der fünften Peraeopoden.

- Zur Darstellung des **Nervensystems** werden nun Geschlechtsorgane und Mitteldarmdrüse entfernt. Man findet es am besten, wenn man zunächst die beiden Längsstränge (Schlundkonnektive) aufsucht, die rechts und links vom Oesophagus entlang ziehen.
- Indem man sie nach vorn und hinten zu verfolgt und freilegt, findet man Cerebral- und Thoraxganglion.

Das verhältnismäßig kleine, querovale **Gehirn** liegt einem nach hinten zweizipfelig ausgezogenen Skeletteil, dem Epistoma, auf, das aus der Verschmelzung präoraler Sternite entstanden ist. Von den beiden nach hinten abgehenden Schlundkonnektiven abgesehen, sind jederseits vor allem zwei vom Cerebralganglion entspringende Nerven zu erkennen. Der eine geht schräg nach vorn zum Auge und stellt im Wesentlichen den Nervus opticus dar, der andere zieht seitlich und verbreitert sich als Nervus tegumentarius in der Haut. Unmittelbar hinter dem Oesophagus kann man eine sehr feine Querverbindung der beiden Konnektive, die Unterschlundcommissur, erkennen.

Das umfangreiche Thoraxganglion ist aus der Verschmelzung aller postoralen Ganglienpaare, vom Mandibularsegment angefangen, entstanden. Daher entspringen ihm auch eine große Anzahl von Nerven nach schräg vorn, seitwärts und schräg hinten, von denen der stärkste dem Scherenbein zugeordnet ist. Ein nach hinten zu abgehender Mediannerv versorgt mit seinen Querästen die einzelnen Pleomeren. Dieser Mediannerv zieht über eine Skeletplatte hinweg, die vorn rundlich ausgeschnitten ist, und verschwindet dann im Abdomen.

- Man öffnet das Abdomen durch zwei dorsale Längsschnitte, die an der Grenze von Tergiten und Pleuriten geführt werden.

Im **Abdomen** zieht der Enddarm zum After. Ihm liegt die Arteria abdominalis dorsalis auf.

- Diese und den Darm entfernen.

So sieht man den abdominalen Teil des Mediannervs und seine Seitenäste. Im Übrigen ist das Abdomen von kräftiger Muskulatur erfüllt.

Die Wand der **Kiemenkammer** wird innen und unten durch kräftige, miteinander fest verbundene Skeletplatten, die Epimeren, gebildet. Sie sind als Teile der Pleurite aufzufassen, dienen den Kiemen als Lager und scheiden die Kiemenkammer von der Thoraxhöhle. Oben und außen werden die Kiemen nur von einer zarten Membran überdeckt.

- Sollte das Flabellum nicht zu sehen sein, kann man es mit der Pinzette zwischen Außenseite der Kiemen und stehen gebliebenem Rand des Carapax hervorheben.

Die Kiemen beginnen mit breiter Basis, verschmälern sich aber so stark, dass ihre Spitzen alle in einem Punkt zusammentreffen. Jede Kieme setzt sich aus zwei Reihen dichtstehender Kiemenblätter zusammen, die durch eine tiefe dorsale Furche voneinander geschieden werden. Die Kiemen der Brachyuren sind also Phyllobranchien.

- Um die Kiemen vollständiger überblicken zu können, die stehen gebliebene Seitenwand des Carapax an einer Seite abtragen, hinten über dem letzten Beinpaar beginnend und nach vorn bis zu den Augenbuchten hin.

Der nach unten und innen weisende Rand des Carapax endet dicht über den Hüftgliedern der Extremitäten frei, sodass auch hier frisches Atemwasser einströmen kann, worauf auch der dichte Besatz von schmutzabwehrenden Härchen hinweist. Im Ganzen sind neun Kiemen jederseits entwickelt, von denen zwei eine abweichende Lage haben. So hat gleich die erste Kieme eine horizontale Lage, indem sie vorn unten beginnt und über die Basen der folgenden Kiemen hinwegzieht. Die zweite Kieme hat normale Lage, erscheint also als erste in der Reihe der nach oben ansteigenden Kiemen; sie ist etwas kürzer als die erste und sehr schmal. Die dritte Kieme beginnt unter dem Spitzenteil der ersten, ist kurz und breit und zieht nach vorn oben. Die vierte bis neunte Kieme haben normale Lage, schließen also an die zweite an und füllen die ganze Kiemenkammer aus.

In dem vor der Kiemenkammer gelegenen, mit ihr in Verbindung stehenden Raum, der präbranchialen Kammer, ist der Scaphognathit, ein Anhang der zweiten Maxille, als breite, bewegliche Platte erkennbar. Er hat die Aufgabe, das Atemwasser aus der Kiemenkammer herauszu-

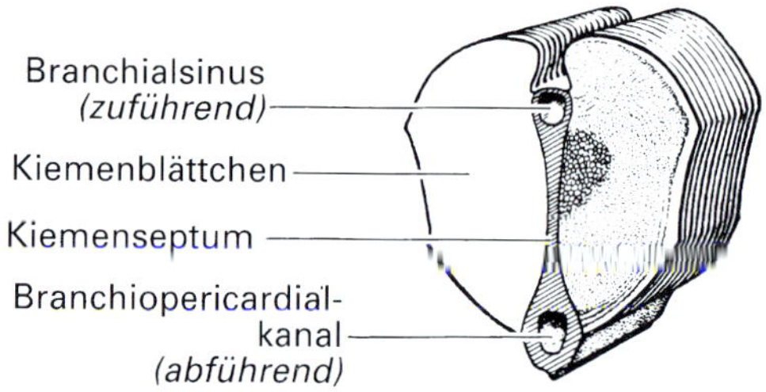

Abb. 125: *Carcinus maenas.* Stück einer quer geschnittenen Kieme. Rechts Feinstruktur des Kiemenblättchens angedeutet. 4,5 ×

fächeln und durch die neben dem Munde gelegene präbranchiale Kammer auszutreiben, wodurch frisches Wasser von hinten her in die Kiemenkammer nachgesogen wird. Doch kann die Platte ihre Schlagrichtung auch umkehren, sodass der Wasserstrom von vorn nach hinten durch die Kiemenkammer hindurchgetrieben wird.

- Eine der breiteren Kiemen ein Stück oberhalb ihrer Basis quer durchschneiden, wobei die Schere in die Zwischenräume zwischen zwei Kiemenblättchen eingreifen soll, und die Schnittfläche mit dem Stereomikroskop betrachten.

Die **Kieme** setzt sich aus einem medianen Septum und zwei seitlichen Reihen von Kiemenblättchen zusammen (Abb. 125). Am oberen Rand des Septums, im Zuge der Längsfurche, verläuft ein Blutgefäß, der Branchialsinus oder zuführende Kiemenkanal, aus dem das vom Körper herkommende Blut in die einzelnen Kiemenblättchen übertritt, wo der Gaswechsel stattfindet. Das so mit Sauerstoff angereicherte Blut sammelt sich in einem an der Unterkante des Septums gelegenen abführenden Kanal, dem Branchioperikardialkanal, der es zu Herzbeutel und Herz führt.

- Ein Kiemenblättchen abschneiden und unter dem Mikroskop betrachten.

Man stellt fest, dass der flache in ihm gelegene Blutraum von zahlreichen Zellpfeilern durchsetzt wird.

- Beiderseits die Kiemen vollständig abtragen, um sich die Bürsten ihrer Unterfläche, Anhänge des zweiten und dritten Maxillipeden, zur Anschauung zu bringen.
- Nun auch das Nervensystem, den Oesophagusstumpf und alles, was an Muskel- und sonstigen Organresten noch im Mittelteil des Cephalothorax liegt, entfernen.

So erhält man einen Blick auf das Innenskelet, wobei man sich klarmachen muss, dass die fraglichen Skeletteile wohl funktionell die Aufgabe eines Innenskelets haben, streng morphologisch aber als Teil des Außenskelets zu bezeichnen wären, da sie von der Epidermis abgeschieden werden, die mit Falten tief in das Innere des Körpers eindringt.

- Zum Abschluss die Extremitäten etwas genauer ansehen.

Die **ersten Antennen** (Antennulae) bestehen aus einem dreigliedrigen Schaft und zwei kurzen, klauenartigen Geißeln. Die beiden distalen Glieder des Schaftes sind lang, schlank und leicht erkennbar. Das basale Schaftglied ist als ein relativ großes, quer liegendes Stück beweglich in eine Grube des Außenskelets eingelassen.

- Durch Abschneiden der die Grube überragenden Teile des Stirnrandes die Antenne als Ganzes herauslösen, um sie mit dem Stereomikroskop zu betrachten.

Im Basalglied, dessen Vorderrand reich mit Borsten besetzt ist, liegt das **statische Organ**. Unmittelbar nach der Häutung ist es durch eine dorsale Öffnung mit der Außenwelt verbunden. Die beiden Geißeln setzen sich aus zahlreichen schmalen Gliedern zusammen und sind gegeneinander beweglich. Die äußere Geißel, die beim lebenden Tier auf dem sehr beweglichen Schaft auch nach innen gedreht werden kann, ist erheblich kräftiger und mit einem Kamm langer Haare besetzt. Beim Zurückziehen wird die Antenne in den beiden Gelenken des Schaftes zusammengeklappt. Sie ist – zumindest vornehmlich – Träger von Strömungssinnesorganen.

- Die Augenstiele, die durch Herausnahme der ersten Antennen freigelegt wurden, nach Wegschneiden überstehender Skeletteile gleichfalls herauslösen.

Jeder Augenstiel besteht aus einem schlanken basalen und einem gedrungenen distalen Glied, das an der Spitze das Auge trägt. Ventral bildet das Auge einen spitzen Fortsatz aus, dorsal ragt ein Vorsprung der umgebenden, verkalkten Cuticula in das Auge vor.

Die **zweite Antenne** kann man nicht vollständig ablösen, da das basale Glied ihres Schaftes mit den umgebenden Skeletteilen fest verwachsen ist. Das verschmolzene Basalglied des Schaftes ist in seinem rechteckigen Umriss gut zu erkennen. Am hinteren, schmalen Rand des Rechtecks liegt als schuppenartiges Skeletstückchen das Operculum, der Deckel über der Exkretionsöffnung.

- Diesen von medial hinten her anheben und die Exkretionsöffnung mit einer Borste sondieren.

An das basale Glied des Antennenschaftes schließen sich zwei kleinere, frei bewegliche Glieder an, die ihrerseits in die lange, aus vielen Ringelgliedern zusammengesetzte Geißel übergehen.

Es folgen die **Mundgliedmaßen**, die Mandibeln, die 1. und die 2. Maxillen und dann die zu Maxillipeden umgewandelten Extremitäten der drei vordersten Thoraxsegmente (Abb. 126).

- Diese, beginnend mit dem 3. Maxillipeden und dann nach vorn weitergehend, vorsichtig mit spitzer Schere und Pinzette ablösen. Es ist besonders darauf zu achten, dass die in die Kiemenkammer ziehenden Anhänge der Maxillipeden mit herauskommen.
- Am sichersten ist es, mit der Präpariernadel zunächst die Gelenkstellen der Extremitäten zu lockern, Muskeln und Sehnen lang abzuschneiden und dann die Extremitäten an der basalen Eingelenkung zu lösen.

Die **Mandibel** lässt eine kräftige Kaulade, einen kurzen zweigliedrigen Taster und ein langes, nach innen ziehendes Querstück erkennen, in dem die kräftigen Muskeln dieser für die Zerkleinerung der Nahrung wichtigsten Mundextremität ansetzen.

Die **1. Maxille** ist eine sehr zarte Extremität, die aus zwei nach innen gerichteten Kauladen (inneren Fortsätzen oder Enditen des Protopoditen) und einem lateralen Abschnitt besteht, der als Endopodit aufgefasst wird.

Etwas kräftiger ist die **2. Maxille** entwickelt, die sich aus den beiden hier zweigespaltenen Kauladen, einem nach vorn fingerartig ausgezogenen Mittelstück (Endopodit) und der großen Platte des Scaphognathiten zusammensetzt, die als Exopodit zu betrachten ist. Die starke und dauernde Beanspruchung der 2. Maxille im Dienste des Atemwasserstromes lässt ihre reiche Versorgung mit Muskeln verständlich erscheinen, die vor allem in einer Aushöhlung des Scaphognathiten Platz und Ansatz finden.

Der **1. Maxilliped** lässt zwei Kauladen, einen ungegliederten Endopoditen, einen mit einem Taster endenden Exopoditen und als umfangreichstes Gebilde die Kiemenbürste (Flabellum) erkennen, die als Epipodit aufzufassen ist. Der Basalteil des Flabellums zieht sich nach vorn zu in eine breite Platte aus.

Vom Basalteil des **2. Maxillipeden**, dem Protopoditen, entspringen der viergliedrige Endopodit und der aus ungegliedertem Schaft und Endgeißel bestehende Exopodit. Das Flabellum ist hier kürzer. Zwischen ihm und dem Exopoditen setzt die erste Kieme an.

Der **3. Maxilliped** zeigt im Prinzip den gleichen Bau, ist aber viel kräftiger entwickelt. Die basalen Abschnitte von Exopodit und vor allem Endopodit sind stark verbreitert und bilden den die Mundregion nach unten abschließenden Deckel. Flabellum und Kiemenansatz – es handelt sich um die stark verkürzte 3. Kieme – haben die gleiche Lage wie beim 2. Maxillipeden. – Da die 1. und 3. Kieme demnach von Extremitäten ihren Ursprung nehmen, werden sie als Podobranchien bezeichnet. Die übrigen sieben Kiemen entspringen entweder von der Gelenkstelle zwischen Extremität und Epimer und werden dann Arthrobranchien genannt oder haben ihren Ursprung noch weiter dorsal, auf das Epimer selbst verlegt: Pleurobranchien.

Die **Schreitbeine** (**Peraeopoden**) setzen sich aus dem zweigliedrigen Protopoditen und einem fünfgliedrigen Endopoditen zusammen; ein Exopodit fehlt. Die Namen der sieben Glieder sind: Coxa, Basis, Ischium, Merus, Carpus, Propodus und Dactylus. Bei den Brachyura (und manchen anderen Decapoda) sind aber Basis und Ischium miteinander verschmolzen, sodass sich die Zahl der gegeneinander beweglichen Glieder auf sechs verringert. Die Verschmelzungsnaht ist als feine Ringfurche noch erkennbar. In ihr erfolgt bei Selbstverstümmelung (Autotomie) die Abtrennung der Extremität. Die Drehachsen der einzelnen Gelenke der Extremität haben, wie beim Flusskrebs, voneinander abweichende Richtungen. Das Maß der Schwenkbarkeit ist bei den aufeinander folgenden Gelenken recht verschieden. So ist zwischen Basiischium und Merus nur eine sehr geringe Abknickung möglich, während sich die gegenseitige Lage von Merus und Carpus um fast 180 Grad ändern kann. An dieser Stelle kann die ganze Extremität zusammengeklappt und der Ventralfläche des Carapax angelegt werden.

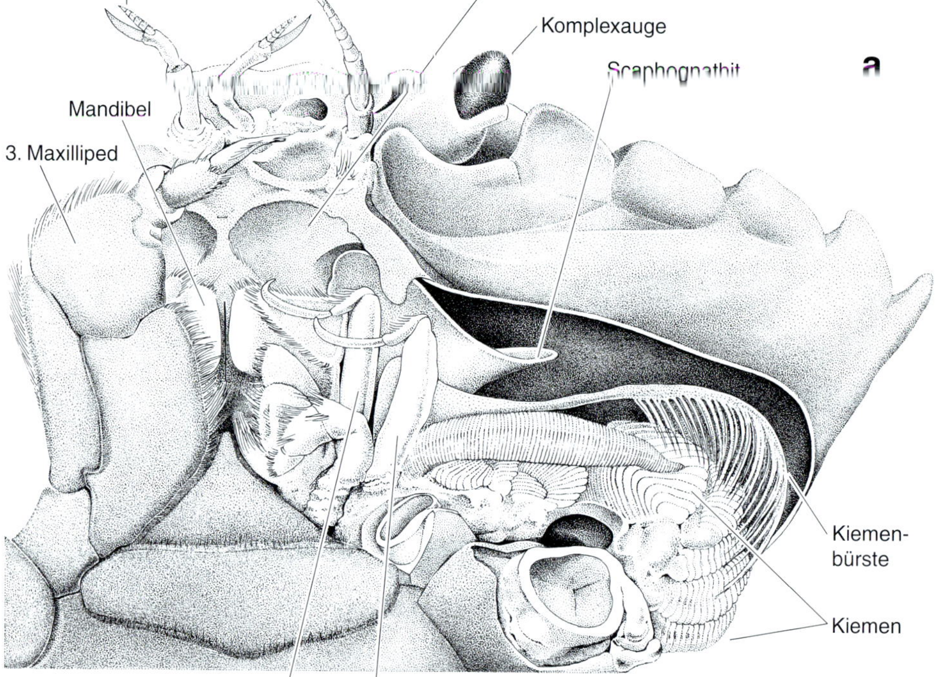

Eine Schere ist am ersten Laufbein ausgebildet. Die Verlängerung des vorletzten Gliedes, gegen die das letzte Glied bewegt wird, wird als Index oder unbeweglicher Scherenfinger bezeichnet.

Carcinus maenas entwickelt sich über verschiedene Larvenstadien, die in der Deutschen Bucht von Mai bis August im Plankton gefunden werden können. Aus den Eiern, die die Weibchen an den Pleopoden tragen, schlüpft eine Larve, die sich zur ersten **Zoëa** häutet und ins freie Wasser aufsteigt. Die Zoëa bewegt sich mit den 1. und 2. Maxillipeden, die über lange Schwimmborsten verfügen (Abb. 127a), und dem Abdomen. Die Extremitäten des hinteren Thoraxbereichs bleiben zunächst in der Entwicklung zurück. Nach mehreren Zoëa-Stadien erfolgt eine Häutung zur **Megalopa** (Abb. 127b), deren Peraeopoden vollständig entwickelt sind. Sie bewegt sich schwimmend mit den beborsteten Pleopoden, orientiert sich aber zunehmend am Boden, wo die Umwandlung zum juvenilen Krebs erfolgt.

II. Insecta (= Hexapoda), Insekten

Technische Vorbereitungen

- Die zur Präparation benötigten Küchenschaben werden mit Äther oder Chloroform getötet.
- Für das Studium der Mundwerkzeuge werden Bienen (*Apis mellifera*), Schmetterlinge (z. B. Kohlweißling, *Pieris brassicae*), Stubenfliegen (*Musca domestica*), Schmeißfliegen (der Gattung *Calliphora*), Bremsen (der Gattung *Haematopota* oder *Tabanus*) und Wanzen (z. B. *Pyrrhocoris apertus*, die Feuerwanze) gebraucht. Kurz vor der Präparation abgetötete Tiere sind Alkoholmaterial vorzuziehen. Außerdem halte man fertige Präparate bereit.
- Für das Studium von Larven bietet sich eine Vielfalt leicht beschaffbarer Objekte an. Einige Vorschläge werden auf S. 247 gemacht.

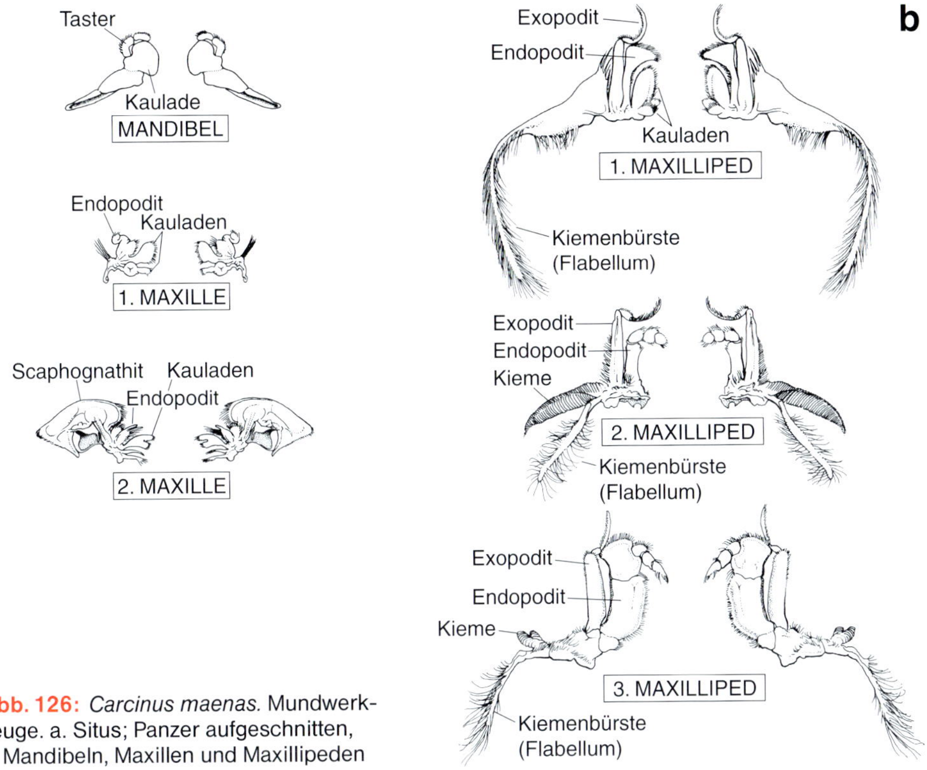

Abb. 126: *Carcinus maenas.* Mundwerkzeuge. a. Situs; Panzer aufgeschnitten, b. Mandibeln, Maxillen und Maxillipeden

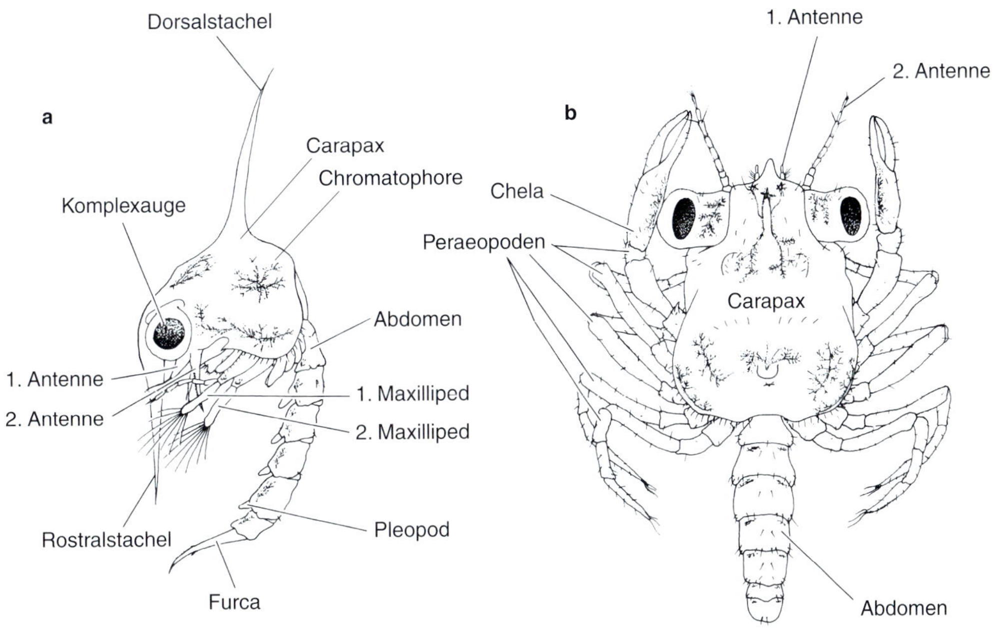

Abb. 127: Larven von *Carcinus maenas.* a. Zoëa (von Dorsalstachelspitze- bis Rostralstachelspitze etwa 2 mm, Carapaxlänge etwa 1 mm), b. Megalopa (Carapaxlänge etwa 1 mm). (Nach INGLE, RICE)

Allgemeine Übersicht

Die Insekten sind die bei weitem artenreichste Tierklasse. Trotz mannigfacher Abwandlungen im Einzelnen stimmen aber alle Insekten in den Grundzügen ihrer Organisation (Körpergliederung, Zahl der Extremitäten) auffallend überein. Der **Körper** gliedert sich stets in drei Abschnitte: **Kopf (Caput)**, **Brust (Thorax)** und **Hinterleib (Abdomen)**. Am Aufbau des Kopfes sind das Acron und 6 Segmente beteiligt, die Brust besteht aus 3 Segmenten. Der Hinterleib ist ursprünglich aus 11 Segmenten (und dem Telson) aufgebaut, doch ist bei fast allen imaginalen Insekten die Anzahl der Hinterleibsringe mehr oder weniger stark (auf minimal 6) reduziert. Der Kopf trägt 1 Paar Antennen und 3 Paar Mundgliedmaßen, die Brust 6 Laufbeine. Am Hinterleib finden wir bei erwachsenen Insekten extremitätenhomologe Anhänge höchstens an einigen Segmenten, bei Larven aber oft an einer mehr oder weniger großen Anzahl von Segmenten. Bei den Imagines dienen sie nie der Fortbewegung, aber oft bei Larven. Während der Embryonalentwicklung treten Extremitätenanlagen häufig an allen Hinterleibsringen auf.

Wie bei allen Arthropoden ist der Körper von einer **Chitin-Protein-Cuticula** umhüllt. Dort, wo sie sklerotisiert ist, wurden Polypeptidketten durch Gerbung zu einem elastisch-starren, dreidimensionalen Gerüst vernetzt. Kalk wird fast nie eingelagert.

Die drei Segmente der Brust, die als **Pro-**, **Meso-** und **Metathorax** bezeichnet werden, sind untereinander mehr oder weniger fest verbunden. Bei den Hymenopteren mit Wespentaille schließt sich das 1. Abdominalsegment dem Thorax an. Jeder Brustring besteht aus vier größtenteils miteinander verwachsenen Teilen; einem ventralen **Sternum**, einem dorsalen **Tergum** (= **Notum**) und den seitlichen **Pleurae**. Dagegen sind die Segmente des Hinterleibs nicht nur gegeneinander, sondern auch in sich beweglich, da der Bauchschild (Sternum) und der Rückenschild (Tergum) seitlich durch biegsame, unsklerotisierte Cuticulaanteile verbunden werden.

Der **Kopf** ist eine einheitliche Kapsel. Die **Antennen** – sie entsprechen den ersten Antennen der Krebse – stehen vorn auf der Stirn. Sie sind Träger zahlreicher Sinnesorgane (Tastsinn und chemischer Sinn) und werden vom Gehirn aus innerviert. Die Mundgliedmaßen werden vom **Labrum** („Oberlippe") überdacht. Dies ist ein unpaarer Fortsatz der Kopfkapsel, der vielleicht von einem [illegible] abzuleiten ist. Alle Mundwerkzeuge sind in Abhängigkeit von ihrer speziellen Funktion sehr verschieden gestaltet, bisweilen zum Teil, selten ganz reduziert. Die immer eingliedrigen **Mandibeln** sind meist kräftige Beißzangen. Die **Maxillen** (sie entsprechen den 1. Maxillen der Krebse) dagegen sind, wo sie nicht extrem abgewandelt wurden, mehrgliedrig und mit Kauladen ausgerüstet. Das ebenfalls mehrgliedrige **Labium** („Unterlippe") ist den 2. Maxillen der Krebse homolog. Es ist, obwohl aus paarigen Anlagen entstanden, immer wenigstens in seinen basalen Abschnitten unpaar. Maxillen und Labium tragen antennenähnliche Taster. Ein nicht selten vorhandener unpaarer Fortsatz des Mundhöhlenbodens, der Hypopharynx, steht ebenfalls im Dienst der Nahrungsaufnahme. Er geht mit Sicherheit nicht auf Extremitäten zurück.

Die drei Paar lokomotorischen **Extremitäten** der Brust sind untereinander ziemlich gleichartig gebaut. Man unterscheidet an ihnen das Hüftglied (**Coxa**), den Schenkelring (**Trochanter**), den Schenkel (**Femur**), die Schiene (**Tibia**) und den mehrgliedrigen Fuß (**Tarsus**). An das letzte Fußglied schließt sich der **Praetarsus** an, eine membranöse Vorwölbung, die neben weichhäutigen Haftorganen (z. B. einem Paar Pulvillen oder/und einem unpaaren Arolium) gewöhnlich zwei Krallen trägt. Oft wird allerdings das letzte Tarsalglied plus praetarsaler Haftapparat als Praetarsus oder Krallenglied bezeichnet.

Außer den drei Beinpaaren kommen dem Thorax sehr vieler Insekten noch zwei Paar **Flügel** zu, die am Meso- und Metathorax inserieren. Als ursprünglich flügellose Insekten gelten nur die früher unter der Bezeichnung Apterygota zusammengefassten ersten vier Unterklassen. Die übrigen – und das ist die überwiegende Mehrzahl der Insekten, die Pterygota – sind höchstens sekundär flügellos geworden (z. B. viele Parasiten). Bei zwei Ordnungen (den Dipteren und den Strepsipteren) ist ein Flügelpaar zu sehr kleinen Schwingkölbchen (Halteren) umgewandelt. Die Flügel entstehen als seitliche Hautausstülpungen der Rückendecke des zwei-

ten am Thorax gelenken und so zur Festigung der Kopf-Rumpf-Verbindung beitragen.

Von oben her wird die Hals- und vordere Brustregion vom Pronotum geschützt, das seitlich weit über den eigentlichen Körper vorragt. Das Gleiche gilt für Meso- und Metanotum des Weibchens, während beim Männchen die Seitenteile (Paranota) dieser beiden Segmente in der Bildung der Flügel aufgegangen sind. Im Übrigen wird der Anblick der Brustregion ganz von den Extremitäten beherrscht. Die kräftige Entwicklung ihrer dem Körper angedrückten basalen Glieder, der Hüften (Coxae), hat zu einer Reduktion der Sterna geführt.

- Extremitäten zur Seite ziehen.

Zwischen dem ersten Paar erscheint eine kleine, längsovale, gelbliche Platte als Rest des Prosternums. Das Mesosternum ist breiter und mehr oder weniger deutlich längs geteilt. Noch kräftiger und paarig ist das Metasternum. Zwischen diesen Hauptplatten des Sternalskelets liegen, wie Abb. 130 zeigt, noch kleinere Sklerite, die aber, wie das ganze Sternalskelet, einer erheblichen individuellen Variabilität unterworfen sind.

Seitlich vom Sternalskelet und vor dem Ansatz der Extremitäten liegen die Skleritplatten, die das Pleurum aufbauen. Sie stellen (nach einer umstrittenen Meinung) ursprünglich das basale Glied der Extremitäten, die Subcoxa, dar, und haben sich erst später abgegliedert und in die Seiten- und Bauchwand des Thorax eingefügt. Eine dieser Platten, der Trochantinus, sitzt wie ein spitzes Hütchen der Extremität unmittelbar auf (Abb. 131). Eine zweite Platte umfasst gabelförmig den Trochantinus von vorn her und wird durch eine Längsfurche, der im Inneren eine Leiste entspricht, in einen größeren vorderen Abschnitt, Episternum, und einen kleinen hinteren, Epimerum, aufgeteilt. Sie gelenkt dort, wo die Furche endet, mit der Extremität. Aber auch der Trochantinus bildet ein Gelenkköpfchen für eine zweite, mehr nach innen zu liegende Verbindung aus, sodass zwischen Extremität und Pleuralskelet eine dikondyle Artikulation (Eingelenkung mit zwei Gelenkstellen) vorliegt.

- Die Extremitäten von medial her entlang der Basis der Coxa abschneiden.

Dadurch lässt sich das sternopleurale Skelet in seiner Gesamtheit noch besser überblicken.

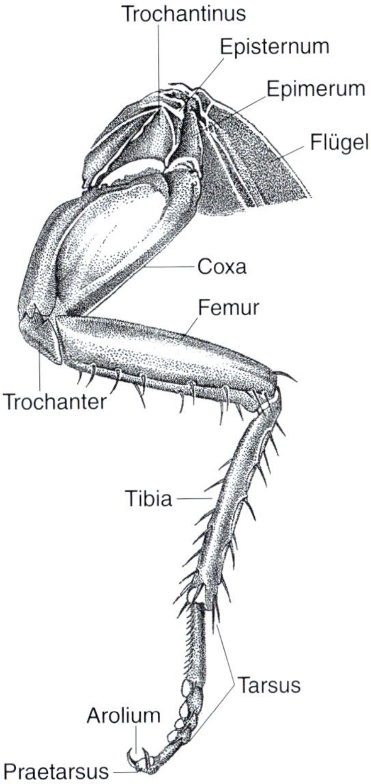

Abb. 131: *Periplaneta americana.* Mittelbein und Flügelansatz. 4 ×

Die **Extremitäten** der Schabe sind typische Laufbeine (Abb. 131). Das hinterste Paar ist am längsten und kräftigsten; im Übrigen zeigen sich keine nennenswerten Unterschiede. Die Coxae (Hüften) sind sehr kräftig, flach keulenförmig und mit breiter Basis am Thorax schräg eingelenkt.

- Die Coxae dem Körper anlegen.

Sie stoßen in der Mittellinie zusammen und decken auf diese Weise den Rumpf, der daher in ihrem Bereich auch nur so schwach gepanzert ist, dass man die Tracheen hindurchschimmern sehen kann.

- Die Coxae abspreizen.

Dabei bewegt sich das distale Ende der Coxa von hinten innen nach vorn außen. Die Hinterfläche der Coxa zeigt eine flache Mulde, in die sich das Femur einschmiegen kann. Lateral von ihr springt der Rand der Coxa leistenartig vor. Der Trochanter (Schenkelring) ist klein und dem Femur fest angeschlossen. An der Naht-

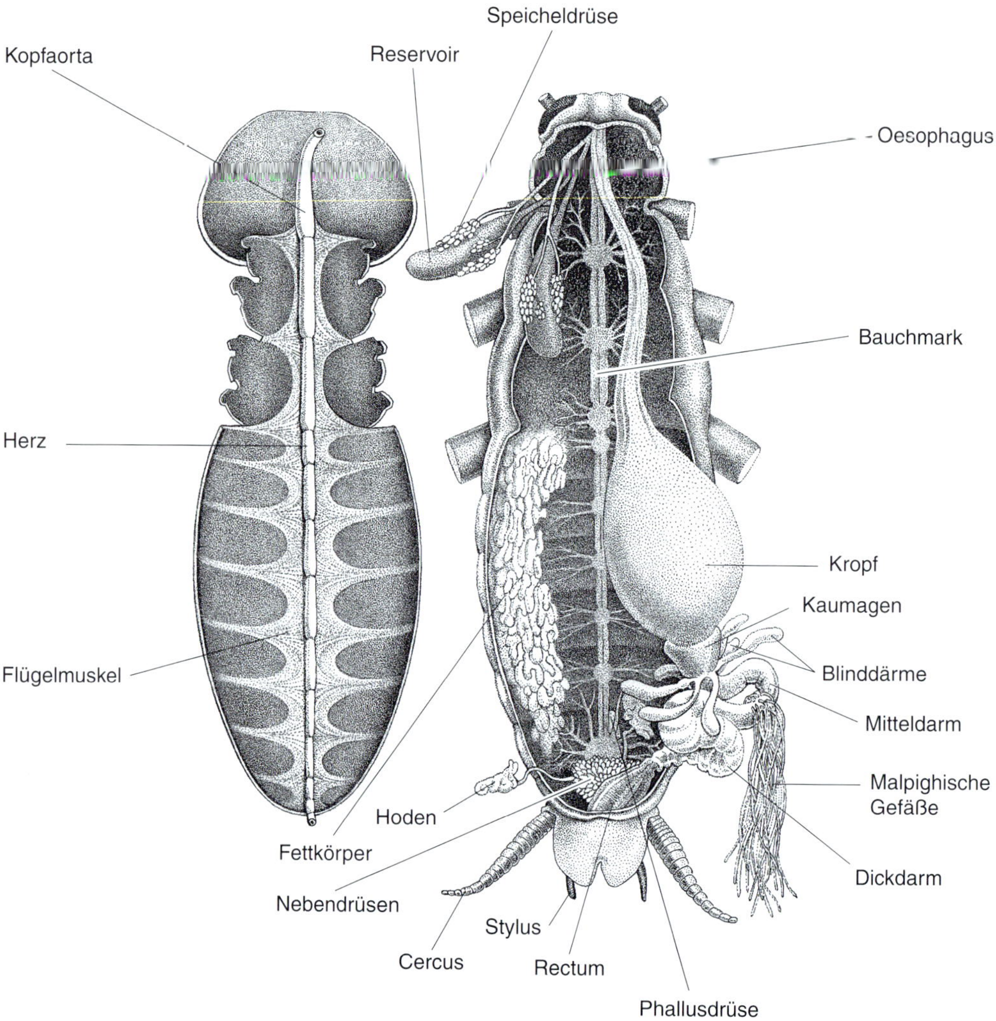

Abb. 132: Situs von *Periplaneta americana*; Männchen. Links: Abgehobene Rückendecke mit Herz

stelle zwischen Trochanter und Femur reißt das Bein sehr leicht ab (Autotomiestelle). Das Bein kann von diesem Niveau aus bei Jungtieren („Larven") bis zur nächsten Häutung innerhalb von 10–14 Tagen vollständig regeneriert werden, allerdings mit einem Tarsalglied weniger. Das Femur ist etwas länger und schmaler als die Coxa. Es kann seitwärts abgespreizt werden, bis es fast in gerader Verlängerung der Coxa liegt. Der Hinterrand des Femurs trägt zwei Reihen kräftiger Dornen. Die Tibia (Schiene) ist ihrerseits wieder schlanker als das Femur. Sie trägt beiderseits einen Besatz von Dornen, die noch länger und kräftiger sind als die des Femurs. An der 3. Extremität ist die Tibia länger, an der 2. und besonders der 1. kürzer als der Schenkel. Sie ist gegen ihn nach innen abgeknickt („Kniegelenk"), schwingt in seiner Ebene und kann ihm ganz angelegt werden. Der Tarsus (Fuß) ist an allen Extremitäten fünfgliedrig. Sein basales Glied ist am längsten. Der Praetarsus trägt zwei Klauen und ein unpaares Haftläppchen (Arolium). Am distalen Ende der Tarsenglieder fallen weiße, vorstehende Polster auf, die Sohlenbläschen, die, ebenso wie der Haftapparat zwischen den

Klauen, für das Laufen und besonders das Klettern an glatter Fläche von Bedeutung sind.

- Zum Studium der inneren Anatomie zunächst das Weibchen verwenden. Es liegt bauchunten im Becken.
- Mit der feinen Schere, die in die Genitaltasche eingeführt wird, den Körper entlang der rechten Seitenkante bis zum Hinterende des Kopfes aufschneiden.
- Dann wird das Tier in das Präparierbecken gelegt, rechtsseitig festgesteckt und völlig mit Wasser bedeckt. Die Rückendecke wird nun mit der Pinzette von hinten her angehoben und vorsichtig abpräpariert, nach links herübergeschlagen und festgesteckt.
- Die Präparation wird am besten unter dem Stereomikroskop durchgeführt.

Ein erster Überblick lässt erkennen, dass der Thorax als Träger der Beine auch den Hauptteil der Muskulatur birgt. Im Abdomen fällt zunächst eine Masse weißer Stränge und Lappen auf, die die übrigen Organe umgeben und zum Teil verdecken. Es ist der stark entwickelte **Fettkörper** (Corpus adiposum), ein für die Insekten charakteristisches Speicher- und Syntheseorgan. Da er aus der Wand des Coeloms entsteht, war er ursprünglich metamer gebaut, wovon jetzt nichts mehr zu erkennen ist. Außer Fett und Glykogen speichert er auch Eiweiß. Außerdem kann er Abbauprodukte des Stoffwechsels aufnehmen. Bestimmte Zellen des Fettkörpers, die **Mycetocyten**, beherbergen bei den Küchenschaben symbiotische Bakterien, die zumindest für die normale Entwicklung der weiblichen Tiere notwendig sind. Der Fettkörper wird von den ihn reichlich durchziehenden **Tracheen**, die durch ihren Silberglanz auffallen (Luftfüllung!), in seiner Lage gehalten. Ventral vom Fettkörper erkennt man die Windungen des Darmes, der je nach seinem Inhalt mehr graugrün oder bräunlich ist. Auch er wird von Tracheen gehalten, die die Rolle der Mesenterien übernehmen.

Ganz zuoberst ist aber das **Herz** als ein durchsichtiger, zarter Schlauch zu erkennen, der von zwei Tracheenstämmen flankiert wird. Sonst ist es an der Rückendecke haften geblieben, was insofern kein Schaden ist, als es sich von diesem dunklen Untergrund besser abhebt. Das Herz ist ein langer, hinten geschlossener, von der Hinterleibsspitze bis ins 1. Brustsegment ziehender Schlauch, der sich in 12 deutlich abgesetzte Abschnitte gliedert, von denen die ersten beiden im Thorax liegen (Abb. 132). Vorn geht das Herz in die Aorta über, die im Kopf endet und so das Blut in die Leibeshöhle einströmen lässt. Zwei thorakale und vier abdominale Gefäßpaare, die das Herz seitlich verlassen, sind präparativ nur sehr schwierig darzustellen. Das zum Herzen fließende Blut sammelt sich in dem das Herz umgebenden Perikardialsinus, einem Teil der Leibeshöhle, der durch ein ventral vom Herzen ausgespanntes, gewölbtes Diaphragma unvollständig von dem darunter liegenden Teil (Perivisceralsinus) geschieden wird. Der Herzschlauch weist 12 Paar Ostien auf, die das Blut aus dem Perikardialsinus aufnehmen; durch ventilartige Klappen werden sie bei der Kontraktion des Herzschlauches verschlossen. In dem erwähnten (dorsalen) Diaphragma verlaufen rechts und links vom Herzen zarte Muskelzüge, die ihrer Form halber als „Flügelmuskeln" bezeichnet werden; sie bewirken eine Erweiterung von Perikardialsinus und Herz und dienen somit dem Ansaugen von Blut.

- Bei einem lebenden, möglichst frisch gehäuteten Männchen kann man die von hinten nach vorn verlaufenden Kontraktionen des Herzschlauches gut beobachten.

Die das Herz flankierenden, im Bereich des Thorax durch Queräste miteinander verbundenen **Tracheenstämme** sind durch lateral abgehende Äste an die beiden Haupttracheenstämme des Körpers angeschlossen, die an den Seitenkanten des Rumpfes verlaufen und mit den Stigmen in Verbindung stehen. Rechts sind durch die Schnittführung die Tracheenverbindungen zerstört, links aber voll erhalten und gut zu überblicken. Von den Hauptästen gehen weitere segmental angeordnete Äste ab, die unmittelbar zu den Organen ziehen, insbesondere zum Darm. Schließlich sind die beiden Hauptstämme auch noch durch segmentale Queräste untereinander verbunden, die an der Bauchdecke entlang laufen.

An **Stigmen** sind zwei thorakale und acht abdominale vorhanden, die an den Segmentgrenzen in den Pleuralfalten liegen.

An der Innenseite der Rückendecke erkennen wir am Vorderrand des 6. Tergits beiderseits der Mitte zwei am Rande gekräuselte, taschenartige Organe. Es handelt sich um die bei beiden Geschlechtern vorhandenen Stinkdrüsen. Sie münden zwischen Tergum V und VI.

- Die Rückendecke wird jetzt ganz abgeschnitten und der Körper auch links festgesteckt.
- Der Fettkörper wird, soweit er den Blick stört, entfernt, wobei man aber überaus vorsichtig zu Werke geht, um die Ovarien nicht zu zerstören. Man kontrolliert unter dem Stereomikroskop genau, was man herauszupft!
- Nach Abschluss dieser Tätigkeit ist der Darm in seinem ganzen Verlauf freigelegt. Um seine Windungen entrollen zu können, werden die größeren der ihn versorgenden Tracheenstämme durchschnitten.
- Nun kann man den Darm zur Seite ziehen und mit Nadeln festlegen.

Der **Darm** gliedert sich deutlich in verschiedene Abschnitte. Er beginnt mit einem **Oesophagus**, der sich allmählich zu dem mächtigen, keulenförmigen **Kropf** erweitert. Zu beiden Seiten des Oesophagus erstrecken sich im Thorax die paarigen, aus vielen kleinen Drüsenlappen zusammengesetzten **Speicheldrüsen**. Sie liegen je einem großen, sackförmigen Reservoir von glasklar durchsichtiger Wand flach an. Oft wird man allerdings nur die Drüsen finden, da die sehr dünne Wand der Speicher leicht zerreißt. Reservoire und Drüsen jeder Seite entsenden gesondert Ausführgänge, die sich paarweise vereinigen und dann zum gemeinsamen Speichelgang zusammentreten. Er mündet zwischen Hypopharynx und Labium in die Mundhöhle.

Der Kropf dient der Speicherung der grob zerkauten Nahrung; außerdem beginnt in ihm bereits die Verdauung unter der Einwirkung des Speicheldrüsensekretes. Es folgt ein kurzer, aber sehr muskulöser **Kaumagen**, der die Form eines nach hinten gerichteten Kegels hat. Kropf und Kaumagen sind ectodermaler Herkunft und von einer Cuticula ausgekleidet. Der anschließende entodermale **Mitteldarm** ist nur kurz. Sein vorderes Ende wird durch acht relativ dicke, sezernierende und resorbierende **Blinddärme** gekennzeichnet, sein hinteres durch eine große Zahl (gegen 100) feiner Schläuche von graugrüner Färbung. Es sind die bereits in den Enddarm mündenden, als Exkretionsorgane dienenden **Malpighischen Gefäße**. Sie scheiden bei den Küchenschaben allerdings nicht, wie es bei den meisten anderen Insekten der Fall ist, Exkrete, sondern nur Wasser aus. Die Exkretionsstoffe werden in den Zellen gespeichert. Der **Enddarm** wird von einer Cuticula ausgekleidet. Man kann an ihm drei nicht deutlich gegeneinander abgesetzte Abschnitte unterscheiden: einen kurzen Dünndarm, den stark angeschwollenen Dickdarm und das Rectum, das sich zur Rectalblase erweitert.

- Ein Stück der **Speicheldrüse** abpräparieren und unter dem Mikroskop (Glycerin, Deckglas) betrachten.

Man erkennt die einzelnen Drüsenläppchen und die sich verzweigenden Tracheen, deren Kaliber genau der Größe des versorgten Drüsenbezirks entspricht.

Die **Tracheen** sind röhrenförmige Einstülpungen des Ectoderms, die nach innen zu eine zarte, aber durch eine schraubige Leiste, das **Taenidium**, verstärkte Cuticula abgesondert haben. Neben den Tracheen ziehen die Ausführgänge der Drüsenlappen, die zwar stärker, aber weniger gut erkennbar sind als die lufterfüllten Tracheen, die namentlich im Dunkelfeld durch ihren Silberglanz auffallen.

- Ein zweites Stück der Speicheldrüse kann auf dem Objektträger mit einem Tropfen Methylenblau gefärbt werden.
- Nach einigen Minuten wird der Farbstoff mit Filtrierpapier abgesaugt, das Präparat mit einigen Tropfen Wasser ausgewaschen, Glycerin zugesetzt und unter dem Deckglas untersucht.

Durch die Färbung seiner Kerne tritt jetzt auch das Tracheenepithel, das die cuticulare Auskleidung abgeschieden hat, deutlich als flacher, äußerer Belag hervor. Es ist die direkte Fortsetzung der Epidermis, so wie die chitinige Röhre die Fortsetzung der Außencuticula ist. Natürlich haben sich bei diesem Präparat auch die Kerne der Speicheldrüsenzellen gefärbt.

- Den Kaumagen herausschneiden und durch einen Längsschnitt spalten.
- Mit der Innenfläche nach oben auf einem Objektträger (Glycerin, Deckglas) ausbreiten.

Sechs dunkelbraune, stark sklerotisierte Zähne und die kräftige Muskelwand dieses Darmabschnittes zeigen, dass er seinen Namen mit Recht trägt. Drei der Zähne haben scharfe, nach hinten gerichtete Spitzen, die anderen sind mehr abgerundet. Der Kaumagen hat die Aufgabe, die ihm portionsweise aus dem Kropf zugeführte Nahrung feiner zu zerkleinern, wobei er sich gegen den Mitteldarm fest abschließt. Die Nahrung wird dann an den Kropf zur weiteren chemischen Verarbeitung zurückgegeben. Schließlich öffnet sich der Verschluss des Kaumagens gegen den Darm, und der Nahrungsbrei kann in den Mitteldarm eintreten. In ihm

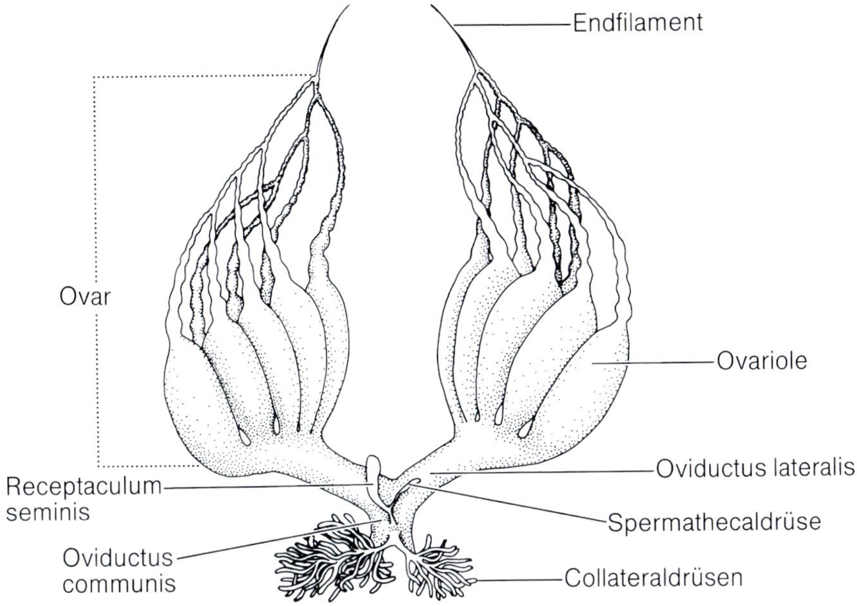

Abb. 133: Innere Geschlechtsorgane einer weiblichen Schabe

und auch im Enddarm wird die Verdauung zum Abschluss gebracht und die Resorption vollzogen.

Ein Mikrovillisaum vergrößert im **Mitteldarm** die aktive Oberfläche. Schleimdrüsen fehlen. Vor Verletzung durch harte und spitze Nahrungspartikel wird das empfindliche Darmepithel durch die **peritrophischen Membranen** geschützt, die den Nahrungsbrei wie eine Wursthaut umhüllen. Sie werden vom gesamten Darmepithel oder nur vom vordersten Bereich des Mitteldarmes abgeschieden und bestehen aus einer proteinhaltigen Grundsubstanz, in die feinste Chitinfibrillen eingelagert sind. Die Verdauungsenzyme und die gelösten Nahrungsstoffe können die peritrophischen Membranen passieren. Sie werden ständig neu gebildet.

- Den gesamten Darmtrakt entfernen, indem man ihn hinter dem Kopf und dicht hinter der Rectalblase abschneidet. Den Geschlechtsorganen anhaftende Reste von Fettgewebe vorsichtig entfernen.

Jedes der beiden **Ovarien** setzt sich aus acht (panoistischen) Eiröhren (Ovariolen) zusammen (Abb. 133); sie bilden gemeinsam einen etwa birnenförmigen Körper. Die kopfwärts gerichteten blinden Enden der Ovariolen sind zu dünnen Fäden, den Endfilamenten, ausgezogen, die sich zu einem elastischen Band vereinigen, das an der dorsalen Körperwand und am Perikardialseptum befestigt ist. Ein kurzer, basaler Abschnitt der Ovariolen, unmittelbar distal der Ursprungsstelle der Terminalfilamente, ist das Germarium; in ihm befinden sich die Urgeschlechtszellen, die durch Teilung die Eizellen (Oocyten) liefern, die eine nach der anderen in den Hauptabschnitt der an Weite immer mehr gewinnenden Ovariole, in das Vitellarium, einwandern. Dort liegen schließlich, zur Reihe geordnet, die längsovalen, unterschiedlich reifen und daher unterschiedlich großen Eizellen. Jede Eizelle ist von einem Follikelepithel umgeben, das eine wichtige, jedoch noch nicht ganz geklärte Funktion bei der Ernährung des heranwachsenden Eies ausübt und das zuletzt die Eischale (das Chorion) bildet. Das jeweils am weitesten caudal gelegene Ei ist oft sehr groß; es handelt sich dann um ein zur Ablage bereites Ei. Da im Ganzen 16 Eiröhren vorhanden sind, enthält ein Kokon auch meist 16 Eier.

- Eine der Eiröhren abschneiden.

Unter dem Mikroskop sind deutlich die einzelnen, aufeinander folgenden und nur durch kurze Zwischenräume voneinander getrennten

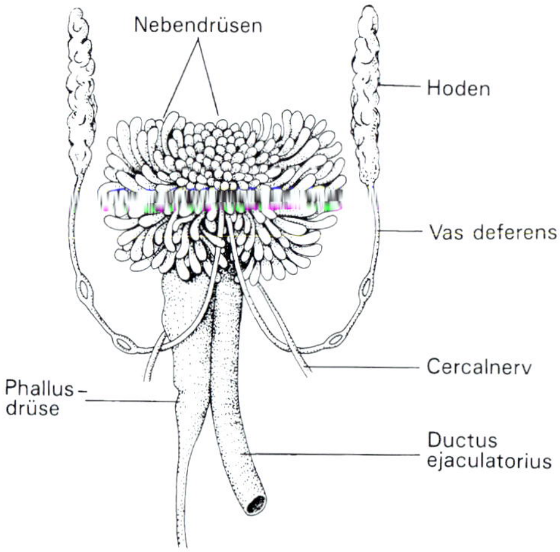

Abb. 134: Innere Geschlechtsorgane einer männlichen Schabe

Eier mit ihrem großen Kern zu erkennen. Die acht Eiröhren jedes Ovariums münden in einen kurzen, aber geräumigen seitlichen Eileiter (Oviductus lateralis), der – mit dem der Gegenseite zum sehr kurzen unpaaren Eileiter (Oviductus communis) vereinigt – sich in die Genitalkammer öffnet. Darüber liegt ein aus vielen weißen Schläuchen zusammengesetztes, paariges Organ. Es handelt sich um Drüsen, die sog. Nebendrüsen (Collateraldrüsen), die in den dorsalen Abschnitt der Genitaltasche münden und deren Sekret die Kokonhüllen, die Ootheken, bildet. Die linke, größere, liefert ein Protein und eine Phenoloxidase, die rechte eine Phenolsubstanz. Die Mischung der beiden Substanzen führt zur Erhärtung des Proteins. Das **Receptaculum seminis** ist ein sehr kleiner, zweiästiger Schlauch, der unmittelbar vor den Collateraldrüsen in den Oviduct mündet; als Speicher für Spermien funktioniert allerdings nur der dickere, längere Ast.

- Diesen an seiner Basis mit der Uhrmacherpinzette erfassen, in einem Tropfen physiologischer Lösung zwischen Deckglas und Objektträger zerquetschen und dann bei starker Vergrößerung mikroskopieren.

Der dünnere Ast des Receptaculums, die Spermathecaldrüse, hat rein sekretorische Funktion. Beide Äste sind mit einer relativ dicken Cuticula ausgekleidet, die einem Drüsenepithel aufliegt.

Die Eier werden bei der Ablage befruchtet, wenn sie die Mündung des Receptaculums passieren. Für den Durchtritt der Spermien sind am Vorderpol der Eier feine Öffnungen, **Mikropylen**, in der Eischale vorhanden.

Die Gonaden des Männchens sind schwieriger zu präparieren, da die Hoden im Fettkörper eingebettet und außerdem nur bei jungen Tieren und Larven des letzten (6.) Stadiums voll entwickelt sind. Bei den adulten Männchen liefern sie keine Spermien mehr.

- Auch das Männchen wird von dorsal aufpräpariert. Den Schnitt nun aber nicht an den Seitenkanten des Hinterkörpers entlang führen, sondern gut 2 mm davon entfernt, erst rechts und dann links, längsparallel von hinten nach vorn, wobei die feine Schere so flach wie möglich angesetzt wird.
- Die weitere Präparation ist unbedingt unter dem Stereomikroskop bei 10- bis 15facher Vergrößerung und sehr guter Beleuchtung durchzuführen.
- Das Tier wird am Thorax mit zwei und am Abdomen mit einer Nadel, die man seitlich durch die Subgenitalplatte führt (man muss dazu die Supraanalplatte anheben), im Becken fixiert. Die Supraanalplatte bleibt am Abdomen, die davor liegenden Terga werden vorsichtig abpräpariert.
- Auf der Höhe des 3. Segments dann jederseits eine Stecknadel flach unter den stehen gebliebenen, seitlichen Rest des Tergums von innen nach außen führen, durchstechen, die Nadel aufrichten und sie, nach außen geneigt, im Becken feststecken. Ebenso wird im 7. Segment verfahren.
- Nach dem Abpräparieren des dorsalen Diaphragmas und der medianen Fettkörperlappen wird der Darm entfernt, wobei man die ihn fixierenden Tracheen wiederum nicht abreißt, sondern abschneidet.

Die **Hoden** sind längliche, kompakte Gebilde mit leicht und unregelmäßig gefurchter Oberfläche; sie liegen sehr weit seitlich in den Hinterleibssegmenten IV und V (Abb. 134). Man findet sie inmitten der sie umgebenden Fettkörpermassen, da die in den Furchen weißen, sonst opak-trüben Gebilde sich deutlich vom rein weißen Fettkörper abheben.

- An der Stelle, an der sie zu suchen sind, die Lappen des Fettkörpers mit Pinzette und Pipettenstrahl lockern, bis die länglichen Testes erkennbar sind.

- Einen Hoden vom Fettkörper freipräparieren, dabei am caudalen Ende besonders sorgfältig arbeiten.

Dort nämlich verlässt der Samenleiter (Vas deferens) als zarter, dünner Schlauch den Hoden, zieht nach hinten, biegt dann nach vorn um, kreuzt unter dem starken, vom letzten Ganglion zum Körperende ziehenden Cercalnerv hindurch und mündet – für den Betrachter verborgen – schließlich in den unpaaren Ductus ejaculatorius. Die beiden Samenleiter zeigen zwei eigenartige Ösenbildungen unbekannter Bedeutung. Vom Ductus ejaculatorius werden wir vorerst nicht viel sehen, da er unter zahlreichen (350 bis 450), schlauchförmigen, zum Teil rein weißen, zum Teil weißlich opaken Nebendrüsen verborgen ist, die alle in ihn münden. Sie liefern Sekrete zum Aufbau der Spermatophoren. Ebenfalls von den Nebendrüsen verdeckt sind – ventral der Mündungen der Vasa deferentia – sechs bis sieben birnenförmige Vesiculae seminales. In ihnen wird, in einem proteinhaltigen Sekret eingebettet, das von den larvalen Hoden gelieferte Sperma aufbewahrt. Bei der Begattung wird Sperma in stecknadelkopfgroßen Spermatophoren eingeschlossen und dann in die weiblichen Geschlechtswege befördert. Ventral vom Ductus ejaculatorius und dorsal vom letzten Abdominalganglion liegt eine weitere, auffallend große, weißlich-trübe akzessorische Geschlechtsdrüse, die Phallusdrüse. Ihr Sekret dient wahrscheinlich der Befestigung der Spermatophore in der Genitalregion des Weibchens. Davor fallen durch ihre Größe die – übrigens auch beim Weibchen vorhandenen – beiden sackförmigen, median miteinander verwachsenen Sternaldrüsen auf. Sie liegen unter dem Bauchmark zwischen dem letzten und vorletzten Ganglion und münden zwischen Sternum VI und VII durch einen unpaaren Porus nach außen.

Nach Entfernung der Geschlechtsorgane bleibt nur noch das **Bauchmark** zu untersuchen. Es liegt in einem besonderen, wieder durch ein Diaphragma vom Perivisceralsinus getrennten, ventralen Teil der Leibeshöhle, im Perineuralsinus.

- Durch Entfernen dieses ventralen Diaphragmas und sonstiger dem Bauchmark noch anhaftender Gewebsteile (Tracheen, Muskulatur) wird es vorsichtig bis zur hinteren Kopfgrenze völlig freigelegt. Um es besser sichtbar zu machen, schiebt man zweckmäßig einen Streifen schwarzen Papiers unter.
- Die Freilegung der in der Kopfkapsel gelegenen Teile des Nervensystems (Ober- und Unterschlundganglion) kann durch vorsichtiges Abtragen der Kopfdecke mittels oberflächlich geführter Flächenschnitte versucht werden, stellt aber schon größere Anforderungen an das präparatorische Geschick.
- Besser gelingt die Präparation des Gehirns, wenn man Kopf und Brust der Schabe gut zur Hälfte in das Wachs des Präparierbeckens einschmilzt.

Ober- und Unterschlundganglion bilden einen Ring um den Oesophagus. Vom Oberschlundganglion gehen seitlich die beiden Sehbahnen, dahinter die Antennennerven ab. Median dahinter liegen in der Tiefe die paarigen, lang gestreckten Corpora cardiaca und die diskusförmigen Corpora allata. Die C. cardiaca fallen durch ihre bläuliche Färbung auf. Die C. allata sind, da durchsichtig, schwerer erkennbar. Beide Organe bilden zusammen den Retrocerebralkomplex.

Das **Bauchmark** zeigt im Thorax sehr deutlich den ursprünglichen, paarigen Charakter, da seine beiden Längsstränge hier mit weitem Abstand verlaufen. Im Abdomen liegen sie so dicht aneinander, dass ein unpaarer Strang vorgetäuscht wird; unter dem Mikroskop kann man sich aber leicht von seiner Paarigkeit überzeugen. Ursprünglich ist das Bauchmark der Schabe auch insofern, als fast alle Ganglien unverschmolzen geblieben sind. So befindet sich in jedem Thoraxsegment ein großes Ganglion, von dem die Nerven zu den Extremitäten abgehen. Im Prothorax findet man außerdem zwischen dem Ganglion und dem Oesophagus die x-förmige Prothoraxdrüse. Sie bildet das Häutungshormon Ecdyson, ein Steroidderivat. Auch die ersten sechs Abdominalsegmente zeigen je ein Ganglion. Das letzte von ihnen hat die Ganglien der noch folgenden Segmente aufgenommen, was in seinem größeren Umfang zum Ausdruck kommt. Embryonal werden 11 abdominale Ganglien angelegt.

- Zur Betrachtung der **Mundwerkzeuge** die Schabe (immer noch unter Wasser) auf den Rücken legen und den Thorax feststecken.
- Den Kopf des Tieres so weit zurückbiegen, bis er waagrecht im Becken liegt und ihn dann mit zwei dünnen Insektennadeln, die seitlich von

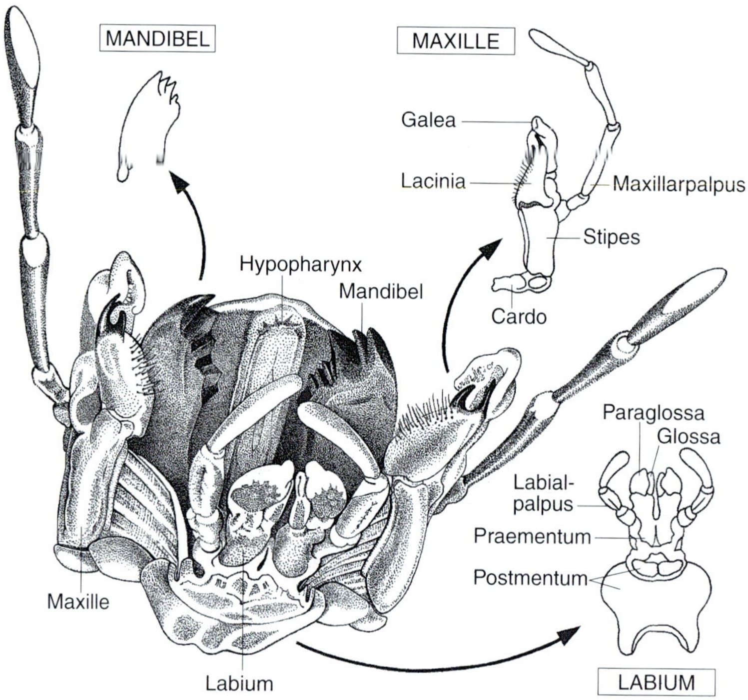

Abb. 135: Mundwerkzeuge von *Periplaneta americana*. Schrägansicht von ventral und abpräparierte Extremitäten

der Halshaut durch die Kopfkapsel gesteckt werden, fixieren (Abb. 135).

Erfahrungsgemäß bereitet die eindeutige Kennzeichnung von Lagebeziehungen bei den Mundwerkzeugen wegen ihrer so unterschiedlichen Anordnung am Kopf Schwierigkeiten. Häufig werden Vorderseite, Oberseite und Dorsalseite (vorn, oben und dorsal) einerseits und Hinterseite, Unterseite und Ventralseite (hinten, unten und ventral) andererseits synonym gebraucht. Der Klarheit halber werden hier in Bezug auf die Mundwerkzeuge fast nur die Bezeichnungen Vorderseite (vorn) und Hinterseite (hinten) verwendet. Als Vorderseite bezeichnet wird diejenige Seite eines Mundwerkzeuges, die – bei einer von der Spitze (also von apikal = distal) zur Basis fortschreitenden Betrachtung des Organs – schließlich, mittelbar oder unmittelbar, in die Kopfvorderseite (Frons) übergeht. Entsprechend wird diejenige Seite als Hinterseite bezeichnet, die bei sinngemäß gleicher Betrachtungsweise in die Kopfunterseite und schließlich in die ventrale Halshaut übergeht.

An der gedehnten Halshaut erkennt man median die beiden beborsteten Skleritspangen und seitlich dahinter die relativ großen Cervicalia. Vor der Halshaut wird die Kopfunterseite oder – bezogen auf die Normallage des Kopfes – die Kopfhinterseite von den basalen, unpaaren Teilen des Labiums wie von einer Kehle abgeschlossen. Das proximale, apikal und basal ausgebuchtete Teilstück – es artikuliert beidseits am Kopf – wird als Postmentum bezeichnet, das zweite, gelenkig daran anschließende als Praementum. Das Praementum trägt jederseits auf einer kleinen Erhebung (Palpifer) einen dreigliedrigen Lippentaster (Labialpalpus) und terminal ein medianes und ein laterales Paar von Fortsätzen, die Glossae und die Paraglossae.

- Mit Nadel und Pinzette diese zum großen Teil weichhäutigen Organe auseinander drängen.

Erst dann sind ihre Gestalt und Größe zu erkennen.

- Die Präpariernadel von der Seite unter die Unterlippe schieben, diese anheben und nach oben rückwärts biegen.

Dadurch wird der **Hypopharynx** freigelegt. Er liegt wie eine Zunge in der Mitte des Mundraumes. Auch er ist zum großen Teil weichhäutig, lässt aber einige sklerotisierte Spangen erkennen. Seine Vorderseite setzt sich in die Pharynxrückwand fort, an seiner Hinterseite mündet dort, wo sie in die Unterlippe übergeht, genau in der Mitte, der unpaare Ausführgang der Speicheldrüsen. Man kann die Mündung bei stark zurückgebogener Unterlippe und 30facher Vergrößerung gut erkennen.

Unterlippe und Hypopharynx sind, wie sich leicht feststellen lässt, durch weichhäutige Zonen mit den den Mundraum seitlich begrenzenden **Maxillen** verbunden. Die Eingelenkung der Maxille an der Kopfkapsel erfolgt durch das so genannte Angelglied, den Cardo. Die Cardines der beiden Maxillen liegen links und rechts vom Postmentum, das sie zum Teil verdeckt, quer zur Längsachse des Tieres. Das nächste Glied der Maxillen, der lateral eingelenkte Stamm (Stipes), verläuft wieder längsparallel. Er trägt seitlich einen fünfgliedrigen Taster (Palpus maxillaris) und terminal zwei Kauladen.

Die äußere Kaulade, die am Ende ohrförmig eingebuchtete Galea (Lobus externus), ist weichhäutig, die innere, die Lacinia (Lobus internus), ist – besonders an der dolchartigen Spitze – sklerotisiert und an der Innenkante stark beborstet.

- Die Unterlippe wird am besten mit einem aus einem Rasierklingensplitter angefertigten Skalpell oder einer Pinzettenschere herausgeschnitten und in 70%igen Alkohol gelegt. Ebenso verfährt man mit dem Hypopharynx.
- Auch die Maxillen werden, nachdem man sie nach dem Freilegen nochmals eingehend betrachtet hat, an ihrer basalen Eingelenkung von der Kopfkapsel gelöst.

Nun ist die Hinterseite der mächtigen **Mandibeln** (Oberkiefer) zu sehen. Sie sind ungegliedert; ihre gezähnten Innenkanten und das hintere, im Präparat oben aufliegende Gelenk geben durch ihre Schwarzfärbung die starke Sklerotisierung zu erkennen.

- Die Mandibeln mit der Pinzette bewegen.

Man sieht, dass sie wie Zangen von den Seiten her zur Mitte hin zubeißen. Sie artikulieren dikondyl, d. h. mit zwei Gelenken an der Kopfkapsel. Die Verbindungslinie zwischen den beiden Gelenken bildet die senkrecht zur Drehebene stehende Drehachse.

- Die linke Mandibel mit einer kräftigeren Pinzette fassen und sie, nach vorne wegziehend, aus ihren Gelenken herausheben.

Aus ihrer basalen Öffnung ragen die abgerissenen Sehnen der kräftigen, im Kopf liegenden Mandibelmuskeln. Nun kann man auch feststellen, dass beide Gelenke Kugelgelenke sind. Die Pfanne des hinteren Gelenkes befindet sich am Kopf, die des vorderen an der Mandibel.

- Schließlich wird auch die rechte Mandibel herausgelöst und in Alkohol gelegt.

Man sieht jetzt auf die weichhäutige Hinterseite (= Innenseite) des doppelwandigen **Labrums** (Oberlippe). Sie ist median zu einer Art Gegenzunge, zum **Epipharynx**, aufgewölbt. Dieser ist, mit Ausnahme von zwei Skleritspangen, den Tormae – die man deutlich aber erst im mikroskopischen Präparat erkennt –, weichhäutig.

- Die beiden Nadeln lösen und den Kopf von vorn betrachten, indem man ihn auf sich zu beugt.

Das schuppenförmige Labrum sitzt einem trapezförmigen Fortsatz der Kopfkapsel, dem **Clypeus**, gelenkig an.

- Auch das Labrum wird abgeschnitten. Die Mundwerkzeuge werden dann zu einem mikroskopischen Präparat verarbeitet, indem man sie erst in 100%igem Alkohol entwässert und dann über Nelkenöl in Eukitt – symmetrisch geordnet – eindeckt.

2. Die Mundwerkzeuge weiterer Insekten

Die Mundwerkzeuge der Insekten sind überaus verschieden gestaltet. Das Schicksal der einzelnen Teile lässt sich vergleichend anatomisch oder während der Embryonalentwicklung fast immer verfolgen, sodass eine Homologisierung meist möglich ist. Trotz aller Mannigfaltigkeit lassen sich die Mundwerkzeuge der Insekten zwanglos in drei Funktionsreihen einteilen, nämlich in die kauend-leckenden, in die leckend-saugenden und in die stechend-saugenden Mundwerkzeuge. Innerhalb jeder dieser drei Reihen sind einige voneinander abweichende Typen verwirklicht.

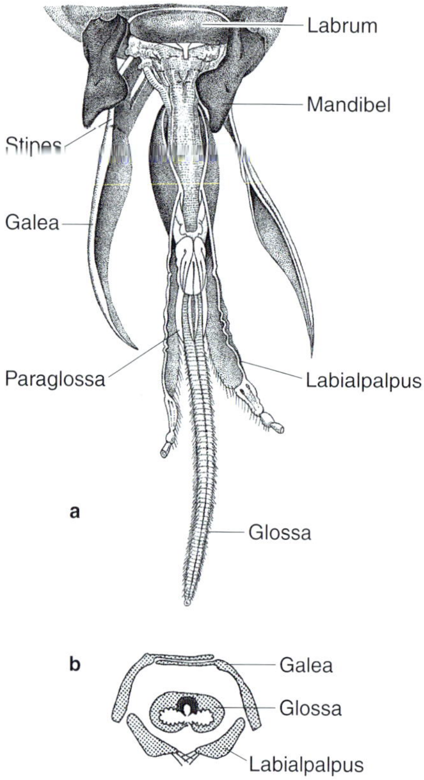

Abb. 136: Mundwerkzeuge einer Honigbiene. a. Totalansicht von vorn, b. Querschnitt durch den Rüssel

Es sollen hier nur die wichtigsten Typen behandelt werden. Das sind unter den kauend-leckenden die bereits bekannten Mundwerkzeuge der Schaben (Grundtyp; oft auch **orthopteroider Typ** genannt) und die der Hymenopteren, unter den leckend-saugenden die der Schmetterlinge und mancher Fliegen und unter den stechend-saugenden die der Hemipteren und vieler Dipteren.

Man beginnt mit den **kauend-leckenden Mundwerkzeugen** eines Blüten besuchenden Hautflüglers, mit der **Honigbiene** (Abb. 136).

- Der getöteten Biene wird der Kopf abgeschnitten und in eine kleine Präparationsschale gelegt. Hat man nur in Alkohol konserviertes Material zur Verfügung, so bringt man die Köpfe zweckmäßigerweise auf kurze Zeit in kochendes Wasser, um sie aufzuweichen.
- Die nach dem eingehenden Betrachten des unversehrten Präparates durchzuführende Präparation erfolgt hier und im Folgenden ganz ähnlich wie bei der Küchenschabe.
- Mit feiner Pinzette und Splittermesser werden die einzelnen Mundwerkzeuge – man präpariert am besten unter dem Stereomikroskop – vom Labium ausge[illegible]
- Sie werden in einem Tropfen Glycerin auf den Objektträger gebracht und mikroskopiert, wenn man sie nicht erst zu einem mikroskopischen Präparat verarbeitet.
- Manchmal genügt es, die einzelnen Mundteile mit feinen Nadeln auseinander zu spreizen.

Oberlippe und **Mandibeln** sind kaum abgewandelt. Die Mandibeln sind zu vielerlei Tätigkeiten brauchbare Beiß- und Knetwerkzeuge. Im Gegensatz zu ihnen sind **Maxillen** und **Labium** stark umgeformt. Sie bilden zusammen eine funktionelle Einheit, den Labiomaxillarkomplex, der das eigentliche Organ der Nahrungsaufnahme darstellt.

Beide Stammglieder der Maxillen (Cardo und Stipes) sind stark verlängert. Die Cardines artikulieren mit ihren proximalen Enden am Kopf (an den Postgenae) und mit ihren distalen mit einer quer liegenden, V-förmigen Skleritspange, dem Zügel (Lorum). Die Laciniae der Maxillarladen sind zu kleinen, häutigen Höckern an der Basis der Galeae geworden, die Galeae selbst dagegen sind mächtig entwickelt. Sie sehen wie rinnenförmig gebogene Sensenklingen aus. Dort, wo sie an den Stipites eingelenkt sind, sind die rudimentären Maxillarpalpen zu erkennen. Die beiden Galeae legen sich mit ihren medianen Rändern aneinander und bilden so eine – nach hinten offene – Rinne. Sie wird durch die kleineren, viergliedrigen, sonst aber ähnlich gestalteten Labialpalpen, die zu einer nach vorn offenen Rinne zusammentreten, zur Rüsselröhre geschlossen, die die lang gestreckte, geringelte und stark behaarte Zunge **(Glossa)** und die beiden **Paraglossae** umhüllt. Die Zunge ist hinten von einer Langsrinne, der Zungenrinne, durchzogen. An ihrer Spitze trägt sie das Labellum (Löffelchen). Sie kann völlig in die Rüsselröhre zurückgezogen werden.

Von den Stammgliedern des **Labiums** ist das Praementum stark entwickelt. Das viel kleinere Postmentum artikuliert am Zügel. Auf der Vorderseite des Praementums liegt der an zwei schlanken Skleritspangen leicht kenntliche **Hypopharynx**. An ihm fallen zwei Gruppen von Sinnesorganen auf. Unmittelbar distal davon liegen die beiden Mündungen der Futtersaft-

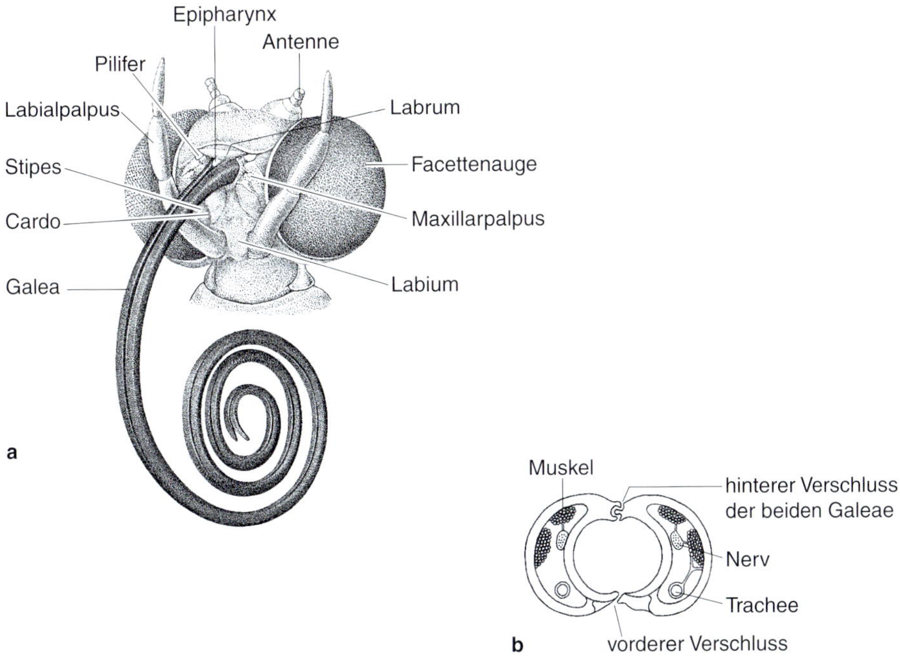

Abb. 137: Kopf und Mundwerkzeuge eines Schmetterlings. a. Totalansicht, b. Querschnitt durch den Saugrüssel. (a nach Weber, b nach Eidmann)

drüsen (Hypopharyngealdrüsen). Der unpaare Ausführgang der Speicheldrüsen (Labialdrüsen) mündet wie bei der Schabe zwischen Hypopharynx und Praementum, auf der Vorder-(Ober-)Seite der Zungenbasis. Von dort wird der Speichel von den hohlkehligen Paraglossae um die Zungenbasis herum in die Zungenrinne und dann zur Zungenspitze geleitet. Die flüssige Nahrung dagegen wird in der Rüsselröhre zum Mund befördert. Der ganze Saugapparat kann eingeschlagen und vorgestreckt werden.

Die beiden Typen der **leckend-saugenden Mundwerkzeuge**, die untersucht werden sollen, weichen anatomisch erheblich voneinander ab. Gemeinsam ist ihnen lediglich die starke bis völlige Rückbildung der Mandibeln, die nur bei manchen primitiven Formen als Beißwerkzeuge erhalten bleiben.

- Benötigt werden Köpfe von Tagfaltern (z. B. Kohlweißling, *Pieris brassicae*, oder Fuchs, *Aglais urticae*) und von Stuben- oder Schmeißfliegen (*Musca domestica* oder *Calliphora erythrocephala*).
- Die Schmetterlingsköpfe – man wird wohl meist Alkoholmaterial verwenden – werden durch Abpinseln von Haaren und Schuppen befreit und dann, ebenso wie die Fliegenköpfe, unter dem Stereomikroskop bei guter Beleuchtung betrachtet.
- Außerdem werden Eukittpräparate mikroskopiert, in denen die mit Kalilauge mazerierten und aufgehellten Köpfe in Seitenlage (die Augen wurden abgeschnitten) eingedeckt sind.

Der Saugrüssel der **Schmetterlinge** (Abb. 137) wird auf völlig andere Art und Weise als bei den Blüten besuchenden Hymenopteren gebildet, aber ebenso wie dort kann man an rezenten Vertretern die Ableitung vom kauenden Typ verfolgen. Bei manchen Kleinschmetterlingen sind noch alle zum orthopteroiden Typ gehörenden Organe zu finden. Die Mundwerkzeuge der höheren Lepidopteren sind jedoch weitgehend umgestaltet und vor allem gekennzeichnet durch die Ausbildung eines Saugrüssels, der von den gewaltig verlängerten, median rinnenartig vertieften **Galeae** gebildet wird. Sie sind von mondsichelförmigem Querschnitt, hohl und

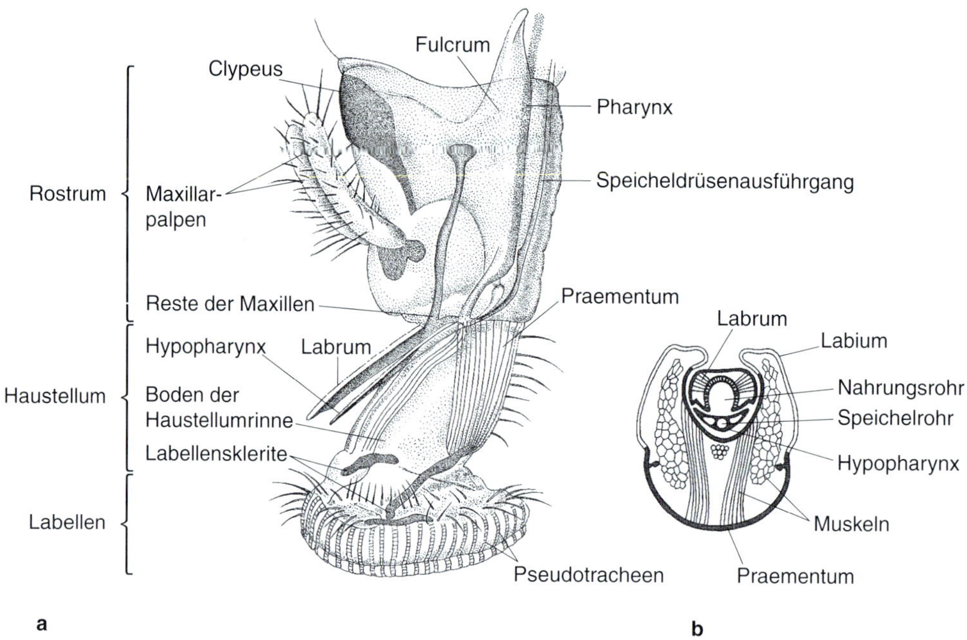

Abb. 138: Mundwerkzeuge einer Stubenfliege. a. Seitenansicht, b. Querschnitt durch das Haustellum. (Nach WEBER)

enthalten in ihrem Inneren Muskulatur, Nerven und Tracheen. Die Ränder ihrer medianen Rinnen legen sich fest aneinander, sodass ein geschlossenes, zum Mund führendes Saugrohr gebildet wird. Auf seiner Hinterseite erfolgt die Verbindung durch eine verzahnte Führung, auf seiner Vorderseite durch zahlreiche Borsten. In der Außenwand der beiden Galeae wechseln bogige Skleritspangen mit schmalen, membranösen Bezirken ab. Das in dieser Cuticula vorhandene elastische Protein Resilin gibt dem Rüssel Elastizität und Festigkeit und bewirkt, dass er in der Ruhelage spiralig eingerollt ist. Ausgestreckt wird er aktiv durch die Tätigkeit der zahlreich im Lumen der Rüsselwand schräg ausgespannten kleinen Muskeln. An seiner inneren und äußeren Oberfläche, besonders aber an der Spitze, sitzen zahlreiche Sensillen.

Von allen übrigen Mundteilen sind lediglich die Lippentaster (**Labialpalpen**) gut ausgebildet. Sie streben von der Kopfunterseite nach vorn und oben und verdecken die Sicht auf die übrigen Mundteile.

- Daher einen von ihnen entfernen.

Das kleine, schmale **Labrum** ist seitlich oft zapfenartig ausgezogen (Pilifer). Vor seiner Mitte deckt der dreieckig vorspringende **Epipharynx** die dort klaffende Rüsselbasis zu. Die **Mandibeln** sind völlig verschwunden; sie sind mit den Genae („Wangen", mundnahe Bezirke der Kopfseiten) verschmolzen. Die wiederum sehr kleinen Cardines der **Maxillen** artikulieren mit der Kopfkapsel. Die schlanken Stipites konvergieren von den Seiten zur Mitte hin, sodass die an ihren medianen Enden entspringenden Galeae zum Saugrüssel zusammentreten können. Die Laciniae sind verschwunden, die Maxillarpalpen warzenförmig klein.

Das **Labium** ist eine einheitliche Platte ohne Laden. Es schließt die Mundöffnung und den ventralen Kopfbezirk zwischen Rüssel und Halshaut unten ab und trägt seitlich die bereits erwähnten, großen Labialpalpen. Der **Hypopharynx** ist reduziert.

Die Schmetterlinge sind reine Sauger. Sie nehmen nur frei zugängliche, flüssige Nahrungsstoffe zu sich. Die mit leckend-saugenden Mundwerkzeugen ausgerüsteten Dipteren dagegen vermögen außerdem mit dem Speichel feste Futterstoffe aufzulösen und dann aufzusaugen, zum Teil können sie sogar Nahrungspartikel abraspeln und mit dem Speichelstrom aufsaugen. Dieser größeren Vielfalt in der Nahrungsaufnahme entspricht ein vielfältiger Aufbau der Mundorgane.

Am Kopf der **Stubenfliege** ist ein ventraler, schnauzenförmig vorgezogener Teil, das **Rostrum**, fast gänzlich weichhäutig geworden (Abb. 138). Nur der **Clypeus** ist sklerotisiert geblieben. Die **Mandibeln** sind restlos verschwunden, von den **Maxillen** sind nur die eingliedrigen Taster und ein Paar Skleritstäbe geblieben, die vom Labrum zum Pharynx ziehen. Der an das Rostrum anschließende eigentliche Rüssel wird zum größten Teil vom **Labium** gebildet. Er ist ein fast gänzlich membranöses Gebilde, an dem man ein Basalstück, das **Haustellum**, und ein endständiges Labellenpaar unterscheidet. Die sklerotisierte Hinterseite des Haustellums entspricht dem Praementum, die **Labellen** sind den Labialtastern homolog. Vorn ist das Haustellum der Länge nach von einer sklerotisierten Rinne durchzogen, in der das hinten vertiefte Labrum und der längliche, etwa schwertförmige Hypopharynx liegen. Der **Hypopharynx** schließt die Oberlippenrinne zum Nahrungsrohr, während er selbst vom Speichelrohr durchzogen ist. Nahrungs- und Speichelrohr münden in den Raum zwischen den beiden mächtigen, weichhäutigen Labellen. Die ventralen Polsterflächen der Labellen sind mit Rinnen versehen, deren Wandungen durch winzige Skleritspangen verfestigt sind (Speichelrinne, Pseudotracheen). Sie ziehen vom medianen Spalt divergierend nach außen. Mit ihnen erfolgt die Verteilung des Speichels und das Aufsaugen flüssiger oder im Speichel aufgelöster Nahrung. Diesen Feinbau erkennt man freilich erst an einem mikroskopischen Labellenpräparat.

- Hierfür die ventrale Polsterfläche der Labellen mit der Schere abschneiden und in Glycerin oder Eukitt eindecken.

Nun wird auch sichtbar, dass die Skleritspangen an den Rändern der Pseudotracheen in Form spitzer Zähnchen vorstehen. Mit ihnen kann feste Nahrung abgeraspelt werden. – In der Ruhe wird der Rüssel an die Kopfunterseite angeklappt, indem das Rostrum nach hinten, das Haustellum mit den Labellen nach vorn angewinkelt werden.

Sehr viele Insekten entnehmen ihre flüssige oder verflüssigte Nahrung dem Inneren pflanzlicher oder tierischer Gewebe. Ihre stechend-saugenden Mundwerkzeuge sind demgemäß lang gestreckt, degen- oder dolchförmig. Bei den hier behandelten Formen bildet das Labium eine Führungsrinne für die übrigen Mundteile, die beim Stich alle (Bremsen) oder mit Ausnahme des Labiums (Wanzen) in das Gewebe versenkt werden. Dabei wird von einem Speichelrohr gerinnungshemmende und den Säftezustrom fördernde Speichelflüssigkeit in die Wunde injiziert und mit einem Saugrohr die Nahrungsflüssigkeit aufgesaugt.

Die Mannigfaltigkeit innerhalb dieser Funktionsreihe ist groß. Untersucht werden die Mundwerkzeuge einer **Wanze** (z. B. die der Feuerwanze, *Pyrrhocoris apterus*) und die einer Bremse (Weibchen der Gattungen *Haematopota* oder *Tabanus*; die Männchen sind Säftesauger und stechen nicht).

- Zur Präparation wird man wiederum Alkoholmaterial verwenden. Außerdem werden mikroskopische Präparate von Wanzen- und Bremsenköpfen ausgeteilt (oder angefertigt), die mit Kalilauge mazeriert und aufgehellt und dann in Seitenlage (Augen vorher kappen!) eingedeckt wurden.

Zunächst den Wanzenkopf betrachten (Abb. 139). Seine streng funktionsbedingte Gestalt gibt ihm noch mehr als den anderen Insektenköpfen das Aussehen eines modernen technischen Geräts. Einige mundnahe Teile der Kopfkapsel sind in Beziehung zu den Mundwerkzeugen getreten. Der **Clypeus** ist verlängert und in einen basalen Post- und einen rostralen Anteclypeus unterteilt; er bildet mit dem zipfelförmigen **Labrum** eine Einheit, das **Clypeolabrum**. Unter den Augen erkennt man an den Kopfseiten je eine wangenartige Vorwölbung, die so genannten **Mandibularplatten**. Sie haben mit den Mandibeln nichts zu tun, sondern sind nach rostral verlagerte Teile der Genae. Die folgenden spitz ausgezogenen **Maxillarplatten** dagegen sind vermutlich aus den Stipites und Palpi der Maxillen entstanden. Die Cardines sind als Artikulationshebel für die maxillaren Stechborsten in den Kopf verlagert. Die Maxillarplatten bilden mit dem Clypeolabrum einen Schnabel, aus dessen Spitze das Stechbors-

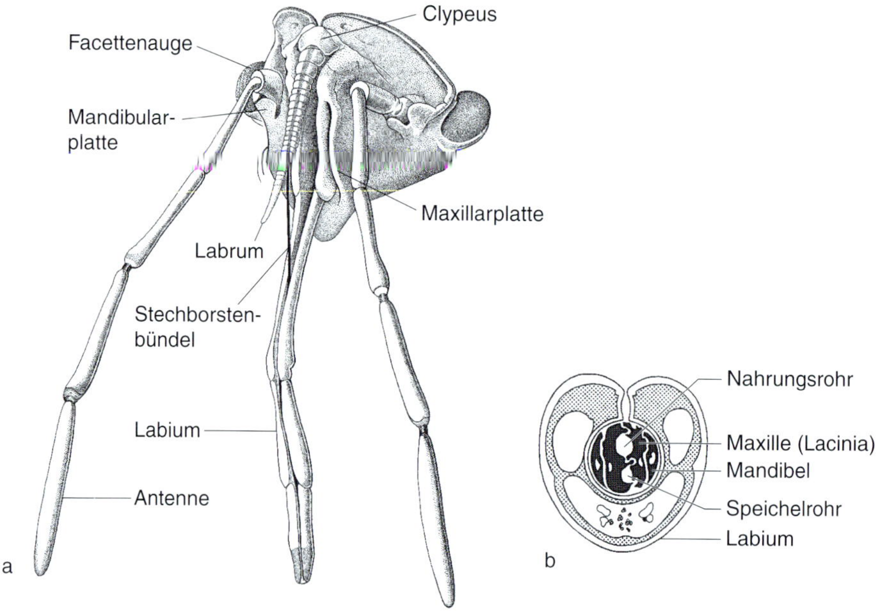

Abb. 139: Kopf und Mundwerkzeuge einer Wanze. a. Gesamtansicht, b. Querschnitt durch den Rüssel

tenbündel in das als Borstenscheide dienende, viergliedrige **Labium** übertritt, das sich hinten an die Maxillarplatten anlegt. Die Vorderwand des Labiums ist zu einer an der Basis offenen und vom Clypeolabrum abgedeckten, an seinem Endabschnitt aber praktisch vollständig zum Rohr geschlossenen Rinne eingesenkt, aus deren Spitze die Stechborsten vorgestreckt werden können. Das Basalglied des Labiums entspricht dem Praementum, die 3 distalen Glieder den verwachsenen Lippentastern. An seiner Spitze sind zahlreiche Tast- und Chemoreceptoren sichtbar. Die Labialladen sind zurückgebildet. Zurückgebildet sind auch die Taster und die Galeae der Maxillen.

Die **Mandibeln** und die **Lacinien der Maxillen** sind zum eigentlichen **Stechapparat** geworden. Die mandibularen Stechborsten sind an der Spitze gezähnt. Die beiden Lacinien sind median miteinander verfalzt. Sie umschließen zwei Kanäle; der vordere dient dem Nahrungstransport, der hintere ist Speichelrohr. Der kurze Hypopharynx liegt im Vorderkopf, er ist konisch und ragt mit seinem Ende, auf dem der Ausführungsgang der Speicheldrüse mündet, in das Speichelrohr. Vorstoßen und Zurückziehen der Stechborsten, Aufsaugen der Nahrung und Einspritzen des Speichels werden durch sinnreiche Konstruktionen, auf die hier nicht eingegangen werden kann, bewerkstelligt. Die nach dem Prinzip der Kolbenpumpe gebaute Speichelpumpe ist an den mikroskopischen Präparaten im Vorderkopf im Bereich des Clypeolabrums samt den beiden zuführenden und dem unpaaren, abführenden Speichelkanal und den beiden Ventilen meist gut zu erkennen.

- Die Mundteile des Wanzenkopfes voneinander isolieren.

Viele Dipteren sind Blutsauger. Nicht wenige sind als lästige oder – als Krankheitsüberträger – sogar gefährliche Blutsauger für den Menschen von Bedeutung. Die Mundwerkzeuge der bekanntesten Gruppen, der (hier nicht behandelten) Stechmücken (Culiciden) und die der **Bremsen** (*Tabanidae*; Abb. 140), sind grundsätzlich in gleicher Weise entwickelt. Nur sind die der Culiciden überaus dünn und lang, mit degenförmigen Stechborsten gegenüber den relativ kurzen, dolchförmigen der Tabaniden.

Wie bei den Wanzen funktioniert das **Labium** als Gleitrohr. Bei den Bremsen ist es zum großen Teil häutig; sklerotisiert ist es nur auf der

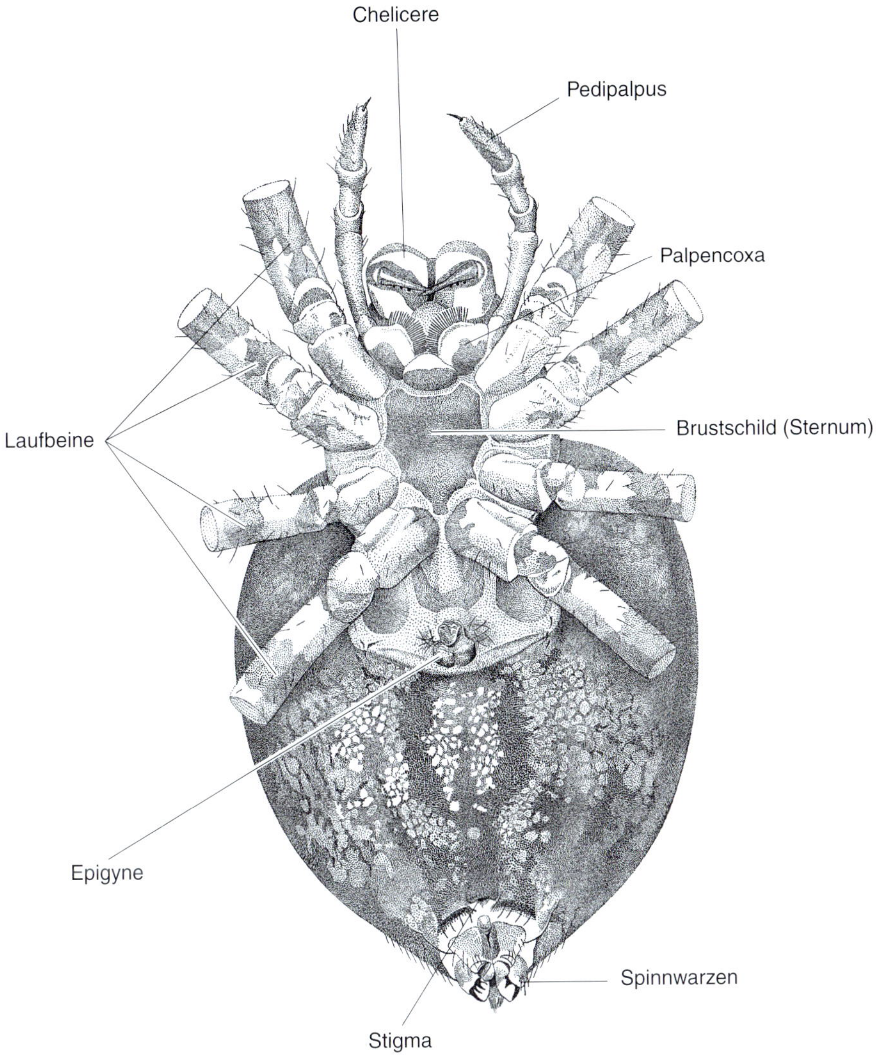

Abb. 142: Kreuzspinne, Weibchen, Unterseite

magen durch das kapillare Mundrohr aufgenommen und in den Mitteldarm gepumpt. Erbrechen von Verdauungssekret und Aufsaugen wechseln rhythmisch im Abstand von wenigen Minuten.

Das zweite Paar Mundgliedmaßen sind die **Pedipalpen**. Ihre Basalglieder sind ladenartig verbreitert und tragen am Hinterrand einen dichten bürstenartigen Haarbesatz. Diese so genannten Kauladen werden jedoch bei den Kreuzspinnen nicht zum Kauen verwendet, sondern bilden zusammen mit der Unterlippe und den Cheliceren Boden und Seitenwände eines Mundvorraumes. Die Pedipalpen sind bei den beiden Geschlechtern sehr verschieden gestaltet. Beim Weibchen trägt das Endglied an der Spitze eine kleine, kammförmige Kralle, beim Männchen dicht an seiner Basis einen im einfachsten Fall birnenförmigen, meist aber – und so auch bei der Kreuzspinne – sehr viel komplizierter gestalteten Anhang (Bulbus), der als Spermaübertragungseinrichtung dient und von dem ein Teil, der Embolus, bei der Paarung in die weibliche Geschlechtsöffnung eingeführt wird. Das geschlechtsreife Männchen setzt auf

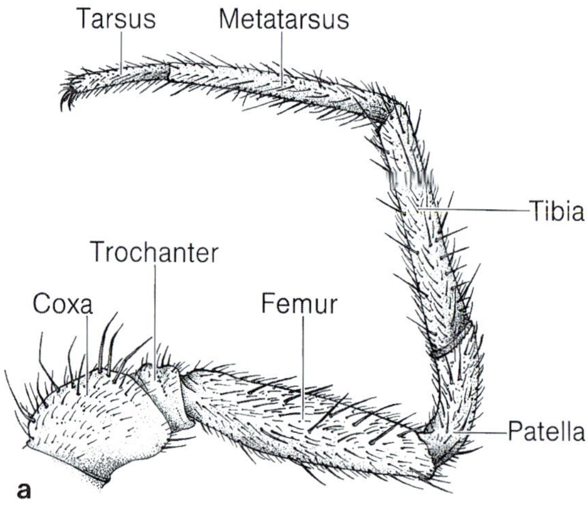

Abb. 143: Kreuzspinne. a. Drittes linkes Bein; b. Fußglied mit Klauen des dritten linken Beines

einem besonderen Gespinst (Spermanetz) einen Spermatropfen ab, taucht dann nacheinander die Spitzen der beiden Genitalbulben ein und nimmt Sperma in den Pedipalpus auf.

Die vier **Laufbeinpaare** sind siebengliedrig (Abb. 143 a). Man unterscheidet von proximal nach distal: Coxa, Trochanter, Femur, Patella, Tibia, Metatarsus und Tarsus (Fuß). Der Tarsus trägt an seinem Ende zwei kammförmig gezähnelte Klauen (Hauptklauen) und zwischen diesen eine hakenförmig gebogene glatte Klaue (Mittelklaue, Vorklaue). Alle drei Klauen können durch Muskeln bewegt werden. Die Mittelklaue dient zum Ergreifen, Führen und Festhalten des Spinnfadens. Sie drückt ihn dabei mehr oder weniger fest gegen zwei bis vier gezähnte Borstenhaare, die seitlich vor der Mittelklaue stehen (Abb. 143 b). Vor allem die Hinterbeine sind in den Dienst der Spinntätigkeit getreten.

An der Bauchseite des **Opisthosomas** verläuft vorn eine Querfurche; sie überdeckt die Öffnung der paarigen Fächerlungen und wird daher als Interpulmonarfurche bezeichnet. Die Mitte der Furche wird beim Weibchen von einer Cuticularplatte (**Epigyne**) eingenommen, unter der die Geschlechtsöffnung liegt. Die Epigyne trägt einen zapfenartigen Fortsatz (Clavus), auf ihr münden die paarigen **Receptacula seminis**, in die das Männchen bei der Paarung die gefüllten Genitalbulben einführt und in denen das Sperma bis zu der erst bei der Eiablage stattfindenden Befruchtung aufbewahrt wird. Die Eier werden im September in einzelnen Schüben abgelegt und jeweils mit einem Kokon umsponnen. Nach der Fertigstellung des letzten Kokons stirbt die Spinne. Die jungen Spinnen schlüpfen im kommenden Mai aus; die Weibchen werden erst im Sommer des nächsten Jahres geschlechtsreif.

Die Epigyne kann von hochkompliziertem Bau sein, ist artspezifisch und steht in engster Korrelation zu der jeweiligen Form des männlichen Begattungsapparates („Schlüssel-Schloss-Prin-

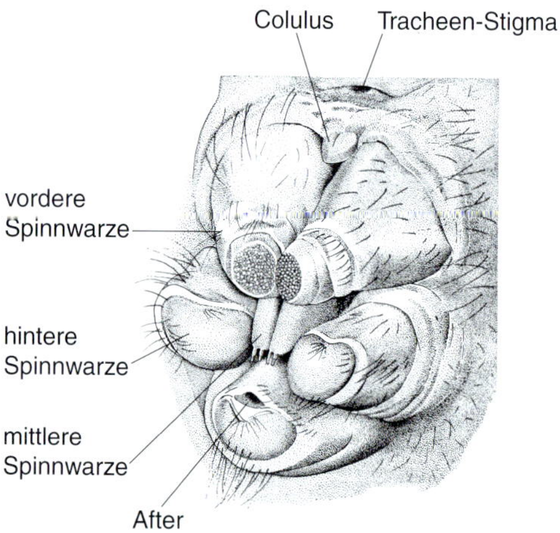

Abb. 144: Kreuzspinne, Spinnapparat, von unten und etwas rechts gesehen

zip"). Die männliche Geschlechtsöffnung ist ein einfacher, ebenfalls in der Mitte der Interpulmonarfurche liegender Querspalt.

Die Kreuzspinne hat zwei **Fächerlungen** von je etwa 100 „Blättern". Der Vorhof jeder Lunge wird ventiliert, indem die den Öffnungen der Atemtaschen gegenüberliegende Vorhofhinterwand von Muskeln bewegt wird. Die Lufterneuerung in den etwa 15 µm hohen Atemtaschen erfolgt überwiegend durch Diffusion.

Außer diesen hochdifferenzierten Atmungsorganen finden sich noch vier gerade, zarte **Tracheenröhren**, die in einem vor den Spinnwarzen gelegenen und hier mit einem unpaaren Stigma ausmündenden, gemeinsamen Vorhof entspringen.

Der **Spinnapparat** (Abb. 144) liegt ventral am Ende des Hinterleibes. Er besteht aus sechs konischen Erhebungen, den Spinnwarzen. Diese sind Abkömmlinge der Extremitätenanlagen des 10. und 11. Segments, die sich früh in der Entwicklung teilen und während der weiteren Entwicklung in eine funktionell günstigere Position fast am Hinterende verlagert werden. So entstehen eine Gruppe vorderer Spinnwarzen mit je zwei seitlichen und mittleren Spinnwarzen und eine entsprechende Gruppierung der hinteren Spinnwarzen. Die vorderen mittleren Spinnwarzen werden bei den Cribellata zu einer durch Muskeln bewegbaren Spinnplatte, dem Cribellum, umgebildet. Bei den Ecribellata entsteht aus ihnen ein kleiner Hügel (Colulus), oder sie werden bei den meisten einheimischen Arten völlig reduziert. Bei der Kreuzspinne bilden die Spinnwarzen gemeinsam mit dem Afterdeckel eine kleine Rosette am Hinterende des Opisthosomas. Bei anderen einheimischen Spinnen, wie beispielsweise den Hauswinkelspinnen (*Tegenaria*) oder bei den Vogelspinnen, ist die Extremitätennatur der Spinnwarzen deutlicher erkennbar, weil sie länger sind und während des Spinnens durch ihre Muskeln bewegt werden. Das freie, abgestutzte Ende jeder Spinnwarze ist das Spinnfeld, auf dem sich zahlreiche, wie Haare aussehende, sehr feine Spinnröhrchen erheben; daneben liegen noch einige stärkere Spinnröhren. Die zugehörigen Spinndrüsen liegen ventral im Hinterleib und bedingen zusammen mit den Eiern seine Anschwellung. Ihr aus den Spinnröhren ausgespritztes Sekret erstarrt beim Ausziehen augenblicklich. Oft werden mehrere Fäden zu einem einzigen verarbeitet, der trotz seiner außerordentlichen Feinheit sehr fest ist.

2. *Tegenaria* spec., Hausspinne, Winkelspinne

- Zur Darstellung der inneren Anatomie der Webspinnen ist die zu den Trichter(netz)spinnen (Agelenidae) gehörende *Tegenaria* geeigneter als die Kreuzspinne. Man fängt sie nachts in Kellern und Schuppen, wo sie, auf der Suche nach neuen, zur Anlage von Netzen geeigneten Stellen, sich oft recht weit von ihrem Schlupfwinkel entfernt. Sie ist – einzeln – in Gläsern geeigneter Größe, in Marmeladengläsern z. B., in die man etwas Filtrierpapier gibt, leicht zu halten. Das Papier ist regelmäßig anzufeuchten. Gefüttert wird zwei- bis dreimal die Woche mit je einer Fliege.
- Im Frühjahr und in den Sommermonaten werden die Weibchen alsbald in einen Kokon verpackte Eier ablegen. Die daraus schlüpfenden Jungspinnen müssen frühzeitig isoliert werden, weil sie sich sonst gegenseitig auffressen. Man füttert erst mit *Drosophila*, später mit größeren Fliegen.
- Präpariert werden erwachsene Weibchen einer der größeren *Tegenaria*-Arten; *Tegenaria atrica* (bis 18 mm Körperlänge) oder die weniger häufige *T. parietina* (bis zu 20 mm).
- Die Präparation ist nicht einfach. Zunächst bereitet die Befestigung des mit einem Äther-Chloroform-Gemisch getöteten Tieres in der Präparierwanne Schwierigkeiten.
- Folgende Methode hat sich bewährt: Man bringt mit einem auf ca. 130 °C erhitzten, in einen Holzgriff eingezogenen Schweißdraht inmitten der Präparierwanne eine der Größe der Spinne entsprechende Wachsfläche zum Schmelzen, legt dann rasch die Spinne mit dem Bauch nach unten so ein, dass die Hüften der Beine und gut die Hälfte des Körpers von der Schmelzmasse bedeckt bzw. umfasst werden. Nach dem Erstarren des Wachses hat man die Spinne fixiert, ohne den empfindlichen Körper durch Nadeln verletzt zu haben.
- Man bedecke das Tier mit Wasser, oder – besser – mit physiologischer Kochsalzlösung. Stereolupe! Dann wird mit spitzer Wechselklinge und Uhrmacherpinzette das Prosomadach stückweise abgetragen, indem man von der Seite her die Ansatzstellen der Muskulatur von der Cuticula löst. Vorsicht besonders in der

Mitte des Prosomadaches, weil dort die dorsalen Erweiterungsmuskeln des Saugmagens ansetzen. Im geöffneten Prosoma verdeckt zunächst die Beinmuskulatur die übrigen Organe. Sie wird mit der spitzen Pinzette vorsichtig Stück für Stück herausgezupft.

Vorne sind die beiden großen, zylindrischen Giftdrüsen mit der in ihrer Wand schraubig verlaufenden Muskulatur sichtbar, durch deren Kontraktion Gift ausgepresst wird. Vom Saugmagen ist in der Mitte des Prosomas ein winziges, dunkles Skleritelement zu erkennen, an dem die dorsalen Dilatatoren (Erweiterungsmuskeln) ansetzen. Gut zu erkennen ist der grellweiße, hufeisenförmige Mitteldarm, der seitlich in jede Beinbasis einen blind endenden Fortsatz abgibt und vorn mit einem oder zwei nach dorsal orientierten Blindsäcken endet. Der cuticular ausgekleidete Oesophagus, der, das Oberschlundganglion durchbohrend, vom Saugmagen zum Mund führt, kann nur bei sehr sorgfältiger Präparation dargestellt werden. Das Oberschlundganglion selbst ist, weil es sich in seinem weißlich-opaken Aussehen von der Muskulatur nicht abhebt, wohl meist mit dieser entfernt worden.

- Zur Darstellung des Oberschlundganglions nach dem Öffnen mit Alkohol übergossene Spinnen verwenden.

Dann wird auch, nach dem Herausnehmen des Endosternits (s. unten), das massige Unterschlundganglion deutlich, in dem nicht nur die Gliedmaßen-, sondern auch sämtliche Abdominalganglien vereint sind.

Inmitten vom Prosoma liegt zwischen Mitteldarm und Unterschlundganglion als mesodermales Skeletelement der **Endosternit**. Er bietet der Gliedmaßenmuskulatur und den seitlichen Dilatatoren des Saugmagens feste Ursprungsflächen. Diese vielarmige, fast prosomabreite Platte ist dem Knorpel der Wirbeltiere ähnlich aufgebaut. Chitin fehlt ihr.

- Der Endosternit lässt sich leicht herausnehmen, wenn man ihn unter Zerstörung eines Teiles des Mitteldarmes, von der Seite her mit der spitzen Pinzette ertastet, fasst und dann herauszieht; hellglänzend die Sehnen der Muskeln, die dort ihren Ursprung hatten.
- Zur Eröffnung des Opisthosomas wird dessen Körperdecke an breitester Stelle, am „Äquator", von vornseitlich beginnend rundherum aufgeschnitten, dann hinten angehoben und nach vorn umgelegt.

Innen liegt dem Opisthosomadach das mit elastischen Ligamenten befestigte Herz an, das beiderseits je drei Arterien abgibt, die den Hinterleib mit Hämolymphe versorgen. Caudal verjüngt es sich zur hinteren Aorta, cranial zieht die vordere Aorta durch den Petiolus ins Prosoma. Im Opisthosoma sind weitere wichtige Organe untergebracht. Sie alle sind eingebettet in die überaus fein verzweigte, die Leibeshöhle erfüllende Mitteldarmdrüse. Dorsal, in der Mitte, ist die Rinne, in der das Herz lag, deutlich zu erkennen.

- Zunächst das bei reifen Tieren große, paarige Ovar freilegen, das an den an seiner Oberfläche kugelig hervortretenden Eiern unschwer zu erkennen ist.

Vom Darm selbst ist vorne nur ein kurzes, röhrenförmiges Stück zu sehen, das durch den Petiolus ins Prosoma zieht. Caudal ist der Endabschnitt des Darmes klar abgegrenzt; ihm sitzt dorsal die weiße Rektalblase (Kotblase, Kloake) auf, in die beiderseits die im Gewebe der Mitteldarmdrüse sich verzweigenden Malpighischen Gefäße einmünden. Der an die Kloake anschließende Enddarm ist kurz. Der größte Teil des opisthosomalen Mitteldarmes ist, weil er wegen der vielen Einmündungen der Drüsenschläuche keine durchgehende Wand hat, mit ihnen herausgezupft worden.

- Den Rest der Mitteldarmdrüse und das Ovar entfernen.

Es liegen nun die großen, unterschiedlich geformten, opak-weißlichen Spinndrüsen frei, die fast den ganzen ventralen Raum des Opisthosomas einnehmen. Ihre Ausführgänge münden in die Spinnspulen der Spinnwarzen. Am Vorderende der ventralen Körperwand des Hinterleibs fallen durch ihre grellweiße Färbung beiderseits die Fächerlungen auf. Die drei Paare schlauchförmiger Röhrentracheen, die unmittelbar vor den Spinnwarzen mit zwei unpaaren Stigmen sich nach außen öffnen, haben das Entfernen der Mitteldarmdrüse wohl nur selten überstanden.

- Sie und die Buchlungen lassen sich gut darstellen, wenn man ein geöffnetes Opisthosoma mit 5% Kalilauge behandelt und dadurch außer den cuticularen alle anderen Organe auflöst.

Tentaculata

Bryozoa, Moostierchen

Technische Vorbereitungen

- Am günstigsten für die Untersuchung ist lebendes Material einer Süßwasserform. Die hier ausgewählte *Cristatella mucedo* findet sich in reinem, stillem oder langsam fließendem Wasser, besonders an Schilfstängeln oder ins Wasser herabhängenden Zweigen, die von den gallertigen Kolonien oft ganz überzogen sind. Sie treten frühestens im Mai auf, erreichen ihre größte Entwicklung im Juni und Juli und verschwinden wieder gegen Oktober hin.
- Außerdem werden Schnitte durch die Kolonie sowie herauspräparierte Einzeltiere in gefärbten mikroskopischen Präparaten untersucht. Geeignet sind auch die Kolonien von *Plumatella fungosa*, die in der Schilfzone stehender und langsam fließender Gewässer an Zweigen, Steinen und Schwimmblättern siedeln.
- Als Demonstrationsmaterial stelle man ferner Präparate verschiedener mariner Gattungen auf.

Allgemeine Übersicht

Die Bryozoen werden mit zwei weiteren Klassen, den Brachiopoda und den Phoronidea im Stamm der Tentaculata zusammengefasst. Die meisten Tentaculata sind **festsitzend**. Ihre Mundöffnung ist von einem Tentakelkranz umgeben. Das Coelom ist unterteilt a) in ein im Epistom liegendes Protocoel (nur bei einem kleinen Teil der Bryozoen, den Süßwasserformen), b) in ein vorderes, ringförmiges Mesocoel, das schlauchförmige Fortsätze in die Tentakel entsendet, und c) in ein größeres, im hinteren Körperbereich liegendes Metacoel.

Die Bryozoen kommen im Meer und im Süßwasser vor und bilden durch Knospung fast ausnahmslos festsitzende **Kolonien**, die das Substrat krustenartig überziehen, sich baumförmig von ihm erheben oder dicke Klumpen bilden.

An dem durch seinen Tentakelkranz an einen Hydroidpolypen erinnernden, als **Zooid** bezeichneten Einzeltier kann man einen Vorder- und einen Hinterkörper unterscheiden. Der röhrenförmige **Vorderkörper (Polypid)** besteht aus der Tentakelkrone und dem Darm, der **Hinterkörper (Cystid)** aus der Leibeswand; er hat meist die Form eines bis auf die Oberseite von einem cuticularen Skelet geschützten Kästchens. Beim lebenden Tier ragt das Polypid mit seinem Tentakelkranz weit aus dem Cystid heraus; es zieht sich bei Störung blitzschnell zurück.

Die **Tentakel**, deren Flimmerepithel dem Zustrudeln von Nahrung dient, stehen bei den Süßwasserformen (Phylactolaemata) auf einem hufeisenförmigen Tentakelträger, dem **Lophophor**, während sie bei den marinen Formen (Gymnolaemata) kreisförmig den Mund umgeben.

Im Zusammenhang mit der festsitzenden Lebensweise ist der After nicht endständig; der **Darm** ist U-förmig, und der After kommt dadurch in die Nähe des Mundes, aber außerhalb des Tentakelkranzes zu liegen. Am Darm können folgende Abschnitte unterschieden werden: Pharynx, dessen distaler, unbewimperter Abschnitt z.T. auch Oesophagus genannt wird, Mitteldarm (Magen) und Enddarm.

Die **Körperwand** besteht aus einer einschichtigen Epidermis, die nach außen die selten gallertige, oft chitinhaltige und meist verkalkte Cuticula absondert, und aus Ring- und Längsmuskulatur (**Hautmuskelschlauch**, nur bei den Süßwasserformen). Zwischen Körperwand und Darm liegt das sehr geräumige **Coelom**. Es wird von kräftigen Muskeln durchsetzt, die am Darm und Lophophor inserieren und als Retraktoren wirken. Die Leibeshöhlen der unmittelbar aneinander stoßenden Cystide stehen durch Poren oder weite Öffnungen miteinander in Verbindung. Die Leibeshöhlenflüssigkeit enthält amöboide, im Coelomepithel entstandene Zellen.

Zwischen Mund und After liegt als Zentrum des **Nervensystems** ein Ganglion. **Blutgefäßsys-**

tem und spezifische **Exkretionsorgane** fehlen. Die **Atmung** erfolgt durch die Epidermis. Der Raum zwischen Epidermis und Coelomepithel dient wahrscheinlich dem Stofftransport.

Die Bryozoen sind fast durchwegs **Zwitter**. Die [illegible] vom Coelomepithel aus. Die aus den befruchteten Eiern entstehenden, trochophoraähnlichen Larven (**Cyphonautes**) bei bestimmten marinen Formen wie z. B. *Electra* sind mit Wimperkränzen ausgestattet. Sie setzen sich bald nach dem Verlassen des Muttertieres fest und metamorphosieren zum geschlechtsreifen Tier. Die meisten Bryozoen sind lebend gebärend und betreiben Brutpflege. Daneben ist die ungeschlechtliche **Fortpflanzung** durch Knospung allgemein verbreitet. Die so entstehenden Kolonien zählen oft Hunderte von Individuen, und es kommt häufig zu einem Polymorphismus der Einzeltiere. Eine weitere ungeschlechtliche, aber auf die Süßwasserformen beschränkte Fortpflanzungsart beruht auf der Ausbildung von **Dauerknospen** (**Statoblasten**).

Spezieller Teil

1. *Cristatella mucedo*

Cristatella mucedo bildet gallertartige Kolonien, die langsame Kriechbewegungen ausführen können, während fast alle anderen Bryozoen festsitzend sind. Die **Kolonien** sind meist nur 5, maximal bis 18 cm lang, schmal und unverzweigt und weisen eine sohlenartige, flache Unterseite auf, die eine gelatinöse Schleimschicht ausscheidet, und eine gewölbte Oberseite, auf der die Zooide gewöhnlich in drei Doppelreihen angeordnet sind.

- Schon in der lebenden Kolonie lässt sich die Organisation der Einzeltiere ungefähr erkennen, besser noch an mikroskopischen Präparaten von Einzeltieren, die aus der Kolonie herauspräpariert worden sind.

Schon bei schwacher Vergrößerung lassen sich am **Einzeltier** ohne weiteres drei Teile unterscheiden; einmal die äußere Körperwand, die sich am Grunde mit der des nächsten Tieres verbindet, zweitens der durch eine weite Leibeshöhle von der Körperwand getrennte Darm und drittens der die Mundöffnung umfassende, bewimperte Tentakelkranz.

Der **Tentakelkranz** sitzt auf einem hufeisenförmigen Tentakelträger, dem Lophophor, der beim erwachsenen Tier auf dem äußeren und inneren Rand 80–90 Tentakel trägt. Die Basis der Tentakel wird außen von einer zarten Ten-[illegible]

Der **Darm** stellt eine einfache Schlinge dar, die deutlich voneinander abgesetzte Abschnitte erkennen lässt: Pharynx, Oesophagus, Mitteldarm (Magen) und Enddarm.

Am Übergang des Oesophagus in den Mitteldarm liegt eine ins Darmlumen vorspringende Ringfalte. Der Mitteldarm zieht nach unten (Cardia), sackt sich hier kräftig aus (Caecum) und biegt dann wieder nach oben um (Pylorus). Der Enddarm liegt der dorsalen Wand des Mitteldarmes dicht an und mündet, sich zuletzt stark verengend, im After aus.

Mit starker Vergrößerung lässt sich das **Ganglion** erkennen, das zwischen After und Mundöffnung als hufeisenförmig gebogener Körper liegt. Von ihm ziehen Nerven zu den Tentakeln, dem Darm und der Körperwand.

Die **Körperwand** scheidet im Gegensatz zu anderen Arten bei *Cristatella* keine feste chitinige, sondern eine gallertige Hülle ab.

- Es werden jetzt Schnitte durch ein Einzeltier oder ein Stück der Kolonie mikroskopiert (Abb. 145).

Vom unteren Ende des Mitteldarms zieht ein Gewebestrang zur basalen Leibeswand. An diesem **Funiculus** entstehen Hoden und Dauerknospen (Statoblasten), aus denen im Frühjahr neue Individuen hervorgehen. Er soll dem Stofftransport vom Magen zu Hoden, Statoblasten und Körperwand dienen.

Ferner inserieren an der hinteren Magenwand Muskeln, die vom Boden des Cystids ausgehen und als Retraktoren des Polypids dienen. Die Mundöffnung ist durch einen beweglichen Deckel, das Epistom, verschließbar. Er kommt nur bei den Süßwasserbryozoen vor. Sein Binnenraum, das **Protocoel**, ist von Coelomepithel ausgekleidet und kommuniziert mit dem **Mesocoel**, das seinerseits mit dem **Metacoel** in offener Verbindung steht. Durch das zwischen Meso- und Metacoel ausgespannte Dissepiment wird der Pharynx in seiner Lage gehalten.

Die Leibeshöhlen benachbarter Tiere kommunizieren über weite Öffnungen. Die Coelomflüssigkeit wird durch Kinocilienbüschel bewegt

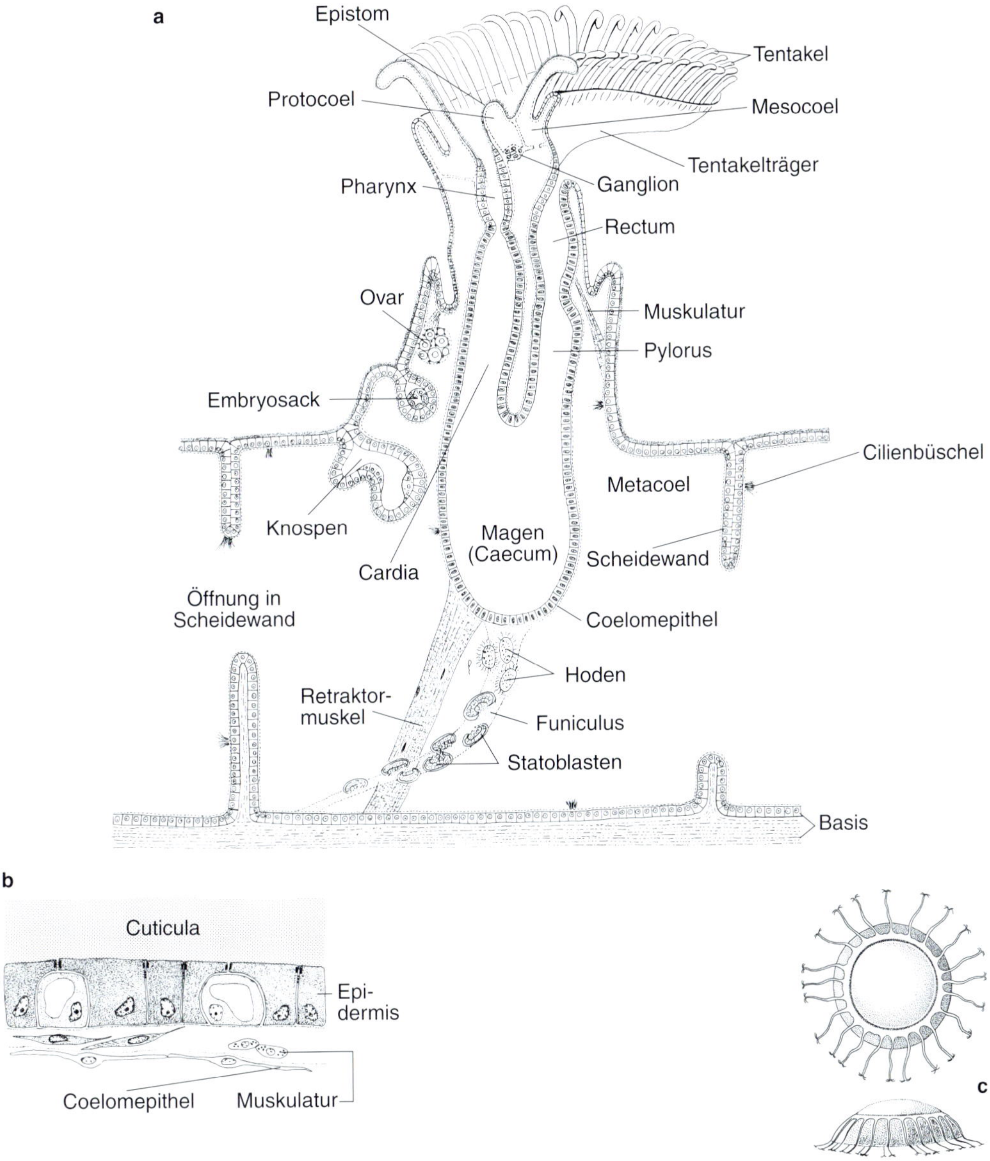

Abb. 145: **a**. Struktur eines Einzeltiers von *Cristatella mucedo*, **b**. Struktur der Körperwand des Polypids, **c**. Statoblasten

(Abb. 145). Die Ovarien liegen an der vorderen Körperwand, die Hoden am Funiculus. Das befruchtete Ei entwickelt sich in einer sackförmigen Wucherung der Leibeswand (Embryosack) zur bewimperten Larve, die bereits mit 2–25 mehr oder weniger fertig ausgebildeten Polypiden, also als kleiner, frei schwimmender Stock, das Muttertier verlässt, um sich nach 5–6-stündigem Umherschwimmen festzusetzen.

Außer der geschlechtlichen Fortpflanzung gibt es eine ungeschlechtliche durch **Knospung**, die zur Bildung von Kolonien führt; bei *Cristatella* außerdem Fortpflanzung durch Statoblasten. Die **Statoblasten** (Abb. 146) treten besonders zahlreich im Spätsommer auf, entwickeln sich am Funiculus und sind schon mit bloßem Auge als dunkle Körper zu sehen, oft in bereits abgestorbenen Teilen der Kolonie, denn diese geht im Winter meist zugrunde. Die Statoblasten keimen im Frühjahr bei warmem Wetter aus. Schon bei schwacher Vergrößerung erkennt man, dass der scheibenförmige Körper von einem Ring lufthaltiger Kammern, dem so genannten Schwimmring, umgeben ist. Die radiär angeordneten, am Ende mit winzigen „Ankern" bestückten Fortsätze dienen der Anheftung. Die Statoblasten schwimmen und dienen der Verbreitung der Art.

2. *Electra pilosa*

Electra pilosa ist ein weltweit verbreitetes Bryozoon. Sie wird von der Arktis bis nach Australien angetroffen und zeigt überall in ihrem Verbreitungsgebiet eine große Variabilität sowohl in der Gestalt der Kolonie als auch in der Skeletmorphologie der einzelnen Zooide. In Nord- und Ostsee siedelt *Electra pilosa* oft auf Laminarien, kann aber auch auf Steinen und anderen Hartsubstanzen angetroffen werden.

Auf Steinen wächst *Electra pilosa* meistens als einschichtige Kruste (Lamina). Hier erkennt man am besten die seitlich versetzte Anordnung der Einzelwesen sowie das raumfüllende Muster, nach dem neue Zooide knospen. Inkrustiert *E. pilosa* Algen und andere vergängliche Substrate, beobachtet man häufig einen Wuchs in parallelen statt in seitlich versetzten Reihen. In der Parallelanordnung der Einzelwesen kann sich dann eine enorme Vielfalt strauch- und bäumchenförmiger Wuchsformen entfalten.

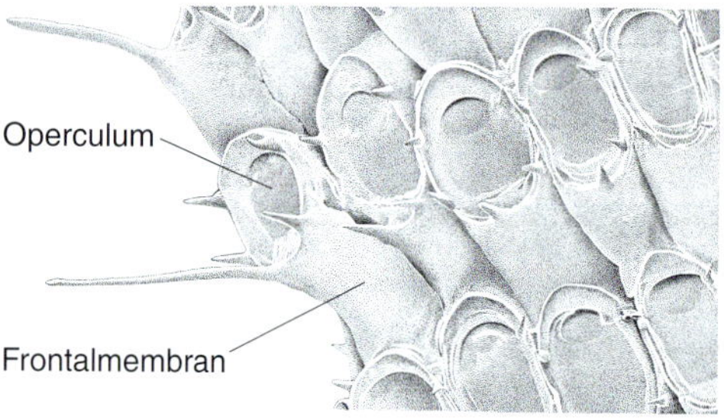

Abb. 146: *Electra*-Kolonie

Selbst Massenvorkommen kugeliger, frei in der Wassersäule schwebender Kolonien sind von *E. pilosa* bekannt. Sie wurden in der Vergangenheit zu mitunter meterhohen Wällen am Strand von Norderney und anderen Nordseeinseln angespült.

Wie die meisten anderen marinen Arten scheidet *Electra pilosa* ein Kalkskelet ab; das kästchenförmige verkalkte Skelet des Einzeltiers heißt Zoecium. Das Studium des Skelets erfolgt günstigerweise an Proben, die zuvor für eine Stunde in konzentriertem Klorix gebleicht wurden. Nur so ist die Gewinnung eines reinen Skelets möglich. Daneben ist eine Betrachtung ungebleichten, alkoholfixierten Materials sinnvoll, um einen Eindruck von Lage und Funktion der Frontalmembran zu gewinnen.

Die Zooide sind in der Regel einen halben Millimeter groß und oval bis elliptisch im äußeren Umriß (Abb. 146). Das mit Poren versehene Skelet umschließt den Hinterkörper der Einzeltiere. Typischerweise finden sich an der Oberfläche Stacheln, deren Zahl zwischen 4 und 12 betragen kann. Der zentral gelegene Stachel ist meistens kräftiger entwickelt als alle anderen.

Bei Betrachtung von alkoholfixierten oder lebenden Kolonien können an der Oberfläche der Einzeltiere zwei Abschnitte unterschieden werden: die Frontalmembran und das von Stacheln umsäumte Operculum. Das deckelförmige Operculum bedeckt die Region, in die sich der Vorderkörper des Tiers zurückgezogen hat. Die Frontalmembran ist nicht verkalkt und beweglich. An ihrer Unterseite setzt so genannte Parietalmuskulatur an. Wenn diese sich kontrahiert, wird die Frontalmembran nach innen gezogen, wodurch der Binnendruck des Coeloms erhöht wird. Dies bewirkt, dass sich der Vorderkörper mit dem Tentakelkranz wieder ausstülpt. Das Operculum klappt dabei zurück.

Echinodermata, Stachelhäuter

Die Echinodermata oder Stachelhäuter unterscheiden sich durch ihre **fünfstrahlige Radiärsymmetrie** (**Pentaradiärsymmetrie, Pentamerie**) und andere Besonderheiten ihres Bauplanes von den übrigen Tierstämmen. Die Entwicklungsgeschichte weist sie als Deuterostomia aus; die Dreiteiligkeit ihrer Coelomanlage macht, neben anderen morphologischen und entwicklungsgeschichtlichen Eigenheiten, ihre Abstammung von Pterobranchia (Hemichordata) ähnlichen Vorfahren wahrscheinlich. Die ältesten fossilen Stachelhäuter lebten im Kambrium. Die Echinodermen sind auf das Meer beschränkt, die meisten sind freilebende Bodenbewohner.

Die radiäre Symmetrie der Echinodermen ist sekundär. Ihre Larve ist bilateral-symmetrisch. Die Fünfstrahligkeit tritt im Verlauf einer den Körper völlig umgestaltenden Metamorphose auf. Wesentlich für die 5-strahlige Organisation der Adulten ist das Auswachsen der 5 radiären Hydrocoelkanäle. Durch die Bildung dieser 5 radiären Hydrocoelkanäle, die schließlich das Ambulakralsystem bilden, entstehen 5 Radien (Ambulakren) des adulten Körpers, zwischen denen 5 Interradien (Interambulakren) liegen.

An den pentameren Adulti unterscheidet man eine **Oralseite** (**Mundseite**) und eine **Aboral-** (= **Apikal-**)**Seite**. Durch deren Mittelpunkte verläuft die Hauptachse des Körpers, von der die fünf Radien ausstrahlen. In der Mitte der Oralseite liegt der Mund, in der Mitte der Aboralseite bei den frei beweglichen Formen meist der After.

Die Körperdecke besteht aus einer Epidermis, die oft bewimpert ist, und einer darunter liegenden bindegewebigen, mesodermalen Dermis, in deren Fibrillenschichten das meist wohlentwickelte **Endoskelet** eingelagert ist. Es besteht vorwiegend aus Calciumcarbonat und wird von besonderen Bindegewebszellen (Skleroblasten), zunächst in Form von kleinen Calcitnadeln gebildet, die dann zu durchlöcherten Platten auswachsen (Stereomstruktur). Die Plättchen können isoliert in der Dermis liegen (Seewalzen), wachsen sich aber meist zu größeren Platten aus. Die Platten wiederum können miteinander feste Nahtverbindungen eingehen und so einen starken Panzer bilden (Seeigel) oder beweglich aneinander grenzen (Seesterne und andere). In den Armen von Haar- und Schlangensternen bilden die Skeletstücke wirbelähnliche Strukturen mit Gelenkregionen. Echinodermen besitzen ein kennzeichnendes kollagenes Bindegewebe, das seine Konsistenz rasch ändern kann (**mutabiles Bindegewebe**) und unter dem Einfluss des Nervensystems steht.

Zum Skelet gehören auch die **Stacheln**, die dem ganzen Stamm den Namen gaben, aber keineswegs überall entwickelt sind. Ihre Mannigfaltigkeit nach Form und Funktion ist groß. Sie sind häufig radiär abstehende, nadelförmige Skeletstücke. Sie sind primär von der Epidermis überzogen, sitzen auf Gelenkhöckern der Skeletplatten und sind basal mit radiären Kollagenbändern und Muskeln ausgestattet, die ihnen Beweglichkeit in allen Richtungen verleihen. Bei manchen Arten sind ihre Spitzen mit Giftdrüsen ausgerüstet. Die Stacheln dienen zur Verteidigung, der Fortbewegung, dem Eingraben in Sand oder dem Einbohren in hartes Gestein und dem Beutefang.

Der Verteidigung und dem Beuteerwerb, außerdem aber auch dem Reinhalten der Körperoberfläche, dienen auch die **Pedicellarien**. Das sind kleine, zwei- oder dreiklappige Greifzangen, die meist sehr beweglichen und wenigstens basal durch Kalkstäbchen gestützten Stielen aufsitzen. Man findet sie zwischen den Stacheln auf der Körperoberfläche der Seeigel und vieler Seesterne. Manche sind mit Giftdrüsen ausgestattet.

Kompliziert ist bei den erwachsenen Echinodermen die Anatomie des **Coeloms** (Abb. 147). Neben der Ausbildung einer geräumigen Leibeshöhle kommt es zur Ausbildung mehrerer coelomatischer Kanalsysteme. Ihre Ausgestaltung ist bei den einzelnen Klassen verschieden. Die folgende Darstellung gibt – schematisiert und vereinfacht – etwa die Verhältnisse bei den Seesternen und – mit Einschränkungen – bei den Seeigeln wieder.

Sämtliche Coelomräume nehmen ontogenetisch ihren Ausgang von 2 Paar hintereinander liegenden Coelomsäckchen, die während eines

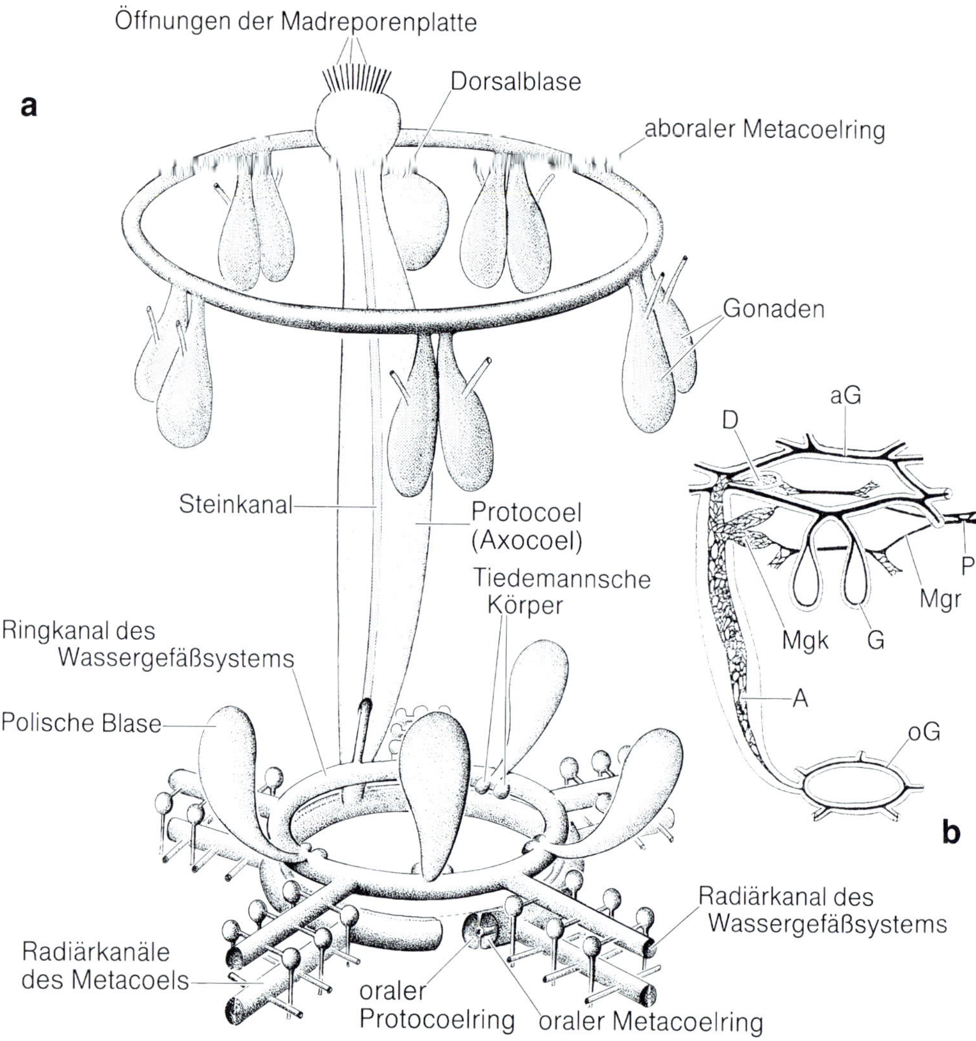

Abb. 147: Gefäßsysteme von Echinodermen (Seesternen). a. Coelom, b. Blutgefäßsystem. D: Dorsalblase, aG: aboraler Gefäßring, MgK: Gefäßknäuel am Magen. G: Gonade, Mgr: Magengefäßring, P: Gefäße der Pylorusdrüsen, A: Axialorgan, oG: oraler Gefäßring, Metacoel = Somatocoel, Protocoel = Axocoel. (Aus Storch und Welsch)

frühen Entwicklungsstadiums den Urdarm der bilateralen Larve flankieren. Die vorderen Bläschen strecken sich und bilden je zwei hintereinander liegende Tochterblasen, das **Axocoel** (**Protocoel**) und **Hydrocoel** (**Mesocoel**) aus, die links über einen engen Kanal, den **Steinkanal**, miteinander in Verbindung bleiben. Die beiden großen rückwärtigen Blasen, das rechte und das linke **Somatocoel** (**Metacoel**), bilden im adulten Tier die große allgemeine Leibeshöhle, außerdem aber ein orales und ein aborales Kanalsystem.

Das orale metacoele Kanalsystem besteht aus einem den Vorderdarm umgebenden Ringkanal und 5, oft paarigen Radiärkanälen, von denen kleine, seitliche Marginalkanäle ihren Ursprung nehmen. Bei den Seesternen ist der Ringkanal innen von einem vom Axocoel herstammenden, etwas engeren Kanal begleitet.

Auch das unter der aboralen Körperdecke liegende aborale Somatocoel bildet einen Ringkanal, den so genannten Genitalkanal. Er trägt interradial 5 Aussackungen, die Gonadenhöhlen, und birgt in seinem Inneren, an einem Aufhängeband befestigt, neben einem oder einigen Blutgefäßen (s. unten) den Genitalstrang, von dem Abzweigungen in die Gonadenhöhlen eintreten.

Das **linke Hydrocoel** bildet das **Ambulakralsystem (Wassergefäßsystem)**. Sein Ringkanal und seine Radiärkanäle verlaufen oberhalb von und parallel zu den entsprechenden Somatocoelkanälen. Die Radiärkanäle geben seitlich paarige Abzweigungen ab, die nach kurzem oberflächenparallelen Verlauf zur Körperdecke hin umbiegen und in tentakelartig bewegliche Hautschläuche eintreten, die bei Crinoiden und z. T. auch anderen Echinodermen als Fühler und zur Nahrungsaufnahme, meist aber als Fortbewegungsorgane (Ambulakralfüßchen) dienen. Im Bereich der Umbiegungsstelle der Seitenkanälchen finden sich häufig in die Leibeshöhle hineinragende Ampullen. Kontraktion der Ampullen führt zur Ausstülpung der Ambulakralfüßchen. Jeder Radiärkanal endet distal in einem fingerförmigen Terminaltentakel. Auch der hydrocoele Ringkanal trägt – interradial – oft eine oder mehrere gestielte Ampullen, die Polischen Blasen. Das **rechte Hydrocoel** bildet sich im Laufe der Entwicklung zurück.

Zwischen den beiden Körperpolen verläuft interradial als dünnwandiger Schlauch das linke Axocoel. Sein Hohlraum, das **Axialcoelom** (auch als Axialsinus bezeichnet), steht oral in Verbindung mit dem oralen Axocoelring oder angeblich mit dem oralen Somatocoelring oder endet oral blind. Unmittelbar unter der apikalen Körperoberfläche erweitert sich das Axocoel zur Axocoelampulle, die oben von einer in der Körperoberfläche liegenden Kalkscheibe, der **Madreporenplatte**, bedeckt wird. Die Madreporenplatte ist von zahlreichen feinen, bewimperten Kanälchen durchsetzt. Sie stellen eine offene Verbindung zwischen der Axocoelampulle und dem umgebenden Meerwasser her. Nahe der Basis des Axocoels tritt ein vom Ringkanal des Wassergefäßsystems entspringender, durch Kalkeinlagerungen versteifter Kanal, der **Steinkanal**, in die Wand des Axialorgans ein. Er verläuft dort bis in die Axocoelampulle, wo er offen endigt.

Aus dem kleinen rechten Axocoel der Larve ist die **Dorsalblase** hervorgegangen. Sie sitzt etwas unterhalb der Axocoelampulle dem aboralen Ende des Axocoels seitlich an und ähnelt der Perikardhöhle der Hemichordaten und Chordaten.

Das Epithel aller Coelomräume ist innerviert, meist bewimpert und enthält Myofilamente. Vermutlich ist die gesamte Muskulatur der Echinodermen im Coelomepithel gelegen oder aus diesem hervorgegangen. Die Coelomflüssigkeit hat einen dem Meerwasser ähnlichen Salzgehalt – lediglich Kalium ist v. a. im Hydrocoel höher als im Meer konzentriert –, enthält außerdem aber Proteine, Kohlenhydrate und Exkretstoffe. In der Flüssigkeit flottieren verschiedene Typen amöboid beweglicher Coelomocyten. Bei manchen Formen, z. B. Crinoiden, können enge Coelomkanäle die Funktion von Blutgefäßen übernehmen.

Sämtlichen Bahnen des **Blutgefäß- (oder Hämal-)Systems** der Echinodermen fehlt ein eigenes Wandepithel; sie verlaufen zwischen Coelothelien benachbarter Coelomkanäle und werden manchmal Lakunen oder Sinus genannt. Das zentrale Organ des Blutgefäßsystems ist das Axialorgan, ein kontraktiler, von anastomosierenden Blutgefäßen durchzogener bindegewebiger, bräunlicher Strang in der Wand des Axocoels. Es ist von Coelomepithel bedeckt, außen vom Somatocoelothel, innen vom Epithel des Axocoels. Letzteres kann zu Podocyten differenziert sein. Aboral entsendet das Axialorgan Gefäße in die pulsierende Dorsalblase (Herz), die mit aboralen Blutgefäßen verbunden sind; über Gastralgefäße stehen axiale Gefäße außerdem in Verbindung mit dem reichmaschigen Netz der den Darm umspinnenden, nährstoffsammelnden Blutgefäße. Die aboralen Blutgefäße begleiten am Somatocoelkanal den Genitalstrang. Sie entsenden Abzweigungen in die Gonadenhöhlen.

Auch die oralen Blutgefäße begleiten die Coelomkanäle; sie liegen bei den Seeigeln und den Seewalzen zwischen den Hydro- und Somatocoelröhren, deren einander zugewendete Coelothelien ihre Wand bilden. Bei den Seesternen verlaufen sie innerhalb der doppelwandigen Septen, die die radiären und perioralen Doppelröhren des Somatocoels bzw. Somatoaxocoels trennen (s. oben und Abb. 147). Ob das Blut in den Gefäßen regelmäßig fließt, ist sehr unsicher, offenbar steht es oft lange Zeit still, Haupttransportwege sind wohl die Coelomkanäle.

Der **Darmtrakt** ist nicht pentaradiär, er verläuft [illegible] ist bei den sternförmigen Klassen sehr kurz, dafür aber zu einem geräumigen Magen erweitert, von dem Blindsäcke mit drüsiger Wand weit in die Arme hineinziehen können. Bei den anderen Klassen ist der Darm zu einer Spirale aufgewunden. Der After liegt häufig am aboralen Körperpol, mehr oder weniger zentral. Er kann sich verschieben, bei den Haarsternen bis auf die Mundseite. Den Schlangensternen und manchen Seesternen fehlt ein After.

Die Kanäle in der Madreporenplatte gehen auf ein **Metanephridium** zurück. Ultrafiltration kann im Bereich von Podocyten, die im Epithel des Axocoels und anderswo auftreten, erfolgen. In den Coelomhöhlen wurden verschiedene Exkretstoffe nachgewiesen. Offenbar können Coelomocyten Exkrete aufnehmen und über dünnwandige Stellen des Körpers nach außen transportieren; Exkrete können sich aber auch im Körper ansammeln.

Atemorgane kommen in verschiedener Form vor: als ausstülpbare Bläschen (Papulae) der Rückenhaut (Seesterne), als Kiemenbüschel (Seeigel) oder Kiementaschen des Mundfeldes (Schlangensterne) oder als reich verzweigte Darmanhänge (Seewalzen). Daneben spielt die Hautatmung, auch wenn Kiemen vorhanden sind, immer eine wesentliche Rolle.

Das **Nervensystem** der Stachelhäuter ist überraschend komplex. Ein ausgesprochenes Zentralorgan ist offenbar nicht ausgebildet. Perikaryen und Fortsätze liegen geflechtartig zwischen den Basen von Zellen der Epidermis, des Darmes und aller Coelomepithelien. Vor allem bei Crinoiden liegen umfangreiche Anteile des Nervensystems auch im Bindegewebe.

Seit altersher werden im Nervensystem drei Abteilungen unterschieden: ectoneurales, hyponeurales und apikales (aborales) Nervensystem. Die Stränge des ectoneuralen Systems liegen unmittelbar über den Kanälen des oralen Metacoels in der Epidermis; im Mundbereich tritt das ectoneurale System in den Darm über. Im Wandepithel aller Coelomräume liegt das hyponeurale System. Der Teil des hyponeuralen Systems, der aboral gelegene Körperregionen versorgt, z. B. die Gonaden, wird bei Asteroidea, Ophiuroidea, Echinoidea und Holothuroidea auch apikales oder aborales Nervensystem genannt.

Bei Crinoiden kommt ein eigenes hochentwickeltes aborales (apikales) Nervensystem vor, das vorwiegend im Bindegewebe liegt und dem wohl bei dieser Echinodermengruppe auch das hyponeurale System zugehört, das mit dem hyponeuralen System der anderen Echinodermen nicht vergleichbar ist. Der funktionelle Zusammenhang zwischen den verschiedenen Anteilen des Nervensystems ist noch weitgehend unbekannt. Das ectoneurale System ist wohl überwiegend sensibel, das hyponeurale der Eleutherozoa (Seesterne, Schlangensterne, Seeigel, Seewalzen) ist weitgehend motorisch. Das mächtige aborale System der Crinoiden hat motorische und sensible Anteile. Bei Formen mit sehr beweglichen Armen, d. h. Schlangensternen und Crinoiden, zeigt das Nervensystem Anzeichen einer Gliederung, die der des Bewegungsapparates entspricht. Die Organe des mechanischen, chemischen und optischen Sinnes sind gering entwickelt.

Die **Gonaden** sind von einfachem Bau: Sie bestehen in der Regel nur aus den Gonaden selbst, ohne Anhangdrüsen oder andere Hilfsapparate. Sie öffnen sich über einen Gonoporus oder mehrere Gonoporen nach außen. Im Allgemeinen sind fünf Gonaden, Gonadenpaare oder -büschel vorhanden; nur bei den Seewalzen sind sie auf die Einzahl beschränkt. Das Keimgewebe ist ein Keimepithel aus gametogenen und nicht-gametogenen Zellen. Letztere haben vielfältige Funktionen, z. B. Ernährung der Keimzellen, Phagozytose, Hormonbildung.

Echinodermenlarven

Die Mehrzahl der Echinodermen besitzt kleine, transparente, bilateralsymmetrische Larven, die sich erst im Laufe der komplizierten Metamorphose zu den pentameren Adulten umwandeln. Alle Larven sind durch Wimperbänder gekennzeichnet, die primär als einfaches Band um den Mund herum angeordnet sind, dann aber in oft komplizierter und unterschiedlicher Weise verlaufen, wobei sie vielfach schlanke oder lappenförmige Körperfortsätze markieren. Die Wimperbänder stehen im Dienste von Ernährung und Fortbewegung. Bei den fünf großen Echinodermengruppen lassen sich folgende Larventypen unterscheiden:

1. **Crinoidea**. Lediglich Comatulidenlarven sind bisher bekannt und heißen **Doliolaria-Larven** (Tönnchenlarven, Abb. 148 a). Sie besitzen vier annähernd ringförmige Wimperbänder und apikal neben dem Mundfeld zwei Wimperstreifen. Am Apikalpol ist ein Wimperschopf ausgebildet. Ventral befindet sich eine Einsenkung, das Vestibulum, apikal in Nähe des Wimperschopfes ein Drüsenfeld, in dessen Bereich sich die Larve festsetzt. Die Crinoiden-Larven leben von Dotter (lecithotrophe Larve) und nehmen keine planktische Nahrung auf.

2. **Asteroidea**. Seesterne besitzen zunächst eine **Bipinnaria-Larve** (Abb. 148 c), die sich von Plankton ernährt (planktotrophe Larve) und bei der das periorale Wimperband in komplizierter Weise entlang von lappenförmigen Fortsätzen verläuft. Vorn verschmelzen die Wimperbänder der linken und rechten Körperhälfte, sodass ein eigenes präorales, wimperbandbegrenztes Feld entsteht. Ältere Seesternlarven besitzen längere schlanke Fortsätze und bilden apikal drei unbewimperte Ärmchen mit terminalen Klebdrüsenzellen sowie ein rundliches Feld mit Drüsenzellen aus. Diese Strukturen dienen der Anheftung der Larven, die jetzt **Brachiolaria-Larven** heißen (Abb. 148 d).

3. **Holothuroidea**. Die Larve vieler Holothurien ist die **Auricularia-Larve** (Abb. 148 b). Sie ist relativ ursprünglich gebaut und besitzt nur ein, wenn auch kompliziert gestaltetes, periorales, vom vielfach gewundenen Wimperband gesäumtes Feld. Apikal kommt es nicht zur Verschmelzung linker und rechter Wimperbänder wie bei der Bipinnaria. Bei manchen Holothurien entwickeln sich die Auricularia-Larven zu **Doliolaria-Larven** (Tönnchenlarven) mit Wimperringen, die sich jedoch in Details von den Doliolariae der Crinoidea unterscheiden.

4. **Echinoidea, Ophiuroidea**. Seeigel und Schlangensterne besitzen so genannte **Pluteus-Larven** mit acht unterschiedlich langen, starren Fortsätzen, die von Skeletnadeln gestützt werden. Die **Echinoplutei** (Abb. 148 g) besitzen vorwiegend vertikal orientierte Fortsätze, während **Ophioplutei** (Abb. 148 e) mehr horizontal ausgerichtete Fortsätze haben. Die Echinoplutei bilden einige kürzere, aber breite Wimperstreifen aus, die der Fortbewegung dienen und Epauletten heißen.

Technische Vorbereitungen

- Von Seesternen wird am besten die in der Nord- und Ostsee verbreitete Art *Asterias rubens*, frisch oder in Alkohol konserviert, zur Präparation herangezogen; von Seeigeln der in der Nordsee häufige *Echinus esculentus*, gleichfalls frisch oder in Alkohol; von Seewalzen *Holothuria tubulosa* aus dem Mittelmeer, die von der Zoologischen Station Neapel konserviert bezogen werden kann. Bei diesen Holothurien sind Mund- und Afteröffnung meist verschnürt, um das bei der Konservierung häufig eintretende Auswerfen der Eingeweide zu verhindern.
- Von mikroskopischen Präparaten werden Querschnitte durch den entkalkten Arm eines kleinen Exemplars von *Asterias rubens* gebraucht und in Eukitt eingeschlossene Hautstückchen einer *Synapta*-Art.
- Im Juni/Juli ist es sehr lohnend, von einer biologischen Station der Meeresküste geschlechtsreife Seeigel zu beziehen. Besamung, Furchung, Keimblätterbildung und schließlich die Entwicklung der Pluteus-Larve können am lebenden Objekt beobachtet und studiert werden.

I. Asteroidea, Seesterne

Allgemeine Übersicht

Die Seesterne verdanken ihren Namen der Gestalt ihres Körpers, der aus einem zentralen Anteil und sternförmig davon ausgehenden Armen besteht. Meist sind, entsprechend der pentaradialen Symmetrie der adulten Echinodermen, fünf Arme entwickelt.

Die **Körperwand** der Seesterne enthält in ihrer tiefer liegenden, mesodermalen Schicht Skeletelemente, die gegeneinander beweglich sind. Die wichtigsten Stücke dieses Hautskelets sind paarige, segmental angeordnete Platten an der Unterseite der Arme, die median dachförmig zusammenstoßen, Ambulakralplatten genannt

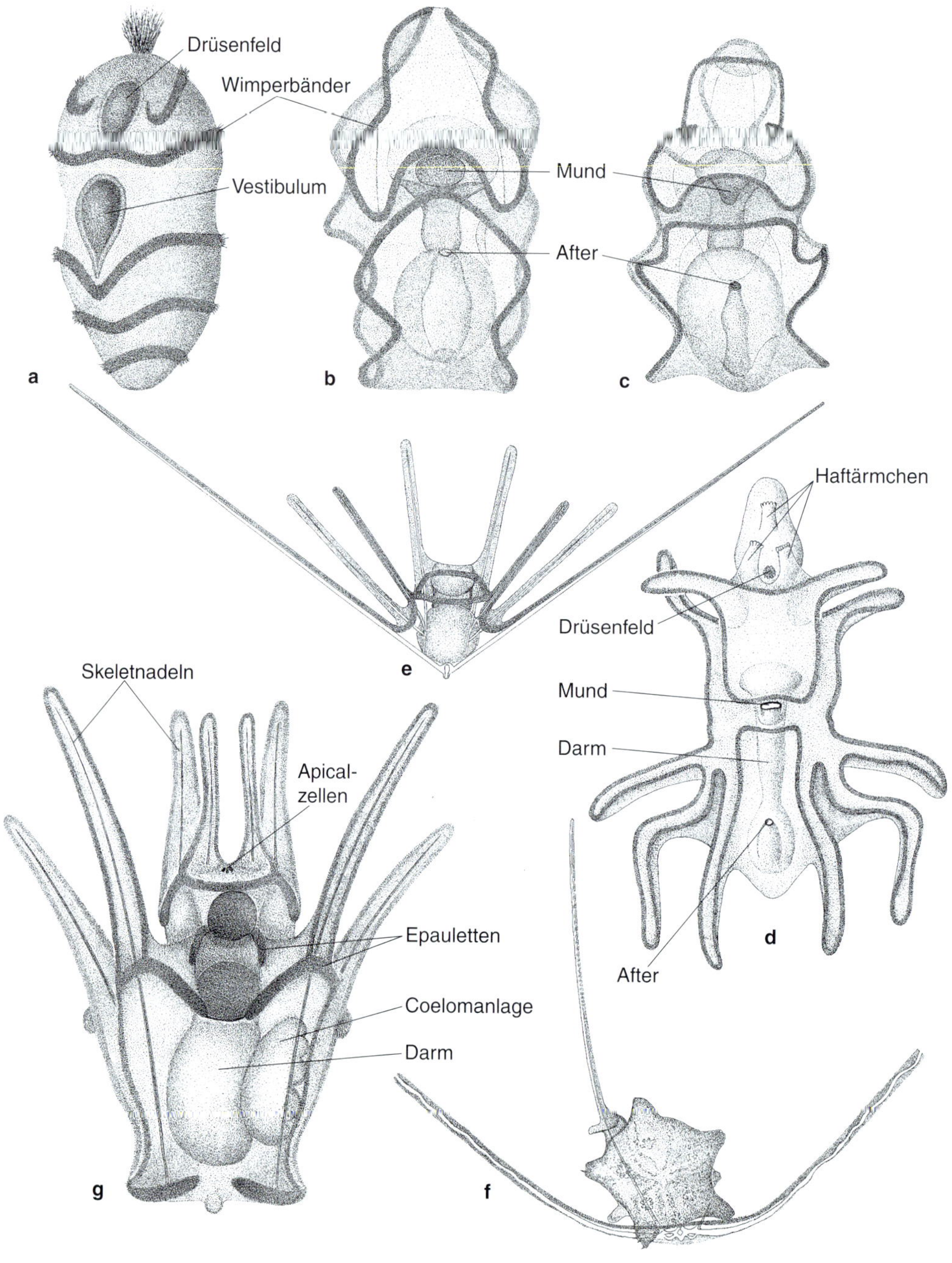

Abb. 148: Echinodermenlarven. a. Doliolaria-Larve von *Antedon* (Crinoidea), vom zunächst geschlossenen Vestibulum geht die Bildung erheblicher Anteile des erwachsenen Körpers aus. b. Auricularia-Larve von *Stichopus* (Holothuroidea). c. Bipinnaria-Larve von *Astropecten* (Asteroidea). d. Brachiolaria-Larve von *Asterias rubens* (Asteroidea). e. Ophiopluteus-Larve von *Ophiothrix* (Ophiuroidea). f. Metamorphose einer Ophiopluteus-Larve. g. Echinopluteus-Larve von *Strongylocentrotus* (Echinoidea)

werden und das Dach der Ambulakralfurche bilden. Seitlich schließen sich die kleinen Adambulakralplatten an. Weniger konstant sind die lateralen Randplatten, Marginalia. Das Skelet der Aboralseite ist oft rudimentär.

Den Platten des Hautskelets sitzen **Stacheln** und die mannigfach gestalteten, meist zweiklappigen **Pedicellarien** auf.

Dünnwandige Ausstülpungen auf der Aboralseite, die **Papulae**, dienen der Atmung, aber auch der **Exkretion**. Sie werden von Coelothel ausgekleidet, ihr Lumen kommuniziert mit der Leibeshöhle.

Der **Mund** liegt zentral auf der der Unterlage zugewendeten Seite der Scheibe und führt durch einen kurzen Oesophagus in den sackförmigen **Magen**. Der Magen besteht aus einem geräumigen, oralen Abschnitt, der **Cardia**, und aus einem oft fünfeckigen aboralen Teil, dem **Pylorus**, von dem fünf zweischenkelige, reich mit Aussackungen besetzte **Magendivertikel** (**Pylorusdrüsen**) entspringen, die weit in die Arme hineinziehen können und durch Mesenterien an der Aboralwand der geräumigen Armhöhlen befestigt sind. Der sehr kurze, scharf abgesetzte **Enddarm** gibt meist eine wechselnde Zahl kurzer Blindschläuche (Rectaldivertikel) ab und öffnet sich auf der Aboralseite in dem etwas exzentrisch in einem Interradius gelegenen **After**. (Abb. 149a). Enddarm und After fehlen bei einigen Formen, z. B. *Astropecten*.

Die **Leibeshöhle** ist geräumig. Das System der Coelomkanäle entspricht dem Schema (Abb. 147). **Polische Blasen** sind fast immer vorhanden. Stets vorhanden sind die gleichfalls interradial dem Hydrocoelring ansitzenden **Tiedemannschen Körper**, Organe mit Phagocytosefunktion und möglicherweise auch Bildungsstätten von Coelomocyten. Sie sind innen von blind endigenden, bewimperten Kanälchen durchzogen, die mit dem Hydrocoel in Verbindung stehen. Die Radiärkanäle des Ambulakralgefäßsystems (und auch die des Somatocoels) ziehen unter dem First der Ambulakralplatten bis zur Armspitze, wo sie im Terminaltentakel (= Terminalfühler) enden (Abb. 151). In jedem durch ein Paar von Ambulakralplatten gekennzeichneten Abschnitt gehen von den hydrocoelen Radiärkanälchen seitlich die Röhren zu den in zwei oder vier Längsreihen angeordneten Ambulakralfüßchen und zu den über den Füßchen in der Leibeshöhle liegenden Ampullen ab. Die durch ein medianes Septum unvollständig unterteilten oralen somatocoelen Radiärkanäle können zwischen je zwei Ambulakralplatten paarige Seitenäste abgeben, die dann in die ebenfalls dem Somatocoel angehörenden Marginalkanäle einmünden, die zum Teil seitlich von den Ambulakralplatten in der Haut verlaufen und sich in der Haut bis nach aboral ausbreiten (Abb. 151). Die epithelialen Wände dieses somatocoelomatischen Spaltensystems (Marginalkanäle) sind myofibrillenreich und bilden funktionell eine Art **Ringmuskulatur**, die zusammen mit der **Längsmuskulatur** in der aboralen Wand des Somatocoels (apikaler Längsmuskel) vielfältige Bewegungen der Seesterne ermöglichen.

Auch das **Blutgefäßsystem** entspricht weitgehend dem Schema. Das dichte, jedem Magendivertikel aufliegende Gefäßnetz führt das Blut einem in der Pyloruswand liegenden Gefäßring (Gastralring) zu, der seinerseits das nährstoffreiche Blut dem Axialorgan zuführt.

Das **Nervensystem** besteht im Wesentlichen aus zwei Geflechten von Nervenfasern mit eingestreuten Ganglienzellen, von denen das eine zwischen den Basen der Epidermiszellen liegt (ectoneurales System) und auch im Darmepithel vorkommt, während das andere in das Coelothel aller Coelomräume eingebettet ist (hyponeurales System). Beide Geflechte stehen miteinander in Verbindung. Das ectoneurale System bildet um den Mund herum einen Nervenring, von dem fünf radiäre Nerven (Ambulakralnerven) zu den Armen abgehen, wo sie in der Ambulakralfurche als mediane, präparierbare Leiste hervortreten. Eng benachbarte schwächere hyponeurale Nervenbahnen liegen basal im Epithel der oralen Somatocoelkanäle (Abb. 151). Aboral liegt in der Wand der Leibeshöhle der Arme der Aboral-(Apikal-)Nerv. Von den **Sinnesorganen** sind die Augen zu erwähnen. Sie liegen als primitive Pigmentbecherocellen in Gruppen oral an der Basis der Endtentakel. Am lebenden Tier sind sie als rote Punkte zu erkennen. Unabhängig davon lässt sich ein Hautlichtsinn feststellen. Die Terminaltentakel selbst sowie die unmittelbar anschließenden, saugscheibenlosen Füßchen stellen Organe des gut entwickelten chemischen Sinnes dar.

Die **Gonaden** bestehen aus einem den Enddarm ringförmig umziehenden Genitalstrang, von dessen interradialen Ecken fünf Paar Gonadenbüschel in die Arme einsprossen. Sowohl Genitalstrang als auch die Gonaden selbst sind vom aboralen Metacoel umschlossen. Die kleinen Genitalporen liegen in den Buchten zwischen den Armen oder in größerer Zahl entlang ihrer Seitenkanten. Die Seesterne sind getrenntgeschlechtlich. Die Geschlechtsprodukte werden meist ins freie Wasser abgegeben, doch kommt auch Brutpflege vor (vorwiegend in kälteren Gewässern). Manche Arten vermögen sich ungeschlechtlich durch Zweiteilung zu vermehren.

Sehr groß ist die **Regenerationsfähigkeit** der Seesterne. Autotomie von Armen erfolgt i. a. an der Basis der Arme und tritt oft schon bei geringer Reizung ein. Am Mechanismus der Autotomie ist mutabiles Bindegewebe beteiligt. Die abgeschnürten Arme werden ersetzt, aber nur bei der Gattung *Linckia* vermag ein einzelner Arm ein vollkommenes Tier zu regenerieren.

Spezieller Teil

Asterias rubens

- Untersuchung und Präparation erfolgen im Wachsbecken unter Wasser.

Die Oralseite ist an den vier Reihen von Füßchen in der Mittellinie jedes Armes erkennbar; sie stehen in einer bis zur Spitze des Armes verlaufenden offenen Rinne, der **Ambulakralfurche**.

Wo sich die fünf Ambulakralfurchen vereinigen, liegt der Mund, umstellt von fünf Gruppen beweglicher Stacheln, den Mundpapillen. Auf der dem Mund gegenüberliegenden (= aboralen) Seite der Scheibe liegt exzentrisch eine flache, rauhe Kalkplatte, die **Madreporenplatte**, und zwar zwischen den Ansatzstellen zweier Arme, also interradial. Der After liegt in dem (im Sinne des Uhrzeigers) nächsten Interradius, nur wenig vom Zentrum des Körpers entfernt; er ist eine sehr feine Öffnung, die am konservierten Tier selten und auch am lebenden nur gelegentlich erkennbar ist.

Die gesamte Körperoberfläche ist mit dicht stehenden kleinen Kalkgebilden, Dornen oder Stacheln, bedeckt, die im Allgemeinen unregelmäßig angeordnet sind und von einem Kranz kleiner Pedicellarien umgeben werden (Abb. 149c). Regelmäßige Reihen von Dornen findet man in der aboralen Mittellinie der Arme. Zwei bis drei Reihen beweglicher Stacheln, die den Adambulakralplatten aufsitzen, begleiten die Ambulakralfurchen und schließen sich über ihnen zusammen, wenn das Tier beunruhigt wird. Zwischen den Dornen stehen **Pedicellarien**, kleine, mit zwei gegeneinander beweglichen Schneiden ausgerüstete Greifzangen, die beim lebenden Tier weiß sind. Beim lebenden Seestern kann man außerdem zahlreiche durchscheinende Bläschen oder Schläuche erkennen (**Papulae**), die als Hautausstülpungen der Atmung dienen.

Am Ende jeder Ambulakralfurche sind als bräunlicher, im Leben aber lebhaft roter Fleck die Gruppe der **Pigmentbecherocellen** und darüber ein tentakelartiges Füßchen, der **Terminalfühler**, zu erkennen.

Bei manchen Exemplaren sieht man aus der Mundöffnung als häutige Blase den ausgestülpten Magen hervortreten.

- Den Seestern aus dem Wasser nehmen und an der Seite ringsherum auftrennen.
- Mit der starken Schere zunächst die Arme seitlich von der Spitze bis zur Basis aufschneiden.
- Dann hebt man vorsichtig die obere Körperdecke des Armes von der Spitze her auf und präpariert mit der feinen Schere oder dem Stiel des Präpariermessers die beiden braunen Schläuche von der Aboraldecke ab, die an ihr mit je 2 zarten, längs verlaufenden Mesenterien befestigt sind. So verfährt man mit allen fünf Armen.
- Dann die Aboraldecke der Scheibe abheben. Man beginnt mit dem Durchschneiden der zwischen je zwei Armen liegenden Pfeiler.
- Die Madreporenplatte kreisförmig umschneiden und an der unteren Hälfte belassen.
- Dann erst die gesamte Decke vorsichtig abpräparieren. An ihrer Innenfläche sind die Zugänge zu den in Gruppen stehenden Papulae gut zu erkennen (Abb. 149c).

Durch diese Präparation wurde zunächst das Darmsystem freigelegt. In der Körpermitte liegt der dünnwandige, blasenförmige Magen, der durch eine Anzahl aboraler Bänder an der Körperwand aufgehängt ist. Noch kräftigere Bänder finden sich auf der oralen Seite, wo sie paarig angeordnet sind und sich ein Stück weit in jeden Arm erstrecken. Am **Magen**, der durch einen kurzen Oesophagus mit der Mundöffnung in Verbindung steht, lassen sich ein oberer

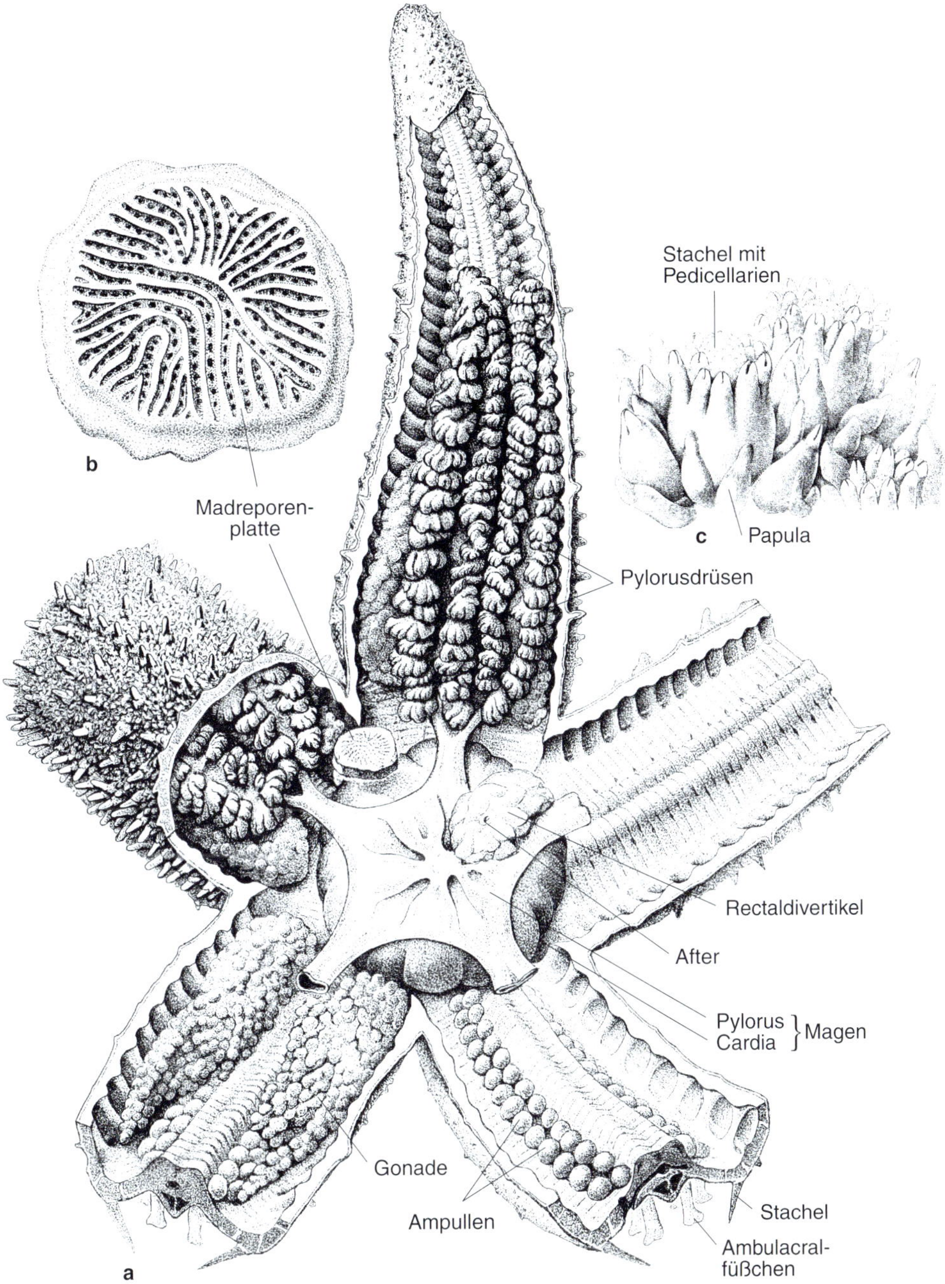

Abb. 149: *Asterias rubens.* a. Ansicht von aboral. In den einzelnen Armen sind jeweils unterschiedliche Strukturen dargestellt. b. Madreporenplatte bei stärkerer Vergrößerung. c. Oberfläche der aboralen Haut, nach einem lebenden Tier gezeichnet

(Pylorus) und ein unterer Abschnitt (Cardia) unterscheiden, die durch eine Einschnürung gegeneinander abgesetzt sind. Der Pylorus hat die Form eines regelmäßigen Fünfecks. Von seinen Ecken aus zieht in jeden Arm ein schmaler **Blindsack** (**Magendivertikel**) hinein, der sich bald in zwei Schenkel gabelt, die fast bis zur Spitze des Armes ziehen. Die Schenkel sind seitlich mit kleinen, unregelmäßig gelappten Aussackungen von bräunlicher Farbe dicht besetzt. Die Wand dieser Aussackungen ist drüsiger Natur. Ihre Zellen sondern einerseits verdauende Sekrete ab, andererseits dienen sie der Resorption und der Speicherung energiereicher Verbindungen. Von der Oberseite des Magens führt der kurze, etwas gewundene Enddarm zur Afteröffnung. Dem Enddarm sitzen einige unregelmäßig verzweigte **Rectaldivertikel** an.

Im Magen finden sich mitunter unverdaute Teile, Schalen usw., der Beutetiere. Größere Beutetiere, die nicht mehr durch die Mundöffnung aufgenommen werden können (meist sind es Muscheln), werden vom ausgestülpten Cardiateil des Magens bedeckt und durch Verdauungssäfte präoral getötet und verdaut.

Zwischen je zwei Armen, also interradial, ragen die **Geschlechtsorgane**, Hoden oder Eierstöcke, als ein doppeltes Büschel fingerförmiger Schläuche frei in die Leibeshöhle vor. Sie münden interradial auf der aboralen Seite.

- Zur Betrachtung des **Ambulakralsystems** (Abb. 149a) Magen und Magendivertikel vorsichtig abpräparieren.

Bei Verwendung der Stereolupe ist zu erkennen, dass die **Madreporenplatte** auf ihrer Oberfläche mit feinen, radiär verlaufenden Furchen versehen ist, in deren Grund die Porenöffnungen liegen (Abb. 149b). Von der Axocoelampulle unter der Madreporenplatte führt der **Steinkanal** nach abwärts. Er ist in einen häutigen Sack, das **Axocoel**, eingeschlossen, in dem neben dem Steinkanal noch ein zweites Organ, das Axialorgan, zu sehen ist. Es ist in das System der Blutgefäße eingeschaltet (S. 262). Der Steinkanal verdankt seinen Namen der Einlagerung von Skleriten in seine Wandung.

- Man spürt das, wenn man ihn vorsichtig mit der Pinzette fasst.

Sein Inneres ist durch vorragende Falten unterteilt. Es wird von einem innervierten myofilamenthaltigen Geißelepithel ausgekleidet.

Der Steinkanal führt zum hydrocoelen **Ringkanal**, der der Innenfläche der den Mund umgebenden Skeletstücke anliegt. Bei Alkoholexemplaren ist er stark kollabiert und daher schwer zu sehen. Mit der Lupe erkennt man in jedem Interradius ein Paar kleine Anhangdrüsen des Ringkanals, die **Tiedemannschen Körper**. Zwischen ihnen liegen die Polischen Blasen (vgl. Abb. 147a), die jedoch bei *Asterias rubens* fehlen.

Vom Ringkanal gehen fünf Radiärkanäle in die Arme; sie sind allerdings nicht zu sehen, da sie sofort auf die Oralseite durchtreten, wo sie im Grund der Ambulakralfurchen verlaufen.

Dagegen sind deutlich von oben sichtbar die **Ampullen**, helle Bläschen mit muskulöser Wand, die in zwei Paar dicht stehender Reihen den Arm entlang ziehen. Jede Ampulle steht oralwärts durch den Ampullenkanal mit dem Hohlraum eines Füßchens in Verbindung. Füßchen und Ampulle kommunizieren durch den horizontalen Füßchenkanal mit dem Radiärkanal. Ventilklappen im Inneren des Füßchenkanals verhindern, dass bei Kontraktionen der Ampulle die in ihr enthaltene Flüssigkeit in den Radiärkanal strömt; sie wird in das Füßchen gepresst, das dadurch lang ausgestreckt wird.

Die **Füßchen** haben die Gestalt von Schläuchen. Sie sind mehr oder weniger kontrahiert; vor allem die dem Zentrum näher liegenden haben terminal Saugscheiben ausgebildet. Die Füßchen der Armperipherie haben keine Saugscheiben; sie haben z. T. Sinnesfunktion. Die kräftige, komplex angeordnete Muskulatur der Füßchen ist Teil der Wand des Mesocoels, das die Füßchen innen auskleidet. Sie ist also epithelialer Natur. Ihre Innervation scheint vorwiegend vom ectoneuralen System aus zu erfolgen, das in der Epidermis der Füßchen reich entwickelt ist. Die Transmitterstoffe diffundieren durch die trennende Bindegewebsschicht zwischen Epidermis und Hydrocoelwand.

- Die Ampullen eine Strecke weit von ihrer Unterlage abheben.

In den Ambulakralplatten werden die Spalten sichtbar, die zum Durchtritt der Ampullenkanäle dienen (Abb. 149a). Sie liegen alternierend in zwei Längsreihen jederseits der Mittellinie.

Bei dieser Gelegenheit das Armskelet der Oralseite etwas näher ansehen. In der Mittellinie stoßen die schmalen linken und rechten **Ambu-**

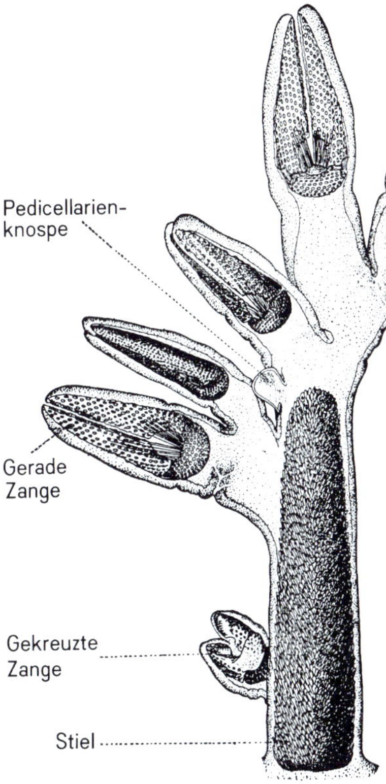

Abb. 150: *Asterias rubens.* Gruppe von Pedicellarien auf einem Kalkstiel in der Nähe des Mundes

lakralplatten dachförmig zusammen. Die Löcher für die Ampullenkanäle stellen Erweiterungen der Nähte zwischen zwei aufeinander folgenden Ambulakralplatten dar.

- Die Füßchen der an die zentrale Scheibe stoßenden Armabschnitte werden entfernt.

In der Tiefe jeder Ambulakralfurche wird der ectoneurale **Radiärnerv** als weißlicher Längsstrang sichtbar.

Die fünf Radiärnerven stehen mit dem den Schlund umgebenden **Ringnerv** in Verbindung, dessen Präparation sich schwerer ausführen lässt. Dicht unter diesem oberflächlichen Nervensystem liegt in der oralen Wand der Metacoelkanäle das hyponeurale System, das man allerdings erst später, beim Studium eines Armquerschnitts, sehen wird (Abb. 151).

- Ein gutes Präparat der **Pedicellarien** erhält man, wenn man in der Nähe des Mundes die Kalkstiele abschneidet, auf denen Pedicellarien in Gruppen sitzen, und sie, ohne sie zu färben, in Glycerin auf den Objektträger bringt.

Die Pedicellarien sind kleine, durch Skeletteile gestützte und mit einer Muskulatur zum Öffnen und Schließen ausgestattete Zangen. Sie sind sämtlich nur zweiklappig, im Übrigen aber verschieden ausgebildet. So gibt es außer „geraden" auch „gekreuzte" Formen, bei denen die Backen im Gelenk kreuzweise miteinander verschränkt sind (Abb. 150).

- Es werden jetzt Präparate, Querschnitte durch den entkalkten Arm eines Seesternes, mikroskopiert.

Es ist zu beachten, dass die Skeletstücke des Armes bei der Entkalkung aufgelöst wurden; geblieben ist das netzförmig angeordnete bindegewebige Stroma im Inneren der Skeletstücke (Sklerite, Ossikel, Abb. 151).

Die Ambulakralfurche kennzeichnet die Oralseite (Abb. 151). Bei den zarten, bläschenförmigen Ausstülpungen an den Seiten und auf der Aboralseite handelt es sich um die Kiemenbläschen (Papulae). Ihre Wand wird von dünner Haut und dem die Leibeshöhle auskleidenden Coelomepithel gebildet. Zwischen den Papulae liegen Anschnitte von Stacheln und Pedicellarien.

Im Innern des Armes liegen, der Aboralseite genähert und an ihr durch je zwei Aufhängebänder (Mesenterien) befestigt, die ansehnlichen Querschnitte der gegabelten Divertikel des Magens, deren Wand stark gefaltet ist. Oral von ihnen sind die Ampullen getroffen, meist nur eine auf jeder Seite, da ja die beiden Reihen einer Seite alternierend angeordnet sind. Auch der zum Füßchen führende Ampullenkanal ist oft deutlich sichtbar.

In der Tiefe der Ambulakralfurche verläuft der Radiärkanal des Wassergefäßsystems (Hydrocoels), von dem rechts und links die Füßchenkanäle zu den Füßchen und den Ampullen abgehen; natürlich werden diese feinen Kanäle nur ab und zu vom Schnitt getroffen sein.

Vom Nervensystem ist sehr deutlich der schon von der Präparation her bekannte ectoneurale Nervenstrang zu erkennen. Als so genannter Radiärnerv liegt er der medianen Längsleiste der Ambulakralfurche auf. In etwas tieferer Lage, körperwärts von der Basalmembran der Epidermiszellen und von ihnen außerdem durch eine feine Bindegewebslamelle getrennt, ist eine zweite Schicht von Nervengewebe zu erkennen,

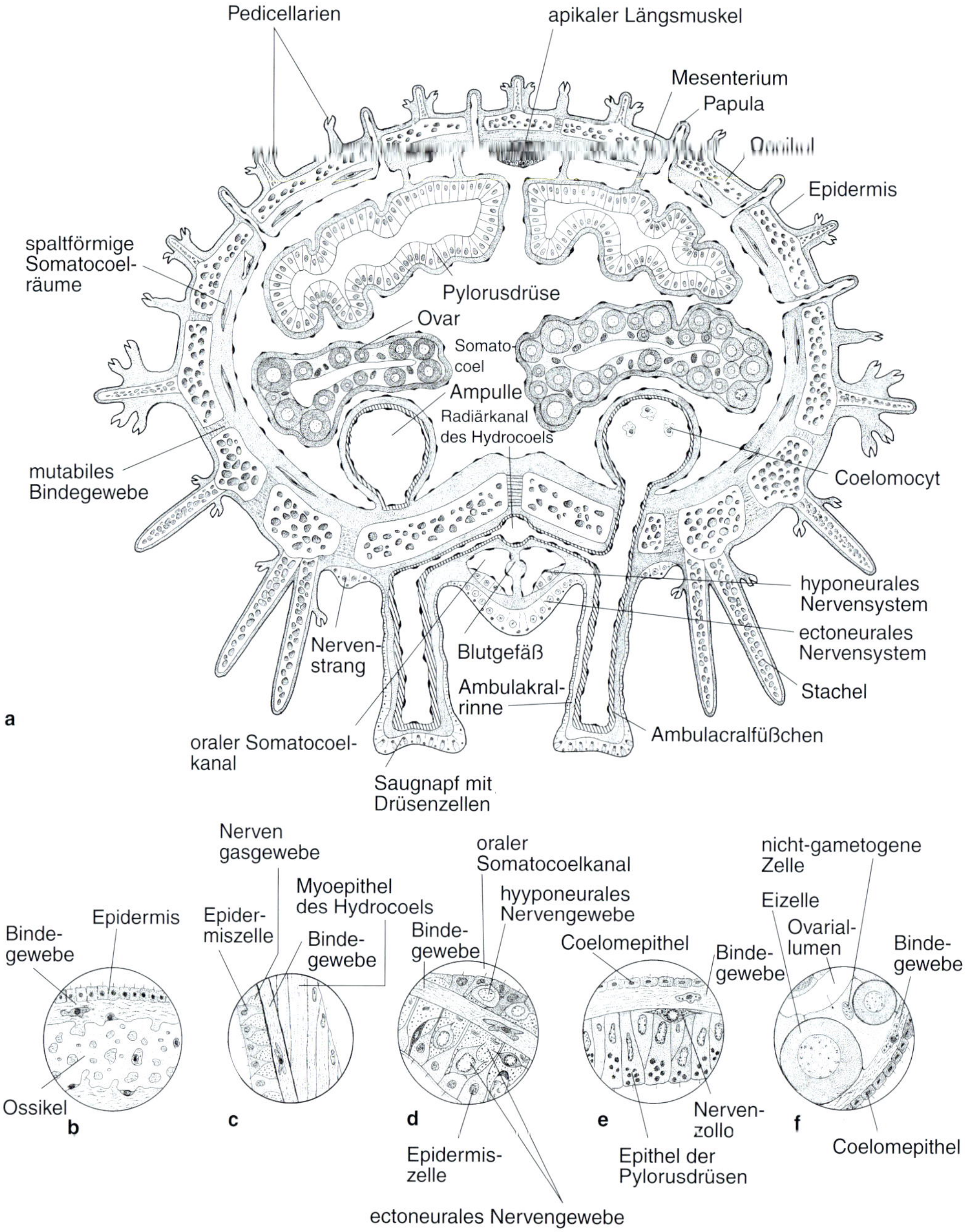

Abb. 151: Querschnitt durch den Arm eines Seesterns. **a** Übersicht, alle Coelomepithelien sind flach gezeichnet, obwohl ihre Struktur in den einzelnen Regionen unterschiedlich ist. Sie enthalten stets Myoepithelzellen und Nervengewebe. b–f Detailzeichnungen. **b** Haut, **c** Wand eines Ambulakralfüßchens, **d** Ambulakralrinne mit ecto- und hyponeuralem Nervensystem, **e** Pylorusdrüse, die von Coelomepithel bedeckt ist, **f** Ovar

der hyponeurale Radiärnerv. Seine Elemente liegen im Epithel der parallel verlaufenden somatocoelen Radiärkanäle. Zum hyponeuralen System gehören auch die in der Wand der anderen Somatocoelräume eingebetteten Nervenfasern und Perikaryen. Von den in der gesamten Epidermis und im Epithel der großen Leibeshöhle liegenden Nervengeflechten ist auf diesen Präparaten nichts zu erkennen.

Zwischen dem Radiärnerv einerseits und dem Radiärkanal des Wassergefäßsystems andererseits liegt der doppelte Radiärkanal des Metacoels. Zwischen diesen 2 Kanälen verläuft ein Blutgefäß. In manchen Schnitten wird man seitlich der Füßchenbasis Querschnitte der Marginalkanäle erkennen.

Auf der Körperoberfläche von *Asterias rubens* lebt der parasitische Copepode *Scottomyzon gibberum*. Trotz des bisweilen recht starken Befalls sind die Schmarotzer zwischen den Pedicellarien und Papulae nicht leicht zu finden. Die Männchen und die jungen Weibchen – sie sind beide bei einer Länge von etwa einem dreiviertel Millimeter einem *Cyclops* nicht unähnlich – vermögen auf den Seesternen recht behende umherzulaufen, indem sie die zweiten Antennen und die Maxillipeden als Laufbeine benutzen. Die oft rot gefärbten, geschlechtsreifen Weibchen dagegen sind kugelrund und bewegen sich nur selten. Sie sind mit den hakenförmigen zweiten Maxillen fest in der Seesternhaut verankert. Die Nahrung (Haut der Wirtstiere) wird präoral vorverdaut und dann eingesaugt. Die Weibchen erzeugen dabei beträchtliche Gewebszerstörungen und Wucherungen, von denen sie nicht selten fast völlig überwachsen werden. Die aus den Eiern schlüpfenden Nauplien leben nur kurze Zeit pelagisch.

II. Echinoidea, Seeigel

Allgemeine Übersicht

Die Gestalt vieler Seeigel gleicht der eines Flüssigkeitstropfens, der auf einer ebenen Fläche liegt. Seltener sind kissen-, herz- oder scheibenförmige Körper. Die **Körperwand** ist i. a. in sich relativ starr, da die Kalkplatten der Wandung fest miteinander verbunden sind. Wachstum des Skeletpanzers erfolgt im Bereich der Nähte zwischen den Kalkplatten. Weich bleibt je ein Feld an den beiden Polen der Hauptachse. Das den Mund umgebende Feld heißt **Peristom** (Abb. 152), das aborale, in dem – meist exzentrisch – der After liegt, **Periproct** (Abb. 154). Zwischen beiden liegt, bei den regulären Seeigeln in zehn Doppelreihen angeordnet, das Plattenskelet. Fünf dieser Doppelreihen, die **Ambulakralplatten**, werden von den Ambulakralfüßchen durchbohrt; die fünf anderen, mit ihnen alternierenden Doppelreihen, die **Interambulakralplatten**, sind breiter und nicht durchbohrt. Jede Ambulakralplatte hat ursprünglich ein Paar von Füßchenporen; doch kann ihre Zahl durch Vereinigung benachbarter Platten erheblich größer werden.

Die fünf Doppelreihen der Ambulakralplatten enden am Periproct mit je einer **Ocellarplatte**, die fünf Doppelreihen der Interambulakralplatten mit je einer **Genitalplatte**, von denen eine meist als **Madreporenplatte** ausgebildet ist.

Bei den irregulären Seeigeln mit mehr oder weniger stark abgeplattetem Körper ist das Afterfeld aus dem Kreis der Ocellar- und Genitalplatten heraus in einen Interradius, mitunter bis in die Nähe des Mundfeldes gerückt. Dieser Interradius wird aufgrund der Bewegungsrichtung als der funktionell hintere bezeichnet. Die Ambulakralplatten sondern sich bei diesen Formen in einen oralen, mit typischen lokomotorischen Füßchen ausgestatteten Abschnitt (Phyllodium) und in einen aboralen, der Sinnes- oder Kiemenfüßchen trägt (Petalodium). Bei manchen irregulären Seeigeln verschiebt sich auch das Mundfeld vom oralen Pol weg bis zu einer dem After entgegengesetzten Lage. So kommt es bei den irregulären Seeigeln zu einer Überlagerung der radial-symmetrischen Grundform durch eine ausgesprochen bilaterale Symmetrie.

Ambulakralplatten wie Interambulakralplatten sind bedeckt mit kleinen, halbkugeligen Gelenkhöckern, denen Stacheln aufsitzen, die durch basale Bänder und Muskeln in allen Richtungen bewegt werden können. **Pedicellarien** sind gestielt, von mannigfacher Form und oft hochkompliziert. Modifizierte Stacheln, Sphaeridien, können als Schweresinnesorgane entwickelt sein.

Der **Mund** ist bei den regulären und einigen irregulären Seeigeln mit fünf **Zähnen** bewaffnet, die an der Spitze von fünf kieferartigen, sog.

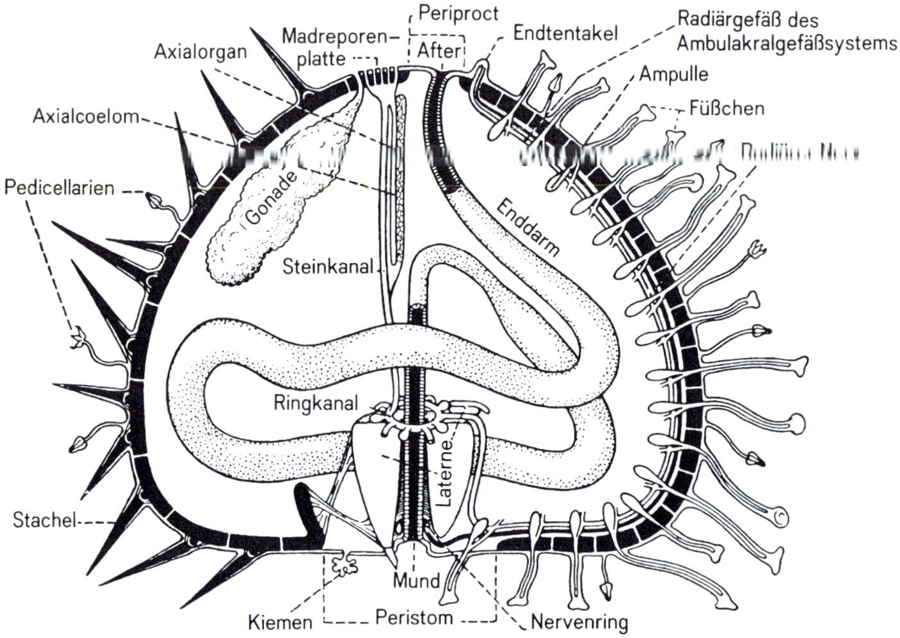

Abb. 152: Schematisierter Längsschnitt eines Seeigels. Der Schnitt geht rechts durch ein Ambulakrum, links durch ein Interambulakrum. Metacoel und Metacoelkanäle nicht eingezeichnet

Pyramiden zu finden sind und von einem komplizierten Gerüst aus Kalkstücken und der ihnen zugehörenden Muskulatur bewegt werden. Man nennt den ganzen **Kieferapparat** die „**Laterne des Aristoteles**" (Abb. 157).

Der **Darmkanal** ist durch Bänder und Mesenterien an der Schalenwand befestigt. Er ist spiralig aufgewunden, meist in einer doppelten Spirale, indem er erst eine ganze Windung von links nach rechts (d. h. im Sinne des Uhrzeigers von der Mundseite gesehen), dann eine rückläufige Windung von rechts nach links beschreibt (Abb. 153). Der After liegt meist exzentrisch. Die erste Spiralwindung des Darmes wird meist begleitet von einem aus einer Furche entstandenen, engen **Nebendarm** (Sipho), der vom Ende des Oesophagus entspringt und am Ende der ersten Windung wieder in den Hauptdarm einmündet. Er enthält nur Seewasser, nie Nahrungsteilchen. Rhythmische Kontraktionen seiner Wand pumpen das in den Oesophagus aufgenommene Wasser relativ rasch durch ihn hindurch, ein Vorgang, der als Mechanismus für **Atmung** und **Wasserableitung** gedeutet wird.

Die **Leibeshöhle** ist fast immer sehr geräumig. Das System der Coelomkanäle weicht z. T. nicht unerheblich von dem auf S. 261 dargestellten Schema ab. Das orale Somatocoel ist gut entwickelt und umgibt als tonnenförmiges Kiefercoelom den gesamten Kauapparat. Sein zentrales Wandepithel umfasst den Oesophagus, sein peripheres deckt als Laternenmembran die Kiefer außen ab, seine Bodenfläche liegt der Peristomialmembran innen dicht an und entsendet Aussackungen in die 5 Paar Kiemen. Auch an der aboralen Oberfläche bildet die Laternenmembran interradial 5 vorgewölbte Säckchen. Sie bergen die basale Wachstumszone der Zähne. Die radiären Somatocoelkanäle verlaufen unter der Schale genau hinter der Nahtstelle der Ambulakralplatten. Sie verlieren bei fast allen Seeigeln im Laufe der Entwicklung – wohl im Zusammenhang mit der Spezialausbildung des somatocoelen Ringes – die Verbindung zum Kiefercoelom. Der aborale Somatocoelkanal ist von relativ geringerem Durchmesser als der der Seesterne, sonst aber typisch gebaut. Er entsendet die Gonadensäcke und umschließt den Genitalstrang und aborale Blutgefäße.

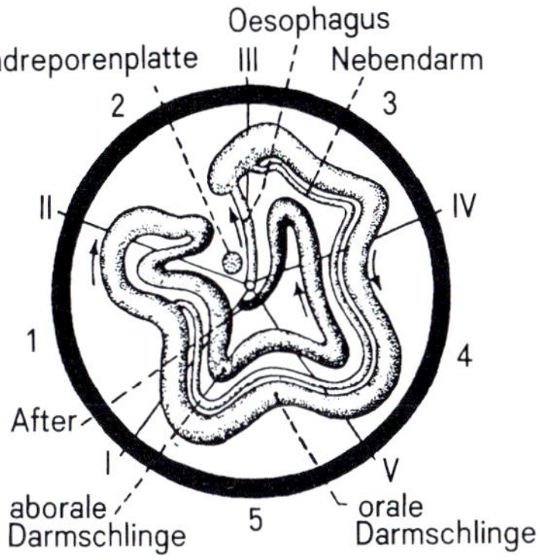

Abb. 153: Schema des Darmverlaufs eines regulären Seeigels, von oral gesehen. Radien (Ambulakra) mit römischen, Interradien (Interambulakra) mit arabischen Ziffern gekennzeichnet. Der Mund ist am Beginn des Oesophagus zu denken

Der Schlundring des **Ambulakralgefäßsystems** (Hydrocoels) liegt, den Oesophagus umfassend, der Aboralseite des Kiefercoeloms auf. Er trägt interradial 5 kleine Blindsäcke (die so genannten schwammigen Körper) unbekannter Funktion. Polische Blasen fehlen. Radiär gehen die 5 Ambulakralgefäße (Radiärkanäle) ab. Jedes Ambulakralgefäß verläuft zunächst auf der Oberseite der Laterne, zieht dann an der Außenfläche der Laterne hinab, tritt an die Innenfläche der Schale, verläuft in der Mittellinie der zugeordneten Ambulakralplattendoppelreihe über dem Metacoelkanal nach aboral, durchbohrt die Ocellarplatte und endet im Terminalfühler. Im Bereich der Ambulakralplatten ziehen Querkanälchen vom Radiärkanal zu je einer Ampulle. Von jeder Ampulle gehen eng benachbart zwei Kanäle zu den Füßchen. Die Ambulakralplatten weisen dementsprechend Doppelporen auf. Die Ambulakralfüßchen sind differenziert in Saugfüßchen, die an der Spitze einen Saugnapf tragen und zur Festheftung und Fortbewegung dienen, in Mundfüßchen (meist in der Zehnzahl), die für die Aufnahme mechanischer und chemischer Reize bestimmt sind, und in Kiemenfüßchen. Der an einem Interradius aus dem ambulakralen Ringkanal entspringende Steinkanal zieht fast senkrecht nach aboral, geht in die Ampulle über und mündet über die Madreporenplatte nach außen.

Das Axocoel enthält in seiner Wand 1) das Axialorgan und 2) den Steinkanal; das Axocoel endet oral blind. Das Axialorgan ist von längs verlaufenden, z. T. pulsierenden **Blutgefäßen** durchzogen. Diese stehen aboral in Verbindung mit dem Blutgefäßring am Somatocoelring und oral mit dem unter dem Ambulakralgefäßring verlaufenden Gefäßring. Dieser Ring entsendet 5 Radiärgefäße, die sich anfangs getrennt von den Radiärkanälen des Wassergefäßsystems nach oral wenden, dann aber zwischen diesen und den somatocoelen Radiärkanälen unter der Körperwand nach aboral ziehen. Das oesophageale Ringgefäß steht außerdem über eine mächtige Blutbahn in Verbindung mit dem überaus reichen Netz der Blutgefäße des Darmes.

Seeigel besitzen innerhalb ihres Panzers 5 **Epineuralkanäle**, die in die Tiefe verlagerten Ambulakralfurchen der Seesterne entsprechen und die vergleichbar auch bei Schlangensternen und Seegurken vorkommen. Diese Kanäle enthalten in ihrer Wand Stränge des ectoneuralen Nervensystems (Epineuralnerv) und verlaufen bei den Seeigeln außerhalb der hydro- und somatocoelen Radiärkanäle. Der Ringkanal des epineuralen Systems umzieht in der Dermis die Mundöffnung.

Von allen Teilen des **Nervensystems** ist der ectoneurale besonders gut ausgebildet. Seine bandförmigen Bahnen liegen im proximalen Epithel des epineuralen Ringkanals und der epineuralen Radiärkanäle, also eigentlich an der gleichen Stelle wie bei den Seesternen, da die Epineuralkanäle ja nichts anderes darstellen als die geschlossenen, in die Tiefe verlagerten Ambulakralfurchen.

Der Darm ist in seinen Anfangsabschnitten besonders reich mit Nerven versehen. Das hyponeurale Nervensystem ist in allen Coelomepithelien nachweisbar und im Bereich des Kauapparates besonders gut ausgebildet. Sinnesorgane fehlen, Sinneszellen verschiedener Art finden sich zahlreich im Epithel.

Die **Gonaden** liegen im Dorsalteil der Panzerkapsel als meist fünf sack- oder traubenförmige Organe, die durch fünf interradiale Mesenterien an der Innenfläche der Rückenwand befestigt sind. Sie münden durch die Löcher der Genitalplatten sowie der Madreporenplatte aus. Bei einigen Arten wurde Brutpflege beobachtet. Die Geschlechter sind stets getrennt.

Spezieller Teil

Echinus esculentus

Die Körperform der vorliegenden Art gleicht mit ihrer abgeplatteten Unterseite und der gewölbten Oberseite etwa einem Apfel. Im Zentrum der Unterseite liegt der von fünf Zähnen umstellte Mund, seine häutige Umgebung wird als Mundfeld (Peristom) bezeichnet. Die Mitte der Oberseite wird von dem weichen Afterfeld (Periproct) eingenommen, in das unregelmäßige Kalkplättchen eingelassen sind. Der After liegt etwas exzentrisch. Die gesamte Oberfläche, mit Ausnahme von Mund- und Afterfeld, ist von kürzeren oder längeren Stacheln bedeckt, die auf runden Tuberkeln sitzen und nach allen Richtungen beweglich sind. Da sie, wie das Skelet der ganzen Schale, mesodermaler Herkunft sind, werden sie ursprünglich von der Epidermis überzogen, die sich aber bald zumindest an der Spitze abreibt.

- Um den Bau und die Anatomie des Skelets kennen zu lernen, zunächst ein Exemplar untersuchen, an dem Haut und Stacheln entfernt wurden (Abb. 154).

Um das am **Skelet** als kreisförmige Aussparung in Erscheinung tretende Afterfeld herum liegen zwei Kreise von Kalkplatten. Der innere besteht aus fünf größeren, fünfeckigen Platten, Basalia oder auch Genitalplatten genannt, weil jede von ihnen ein Loch aufweist, durch das eine der fünf Gonaden nach außen mündet. Die Madreporenplatte ist besonders groß und an ihrer Oberfläche von unzähligen, feinen Poren durchsetzt.

Der äußere Plattenkreis schiebt sich zwischen die Genitalplatten etwas ein und besteht aus fünf kleinen, fünfeckigen Stücken, den Radial- oder Ocellarplatten. Auch in jeder dieser Platten findet sich eine allerdings viel engere Durchbohrung.

- Diese wird deutlich sichtbar, wenn man das Schalenstück gegen das Licht hält.

Durch sie tritt das Endstück des radiären Ambulakralgefäßes und des radiären ectoneuralen Nervs nach außen, außerhalb der Schale gemeinsam den kleinen Endtentakel bildend.

Von diesen beiden Plattenkreisen aus ziehen meridian gestellte Plattenreihen abwärts bis zum Mundfeld. Man zählt 20 solcher Reihen, die paarweise vereinigt sind, also 10 Doppelreihen. Je fünf Doppelreihen von Ambulakralplatten gehen von den Ocellarplatten aus; mit ihnen alternieren die fünf anderen, an die Genitalplatten anschließenden Doppelreihen, die Interambulakralplatten. Die Naht zwischen je zwei gleichartigen Plattenreihen bildet eine Zickzacklinie.

Die Ambulakralplatten sind leicht daran zu erkennen, dass sie allein von Poren durchsetzt sind, die stets paarig auftreten, entsprechend den gleichfalls paarigen Kanälen zwischen Füßchen und Ampulle. Auf jeder Platte finden sich drei solcher Porenpaare, die stets an den äußeren Rändern jeder Doppelreihe liegen, während der innere Teil mit runden, stacheltragenden Tuberkeln besetzt ist. Entsprechende Stachelwarzen befinden sich, in ziemlich regelmäßiger Anordnung, auch auf den Interambulakralplatten.

- Das in Alkohol konservierte Exemplar ins Wachsbecken legen, das Mundfeld nach oben (Abb. 155).

Das **Mundfeld** ist eine weiche, lederartige Membran aus mutabilem Bindegewebe, in deren Mitte sich der von den Spitzen der fünf weißen Zähne verschlossene Mund befindet. Um den Mund herum stehen zehn größere Mundfüßchen, die statt eines Saugnapfes eine zweilappige, reich innervierte Endscheibe tragen. Sie werden als Chemoreceptoren angesehen und spielen wahrscheinlich eine Rolle bei der Nahrungssuche. An der Peripherie des Mundfeldes befindet sich in jedem Interradius ein Paar stark verästelter Kiemen. Deren flüssigkeitserfüllter Hohlraum steht mit dem Kiefercoelom in Verbindung.

Zwischen den Stacheln liegen zahlreiche, verschieden geformte und verschiedenen Zwecken dienende, gestielte, meist dreizangige **Pedicellarien**.

- Mit der feinen Pinzette werden einige Pedicellarien vorsichtig von ihrer Unterlage abgelöst, auf einen Objektträger in Glyzerin gebracht und bei schwacher Vergrößerung mikroskopiert.

Diese kleinen Greifapparate bestehen aus einem Stiel und drei diesem aufsitzenden, beweglichen Klappen. Der Stiel enthält in seinem unteren Teil einen starren Kalkstab, der von einer Scheide aus Bindegewebe und Muskulatur umgeben ist. Der obere Teil ist biegsam und kann sich unten spiralig drehen sowie oben fernrohr-

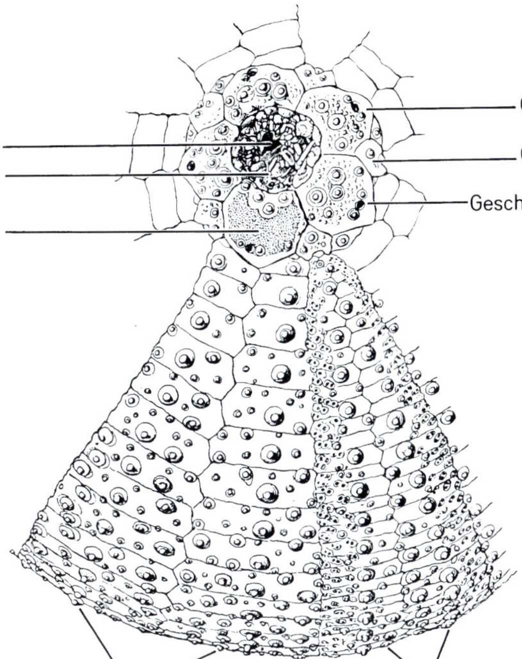

Abb. 154: Aboralseite des Skelets von *Echinus esculentus*

artig ineinander schieben (Abb. 156). Die Klappen werden von Muskulatur bewegt, die funktionell in Adductor-, Abductor- und Flexormuskulatur differenziert ist. Der kräftige Adductor besitzt glatte und quer gestreifte Anteile.

- An dem in Alkohol konservierten Exemplar die **Stacheln** genauer untersuchen.

Sie sitzen jeweils einem von der Schale gebildeten Tuberkel gelenkig auf. Tuberkel und Stachelbasis sind durch eine Kapsel verbunden, in die ein äußerer Ring von radiär angeordneten (Stachelbewegungs-)Muskeln und ein innerer Ring aus mutabilen kollagenen Fasern – die durch temporäres Versteifen eine Bewegungssperre bewirken – eingelagert sind. Bei den Stacheln anderer Seeigel kann außerdem noch ein zentrales, Tuberkel und Stachelbasis verbindendes Ligament vorhanden sein. Zwischen den zahlreichen Stacheln sieht man im Bereich der Ambulakralplatten die fünf Doppelreihen von Füßchen, die beim lebenden Tier sehr ausdehnungsfähig sind und ähnliche Funktionen erfüllen wie beim Seestern.

- Zum Studium der **inneren Organisation** wird der Körper des Seeigels geöffnet. Das kann mit einer kräftigen Schere geschehen, besser geeignet ist eine Feinsäge.
- Etwas unterhalb der Mitte wird die Schalenwand ringsherum horizontal aufgesägt; die beiden Schalenhälften werden vorläufig nicht auseinander geklappt.
- Etwas langwieriger, aber lohnender, ist das Heraussägen der Ambulakralplattenreihen, sodass breite Fenster entstehen, durch die man die innere Organisation überschauen kann.
- Die beiden Schalenhälften vorsichtig ein wenig voneinander entfernen.

Es ist zu erkennen, dass der **Steinkanal** den Innenraum axial von der Madreporenplatte zum Ringkanal durchzieht. Die Wand des Steinkanals enthält bei *Echinus* keine Kalkeinlagerungen. In der unteren Schalenhälfte liegt der komplizierte **Kauapparat** („Laterne des Aristoteles", Abb. 157), aus dem der Anfangsteil des Darmes nach oben zu austritt, wobei er sich dem Steinkanal dicht anlegt. Der Darm verläuft in seinem weiteren Verlauf gewunden und durch Mesenterien an der Schalenwand befestigt.

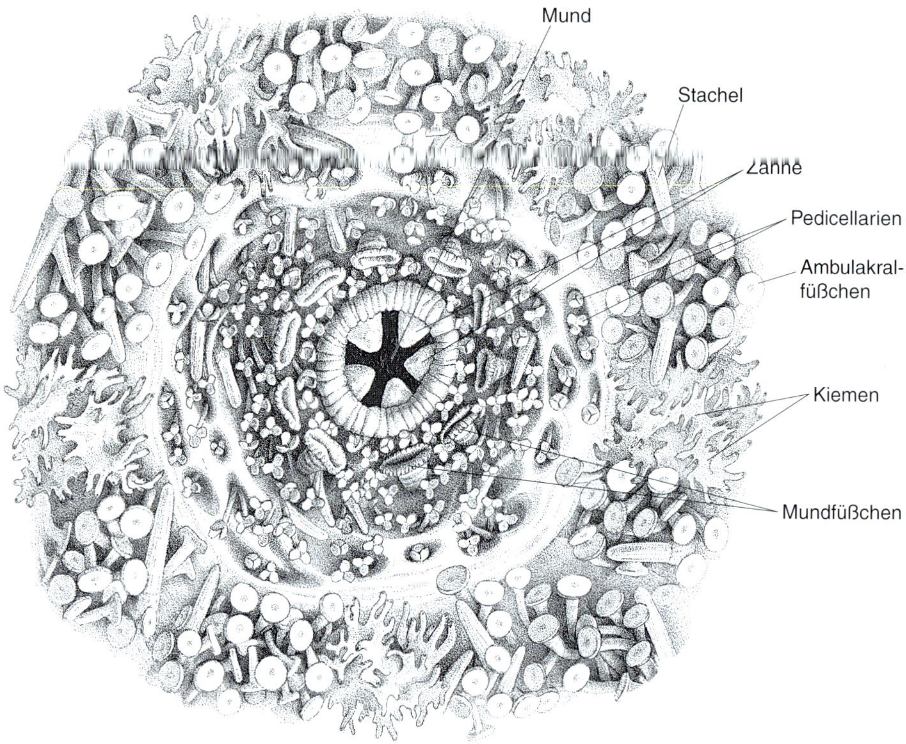

Abb. 155: Mundfeld (Peristom) von *Echinus esculentus*

- Um seinen Verlauf deutlicher erkennen zu können, den Steinkanal dicht unterhalb der Madreporenplatte durchschneiden und die beiden Schalenhälften langsam auseinander klappen, ohne jedoch dabei den Darm abzureißen.

Der **Darm**, nachdem er neben dem Steinkanal weit nach oben gezogen ist, biegt scharf nach unten, wobei er sich der Innenfläche der Schale nähert. Dieser erste Abschnitt des Darmrohres ist relativ dünn und wird als Oesophagus bezeichnet. Der eigentliche Darm, der sehr viel weiter ist, beschreibt zunächst einen Umgang, der bei Ansicht von der Mundseite in der Richtung des Uhrzeigers verläuft, biegt dann auf sich selbst zurück und beschreibt einen im oberen Teil des Panzers gelegenen zweiten Umgang in entgegengesetztem Sinn. Sein letzter Abschnitt, der Enddarm, verjüngt sich allmählich zum After hin. Am Ende des Oesophagus bildet der Darm einen ansehnlichen Blindsack. Der erste Umgang des Darmes wird von einem erheblich dünneren **Nebendarm** begleitet, der durch eine vordere und hintere Öffnung mit

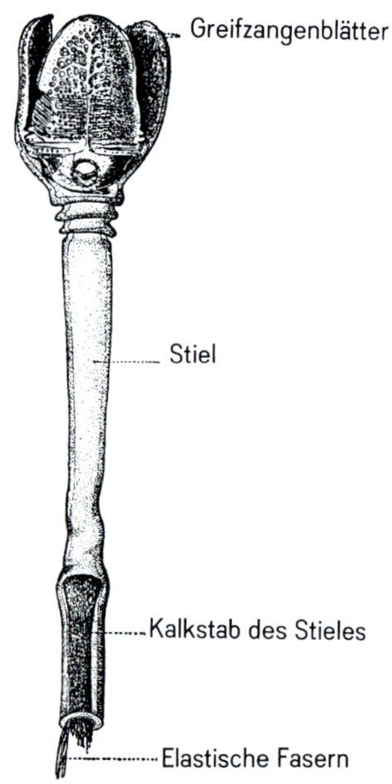

Abb. 156: *Echinus esculentus*. Typische Pedicellarie. Insgesamt lassen sich 4 verschiedene Pedicellarientypen unterscheiden

1. Urochordata
Tunicata (Ascidiae und Thaliacea)

Die Tunicata gehören mit den Copelata zu den Urochordata und sind marine, teils festsitzende, teils frei schwebende oder schwimmende Tiere. Ihren Namen verdanken sie einer als Mantel oder **Tunica** bezeichneten Oberflächenabscheidung, die im Wesentlichen aus Tunicin, einer celluloseähnlichen, im Tierreich sonst nicht vorkommenden Substanz besteht.

Der Körper der Tunicata gliedert sich in Rumpf und Schwanz; die **Chorda dorsalis** ist auf den Schwanz beschränkt. Sie besteht aus einer peripheren Schicht platter oder kubischer Epithelzellen, die ein Lumen umschließen, das glykoproteinhaltiges Material enthält. Die Existenz des Schwanzes mit Chorda und Muskulatur ist auf das kurzfristige Larvenstadium beschränkt.

Das **Coelom** ist bis auf einen Rest (Herzbeutel) rückgebildet. Vom **Zentralnervensystem** bleibt bei Adulten in der Regel nur ein dorsal liegendes Ganglion erhalten. Der als Nahrungsfilter und auch respiratorisch tätige **Kiemendarm** ist sehr ausgedehnt und wird i. a. von vielen Kiemenspalten durchbrochen, die in einen sekundär zwischen Darm und Körperwand eingeschalteten **Peribranchialraum** münden. Das Herz ist meist sackförmig, das **Blutgefäßsystem** in der Regel durch feine Gefäße vertreten. **Exkretionsorgane** fehlen oder sind als Speichernieren entwickelt; der Darm hat vermutlich auch Exkretionsfunktion.

Die Tunicata sind fast stets **Zwitter**. Ungeschlechtliche Vermehrung durch Knospung ist bei ihnen sehr verbreitet.

I. Ascidiae, Seescheiden

Technische Vorbereitungen

- Es werden geschlechtsreife *Ciona intestinalis* zur Präparation gegeben, außerdem noch mikroskopische Präparate sehr kleiner Exemplare.

Allgemeine Übersicht

Die Ascidien sind marine, als **Adulte** festsitzende Tiere. Diese **Lebensweise** hat eine Reihe von Umbildungen zur Folge gehabt, die den Chordatencharakter ihrer Organisation bei Erwachsenen z. T. verdecken. Dagegen stimmen die frei schwimmenden Larven der Ascidien mit Copelaten, den frühen Entwicklungsstadien der Wirbeltiere und von *Branchiostoma* in erheblichem Maße überein. Die **Larven** sind mit einem Ruderschwanz versehen, in dessen Achse eine durch Abschnürung vom Urdarmdach entstandene Chorda dorsalis verläuft. Sie liegt zwischen Darm bzw. Entodermstrang (ventral) und Nervenrohr (dorsal) und erstreckt sich noch ein Stück weit in den Rumpf hinein. Auch die Entwicklung und Lage des Nervensystems ist die gleiche wie bei den Wirbeltieren. Am **Neuralrohr**, das vorn eine Zeitlang offen ist (**Neuroporus**) und hinten mit dem Urdarm kommuniziert (**Canalis neurentericus**), ist der vorderste Abschnitt zu einem Gehirn erweitert, in dessen Wandung dorsal ein Photoreceptor und ventral ein statisches Organ liegen; der Rest des Neuralrohres kann als Rückenmark bezeichnet werden. Am Vorderdarm kommt es zum Durchbruch von **Kiemenspalten**. Ungefähr gleichzeitig mit der Bildung des ersten Paares der Kiemenspalten entwickelt sich vom Rücken her aus zwei ectodermalen Einstülpungen der **Peribranchialraum**, in den die Kiemenspalten einmünden. Die Larven leben von Dotter, die Nahrungsaufnahme beginnt erst im Laufe der Metamorphose.

Die Anatomie der adulten Ascidien unterscheidet sich erheblich von der der Larven. Die Nahrungsaufnahme erfolgt über den großen, meist nach oben gerichteten Branchial-(Ingestions-) Sipho. Der vordere **Darm** hat sich stark vergrößert und wird von zahlreichen Kiemenspalten durchsetzt (Kiemensack, Kiemenkorb). Um ihn herum liegt der schmale, einheitliche Peribranchialraum, der sich dorsal zur **Kloake** (Atrium) erweitert, in die der Darm und die Geschlechtsorgane ausmünden. Die Kloake öffnet sich über den Atrialsipho (Egestionssipho) nach außen.

Dem Schutz des Körpers dient der meist mächtig entwickelte **Mantel**, eine vielgestaltete, faserige, z. T. bunte Ausscheidung der Epidermis, die aus Tunicin, Proteinen, verschiedenen Kohlenhydraten und (bis zu mehr als 75%) aus Wasser besteht. In ihn sind aus unterlagernden Geweben zahlreiche Zellen eingewandert, sodass er den histologischen Charakter eines Bindegewebes erhält. Die Blutgefäße treten auch in die Tunica ein und werden hier sogar von einem Epithel begrenzt.

Auf den Mantel folgt nach innen die einschichtige **Epidermis**, unter der zartes **Bindegewebe** mit **Längs-** und **Ringmuskelzügen** und **Blutgefäßen** liegt. In ein derartiges Bindegewebe sind auch alle inneren Organe eingebettet.

Durch die mächtige Entwicklung des **Kiemensackes** ist der verdauende Teil des Darmes auf den hinteren Körperabschnitt beschränkt worden. Er gliedert sich in Oesophagus, Magen, Mittel- und Enddarm und mündet mit dem After in den Kloakenraum ein.

Wimpern an der Innenfläche des Kiemensackes erzeugen einen ständigen, durch den **Branchialsipho** eintretenden Wasserstrom, der durch die Kiemenspalten in den Peribranchialraum gelangt und durch den Atrialsipho den Körper wieder verlässt. Ventral verläuft im Kiemensack achsenparallel eine offene Rinne, das **Endostyl** (**Hypobranchialrinne**). Ihre Wände werden jederseits von drei Streifen von Drüsenzellen gebildet, die jeweils von Wimperepithel getrennt sind. Das von den Drüsenzellen abgesonderte Sekret (ein jodhaltiges Mucoprotein) wird von den Wimpern aus der Rinne befördert, vom Wimperepithel der Kiemensackinnenwand übernommen und als Schleimteppich langsam rechts- bzw. linksherum nach dorsal befördert. Durch ihn muss das Wasser, bevor es durch die Kiemenspalten abfließen kann, hindurchtreten, wobei die in ihm enthaltenen Nahrungspartikel abgefangen werden. Am Vorderende, im präbranchialen Teil des Darmes, trennen sich die rechte und linke Partie des Endostyls, ziehen als Flimmerbänder beidseits in der Darmwand dorsal, um in eine weitere, mit Drüsen- und Wimperzellen (in anderen Fällen mit sichelförmigen Tentakeln) ausgestattete Längsleiste, das **Dorsalorgan** (= Epibranchialrinne), zu münden. Dessen Bewimperung rollt die beiden Hälften des Schleimfilters mit den dort hängen gebliebenen Nahrungspartikeln zu einer „Nahrungswurst" ein, die, langsam rotierend, nach hinten zum Oesophagus befördert wird.

Zwischen Magen und Endostyl liegen **Herz** und **Geschlechtsorgane**. Das von einer Perikardhöhle umschlossene Herz wechselt rhythmisch seine Kontraktionsrichtung, indem es das Blut abwechselnd dem Kiemensack und dem Körper zutreibt, was für alle Tunicata charakteristisch ist.

Das bei den Ascidienlarven noch in Rückenmark und Gehirn differenzierte **Nervensystem** hat sich bei den Adulti zu einem einfachen Ganglion reduziert, das dorsal zwischen den einander genäherten Körperöffnungen liegt.

Die **Geschlechtsorgane** sind fast stets zwittrig. Viele Ascidien pflanzen sich ungeschlechtlich durch **Knospung** fort, was zur Bildung von Kolonien führt.

Spezieller Teil

Ciona intestinalis

- Es werden zunächst gefärbte Präparate von möglichst kleinen (etwa 1,5 cm langen) Exemplaren dieser sehr häufigen Art mikroskopiert (Abb. 163).

Wurzelförmige, von Blutgefäßen durchsetzte Ausläufer des Mantels, die zum Anheften an der Unterlage dienen, kennzeichnen das untere Körperende. Das freie, obere Körperende ist in zwei röhrenförmige Fortsätze ausgezogen, von denen der eine, der **Branchialsipho**, endständig liegt, der andere, etwas kleinere, der **Atrialsipho**, seitlich. Beide beherbergen kontraktile Öffnungen, die als Branchial- und Atrialöffnung oder auch als Ingestions- und Egestionsöffnung bezeichnet werden. Die Branchialöffnung führt in den **Kiemendarm** (**Kiemensack**), die Atrialöffnung kommuniziert mit dem Peribranchialraum.

Die Branchialöffnung ist kreisrund und in acht Lappen ausgezogen. In den dadurch gebildeten Einkerbungen liegt je ein Pigmentbecherocellus. Ähnlich gebaut ist die Atrialöffnung, nur dass hier sechs Lappen und sechs Pigmentbecherocellen entwickelt sind.

Ein Stück oberhalb des Kiemensackes sieht man im Branchialsipho als ringförmige Verdickung den Tentakelring, auf dem sich in re-

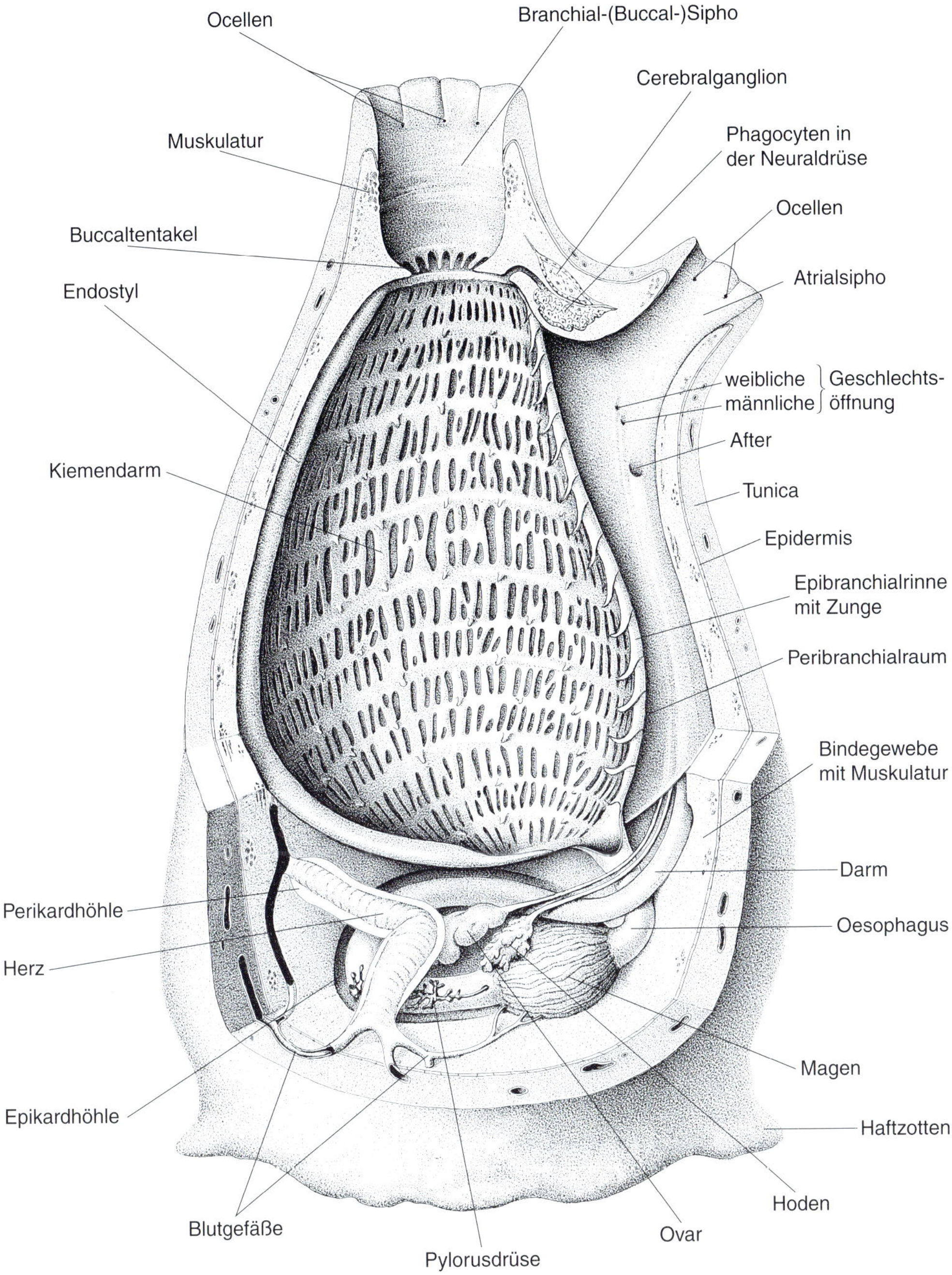

Abb. 163: *Ciona intestinalis*. Bauplan eines adulten Tieres. Endostyl = Hypobranchialrinne, Epibranchialrinne = Dorsalorgan. Die paarige Epicardhöhle ist bei *Ciona* besonders groß und kommuniziert mit dem Kiemendarm. Der Magen bildet nach innen vorspringende Falten mit Streifen verschiedener Epithelzellen. Im Endostyl (Vorstufe der Schilddrüse) entsteht ein Schleimfilm, der sich innen über den Kiemendarm schiebt und mit dessen Hilfe Nahrungspartikel festgehalten werden

gelmäßiger, reihiger Anordnung kurze Buccaltentakel erheben. Sie ragen im Leben weit in den Hohlraum des Siphos vor und bilden so eine Reuse, die größeren Fremdkörpern den Eintritt in den zarten Kiemensack versperrt.

Unterhalb des Tentakel[illegible] Schlinge aus Flimmerzellen, die als ein stärker gefärbtes Band die weite Öffnung des Kiemensackes umzieht. Der Kiemensack selbst, der als Pharynx zu betrachten ist, nimmt den Hauptteil des Körperinneren ein. Seine Wand ist ein Maschenwerk sich rechtwinklig kreuzender Leisten, an deren Kreuzungsstellen kurze, hakenförmig gekrümmte Papillen ins Innere vorspringen. Über sie gleitet das in einen Schleimfilm eingebettete Filtrat, getrieben durch Wimpern an ihrer konvexen Seite, langsam dorsalwärts hinweg. Die feinen, mehr oder weniger ovalen, mit Flimmerepithel bekleideten Kiemenspalten stehen in transversalen Reihen. Auf der ventralen Seite liegt in Form eines dunkler gefärbten Bandes das den Schleimfilm abscheidende Endostyl (Hypobranchialrinne). Ihr gegenüber, also dorsal, befinden sich die als „Zungen" bezeichneten, sichelförmigen Tentakel des Dorsalorgans, die dem Einrollen des Schleimfilms mit dem Filtrat dienen. Der **Peribranchialraum** ist ein schmaler Spalt zwischen Kiemendarm und Körperwand, der nur unter der Atrialöffnung größere Ausdehnung gewinnt, wo er die Kloakenhöhle (Atrium) bildet.

Der bewimperte **Nahrungsdarm**, der sich an den Kiemensack anschließt, beginnt mit einem kurzen, engen Oesophagus, erweitert sich zum Magen, beschreibt eine Intestinalschlinge und zieht als Enddarm nach oben, um etwa in halber Körperhöhe im After zu enden. Die Nahrungsreste werden durch die Atrialöffnung ausgestoßen.

Zwischen Enddarm und Kiemensack ziehen die Ausführgänge der Geschlechtsorgane, Ovidukt und Vas deferens, nach oben, ein gutes Stück höher als der After im Atrium ausmündend. Die Geschlechtsorgane sind an den Präparaten dieser jungen Tiere allerdings noch nicht entwickelt.

Nahrungsdarm und Gonaden sind bei *Ciona* von der paarigen **Epikardhöhle** umgeben, die mit dem Kiemendarm kommuniziert.

Deutlich sichtbar ist das **Ganglion** zwischen Branchial- und Atrialöffnung; es liegt der umfangreichen **Neuraldrüse** dicht auf. Die Neuraldrüse öffnet sich mit einem Flimmertrichter in den Kiemendarm. Ihr Epithel bietet ein sehr variables Bild und ist phagocytotisch aktiv; es transportiert vermutlich auch Wasser in das Blut und reguliert somit das Blutvolumen. Die Drüse setzt sich in den [illegible] verschiedene Hormone bildet.

- Anschließend werden größere, geschlechtsreife Tiere präpariert, an denen man sich über die Gonaden orientieren kann, sowie über einige andere Organe des Körperinneren (z. B. Herz), für die die mikroskopischen Präparate weniger geeignet waren. Alkoholmaterial ist weit weniger geeignet als frisch getötete Tiere. In einem Seewasseraquarium lassen sich lebende Tiere gut ein bis zwei Wochen halten.
- Zur Präparation müssen sie unbedingt in völlig ausgestrecktem Zustand abgetötet werden. Man gibt die Tiere in kleinere, jedoch genügend weite Gefäße mit ca. 200 ml Seewasser pro Tier und gießt dann langsam und in Abständen von etwa 15 min (heiß angesetzte, nun aber kalte) konzentrierte Magnesiumchlorid-Lösung zu, bis die Tiere aufschwimmen. Nach 10 bis 12 Stunden sind sie in lang ausgestrecktem Zustand abgestorben. Nicht selten wird, obwohl die Tiere tot sind und sich auch nicht wieder kontrahieren, nach der Eröffnung der Leibeshöhle das Herz noch schlagen.
- Zu Beginn der Präparation wird der Mantel durch einen Längsschnitt geöffnet und das ganze Tier, indem man Mantel und Hautmuskelschlauch mit den Fingern voneinander trennt, aus seiner Umhüllung gelöst.
- Dann das Tier entsprechend Abb. 163 orientieren und die Schere in die Branchialöffnung einführen. Den Kiemensack samt der äußeren Membran des Peribranchialraumes und dem Hautmuskelschlauch durch einen Längsschnitt eröffnen, der etwa in gleicher Entfernung von Endostyl und Enddarm und parallel zu ihnen geführt wird.
- Den Schnitt bis ganz nach unten weiterführen, sodass auch der Raum (Epikard, Perivisceralraum – fragliches Coelomderivat), in dem die Eingeweide untergebracht sind, eröffnet wird.

Er ist oben durch eine hauchdünne, durchsichtige Membran, die ventrale Wand des Peribranchialraumes, begrenzt. Weitere derartige Membranen sind auch zwischen den Organen und zwischen diesen und der Körperwand vorhanden.

- Kiemensack und Hautmuskelschlauch werden nun auseinander geklappt und unter Wasser

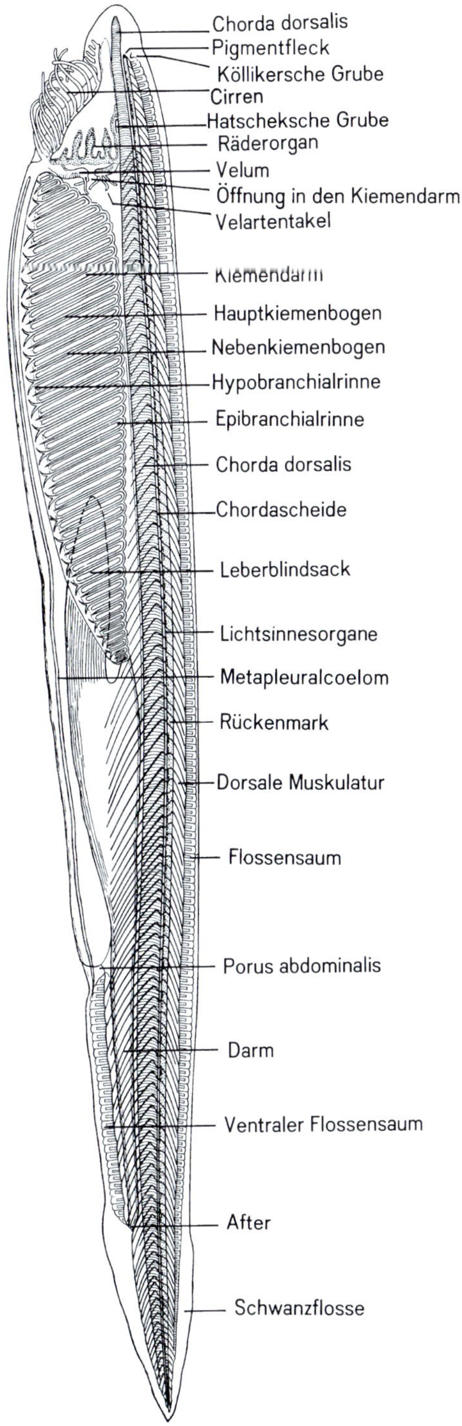

Abb. 170: *Branchiostoma lanceolatum*, junges Tier von der linken Seite

paare Flossensaum, an der Bauchseite ragen links und rechts die Metapleuralfalten vor.

Die ganze obere Hälfte des Querschnittes nimmt rechts und links die mächtige Rumpfmuskulatur ein, von der mehrere, durch Myosepten getrennte **Myomere** im Schnitt getroffen wurden, was sich aus der Winkelform der einzelnen Myomere zwangsläufig ergibt. Myo- und Sclerocoel sind als schmale Räume erkennbar. Die Myosepten gehen zentral in eine Bindegewebsmasse über, die auch das Nervenrohr sowie die Chorda umschließt und hier die grob faserige Chordascheide bildet. In der unteren Wand des Peribranchialraumes ist außerdem der durch ein medianes Septum symmetrisch geteilte **Transversalmuskel** zu erkennen. Er bewirkt durch seine Kontraktion eine Verengung des Peribranchialraumes und somit ein Ausstoßen von Wasser aus dem Atrioporus.

Dass auch von den **Kiemenbogen** eine ganze Anzahl im Querschnitt getroffen sein muss, macht Abb. 171 verständlich. Die Unterscheidung von Hauptbogen und Nebenbogen (= Zungenbogen) ist durch die nur den Hauptbogen außen angeschlossenen Coelomkanäle möglich (Abb. 172). In jedem Nebenbogen steigen zwei, in jedem Hauptbogen drei Kiemengefäße empor, von denen das stärkste als Außengefäß basal in dem keilförmigen Querschnitt jedes Bogens gut zu erkennen ist. Es wird vom Skeletstäbchen umschlossen. Die Flanken der Bogen tragen innerviertes entodermales Wimperepithel, durch dessen Tätigkeit das Wasser durch die Kiemenspalten getrieben und so eine Strömung erzeugt wird, die der Nahrungsgewinnung dient; für die Atmung ist sie wohl von untergeordneter Bedeutung. Die Innenränder sind mit Geißelzellen besetzt, durch deren Schlag der vom Endostyl aufsteigende Schleimfilm zur Epibranchialrinne befördert wird; der Außenrand der Kiemenbogen ist von einem wimperfreien Drüsenepithel ectodermaler Herkunft bekleidet.

Das **Endostyl** ist aus sechs paarigen Längsstreifen entodermalen Epithels zusammengesetzt, teils Drüsenzellen, teils Geißelzellen. Der mediane Streifen mit besonders langen Geißeln ist unpaar. Lateral liegen vor allem Jod bindende Zellen („Protothyroidea"). In dem Bindegewebe unter dem Endostyl liegen die beiden Endostylarplatten, gebogene Skeletelemente aus verfestigter Bindegewebsmatrix. Ventral von ihnen

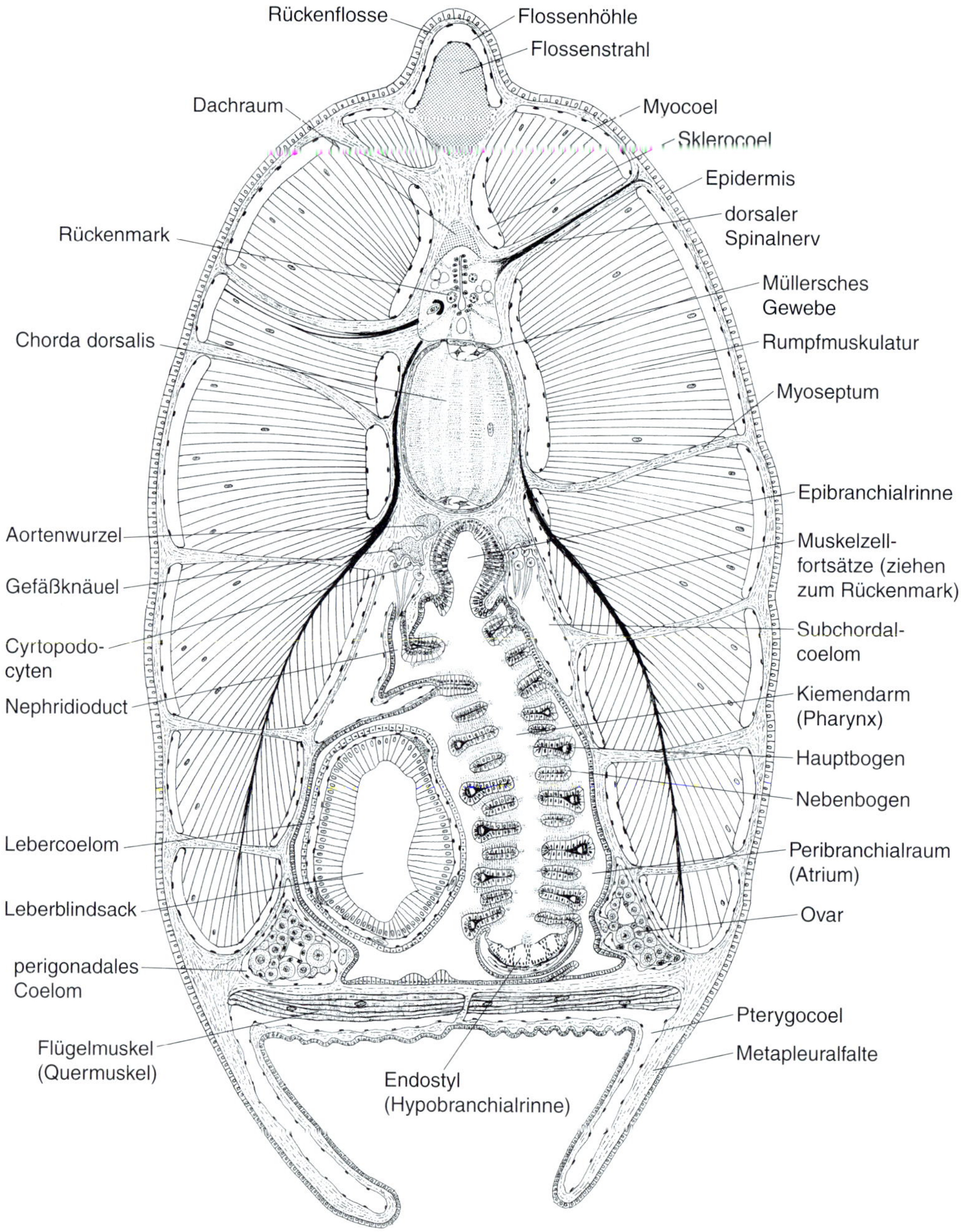

Abb. 171: *Branchiostoma lanceolatum.* Querschnitt durch die Kiemendarmregion eines weiblichen Tieres. Im Rückenmark sind u.a. Zentralkanal, Riesenfasern und ein Rückenmarksauge dargestellt. In der Chorda tritt neben den quer gestreiften Muskelzellplatten, die über dorsale Poren in der Chordascheide innerviert werden, Müllersches Gewebe in je einem dorsalen und ventralen Streifen auf

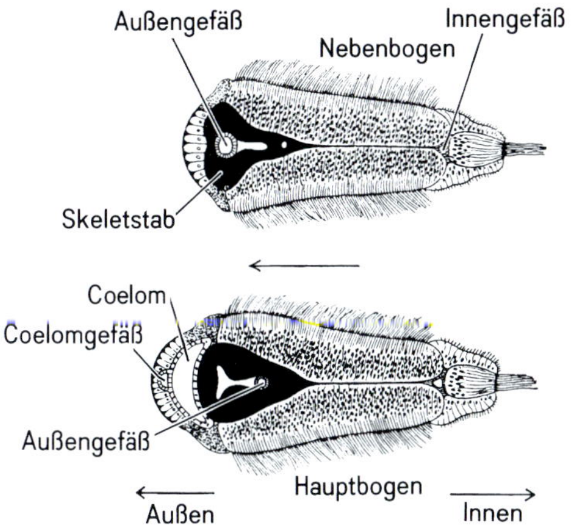

Abb. 172: Querschnitt durch einen Haupt- und einen Nebenkiemenbogen (Zungenbogen) von *Branchiostoma*. Pfeil in der Mitte = Wasserstrom. Im lebenden Tier kommen die Spitzen der Kinocilien benachbarter Kiemenbögen miteinander in Kontakt. 260 ×. (Nach FRANZ)

liegt das Endostylcoelom, in dem das zuführende Gefäß des Kiemendarmes, die Endostylarterie, verläuft.

An der Dorsalkante des Kiemendarmes erkennt man die stark vertiefte **Epibranchialrinne**, rechts und links von ihr die Querschnitte der beiden **Aortenwurzeln**, die das Blut aus den Kiemengefäßen sammeln und sich weiter hinten zur Aorta descendens vereinigen. Umgeben wird der Kiemendarm von dem geräumigen, völlig vom Ectoderm ausgekleideten **Peribranchialraum**. Das **Coelom** ist in diesem Bereich auf wenig umfangreiche Abschnitte beschränkt. Das hypobranchiale Coelom (Endostylcoelom) wurde bereits erwähnt. Beiderseits des Kiemendarmes liegen oben die subchordalen Coelomräume, die durch die Coelomkanäle in den Hauptkiemenbogen mit dem hypobranchialen Coelom zusammenhängen. Der Übergang vom subchordalen Coelom in diese Kanäle ist an den Schnitten bisweilen gut zu erkennen. Coelomräume sind ferner die Höhlen in den beiden Metapleuralfalten sowie in den Flossenkämmerchen. Schließlich ist zu erwähnen, dass auch die Gonaden in engen Coelomräumen liegen.

Die **Gonaden** – die weiblichen lassen sich durch die in ihnen liegenden Eizellen mit großem Kern und Kernkörperchen leicht als solche erkennen – wölben sich infolge ihrer mächtigen Entwicklung weit in den Peribranchialraum vor. Die Hoden sind durch die dicht gelagerten kleinen Kerne der verschiedenen Ausreifungsstadien der männlichen Keimzellen gekennzeichnet. In den Ovarien sind die Oogonien die kleinsten Keimzellen, in den Hoden sind dagegen die basal im Keimepithel gelegenen Spermatogonien relativ groß. Der **Leberblindsack** zeigt innen ein einschichtiges, sehr hohes Zylinderepithel, das oft Lipideinschlüsse, Vakuolen und Granula erkennen lässt. Außen ist er vom ectodermalen Peribranchialepithel umkleidet. Ein dichtes Blutgefäßnetz umgibt den Leberblindsack.

Die **Nierenkanälchen** verbinden das Subchordalcoelom mit dem Atrium.

Dorsal vom Darm liegt die **Chorda**. Im Querschnitt hochoval, umgeben von der derben Faserscheide, weist sie im Inneren den bereits geschilderten Aufbau aus hintereinander liegenden Platten auf, die ihrerseits feine horizontale Myofilamente enthalten. Die Chordaplatten sind oben und unten etwas ausgeschnitten; die so entstandenen flachen Räume zwischen Chordascheide und Chordaplatten werden von einem lockeren Gewebe (Müllersches Gewebe) erfüllt. Die Kerne der sternförmigen Müllerschen Zellen treten deutlich hervor, ihre Funktion ist nicht bekannt.

Über der Chorda liegt das **Neuralrohr**. Sein Zentralkanal ist ventral weiter als dorsal, wo er einen medianen, streckenweise von Neuronen überbrückten Spalt bildet. Perikaryen von Nervenzellen sehen wir zentral konzentriert. Die zahlreicheren, dem Zentralkanal und der medianen Naht unmittelbar anliegenden Zellen mit kleinen Kernen und basalen dünnen Fortsätzen sind tanycytäre Ependymzellen. Der periphere Abschnitt des Rückenmarks wird von Nervenfasern eingenommen, darunter einigen Riesenaxonen. Seitlich und ventral vom Zentralkanal können 1–3 Lichtsinneszellen mit ihrem Pigmentbecher getroffen sein. Die Blickrichtung der Pigmentbecher ist auf den beiden Körperseiten und in den einzelnen Körperabschnitten verschieden.

3. Vertebrata (Craniota), Wirbeltiere

Die Vertebrata sind bilateralsymmetrische, segmentierte Tiere. Die bilaterale Symmetrie wird in der äußeren Körperform fast ausnahmslos streng eingehalten, während die Anordnung der inneren Organe z. T. asymmetrisch ist. Die **Segmentierung** tritt in der Entwicklung klar hervor, verwischt sich aber beim erwachsenen Tier zu den höheren Klassen hin immer mehr, macht sich jedoch auch bei ihnen noch an bestimmten Organsystemen bemerkbar.

Die Wirbeltiere sind innerhalb der Chordata vor allem durch folgende Merkmale gekennzeichnet:

1. Außer der **Chorda dorsalis**, die sich nur bei den Agnatha und einigen wenigen Osteichthyes zeitlebens voll erhält, besitzen die Wirbeltiere ein reich gegliedertes **Innenskelet**, das aus **Knorpel oder Knochen** besteht. Sein axialer Abschnitt gliedert sich in die von vornherein segmentierte, die Chorda allmählich verdrängende und ersetzende **Wirbelsäule** und den **Schädel**.

2. Es sind, wieder mit Ausnahme der rezenten Agnatha, **zwei Paar Extremitäten** ausgebildet, die allerdings sekundär rückgebildet sein können.

3. Der Körper gliedert sich in **Kopf, Rumpf** und **Schwanz**. Bei den landlebenden Formen kommt eine Halsregion hinzu. Charakteristisch für alle Wirbeltiere ist die Bildung eines Kopfes, der die großen **Sinnesorgane** trägt und das Gehirn beherbergt. Sein Skelet ist der Schädel, der sich aus Neuro-, Viscero- und Dermatocranium aufbaut

4. Das **Gehirn** gliedert sich primär in zwei Abschnitte: **Prosencephalon (Vorderhirn)** und **Rhombencephalon (Rautenhirn)**. Das Prosencephalon unterteilt sich in **Telencephalon (Endhirn)** und **Diencephalon (Zwischenhirn)**. Das Telencephalon gliedert sich in zwei Hemisphären. Das Rhombencephalon weist ventral einen einheitlichen, z. T. an das Rückenmark erinnernden Aufbau auf und wird **Tegmentum** genannt. Dorsal differenzieren sich im Rhombencephalon: **Tectum** und **Cerebellum (Kleinhirn)**. Schematisch wird das Rhombencephalon in die hintereinander liegenden Abschnitte Mes-, Met- und Myelencephalon unterteilt, wobei dem **Mesencephalon (Mittelhirn)** dorsal das Tectum und dem **Metencephalon (Hinterhirn)** dorsal das Cerebellum zugeordnet ist. Das **Myelencephalon (Nachhirn, Medulla oblongata)** bildet den Übergang zum Rückenmark (s. z. B. Abb. 208).

5. Das Oberflächenepithel der Haut, die Epidermis, ist mehrschichtig.

I. Agnatha, Neunaugen

Lampetra fluviatilis, Flussneunauge *Lampetra planeri*, Bachneunauge

Fluss- und Bachneunaugen sind in mitteleuropäischen Gewässern vorkommende eng verwandte Vertreter der Petromyzonta, es handelt sich bei ihnen um einen gemeinsamen Artenkreis („paired species"). Sie gehören den kieferlosen Wirbeltieren, den Agnatha, an, stehen aber den gnathostomen Wirbeltieren näher als die Myxinoidea (Schleimaale, Inger), die die zweite Gruppe der Agnatha bilden. Die Neunaugen haben einen beweglichen und rundlich trichterförmigen Saugmund, worauf auch der deutsche Begriff „Rundmäuler" oder der in der Systematischen Zoologie nicht mehr gebräuchliche Name „Cyclostomen" hinweist. Das Mundepithel bildet i. a. spitze Hornzähne, die bei den einzelnen Arten in unterschiedlicher Menge und Anordnung vorkommen und die der Verankerung in der Beute oder an einem Substrat dienen (Abb. 173, 175). Das Studium der Neunaugen bietet einen guten Einblick in den Grundbauplan der Wirbeltiere, aber auch in die vielen morphologischen und funktionellen Spezialisierungen dieser Tiere.

Neunaugen sind heute infolge Verschmutzung und Zerstörung ihres Lebensraumes selten geworden. Deshalb soll in diesem Kurs das Schwergewicht auf die mikroskopische Anatomie gelegt werden, wie sie sich in gefärbten histologischen Dauerpräparaten darbietet. Es werden nicht alle Organe in der gleichen Ausführlichkeit dargestellt, weil in den Kursen i. a. lediglich typische Querschnitte durch den

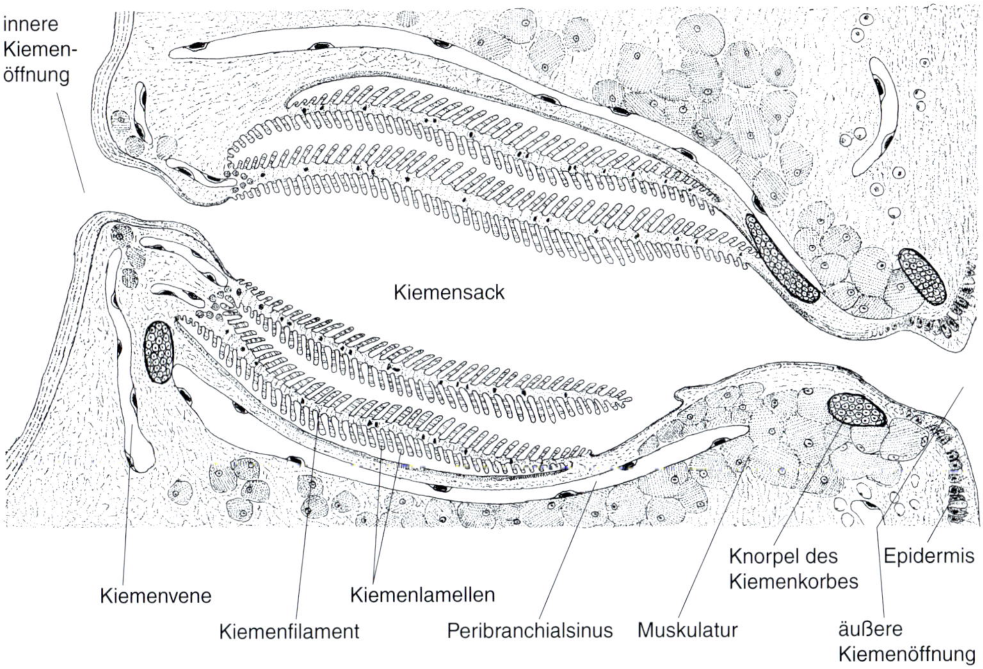

Abb. 177: Flussneunauge. Histologischer transversaler Längsschnitt durch den Kiemensack eines adulten Tieres. Der Peribranchialsinus gehört dem Venensystem an, enthält aber oft nur wenig Blutzellen

flächenepithel der Atemschranke zweischichtig, während es bei Luft atmenden Vertebraten stets nur einschichtig ist. In der Tiefe zwischen den Lamellen finden sich im Epithel große mitochondrienreiche Zellen, die ionenregulatorische Funktionen haben. Im Salzwasser werden sie Chloridzellen, im Süßwasser Schaltzellen genannt; beide Zellformen unterscheiden sich nicht nur in physiologischer, sondern auch in ultrastruktureller Hinsicht. Das Bindegewebe der zentralen Anteile der Filamente enthält recht viele freie Zellen, v. a. Lymphocyten und Phagocyten.

Bei den **Ammocoeteslarven** dienen die Kiemen nicht nur der Atmung und der Ionenregulation, sondern wie bei *Branchiostoma* auch dem Nahrungserwerb, was durch ein komplexes System von Wimperstraßen im Pharynx und auf den freien Kanten der Kiemensepten zum Ausdruck kommt; ob sich das Endostyl (Abb. 178) mit seinem Schleim am Nahrungserwerb beteiligt, ist unklar (s. u.). Jedoch spielt der Schleim der zahlreichen Becherzellen im lateralen Pharynx dabei eine Rolle. Dieser Schleim bildet einen Film oder Streifen in den Kiementaschen und in den parabranchialen Kammern. In dem Schleim bleiben eingestrudelte Nahrungspartikel hängen, die mit dem Schleim zusammen von den vielen Wimperstraßen zur dorsal im Pharynx befindlichen Dorsalleiste transportiert werden und von hier in den Oesophagus wandern.

Der Pharynx der Larven besitzt also einen anderen Aufbau als der der Adulten. In sein relativ weites Lumen ragen Septen (Kiemensepten) hinein, zwischen denen die Kiementaschen liegen. Seitlich entspringen von den Kiemensepten Kiemenfilamente mit Kiemenlamellen, die ähnlich wie bei Adulten aufgebaut sind. Aus der Tiefe jeder Kiementasche führt eine relativ enge Öffnung nach außen. Die Öffnung führt zunächst in die Parabranchialkammer (außerhalb der Kiementasche gelegener Raum), von der dann ein kurzer Gang zur äußeren Oberfläche der Tiere führt. Infolge der komplizierten Anatomie der Kiemensepten und Kiemen ist auf Querschnitten durch den Körper i. a. eine di-

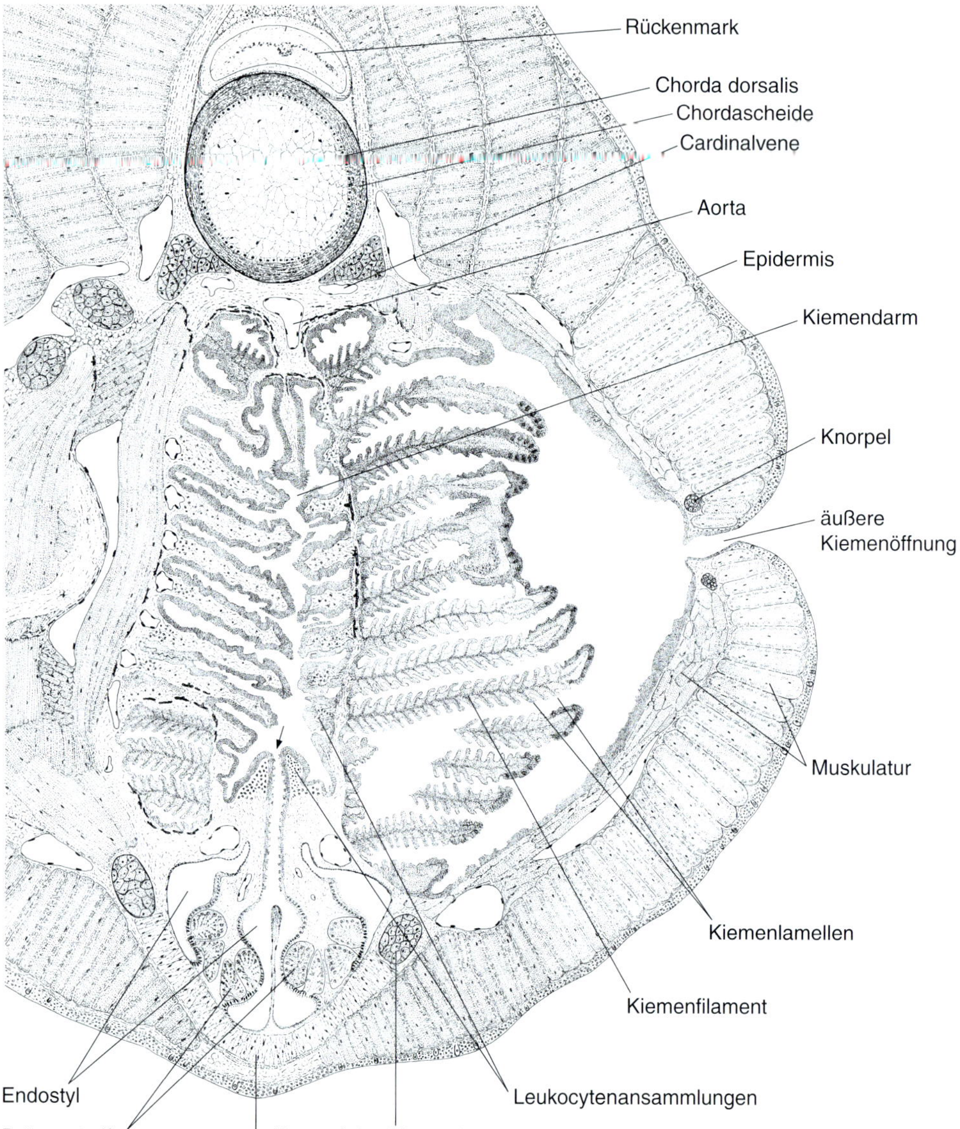

Abb. 178: Bachneunauge. Querschnitt durch den Kiemendarmbereich einer älteren Ammocoeteslarve. Die Kiemenfilamente finden sich beiderseits von kulissenartig in den Pharynx vorspringenden Kiemensepten, zwischen denen sich relativ weite Kiementaschen befinden. Aufgrund der etwas komplizierten anatomischen Verhältnisse sieht man auf Querschnitten durch das Tier unsymmetrisch verteilte Kiemenanschnitte, und eine direkte offene Verbindung der Kiemendarmlichtung mit der Außenwelt ist nur ausnahmsweise zu sehen. Das paarige Endostyl weist auch eine komplizierte Anatomie auf und ist daher auf vielen Schnitten mehrfach angetroffen. Sein Epithel besitzt mehrere Drüsenstreifen und Abschnitte mit flachem oder kubischem Epithel. Die Verbindung des Endostyls mit dem Kiemendarmlumen ist unpaar (Pfeil), es wird von einem speziellen Knorpeltyp, mukoidem Knorpel, unterlagert

rekte offene Verbindung zwischen Pharynxlumen und Außenwelt nicht zu erkennen. Das knorpelige Kiemenbogenskelet liegt relativ weit außen (Abb. 178). Die Kiemenmuskulatur ist im Einzelnen wie bei Adulten kompliziert angeordnet. Das Kiemenseptum trägt in Nähe der freien Kante, die zum Lumen des Pharynx zeigt, kleine Geschmacksknospen und ist in der Tiefe, wo es den Kiemen tragenden Teil des Septums (Kiementräger) und die Körperwand verbindet, recht dünn.

Am Boden des larvalen Pharynx findet sich das **Endostyl** (Hypobranchialsack), ein kompliziert gebautes, im Prinzip paariges Drüsenorgan, das über eine enge Öffnung mit dem Pharynxlumen kommuniziert und aus dem die Schilddrüse der Adulten hervorgeht. Das Endostyl enthält ein relativ weites Lumen, das von verschiedenen Epithelbezirken begrenzt wird, und bildet als Gesamtorgan mancherlei Windungen und blinde Fortsätze aus. Auf Querschnitten (Abb. 178) findet man i. a. Anschnitte durch zwei oder mehrere Kammern des Organs. Im Epithel lassen sich mehrere Zonen unterscheiden. Eine grobe Unterteilung lässt kubische bis prismatische Flimmerepithelien von hochprismatischen Drüsenepithelien abgrenzen. Die Drüsenzellen bilden jederseits zwei Längszonen („Drüsenzylinder"), die jedoch auf den Schnitten jeweils mindestens zweimal angetroffen werden. Die sehr schlanken hohen Drüsenzellen bilden in den histologischen Präparaten kompakte Pakete. Sie tragen apikal i. a. noch eine Cilie. Die Natur ihres Sekretes ist bisher kaum bekannt, die PAS-Reaktion ergibt nur eine sehr schwache bis negative Reaktion. Ob sich das Sekret wie bei *Branchiostoma* am Aufbau eines Schleimfilms auf der Innenwand des Pharynx beteiligt, ist nicht sicher nachgewiesen. Dennoch erinnert der Aufbau des Endostyls mit seinem Wechsel von Flimmer- und Drüsenzellen an den bei *Branchiostoma* und Tunicaten. Auch bei Tunicaten findet man am Endostyl Blindsäcke, und bei *Fritillaria* kommuniziert es auch nur über einen kleinen Verbindungskanal mit dem Pharynxlumen. Die Schilddrüse der Adulten geht vermutlich vorwiegend aus dem relativ niedrigen, mit kurzen Kinocilien versehenen Epithel in Nähe des Ausführungsganges hervor. Die **Schilddrüse** der adulten Neunaugen besteht aus einer geringen Zahl locker verstreuter, geschlossener Follikel, die durch Knospung aus wenigen röhrenförmigen primären Follikeln hervorgehen.

Die Wand des **Oesophagus** bildet 10–20 schmale Längsfalten, die aus Bindegewebe (Lamina propria) bestehen und von einem zwei- oder auch mehrschichtigen Epithel bedeckt werden. Die oberste Zellschicht ist prismatisch und enthält einzelne Becherzellen. Ein **Magen** fehlt den Neunaugen. Der **Mitteldarm** (Abb. 179) wird außen von dem dünnen einschichtigen Peritonealepithel bedeckt, das aus kubischen oder abgeplatteten Zellen besteht und dem einwärts eine zarte Bindegewebsschicht folgt; Epithel und Bindegewebe werden zusammen mitunter Serosa genannt. Dieser Serosa folgt nach innen zu eine relativ dünne Muscularis aus glatten Muskelzellen. Dieser Muskelschicht folgt lumenwärts eine breite Bindegewebsschicht, auch Propria genannt, in die zahlreiche Blutgefäße und ein umfangreiches vegetatives Nervengeflecht mit gut erkennbaren kleinen Ganglien eingebettet sind. Diese Propria bildet zahlreiche dicht beieinander liegende Längsfalten (keine Zotten). Eine dieser Falten ist besonders groß, sie wird Spiralfalte genannt und trägt seitlich sekundäre Falten. Diese Spiralfalte kann das Darmlumen weitgehend ausfüllen und enthält große Gefäße. Das Darmepithel ist ein einschichtiges Zylinderepithel, das am Anfang des Mitteldarms aus Flimmerzellen besteht. Caudal der Leber kommen auch voluminöse sekretorisch aktive Körnerzellen hinzu, die vermutlich Verdauungsenzyme abgeben. Typische Becherzellen fehlen. Locker verstreut finden sich im Epithel auch endokrine Zellen.

Am Übergang Ösophagus/Mitteldarm befindet sich das aus dorsalem und ventralem Teil bestehende **Pankreas**. Das Pankreas besitzt seröse Endstücke und ein umfangreiches Gangsystem. Verstreut treten Langerhanssche Inseln auf.

Bei Ammocoeteslarven ist die **Leber** von ihrer mikroskopischen Struktur her eine verzweigte tubulöse Drüse, deren exokrines Sekret die Gallenflüssigkeit ist. Daneben hat die Leber zahlreiche weitere Funktionen im Stoffwechsel. Sie besitzt nur bei Ammocoeteslarven einen großen Gallengang, der in den Mitteldarm einmündet. Dieser Gang und auch die intrahepatischen Gallengänge bilden sich während der Metamorphose zurück, was mit ganz erheblichen funktionellen und strukturellen Umstellungen verbunden ist. Während dieser Periode ist die Le-

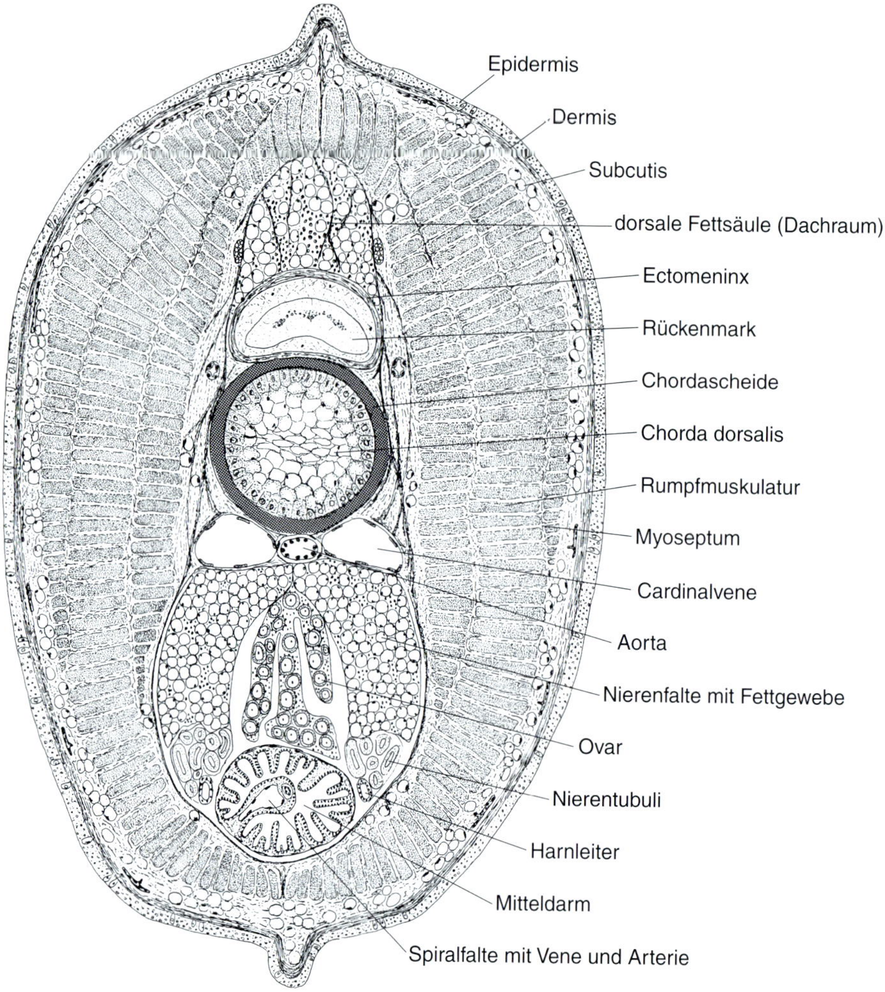

Abb. 179: Flussneunauge. Querschnitt durch den Rumpf eines adulten weiblichen Tieres

ber grün gefärbt. Bei Adulten besteht sie aus dicht gelagerten Zellbalken, die zunehmend Fett einlagern. Die Leber besitzt stets ein hochentwickeltes Blutgefäßsystem.

Das wesentliche axiale Stützorgan der Neunaugen ist die durchgehende **Chorda dorsalis** (Abb. 179), der jedoch dorsal regelmäßig knorpelige unterschiedlich große Skeletstücke anliegen (Abb. 180), die als Arcualia (Bogenelemente von Wirbeln) gedeutet werden. Die Chorda besteht aus einem Stab von vakuolisierten Epithelzellen und einer kräftigen bindegewebigen Chordascheide, Blutgefäße fehlen. Die Masse der Chordaepithelzellen besitzt eine große membranbegrenzte Vakuole, die eine kohlenhydrathaltige Komponente und Flüssigkeit enthält. Das Cytoplasma ist auf einen schmalen peripheren Saum beschränkt, in dem der Zellkern liegt und in dem vor allem Intermediärfilamente vorkommen. Der spezielle Stoffwechsel dieser über zahlreiche Desmosomen und auch Gap Junctions verbundenen Zellen, speziell die Physiologie der großen Vakuole, ist noch kaum erforscht. Ventral der Mitte bilden die Zellen einen transversal verlaufenden Streifen, den sog. Chordastrang, der aus platten, dichten Zellen besteht. Die äußerste (periphere) Zellschicht

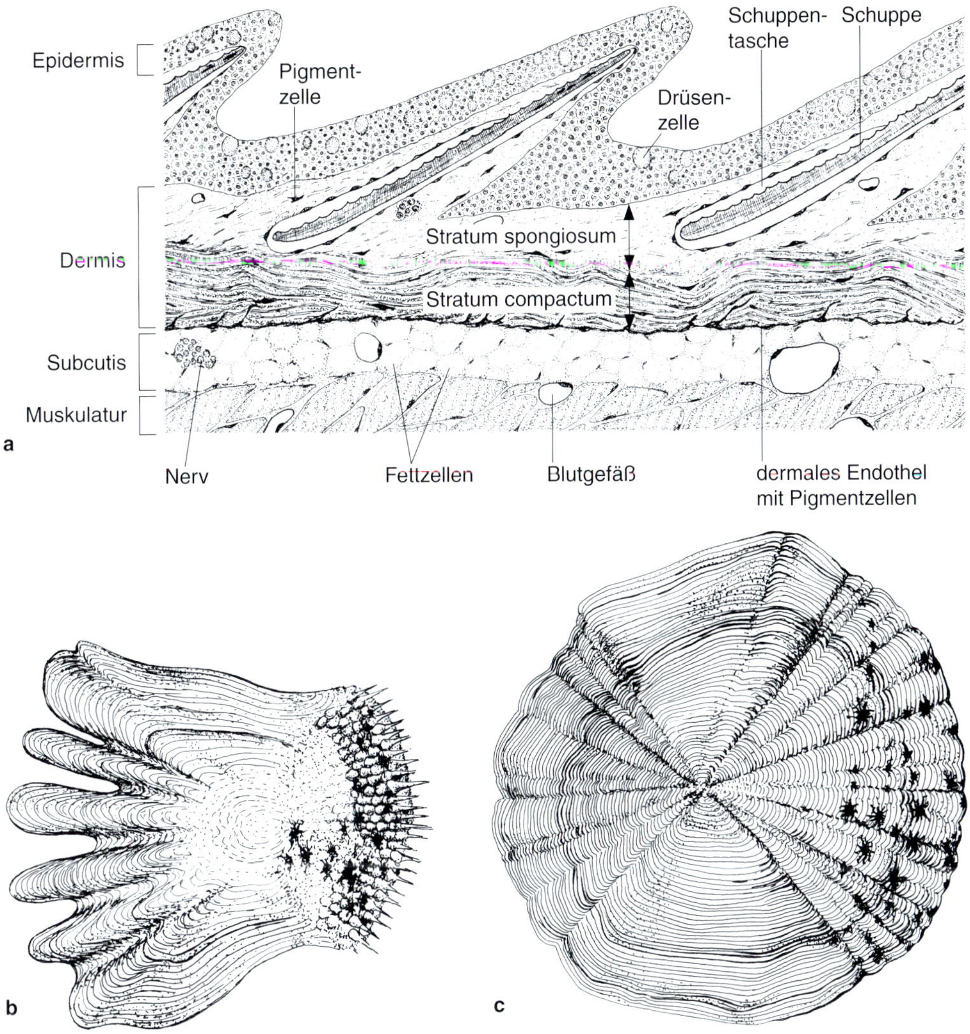

Abb. 192: Haut eines Knochenfisches. a. Schnitt durch das Integument, b. Ctenoidschuppe eines Flußbarsches, c. Cycloidschuppe einer Rotfeder. Die großen schwarzen Areale, jeweils rechts auf den Schuppen, sind Chromatophoren

einen guten Einblick in die Mikromorphologie der Wirbeltiere vermitteln.

Haut (Abb. 192)
Wie bei allen anderen Wirbeltieren ist die Haut der Knochenfische aus der äußeren Epidermis, der darunter liegenden Dermis (= Corium) und der Subcutis aufgebaut.

Die ectodermale **Epidermis** ist mehrschichtig und unverhornt und enthält Drüsenzellen, die den für Knochenfische typischen Oberflächenschleim bilden. Wie alle Epidermiszellen entstehen die Drüsenzellen aus einer basalen Bildungszone. Selten kommt es wie bei landlebenden Wirbeltieren zur Verhornung, z. B. bei Cyprinidae (Perlorgane; entstehen während der Fortpflanzungsperiode). Dem Oberflächenschleim werden verschiedene Funktionen zugeordnet:

Verbreitet ist die nicht bewiesene Ansicht, dass durch das Sekret die Viskosität des Wassers herabgesetzt und dadurch das Schwimmen erleichtert wird. Des weiteren verhindern Sekrete wie bei Amphibien das Eindringen von Bakterien in die Haut. In einigen Fällen (*Discus*) dient der Oberflächenschleim als Nahrung für Jungtiere, in anderen als Verdunstungsschutz in Trockenperioden (Afrikanischer Lungenfisch, Kokonbildung). Bei Karpfenartigen geben Epidermisdrüsenzellen Schreckstoffe ab, die Artgenossen vor einer Gefahr warnen. Nicht selten bilden Fischepidermisdrüsen Gifte, die auch für den Menschen gefährlich werden können. Als besondere Spezialisierungen der Epidermis sind weiterhin Receptorzellen zu nennen. Insbesondere auf Barteln, um die Mundöffnung, aber auch auf Flossen und in der Epidermis der generellen Körperoberfläche finden sich Gruppen von sekundären Sinneszellen, die die Oberfläche erreichen und Chemoreceptoren darstellen (**Geschmacksknospen**). Ebenfalls sekundäre Sinneszellen stellen die **Neuromasten** des Seitenliniensystems dar. Sie tragen apikal Cilien, die in einer Mucopolysaccharide enthaltenen Gallerte (Cupula) eingebettet sind.

Die mesodermale **Dermis** besteht vorwiegend aus Kollagen, enthält aber auch Blutgefäße und Nerven. Nach der Packungsdichte der Kollagenfasern kann man eine äußere, locker strukturierte Zone (**Stratum spongiosum**) von einer inneren, dichteren unterscheiden (**Stratum compactum**). Nahe der Grenze zur Epidermis liegen **Pigmentzellen**, die für die Farbe von Fischen verantwortlich sind: die schwarzen oder braunen Melanophoren, die rötlichen Erythrophoren, die gelben Xanthophoren und die weißen bis silbrigen Leuko- oder Iridophoren (Xanthophoren). Erythro- und Xanthophoren werden auch als Lipophoren zusammengefasst.

In der Dermis liegen die **Schuppen**, eingelagert in je eine Schuppentasche, die von einer Zellschicht des Stratum spongiosum begrenzt wird. Sie bestehen aus einer äußeren Knochen- und einer inneren fibrösen Lage aus Kollagenfasern. Schuppen überlagern einander dachziegelartig in craniocaudaler Richtung. Einer Basalplatte werden ringförmig knöcherne Leisten angelagert, die in Beziehung zum Wachstum des Fisches stehen (Abb. 192b, c).

Unterhalb des Stratum compactum befindet sich eine Schicht univakuolären Fettgewebes, die **Subcutis**. Dermis und Subcutis sind oft durch eine Lage mit Pigmentzellen voneinander getrennt (Abb. 192a).

Kiemen (Abb. 193)
An den vier dorsoventral verlaufenden, aus Knochen- und Knorpelgewebe aufgebauten **Kiemenbogen** (Branchialbogen) befinden sich am caudalen konvexen Rand **Kiemenblättchen** (Kiemenfilamente, Demibranchien) in zwei gegeneinander versetzten Reihen. Sie enthalten einen dünnen Knorpelstab und werden von einem mehrschichtigen Epithel bedeckt. Orte des Gasaustausches sind die dünnen **Kiemenlamellen**, die auf beiden Seiten der Kiemenblättchen stehen. Das Blut fließt aus der sauerstoffarmes Blut enthaltenden Kiemenarterie (Arteria branchialis) in das Capillarnetz der Kiemenlamellen und wird nach der Aufnahme von Sauerstoff durch die Arteria epibranchialis abgeleitet. Wasserstrom durch die Kiemen und Blutstrom in den Kiemenlamellen sind gegeneinander gerichtet.

Die Kiemenblättchen erhalten durch ihren Knorpel eine gewisse Stabilität; durch Muskeln können sie bewegt werden. Das dünne zweischichtige Deckepithel der Kiemenlamellen wird von einer zarten Kollagenschicht unterlagert. Dann folgen die **Pfeilerzellen** (= Palisaden-, Pflasterzellen), welche die Capillaren begrenzen. Es handelt sich um spezialisierte Endothelzellen, die oft viele cytoplasmatische Filamente enthalten und sich wohl auch kontrahieren können.

Das zweischichtige Deckepithel, welches die Lamellen bedeckt, besteht aus Plattenepithelzellen und enthält auch Schleimzellen; insbesondere an der Basis der Kiemenlamellen liegen **Ionen- oder Chloridzellen**. Sie dienen der Osmoregulation, sind bei Süßwasserfischen allerdings selten.

Auge (Seitenauge; Abb. 194)
Die paarigen, kugeligen Seitenaugen der Knochenfische sind im Prinzip wie die anderer Wirbeltiere aufgebaut. Ein Lichtstrahl hat folgende Schichten zu durchmessen, bevor er die Sinneszellen erreicht:

1. **Cornea (Hornhaut)**. Diese besteht aus dem mehrschichtigen, unverhornten Cornealepithel, einem bindegewebigen Stroma aus sehr regelmäßig angeordneten, jeweils rechtwinkelig gegeneinander versetzten Schichten aus Kollagen-

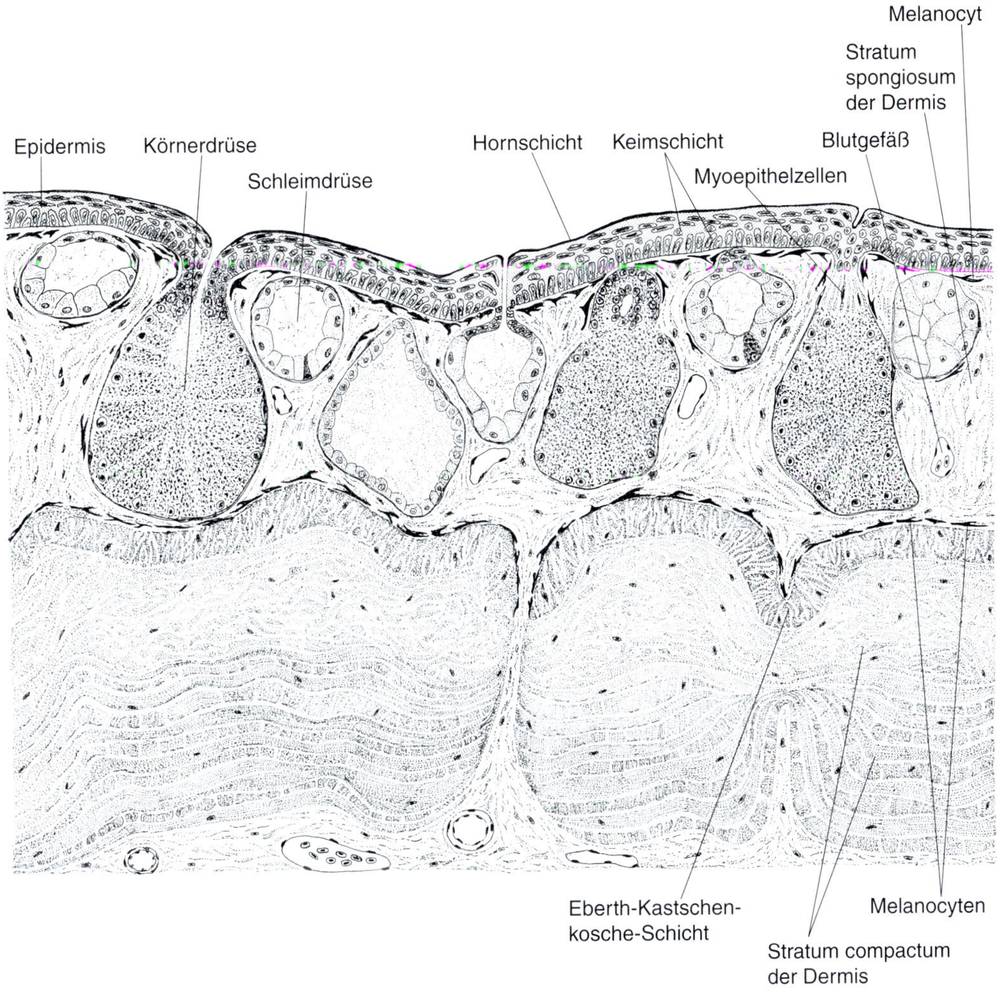

Abb. 196: *Rana esculenta*. Histologischer Schnitt durch die dorsale Haut. Die Epidermis besteht aus 5–6 Zellschichten, deren oberste verhornt ist. Die Körnerdrüsen sind i.a. größer als die Schleimdrüsen. Im Epithel der Schleimdrüsen treten öfter einzelne seröse oder endokrine Zellen auf. Die Eberth-Kastschenkosche Schicht (= Sieblamelle) ist eine 10–20 µm dicke proteoglykanreiche Schicht, die Wasser bindet und vor Austrocknung schützt; sie ist bei landlebenden Anuren besonders dick. Die tieferen Schichten des Stratum compactum bestehen aus regelmäßig angeordneten Kollagenfaserlagen. Diese Schicht wird von trichterförmigen Kanälen lockeren Bindegewebes durchbrochen

Rückenmark, entspringt also außerhalb des Schädels. Die am Palatoquadratum sich bildenden Deckknochen, Praemaxillare, Maxillare und Palatinum (Oberkiefer und Gaumenknochen), schließen sich eng an das Neurocranium an.

Am Palatoquadratum selbst lassen sich ein vorderer, schmälerer Abschnitt (Pars palatina, Palatinspange) und ein gedrungener, hinterer Abschnitt (Pars quadrata) unterscheiden. Die Palatinspange ist bei vielen Amphibien reduziert. Die Pars quadrata steht immer direkt (autostyl) durch mehrere Fortsätze mit dem Neurocranium in fester Verbindung, wodurch das Hyomandibulare zu anderer Verwendung frei wird. Von den Kiemenbogen, die bei der Metamorphose ihre bisherige Aufgabe verlieren, werden die mittleren (3, 4) reduziert, während die beiden vorderen mit Teilen des Hyoidbogens ein kompliziertes Zungenbein bilden. Die hintersten Kiemenbogen werden zum Larynxskelet.

Für die Aufzählung der einzelnen Knochen – die man am besten mit dem Schädel unter der Lupe erlernen kann – legen wir den Schädel von *Rana* zugrunde. Im Gebiet des Neurocraniums bilden sich als Ersatzknochen die beiden die Condylen tragenden Exoccipitalia, die Prootica und eine ringförmige Verknöcherung der vorderen Orbitalregion, das so genannte Sphenethmoid. Dazu treten als Deckknochen die Parietalia, Frontalia (verwachsen bei *Rana* zu einem einheitlichen Frontoparietale), Nasalia und Septomaxillaria (ein kleiner Knochen jederseits am hinteren Umfang der äußeren Nasenöffnung) sowie die Vomeres und das Parasphenoid an der Unterseite des Schädels. Zum Kiefer- und Gaumenbogen gehören die paarigen Deckknochen Praemaxillare, Maxillare, Palatinum und Endopterygoid und das ersatzknöcherne Quadratum; dem Quadratum liegt als Deckknochen das Squamosum auf; an das Hinterende des Maxillare schließt sich ein als Quadratojugale oder Quadratomaxillare bezeichneter Deckknochen an, durch dessen Vermittlung der Kieferbogen nach hinten zu eine Verbindung mit dem Quadratum erlangt. – Der Meckelsche Knorpel (primärer Unterkiefer) bleibt in beträchtlichem Umfang erhalten, hinten verknöchert er meist – bei *Rana* nicht – als Articulare, vorn bildet er die kleine Ersatzverknöcherung des Mentomandibulare. Als Deckknochen finden sich bei *Rana* nur das Dentale an der Außenseite und das Goniale an der Innenseite des Meckelschen Knorpels.

Das Hyomandibulare ist zum Gehörknöchelchen, der Columella auris, geworden. Das Hyoideum bildet das vordere „Horn" des breiten Zungenbeinkörpers.

Die **Wirbel** sind bei den Anuren procoel, opisthocoel oder auch amphicoel. Der Körper des vordersten Wirbels ist verbreitert und trägt Gelenkflächen für die beiden Condylen. Ein hinterer Wirbel – bei *Rana* und *Xenopus* der neunte – ist als Sakralwirbel in Verbindung mit dem Beckengürtel getreten; das ermöglicht die Unterscheidung einer Rumpf- und einer Schwanzregion der Wirbelsäule. Bei den Anura sind in Anpassung an die springende Bewegungsart alle Schwanzwirbel zu einem einheitlichen Knochenstab, dem Os coccygis (Steißbein), verschmolzen (Abb. 197).

Rippen fehlen den meisten Anuren, während sie bei den übrigen Amphibien vorhanden sind; sie enden frei und haben keinen knorpeligen oder knöchernen Anschluss an das Brustbein.

Der **Schultergürtel** besteht jederseits aus einer gebogenen Platte, dem Schulterblatt (Scapula), das bei den Anuren mit dem Brustbein durch die Clavicula (bei Nicht-Mammaliern auch als Thoracale bezeichnet) und das Procoracoid verbunden ist (s. S. 354). Die Vorderextremität (Abb. 197) ist gegliedert in Oberarm (Humerus), Unterarm (Radius und Ulna, beide sind zu einem Os antebrachii verwachsen), Handwurzel (Carpus), Mittelhand (Metacarpus) und in meist 4 Finger, die aus Phalangen aufgebaut sind.

Der **Beckengürtel** wird gebildet von dem dorsalen Darmbein (Ilium), das bei Anuren außerordentlich lang gestreckt ist und der Wirbelsäule parallel läuft, und dem einheitlichen, ventralen Scham-Sitzbein-Abschnitt (Ischiopubis), in dem meist nur das Ischium zur Verknöcherung kommt, während der Bezirk des Pubis knorpelig bleibt, eventuell verkalkt, selten verknöchert. Die Hintergliedmaßen haben fast stets fünf Zehen.

Das **Gehirn** ist infolge der Hintereinanderlagerung der Hirnabschnitte lang gestreckt; es weist einen ursprünglichen Bau auf. Das Telencephalon ist umfangreich, die großen Bulbi olfactorii am rostralen Ende der Hemisphären sind oft verwachsen. Bulbi olfactorii accessorii – sie versorgen das Jacobsonsche Organ – sind hinter den Bulbi als kleine Anschwellungen erkennbar. Das Tectum ist recht hoch differenziert. Das Cerebellum ist bei Bodenbewohnern wie z. B. *Rana* ein kleiner horizontaler Wulst vor der Rautengrube; bei Baumbewohnern, z. B. *Hyla*, ist es größer.

Von den **Sinnesorganen** ist das **Seitenliniensystem** nur bei den wasserlebenden Aglossa und den Larven erhalten geblieben. Die Nasenhöhle mit dem **Geruchsorgan** besitzt in der Tiefe eine Verbindung zur Mundhöhle hin, die primären **Choanen**; sie dient der Geruchswahrnehmung und der Passage der Atemluft. Die großen **Augen** werden durch Ausbildung von Augenlidern und -drüsen gegen Austrocknung und Staub geschützt. Das **Gehörorgan** vervollkommnet sich bei den meisten Anura durch die Ausbil-

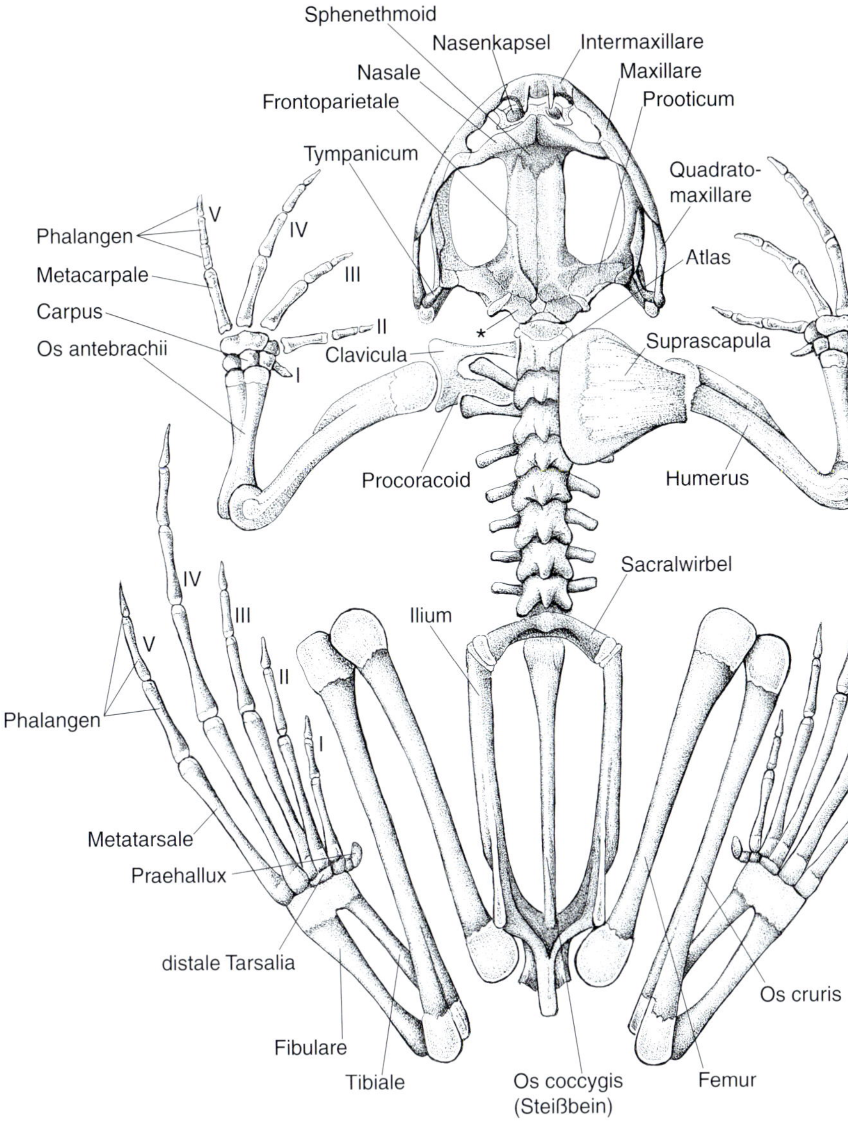

Abb. 197: *Rana esculenta*, Skelet, Dorsalansicht. Das linke Schulterblatt ist nicht gezeichnet, um ventrale Teile des Schultergürtels zu zeigen. Sternchen: Occipitalregion. Das Os antebrachii entsteht durch Verwachsung von Radius (innen) und Ulna (außen). I–V: Strahlen von Hand und Fuß mit Fingern bzw. Zehen und Mittelhand bzw. Mittelfuß. Das Skelet der Finger und Zehen besteht aus den Phalangen, das der Mittelhand aus den Metacarpalia. Der kleine Daumen besitzt als Skeletstück nur das Metacarpale I. Finger II und III haben je 2, Finger IV und V je 3 Phalangen. Das Os cruris (Unterschenkelknochen) entsteht durch Verwachsung aus Tibia und Fibula. Tibiale und Fibulare sind proximale Tarsalia, die distalen Tarsalia sind 4 kleine Skeletstücke. Am Fuß besitzen 1. und 2. Zeh je 2 Phalangen, 3. und 5. Zeh je 3 Phalangen und 4. Zeh 4 Phalangen. Der Praehallux (Fersenhöcker) enthält variabel 1 bis 3 Skeletstücke. (Nach Eckert und Gaupp)

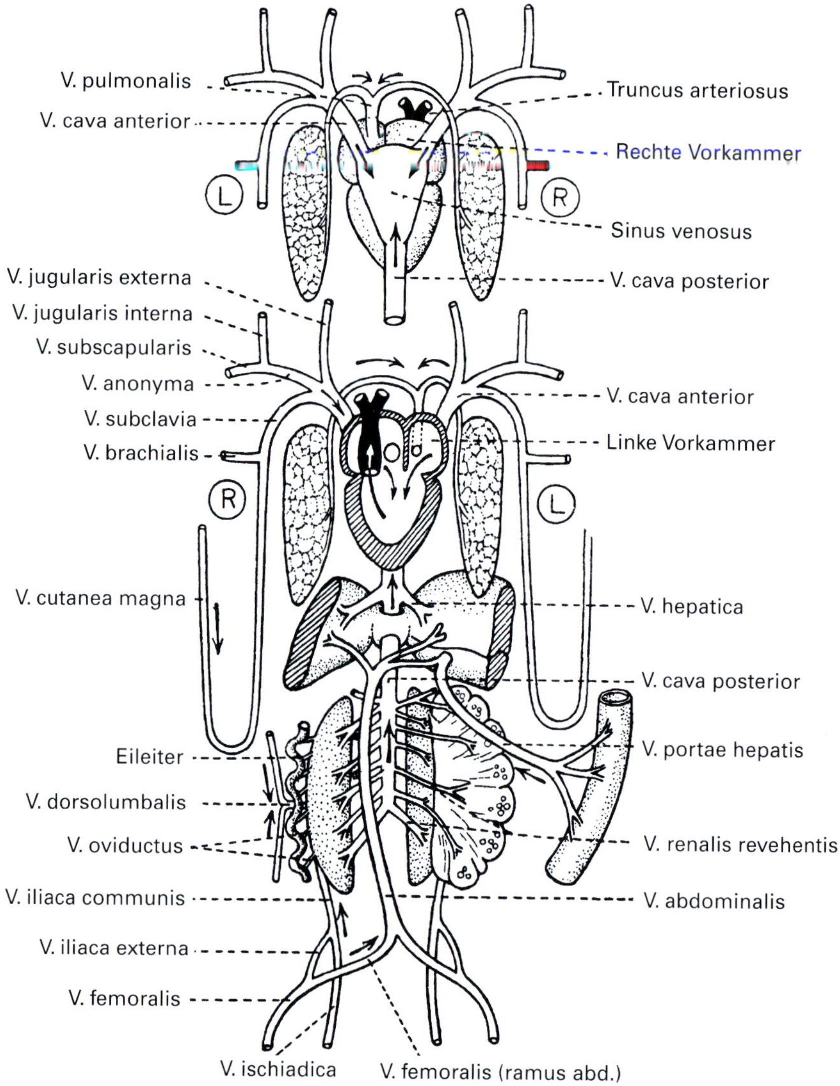

Abb. 198: Schema des Venensystems der Amphibien am Beispiel eines weiblichen Tieres von *Rana spec.* Oben: dorsale Ansicht der Herzregion. Unten: ventrale Ansicht; Herz frontal durchschnitten, Vena abdominalis etwas zur Seite gezogen, Bulbus cordis und Truncus arteriosus schwarz. Die beiden Venae cutaneae magnae führen sauerstoffreiches Blut. R: rechte Körperseite, L: linke Körperseite

dung eines schallleitenden Apparates. Dabei wurde das Spiraculum zum Mittelohr (Paukenhöhle), das über die Tuba Eustachii mit dem Rachen kommuniziert und nach außen durch das Trommelfell abgeschlossen wird. Ein Knochen, die erwähnte Columella auris, fügt sich mit einem Ende dem Trommelfell an, während das zu einer Fußplatte (Operculum) verbreiterte andere Ende in eine Öffnung der Labyrinthkapsel, das Foramen ovale, beweglich eingelassen ist.

Als **Atmungsorgane** kommen bei den Anuren Kiemen wie auch Lungen vor. **Kiemen** sind stets bei den Larven entwickelt und werden bei der Metamorphose rückgebildet. Die Kiemen der Anurenlarven (Kaulquappen) sind fadenförmig oder gefiederte Anhänge, die sich zum großen

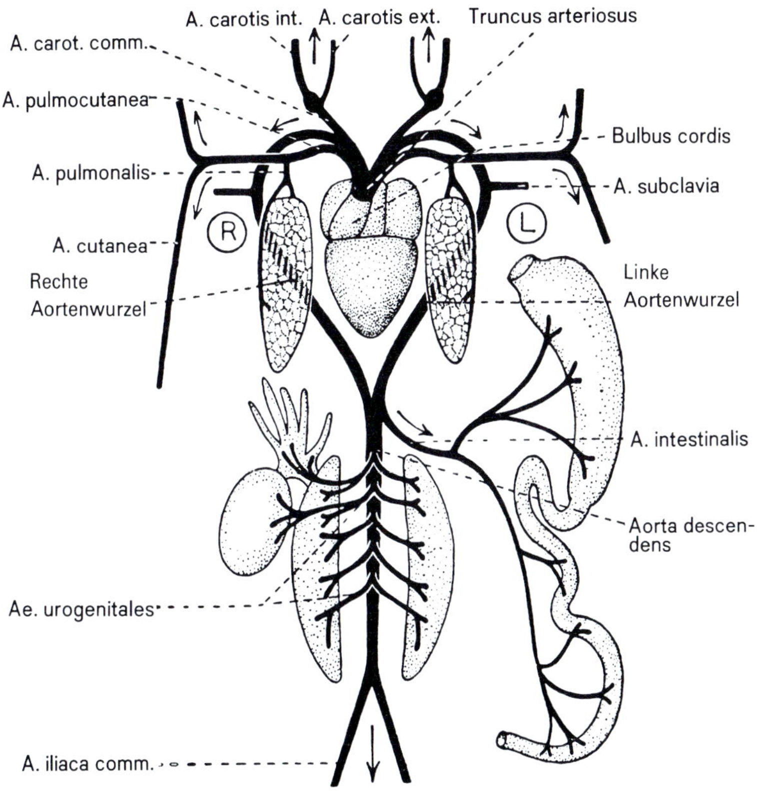

Abb. 199: Schema des Arteriensystems von *Rana spec.*, Männchen. Ventrale Ansicht

Teil aus dem Ectoderm („äußere" Kiemen), z. T. wohl auch aus dem innen gelegenen Entoderm („innere" Kiemen) entwickeln. Sie werden von einer Hautfalte (Operculum) umschlossen, die mit Ausnahme von *Xenopus* auch die Anlage der Vorderextremität umfasst. Der Kiemenraum besitzt eine oft links gelegene Öffnung (Atemkanal) nach außen. Die **Lungen** sind zwei sackförmige Organe, die meist dem Rachen (Pharynx) unmittelbar, ohne Zwischenschaltung einer Luftröhre, ansitzen. An ihrer Einmündung in den Pharynx kann eine Stimmritze mit Stimmbändern entwickelt sein, deren Lautgebung noch durch Ausstülpungen des Mundhöhlenbodens, die **Schallblasen**, die als Resonanzkörper wirken, verstärkt werden kann. Die Atembewegungen bestehen in einem Einschlucken der Luft. Dazu kommen Haut- und Mundhöhlenatmung, die auf einer Ventilation der Mundhöhle durch rasches Heben und Senken des Mundhöhlenbodens beruhen.

Durch das Auftreten der Lungenatmung ist auch der **Blutkreislauf** komplizierter geworden. Während bei den Fischen das Herz aus einer Kammer (Ventrikel) und einer Vorkammer (Atrium) besteht, sind bei den Amphibien zwei Vorkammern, eine linke und eine rechte, ausgebildet. Die linke Vorkammer empfängt das Blut von den Lungen, führt also sauerstoffreiches Blut, die rechte nimmt das Blut der Körpervenen auf; dieses Blut ist, weil es ja auch das sauerstoffreiche Blut der großen, von der Haut kommenden Venen, der Vv. cutaneae magnae (Abb. 198), enthält, Mischblut. Aus dem aus dem Ventrikel entspringenden Arterienstamm (Truncus arteriosus) (Abb. 199) zweigen sich ursprünglich jederseits vier Arterienbögen ab, von denen die drei vorderen bei den Larven zu den Kiemen gehen. Hier wird das Blut oxygeniert und gelangt dann in die abführenden Kiemengefäße, die in die beiden Aortenbögen übergehen, die sich zur Aorta descendens vereini-

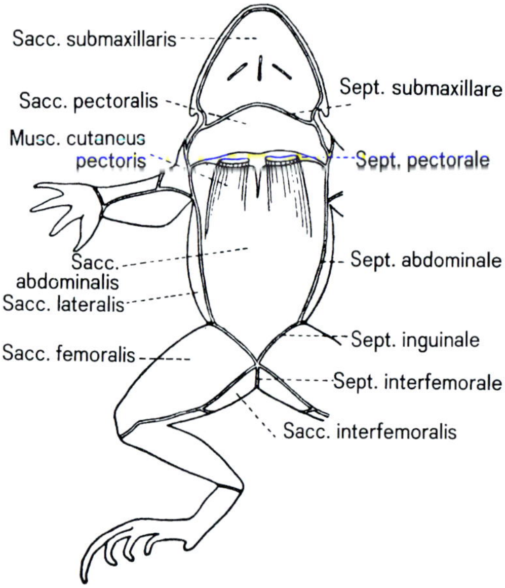

Abb. 200: Wasserfrosch, *Rana esculenta*. Subcutane Lymphsäcke der Ventralseite. (Nach E. Gaupp)

gen. Der letzte (vierte, morphologisch der sechste) Arterienbogen gibt jederseits einen Ast an die Lunge, die Lungenarterien, ab. Sobald bei der Metamorphose die Kiemen schwinden, geht natürlich auch der Capillarkreislauf in ihnen verloren, und das Blut strömt nunmehr durch bereits bei den Larven vorhandene, direkte Verbindungen in die abführenden Gefäße. Der erste Arterienbogen wird jederseits zur Arteria carotis, die den Kopf versorgt, die zweiten Bögen vereinigen sich zur Aorta descendens und heißen Aortenbogen, die dritten werden mehr oder minder rudimentär, und die vierten sind die Lungenarterien (Aa. pulmonales). Von letzteren geht bei den Anuren ein starker Ast als Arteria cutanea zur Haut in der eine intensive Blutzirkulation und Gasaustausch stattfinden.

Die Sonderung des über die linke Vorkammer von den Lungen kommenden, sauerstoffreichen Blutes und des über den Sinus venosus und die rechte Herzkammer dem Ventrikel zuströmenden Mischblutes ist – wegen des ungekammerten Ventrikels – unvollkommen; doch ist durch schwammige Ausbildung des Herzinneren und durch Scheidewände im Lumen des Truncus arteriosus dafür gesorgt, dass das sauerstoffreiche von der linken Vorkammer in die Herzkammer eintretende Lungenblut überwiegend in Carotiden und Aorta, das von der rechten Vorkammer kommende, sauerstoffarme Blut überwiegend in die Lungenarterien gelangt.

Das **Lymphgefäßsystem** der Amphibien ist hochentwickelt, bei Anuren bildet es unter der Haut weite Räume, die Lymphsäcke (Abb. 200). Diese stehen einerseits mit den Lymphcapillaren in Verbindung, die die Lymphe der verschiedenen Organe sammeln, münden andererseits in das Blutgefäßsystem ein. An den vier Verbindungsstellen mit dem Blutgefäßsystem sind **Lymphherzen** entwickelt, die die Lymphe in die Venen hineinpumpen.

Darmtrakt. Die **Zähne** der rezenten Amphibien sind sehr klein und kommen außer auf den Kiefern auch noch an Knochen der Mundhöhlendecke, so dem Vomer, vor. Der Unterkiefer der Anuren trägt in der Regel keine Zähne. Die **Zunge** ist meist vorn festgeheftet und kann vorgeschnellt werden. Den Pipidae, so auch *Xenopus*, fehlt sie. Die kurze, weite Speiseröhre führt in einen geräumigen, nach hinten ziehenden Magen. Das meist deutlich abgesetzte Duodenum zieht kopfwärts, bildet also mit dem Magen eine Schlinge, um dann in die distaleren Teile des Dünndarms überzugehen. Der Enddarm ist weiter und mündet in die Kloake ein. Gallenblase und Pankreas sind vorhanden.

Das **Urogenitalsystem** zeigt einfache, an Selachier erinnernde Verhältnisse. Die bei den Anuren mehr kompakten, außerhalb der Leibeshöhle (retroperitoneal) liegenden Nieren des erwachsenen Tieres sind vergleichend-anatomisch als Opisthonephros zu bezeichnen. Der Pronephros wird zur Zeit der Metamorphose rückgebildet.

Aus der Vereinigung der vordersten Pronephroskanäle entsteht der primäre Harnleiter, der dann selbstständig caudal auswächst und vom Opisthonephros übernommen wird; er mündet in die Kloake. Die Harnblase ist eine Ausstülpung der ventralen Kloakenwand gegenüber den Harnleiteröffnungen.

An der Niere des erwachsenen Tieres kann man zwei funktionell verschiedene Abschnitte unterscheiden (Pars sexualis und Pars renalis des Opisthonephros). Der vordere Abschnitt tritt beim Männchen mit dem **Hoden** in Verbindung, während der hintere Teil Exkretionsorgan bleibt. Demnach dient der primäre Harnleiter

(Wolffscher Gang) hier als Harnsamenleiter. So treffen wir es nicht nur bei *Rana*, sondern bei den meisten Anuren an. Bei einigen Anuren aber und bei fast allen Urodelen machen sich die Nierenkanäle des caudalen, exkretorischen Nierenabschnittes fast völlig vom primären Harnleiter frei und münden nur ganz hinten in ihn ein oder sogar unmittelbar in die Kloake. Hier dient also der primäre Harnleiter ausschließlich als Samenleiter. Müllersche Gänge werden auch beim Männchen angelegt; meist werden sie völlig oder doch stark reduziert. Nur bei den Kröten (Bufonidae) erhalten sie sich in recht vollständiger Form.

Beim Weibchen fehlt die Beziehung der Niere zur Gonade. Die Eier werden, nachdem sie sich von den **Ovarien** abgelöst haben, von den Eileitern aufgenommen, die mit weiter Öffnung (Ostium tubae) gegen die Leibeshöhle beginnen. Die Eileiter stellen Müllersche Gänge dar, die durch Längsspaltung der primären Harnleiter oder als Abfaltungen vom benachbarten Coelomepithel entstehen. Die Wolffschen Gänge dienen beim Weibchen nur als Harnleiter. Die Eileiter zeigen, namentlich zur Brunstzeit, einen stark geschlängelten Verlauf und sondern bei den Anuren die Gallerthülle der Eier ab. Der Endteil des Eileiters kann bei Formen, die Larven oder Jungtiere gebären, zu einem „Uterus" erweitert sein.

Die Genitalfalte lässt außer den Gonaden noch ein oder zwei andere Organe entstehen. Ihr vorderster Abschnitt wandelt sich bei den Anuren in einen Fettkörper um, der dem oralen Pol der Gonade aufsitzt und Reservestoffe für die Ausbildung der Geschlechtszellen speichert. Zwischen Gonade und Fettkörper entwickelt sich aus der Genitalfalte bei einigen Anuren (Bufonidae) außerdem noch das so genannte Biddersche Organ, ein rudimentäres, bei beiden Geschlechtern auftretendes Ovarium, das als Hormondrüse funktioniert und sich bei den Männchen nach Kastration zu einem funktionstüchtigen Ovarium entwickelt. Den Fröschen fehlt das Biddersche Organ.

Die Geschlechtsdifferenzierung ist bei den Fröschen labil. Bei bestimmten Lokalformen entwickeln sich zunächst alle Tiere in weiblicher Richtung, ein Teil von ihnen wandelt sich dann in Männchen um. Intersexualität ist infolgedessen eine häufige Erscheinung.

Die befruchteten Eier werden fast stets ins Wasser abgelegt, oft zu Schnüren oder Klumpen vereint. In die Entwicklung ist meist eine **Metamorphose** eingeschaltet, die bei den Anuren sehr tiefgreifend ist.

Spezieller Teil

1. *Rana pipiens*, Leopardfrosch

- Der Leopardfrosch ist nur konserviert erhältlich (s. S. 346). Vor der Präparation mehrere Stunden wässern!

Die bis 12 cm langen Leopardfrösche sind in Nordamerika weit verbreitet. Die grünen, dunkel gefleckten Tiere nehmen dort die Stelle unserer Grasfrösche ein und ähneln ihnen anatomisch weitgehend.

Die Geschlechter sind leicht zu unterscheiden. Das Männchen zeigt am ersten Finger der Vorderbeine schwielige Verdickungen, Daumenschwielen genannt, die vor und während der Paarungszeit besonders hervortreten und bei der Umklammerung des Weibchens eine Rolle spielen. Es sind besonders drüsenreiche, rauhe, verhornte Erhebungen der Haut.

Am **Auge** ist das Oberlid am Augapfel festgewachsen und schwach entwickelt. Das Unterlid ist ebenfalls klein, es setzt sich aber in eine ausgedehnte bewegliche Hautfalte, die **Nickhaut** fort. In der Ruhelage verschwindet die Nickhaut zwischen Augapfel und unterem Lid.

- Die Nickhaut mit der Pinzette fassen und sich ihre Bewegungsformen und Ruhelage klarmachen.

Die Iris ist prächtig goldglänzend.

Das in einem Knorpelring ausgespannte **Trommelfell** liegt im Niveau der Haut. Frösche haben, wie alle Amphibien, bereits das den Fischen noch fehlende Mittelohr (Paukenhöhle und Tuba Eustachii), jedoch kein äußeres Ohr (Gehörgänge und Ohrmuschel).

Die **Mundspalte** ist außerordentlich groß, sie reicht noch über das Trommelfell hinaus, fast bis zum Ansatz der Vorderextremität.

Wird der beim fixierten Tier fest verschlossene Mund geöffnet, so zeigt sich, dass sich der Unterkieferrand in eine Rinne des Oberkiefers einfügt, wobei ein kleines Polster an der Unterkieferspitze in ein entsprechendes Grübchen am

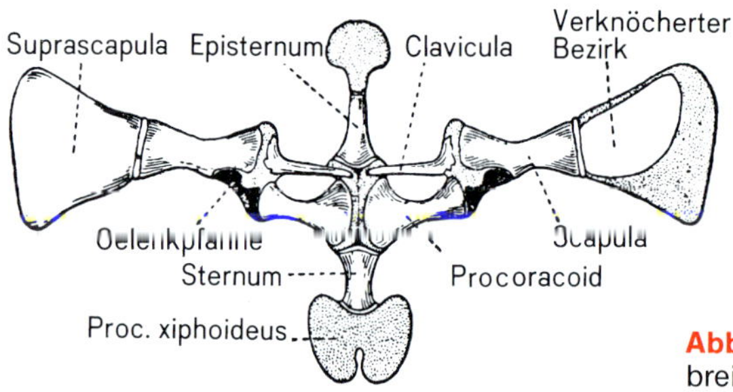

Abb. 201: Brustbein und Schultergürtel ausgebreitet, ventrale Ansicht. (Nach E. GAUPP)

Oberkiefer eingreift. Die dicke, fleischige, zweispitzige **Zunge** ist ganz vorn am Unterkiefer festgewachsen. Zum Erfassen der Beute wird sie herausgeschleudert, wobei die Zungenzipfel das Sekret einer umfangreichen, vor und unter der Nasenkapsel liegenden Drüse, der Intermaxillardrüse, abstreifen, deren Schläuche am Dach der Mundhöhle dicht hinter der Schnauzenspitze münden. Die Beutetiere (Insekten) kleben an dem Sekret fest und werden mit der Zunge in das Maul gezogen.

An den Oberkieferrändern sitzen zahlreiche **Zähnchen**, während der Unterkiefer zahnlos ist. Außerdem finden sich in der Mundhöhle noch Zähnchen an den Vomeres. Beiderseits von ihnen liegen die beiden inneren Nasenöffnungen, die **Choanen**, die sich nach hinten in Gaumenfurchen fortsetzen, weiter rückwärts die beiden großen Öffnungen der **Tubae Eustachii**. Die weiter ventral liegenden Öffnungen der **Schallblasen** (Ausstülpungen des Mundhöhlenbodens) sind verhältnismäßig klein und zwischen Schleimhautfalten so versteckt, dass sie nicht immer leicht zu finden sind. Weiblichen Fröschen fehlen die Schallblasen vollkommen. Im ganzen Bereich der Mundhöhle fällt die große Zahl fein verzweigter Blutgefäße auf (Mundhöhlenatmung). Die Schleimhaut der Mundhöhle ist von einem Flimmerepithel bedeckt.

Das **Skelet** zeigt besonders gut die Anpassungen des Bewegungsapparates an die springend-hüpfende Lebensweise (Abb. 197). Die langen Darmbeine (Ossa ilii) sind über die kräftigen Querfortsätze des letzten (9.) Rumpfwirbels mit der Wirbelsäule verbunden. Die Schwanzwirbel sind zum stabförmigen Steißbein (Os coccygis) verwachsen.

Die kurzen, aber kräftigen **Vorderextremitäten** tragen vier Finger; der fünfte Finger ist rückgebildet. Die **Hinterextremitäten** zeigen fünf sehr lange Zehen. Die außerordentliche Länge des Fußes wird nicht nur durch Verlängerung der Zehen erreicht, sondern auch durch die Umbildung zweier Elemente der Fußwurzel, des Tarsus, nämlich des Tibiale und Fibulare, in lange Knochenstäbe. So schaltet sich zwischen Unterschenkel und Fuß ein zusätzliches Hebelglied ein, was für das Abrollen des Fußes vom Boden beim Ansatz zum Sprung von Bedeutung ist. Die hinteren Extremitäten sind erheblich muskelstärker als die vorderen, da nur sie zum Schwimmen und Springen verwendet werden.

Der **Schultergürtel** (Abb. 201) steht median mit dem Brustbein in Verbindung. Das Brustbein selbst ist eine lang gestreckte Knorpelplatte, die zwei Ersatzverknöcherungen aufweist: vorn das Episternum (= Omosternum, Prosternum), hinten das Sternum (= Xiphisternum, Hyposternum). An das Sternum schließt sich eine breite, knorpelige Endplatte, der Schwertfortsatz (Processus xiphoideus) an. Zwischen Sternum und Episternum setzt der Schultergürtel mit zwei Skeletelementen jederseits am Brustbein an. Das vordere besteht aus einem Knorpelstab (Cartilago praecoracoidea), der von einem Deckknochen, der Clavicula, umfasst wird, während das hintere, das Procoracoid, ein Ersatzknochen ist. Lateral sitzt dem Procoracoid und der Clavicula das Schulterblatt (Scapula) an, das die Gelenkpfanne für den Oberarm bildet und zum Rücken hinaufsteigt. Hier verbreitert sich der Schultergürtel zu einer flügelförmigen Platte (Suprascapula), in der sich eine Verknöcherung findet, während sie im Übrigen aus verkalktem Knorpel besteht (Abb. 201).

- Der Frosch wird nun in Rückenlage im wassergefüllten Wachsbecken festgesteckt, die

Bauchhaut mit der Pinzette angehoben und durch einen Längsschnitt vom Becken bis zur Unterkieferspitze eröffnet.
Auf die dabei zu durchtrennenden Scheidewände der Lymphsäcke achten (Abb. 200).

- In der Kehlregion wird die Haut dicht am Unterkiefer entlang abgeschnitten und an den Armen durch einen Schnitt in der Längsrichtung der Extremität bis zum Ellenbogengelenk gespalten. An den Seiten des Rumpfes ist Vorsicht geboten.

Hier zieht ein großes, unter dem Ansatz der Vorderextremität zum Vorschein kommendes Gefäß, die **Vena cutanea magna**, in der Haut caudalwärts, biegt etwa in der Mitte des Rumpfes in scharfem Bogen nach vorn und tritt in die Muskulatur des Bauches ein; sie führt das in der Haut mit Sauerstoff beladene Blut dem Herzen zu (s. S. 351). Ihre fein verzweigten Äste heben sich deutlich ab. Die Arteria cutanea und ihre nicht weniger reichen Verzweigungen in der Haut sind dagegen nur mit Mühe als helle Linien zu erkennen. Das Ursprungsgebiet der Vene dehnt sich bis zur Schnauzenspitze aus. Sie sammelt im Kopfgebiet, hier als V. facialis, vor allem das Blut der Mundschleimhaut, stellt somit das wichtigste rückleitende Gefäß für die gesamte Oberflächenatmung (Haut und Mundhöhle) dar. Beim Abpräparieren der Haut soll die Vene nicht durchschnitten werden.

- An den Hinterextremitäten wird die Haut wieder in der Längsrichtung, bis zum Kniegelenk, gespalten. Dabei findet man an der Innen- und Außenseite der Oberschenkel gleichfalls venöse Gefäße, die nach Ausbreitung in der Haut in die Muskulatur übertreten.
- Die Haut des Rückens wird durch einen Längsschnitt eröffnet und nach vorn bis zum Trommelfell und Auge abgetragen. Es fällt auf, dass der große Lymphsack des Rückens von Hautnerven, die von den dorsalen Ästen der Spinalnerven ausgehen, sowie von feinen Arterien und Venen durchsetzt wird.
- Hinten um die Kloake herum einen Hautring stehen lassen. Die Haut der Extremitäten kann im Ganzen abgezogen werden.

In dem nun vorliegenden Präparat ist die **Muskulatur** gut zu überschauen. An der Ventralseite des Rumpfes ist die Brustregion von einigen starken Muskeln bedeckt (Abb. 202), die in der Mittellinie von Brustbein und Schultergürtel entspringen und konvergierend zur Vorderextremität ziehen.

Die Funktion der meisten Muskeln lässt sich durch Studium von Ursprung und Ansatz erschließen. Der Ursprung liegt am weniger bewegbaren Knochen, der Ansatz an dem stärker bewegbaren Knochen. An den Extremitäten liegt der Ursprung proximal, der Ansatz distal. Abb. 202 und 203 zeigen die Muskulatur des Rumpfes und der Extremitäten.

An der Unterseite des Kopfes spannt sich zwischen den beiden Unterkieferästen der M. submaxillaris aus. Er hebt den Mundhöhlenboden und hilft so bei der Kehlatmung mit. Ähnlich in Verlauf und Wirkung ist der caudal anschließende, aber nicht immer deutlich abgesetzte M. subhyoideus.

- Die partes sternalis und epicoracoidea des M. pectoralis sowie der dadurch in ganzer Breite zutage tretende M. coracoradialis werden abgetragen und damit die Clavicula, d. h. die vordere Spange des Schultergürtels, freigelegt.

Der M. sternohyoideus zieht vom Sternum zum Zungenbein. Indem er dieses nach hinten und unten zieht, vergrößert er den Mundhöhlenraum, sodass Luft durch die Nasenlöcher einströmt.

- Den M. submaxillaris abtragen.

Unter ihm erscheint der jederseits aus zwei Längsbändern bestehende, vom Unterkiefer zum Zungenbein ziehende M. geniohyoideus. Sein medialer Teil entspringt in der Kinngegend, der laterale mehr seitlich davon vom Unterkiefer (vgl. Abb. 204). Beide Teile vereinigen sich bei ihrem Verlauf nach hinten, um sich dann wieder aufzuspalten und getrennt am Zungenbein zu inserieren. Der M. geniohyoideus zieht das Zungenbein nach vorn und oben, verkleinert damit die Mundhöhle und wirkt so als Gegenspieler des M. sternohyoideus; ist das Zungenbein (durch die Tätigkeit anderer Muskeln) fixiert, so zieht er den Unterkiefer nach unten, öffnet also das Maul.

- Den M. sternohyoideus und den M. geniohyoideus abtragen.

In der Tiefe erscheint der M. hyoglossus, der vom Zungenbein zur Zunge läuft.

- An diesem ziehen.

Es wird deutlich, dass er als Rückzieher der Zunge wirkt.

Die Muskulatur der Rückenseite (s. Abb. 203) wird zum großen Teil von einer breiten, derben

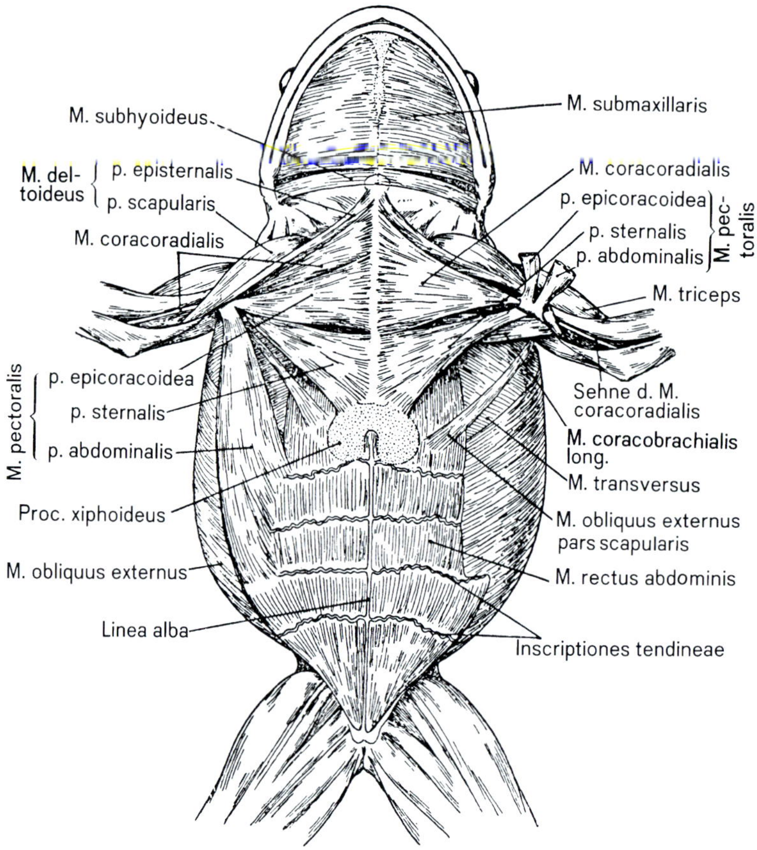

Abb. 202: Brust- und Bauchmuskulatur. Musculus rectus abdominis noch in der Scheide. Auf der linken Seite des Tieres sind die portio epicoracoidea und p. abdominalis des Musculus pectoralis abpräpariert und vor dem Ansatz weggeschnitten worden. Wenig vergrößert

Muskelhaut, der Fascia dorsalis, überzogen und verdeckt. Vom Außenrand der Faszie geht der die Seiten des Rumpfes umfassende M. obliquus externus (s. oben) aus, vorn liegt ihr der mit breiter Basis von ihr entspringende M. depressor mandibulae auf. Dieser Muskel bewirkt das Öffnen des Mundes.

- Die Fascia dorsalis mit dem M. depressor mandibulae abtragen.

Oral von ihm erscheint das oberste Stück des M. temporalis. Dieser kräftige Muskel ist einer der Schließmuskeln des Mundes. Caudal folgen auf ihn zwei der Muskeln, M. dorsalis scapulae und der M. latissimus dorsi. Beide setzen mit gemeinsamer Sehne am Oberarm an, adduzieren ihn und ziehen ihn nach hinten bzw. nach oben.

Unter den bisher erwähnten, zu Schultergürtel, Vorderextremität und Unterkiefer gehörenden Muskeln liegt die Eigenmuskulatur (Abb. 203) des Rückens, die sich bis zum Rumpfende erstreckt und im Wesentlichen aus zwei sehr langen Muskeln besteht (M. longissimus dorsi und M. iliolumbalis).

- Um die Organe der Brust- und Bauchhöhle freizulegen, zuerst die portio abdominalis des M. pectoralis (Abb. 202) von hinten her ablösen, doch ohne die Vena cutanea magna anzuschneiden, die zunächst dem seitlichen Rand des Muskels folgt, dann nach vorn umbiegt und nun an seinem inneren Rand entlangzieht.
- Dann alles, was von Brustmuskeln noch stehen geblieben ist, abtragen, bis Brustbein und Schultergürtel von ventral freiliegen.

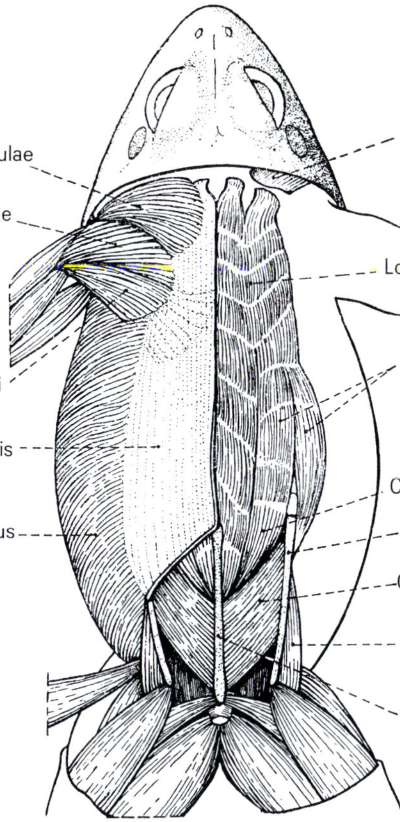

Abb. 203: Muskulatur des Rückens; rechts nach Fortnahme der oberflächlichen Muskeln

Sichtbar wird, dass sich die Vena cutanea magna (S. 351) mit der von der Vorderextremität kommenden V. brachialis zur V. subclavia vereinigt, die nach vorn zu unter dem Schultergürtel verschwindet.

- Jetzt beiderseits Clavicula und Coracoid dicht neben dem Oberarmgelenk mit einer stärkeren Schere durchschneiden, das Vorderende des Brustbeins mit der Pinzette anheben und von vorn nach hinten den ganzen Ventralteil des Schultergürtels vorsichtig abpräparieren.
- Damit erscheint das in den zarten Herzbeutel eingeschlossene Herz.
- Den Herzbeutel mit der spitzen Pinzette anheben, aufschneiden und ihn, jetzt aber mit einer stumpfen Pinzette und der Schere arbeitend, möglichst vollständig entfernen, ohne das Herz oder eines der von ihm ausgehenden Gefäße zu verletzen.
- Die Vorderextremitäten werden behutsam nach den Seiten gezogen und mit kräftigen Nadeln festgesteckt. Ebenso die Hinterbeine. Man achte darauf, dass das Präparat vollständig von Wasser bedeckt ist.
- Mit Schere und Pinzette vorsichtig – wenn möglich unter Zuhilfenahme einer Stereolupe – das Bindegewebe entfernen, das die Gefäße vorn am Herzen teilweise verdeckt.

Das **Herz** setzt sich aus der kegelförmigen, dickwandigen Kammer (Ventrikel) und den beiden dünnwandigen Vorkammern (Atria) zusammen, die der Kammer oral vorgelagert sind (Abb. 198). Zum Herzen gehören dann noch der Bulbus cordis, der die Überleitung zu dem vom Herzen ausgehenden Arterienstamm (Truncus arteriosus) bildet, und ein auf der Dorsalseite des Herzens gelegener, gleichfalls nach hinten verjüngter, selbstständig pulsierender, sackartiger Abschnitt (Sinus venosus), der das gesamte Körpervenenblut, auch das in Haut und Mundschleimhaut oxygenierte, empfängt und dem rechten Vorhof zuführt. Der Bulbus cordis liegt linksseitig an der Grenze von Kammer und rechter Vorkammer.

- Um den Sinus venosus sichtbar zu machen, das Herz etwas kopfwärts umschlagen.

Vom **Gefäßsystem** ist in diesem Stadium der Präparation naturgemäß nur ein verhältnismäßig kleiner Teil zu überblicken. In erster Linie fallen die dunklen, mit geronnenem Blut gefüllten Venen auf (Abb. 198). Die V. cutanea magna hatten wir bereits kennen gelernt und ihre Vereinigung mit der V. brachialis zur V. subclavia gefunden. Verfolgt man die V. subclavia nach vorn, so fällt auf, dass sie sich dicht seitlich vom vorderen Herzende mit zwei weiteren Venen vereinigt, von denen die eine (V. jugularis externa) von vorn kommt, die andere (V. anonyma) von der Seite und mehr aus der Tiefe heraus. Die V. jugularis externa sammelt das Blut der Mundhöhle (Zunge, Kehlkopf) und eines Teiles der Brustmuskulatur. Ventral läuft der Nervus hypoglossus, dorsal der Nervus glossopharyngeus über die Vene hinweg. Verfolgt man die V. anonyma peripherwärts, so wird deutlich, dass sie aus zwei Ästen hervorgeht, von denen der eine aus der Vorderextremität kommt (V. subscapularis), der andere vom Kopf her (V. jugularis interna). Durch den Zusammenfluss von V. anonyma (von der Seite), V. subclavia (von hinten) und V. jugularis externa (von vorn) entsteht beidseits je ein kurzer, aber sehr weiter Venenstamm, die V. cava anterior dextra und die V. c. a. sinistra (vordere rechte und linke Hohlvene).

Diese beiden Hohlvenen führen das gesamte venöse Blut des Vorderkörpers von rechts und links her dem Sinus venosus zu.

- Das Herz wieder etwas anheben, um die Mündung der vorderen Hohlvene in den Sinus zu sehen.

Das Blut der hinteren Körperhälfte wird von einem unpaaren Gefäß gesammelt, der V. cava posterior (hintere Hohlvene). Sie geht als kurzer, mächtiger Stamm von caudal her in den Sinus venosus über, nachdem sie von rechts und links zwei ebenfalls nur sehr kurze, aber kräftige Äste aufgenommen hat.

- Dazu das Herz nach vorn ziehen.

Diese Äste aus den Leberlappen heraus sind also die ableitenden Lebergefäße (Venae hepaticae).

Im Anschluss sollen die bisher freigelegten Teile des Arteriensystems untersucht werden.

Der Bulbus cordis setzt sich fort in den ebenfalls unpaaren Truncus arteriosus, der sich sehr bald in einen rechten und linken Arterienstamm aufspaltet (Abb. 199). Jeder Arterienstamm teilt sich seinerseits in drei Arterienbögen. Die Gabelungsstelle liegt unter (dorsal) der V. jugularis externa und wird sichtbar, wenn wir diese etwas nach median verschieben.

- Um sie klarer zu erkennen, diese Vene sowie die V. anonyma entfernen; desgleichen alles, was von Nerven, Muskeln und Bindegewebsmembranen den Blick stört. Die Arterien sind meist blutleer und daher schlecht zu sehen. Das trifft auch für die Arterienbogen zu.

Der vordere Arterienbogen ist die zum Kopf ziehende Arteria carotis communis. Sie teilt sich bald in die nach vorn zu Zunge und Mundhöhlenboden gehende Carotis externa (ventralis) und die erheblich stärkere, vor allem das Gehirn und Auge versorgende Carotis interna (dorsalis). An der Teilungsstelle befindet sich eine meist schwärzlich pigmentierte Anschwellung, das Carotisorgan (oft als Carotisdrüse bezeichnet), das auf Änderung des Sauerstoffgehalts des Blutes anspricht und bei der Regulation der Atmung und des Blutdrucks mitwirkt.

Der zweite Arterienbogen ist der stärkste, es ist der Aortenbogen. Die beiden Aortenbogen biegen bald nach ihrer Trennung von der Carotis nach hinten und dorsal um und vereinigen sich zu dem arteriellen Hauptgefäß des Körpers, der Aorta descendens.

Der hinterste Arterienbogen ist die Arteria pulmocutanea, das gemeinsame zuführende Gefäß für Lunge und Haut. Der zur Lunge ziehende Ast (A. pulmonalis) biegt im rechten Winkel nach hinten ab, verläuft oberflächlich in der Lungenwand und teilt sich in drei vielfach verzweigte Gefäße, die von Pigmentzellen begleitet werden und daher gut zu verfolgen sind. Der zur Haut ziehende Ast (A. cutanea) verläuft etwa in Verlängerung des Stammstückes seitwärts und etwas nach vorn. Er gibt unter anderem jenen Zweig ab, der die V. cutanea magna auf ihrem Verlauf unter der Haut begleitet.

- Nun die Bauchhöhle eröffnen und dabei auf ein Gefäß achten, das in der die beiden Musculi recti abdominis scheidenden Linea alba durchschimmert, die Vena abdominalis.
- Von dem durch Abtragen des Schultergürtels geschaffenen freien Vorderrand der Bauchdecke ausgehend, zwei Längsschnitte dicht rechts und links dieser Vene bis zum Becken hinführen, sodass ein schmaler Mittelstreifen der Bauchdecke mit der Vene stehen bleibt; im

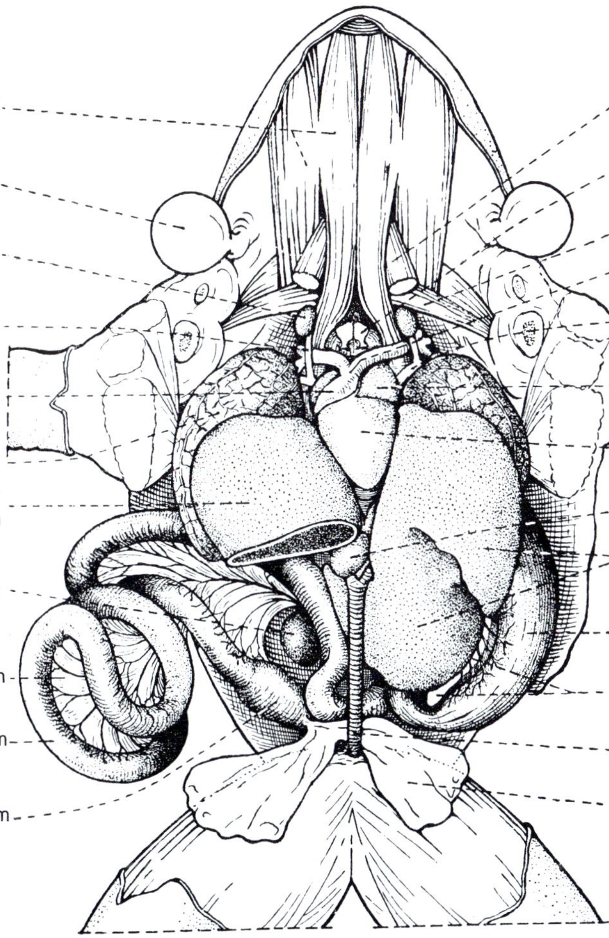

Abb. 204: Lage der Eingeweide des Frosches. Musculus submaxillaris, M. sterno-hyoideus (größtenteils), Schultergürtel und Herzbeutel entfernt

Übrigen wird die Bauchdecke vollständig entfernt.

- Schließlich noch das Bindegewebe durchtrennen, das die Organe umgibt und zusammenhält (Abb. 204).

Kurz nach der Umbiegungsstelle zweigen die beiden Arteriae subclaviae zu den Vorderextremitäten ab. Vor der Vereinigung der beiden Aortenbogen zur Aorta descendens – sie liegt knapp hinter der Herzspitze – zweigt die Arteria intestinalis ab, die die Eingeweide mit Blut versorgt (s. Abb. 199).

- Die Arterienbogen der einen Seite durchschneiden und das Herz nach der anderen Seite herüberklappen.

Das ermöglicht einem, die bisher noch nicht erwähnten Lungenvenen (Venae pulmonales) auf ihrem Weg zum Herzen zu verfolgen. Sie verlaufen am medialen Rand der Lungensäcke und münden mit gemeinsamem, kurzem Endstück von hinten (dorsal) her in die linke Vorkammer, ihr das in der Lunge mit Sauerstoff beladene Blut zuleitend. Von der linken Vorkammer wird es dann in den Ventrikel gepumpt, sodass hier eine Mischung mit dem von der rechten Vorkammer zugeführten Venenblut eintritt. Dieses ist Mischblut, weil es auch Blut der beiden großen Hautvenen (Vv. cutaneae magnae) mit sich führt. Die weitere Vermischung im Ventrikel ist aber dank der in die

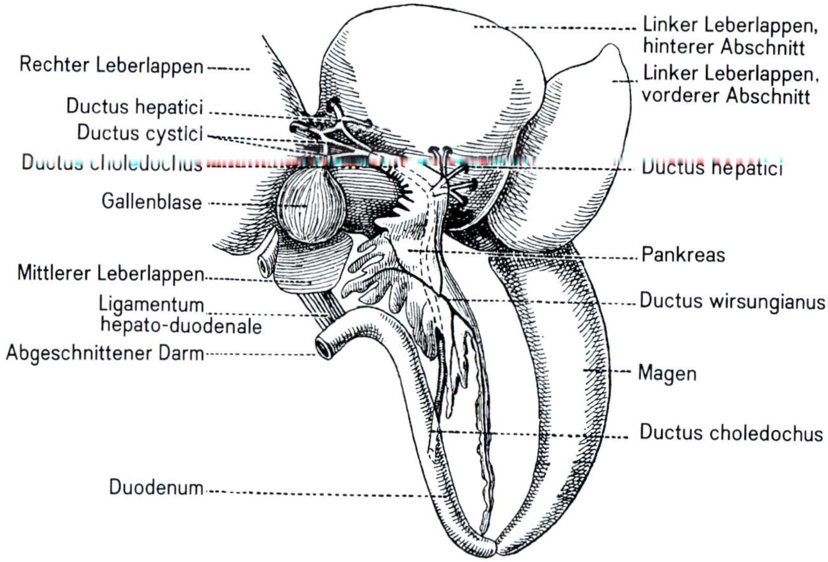

Abb. 205: Pankreas und Gallenblase des Frosches, ventrale Ansicht, Leberlappen nach vorn umgeschlagen. (Nach Ecker, Wiedersheim, Gaupp)

Herzkammer und in die Arterienstämme eingebauten Septen beträchtlich eingeschränkt. Die Carotiden erhalten das sauerstoffreichste, die Arteriae pulmocutaneae das sauerstoffärmste Blut.

Die **Lungen** sind dünnwandige Säcke mit großem Hohlraum. Eine Vergrößerung der respiratorischen Fläche wird in bescheidenem Maße dadurch erzielt, dass sich die Wand des Sackes zu netzförmig angeordneten, ins Innere vorspringenden Septen erhebt.

- Eine Lunge in Längsrichtung aufschneiden.

Die Netzstruktur, die man schon äußerlich wahrnehmen kann, wird dadurch noch klarer erkennbar. Die Lungen sitzen direkt dem Kehlkopf an, eine Luftröhre fehlt dem Frosch. Neben ihrer respiratorischen haben die Lungen auch eine hydrostatische Funktion.

In der **Bauchhöhle** fallen zunächst die Schlingen des Darmes und die sehr umfangreiche **Leber** auf.

- Die Leber hochschlagen.

Es erscheint die kugelige, grüne **Gallenblase**. Der weite, spindelförmige **Magen** liegt rechts (im Präparat). Ein gelbliches, flaches Organ zwischen ihm und dem anschließenden Darmstück ist die Bauchspeicheldrüse, das **Pankreas**. Im Mesenterium dorsale des Magens und anschließenden Dünndarms liegt als tiefrotes Organ von ovalem Umriß die **Milz**. Ein ventral vom Enddarm, im Präparat also über ihm liegendes, zweilappiges, zarthäutiges Gebilde ist die **Harnblase**. Von den Nieren und Geschlechtsorganen ist meist wenig zu sehen, da sie von Leber und Darm überdeckt werden. Hat man jedoch einen weiblichen Frosch kurz vor der Fortpflanzung eröffnet, so quellen die dann mächtig entwickelten **Ovarien** und seitlich von ihnen die dicken, stark geschlängelten, weißen Eileiter hervor.

Bevor näher auf die Eingeweide eingegangen wird, sollten die vom **Venensystem** gewonnenen Kenntnisse vervollständigt werden (Abb. 198). Die schon erwähnte Vena abdominalis gabelt sich vorn in zwei Äste, die in den rechten und linken Leberlappen eindringen, um sich dort in ein Capillarnetz aufzuspalten.

- Dazu die Leberlappen nach oben umlegen.

Die V. abdominalis ist somit eines, aber, wie deutlich werden wird, nicht das einzige der zuführenden Lebergefäße.

- Etwas Muskelgewebe wegpräparieren.

Danach kann man sie durch die Vereinigung zweier schräg von hinten kommender Gefäße entstehen sehen; es sind die Abdominaläste der Schenkelvenen (Rami abdominales venae femorales). Die V. femoralis selbst tritt nahe der Außenkante des Oberschenkels aus der Muskulatur hervor und zieht, nach Abgabe des abdominalen Astes, als V. iliaca externa zur Niere weiter. Vorher mündet in sie die ebenfalls aus dem Hinterbein kommende V. ischiadica. Die V. abdominalis nimmt gleich bei ihrer Entstehung eine von der Harnblase kommende Vene auf, dann, in ihrem Verlauf in der Linea alba, mehrere kleine, segmental angeordnete Venen der Bauchwand und schließlich, kurz vor der Gabelung in die beiden Leberäste, eine Vene von der Gallenblase. Somit ist es vor allem Blut der hinteren Extremität, der Bauchwand und gewisser Bauchorgane, das auf diese Weise der Leber zugeführt wird.

Ein zweites zuführendes Lebergefäß, die eigentliche Pfortader der Leber (V. portae hepatis), sammelt das Blut aus Darm und Magen, Milz und Pankreas. Ihre zahlreichen Zuflüsse können wir in den Aufhängebändern von Darm und Magen sehr klar erkennen. Die Pfortader selbst ist schwer darzustellen, bei starker Blutfüllung schimmert sie durch das Pankreas durch, sodass ihr Eintritt in den linken Leberlappen erkennbar ist.

- Die Darmschlingen und Leberlappen zur Seite legen.

Die hintere Hohlvene, die V. cava posterior, findet man in der Tiefe, also dorsal von den Eingeweiden, wo sie zwischen den Nieren entspringt. Sie zieht kopfwärts, durchquert die Leber, nimmt danach die beiden Lebervenen auf und mündet in den Sinus venosus. Weitere Teile des Gefäßsystems sollen später eingehender untersucht werden.

- Um die weitere Präparation zu erleichtern, den bisher geschonten Mittelstreifen der Bauchdecke mit der V. abdominalis bis auf ein kurzes vorderes und hinteres Stück herausschneiden.

Die **Leber** ist ein je nach Jahreszeit und Ernährungszustand graugelbes bis rotbraunes Organ, das sich in drei Hauptlappen gliedert, von denen der mittlere aber nur ein schmales Verbindungsstück zwischen den beiden Seitenlappen darstellt und durch das Herz völlig verdeckt wird. Der linke, also im Präparat rechts liegende Lappen ist der bei weitem umfangreichere. Er wird durch eine tiefe Inzisur in einen vorderen und hinteren Abschnitt zerlegt, von denen der vordere lateral, der hintere median liegt. Die Oberfläche der Lappen zeigt oft eine durch Pigmentzellen hervorgerufene Felderung oder unregelmäßige Marmorierung.

- Den Leberlappen nach vorn umlegen.

Die durch ihren Inhalt schwarzgrün erscheinende Gallenblase tritt hervor.

Eine Reihe feiner, schwer sichtbarer Gänge (Ductus hepatici) transportiert die Galle aus der Leber heraus (Abb. 205). Sie münden zum Teil in die Gallenblase, durch Vermittlung zweier Ductus cystici, zum Teil aber auch unmittelbar in den die Galle zum Darm leitenden Ductus choledochus. Die Verfolgung dieses Ganges ist dadurch erschwert, dass er in die Drüsenmasse des Pankreas eingebettet ist.

- Um ihn sichtbar zu machen, auf die Gallenblase drücken, wodurch er sich mit Galle füllt.

Er mündet in den Anfangsabschnitt des Dünndarmes.

Unter dem linken Leberlappen liegt der **Magen**. Als muskelkräftiges, sich nach hinten zu verjüngendes Rohr zeigt er in flachem Bogen von der linken Seite zur Körpermitte. Gegen den kurzen, dünnwandigen, sehr dehnungsfähigen Oesophagus ist er meist, gegen den Anfangsteil des Darmes stets durch eine ringförmige Einschnürung abgesetzt. Der Anfangsabschnitt des Darmes wird als **Duodenum** bezeichnet. Er biegt vom Magen in scharfem Knick nach vorn und links um (Duodenalschlinge), sodass Magen und Duodenum zusammen ein etwas schräg liegendes V bilden. Mit einem zweiten Knick geht das Duodenum in den mittleren Dünndarm über, der in seinem Verlauf mehrere Schlingen bildet, die zum Teil spiralig angeordnet sind, um schließlich in den kurzen Enddarm zu münden. Der Beginn des Enddarms wird durch eine plötzliche, starke Erweiterung des Darmrohres gekennzeichnet. Nach hinten zu verjüngt sich der Enddarm allmählich wieder und geht schließlich in die **Kloake** über. Ventral von dieser liegt die große **Harnblase**, die aus zwei zarthäutigen, an der Basis zusammenhängenden Säckchen besteht und eine Ausstülpung der ventralen Kloakenwand ist. Sie schwillt zu ihrem vollen Umfang an, wenn man mit der Pipette Wasser in die Kloake spritzt.

Das **Pankreas** liegt als bräunlich gelbes, gelapptes Band zwischen Magen, Duodenum und Leber. Eine Felderung seiner Oberfläche deutet die Zusammensetzung aus einzelnen Drüsenläppchen an. Ihre Ausführgänge, die sich zu einem kurzen Ductus wirsungianus vereinigen

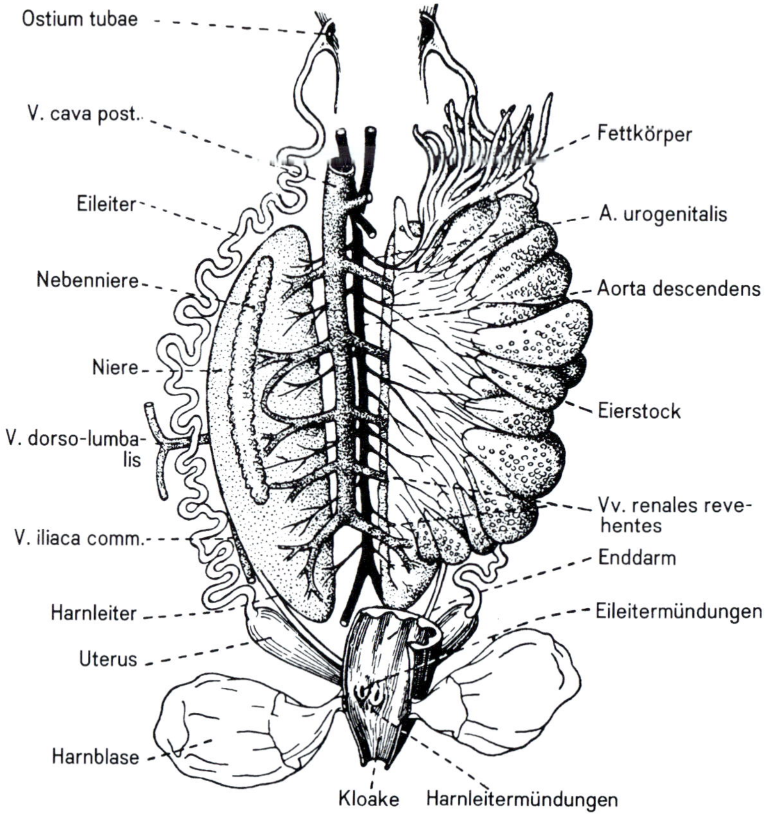

Abb. 206: Harn- und Geschlechtsorgane eines weiblichen Frosches. Kloake und Enddarm in der ventralen Mittellinie aufgeschnitten, rechter Eierstock und Fettkörper abgetragen

können, münden in den Ductus choledochus ein, der also die Sekrete von Leber und Pankreas dem Darm zuführt.

- Den ganzen Darmtrakt einschließlich Milz und Pankreas herausnehmen, indem der Enddarm in seiner Mitte quer durchgeschnitten wird.
- Dann den Darm nach vorn zu abpräparieren und seine zarten Aufhängebänder durchtrennen. Die Verbindung von Magen und Oesophagus wird möglichst weit vorn durchschnitten. Magen durch Längsschnitt öffnen.

Die rötlich gelbe Schleimhaut des Magens erhebt sich zu einigen kräftigen Längsfalten, was seiner Dehnbarkeit zugute kommt. Im Dünndarm verhindern zwei Reihen halbmondförmiger, nach hinten geöffneter Querfalten eine Rückstauung des Nahrungsbreies; sie vergrößern außerdem die resorbierende Oberfläche. Das Bild ist jedoch für die einzelnen Abschnitte des Dünndarmes verschieden.

- Zum Studium des Urogenitalsystems und der Gefäße der Bauchhöhle die Leberlappen, wenn sie nicht an ihrer Basis gekappt werden, nach vorn umlegen und fixieren.
- Den mittleren, unter dem Herzen liegenden Lappen auf jeden Fall unberührt lassen. Stark entwickelte Ovarien werden – einseitig – abgetragen.

Die **weiblichen Geschlechtsorgane** (Abb. 206) bestehen aus Ovar (Eierstock) und Ovidukt (Eileiter, Müllerscher Gang), die beide paarig und symmetrisch entwickelt sind. Ihre Größe und Form sind je nach der Jahreszeit beträchtlichen Schwankungen unterworfen. Die Ovarien sind meist umfangreiche, gelappte, dünnwandige Säcke mit konvexem lateralen und geradem oder leicht konkavem medialen Rand. An ihm setzt das Aufhängeband (Mesovarium) an. Durch transversale Scheidewände wird das Lumen des Eierstocks in eine Anzahl keilförmiger, fächerartig angeordneter Kammern (Ovarialtaschen) zerlegt. Die Eizellen entwickeln sich in der Wand des Ovariums und schimmern infolge ihrer braunen bis schwarzen Pigmentierung deutlich durch. Nur der Dotterpol der Eizellen ist pigmentfrei. Nach Platzen der Wand des Ovars gelangen die reifen Eizellen in die Bauchhöhle und werden in ihr durch temporär auftretende Streifen von Flimmerepithel cranialwärts zu den Mündungen der Eileiter befördert.

Am Vorderrand des Mesovars liegt der durch seine lebhaft gelbe Farbe auffallende Fettkörper, ein aus abgeplatteten, fingerförmig verzweigten Läppchen aufgebautes Speicherorgan, das aus einem vorderen Abschnitt der Gonadenanlage entstanden ist. Die in ihm enthaltene Fettreserve wird kurz vor Einsetzen der Fortpflanzungsperiode aufgebraucht.

Der Eileiter ist ein vielfach geschlängelter Kanal, der das Achtfache der Rumpflänge erreichen kann. Weit vorn, an der Wurzel der Lungensäcke, öffnet er sich mit dem trichterförmigen Ostium tubae gegen die Leibeshöhle, hinten mündet er in die Kloake. Sein als Uterus bezeichneter Endabschnitt beginnt als plötzliche Erweiterung. Außerhalb der Fortpflanzungszeit ist der Uterus nur ein dünnwandiges, wenig ansehnliches Rohr, füllt sich dann aber zur Brunst so mit Eizellen, dass er zu einem mächtigen Gebilde wird. Er dient der Stapelung der zur Ablage bereiten Eizellen, die durch Muskelkontraktion seiner Wand in großer Zahl herausgetrieben werden. Die Wand des eigentlichen Eileiters wird von Flimmerzellen gebildet, zwischen denen sehr zahlreiche, schlauchförmige Schleimdrüsen münden. So wird jede Eizelle bei ihrem Durchgang durch den Eileiter von einer dünnen Schleimschicht umgeben, die – bei frisch getöteten, nicht konservierten Tieren – im Wasser zu einer mächtigen Gallerthülle anschwillt. Durch Zusammenklumpen dieser Gallerthüllen entsteht das bekannte Bild des Froschlaichs. Die Eileiter eines Frosches liefern etwa einen Liter Gallertmasse; daher das enorme, bei der Präparation oft störende Aufquellen der Eileiter.

- In diesem Fall den Eileiter bis auf ein kurzes vorderes und hinteres Stück herausschneiden.
- Die Aufhängebänder von Ovar und Ovidukt werden durchtrennt, die Organe entfernt. Die Nieren liegen frei.

Die **Nieren** liegen als längliche, abgeplattete Organe von rotbrauner Farbe beiderseits der Wirbelsäule, und zwar retroperitoneal, d. h. sie werden ventral vom Bauchfell (Peritoneum) überzogen. Die medianen Ränder beider Nieren liegen dicht aneinander und sind leicht eingekerbt. Der dem Betrachter zugekehrten Ventralseite der Niere liegt als goldgelber, aus kleinsten Läppchen oder Strängen zusammengesetzter, bandförmiger Körper die Nebenniere (Glandula suprarenalis) auf.

An der lateralen Kante der Niere, etwa an der Grenze von mittlerem und hinterem Drittel, tritt der Harnleiter aus der Nierensubstanz heraus. Er verläuft nach hinten und innen und mündet, getrennt vom Harnleiter der anderen Seite, von dorsal her in die Kloake ein.

- Um ihn bis dahin verfolgen zu können, die zweiteilige Harnblase nach hinten umlegen und vom Enddarm freipräparieren.

Vergleichend-anatomisch ist der Harnleiter ein Wolffscher Gang (primärer Harnleiter), die Niere ein Opisthonephros.

Die Nieren werden durch die Aa. urogenitales (Abb. 207) mit arteriellem Blut versorgt; die Gefäßknäuel (Glomeruli) der Nierenkörperchen sind Capillaren dieser Arterien. Die Nieren des Frosches sind – wie die Nieren der meisten wechselwarmen Wirbeltiere – auch in den venösen Kreislauf eingeschaltet. Man spricht von einem renalen Pfortadersystem. Von den zuführenden Venen mündet die V. iliaca communis am lateralen Rand der Niere, etwas kopfwärts vom Harnleiter und ein wenig auf ihre Dorsalseite verschoben. Sie entsteht etwas weiter caudal durch die Vereinigung zweier Venen der Hinterbeine, die V. iliaca externa, die von der bereits bekannten V. femoralis herkommt, und der V. ischiadica, die mehr aus der Tiefe emporsteigt. Ein zweites zuführendes Nierengefäß ist die V. dorsolumbalis, die etwa in der Mitte der lateralen Nierenkante eintritt. Sie entsteht durch den Zusammenfluss eines von vorn und eines von hinten kommenden Gefäßes und bringt vor allem Blut aus der Rumpfmuskulatur zur Niere. Einen dritten Zufluss venösen Blutes erhält die Niere (beim Weibchen) durch die oben erwähnten, vom Eileiter kommenden Venen (V. oviductus). Alle diese zuführenden Gefäße vereinigen sich zunächst in der Niere und teilen sich dann in Capillaren auf, die die Harnkanälchen umspinnen. Darauf

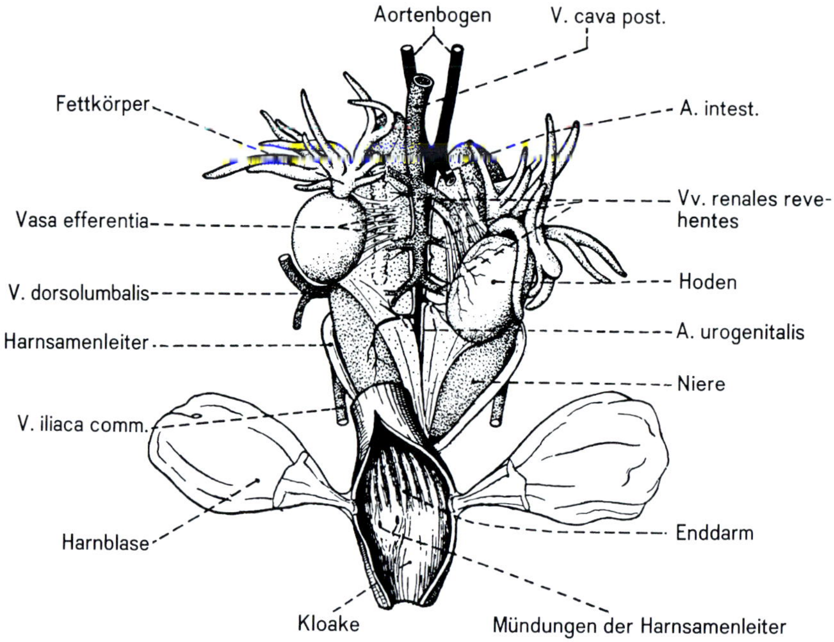

Abb. 207: Harn- und Geschlechtsorgane eines Männchens von *Rana spec.* Kloake, Enddarm und Harnblase median durchtrennt

fließen die Capillaren von neuem zu Venen zusammen, die schließlich als sehr kräftige Stämme (Vv. renales revehentes) auf der Ventralseite der Niere zutage treten und quer zur Mittellinie hinüberziehen. Hier vereinigen sie sich von rechts und links her zur Bildung der V. cava posterior. Das hinterste Paar dieser Venen, mit dem also die V. cava beginnt, pflegt besonders stark zu sein. Vorn verschwindet die Hohlvene im mittleren Leberlappen, der ihr mit einem caudal gerichteten Zipfel entgegenkommt. Sie durchsetzt ihn glatt, tritt am Vorderrand wieder aus und ergießt sich nach kurzem, freien Verlauf, auf dem sie die Vv. hepaticae aufnimmt, in den Sinus venosus des Herzens.

- Die Nieren etwas auseinander ziehen.

Dorsal der V. cava liegt jener Hauptarterienstamm, von dem die Aa. urogenitales zu den Nieren und mit Verzweigungen zu den Ovarien und dem Fettkörper ziehen. Dieser Stamm ist die Aorta (Aorta descendens), d. h. das arterielle Hauptgefäß des Körpers, das durch die Vereinigung der Aortenbogen entstand.

- Die V. cava posterior mit den Vv. renales revehentes abpräparieren.

Die Vereinigungsstelle der Aortenbogen befindet sich in Höhe der Vorderspitze der Niere. Gerade an dieser Stelle zweigt die den Magen und Darm versorgende A. intestinalis ab, von der allerdings nur ein kurzer Stumpf übrig geblieben sein wird, da sie bei der Entfernung von Magen und Darm durchgeschnitten wurde. Sie stellt in der Hauptsache die Fortsetzung des sauerstoffärmeres Blut enthaltenden linken Aortenbogens dar. Etwas vor dem hinteren Ende der Niere spaltet sich die Aorta spitzwinkelig in die beiden Aa. iliacae communes auf, die in die Hinterextremitäten ziehen.

Die **männlichen Geschlechtsorgane** (Abb. 207) bestehen aus den Hoden, den Ausführkanälchen der Hoden und dem bei den meisten männlichen Amphibien sowohl die Geschlechtsprodukte als auch den Urin ableitenden Harnsamenleiter (Wolffschen Gang). Außerdem finden sich beim Männchen Rudimente von Müllerschen Gängen in Form von zarten, weißlichen, fadenartigen Gebilden, die an der gleichen Stelle wie beim Weibchen liegen, also etwas lateral der Nieren.

Sie erstrecken sich weit kopfwärts, bis zur Lungenwurzel, und sind mitunter recht ansehnlich, oft aber auch kaum auffindbar.

Die Hoden liegen als ovale, rein gelbliche oder schwarz pigmentierte Körper der Ventralfläche der Nieren dicht neben der Mittellinie auf. Eine Asymmetrie hinsichtlich Lage und Größe der beiderseitigen Hoden ist nicht selten. Vom Medialrand der Hoden geht ein Aufhängeband (Mesorchium) ab, in dem deutlich die feinen Ausführkanälchen (Vasa efferentia) erkennbar sind, die das Sperma vom Hoden zur Niere führen, auf deren Ventralfläche man sie eindringen sieht; sie können durch Anastomosen untereinander verbunden sein. In dem Aufhängeband verlaufen auch die zu Hoden und Fettkörper ziehenden Zweige der Aa. urogenitales sowie Venen, die das Blut zu den Vv. renales revehentes oder unmittelbar zur V. cava posterior ableiten. Der Fettkörper ist dem Vorderpol des Hodens und dem Vorderrand des Mesorchiums angeheftet.

Innerhalb der Niere treten die Vasa efferentia mit den Harnkanälen in Verbindung, die ihrerseits in den an der lateralen Kante der Nieren austretenden Harnsamenleiter (Wolffschen Gang) einmünden.

- Mit der starken Schere wird die Gelenkverbindung zwischen Becken und Oberschenkel beiderseits durchschnitten und das Becken herauspräpariert, wodurch die Kloake freigelegt wird.
- Eine Sonde in sie einführen und ihre ventrale Wand, mit der Schere der Sonde folgend, eröffnen. Möglichst genau in der Mittellinie, wobei gleichzeitig die Harnblase gespalten wird.
- Auch die ventrale Wand des Enddarms wird noch ein Stück weit median durchschnitten. Dann werden die hinteren Extremitäten kräftig gespreizt und neu festgesteckt.

Die Harnsamenleiter nähern sich bei ihrem caudalen Verlauf einander immer mehr und lagern sich dabei der dorsalen Wand des Enddarms an.

- Hierfür den Enddarm nach hinten ziehen.

Sie münden dicht nebeneinander, aber doch getrennt, an der Dorsalwand der Kloake, unmittelbar gegenüber der Harnblase. Es sind sehr feine Öffnungen, die nicht leicht zu finden sind, da sie sich zwischen den Längsfalten der Kloakenwand verbergen. – Beim Weibchen folgen die Harnleiter der dorsalen Wand des Uterus und münden an gleicher Stelle wie beim Männchen in die Kloake. Etwas kopfwärts von ihnen findet man unschwer die auf papillenförmigen Erhebungen liegenden Mündungen der beiden Eileiter.

- Das Herz zusammen mit den Lungen ganz herauspräparieren, wodurch der Übergang der Vv. pulmonales in die linke Vorkammer des Herzens deutlicher erkannt werden kann, als es vorher möglich war.
- Dann die Lungen abtrennen und das Herz durch einen Frontalschnitt in eine dorsale und ventrale Hälfte zerlegen. Damit sind die drei Hohlräume des Herzens eröffnet.

Entsprechend der größeren von ihm zu leistenden Arbeit ist der Ventrikel erheblich muskelkräftiger als die Vorkammern. Rechte und linke Vorkammer, die bei äußerer Betrachtung kaum gegeneinander abgrenzbar waren, zeigen sich im Innern durch eine sagittale Scheidewand, das Septum atriorum, deutlich und vollständig voneinander getrennt. Die rechte Vorkammer ist größer und lässt die Mündung des Sinus venosus erkennen (sondieren!), die linke die Eintrittsstelle der Vena pulmonalis. Nach hinten zu stehen die Vorkammern durch eine gemeinsame, große Öffnung mit dem Ventrikel in Verbindung. Dorsaler und ventraler Rand dieser Öffnung, in die der Hinterrand des Septum atriorum frei hineinragt, tragen je eine taschenförmige Klappe (Valvula atrio-ventricularis), die bei der Kontraktion des Ventrikels ventilartig zusammenschließen und so dem Blut den Rückweg in die Vorkammern versperren. Etwas rechts davon liegt die vom Ventrikel in den Bulbus cordis führende Öffnung, die gleichfalls mit den Rückfluss des Blutes verhindernden Ventilklappen ausgerüstet ist.

Nach dem Entfernen von Nieren, Lungen und Herz sieht man symmetrisch zu beiden Seiten der Wirbelsäule als weiße Körperchen die **Kalksäckchen**. Sie stehen durch Endolymphkanäle, die innerhalb des Wirbelkanals verlaufen, mit dem Ductus endolymphaticus des statischen Organs in Verbindung.

Anschließend das **Nervensystem** untersuchen. Das Präparat lässt zunächst die 10 Paar **Spinalnerven** deutlich verfolgen. Jeder Spinalnerv wird durch die Vereinigung zweier aus dem Rückenmark entspringender Wurzeln gebildet, einer ventralen mit motorischen Nervenfasern und einer dorsalen mit sensiblen. Die dorsale Wurzel weist kurz vor der Vereinigung mit der ventralen eine Anschwellung, das Spinalganglion auf. Die Spinalganglien werden von den Kalksäckchen umgeben, sind also nicht ohne weiteres erkennbar.

Jeder Spinalnerv teilt sich sofort in einen dorsalen Ast, der zur Haut und zur Muskulatur des Rückens zieht, und einen ventralen, der außer der Bauchdecke auch die beiden Extremitätenpaare versorgt. Beide enthalten sensible und motorische Fasern. Nur die ventralen Äste sind an unserem Präparat zu sehen. Der erste tritt an der Grenze von erstem und zweitem Wirbel aus. Er ist relativ schwach, innerviert die Zungenmuskulatur und wurde bereits oben als N. hypoglossus erwähnt. Vergleichend-anatomisch ist er übrigens bereits als II. Spinalnerv zu zählen, da der wahre I. schon embryonal rückgebildet wird. Der III. Spinalnerv, in unserem Präparat also der zweite, ist besonders kräftig. Er bildet mit Zweigen, die von Nervus spinalis II und IV kommen, den Plexus brachialis, aus dem die Nerven für Vorderextremität und Schultergürtel hervorgehen. Die drei folgenden Nerven (V–VII) ziehen gesondert zur Bauchwand, VIII, IX und X bilden wieder ein Geflecht, den Plexus lumbosacralis, dessen stärkster Ast als N. ischiadicus in die Hinterextremität zieht. Der XI. Spinalnerv ist zart; auch er bildet, mit einigen Fasern von X, einen Plexus, der vor allem Nerven zum Enddarm und zur Harnblase sendet.

Von jedem Ventralast geht ein Zweig (Ramus communicans) oder auch mehrere ab, die die Verbindung mit dem sympathischen Nervensystem herstellen. Den Hauptteil dieses Systems sehen wir als so genannten Grenzstrang beiderseits der Wirbelsäule verlaufen, der segmental ein Ganglion sympathicum ausbildet.

- Nach vorsichtigem Abziehen des Trommelfelles wird die Columella auris sichtbar. – Zur Präparation des Gehirns muss man die Schädeldecke abtragen. Das geschieht am besten durch einen flachen Schnitt und vorsichtiges Abheben des Schädeldaches.

Am **Gehirn** können folgende Abschnitte unterschieden werden (Abb. 208): Vorn liegt das paarige Endhirn (Telencephalon), das sich aus den Hemisphären und den beiden großen, von ihnen durch eine flache Querfurche geschiedenen

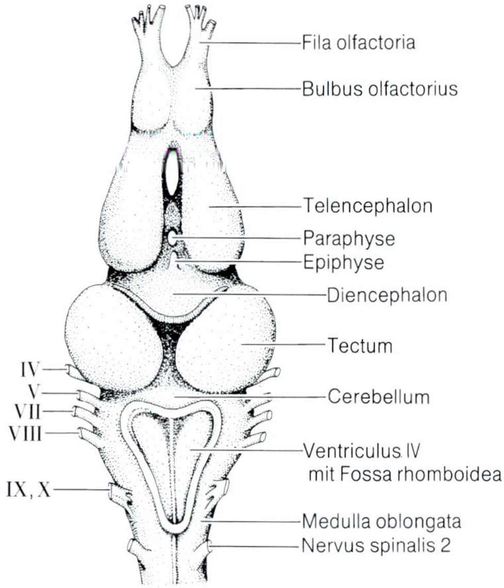

Abb. 208: Gehirn vom Frosch. Dorsalansicht

Bulbi olfactorii zusammensetzt, die median miteinander verschmolzen sind. Der anschließende Abschnitt, das kurze Zwischenhirn (Diencephalon), trägt dorsal drei Anhänge: vorn die Paraphyse, dahinter Parietal- und Pinealorgan. Letztere enthalten Photoreceptoren. Das Parietalorgan liegt außerhalb des Schädels und reißt bei der Präparation ab. Der folgende dritte Hirnabschnitt, das Mittelhirn (Mesencephalon), mit den beiden dorsalen großen Lobi optici, ist der breiteste Abschnitt des Gehirns überhaupt. Das dorsal gelegene Kleinhirn ist nur ein quer liegender Wulst, der die Rautengrube des Nachhirns (Myelencephalons) vorn begrenzt.

- Vorsichtig von hinten nach vorn die vom Gehirn ausgehenden Nerven abschneiden, das Gehirn herausnehmen und in ein Uhrschälchen legen, um auch seine Ventralseite zu betrachten.

Vom Bulbus olfactorius gehen jederseits die Nervi olfactorii nach vorn, die bald in die sich in der Riechschleimhaut verteilenden Fila olfactoria zerfallen. Auf der Ventralseite des Zwischenhirns befindet sich vorn die Kreuzung (Chiasma) der Nervi (Tractus) optici, die sich nach oben zu jederseits bis in die Lobi optici fortsetzen. Hinter dem Chiasma findet sich der Hirntrichter, das Infundibulum, mit der großen, caudal anschließenden Hypophyse, die die Ven-

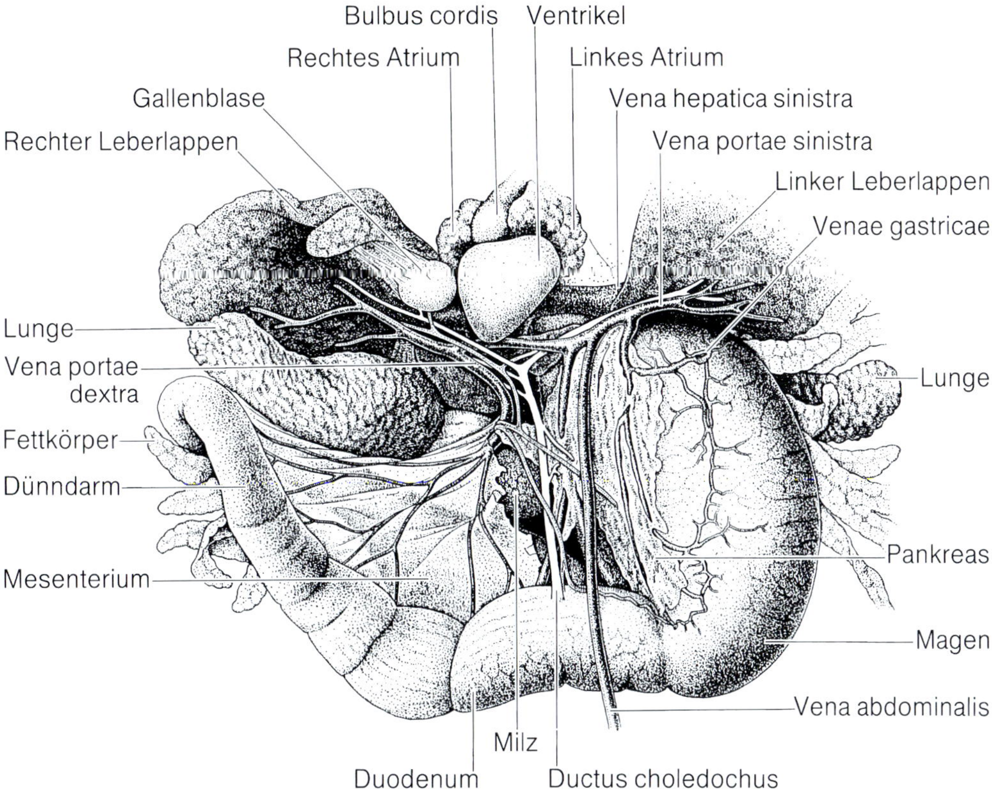

Abb. 210: Eingeweide von *Xenopus laevis*

Äste auf, die in die beiden Leberlappen münden.

- Die Vena abdominalis freipräparieren und sich anschließend dem vorliegenden Situs zuwenden (Abb. 209).

Unter dem nun entfernten Brustbein liegt median das Herz (Abb. 210). Es ist in einen hellsilbrig schimmernden Herzbeutel eingeschlossen. Cranial zieht von ihm ein Gefäßstamm in einem Bogen nach vorn, der Arterienstamm (Truncus arteriosus). Beiderseits vom Herzen liegen die beiden Leberlappen.

- Diese vorsichtig mit den Fingern hin und her schieben. Unter dem rechten Lappen kommt die kugelige, schwarz-grünliche Gallenblase zum Vorschein.

Am caudalen Ende des linken Leberlappens tritt aus der Tiefe der weißliche oder rosafarbene Magen zutage. Mit deutlicher, durch eine Ringfurche gekennzeichnete Grenze geht er in den aufsteigenden Ast (Duodenum) des Dünndarmes über. Dieser zieht in einer weiteren Schleife nach caudal und legt sich in mehrere Schlingen. In der Schleife zwischen Magen und Duodenum liegt die lappige, weißliche oder zart rosafarbige Bauchspeicheldrüse (Pankreas). Dorsal der Darmschlingen findet sich im Mesenterium die Milz. Sie fällt durch kugelige Gestalt und blutrote Färbung auf. Das Ende des Darmes kann bei adulten weiblichen Tieren von den voluminösen Eierstöcken (Ovarien) bedeckt sein, durch deren transparente Wand die großen Eizellen hindurchschimmern. An ihnen fällt die farbliche Unterteilung in einen vegetativen gelben und einen animalen schwarzen Pol auf. Seitlich-kopfwärts schließen sich an die Gonaden die Fettkörper an. Die gelborange gefärbten fingerförmig gelappten Gebilde entstammen dem vorderen Abschnitt der Gonadenanlage.

- Bei Weibchen mit mächtig entwickelten Gonaden das rechte Ovar vorsichtig mit Pinzette und Schere herausnehmen.

Bei männlichen Tieren ist der Darm stets leicht bis zur Kloake zu verfolgen.

Der Dünndarm geht im unteren Bereich der Leibeshöhle in das deutlich erweiterte Colon über. Kurz nach seiner Einmündung in die Kloake stülpt sich aus dieser nach ventral die weißliche Harnblase (Vesica urinaria) hervor.

- Die Darmschlingen mit den Fingern bewegen.

Bei männlichen Fröschen kommen auf diese Weise die länglich bohnenförmigen Hoden zum Vorschein und darunter die Nieren. Rechts und links von den erwähnten Organen erscheinen die langen, rosa durchscheinenden Lungensäcke.

- Um die **Leber** zu studieren, mit den Fingern den Magen-Darm-Trakt etwas nach unten schieben, aber nichts wegschneiden.

Die Leber ist in Abhängigkeit vom Ernährungszustand graugelb oder braunrot bis schwärzlich gefärbt. Sie gliedert sich in zwei Hauptlappen und einem kaum sichtbaren kleinen mittleren, der als schmale Verbindung zwischen den beiden äußeren vom Herz verdeckt wird. Caudal vom Herzen liegt zwischen den Leberlappen die große, dunkelgrüne **Gallenblase**. Aus der Leber wird die Galle über Abführgänge zum Teil direkt in den Zwölffingerdarm abgegeben, zum Teil aber auch in der Gallenblase gespeichert (Abb. 210).

Die Einbindung der Leber in den Blutkreislauf geschieht nicht nur, wie bei allen Organen üblich, über eine zuführende Arterie (A. hepatica) und abführende Venen (Vv. hepaticae), sondern zusätzlich über die zuführende venöse Leberpfortader (V. portae hepatis), die Blut aus Magen, Milz und Pankreas (Vv. gastrolienales) sowie dem Darm (Vv. mesentericae) sammelt. Es bestehen zum Teil beträchtliche individuelle Unterschiede in der Ausbildung der genannten Gefäße. Die V. portae hepatis entsteht aus den oben erwähnten Gefäßen und verbindet sich kurz vor ihrem Eintritt in die Pforte (Porta hepatis) des linken Leberlappens mit der V. abdominalis. Sie lässt sich u. U. jedoch nur bis zum Pankreas verfolgen, in dessen Gewebe sie eingelagert ist. Die Leberarterie ist beim toten Tier schwer erkennbar. Der Abfluss des venösen Blutes der Leber erfolgt über die paarige Vena hepatica. Diese zieht nach ihrem Austritt aus der Leber nach dorsal, wo sie in die hintere Hohlvene (V. cava posterior) mündet.

- Das kegelförmige **Herz** wird unter Zuhilfenahme einer Pinzette vom lose aufliegenden Perikard befreit. Dazu hebt man den Herzbeutel mit der Pinzette leicht an und schneidet ihn mit einer Schere Stück für Stück ab.

Die Gefäße, die aus dem Herzen Blut ableiten, liegen eher ventrocranial.

- Das Herz nach cranial umklappen.

Dadurch findet man die weiter dorsal liegenden zuleitenden Gefäße.

- Letztere müssen unter Umständen mit einer feinen Pinzette vom sie einschließenden Bindegewebe befreit werden.

Das Herz gliedert sich in drei Abschnitte: Die Hauptkammer (Ventrikel) und die beiden Vorkammern (Atrien). Während dem linken Atrium durch die beiden Lungenvenen (Vv. pulmonales) oxygeniertes Blut zugeführt wird, erhält das rechte Atrium aus dem sackartigen Sinus venosus Mischblut aus Körper, Haut und Mundschleimhaut. Der Sinus venosus wird von den paarigen vorderen Hohlvenen (Vv. cavae anteriores) und der unpaaren hinteren Hohlvene (V. cava posterior) gespeist. Die vorderen Hohlvenen entstehen vor allem aus jeweils einer V. subclavia (Blut aus Haut und Vorderextremität), einer V. jugularis externa (Blut u. a. aus dem Pharynx) und einer V. anonyma (entsteht u. a. aus der V. jugularis interna, die Blut aus dem Kopf sammelt). Die V. cava posterior erhält Blut aus dem gesamten hinteren Körper (Muskulatur und Organe).

An die Hauptkammer schließt sich zunächst, ventral über der rechten Vorkammer gelegen, ein dem Herz zugehöriger, muskulöser Abschnitt, der Bulbus cordis (Conus arteriosus) an. Er ist im Inneren durch eine Spiralfalte unvollständig in einen linken und rechten Abschnitt geteilt. Es folgt ein kurzer, unpaarer Gefäßstamm, der Truncus arteriosus, der sich nach rechts und links in jeweils einen Arterienstamm aufspaltet. Die beiden Stämme teilen sich dann in je eine Arteria carotis communis (leitet Blut in den Kopf), einen Aortenbogen (leitet Blut in Extremitäten und Rumpf) und eine Arteria pulmocutanea (leitet Blut in Lunge und Haut). Rechter und linker Aortenbogen vereinigen sich vor der hinteren Rumpfwand zur unpaaren Aorta dorsalis (A. descendens).

Cranial vom Herzen finden sich paarig und Gefäßen angelagert wichtige endokrine Organe wie Schilddrüse, Epithelkörperchen und Ultimobranchialkörper sowie der Thymus. Diese Organe sind mit der Lupe auffindbar. Ihre sichere Zuordnung erfordert aber viel Erfahrung und histologische Kontrolle. Die Schilddrüse kann in *Xenopus*-Zuchten z. T. in erheblicher Zahl Tumoren bilden.

Nun zur Betrachtung der Atmungsorgane und des Verdauungstraktes. Die bereits besprochene Mundhöhle geht zunächst in einen kurzen Pharynx über. Hier setzen direkt am Kehlkopf (Larynx) die langen, rötlichen, wenig septierten Lungen an. Eine Trachea fehlt bei den Anuren. Bei den männlichen Tieren ist der Larynx zu einem Stimmorgan umgewandelt. Durch seitliche Ausbuchtungen entsteht eine blasenförmige Kammer, in deren Innerem Stimmfalten ausgebildet sind. Mit ihnen erzeugt das Tier durch den passierenden Luftstrom Knurrlaute. Auf der dorsalen Seite dieser Struktur zweigt der kurze Oesophagus ab, der mit einem Wimperepithel ausgekleidet ist. Im stark erweiterten Magen beginnt die enzymatische Verdauung der Nahrung. In seinem vorderen Abschnitt finden sich zahlreiche tubuläre Drüsen, die wesentlicher Bestandteil der Magenschleimhaut sind und deren Epithelzellen gleichzeitig Magensäure und Pepsine bilden.

Der Übergang des Magens in den Dünndarm ist durch eine scharfe Furche am Ende des Magenpförtners, eines Ringmuskels (M. sphincter pylori), gekennzeichnet. In Anlehnung an die Humananatomie wird der erste Abschnitt des Dünndarmes als Zwölffingerdarm (Duodenum) bezeichnet. Hier mündet der von der Leber kommende Gallengang (Ductus choledochus), der auch (für Anuren typisch) den Pankreasgang (Ductus pancreaticus) aufnimmt. Der gesamte Dünndarm ist in transversalen Schlingen angeordnet, die über ein Mesenterium mit der dorsalen Leibeshöhlenwand in Verbindung stehen. Während der Dünndarm den Hauptort der Verdauung und Resorption der Nahrung darstellt, dient der anschließende kurze, kolbenförmig erweiterte Enddarm (Colon) insbesondere der Rückresorption von Wasser. Im Gegensatz zu Magen und Dünndarm fehlt hier die oberflächenvergrößernde Längsfältelung des Darmepithels. Der Enddarm mündet mit seinem als Mastdarm (Rectum) bezeichneten Endabschnitt in die Kloake. In diese münden ebenfalls die Ausführgänge des Urogenitalsystems. Beim männlichen Frosch sind dies die paarigen Harnsamenleiter, beim Weibchen die jeweils paarigen Müllerschen Gänge (mehr cranial) und Harnleiter (mehr caudal). Ventral stülpt sich aus der Kloake die Harnblase (Vesica urinaria) vor.

- Zur Betrachtung des **Urogenitalsystems** den Darmtrakt entfernen. Dies geschieht durch einfaches Durchtrennen im Bereich des Oesophagus-Magen-Überganges sowie im Bereich des Enddarmes.

Das mächtige, von inneren Hohlräumen durchsetzte **Ovar** der Weibchen steht über eine dünne Membran (Mesovar) mit den Nieren in Verbindung. An seinem cranialen Pol inserieren die Fettkörper. Die in dem fingerförmigen, gelborange gefärbten Organ gespeicherte Fettreserve wird vor und während des Fortpflanzungszyklus aufgebraucht.

Das gesamte Ovar ist von einer bindegewebigen Hülle, dem so genannten Ovarialsack, umschlossen. Nach der Follikelreife brechen die Eier durch diese Hülle in die Leibeshöhle. Dort werden sie über ein Flimmerepithel dem weit cranial (in der Nähe der Lungen-Pharynx-Verbindung) gelegenen Anfangsstück der Eileiter (Ovidukt, Müllerscher Gang) zugeführt. Diese dünnhäutig durchsichtigen Anfangsstücke sind trichterförmig erweitert (Ostium tubae) und ebenfalls mit Flimmerepithel besetzt.

- Um die Ostien zu finden, dem Verlauf der Eileiter nach cranial folgen. Unter Umständen muss im vorderen Bereich das knorpelige Zungenbein entfernt werden. Dazu hebt man es mit der Pinzette an und schabt mit dem Skalpell vorsichtig das haltende Bindegewebe ab. Auch die Leber kann nun entfernt werden.

Der auf die Ostien folgende lange Abschnitt ist in der Fortpflanzungsperiode schraubig aufgewunden. Seine innere Wandung besteht wiederum aus Flimmerepithel und zusätzlich zahlreichen Schleimdrüsen. Diese umgeben die sie passierenden Eier mit einer schützenden mukösen Hülle. Unter Wasseraufnahme quillt sie im hinteren Abschnitt des Eileiters gallertig auf. Gegen die Kloake zu erweitert sich der Eileiter zum so genannten Uterus. Hier werden die Eier zurückgehalten und zu Laichklumpen verklebt. Bei Anuren ohne Uterus verkleben die Eier im schlauchförmigen Ovidukt zu Schnüren.

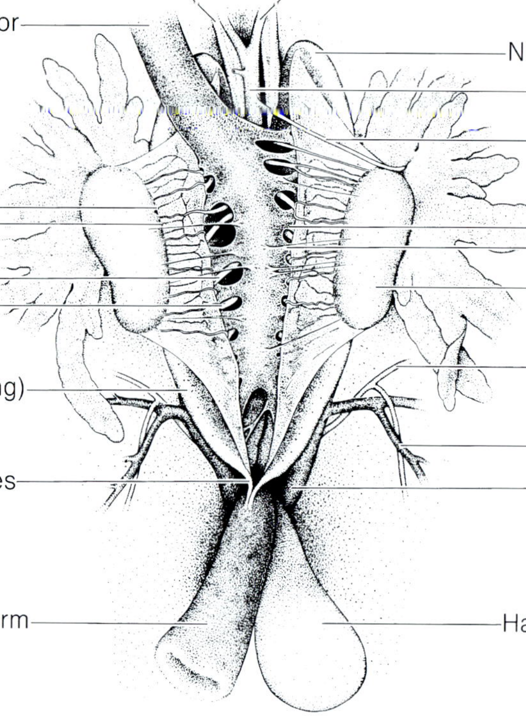

Abb. 211: Urogenitalorgane eines männlichen Krallenfrosches

Im männlichen Geschlecht liegen die hellgelblichen **Hoden** (**Testes**) beiderseits der Medianen und überdecken die Nieren (Abb. 211). Wie bei den weiblichen Tieren stehen cranial die Fettkörper mit den Hoden in Verbindung. Die Hoden sind wie die weiblichen Gonaden über eine dünne Membran (Mesorchium) mit den Nieren verbunden. Über diese Membran treten die feinen, Spermien ableitenden Vasa efferentia in die Nieren ein, wo sie sich mit den Nierentubuli verbinden. Diese wiederum münden in den Wolffschen Gang (primären Harnleiter), der so zum Harnsamenleiter wird. Ohne eine Spermien speichernde Erweiterung mündet der Wolffsche Gang in die Kloake.

- Bei weiblichen Tieren wird nun auch das verbliebene linke Ovar entfernt, die langen Eileiter zur Seite gedrückt und mit Präpariernadeln fixiert. Die Nieren liegen nun frei.

Die bandförmigen **Nieren** liegen unter dem dorsalen Epithel der Leibeshöhle (retroperitoneal) rechts und links der Aorta dorsalis (descendens). Der ontogenetisch vordere Abschnitt (Pronephros = Vorniere) geht als exkretorisches Organ verloren. Als funktionelle Niere der Adulti bleibt der Opisthonephros (Rumpfniere) erhalten. Dieser ist über zahlreiche Gänge mit dem noch von der Vorniere gebildeten primären Harnleiter (Vornierengang, Wolffschen Gang) verbunden, welcher in die Kloake mündet. Während der Wolffsche Gang im weiblichen Geschlecht auch Gartnerscher Gang genannt wird und reiner Harnleiter bleibt, erhält er im männlichen Geschlecht Verbindung zu den Gonaden und wird so zum Harnsamenleiter. Er findet sich als weißliche Längsstruktur am lateralen Außenrand der Nieren. Im weiblichen Geschlecht dagegen ist – wie schon erwähnt – bei Amphibien ein separater Gonadenausführgang ausgebildet, der Müllersche Gang.

Den Nieren liegt ventral das weißliche, streifenförmige Interrenalgewebe an. Zusammen

dritte Gefäß, das ebenfalls aus der rechten Herzkammer entspringt, der Truncus pulmonalis, teilt sich in die beiden Lungenarterien.

Bei den Krokodilen sind die Ventrikel durch das Septum interventriculare vollständig geschieden. Der linke Aortenbogen entspringt aus der rechten Herzkammer und erhält wie der Truncus pulmonalis venöses Blut. Die beiden Aortenbogen sind hier allerdings kurz nach ihrem Ursprung aus dem Herzen durch eine Öffnung, das Foramen interaorticum (= Foramen panizzae), miteinander verbunden. Auf diese Weise gelangt auch sauerstoffreiches Blut in den linken Aortenbogen und damit in die Arteria coeliaca.

Vergleichen wir die Verhältnisse mit den bei Fischen und Amphibien gefundenen, so sind die Carotiden auf die vorderen Arterienbogen zurückzuführen, die beiden Aortenbogen auf das vierte Paar und die Lungenarterien auf das sechste Paar; das fünfte Paar fehlt auch schon bei sehr vielen Amphibien.

Der Kreislauf des Blutes vollzieht sich folgendermaßen: Der rechte, etwas größere Vorhof empfängt das Blut aus den Körpervenen direkt (der Sinus venosus ist im Umfang oft stark und manchmal völlig reduziert). Er gibt es an die rechte Herzkammer bzw. die rechte Hälfte der unvollkommen unterteilten Herzkammer ab, von wo es durch die Lungenarterien den Lungen zugeführt wird. Aus den Lungen gelangt das sauerstoffreiche Blut durch die Lungenvenen in die linke Vorkammer und durch diese in die linke Herzkammer (bzw. in die linke Hälfte der unvollständig unterteilten Kammer), von der es in das große Gefäß gepumpt wird, das den Carotiden und dem rechten Aortenbogen den Ursprung gibt. Rechter Aortenbogen und Carotiden führen also sauerstoffreiches Blut, der linke Aortenbogen entweder wegen der unvollständigen Trennung der Herzkammer oder weil durch das Foramen interaorticum eine Verbindung mit dem rechten Aortenbogen besteht, gemischtes Blut. In der Aorta descendens, zu der die beiden Bogen zusammentreten, erfolgt eine weitere Vermischung von sauerstoffärmerem mit sauerstoffreicherem Blut. Venöses und arterielles Blut sind also auch bei den Reptilien noch nicht völlig getrennt.

Urogenitalsystem. Die Niere der erwachsenen Reptilien ist ein Opisthonephros (manchmal Metanephros genannt) mit pars sexualis (Nebenhoden) und pars renalis, die kompakt ist.

Der Ureter macht sich im Allgemeinen vom primären Harnleiter völlig frei und mündet selbstständig in die Harnblase oder Kloake; nur ganz hinten können beide Gänge zusammenfließen (Lacertilia). Somit wird der primäre Harnleiter (Wolffscher Gang) beim Männchen zum reinen Samenleiter (Vas deferens), während er beim Weibchen rückgebildet wird.

Als Eileiter dienen die mit einem weiten Ostium tubae beginnenden Müllerschen Gänge, die getrennt vom Ureter in die Kloake einmünden. – Beim Männchen bleiben oft recht ansehnliche Reste der Müllerschen Gänge erhalten.

Eine Harnblase ist nicht immer vorhanden, was wohl mit der breiigen Beschaffenheit der Exkrete vieler Reptilien zusammenhängt. Sie fehlt den Schlangen, Krokodilen und einigen Eidechsen. Ihre Mündung liegt bald an der ventralen, bald an der dorsalen Wand der Kloake.

Die **Begattungsorgane** – bei Reptilien findet allgemein eine innere Befruchtung statt – sind bei Eidechsen und Schlangen paarige, vorstülpbare Blindsäcke (Hemipenes), bei Krokodilen und Schildkröten dagegen unpaare, solide Körper (Penes). Sie werden bei der Kopulation in die weibliche Kloake eingeführt. Der Leitung des Spermas dient in beiden Fällen eine schraubige oder längsverlaufende Rinne auf den Begattungsorganen.

Die meisten Reptilien legen **Eier**, die, wenn sie das Ovar verlassen, schon sehr dotterreich sind, im Eileiter aber noch mit einer Eiweißschicht umgeben werden und dadurch beträchtliche Größe erreichen. Anschließend wird eine pergamentartige (fibröse) Schale abgeschieden, in die vielfach auch Kalk eingelagert wird. Einige Schlangen und Eidechsen sind vivipar, indem die befruchteten Eier bis zum Schlüpfen der Jungtiere in den Eileitern zurückbehalten oder die Embryonen durch Placentareinrichtungen im Uterus versorgt werden.

Spezieller Teil

Agama agama, Siedleragame

Die Agamen (Fam. Agamidae) sind mit über 30 Gattungen und zahlreichen Arten in wärmeren Gebieten der Alten Welt und Australien weit verbreitet. Die meisten sind tagaktive Bewohner trockener Gebiete, die sich vornehmlich von Insekten und Spinnentieren ernähren. Die Siedleragamen – Männchen haben eine Kopf-Rumpflänge von 10–14 cm, Weibchen von 8–12 cm – sind Kulturfolger; sie kommen in ganz Mittelafrika in der Nähe menschlicher Siedlungen vor.

Der spitz zulaufende Kopf ist mit dem Rumpf durch einen deutlichen, wenn auch nicht sehr ausgeprägten Halsabschnitt verbunden. Der Schwanz ist lang, in dünner Spitze auslaufend. Die Beine, besonders die Hinterbeine, sind kräftig, die fünf schlanken Zehen haben lange Krallen. Die Haut ist mit Hornschuppen bedeckt, die im hinteren Bereich des Rumpfes und besonders am Schwanz deutlich gekielt sind. Dort und in der Halsregion sind die Kiele zu Dornen ausgezogen.

Über dem Mund befinden sich vorn am Oberkiefer die beiden Nasenlöcher. Hinter den mit Lidern und Nickhaut versehenen Augen findet sich jederseits das etwas versenkte, dunkle Trommelfell. Die Kloakenöffnung ist ein quer verlaufender Spalt.

Die rötliche, am Boden der Mundhöhle festgewachsene **Zunge** hat nur eine Spitze. Gleichwohl dient auch bei den Agamen das Zungenende als Hilfsorgan der Geruchswahrnehmung. Es belädt sich beim Vorstrecken der Zunge mit den Molekülen von Geruchsstoffen und wird dann in eine der Öffnungen der Jacobsonschen Organe eingeführt, wo die Chemoreception erfolgt. Ober- und Unterkiefer sind mit Zähnen besetzt. Die **Zähne** stehen oben auf den Kieferrändern. Die Agamen haben also ein akrodontes Gebiss, im Gegensatz zu den heimischen Echsen, bei deren pleurodontem Gebiß die Zähne seitlich in den Kieferrändern eingeführt sind. Oben und unten sind zwei Zähne nahe der Kieferspitze größer als die anderen; sie ragen als Eckzähne deutlich hervor.

- Zur Präparation das Tier bauchoben in das Wachsbecken legen, Beine mäßig stark zur Seite ziehen und mit kräftigen Nadeln durch Vorder- und Hinterfüße feststecken.
- Haut vor der Kloake mit Pinzette fassen und so weit es geht anheben, mit der Schere einschneiden und dann von hier aus oberflächennah – es soll nur die Haut erfasst werden – mit der großen Schere median bis zur Unterkieferspitze aufschneiden.
- Die Haut mit scharfem Skalpell möglichst weit zu den Seiten hin von der Unterlage ablösen (Vorsicht in der Halsregion!), dann auch die Haut an den Beinen etwa 2 cm weit achsenparallel aufschneiden und ebenfalls abpräparieren. Haut hinten fast bis zur Kloakenöffnung ablösen und unmittelbar vor dem cranialen Kloakenrand quer durchtrennen, sodass der Kloakenrand erhalten bleibt.
- Die Haut seitlich feststecken. Becken mit Wasser füllen; von Zeit zu Zeit erneuern. Die Echse muss ganz vom Wasser bedeckt sein. – Bei der folgenden Beschreibung der Anatomie der Siedleragame beziehen sich Seitenangaben (rechts, links) auf den in Abb. 214 dargestellten Situs.

Durch das Entfernen der Haut wurde die oberflächennahe Muskulatur freigelegt. Unter der des Mundbodens ist, allerdings nur undeutlich, das Zungenbein zu erkennen. Am Hals median, wenig caudal vom Zungenbein, liegt quer über der durch ihre knorpeligen Spangen auffallenden Luftröhre (**Trachea**) die paarige Schilddrüse (**Thyroidea**). Ihre beiden rötlich gefärbten Lappen – sie lassen unter der Lupe eine feine Felderung erkennen – sind median über eine Bindegewebsbrücke miteinander verbunden. Beide Teile werden von je einer, von den Carotiden (s. unten) kommenden Arterie versorgt; die blutabführenden Gefäße, die Venae thyroideae, münden, aber das ist jetzt noch nicht zu erkennen, in die Oesophagusvenen. Das Sternum ist fast ganz von der Brustmuskulatur bedeckt. Sichtbar sind, silbrig aufglänzend, nur dessen lange, dünne paarige Endstücke, die Xiphisterna, die wie Rippen bogig von der Mitte zu den Körperseiten ziehen.

- Die beiden Brustmuskeln werden nun von der Mitte zu den Seiten hin von der Unterlage gelöst, lateral herausgeklappt und festgesteckt.
- Dann werden durch Abtragen der Oberflächenmuskulatur des Mundhöhlenbodens das Zungenbein freigelegt und die Muskeln des ventralen Teils des Schultergürtels und des Sternums abpräpariert.

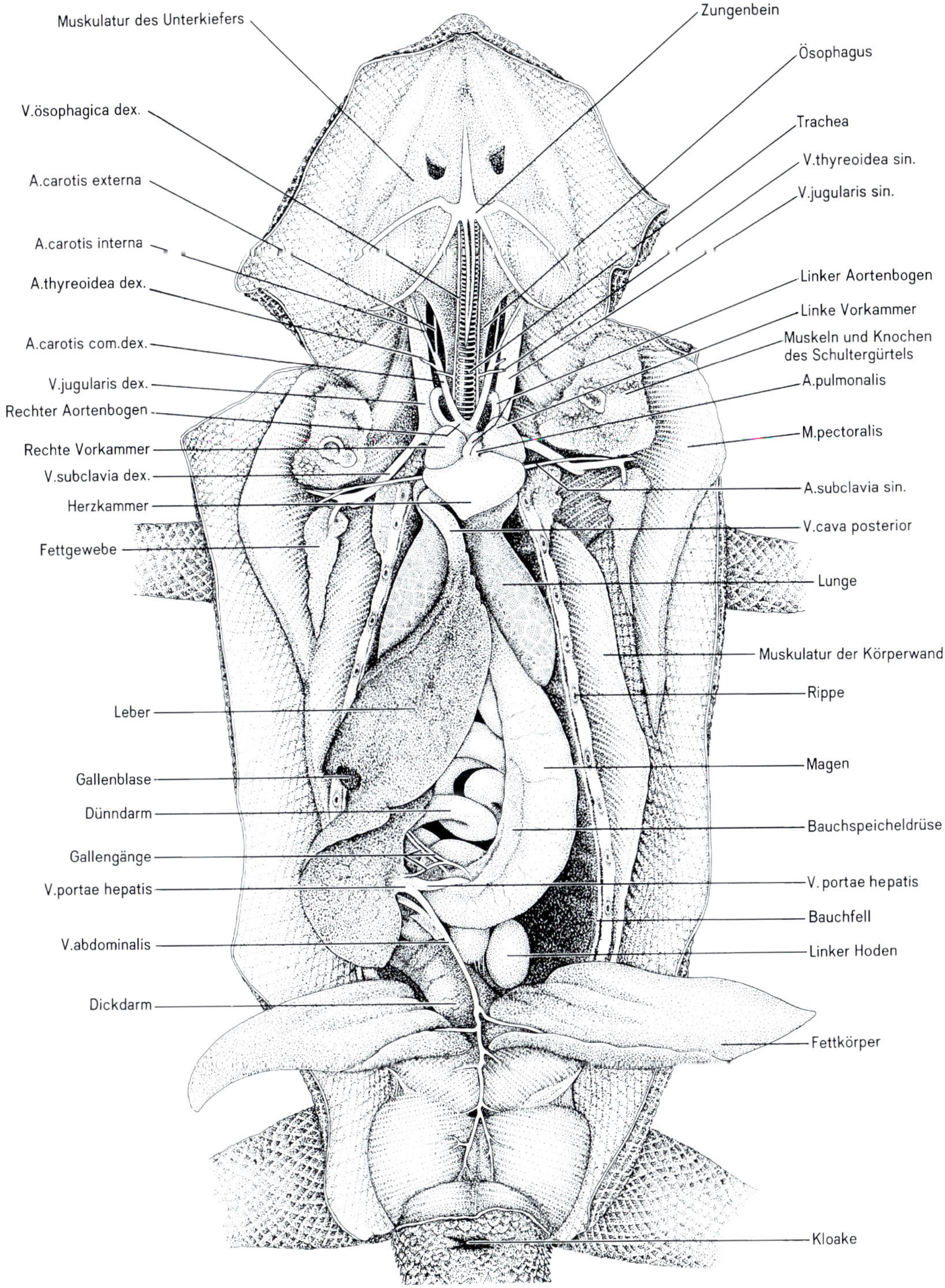

Abb. 214: Situs einer männlichen Siedleragame. Die Leber ist seitlich herausgelegt und in ihrem caudalen Teil gewendet, das Herz etwas nach caudal gezogen. Die Schilddrüse ist von der Trachea abpräpariert. Die Milz wird vom Magen verdeckt. Die hautnahe Muskulatur des Unterkiefers wurde abgetragen. Nerven sind nicht dargestellt

Das auffallend große **Zungenbein** entsendet vom Zungenbeinkörper median nach vorn einen Fortsatz in die Zunge, seitlich folgen von vorn nach hinten paarig die Hyal- und die ersten Branchialbogen, während die zweiten Branchialbogen zu einem weit nach hinten ragenden, paarigen Fortsatz verwachsen sind.

Vom **Schultergürtel** erkennt man am weitesten vorn die beiden Claviculae, seitlich dahinter die kräftigeren Procoracoide und zwischen diesen vier Knochen, die kreuzförmige Interclavicula. Die beiden dorsalen Teile des Schultergürtels, die Scapulae, sind nicht sichtbar. Caudal vom Schultergürtel fällt das breitflächige Brustbein, Sternum, auf, das jederseits mit einer Anzahl Rippen gelenkig verbunden ist. Die Xiphoide wurden schon erwähnt.

- Die Bauchdecke vor der Beckensymphyse (diese ertasten) anheben und – um die Vena abdominalis zu schonen – etwas rechts von der Mitte mit sehr flach angesetzter Schere bis zum Sternum aufschneiden. Gleiches links von der Mitte durchführen, sodass median ein Streifen mit der V. abdominalis erhalten bleibt.

Wenn man sehr oberflächennah geschnitten hat, wird das Bauchfell unverletzt geblieben sein. Es ist dunkel pigmentiert. Die Pigmentzellen sind groß und sternförmig. Fast immer wird das Peritoneum ebenfalls durchtrennt worden sein, sodass die Leibeshöhle eröffnet wurde.

- Die Bauchmuskulatur nun auch entlang der beiden Xiphisterna und – durch quer geführte Schnitte – vor dem Becken durchtrennen und dann seitlich, möglichst weit dorsal achsenparallel abschneiden und entfernen. Den stehen gebliebenen Mittelstreifen in Nähe des Sternums entzweischneiden.
- Dann werden mit sehr flach angesetzter Schere Sternum und Episternum median bis zur Clavicula auseinander geschnitten, die beiden Teile leicht angehoben und mit dem Skalpell von den darunterliegenden bindegewebigen und muskulösen Verwachsungen gelöst, schließlich wird mit den Fingern erst die eine und dann die andere Thoraxwand zur Seite gedrückt und, nachdem man die Arme auch noch weiter aus einandergezogen hat, festgesteckt oder möglichst weit seitlich abgetrennt.
- Vor allem im Bereich der Claviculae werden noch stehen gebliebene Muskeln zu entfernen sein. Bei allen Präparationsschritten in dieser Region achte man darauf, keine der dünnwandigen und meist prall mit Blut gefüllten Venen zu verletzen. Man verwende das Stereomikroskop!

Das **Herz** liegt in der ventralen Mittellinie und ist von dem dünnwandigen, stark pigmentierten Herzbeutel umgeben.

- Diesen mit der Pinzette an der Herzspitze anheben, vorsichtig aufschneiden und um das ganze Herz herum abtragen.

Es lassen sich dann die drei Abteilungen des Herzens gut unterscheiden: vorn die beiden Vorkammern und dahinter der Ventrikel, der nach hinten spitz zuläuft, äußerlich einheitlich ist, im Inneren durch eine Scheidewand – allerdings nur unvollkommen – in zwei Kammern unterteilt ist. Zwischen den beiden Vorkammern, teilweise durch sie verdeckt, entspringen zwei Gefäße aus der Herzkammer, der linke Aortenbogen und die Lungenarterien; sie verdecken an ihrer Basis den Ursprung eines dritten größeren Gefäßes, den des rechten Aortenbogens, der nach vorn zu die Carotiden abgibt und dann nach hinten umbiegt. Die Lungenarterie entspringt aus dem rechten Teil der unvollständig geteilten Herzkammer und führt sauerstoffarmes Blut. Der rechte Aortenbogen dagegen, er kommt aus dem linken Teil des Ventrikels, führt sauerstoffreiches Blut. Der linke Aortenbogen schließlich nimmt seinen Ursprung unmittelbar rechts neben der Herzmitte, fast über dem Septum, und enthält gemischtes Blut. Die Vereinigung der beiden Aortenbogen zur Aorta descendens liegt, nicht sichtbar, in der Höhe der Herzspitze.

- Sehr vorsichtig weiterpräparieren und dabei dorsale Teile des Herzbeutels und viel Bindegewebe (und auch Fettgewebe) entfernen. Vor allem dem Verlauf der Carotiden und der Aortenbogen folgen, aber auch seitlich in die Tiefe präparieren (Abb. 215).

Die beiden Carotiden gabeln sich jeweils in eine Arteria carotis interna und in eine A. carotis externa. Unweit der Gabelungsstelle entspringen die Schilddrüsenarterien (Aa. thyroideae), an der Gabelungsstelle selbst außerdem der rechte und der linke Ductus caroticus, die, fast ebenso dick wie die beiden Carotiden, mit scharfem Bogen sich nach caudal wenden, um nach kurzem Verlauf in die Aortenbogen zu münden. Die Aortenbogen treten etwa in Höhe der Herzspitze, der dorsalen Leibeswand anliegend, zur Aorta descendens zusammen. Kurz

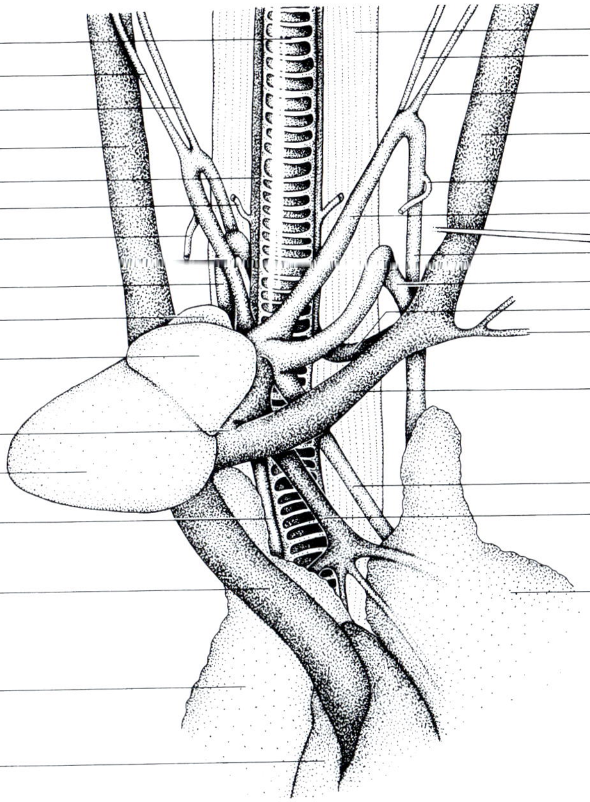

Abb. 215: Herz und Gefäßstämme der Siedleragame. Das Herz wurde nach rechts herausgezogen und dabei so um seine Längsachse gedreht, dass ein Teil seiner Dorsalseite sichtbar wurde. Die der Trachea angelagerte Schilddrüse ist nicht dargestellt

vor der Zusammenmündung entlässt der rechte Aortenbogen mit gemeinsamer Wurzel die beiden Arteriae subclaviae.

Die auffallendsten Gefäße dieser Region sind die beiden vom Kopf kommenden Jugularvenen, die V. jugularis dexter und die V. jugularis sinister. Sie vereinigen sich unweit des Herzens mit der V. subclavia ihrer Seite zur rechten und linken vorderen Hohlvene (V. cava cranialis dexter und sinister), die fast unmittelbar darauf mit der sehr weiten, aus der cranialen Leberspitze austretenden Vena cava posterior zu dem auf der dorsalen Fläche der Vorkammern liegenden Sinus venosus zusammenfließen. Der Sinus venosus mündet in das rechte Atrium.

Wer weit genug in die Tiefe präpariert hat, wird außerdem den Verlauf der beiden Lungenarterien (Aa. pulmonales) verfolgen können und auch den der unpaaren Lungenvene, die in das linke Atrium mündet. Die beiden dorsal die Trachea flankierenden Oesophagusvenen nehmen die Schilddrüsenvenen auf, biegen darauf bald nach lateral und münden in die vorderen Hohlvenen.

- Die Topographie dieser herznahen Gefäße wird klarer, wenn man mit den Fingern das Herz bald zur einen und bald zur anderen Seite bewegt und es dabei auch, soweit es die Elastizität der Gefäße erlaubt, um die craniocaudale Achse dreht.

Caudal vom Herzen und seitlich der hinteren Hohlvene erkennt man die hellroten, gefelderten Lungen und dahinter, fast alle übrigen Organe bedeckend, die große, bräunliche **Leber**; an ihrem rechten Rand befindet sich die intensiv grüne **Gallenblase**. Am hinteren, rechten Leberrand wölbt sich, weil gaserfüllt, oft aufschwimmend, ein Stück Dickdarm vor, links liegt der lang gestreckte, weißliche Magen. Vom **Darmtrakt** war schon bei der Präparation der Gefäße median und von der Trachea überlagert der trichterförmige Pharynx sichtbar geworden. Er geht in den langen Oesophagus über, der dorsal von Herz und Lungen in den Magen mündet.

- Die Leber nach rechts herausziehen, dabei den ventrocaudalen Leberlappen so wenden, dass seine Dorsalfläche sichtbar wird.

Es bietet sich nun der auf Abb. 214 dargestellte Anblick. Der links in der abdominalen Leibeshöhle liegende Magen krümmt sich nach der Medianen zu. Die Bauchspeicheldrüse (**Pankreas**) ist – wie bei allen Sauria – zweigeteilt. Der vordere Lappen liegt der **Milz**, der hintere der konkaven Biegung des Magens auf. Zwischen Leber und Magen erkennt man Schlingen des Dünndarmes, caudal vom Magen zwei große, von dunkel pigmentiertem Bauchfell überzogene, gelbe Fettkörper.

- Die Fettkörper herausziehen und seitlich feststecken.

In der Tiefe der Bauchhöhle werden dadurch ein Teil des Dickdarmes und – bei männlichen Tieren – die Hoden sichtbar. Die von der Schwanzregion kommende Vena abdominalis, das wird jetzt deutlich, teilt sich in einen ventralen Ast, der der Körperwand aufliegend craniad zieht und dann in der Leber verschwindet, und in einen dorsalen Ast, der sich mit der aus dem Darm nährstoffreiches, venöses Blut abführenden Leberpfortader (Vena portae hepatis) vereint und gleich darauf ebenfalls in die Leber eintritt. In diesem Bereich verlassen die Gallengänge die Leber. Sie sind oft schwer von begleitenden Gefäßen zu unterscheiden.

- Bei frisch getöteten Tieren durch Druck auf die Gallenblase ihre Lumina mit Galle füllen und so von Blutgefäßen unterscheidbar machen.

Die Gallengänge münden, eng benachbart mit den nur sehr schwer darstellbaren Ausführgängen des Pankreas, in den Anfang des Dünndarmes. Leber, Magen und Darm sind an zarten, durchsichtigen und von Blutgefäßen durchzogenen Mesenterien befestigt.

- Man informiere sich über Lage und Anordnung der Eingeweide, indem man sie, soweit es die Mesenterien zulassen, hin und her wendet.

Ziemlich weit vorn, an der dorsalen Magenwand, fällt als rotbrauner, bohnenförmiger Körper die Milz auf. Ein dorsomedianer, nach caudal spitz zulaufender Leberlappen ist mit seinem caudalen Ende mit dem rechten Hoden verwachsen.

- Zur Darstellung des **Urogenitalsystems** ist es erforderlich, die Eingeweide zu entfernen. Zunächst wird der Enddarm etwa 2 cm vor seinem Verschwinden zwischen den Fettkörperlappen durchtrennt, und auf gleicher Höhe der ventrale Ast der Vena abdominalis. Nach Durchtrennen der Mesenterien wird der Darm seitlich herausgelegt.
- Die Leber ist über den eben erwähnten dorsomedianen Leberlappen noch mit einem kurzen Mesenterium an der dorsalen Körperwand befestigt. Dieser Leberlappen ist außerdem mit dem rechten Hoden verwachsen.
- Das Gefäß, das wenig cranial von der Verwachsungsstelle von dorsal kommend in die Leberspitze eintritt, ist eine akzessorische Leberpfortader. Sie zweigt von der rechten V. vertebralis (= V. azygos) ab, die verborgen in der Muskulatur unmittelbar seitlich der Wirbelsäule ihren Lauf nimmt.
- Den Leberlappen etwa 1 cm cranial von seiner Spitze entzweischneiden und die Leber seitlich herauslegen.
- Es wird nun mit der kräftigen Schere die Beckensymphyse und mit dem Skalpell die darunter liegende Muskulatur durchtrennt. Durch Auseinanderziehen der beiden Oberschenkel wird der Enddarm sichtbar. Muskulatur und Skeletteile des Beckens herauslösen und entfernen. Dabei sind die Fettkörper ebenso wie die kloakennahen Teile der Beckenmuskulatur zu schonen.
- Dem Enddarm liegt ventromedian die sehr dünnwandige und daher leicht zu übersehende Harnblase auf. Auch sie ist durch, an Pigmentzellen reiche Bindegewebsstrukturen, die man rund um die Blase durchtrennt, in der Bauchhöhle befestigt.
- Schließlich wird noch die Kloake ventral aufgeschnitten, der Darminhalt ausgespült und dann zur Darstellung der männlichen Begattungsorgane die Schwanzhaut hinter der Kloake 3–4 cm weit aufgetrennt und weit zu den Seiten hin abpräpariert. Vergleiche Abb. 216.

Die beiden, von feinen Gefäßen umsponnenen **Hoden** liegen eng nebeneinander in der Leibeshöhle. Bei den schlanken, ihnen seitlich angelagerten, goldgelben Organen handelt es sich um die Nebennieren. Lateral von den Nebennieren sieht man jederseits die großen, durchscheinen-

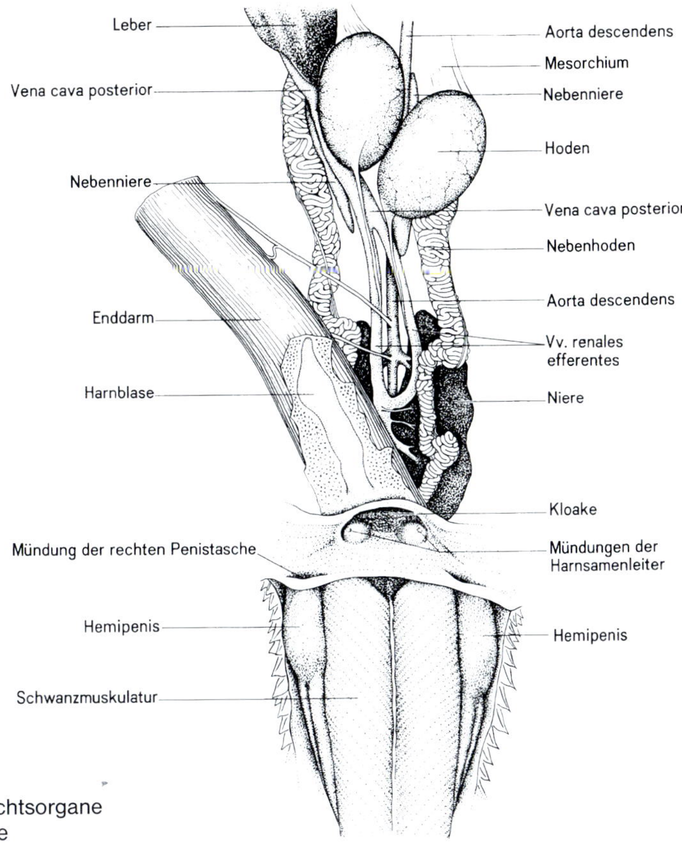

Abb. 216: Harn- und Geschlechtsorgane einer männlichen Siedleragame

den Nebenhoden, die den vielfach geschlängelten und aufgeknäuelten Anfangsteil des Wolffschen Ganges darstellen. Der anschließende Teil wird als Samenleiter bezeichnet. Die Samenleiter beider Seiten münden in die dorsale Wand der Kloake, nachdem sie sich kurz vor der Ausmündung mit den beiden Harnleitern (Ureteren) vereinigt haben. Die Papillen, auf denen sie in die Kloake münden, sind gut zu erkennen. Oft tritt aus ihnen Samenflüssigkeit aus. Die Samenleiter liegen in ihrem hinteren Abschnitt den schwarzroten, vom Bauchfell überzogenen an der dorsalen Körperwand befestigten Nieren an. Zwischen den Nieren und den Samenleitern (diese und die Hoden zu den Seiten ziehen) verlaufen mehrere Gefäße. Genau median zieht die Aorta descendens nach hinten. Die von ihr zur Leber ziehende Arteria hepatica wurde schon gekennzeichnet. Weitere Arterien ziehen in die Nieren und – in Mesenterien verlaufend – in den Enddarm. Die Nieren empfangen außerdem venöses Blut aus der hinteren Körperregion durch die – im Präparat nicht sichtbaren – zuführenden Venen des Nierenpfortadersystems (Vv. renales afferentes). Die aus den Nieren kommenden abführenden Venen, die Vv. renales efferentes, vereinigen sich und treten als Vena cava posterior in den am Präparat belassenen Leberlappen ein. Ihr weites Lumen ist an der Schnittstelle zu erkennen. Die Hohlvene durchzieht die Leber, nimmt in ihr die Lebervenen auf und tritt schließlich als mächtiges Gefäß an der cranialen Leberspitze wieder aus, um bald darauf mit der vorderen Hohlvene zum kleinen Sinus venosus zusammenzutreten.

Die dünnhäutige **Harnblase** ist eine ventrale Ausstülpung der Kloakenwand. In der aufgeschnittenen Kloakenwand sind außerdem die Mündungen der Hemipenistaschen sichtbar. Durch sie können die Begattungsorgane in die

Kloake und durch die Kloakenmündung nach außen vorgestreckt werden. In der Ruhelage sind sie in Taschen, die an den Seiten der Schwanzbasis weit nach hinten reichen, untergebracht.

Bei weiblichen Tieren liegen die **Eierstöcke** als zwei gelbe, ovale Gebilde an gleicher Stelle wie die Hoden. Die zahlreichen in ihnen enthaltenen verschieden großen Eizellen verleihen ihnen ein traubiges Aussehen. Die beiden Eileiter sind lang gestreckte, dünnwandige Schläuche, die in keiner direkten Verbindung zu den Ovarien stehen. Die reifen Eizellen gelangen in die Leibeshöhle, werden von den langen, schlitzförmigen Ostien der Eileiter aufgenommen und in diesen mit Eiweißhülle und fester Schale versehen. Die Ausmündung der Eileiter in die Kloake erfolgt auf deren dorsaler Seite mit je einer Öffnung.

- Um das Gehirn freizulegen, muss man im Nacken die Muskulatur durchschneiden und von hier aus mit einem Flächenschnitt die Schädeldecke abtragen.

Das in der Schädelhöhle nunmehr freiliegende **Gehirn** zeigt gegenüber dem der Amphibien eine Weiterentwicklung besonders darin, dass die Endhirnhemisphären das Zwischenhirn völlig überdecken. Nach vorn zu gehen die Endhirnhemisphären in die Tractus und Bulbi olfactorii über. Auf der Decke des Zwischenhirns ruht die Epiphyse, während das über ihr in einer Aussparung der Schädeldecke (Foramen parietale) liegende Parietalauge durch die Präparation verlorenging. Das Dach des Mittelhirns (Tectum) ist durch eine Längsfurche in die beiden Corpora bigemina gespalten. Das relativ gering entwickelte Kleinhirn ist eine vertikal aufgerichtete Platte vor der Rautengrube. Das Nachhirn, das allmählich in das Rückenmark übergeht, zeigt eine nach unten konvexe Biegung.

V. Aves, Vögel

Technische Vorbereitungen

- Zur Präparation bieten sich Hühner oder Tauben an. Hier ist den Tauben, weil sie leichter in den gebräuchlichen Präparierwannen unterzubringen sind, der Vorzug gegeben.

Allgemeine Übersicht

In ihrer inneren Organisation den Reptilien in vielen Punkten ähnlich und daher mit ihnen auch zur Gruppe **Sauropsida** zusammengefasst, zeigen die Vögel andererseits doch durch die Anpassung an das Fliegen so tiefgreifende und einheitliche Umformungen, dass sie als eigene Klasse der Wirbeltiere aufzufassen sind. Fast alle Organsysteme sind vom Flug beeinflusst worden, am intensivsten Bewegungsapparat, Gehirn, Augen und Haut.

Nur wenige Stellen der dünnen **Haut** der Vögel weisen noch einen an die Reptilien erinnernden Bau auf, so die Füße, die meist mit Hornschilden bedeckt sind, die den Schuppen der Reptilien gleichen. Der gesamte übrige Körper aber ist von **Federn** bedeckt (Abb. 217). Die Federn sind sehr kompliziert gebaute Horngebilde, die in Vertiefungen der Haut, den Follikeln, sitzen. Man kann zwei Hauptformen der Feder unterscheiden, die Deckfeder (Konturfeder) und die Flaumfeder (Dune). Abb. 217c zeigt den Aufbau einer Konturfeder. Im Zentrum befindet sich der Schaft, von dem seitlich Äste (Rami) abgehen. Von diesen entspringen die Federstrahlen (Radien), unter denen zwei Typen unterscheidbar sind: zur Federspitze weisen Hakenradien (= Hakenstrahlen), zur Federbasis Bogenradien (= Bogenstrahlen). Die Häkchen eines Hakenradius greifen in die Krempe mehrerer Bogenradien, wodurch eine flexibel geschlossene Fläche entsteht.

Die erste Anlage der Feder ist wie die der Reptilienschuppe eine Bindegewebspapille (Pulpa), überzogen von der Epidermis, die oberflächlich eine Hornscheide bildet. Bei der Feder wächst die Papille zu einem langen Fortsatz aus, und ihre Hornscheide gliedert sich gleichzeitig in komplizierter Weise in die einzelnen, die fertige Feder zusammensetzenden Hornstrahlen. Die ausgewachsene Feder ist in die Haut eingesenkt und tritt mit Federmuskeln in Beziehung.

Von Hautdrüsen findet sich außer Talgdrüsen im Gehörgang nur die große, zweilappige **Bürzeldrüse** oberhalb des Schwanzes, deren fettiges Sekret zum Einölen des Gefieders dient, sie fehlt nur wenigen Vogelarten.

Die **Wirbelsäule** lässt verschiedene Regionen erkennen. Besonders lang und sehr beweglich ist die Halswirbelsäule. Ihre Wirbel sind durch Sat-

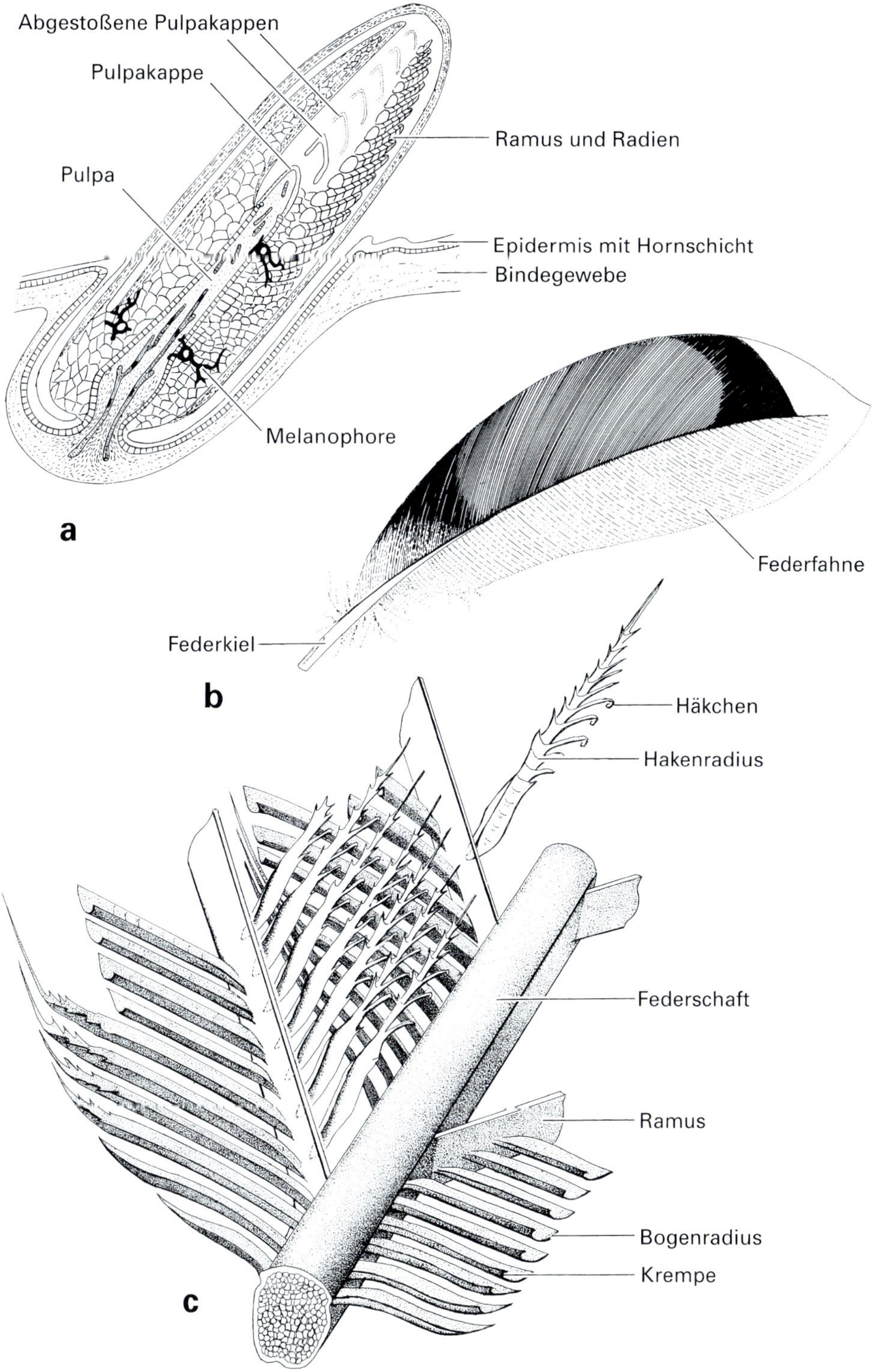

Abb. 217: Federentwicklung und Feder. a. Längsschnitt durch eine sich entwickelnde Vogelfeder. b. Konturfeder aus dem Spiegel einer Stockente, bestehend aus Fahne und Kiel (Scapus). Letzterer wird gegliedert in die basale Spule (Calamus), die in der Haut sitzt, und den Schaft (Rhachis), der die Fahne trägt. c. Schematische Darstellung des Aufbaus einer Konturfeder. (Nach FIORONI und PORTMANN)

telgelenke verbunden und tragen kurze Rippen, die bei den Ratiten frei, bei den übrigen Vögeln mit den Wirbeln verwachsen sind. Die Rumpfwirbel verschmelzen in unterschiedlichem Ausmaß zu einem Notarium, die Sacralregion assimiliert vordere und hintere Wirbel, sodass ein Synsacrum entsteht. Der kurze Schwanzbereich endet mit dem Pygostyl, der durch Verwachsung der letzten Schwanzwirbel entsteht.

Der **Schädel** der Vögel besitzt wie der der Reptilien nur einen Condylus occipitalis, der auf die untere Fläche des Basioccipitale verlagert ist, wodurch der Schädel fast rechtwinklig zur Wirbelsäule gestellt erscheint. Durch das Wachstum des Gehirns ist die Schädelkapsel sehr geräumig geworden. Das Squamosum ist in die Schädelkapsel miteinbezogen worden. Quadratum und Maxillare sind durch einen Jochbogen verbunden, der dem unteren Jochbogen der Reptilien entspricht und von einem Quadratojugale und dem dünnen, stäbchenförmigen Jugale gebildet wird. Der obere Jochbogen der Reptilien ist reduziert, ebenso die Trennung zwischen Orbita und Schläfenöffnung. Der aus den Praemaxillaria, Maxillaria und Nasalia bestehende Oberschnabel ist dorsal mit der Schädelkapsel beweglich verbunden; er kann beim Öffnen des Schnabels angehoben werden, indem das sich vorwärts drehende Unterende des Quadratums durch die Schubstangen des Jochbogens und der Gaumenknochen (Pterygoid und Palatinum) auf die hintere, untere Ecke des Maxillare einwirkt. Das Septum interorbitale kann in großem Umfange verknöchern, ist aber immer sehr dünn und bleibt von der knöchernen Nasenscheidewand getrennt.

Eine besondere Eigentümlichkeit des Vogelschädels ist, dass alle Knochen ungewöhnlich dünn sind und Lufträume enthalten können. Dadurch wird er sehr leicht. Trotzdem besitzt er genügend Festigkeit, da die einzelnen Knochen sehr frühzeitig nahtlos untereinander verwachsen. Die Lufträume entstehen von der Nasenhöhle oder von der Paukenhöhle aus.

Brustwirbel und Brustbein sind durch größere freie **Rippen** verbunden, die aus zwei in **Intercostalgelenken** gegeneinander beweglichen Stücken bestehen. Eine besondere Festigkeit erlangt der Brustkorb dadurch, dass sich vom Hinterrand jedes oberen Rippenstückes ein Fortsatz, **Processus uncinatus**, über die folgende Rippe legt.

Das **Brustbein** der Vögel ist sehr groß und breit und bei allen fliegenden Formen in der Medianlinie mit einem vorspringenden Kamm, der **Carina** oder **Crista sterni**, versehen, von der die Flugmuskeln entspringen.

Der **Schultergürtel** ist sehr fest gebaut. Vom säbelförmigen Schulterblatt (Scapula) geht vorn das kräftige Procoracoid zum Vorderrand des Brustbeines, an dem es gelenkig eingelassen ist. Die beiden (nur den Straußenvögeln und einigen anderen Formen fehlenden) Schlüsselbeine (Claviculae) sind miteinander am unteren Ende zum Gabelbein, der Furcula, verschmolzen und mit dem Brustbeinkamm durch ein Band oder auch knöchern verbunden.

Die **Vorderextremität** der Vögel ist zum **Flügel** umgewandelt. Oberarm, Unterarm und Hand sind sehr lang; sie liegen in Ruhe ungefähr parallel zueinander. Am Unterarm ist die Ulna stärker als der Radius ausgebildet. Im Carpus finden sich nur zwei kleine Carpalknochen, Radiale und Ulnare. Die Metacarpalia II und III sind an ihren Enden miteinander verwachsen. Mit ihrem proximalen Ende sind außerdem die Reste der übrigen Metacarpalia und die distalen Handwurzelknochen verschmolzen. An diesem „Mittelhandknochen" (Carpometacarpus) sind die erhalten gebliebenen Phalangen des 1., 2. und 3. Fingers eingelenkt. Der erste Finger trägt den Daumenfittich und mitunter eine Kralle, der zweite ist der bei weitem längste.

Der **Beckengürtel** ist besonders kräftig ausgebildet, da die ganze Last des Körpers auf den hinteren Extremitäten ruht. Vor allem sind die Darmbeine mächtig entwickelt und können über der Wirbelsäule dachartig miteinander verschmelzen. Sie sind in ihrer ganzen Länge mit dem Kreuzbein der Wirbelsäule verbunden. Die ventralen Beckenknochen, Scham- und Sitzbein, sind beide nach hinten gerichtet und bilden ventral keine Symphyse, sodass das Becken median offen ist. Beim erwachsenen Vogel sind alle Beckenknochen zu einem Ganzen verschmolzen.

Der Oberschenkel ist kurz, am langen Unterschenkel ist die Tibia viel stärker entwickelt als die Fibula. Das untere Ende der Tibia ist mit den proximalen Tarsalia zum **Tibiotarsus** verwachsen, während die distalen Tarsalia mit den Metatarsalia II–IV zu einem langen Knochen, dem **Laufknochen** (**Tarsometatarsus**), zusammentreten. Es bildet sich also mitten im Tarsus das Laufgelenk aus (**Intertarsalgelenk**). An das Vorderende des Laufes setzen sich die Zehen an, von denen die fünfte stets fehlt.

Allgemein gilt für das Vogelskelet, dass seine Knochen statt Markgewebe in weitem Maße Lufträume enthalten, die mit den Luftsäcken der Lunge in Verbindung stehen können.

Vögel sind Tiere mit großem Lernvermögen und außerordentlichen Leistungen des Gehirns und der Sinnesorgane. Im **Gehirn** fallen die bedeutende Entfaltung und Differenzierung von Integrationsarealen in Telencephalon und Tectum opticum (Mittelhirndach) sowie das große Cerebellum (Kleinhirn, motorische Koordination) auf. Die **Augen** der Vögel sind groß und spielen bei Orientierung und Verhalten eine herausragende Rolle. Das Auflösungsvermögen der Retina von Greifvögeln und vielen Singvögeln liegt 2–3-mal über der des Menschen. Der Akkomodationsapparat ist hochdifferenziert, beim Focussieren verändern sowohl Cornea als auch Linse ihre Krümmung. In der Sclera befindet sich vorn oft ein Ring aus Knochenplättchen (Scleralring). In den Glaskörper ragt von hinten ein abgeflachter, mit Falten versehener gefäß- und pigmentreicher Fortsatz hinein, der Pecten, dessen Funktion umstritten ist, u. U. dient er der Ernährung der Retina, die gefäßfrei ist. Vor den Augen befinden sich nicht nur die zwei Augenlider, sondern am inneren Augenwinkel noch die Nickhaut.

Das äußere **Ohr** ist i. a. unauffällig, kann jedoch sehr groß sein (Strauße) und ist bei den Eulen mit besonderen Hilfseinrichtungen versehen, die für das Hören in der Dunkelheit wichtig sind. Im Mittelohr existiert nur ein Gehörknöchelchen, die Columella, die den Schall vom Trommelfell zum Innenohr überträgt. Die Cochlea ist anatomisch einfacher als bei Säugern, aber ebenso leistungsstark. Das Geruchsvermögen der Vögel ist meist gering, und ihr **Geruchsorgan** ist kaum höher organisiert als das der Reptilien. Von den drei Nasenmuscheln trägt nur die hintere Riechsinneszellen.

Sämtlichen rezenten Vögeln fehlen die Zähne. Die Zunge ist meist schmal und hart. Bei den meisten Vögeln erweitert sich der Oesophagus zu einem **Kropf**, der als Reservoir für die aufgenommene Nahrung dient. Am **Magen** unterscheidet man den cranialen **Drüsenmagen** und den caudalen **Muskelmagen**. Der Muskelmagen ist bei Körnerfressern besonders kräftig entwickelt und wird zum Kaumagen, indem sich in ihm feste Reibplatten aus erhärtendem Drüsensekret bilden. Die Ausführgänge von Leber und Pankreas münden in das Duodenum. Eine Gallenblase ist vielfach vorhanden, fehlt aber u. a. bei Tauben, Papageien. Am Übergang des Dünndarmes in den Enddarm finden sich zwei Blinddärme. An der Hinterwand der Kloake befindet sich die **Bursa Fabricii**, ein lymphatisches Organ.

Die Luftröhre ist oft sehr lang und weist außer dem eigentlichen Kehlkopf (Larynx) ein eigenes Stimmorgan, die Syrinx, auf, die an der Übergangsstelle der Trachea in die beiden Bronchien liegt. Der Larynx hat keine Stimmbänder, die Töne werden fast stets nur von der Syrinx erzeugt. Die **Lungen** verwachsen in der Embryonalzeit mit ihrer Umgebung, eine Pleurahöhle ist also nicht ausgebildet. Von ihnen gehen vier paarige und eine unpaare umfangreiche Ausstülpung, die Luftsäcke, aus, die sich zwischen den Eingeweiden und Muskeln ausbreiten und auch in das Skelet eindringen. Die Lunge ist fast volumenkonstant, und der Gaswechsel findet durch die Tätigkeit der als Blasebälge wirkenden Luftsäcke statt. Der größte Teil der frischen, sauerstoffreichen Luft gelangt beim Einatmen in die hinteren Luftsäcke. Von hier strömt sie beim Ausatmen durch die Lungen. Während dieser Phase findet im Wesentlichen der Gasaustausch mit dem Blut statt. Dieser Gaswechsel erfolgt im Bereich der sog. Parabronchien (Lungenpfeifen), die von einem Mantel dicht gepackter Luft- und Blutcapillaren umgeben sind. Anders als in der Säugetierlunge gibt es in der Vogellunge keine blindendigenden Atemwege, sondern alle Abschnitte der Luftwege sind an beiden Enden offen, sodass eine sehr effektive Luftzirkulation stattfinden kann.

Das **Herz-Kreislauf-System** der Vögel ist höher entwickelt als das der Reptilien. Körper- und Lungenkreislauf sind völlig getrennt, da die Septen zwischen den beiden Herzvorhöfen (Atrien) und Herzkammern (Ventrikeln) durchgehend geschlossen sind. Die Aorta wird vom rechten Aortenbogen gebildet.

Vögel haben ungewöhnlich kräftige und große Herzen, sie sind ca. 50 bis 100% größer als bei Säugern gleicher Körpergröße. Die Herzfrequenz kann zwischen Phasen körperlicher Ruhe und hoher Aktivität erheblich schwanken und bei kleinen Vögeln (Kolibris) Werte von über 1000 pro Minute erreichen. Der arterielle Blutdruck der Vögel ist auch recht hoch und kann Werte von 300 bis 400 mm Hg erreichen. Aortenruptur ist keine seltene Todesursache bei Puten.

Auch der **Urogenitalapparat** der Vögel erinnert in manchen Punkten an den der Reptilien. Die Nieren sind große, kompakte, meist dreilappige Gebilde dicht neben der Wirbelsäule; ihre Ausführgänge münden getrennt in die Kloake. Eine Harnblase fehlt den erwachsenen Vögeln im Allgemeinen. Wie bei den Reptilien ist die Niere des erwachsenen Vogels ein Opisthonephros mit Pfortaderkreislauf, der Ausführgang ein sekundärer Harnleiter oder Ureter.

Das rechte **Ovar** ist meist völlig geschwunden, und ebenso ist von den als Eileiter dienenden Müllerschen Gängen nur der linke entwickelt. Der Eileiter nimmt mit seinem weiten Ostium die großen, dotterreichen Eizellen auf, und hier im Eileiter werden sie auch befruchtet. Langsam herabrückend wird das Ei von Drüsen der Eileiterwand mit einem Eiweißmantel, dann mit einer dünnen Schalenhaut versehen und gelangt schließlich in den unteren, erweiterten Abschnitt des Eileiters, der als Uterus bezeichnet wird. Hier erhält das Ei die äußere Kalkschale. Währenddessen hat die Eizelle bereits die Furchung durchlaufen und die Embryonalentwicklung begonnen. Die weitere Entwicklung findet unter dem Einfluss der beim Bebrüten erzeugten Wärme statt. Häufig werden von Drüsen des Uterus Farbstoffe in die Schalenhaut und (oder) die Kalkschale eingelagert.

Die **Hoden** sind beide entwickelt und liegen vor den Nieren. Die Samenleiter (Wolffschen Gänge) münden seitlich von den Harnleitern in die Kloake. Bei einigen Vögeln, so z. B. bei den Straußen, den Enten und den Gänsen, ist an der Vorderwand der Kloake ein Penis ausgebildet, der ein Corpus fibrosum und paarige Schwellkörper besitzt. Oft ist die linke Penishälfte größer als die rechte, sodass Penis und Samenrinne schraubig verlaufen (Entenvögel).

Spezieller Teil

Columba livia forma *domestica*, Haustaube

Der ganze Körper ist mit **Federn** bedeckt. Federfrei sind nur der von zwei hornigen Kiefern gebildete Schnabel und die unteren Teile der Hinterextremitäten, die an der Vorderseite quer gestellte **Hornschilde**, an der Rückseite einen netzförmig gefelderten Hornüberzug aufweisen. Der **Oberschnabel** überragt den **Unterschnabel** ein wenig. Zu beiden Seiten des Oberschnabels finden sich zwei Spalten, die **Nasenlöcher**. Die Basis des Oberschnabels ist bedeckt von einer weichen, gekörnten, wulstig vorgewölbten Haut, der **Wachshaut**. Die runden Augen sind von einem nackten Hautring umgeben. Um die große Pupille zieht sich eine zinnoberrote Iris. Im inneren (vorderen) Augenwinkel findet sich die **Nickhaut**, die wir mit der Pinzette erfassen und über das Auge ziehen können. Hinter dem Auge liegt die Öffnung des äußeren Gehörganges. An seinem Grund ist das **Trommelfell** ausgespannt.

An den **Beinen** sieht man drei nach vorn gerichtete Vorderzehen und eine in gleicher Höhe wie die Vorderzehen eingelenkte, nach hinten gerichtete Hinterzehe. Am Ende jeder Zehe findet sich auf ihrer Dorsalseite eine kurze, hakenförmig gebogene Kralle.

Es gibt zwei Typen von Federn: Die Oberfläche bedecken die größeren, steiferen **Deck- oder Konturfedern**, während die gekräuselten, kleinen, weichen **Flaumfedern** darunter liegen. Die Konturfedern der Flügel, die Schwungfedern, und die des Schwanzes, die Steuerfedern, sind besonders groß.

- Einen Flügel ausbreiten

Äußerlich lassen sich an ihm folgende Abschnitte unterscheiden: 10 lange Federn, die Handschwingen, sind an der Hand befestigt. Es folgen dann etwa 11–15 Armschwingen, die am Unterarm sitzen, und nach innen von diesen der kleinere Schulterfittich. Eine kleine, abgesonderte Portion, die dem rudimentären Daumen aufsitzt, ist der Neben- oder Daumenfittich. Der Basis der Schwungfedern liegen dachziegelartig kleinere Deckfedern auf. Am Schwanz sind 12–16 Steuerfedern vorhanden.

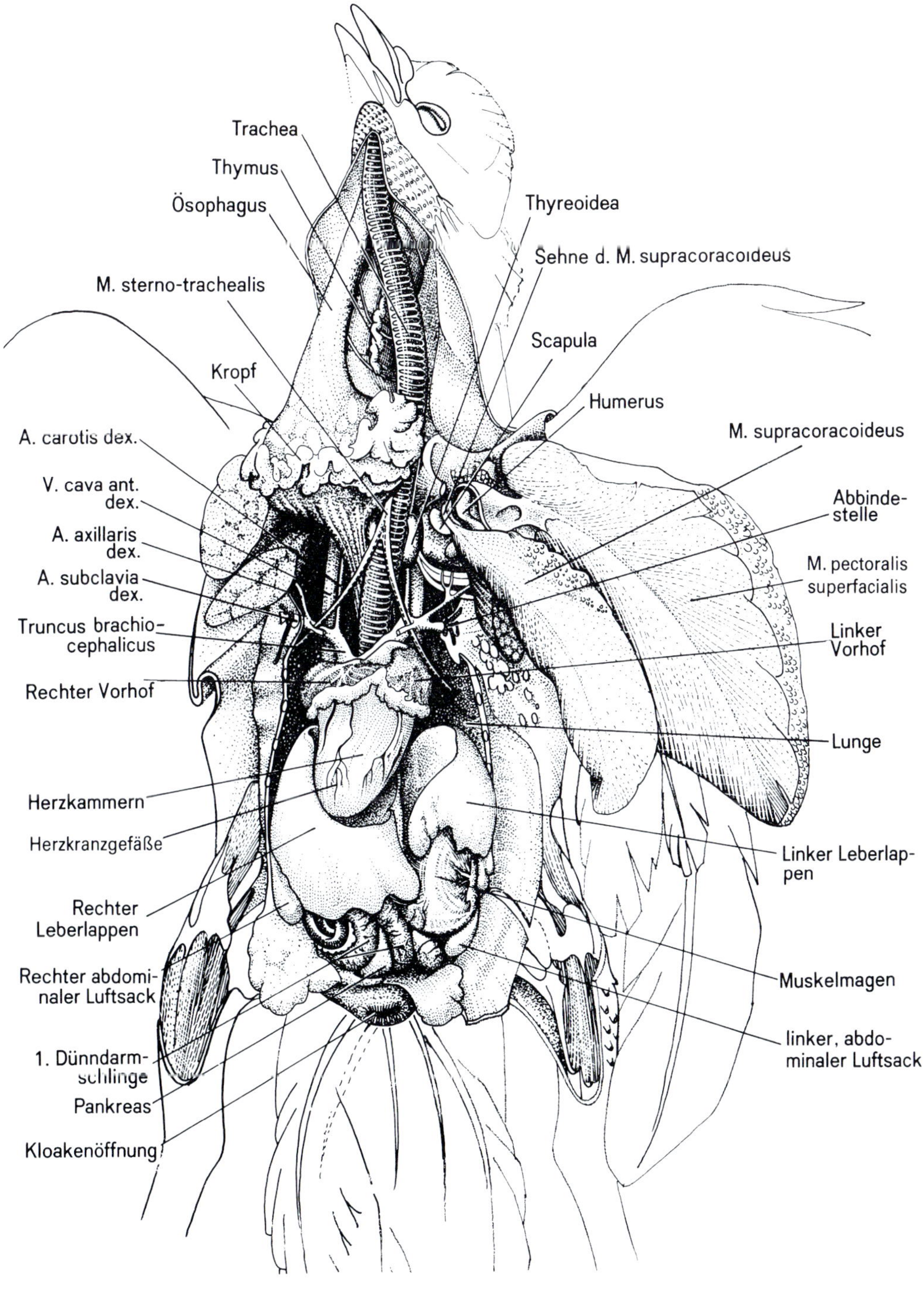

Abb. 218: Situs einer Haustaube. Nerven nicht eingezeichnet

- Eine Feder ausrupfen und genauer betrachten.

Es lassen sich an ihr zwei Teile unterscheiden: ein Achsenteil, der Kiel, und die seitlich daran ansitzenden Rami, die in ihrer Gesamtheit die Federfahne bilden. Der Achsenteil zerfällt in einen unteren Abschnitt, die Spule (Calamus), die in eine Hauteinstülpung eingesenkt ist, und den Schaft (Rhachis). Die Spule ist ein Hohlzylinder, der Schaft mit verhornten Zellen gefüllt. Mit dem Stereomikroskop erkennt man, dass jeder Ramus entlang seiner vorderen und unteren Kante dicht besetzt ist mit viel feineren und kürzeren Nebenästen, die als Radii bezeichnet werden. Sie gehen unter spitzem Winkel vom Ramus ab, sodass sich die Radii zweier benachbarter Äste überkreuzen. Da die Nebenäste mit kleinen Häkchen (Hamuli oder Radioli) ausgestattet sind, bedarf es einiger Kraft, um sie voneinander zu trennen.

- Nun wird die Taube gerupft, indem ihr die Federn in der Längsrichtung der Federstellung mit einem kurzen Ruck ausgerissen werden. In der Halsgegend nur wenige Federn auf einmal ausreißen, da hier die Haut sehr dünn ist und leicht einreißt.

Die Deckfedern sind nicht gleichmäßig über den Rumpf verteilt, sondern beschränken sich vielmehr auf bestimmte Zonen, die **Fluren** (**Pterylae**), zwischen denen sich federlose Stellen, die **Raine** (**Apteria**), hinziehen.

- Bevor man mit der Präparation beginnt, wird eine spitz ausgezogene Glasröhre in den Kehlkopf eingeführt und Luft hineingeblasen, wodurch die Luftsäcke gefüllt werden. Man beachte die Volumenzunahme des Abdomens!
- Nun wird die Taube mit der Bauchseite nach oben in das Wachsbecken gelegt und mit starken Nadeln, die durch Flügel, Beine und Schnabel gesteckt werden, befestigt.
- Dann die Haut in der Medianlinie dicht neben dem Kamm des Brustbeins aufschneiden und den Schnitt nach hinten bis zur Kloake, nach vorn bis zum Schnabel weiterführen.
- In der Gegend des Kropfes muss ganz oberflächlich geschnitten werden. Schließlich wird die Haut von der Mitte zu den Seiten hin abpräpariert.

Dem Brustbein liegt der mächtige **Musculus pectoralis** auf, der als Flügelsenker wirkt. Der Flügelheber, der M. supracoracoideus, ist kleiner und liegt, noch nicht sichtbar, unter dem großen Brustmuskel. Vorn zweigt jederseits ein kleines, schmales Muskelbündel in die Haut ab, der Hautbrustmuskel.

- Den rechten, großen Brustmuskel ganz am Kiel des Brustbeines entlang abschneiden. In etwa 1 cm Tiefe stößt man auf den M. supracoracoideus. Zwischen die beiden Brustmuskeln schiebt sich der Ausläufer eines Luftsackes ein, der sich durch erneutes Aufblasen deutlich machen lässt.
- Den großen Brustmuskel mit den Fingern zur Seite drücken und ihn von hinten her von der Brustbeinfläche und vom M. supracoracoideus ab präparieren bis im vorderen Bereich in der Tiefe Gefäße zu erkennen sind, die nach lateral ziehen. Es sind dies die Armarterie und die Armvene.
- Vorsichtig den M. pectoralis auch noch vom Gabelbein lösen und ihn dann zur Seite klappen.
- Um stärkere Blutungen zu vermeiden, werden die Armgefäße vor dem Durchtrennen abgebunden. Ein Stück nicht zu dünnen Bindfadens mit der Pinzettenspitze fassen, das eine Ende unter den Gefäßen durchführen, genügend fest verknoten und die Adern lateral vom Faden durchschneiden.
- Nun beide Brustmuskeln völlig vom Brustbein ablösen und durch abwechselndes Ziehen an ihren Sehnen die Wirkung auf die Vorderextremitäten, den Flügelauf- und -abschlag, demonstrieren.
- Jetzt die gleichen Präparationsschritte auch auf der linken Seite ausführen, um dann das gesamte Brustbein in folgender Weise abzuheben: Zunächst wird mit der Schere ein Schnitt am Hinterrand des Brustbeins entlang bis zu den Rippen geführt, dann die Rippen in den Sternocostalgelenken, die man leicht fühlen kann, durchschnitten.
- Nun werden vorsichtig die die beiden Procoracoide und das Gabelbein bedeckenden Muskeln bis zu den Schultergelenken abpräpariert, die Eingelenkungen des Gabelbeins am Schultergürtel und die der Procoracoide am Brustbein gelöst und schließlich das Brustbein unter stetem Abpräparieren abgehoben. Das Abdomen durch einen einfachen, bis zur Kloake geführten Medianschnitt öffnen (Abb. 218).

Etwa in der Mitte des Präparates liegt das **Herz**, das von konischer Form ist und an relativer Größe dasjenige anderer Wirbeltiere erheblich übertrifft (Abb. 219).

- Zum einfacheren Verständnis von Bau und Funktion des Herzens sollte das große Herz einer Pute studiert werden (Abb. 219). Bei Bestellung dieser Herzen beim speziellen Fleischhandel muss darauf geachtet werden, dass vollständige Herzen, und nicht solche ohne Vorhöfe, geliefert werden.

Das Herz ist in den dünnwandigen Herzbeutel (Perikard) eingeschlossen, der mit einer feinen Schere geöffnet wird. Als Herzbasis wird der Bereich der Vorhöfe, der der Lunge zugewandt ist, bezeichnet. Die Herzspitze weist in Richtung Brustbein. Vorhöfe (Atrien) und Kammern (Ventrikel) sind durch die mit Fettgewebe gefüllte Kranzfurche (Sulcus coronarius) getrennt. Die Vorhöfe sind dünnwandig und besitzen bei Vögeln sehr große Aurikel (Herzohren), Aussackungen, die sich den großen, aus dem Herzen abgehenden Gefäßstämmen anlegen. Die Wand des größeren linken Ventrikels ist 3–4-mal dicker als die des rechten. Letzterer erstreckt sich nur über zwei Drittel der Distanz zwischen Kranzfurche und Herzspitze, die allein vom linken Ventrikel gebildet wird. Der rechte Ventrikel ist dem linken wie eine halbmondförmige Tasche angelagert, was an einem Querschnitt sehr deutlich wird. Die Wand des linken Ventrikels ist innen durch Muskelleisten gekennzeichnet, die nahe der Kammerbasis drei Papillarmuskeln bilden, die in Sehnen übergehen (Chordae tendineae), welche an der Unterseite der drei Zipfel der Atrioventricularklappe ansetzen. Am Ursprung der Aorta (linker Ventrikel) und des Truncus pulmonalis (rechter Ventrikel) finden sich jeweils aus drei Valvulae semilunares bestehende Klappeneinrichtungen. Die Herzwände werden von rechter und linker Herzkranzarterie (A. coronaria dextra und sinistra) versorgt, deren Verzweigungen z. T. als feine Gefäße an der Oberfläche des Herzens erkannt werden können. Den verschiedenen Ästen dieser Arterien sind bestimmte Regionen der Herzwand zugeordnet. Verschluss des Lumens der Coronararterien führt zum Myokardinfakt („Herzinfakt"), d. h. mehr oder weniger ausgebreitetem Absterben der Herzmuskulatur mit Funktionsverlust, einer der häufigsten vorzeitigen Todesursachen beim Menschen. Häufige Ursache des Verschlusses ist Einlagerung von Lipiden, v. a. Cholesterin, in die Gefäßwände und nachfolgende Verkalkung und Sklerotisierung, was zu Verfestigung, Starrheit und Verdickung der Wände und zunehmender Einengung des Lumens führt.

- Das Gefäßsystem wird wieder bei der Taube studiert.

Etwa in der Mitte des Herzens tritt ein von der linken Herzkammer kommender, großer Gefäßstamm aus, der sich sofort in drei Gefäße, die rechte und die linke Kopfarmarterie (Truncus brachiocephalicus dexter und sinister) und in die nach rechts hinten umbiegende Aorta aufteilt. Jede Kopfarmarterie teilt sich in zwei Arterien, die Arteria carotis communis, die Hals und Kopf versorgt, und die Arteria subclavia. Dieses Gefäß versorgt über die Arteria axillaris den Flügel und über die Arteria pectoralis die Brustmuskulatur. Der Aortenbogen wird in der Tiefe zwischen den beiden Kopfarmarterien deutlich sichtbar.

- Hierfür das Herz etwas nach hinten und nach links drücken.

Die beiden Lungenarterien (Aa. pulmonales) entspringen gemeinsam aus der rechten Herzkammer.

- Den Aortenbogen nach oben und die rechte Herzkammer nach unten drücken.

So stößt man auf die rechte Lungenarterie, die in der Tiefe unter der Wölbung des Aortenbogens liegt.

- Das Herz vorsichtig nach rechts und ventral aus seinem Bett herausheben und es dabei so um eine Längsachse drehen, dass beim Anblick von seitlich links ein Teil seiner Dorsalseite sichtbar wird.

Auf diese Weise wird die linke Arterie sichtbar. Unter der linken Lungenarterie (also dorsal von ihr) verläuft parallel zu ihr der linke Bronchus, caudal von beiden zieht nahe der Körpermitte in engem Bogen die linke Lungenvene zur linken Vorkammer. Sie hat sich – aber das ist in diesem Präparationsstadium nicht zu sehen – kurz vorher und zwar schon innerhalb des Herzbeutels mit der rechten V. pulmonalis vereinigt. – Drei große Venenstämme (zwei obere und eine untere Hohlvene) bringen das venöse Körperblut in die rechte Vorkammer zurück. Das Venensystem des Abdomens ist kompliziert. Es gibt ein Nieren- und ein Leberpfortadersystem. Die Vena coccygeomesenterica verbindet Nieren- und Leberpfortadersysteme, sodass das Venenblut aus Eingeweiden oder Abdomen und Hinterextremitäten je nach physiologischem Zustand bevorzugt durch die Leber oder Niere fließen kann.

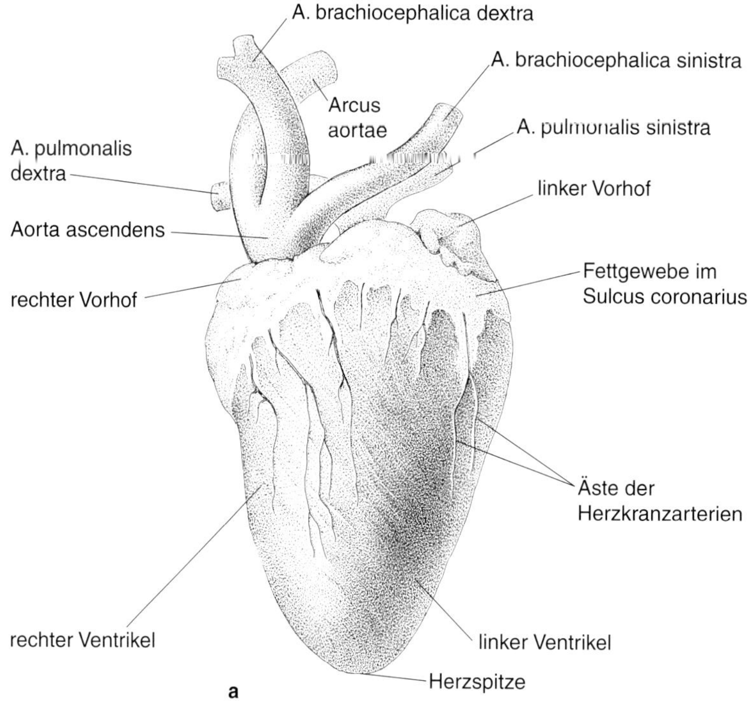
A. brachiocephalica dextra
A. brachiocephalica sinistra
Arcus aortae
A. pulmonalis sinistra
A. pulmonalis dextra
linker Vorhof
Aorta ascendens
Fettgewebe im Sulcus coronarius
rechter Vorhof
Äste der Herzkranzarterien
rechter Ventrikel
linker Ventrikel
Herzspitze

a

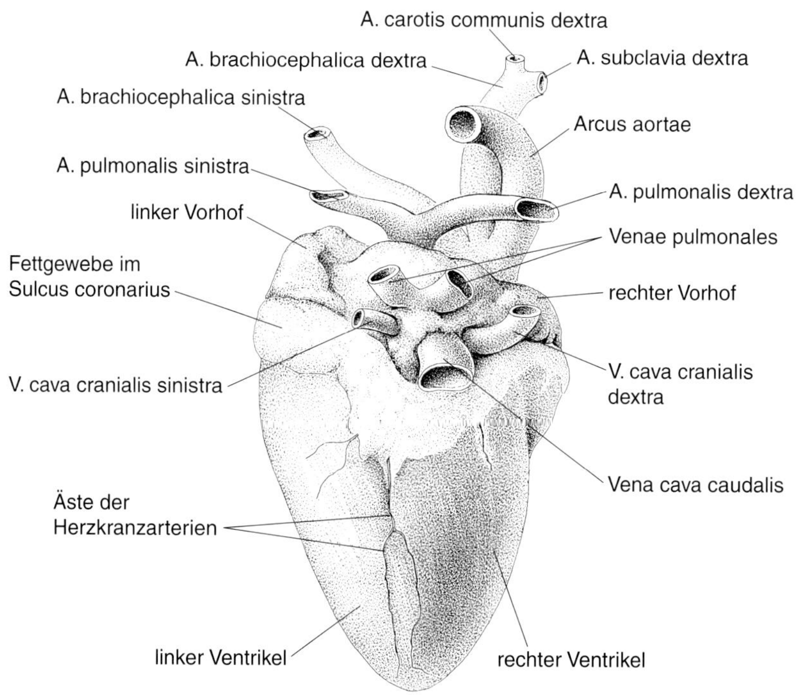
A. carotis communis dextra
A. brachiocephalica dextra
A. subclavia dextra
A. brachiocephalica sinistra
Arcus aortae
A. pulmonalis sinistra
A. pulmonalis dextra
linker Vorhof
Venae pulmonales
Fettgewebe im Sulcus coronarius
rechter Vorhof
V. cava cranialis sinistra
V. cava cranialis dextra
Vena cava caudalis
Äste der Herzkranzarterien
linker Ventrikel
rechter Ventrikel

b

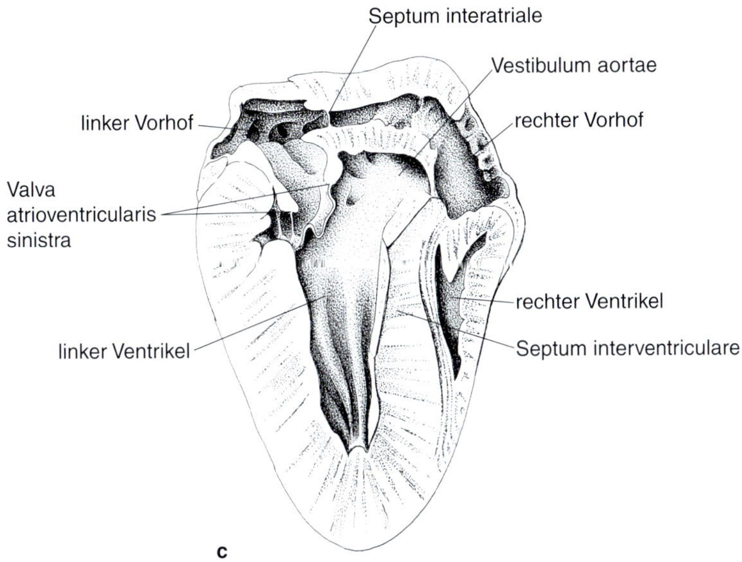

Abb. 219: Putenherz. a. Ansicht von vorn. b. Ansicht von hinten/oben. c. Längsschnitt. Die Ventrikel der Pute sind außen relativ glatt, ein Sulcus interventricularis mit größerem Ast der Herzkranzarterie ist kaum auszumachen. Auf dem Längsschnitt (c) ist der Bereich der Klappe (Valva) zwischen rechtem Vorhof und rechtem Ventrikel nicht angetroffen. Beachte die unterschiedliche Dicke der Wand von linkem und rechtem Ventrikel

Unter und hinter dem Herzen liegt die braune **Leber** mit einem größeren rechten und einem kleineren linken Lappen. Der rechte Leberlappen zeigt auf der Dorsalseite tiefe Rinnen, die von Eindrücken des Dünndarmes herrühren, unter dem linken Lappen schaut der Muskelmagen vor. Eine Gallenblase fehlt der Taube.

- Beide Leberlappen nach oben rechts umklappen und mit Nadeln fixieren.
- Den Dünndarm nach rechts drücken, das lange **Duodenum** nach caudal herausziehen und seine beiden Schenkel separieren, indem man sie mit den Fingern auseinander drückt.

Zwischen den beiden Duodenalästen liegt das weißlich rote **Pankreas**. Außerdem sichtbar sind oben in der Mitte die **Milz**, die beiden aus dem rechten Leberlappen entspringenden Gallengänge, von denen der eine in den absteigenden und der andere in den aufsteigenden Schenkel des Duodenums mündet, und die drei, ebenfalls zum aufsteigenden Ast des Duodenums ziehenden Pankreasgänge (Abb. 220).

- Die Leber abschneiden und herausnehmen.

Dadurch wird der **Darmtrakt** besser sichtbar.

- Bei seiner Untersuchung mit der Mundhöhle anfangen, indem man die Mundwinkel ein Stück weit aufschneidet.

In der langen und weiten Mundhöhle liegt die schmale, hornige Zunge. Sie umfasst nach hinten zu mit zwei seitlichen Ausläufern eine Schleimdrüse, die Hinterzungendrüse. Weiter hinten liegt der von dicken Lippen umstellte Verschlussapparat der Glottis. Am Dach der Mundhöhle stellt ein langer, schmaler, von kurzen Papillen begrenzter Schlitz im Gaumen die innere Nasenöffnung (Choane) dar. Dahinter finden sich die Öffnungen der Tubae Eustachii.

Der Oesophagus erweitert sich zu einem großen, häutigen Sack, dem **Kropf**, und zieht dann zum Drüsenmagen weiter. Im Kropf der Tauben entstehen während der Brutzeit bei Männchen wie Weibchen durch fettige Umwandlung von Epithelzellen krümelige, käsige Massen – die sog. Kropfmilch –, mit denen die Jungen gefüttert werden. In erster Linie dient aber auch hier der Kropf der Speicherung, Quellung und Vorverdauung der Körnernahrung. Der schlanke, aber dickwandige Drüsenmagen oder Vormagen ist mit zahlreichen, gut erkennbaren Drüsen

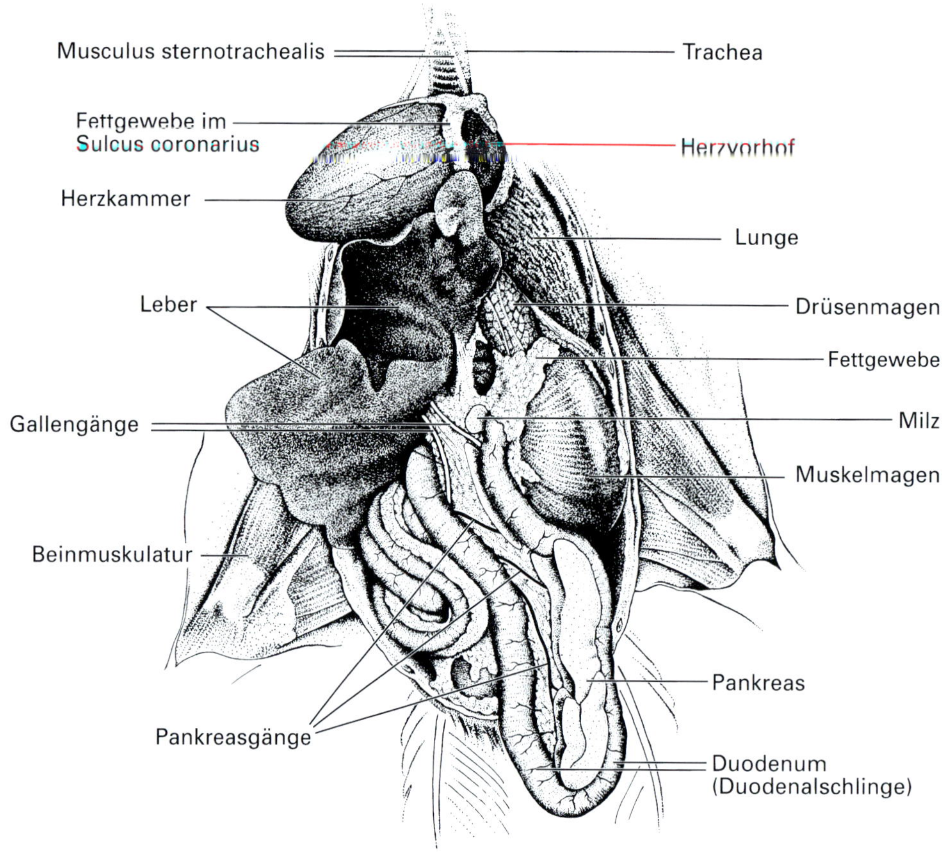

Abb. 220: Darmtrakt der Taube

besetzt, die Pepsin absondern. Seinem Hinterrand ist die kleine, abgeplattete Milz angeheftet. Auf ihn folgt der Muskelmagen, der außerordentlich fest ist und einen Sehnenüberzug aufweist.

- Den Magen quer durchschneiden, um die Starre seiner Muskulatur und die von Drüsen seiner Innenwand abgeschiedenen Reibplatten zu studieren.

Von der dorsalen Fläche des Muskelmagens entspringt das Duodenum, welches das relativ feste Pankreas umfasst. Dann folgt der in zahlreiche Windungen gelegte Dünndarm, dessen Ende durch zwei kurze, seitliche Blindsäcke bezeichnet wird. Das Rectum mündet in die weite Kloake ein, die sich in einer quer gelagerten Spalte öffnet.

Das **Respirationssystem** beginnt mit dem Kehlkopf (Larynx), dessen vorderer Teil, die Glottis, sich durch eine Längsspalte in die Mundhöhle öffnet. Der Kehlkopf bildet, durch Knorpelringe gestützt, eine feste Kapsel. Die von ihm abgehende Luftröhre ist ebenfalls von zahlreichen Knorpelringen umgeben und erweitert sich am caudalen Ende zur Syrinx, in der Laute erzeugt werden können. Zwei kleine Muskeln, die an der Trachea inserieren (Abb. 218), sind die Mm. sterno-tracheales. Die beiden kurzen Bronchien, in die sich die Luftröhre gabelt, treten in die Lungen ein. Die Lungen sind hellrote, relativ kleine, volumenkonstante Gebilde, die dorsal im Brustraum mit ihrer Umgebung sind und sich zwischen die Rippen einschmiegen.

Von Halsorganen bemerkt man den **Thymus**, der als lang gestrecktes, gewundenes Band die Luftröhre jederseits begleitet, und dahinter, dicht vor den Bronchien, die rotbraune **Thyroidea** (**Schilddrüse**), jederseits zwischen der Carotis und Subclavia gelegen.

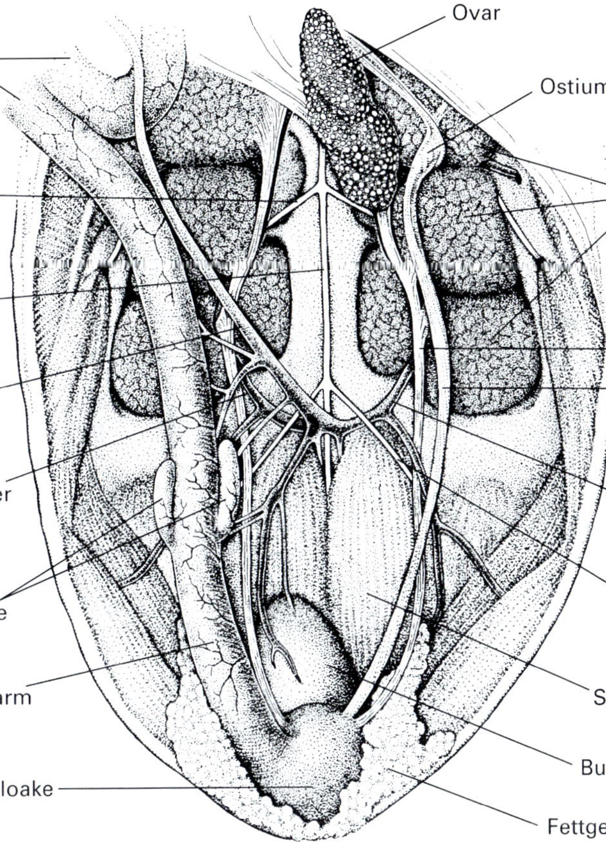

Abb. 221: Urogenitalapparat einer jungen, weiblichen Taube

- Der Darm wird jetzt vor der Kloake abgebunden, durchschnitten und herausgenommen oder, das ist die elegantere Methode, (vom Beschauer aus) nach links herausgelegt. Damit liegt das Urogenitalsystem frei (Abb. 221).

Die großen **Nieren** liegen hinter den Lungen und sind jederseits in drei Teile gegliedert. Sie werden vom Bauchfell überzogen, liegen also retroperitoneal. Die Harnleiter entspringen auf der ventralen Fläche und münden in die Kloake ein. Vor den Nieren liegen die kleinen, gelblichen oder rotbraunen Nebennieren.

Betrachtet man zunächst die **Geschlechtsorgane eines Männchens**, so fallen die in der Brunstzeit großen, bohnenförmigen Hoden besonders auf; der rechte ist etwas kleiner als der linke. Ihre Ausführgänge, die Vasa deferentia, verlaufen neben den Harnleitern, überkreuzen sie und münden ebenfalls in die Kloake ein.

Beim **Weibchen** ist nur das linke Ovar, ein traubiges Gebilde, vorhanden; das rechte ist fast völlig rückgebildet. Der Eileiter ist der Körperwand angeheftet. Er beginnt mit einem weiten, trichterförmigen Ostium, verläuft geschlängelt und erweitert sich im unteren Abschnitt zum Uterus; bei jungen Tieren (siehe Abb. 221) ist der Uterus noch nicht ausgeprägt.

- Mit der Schere die ventrale Kloakenwand längs aufschneiden.

In der Kloake findet man die paarigen Mündungen der Ureteren und seitlich von ihnen beim Männchen die auf Papillen sitzenden Mündungen der Samenleiter. Die Mündung des Eileiters in die Kloake liegt seitwärts von der des linken Ureters. Eine symmetrisch liegende, aber viel feinere Öffnung auf der rechten Seite stellt diejenige des rudimentären rechten Eileiters dar. An der Kloakenwand befindet sich

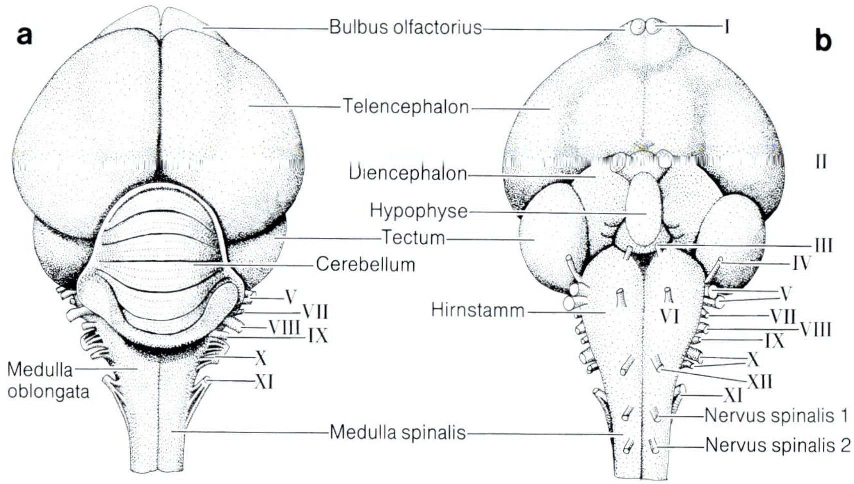

Abb. 222: Gehirn der Haustaube. (Nach WIEDERSHEIM) a. dorsale, b. ventrale Ansicht. Römische Ziffern = die zwölf Hirnnerven

auch die **Bursa Fabricii**, ein wichtiges Organ des Immunsystems, mit lymphfollikelreicher Wandung. Ihre Einmündung in die Kloake liegt caudal von den Mündungen der Ureteren; sie ist von einer Schleimhautfalte überdeckt.

- Zur Präparation des **Gehirns** wird der Schädel vom Hinterhauptsloch mit einer starken Schere geöffnet und die Schädeldecke sowie die angrenzenden Teile der Schädelseitenwand Stück für Stück abgetragen, bis die Oberseite des Gehirns in ganzer Ausdehnung freiliegt.
- Vor der Weiterpräparation sollte das Gehirn kurze Zeit mit Formalinlösung fixiert und dadurch verfestigt werden. Dann löst man das Gehirn auf der Ventralseite los, indem man von hinten nach vorn präpariert und die abgehenden Nerven möglichst weit von ihrem Ursprung abschneidet (Abb. 222).

Die beiden Hemisphären des Endhirns sind umfangreich, doch ohne jede Furchung; nach vorn zu verschmälern sie sich und überlagern jederseits einen kleinen Bulbus olfactorius. Bei Betrachtung von der Dorsalseite hat man den Eindruck, als ob sich an das Endhirn unmittelbar das Kleinhirn anschlösse.

- Diese beiden Hemisphären etwas auseinander drücken.

Zwischen ihnen tritt das Zwischenhirn mit der kleinen, caudalwärts umgebogenen Epiphyse zutage. Auf der Ventralseite sitzen dem Zwischenhirn das Chiasma opticum und dahinter die umfangreiche Hypophyse an. Das Tectum des Mittelhirnes tritt infolge seiner starken Entwicklung auch bei dorsaler Ansicht lateral zutage. Ganz besonders mächtig ist das Kleinhirn entwickelt, dessen Mittelstück, der Wurm, eine Querfaltung aufweist. Die Rautengrube des Nachhirns wird vom Kleinhirn völlig überdeckt.

Über die Hirnnerven orientiert Abb. 222.

VI. Mammalia, Säugetiere

Allgemeine Übersicht

Die Säugetiere sind bis auf die Monotremen vivipar und ernähren ihre Jungen mit dem Sekret spezialisierter Hautdrüsen (Milchdrüsen).

Ihre **Haut** ist durch den Besitz eines Haarkleides (S. 415) ausgezeichnet; wo ein solches fehlt, ist es sekundär reduziert worden. Charakteristisch für die Säugetierhaut sind ferner ihr Drüsenreichtum und die verhornte Epidermis. Die subepidermale bindegewebige Dermis ist besonders reich an Kollagenfasern, die ihr große Festigkeit verleihen. Typisch für Säugetiere ist die z. T. mächtige Subcutis, eine fettgewebsreiche

der dreistrahlige Linsenstern (Nahtstern) zu sehen, dessen Entstehung aus der Entwicklungsgeschichte verständlich wird.

Der gallertige Glaskörper ist auch beim Rind glasklar und ca. 20,3 cm^3 groß. Er füllt den größten Teil des Innenraums des Auges aus und ist reich an Hyaluronsäure.

Im **Innenohr (Labyrinth)** findet sich neben den drei Bogengängen die schraubig aufgerollte Schnecke (Cochlea, oft 2 bis 4 Windungen) mit kompliziert gebautem Sinnesepithel (Cortischem Organ). Im Mittelohr finden sich drei Gehörknöchelchen (Hammer, Amboß, Steigbügel). Das äußere Ohr besitzt meistens eine Ohrmuschel, die der Ortung von Schallquellen dient, aber auch weitere Funktionen übernehmen kann wie z. B. Signalgebung und Wärmeregulation.

Auch das **Geruchsorgan** ist in der Regel höher entwickelt als das aller übrigen Wirbeltiere. Seine recipierende Oberfläche hat durch Ausbildung zahlreicher, kompliziert gebauter knöchernes Turbinalia (Nasenmuscheln) stark an Ausdehnung gewonnen. Vielfach entwickeln sich von der Nasenhöhle aus Lufträume in die angrenzenden Knochen hinein, im Stirnbein z. B. die Stirnhöhle und in den Kieferknochen die Kieferhöhlen. Die Choanen (sekundären Choanen) liegen infolge der Ausbildung des knöchernen Gaumens weit hinten.

Das **Gebiss** der Säugetiere ist meist heterodont, d. h. die einzelnen Zähne sind der Form nach verschieden (Schneidezähne, Eckzähne, Backenzähne); wo ein homodontes Gebiss auftritt (z. B. bei den Zahnwalen), ist es sekundär aus einem heterodonten entstanden. Die Säugetiere sind diphyodont, d. h. es treten zwei Generationen von Zähnen auf (Milchgebiss und Dauergebiss). Die Zahl der Zähne ist bei den phylogenetisch älteren Säugetieren meist größer als bei den jüngeren Gruppen, als ursprünglich betrachtet man bei den Placentalia 44 Zähne.

Die Mundöffnung wird von fast stets beweglichen Hautfalten, den **Lippen**, begrenzt. Auf dem Boden der Mundhöhle liegt die muskulöse Zunge. Nach hinten wird die Mundhöhle durch das Gaumensegel abgegrenzt. Speicheldrüsen, die ihr Sekret in die Mundhöhle bzw. ihren Vorhof ergießen, sind die **Ohrspeicheldrüse (Glandula parotis)**, die **Unterkieferdrüse (Gl. submandibularis)** und die **Unterzungendrüse (Gl. sublingualis)**; ihr Sekret ist muköser, seröser oder gemischter Natur. Der Rachen (Schlund, Pharynx) geht in die Speiseröhre (Oesophagus) über, die durch das Zwerchfell tritt und in den Magen mündet. Am einhöhligen Magen unterscheidet man einen vorderen Cardia-, einen mittleren Corpus-Fundus- und einen hinteren Pylorusteil. Im Einzelnen kann der Magen bei den verschiedenen Säugetieren unterschiedlich gestaltet sein. Am **Darm** unterscheiden wir Dünndarm und Dickdarm. Im vorderen, als Duodenum bezeichneten Abschnitt des Dünndarmes münden, oft vereinigt, die Ausführgänge von Leber und Pankreas. Der an das Duodenum anschließende Hauptteil des Dünndarmes ist in Jejunum und Ileum gegliedert. Auch am Dickdarm unterscheidet man drei Abschnitte; Caecum, Colon und Rectum. Das Caecum (der Blinddarm) liegt am Anfang des Colons und dient bei einigen Pflanzenfressern (z. B. Rodentia und Lagomorpha) als Gärkammer (Celluloseabbau durch Bakterien) und kann sehr groß werden. Bei manchen Arten ist das Caecum kurz und teilweise rückgebildet (Wurmfortsatz).

Die **Leibeshöhle** der Säugetiere wird durch eine transversale, sehnig muskulöse Scheidewand, das **Zwerchfell (Diaphragma)**, vollkommen in zwei Bereiche getrennt, die im Thorax gelegene Brusthöhle mit Herz- und Pleurahöhle und die Abdominalhöhle (Bauchhöhle).

Die **Atmungsorgane** beginnen in der Tiefe des Rachens mit dem **Kehlkopf**, dessen Eingang durch den Kehldeckel (Epiglottis) verschließbar ist. Die Trachea gabelt sich in die beiden Hauptbronchien, die sich innerhalb der Lunge vorwiegend dichotom weiter verzweigen, so den luftleitenden Bronchialbaum bildend, der mit den respiratorischen Alveolarsäcken endet. Wichtigster Atemmuskel ist das Zwerchfell.

Das **Herz** besteht aus je zwei getrennten Kammern und Vorkammern. Nur der linke Aortenbogen ist erhalten geblieben; er entspringt aus der linken Herzkammer. Das aus dem Körper zurückströmende Blut tritt durch eine oder zwei vordere und eine hintere Hohlvene in die rechte Vorkammer und durch diese in die rechte Herzkammer ein, die es durch die Lungenarterien in die Lungen leitet. Von hier kehrt es oxygeniert durch die Lungenvenen zum Herzen zurück, tritt in die linke Vorkammer ein und wird von ihr an die linke Herzkammer befördert, die es in den Aortenbogen pumpt.

Das **Urogenitalsystem** erfährt innerhalb der Säugetiere beträchtliche Umformungen. Die Eier legenden Monotremen haben als älteste Gruppe noch eine Kloake. Bei den meisten anderen Säugetieren wird die Kloake durch eine Falte ihrer Vorderwand, den Damm (Perineum), in zwei völlig getrennte Abschnitte zerlegt: einen vorderen, den Urogenitalsinus, und einen hinteren, der den Enddarm mit dem After umfasst. Die Hoden verlagern sich oft aus der Bauchhöhle in peritoneal ausgekleidete Scrotalsäcke (Descensus testiculorum); sie können sich bei manchen Säugetieren nach jeder Brunstperiode in die Bauchhöhle zurückverlagern. Die Pars sexualis des Opisthonephros wird zum Nebenhoden. Die Wolffschen Gänge werden zu den in den Sinus urogenitalis einmündenden Samenleitern. Die Ausführgänge der Niere, die Ureteren, münden in die Harnblase. Die Ableitung des Harns aus der Blase erfolgt über die Harnröhre (Urethra).

Beim weiblichen Geschlecht gliedern sich die beiden Müllerschen Gänge in hintereinander liegende, strukturell und funktionell verschiedene Abschnitte: Eileiter, Uterus und weitgehend offenbar auch die Vagina. Bei den Marsupialia sind zwei Vaginen vorhanden, die getrennt in den Sinus urogenitalis münden (Didelphier); bei Placentaliern sind sie zu einem unpaaren Gang vereinigt (Monodelphier). Der Uterus zeigt alle Übergänge von völliger Trennung (Uterus duplex) bis zu teilweiser (Uterus bicornis) oder völliger (Uterus simplex) Verschmelzung.

Nur die Monotremen sind Eier legend. Ihre Eier sind wie die der Sauropsida reich an Dotter. Bei den Marsupialia verweilen die Embryonen nur kurze Zeit im Uterus und werden in sehr unvollkommenem Zustand geboren, um ihre Weiterentwicklung im Beutel durchzumachen. Bei den Placentalia kommt es zur Entstehung einer leistungsfähigen chorioallantoigenen Plazenta, die mit der Schleimhaut des Uterus in Kontakt tritt. Die Jungen bleiben hier länger im Körper der Mutter und kommen verhältnismäßig weit entwickelt zur Welt.

Spezieller Teil

Technische Vorbereitungen

- Zur praktischen Einführung in die Anatomie der Säugetiere die weiße Laborratte verwenden, deren Stammart *Rattus norvegicus* ist. Die Tiere werden kurz vor der Präparation in großen Gefäßen durch Einleiten von CO_2 oder durch Äther getötet. Die Tötung ist auch – nach Vornarkose mit Äther – mithilfe einer Überdosis Nembutal (Pentabarbital) möglich, das intracardial injiziert wird. Im Zweifelsfalle erkundige man sich nach den gültigen Tierschutzbestimmungen, die im jeweiligen Bundesland verbindlich sind. Präpariert wird in großen Wachsbecken. Das bei älteren Tieren oft reichlich entwickelte Fettgewebe kann die Präparation sehr erschweren. Es empfiehlt sich daher, zur Präparation Tiere unter 300 g zu verwenden.

1. *Rattus norvegicus* forma *domestica*, Laborratte

Körperform. Der gesamte Körper der Ratte ist mit Haaren bedeckt, die von zweierlei Art sind: feine, wollige Unterhaare (Wollhaare) und steifere, längere Grannenhaare. Am Schwanz sind Ringe von Hornschuppen ausgebildet, zwischen denen kurze, locker angeordnete Haare stehen. An der Oberlippe finden sich beiderseits 50–60 kräftige, lange Tasthaare (Sinushaare). Auch an anderen Körperstellen (Unterlippe, andere Kopfregionen, Vorderextremität) sind Sinushaare angelegt. Ihre bindegewebige Wurzelscheide enthält Blutsinus.

An den Hinterpfoten sind alle fünf Zehen wohlausgebildet und mit krallenartigen Nägeln versehen, an den Vorderpfoten dagegen nur vier, hier ist die erste Zehe stark verkürzt, ihr Nagel ist seltsamerweise abgeflacht. An den Zehenspitzen und den Fußflächen befinden sich Ballen.

Am Kopf sieht man die gespaltene Oberlippe sowie die meißelförmigen oberen und unteren Nagezähne. Zwischen den Nagezähnen und den Mundwinkeln schlägt sich die behaarte Haut der Oberlippe nach innen um, ein für die Nagetiere charakteristisches Merkmal. Am Auge kann man außer dem oberen und unteren Augenlid noch eine Nickhaut feststellen, die als knorpelgestützte Schleimhautfalte vom inneren (vorderen) Augenwinkel ausgeht.

Am Hinterende des Körpers liegt ventral der After, davor und durch den Damm von ihm getrennt, bei den Männchen der Penis, auf dessen Spitze die Urogenitalöffnung (Urethra) mündet, bei den Weibchen der Eingang in die Vagina. Die Harnröhre mündet bei den weiblichen Ratten getrennt von der Geschlechtsöffnung, und zwar vor der Vagina an der Basis der von einer kleinen Vorhaut umhüllten Clitoris (entspricht dem Penis der Männchen). Ein Sinus urogenitalis bzw. ein Vestibulum vaginae fehlt dann. Beim Weibchen finden sich rechts und links in der Bauchhaut die Zitzen, drei Paar in der Thorakal- und drei Paar in der Abdominalregion. Die Zitzen der Männchen sind rudimentär und schwer zu finden.

- Mit der Präparation beginnen, indem die Haut der Bauchseite von der Körpermitte ausgehend durch einen medianen Schnitt nach vorn bis zum Unterkieferwinkel und nach hinten seitlich an der Clitoris bzw. an der Penisspitze vorbei bis zum Becken (beim Männchen bis zum Ende des Scrotums) aufgeschnitten wird. Bei einem Weibchen liegen unter der Haut die flach ausgebreiteten Milchdrüsen.
- Dann wird die Haut mit den Fingern und – wenn nötig – dem Skalpell von der Unterlage gelöst.
- Besondere Vorsicht ist in der Halsregion geboten. Keinesfalls dürfen mit dem Unterhautfettgewebe die Speicheldrüsen – sie liegen zwischen Haut und Muskulatur – entfernt werden.
- Am Kopf das Fell bis zum Auge und Ohr lösen, an den Extremitäten bis zur Mitte von Unterarm und Unterschenkel, am Körper so weit, dass es sich, ohne das Abdomen zu deformieren, seitlich ausbreiten und feststecken lässt.
- Es wird nun in der Mitte des Bauches die Bauchdecke mit der Pinzette etwas hochgehoben und mit der Schere angeschnitten. Dann führt man einen Medianschnitt längs der weißen, sehnigen Linea alba nach cranial und caudal, der die Abdominal-(Bauch-)Höhle eröffnet.
- Hinten bis zur Schambeinsymphyse aufschneiden, vorn bis zum Hinterrand des Sternums. Dann, ohne den Brustraum zu eröffnen, vom Sternum aus jederseits einen Schnitt am Rippenbogen, dem Hinterrand des Brustkorbs, entlangführen, und die Bauchdecken zurückklappen und feststecken (Abb. 224).

Die **Bauchhöhle**, die auf diese Weise in ganzer Ausdehnung eröffnet wurde, wird von der **Brusthöhle** durch das kuppelförmige, muskulöse **Zwerchfell** geschieden. Caudal vom Zwerchfell liegt die braunrote, in mehrere Lappen gegliederte Leber.

- Das Sternum etwas anheben und die Leber vorsichtig nach hinten drücken.

Dadurch wird das Zwerchfell sichtbar. Durch seinen dünnen, membranösen zentralen Teil erkennt man die hellrote Lunge. Die Leber bedeckt mit ihrem linken Lappen den größten Teil des Magens. Eine Gallenblase fehlt der Ratte (nicht aber der Hausmaus). Der **Magen** ist ein weiter, quer liegender Sack, mit craniodorsaler Konkavität (Curvatura minor) und caudoventraler Konvexität (C. maior). Vorn liegt in der Mitte unter den Leberlappen die als Cardia bezeichnete Einmündungsstelle des Oesophagus, rechts – von Teilen des Pankreas überlagert – der Pylorus, die Übergangsstelle in den Darm. Der Hauptteil des Magens wird Corpus genannt; er besitzt einen weiten, nach links oben gerichteten Blindsack, den Fundus. Dieser ist bei der Ratte von Plattenepithel ausgekleidet, dessen Grenze zur drüsigen Magenschleimhaut auch von außen gut sichtbar ist (Abb. 224). Vom Unterrand des Magens ausgehend legt sich eine teils transparente, teils fettgewebehaltige Mesenterialstruktur, das große Netz (Omentum majus) über die Darmschlingen.

Die **Milz** liegt als zungenförmiges, braunrotes Organ unmittelbar links und dorsal vom Magen. Caudal vom Magen befindet sich der sehr lange, in viele Windungen gelegte Dünndarm. Im linken caudalen Teil der Bauchhöhle sind – bei verschiedenen Tieren in wechselnder Lage – der ziemlich große, graugrüne Blinddarm (Caecum) und ein kurzes Stück des anschließenden Colons zu sehen. Die Wand des Colons erscheint fein quer gestreift. Caudal befindet sich die Harnblase, die, wenn sie prall gefüllt ist, eine ansehnliche Größe erreicht.

- Um einen besseren Überblick über die einzelnen Abschnitte des Darmes zu gewinnen, den Blinddarm anheben, hin und her wenden und sich dabei über die Einmündung des Dünndarmes und den Ursprung des Dickdarmes informieren. Die Dünndarmschlingen, wo sie die Sicht auf tiefere Regionen des Bauchsitus verdecken, zur Seite schieben.

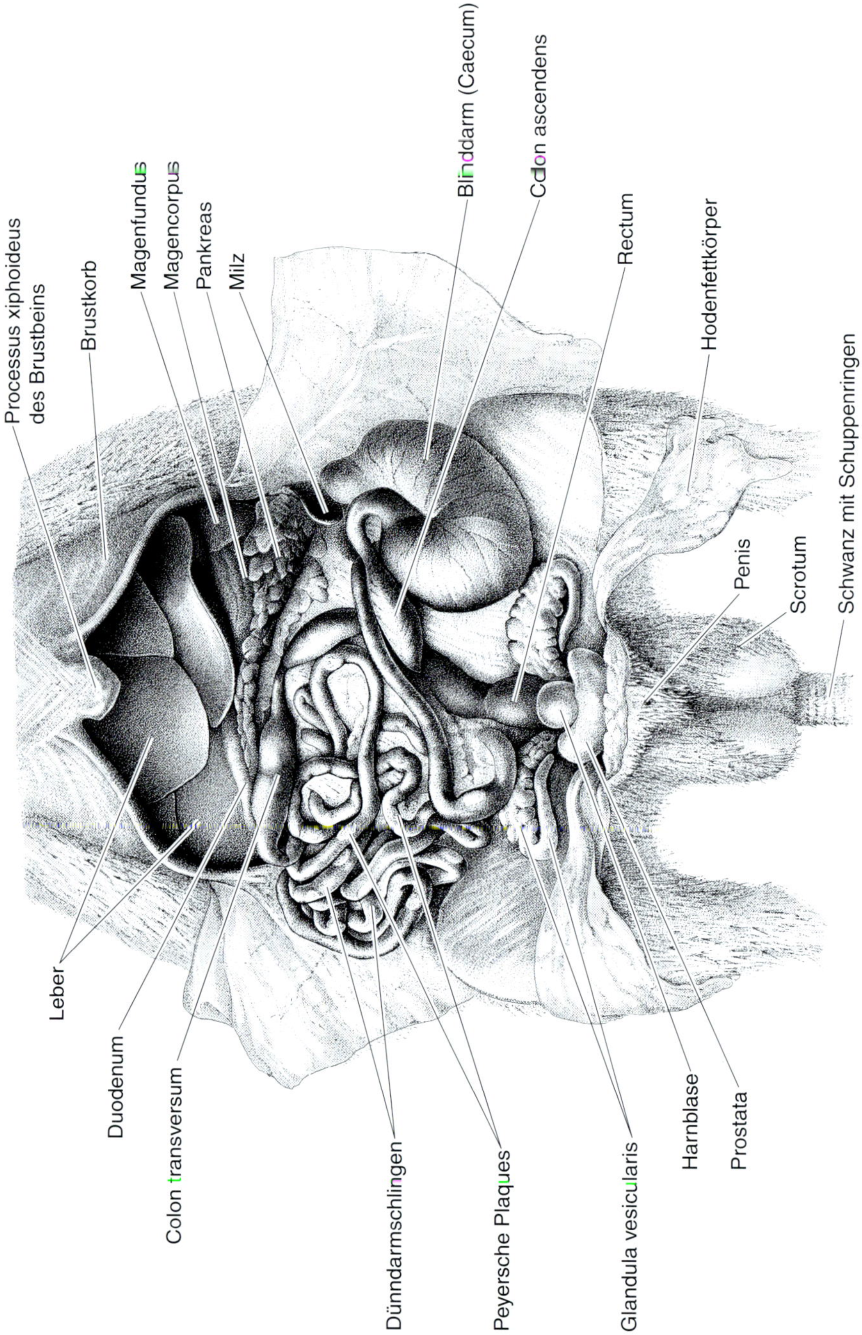

Abb. 224: Situs der Baucheingeweide einer männlichen Ratte. Der den Magen bedeckende linke Leberlappen ist etwas hochgeklappt. Der außen glatte Magenfundus ist deutlich gegen das oft mit Längsfalten versehene Magencorpus abgesetzt. Das von der großen Kurvatur des Magens (Magenunterrand) ausgehende große Netz (Omentum majus) ist ebenso wie der craniale Prostatalappen (s. Abb. 226) um der Klarheit willen nicht dargestellt

- Schließlich möglichst große Abschnitte des Dünndarmes herauslegen, dabei die Mesenterien so weit wie möglich schonen.

Folgt man nochmals, am Magen beginnend, dem Darmverlauf, so ist zu sehen, dass der als **Duodenum** bezeichnete Anfangsabschnitt des Dünndarmes eine weit nach hinten reichende U-förmige Schlinge bildet. Im Mesenterium der Duodenalschlinge liegt die hellrote, weitverzweigte **Bauchspeicheldrüse** (**Pankreas**).

Etwa auf halber Höhe zwischen Pylorus und Umbiegungsstelle der Duodenalschlinge mündet in den absteigenden Schenkel des Duodenums der von der Leber kommende Gallengang. Er ist, da er zum Teil durch Pankreasgewebe zieht, nicht ganz leicht zu finden.

Der an das **Duodenum** anschließende, sehr lange und vielfach gewundene Hauptabschnitt des Dünndarms – sein magennaher Teil wird als **Jejunum**, sein magenferner als **Ileum** bezeichnet – mündet unvermittelt in den weiten **Blinddarm** (**Caecum**) ein. An der Einmündungsstelle findet sich in Form einer hellen, ringförmigen Anschwellung ein Rückstauventil. Kleine, meist auch von außen sichtbare Knötchen in der Darmwand sind Ansammlungen von Lymphfollikeln (**Peyersche Plaques**, Abb. 224).

Vom Blinddarm geht, unweit der Einmündung des Ileums, das **Colon** aus. Dieses zieht als Colon ascendens nach cranial, anschließend als Colon transversum nach links und biegt als Colon descendens zur Mitte, wo es ohne scharfe Grenze in das Rectum (Mastdarm) übergeht. Der Mastdarm verläuft gestreckt zum Anus. Hier münden, kurz vor dem Übergang in die Haut, zahlreiche Talgdrüsen, die gemeinsam als Analdrüse bezeichnet werden.

- Nun werden der Oesophagus kurz vor seinem Eintritt in den Magen und der Enddarm etwa 2 cm vor dem After durchschnitten und der gesamte Darm, indem wir vorsichtig die ihn befestigenden Mesenterien durchtrennen, samt Pankreas und Milz herausgenommen. Alle übrigen Organe bleiben an Ort und Stelle.

Durch das Entfernen des Darmes wurde das **Urogenitalsystem** freigelegt (Abb. 225), zu dessen Betrachtung man jetzt übergeht. Hier fallen umfangreiche Fetteinlagerungen in die Aufhängebänder von Uterus, Eileiter und Ovar bzw. in den Samenstrang sowie um die Nieren auf, die zunächst sorgfältig entfernt werden müssen. Die **Nieren** sind zwei bohnenförmige Körper von dunkelblauroter Farbe. Ihre Oberfläche ist glatt und von einer dünnen Bindegewebshülle, der Nierenkapsel, umgeben, die man abziehen kann. Die Nieren sind etwas asymmetrisch gelagert, indem die linke mehr schwanzwärts und seitwärts liegt als die rechte, die in ihrem oberen Teil von einem Leberlappen überdeckt wird.

Der Innenrand der Nieren zeigt eine seichte Einbuchtung (Hilus), in deren Bereich die Ein- und Austrittsstelle der Nierengefäße, der Arteria renalis und der Vena renalis, liegt. Auch der Harnleiter (**Ureter**) tritt hier aus. Er beginnt mit einer trichterförmigen Erweiterung im Inneren der Niere, dem Nierenbecken, und zieht nach hinten zur Harnblase.

Die **Harnblase** gibt beim Weibchen seine kurze Harnröhre (**Urethra**) ab, die (s. S. 404) bei der Ratte vor der Vagina an der Basis der Clitoris mündet. Beim männlichen Geschlecht ist die Urethra bedeutend länger, sie erstreckt sich von der Blase bis zur Penisspitze. Bei beiden Geschlechtern öffnen sich neben der Urethralmündung große modifizierte Talgdrüsen (Präputialdrüsen), deren Sekret eine Funktion als Gleitmittel bei der Kopulation wie auch eine Duftwirkung zugeschrieben wird.

Am oberen Pol der Nieren befindet sich je eine kompakte **Nebenniere**.

- Den rechten Leberlappen nach oben wegdrücken und die Nieren leicht nach unten ziehen.

Die rechte Nebenniere liegt unmittelbar am oberen Nierenpol, die linke wenige Millimeter vom Nierenpol entfernt, der Mittellinie genähert. Die Nebennieren dürfen nicht mit den Nierenlymphknoten verwechselt werden, die nahe am Hilus jeder Niere unmittelbar vor der Arteria renalis liegen.

Bei der **weiblichen** Ratte liegen die Ovarien als zwei kugelige, traubige Körper dem Psoasmuskel auf; sie sind durch eine schmale Falte des Bauchfells, das Mesovar, an der dorsalen Rumpfwand festgeheftet. Weitere Bauchfellduplikaturen formen eine geschlossene Hülle um das **Ovar** (Bursa ovarica), in deren Innenraum der konisch zulaufende Anfangsteil des Eileiters hineinragt. An der Oberfläche des reifen Ovars sieht man die Graafschen Follikel als Bläschen verschiedener Größe vorspringen. Der **Eileiter** (Tuba uterina, Oviduct) nimmt mit seiner Eingangsöffnung (Ostium abdominale) die durch Follikelsprung freiwerdenden Eizellen auf; im Anfangsteil des Eileiters findet die Befruchtung

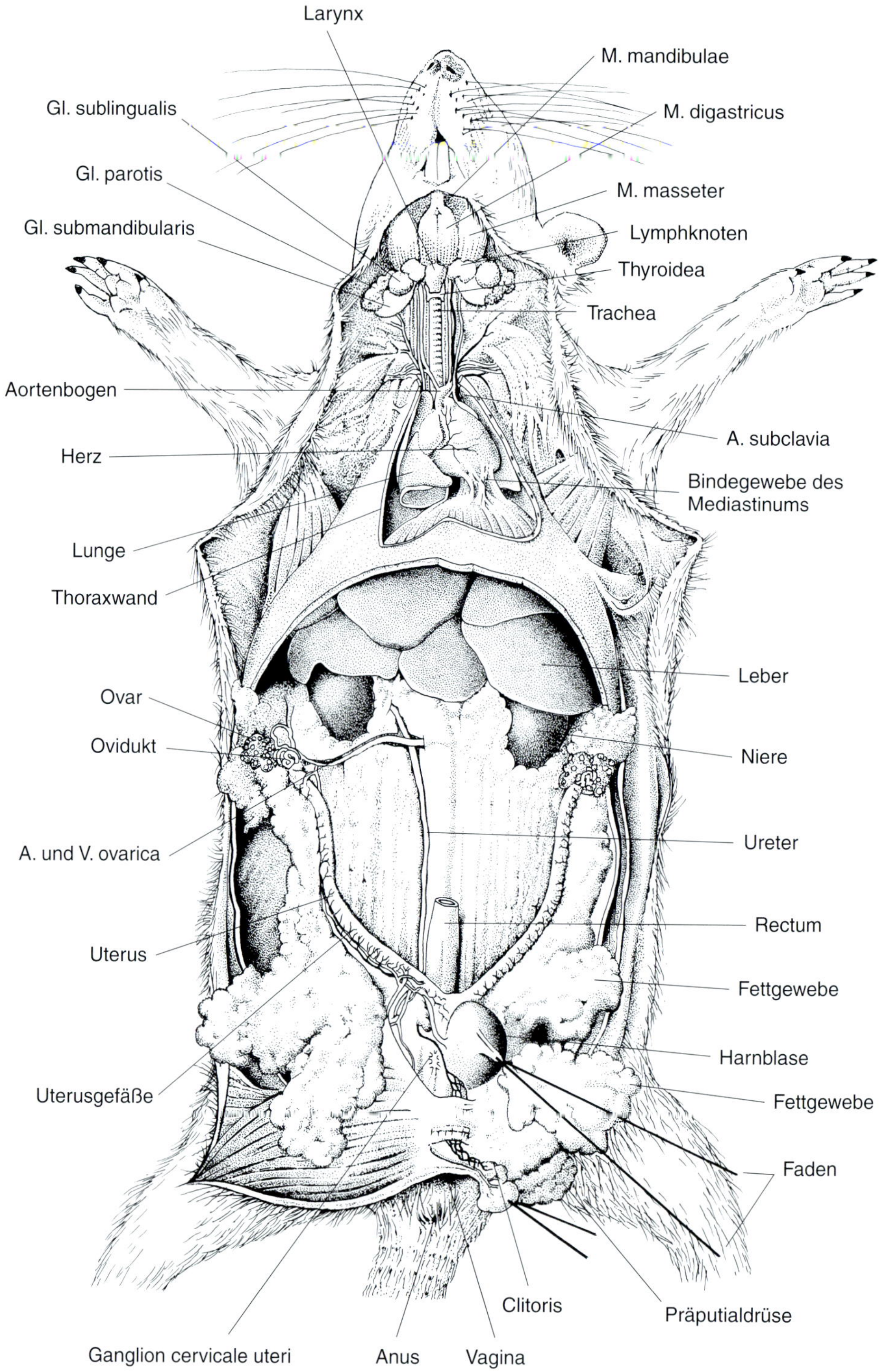

Abb. 225: Situs einer weiblichen Ratte. Der Darm ist entfernt

statt. In stark geschlängeltem Verlauf führen die von Flimmerepithel ausgekleideten und wie ein kugeliges Knäuel aussehenden Eileiter die Eizellen in die beiden erheblich geräumigen **Uteri** über, deren gerader, durch ein gefaltetes Band befestigter Hauptteil als Uterushorn bezeichnet wird. Die caudalen Abschnitte der beiden Uteri scheinen über eine kurze Strecke miteinander verwachsen zu sein, doch bleiben ihre Lumina getrennt, sodass bei der Ratte ein Uterus duplex vorliegt. Die Uteri münden getrennt auf zwei Papillen in die Scheide (Vagina) ein.

- Um dies sichtbar zu machen, mit der Schere die ventrale Wand des vorderen Teils der Scheide aufschneiden.

Die Scheide verläuft als gerades Rohr caudalwärts. Ihre Schleimhaut bildet Längsfalten aus.

Nun zur Untersuchung einer **männlichen** Ratte (Abb. 224, 226). Die **Hoden** liegen bei jungen Tieren an der dorsalen Wand der Bauchhöhle und wandern vor der Geschlechtsreife durch den Leistenkanal in den Hodensack (Scrotum), der durch ein Paar muskulöse Ausstülpungen der Bauchwand gebildet wird.

- Den Hodensack aufschneiden.

Die eiförmigen Hoden sind durch ein Band, das Gubernaculum testis, an der muskulösen Innenwand des Scrotums befestigt.

Am dorsalen und medialen Rand jedes Hodens liegt der Nebenhoden (Epididymis). Er beginnt mit dem dem vorderen Pol des Hodens anliegenden Nebenhodenkopf (Caput epididymidis), einer Aufknäuelung von 5–7 Ductuli efferentes. Die Ductuli münden in den Ductus epididymidis, der an der medialen Wand des Hodens entlangzieht und in seinem Hinterpol als Nebenhodenschwanz (Cauda epididymidis) eine weitere Aufknäuelung bildet. Von hier an macht sich der ziemlich dicke Schlauch, von nun an als Samenleiter (Ductus deferens) bezeichnet, vom Hoden frei. Die Samenleiter treten nach vorn durch den Leistenring in die Bauchhöhle ein, überbrücken die Ureteren, wenden sich wieder caudalwärts und münden von der dorsalen Seite her in den Urogenitalkanal (= männliche Urethra) ein.

- Um den Verlauf der Samenleiter zu verfolgen, die ventralen Prostatalappen nach hinten und die Glandulae vesiculares (s. unten) nach vorne drücken.
- Mit der Schere die Hoden von der Scrotumwand ablösen und seitlich herauslegen. Darauf die von der ventralen Seite des Beckens entspringende und medial zwischen den Leistenkanälen liegende Muskulatur entfernen, die Schambeinsymphyse freilegen und mit einer Knochenzange die Scham- und Sitzbeine unmittelbar seitlich von der Schambeinsymphyse durchtrennen.
- Dann den medianen Beckenteil herausheben, indem man sorgfältig die beiden Corpora cavernosa penis von der Hinterfläche des Sitzbeins lostrennt.
- Um alle dorsal vom Urogenitalkanal gelegenen Teile sehen zu können, unter Schonung der Gefäße die Bänder durchschneiden, die Urogenitalkanal und Rectum gemeinsam umhüllen und den Urogenitalkanal samt Blase zur Seite ziehen.

Man sieht nun den Urogenitalkanal frei vor sich liegen und dorsal von der Symphyse in den Penis eintreten. Nach vorn setzt er sich in den Hals der Harnblase fort, in die, von vorn kommend, seitlich die Harnleiter münden.

- Um das deutlich zu sehen, die Harnblase und die accessorischen Geschlechtsdrüsen dieses Bereichs caudalwärts herabziehen.

Jetzt wird auch klar, dass die beiden Samenleiter von hinten kommend die Ureteren kurz vor deren Einmündung in die Blase (ventral) kreuzen, unmittelbar darauf nach dorsal umbiegen und gemeinsam mit den Ausführgängen der schon erwähnten accessorischen Geschlechtsdrüsen (Glandula prostatica und Gl. vesicularis) in den Urogenitalkanal münden. In die **Samenleiter** münden kurz vor ihrem Ende die Samenleiterdrüsen (Glandulae ductus deferentis); sie werden fast ganz vom Lobus dorsolateralis der Prostata verdeckt. Die **Prostata** umgibt mit paarigen dorsolateralen und ventralen Lappen die Basis des Urogenitalkanals, während sich ihre – bei den Nagetieren besonders mächtig entwickelten – aus feinen, weißlich rosaroten Drüsenschläuchen bestehenden, cranialen Lappen dorsal der Harnblase nach vorn erstrecken. Sie liegen innerhalb der Bogen der ziemlich kompakten, weißlich gelben und widderhornförmigen **Glandulae vesiculares** (Bläschendrüse). Die beiden vorderen Prostatalappen werden häufig auch als Koagulationsdrüsen bezeichnet, da sie ein Sekret liefern, das, bei der Begattung unmittelbar nach der Ejakulation der Samenflüssigkeit ausgestoßen, zu einem die Vagina verschließenden Pfropf gerinnt. Die Sekrete der anderen Prostatalappen und die

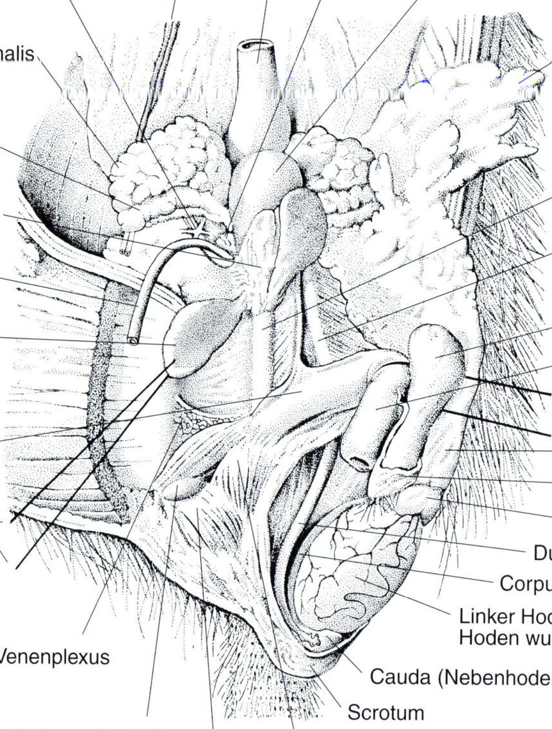

Abb. 226: Geschlechtsorgane einer männlichen Ratte. (Nach Hebel und Stromberg)

der Samenleiterdrüse werden der Samenflüssigkeit beigemengt. Caudal von diesen Organen liegen dem Urogenitalkanal dorsolateral die beiden **Cowperschen Drüsen** (Glandulae bulbourethrales) an.

Der Penis ist im nicht erigierten Zustand im Mittelteil nach caudal abgebogen (Flexura penis). Der Penisschaft besteht aus dem paarigen **Penisschwellkörper (Corpus cavernosum)**, dessen distalem Ende ein zweigeteilter Knochen (Os penis) aufsitzt. In einer ventralen Furche ist die Urethra mit einem eigenen **Schwellkörper (Corpus spongiosum)** eingebettet. Auch die Glans penis besitzt eigene Schwellkörper in Verbindung mit einem venösen Sinus. Der freie Teil des Penis wird von einer Hautfalte (Präputium) umgeben. Ihr Innenblatt schlägt auf die Glans penis über und bildet hier eine weitere Ringfalte um deren Spitze. Das Epithel der Eichel besitzt nach proximal gerichtete Hornstacheln, die in Ruhe nur wenig über die Oberfläche hervorragen.

- Bevor man zur Anatomie der Brusteingeweide übergeht, das Nierenbecken untersuchen. Hierzu eine Niere herauslösen und durch einen Längsschnitt halbieren.

In das Nierenbecken ragt die Nierenpapille hinein, auf der die Sammelrohre ausmünden; bei vielen anderen Säugern trifft man eine größere Zahl solcher Papillen an. Das Nierengewebe lässt eine Gliederung in Rinde und Mark erkennen. Zum Mark gehört die Papille.

- Die Nebennieren ebenfalls halbieren.

Auch hier lassen sich Rinde und Mark unterscheiden.

- Nun die dem Brustkorb aufliegende Muskulatur abpräparieren, im Bereich der Schlüsselbeine so weit, bis man (Vorsicht!) auf Gefäße, die Jugularvenen und die Aa. und Vv. subclaviae stößt.
- Anschließend die Brusthöhle öffnen, indem das Zwerchfell am Rippenbogen entlang aufgetrennt wird. Mit der starken Schere rechts und links vom Brustbein einen Schnitt nach vorne führen, wobei die Rippen durchgetrennt werden müssen.
- Dann wird das Brustbein herausgelöst und die Wand des Brustkorbs auf beiden Seiten so weit abgetragen, dass der Brustraum frei zugänglich wird. Schließlich durch einen Medianschnitt die Halsmuskeln aufspalten, um die Trachea freizulegen.

Die Mitte des Brustkorbs nimmt das **Herz** ein. Rechts und links von ihm liegt die hellrosa gefärbte **Lunge**. Das **Zwerchfell**, das Brust- und Bauchhöhle trennt, ist dünn und gliedert sich in eine ausgedehnte, sehnige Mittelscheibe (Centrum tendineum) und eine radiär davon ausstrahlende Muskulatur.

- Hierzu das Zwerchfell mit 2 Pinzetten an den Rändern fassen, hochziehen und abwechselnd nach hinten und vorn bewegen.

Es wird, etwas ventral von der Mitte des Centrum tendineum, von der Vena cava caudalis durchbohrt; dorsal von dieser tritt der Oesophagus hindurch und dicht vor der Wirbelsäule die Aorta. Links und dorsal von der Aorta zieht der dünnwandige **Ductus thoracicus** als Hauptlymphstamm des Körpers in die Brusthöhle nach vorn, um in die linke Vena subclavia einzumünden.

Die beiden Lungen umschließen das mit der Spitze nach links weisende Herz, vor dessen cranialem Ende sich Reste des bei jungen Tieren größeren **Thymus** nebst Fettablagerungen befinden. Umgeben wird das Herz von einem dünnwandigen Sack, dem **Herzbeutel**.

- Diesen – ebenso wie die bindegewebigen Umhüllungen der herznahen Gefäße – vorsichtig abpräparieren.

Die Gestalt des Herzens ist kegelförmig. Aus der linken Herzkammer entspringt die **Aorta** (linke Lungen nach rechts herüberlegen), die sich im Bogen nach links wendet und dann unmittelbar ventral der Wirbelsäule als Aorta descendens nach hinten verläuft (Abb. 227). An der Umbiegungsstelle entspringen von der Aorta drei große Arterien: der Truncus brachiocephalicus, die linke Carotis (A. carotis communis sinistra) und die zur linken Vorderextremität ziehende A. subclavia sinistra. Der Truncus brachiocephalicus teilt sich in die rechte Carotis (A. carotis communis dextra) und in die A. subclavia dextra. Von der rechten Herzkammer geht die Lungenarterie ab, die sich in zwei Äste für die beiden Lungenflügel spaltet. Aus der Lunge wird das oxygenierte Blut durch zwei Lungenvenen der linken Vorkammer des Herzens zugeführt. Die **Körpervenen** vereinigen sich zu zwei vorderen und einer hinteren Hohlvene, die in die rechte Vorkammer einmünden.

- Das Herz etwa in der Mitte quer durchschneiden.

So lassen sich die unterschiedliche Größe der beiden Kammern und die unterschiedliche Dicke der Kammerwände demonstrieren.

Die **Lunge** ist frei in der Brusthöhle aufgehängt. Die linke Lunge ist ungeteilt, die rechte besteht aus einem cranialen, einem mittleren, einem caudalen und einem nochmals unterteilten accessorischen Lappen.

Die **Trachea** ist ein langes, durch hufeisenförmige, dorsal offene Knorpelspangen gestütztes Rohr, das sich in der Brusthöhle in die beiden zu den Lungen gehenden **Hauptbronchien** teilt. An ihre dorsale Seite schmiegt sich der Oesophagus an. Vorn geht die Trachea in den **Kehlkopf** über, der ventral und seitlich von der großen Cartilago thyroidea (Schildknorpel) umfasst wird, während caudal davon noch eine schmale Knorpelspange zu erkennen ist, die den ventralen Bogen der ringförmigen Cartilago cricoidea (Ringknorpel) darstellt.

- Die Trachea samt Kehlkopf durch einen ventralen Längsschnitt spalten.

Die Mündung des Kehlkopfes wird ventral und an beiden Seiten durch den großen, knorpeligen Kehldeckel, die **Epiglottis**, überragt, die wie ein Deckel über die Mündung des Kehlkopfes gelegt werden kann. Ferner ist festzustellen, dass die ringförmige Cartilago cricoidea auf der dorsalen Seite stark verbreitert ist und dass ihrem oralen Rand hier noch zwei kleine Knorpelstücke, die Cartilagines arytaenoideae (Stell- oder Gießbeckenknorpel), aufsitzen. Zwischen

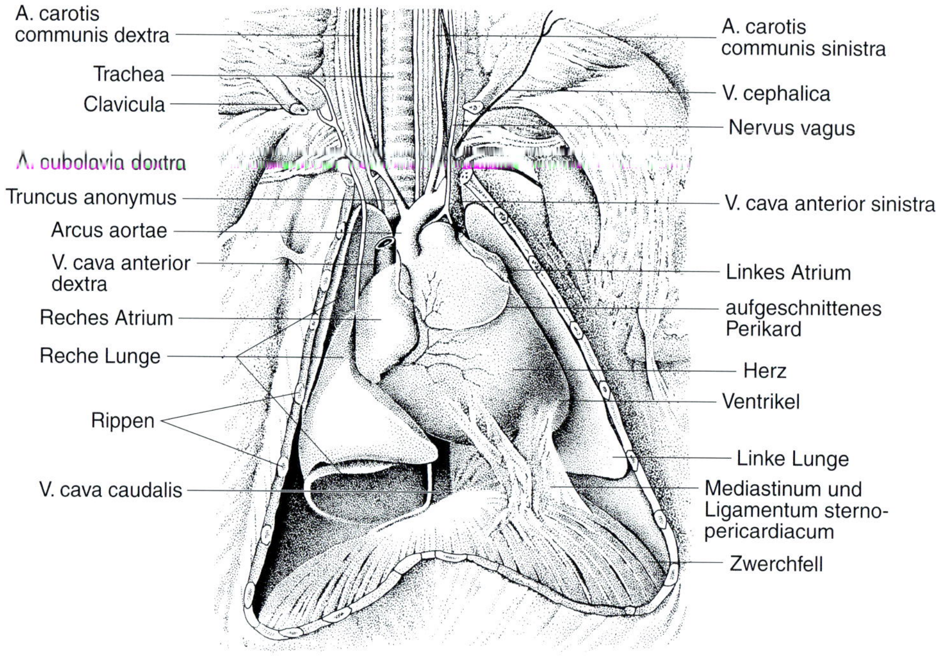

Abb. 227: Herz, Lungen und große Gefäßstämme der Ratte. Ventralansicht. (Nach Hebel und Stromberg)

Fortsätzen dieser beiden Knorpel und der Cartilago thyroidea spannen sich die beiden Stimmbänder aus.

Vor dem Kehlkopf finden sich zwei Paar **Speicheldrüsen**, die Unterkieferdrüsen (Glandulae submandibulares), denen craniolateral die größeren Unterzungendrüsen (Gl. sublinguales maiores) aufliegen. Die Ohrspeicheldrüse (Glandula parotis) erstreckt sich vom Ohr nach ventral und caudal. Rostral berührt sie die extraorbitale Tränendrüse. Kleine Speicheldrüsen finden sich in Zunge, Backen, Gaumen und Lippen. Unterhalb des Kehlkopfes liegt der Trachea die rotbraune, zweilappige Schilddrüse (Gl. thyroidea) auf.

- Zur Untersuchung von Mund- und Rachenhöhle jederseits die Mundöffnung verlängern, indem man vom Mundwinkel aus die Backen durchschneidet.

Außen wird die Mundhöhle begrenzt durch die **Lippen**, die muskulöse Hautfalten sind. Die Mundhöhle stellt ein Gewölbe dar, dessen Dach von einer dicken, in Querfalten gelegten Schleimhaut überzogen wird. Vorn stehen im Ober- wie Unterkiefer je zwei meißelförmige **Nagezähne**. Ihre Vorderseite ist mit dem rötlichen Schmelz überzogen. Diese immer wachsenden Zähne bleiben stets scharf, weil sie sich fortwährend gegenseitig und an der Nahrung abschleifen und dadurch die gleiche Größe behalten.

Ein Zwischenraum (**Diastema**) trennt die Schneidezähne von den Backenzähnen, von denen sich oben und unten jederseits drei finden. Ihre Kronen sind durch Schmelzlamellen quer gefaltet. Dicht hinter den Schneidezähnen des Oberkiefers liegen zwei feine Längsspalten, die Öffnungen der Nasengaumengänge, die die Mundhöhle mit der Nasenhöhle verbinden.

- Mit der Stereolupe kann man auf der Oberfläche und den Seiten der fleischigen **Zunge** verschieden geformte Papillen unterscheiden.

Fast die gesamte dorsale Oberfläche der Zunge ist mit kleinen, spitzen Papillen besetzt, die so dicht stehen, dass sie ihr ein samtartiges Aussehen verleihen. Es handelt sich dabei um die

Papillae filiformes, die mechanische Aufgaben erfüllen. Dazwischen sind im vorderen Bereich, erkennbar als blasse Punkte, die mit je einer Geschmacksknospe ausgestatteten Papillae fungiformes eingestreut. Zahlreiche Geschmacksknospen enthält die unpaare Papilla circumvallata, die als halbmondförmige Epitheleinsenkung am Zungengrund zu erkennen ist.

Jetzt zur Untersuchung des **Gehirnes.**

- Der Kopf wird zwischen den Condylen des Hinterhauptes und dem ersten Halswirbel (Atlas) vom Rumpf abgelöst. Dann werden Haut und Muskulatur vom Schädel abgelöst, indem man einen Medianschnitt von der Nase zum Hinterhauptsloch und einen zweiten, senkrecht darauf stehenden Schnitt in der Scheitelregion führt und die vier Hautzipfel abpräpariert.
- Ist die Schädelkapsel freigelegt, so wird sie mit der Feinsäge ringsherum aufgesägt. Man geht dabei vom Hinterhauptsloch aus und führt jederseits den Sägeschnitt nach vorn, dicht über dem Auge hinweg. Beide Schnitte werden vorn durch einen transversalen Sägeschnitt verbunden. Dann versucht man, unter Einführung des starken Messers in die Schnittrinne, das Schädeldach allmählich abzuheben. Beim Sägen wie beim Abheben ist Vorsicht geboten, um nicht ins Innere der Schädelkapsel vorzustoßen und das Gehirn zu verletzen.
- Ist die Schädeldecke abgehoben, findet man das Gehirn noch von Hirnhäuten bedeckt. Die Dura mater ist mit dem Schädel verwachsen. Die Arachnoidea und die Pia mater liegen nach Abtragen der Schädeldecke auf der Oberfläche des Gehirns.
- Die Weiterpräparation erfolgt vom Hinterhauptsloch aus. Es empfiehlt sich, vor Weiterpräparation das Gehirn mit Formalinlösung anzufixieren, wodurch das Gewebe etwas fester wird. Mit einer Knochenzange die Öffnung zu beiden Seiten des hinteren Hirnabschnittes erweitern, den Stiel des Messers vorsichtig unter die Basis der Medulla oblongata führen und diese langsam von ihrer knöchernen Unterlage abheben. Die von der Medulla abgehenden Nerven werden mit der feinen Schere oder einem dünnen Messer möglichst entfernt von ihrem Ursprung durchtrennt.
- In dieser Weise wird nach vorn weiterpräpariert, wobei man am besten den Schädel mit dem Scheitel nach unten hält. Größere Schwierigkeiten bereitet das Herauslösen der in der Sella turcica der Schädelbasis eingelassenen Hypophyse; vor allem hat man hier Zerrungen zu vermeiden. Sind erst die Augennerven durchschnitten, so kann man vorsichtig das Gehirn ganz herausklappen und nach dem Abschneiden der Riechnerven in ein Gefäß mit schwachem Alkohol gleiten lassen.
- Zum Schluss werden die Reste der Arachnoidea und, so weit möglich, auch die darunter liegende Gefäßhaut (Pia mater) entfernt. Eine zu beachtende Regel ist, niemals das Gehirn selbst mit Fingernägeln oder Instrumenten zu berühren.

Mit der Betrachtung der Oberseite des Gehirns beginnen. Das Endhirn ist stark entwickelt, die beiden Hemisphären sind glatt und weisen keine Furchen und Windungen auf. Vorn die beiden ansehnlichen Bulbi olfactorii, in die die Riechfasern eintreten, hinten überdeckt das Endhirn das Zwischenhirn und Mittelhirn fast völlig. Vom Zwischenhirn ist nur die Zirbeldrüse (Epiphyse) sichtbar, vom Mittelhirn ein Teil des Tectums, die bei Säugern auch Vierhügelplatte genannt wird. Das Kleinhirn ist deutlich in drei Abschnitte geteilt, den mittleren unpaaren Wurm und die beiden kompliziert gefalteten Kleinhirnhemisphären. Es schließt sich weiter nach hinten das schmale Nachhirn (Medulla oblongata) mit der Rautengrube an.

Bei Betrachtung von ventral sieht man über beide Endhirnhemisphären je eine tiefe Längsfurche verlaufen, die Fissura rhinalis (Fiss. palaeoneocorticalis); sie scheidet den zentralen Riechapparat von der übrigen Endhirnrinde. Caudal von der Sehnervenkreuzung liegt als rundlicher Körper die Hypophyse des Zwischenhirns, aus einem vorderen und hinteren Lappen bestehend. Vom Mittelhirn erkennt man die beiden Hirnschenkel (Crura cerebri), die die Verbindung zwischen hinteren und vorderen Gehirnabschnitten herstellen. Das Hinterhirn weist auf der Ventralseite eine mächtige, quer laufende Fasermasse unter beiden Kleinhirnhemisphären auf, die Brücke (Pons), die in den Brückenkernen umgeschaltete Erregungen aus dem Endhirn ins Cerebellum leitet. Das Nachhirn verschmälert sich nach hinten zu, um ganz allmählich in das Rückenmark überzugehen. Es zeigt auf der Ventralseite eine Längsrinne, an deren beiden Seiten Anschwellungen, die Pyramiden, liegen.

Schließlich sind noch die 12 Hirnnerven aufzusuchen (Abb. 228). Ihre Namen sind I. Nervus olfactorius; II. Nervus (Tractus) opticus; III. Nervus oculomotorius; IV. N. trochlearis; V. N. trigeminus; VI. N. abducens; VII. N. fa-

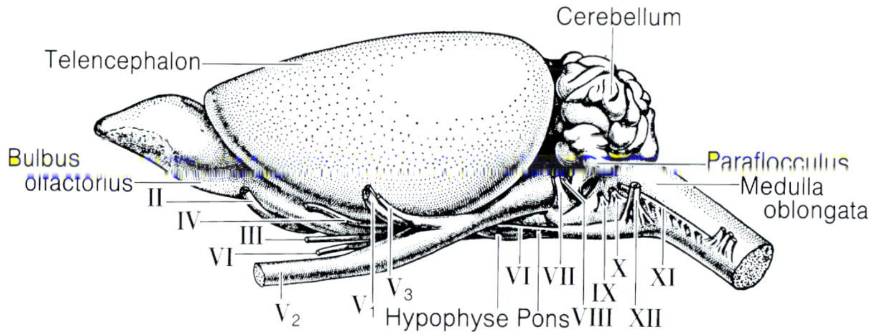

Abb. 228: Gehirn der Ratte von der Seite gesehen. Römische Zahlen = die Hirnnerven. (Nach GREENE aus GRASSÉ)

cialis; VIII. N. statoacusticus; IX. N. glossopharyngeus; X. N. vagus; XI. N. accessorius; XII. N. hypoglossus.

2. Histologie und mikroskopische Anatomie der Ratte

Grundlage der folgenden Darstellung sind vorwiegend 1–2 µm dicke, mit Toluidinblau angefärbte, in Kunstharz (Araldit) eingebettete Schnitte verschiedener Organe adulter Ratten. Die gute Strukturerhaltung der Gewebe beruht auf der Perfusionsfixierung mit dem Glutaraldehyd/Formaldehyd-Gemisch nach Karnovsky. Die Einbettung in Kunststoff ermöglicht die Herstellung von weitaus dünneren Schnitten, als sie nach Paraffineinbettung möglich sind, sodass viele strukturelle Details besonders klar erkennbar sind. Dennoch erlaubt der folgende Text selbstverständlich auch das Mikroskopieren mit Paraffinschnitten, die mit Hämatoxylin-Eosin oder anderen Farbstoffen gefärbt sind.

Haut

Die Haut (Abb. 229 a) lässt sich in drei Hauptschichten gliedern: Epidermis, Dermis, Subcutis.

Die **Epidermis (Oberhaut)** ist ein mehrschichtiges verhorntes Plattenepithel. Die Epithelzellen werden Keratinocyten genannt. Der Prozess der Verhornung ist an den Umwandlungen der Zellen, die diese im Rahmen der Ausreifung durchmachen, ablesbar. Basal finden sich relativ dunkle Basalzellen, in denen nicht selten Mitosefiguren erkennbar sind (Stratum basale). Es folgt apikalwärts das Stratum spinosum, das aus polygonalen, über viele Desmosomen verknüpften Zellen besteht. Nach oben zu flachen die Zellen langsam ab, und in ihrem Cytoplasma treten dunkle Keratohyalingranula auf, Anzeichen der Verhornung (Stratum granulosum). Die oberste Zellschicht (Stratum corneum) besteht aus schuppenförmigen, toten Zellen ohne Kern und Organellen. Sie bestehen aus Keratin und einer Matrix.

Von den Keratinocyten der Epidermis können verschiedene Carcinomformen ausgehen, die vielfach mit erhöhter Sonnenexposition assoziiert sind und auch durch Industrie-Carcinogene, z. B. Teer, ausgelöst werden können. Hierher gehören Plattenepithelcarcinome und von den basalen Epidermiszellen ausgehende Basaliome. Letztere sind recht häufig, wachsen langsam und metastasieren nur selten.

Zwischen den Basalzellen in der Epidermis finden sich einzelne Melanocyten, Zellen mit melaninhaltigen, dunklen Pigmentgranula, die diese Granula auch an die Keratinocyten abgeben und für die Dunkelfärbung der Haut verantwortlich sind. Jedoch sind albinotische Tiere, wie die Laborratte, aufgrund eines Enzymdefektes nicht in der Lage, Melanin zu bilden; diese Zellen sind bei ihnen also kaum zu sehen. Von den Melanocyten können beim Menschen bösartige Tumoren ausgehen, die Melanome. Ihre Farbe ist oft schwarzbraun, sie sind i. a. unregelmäßig begrenzt. Ihre Incidenz ist beim Menschen am höchsten in der sonnenexponierten Haut und in Regionen mit viel Sonne, wie z. B. Australien, jedoch können an ihrer Entstehung auch andere Faktoren betei-

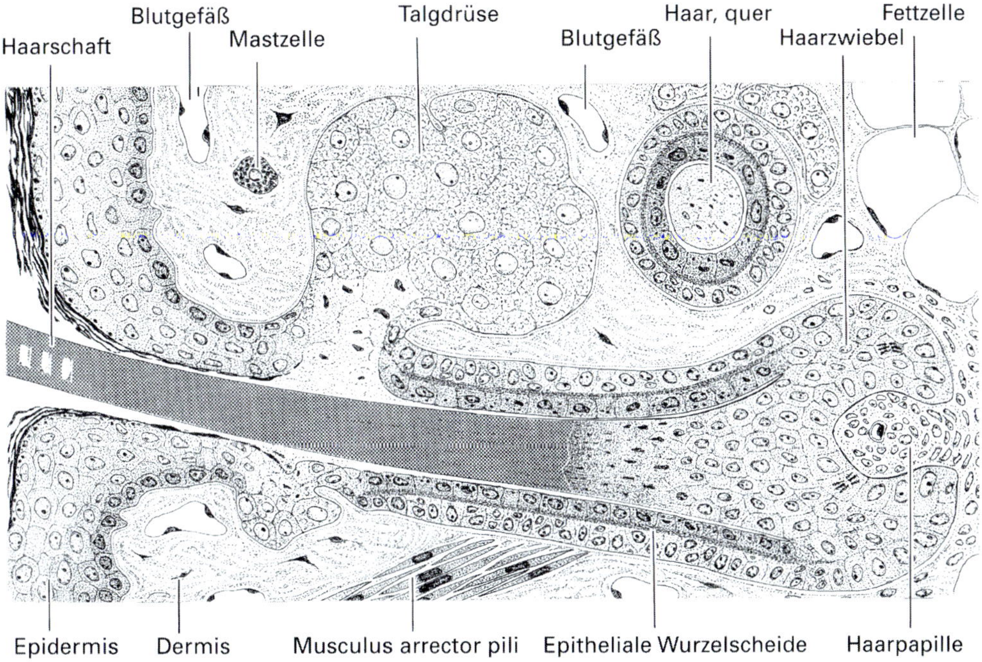

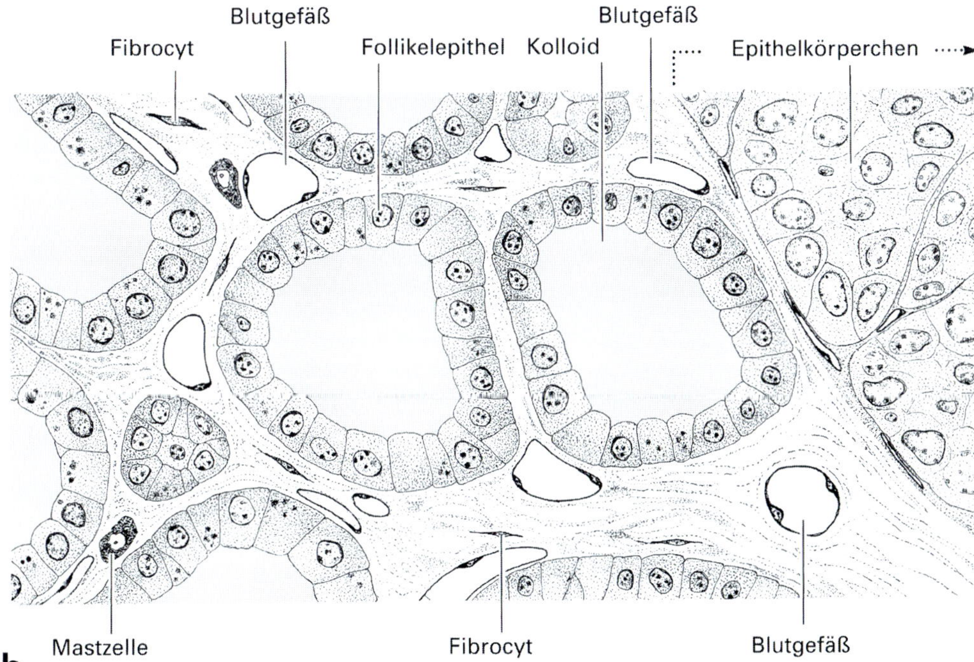

Abb. 229: Ratte. a: Haar und Haut, b: Schilddrüse

ligt sein. Gutartig sind dagegen i. a. die braunen Naevuszell-Naevi (Leberflecken).

In Epidermiseinsenkungen entspringen die **Haare**, die also rein epitheliale Gebilde sind. In der Tiefe ist das Bildungsgewebe der Haare zwiebelartig erweitert (Haarzwiebel, Haarbulbus). In diesen Bulbus stülpt sich von unten eine blutgefäßreiche Bindegewebspapille (Haarpapille) ein. Der in der Haut steckende Teil des Haares heißt Haarwurzel. Die Haarepithelzellen verhornen in bestimmten Mustern. Im verhornten Teil des Haares treten in regelmäßigen Abständen luftgefüllte Räume auf.

Seitlich entwickeln sich aus dem Epithel der epithelialen Wurzelscheide (Abb. 229 a) die **Talgdrüsen**, deren große, helle, lipidtröpfchenreiche Zellen holokrin sezernieren. Am Rande der Drüsen sind die Epithelzellen oft kleiner als im Zentrum, wo sie mit Lipidkugeln ausgefüllt sind und wo ihr Kern langsam zugrunde geht. Akne ist eine Erkrankung der Talgdrüsen des Menschen, die ihren Höhepunkt in der Jugend erreicht und sich i. a. langsam im frühen Erwachsenenalter zurückbildet. Ein wesentlicher Faktor bei der Entstehung der Akne ist eine Verhornungsstörung im Ausmündungsbereich der Talgdrüsen. Die verhornten Zellen lösen sich nicht ab, es entsteht ein Gerüst zusammenhaftender Zellen, ein sog. Komedo. Ein weiterer Faktor ist vermehrte Talgproduktion (Seborrhoe), die u. U. durch vermehrte Androgenreceptoren an den Talgdrüsenzellen verursacht wird. Dieses primäre Aknestadium kann sekundär entzündliche Veränderungen erfahren, es entstehen Papeln, Pusteln und Knoten. Wesentliche Bedeutung bei der Entzündungsreaktion und der Immunantwort besitzt *Propionibacterium acnes*, dessen Stoffwechselprodukte, insbesondere Lipasen, die Entstehung der entzündlichen Pusteln fördern. Auch Medikamente können bei entsprechender Disposition eine Akne auslösen, unterhalten oder verschlimmern, z. B. Glucocorticosteroide, Androgene (body building u. a.), systemische Antikonzeptiva, Halogene, Phenobarbiturate, Tetracycline u. v. a. Ein Einfluss von Nahrungsstoffen auf die Akne existiert nicht, daher ist auch spezifische Aknediät nicht zu begründen. Im Einzelnen gibt es eine Reihe verschiedener Formen der Akne, einer Krankheit, die aufgrund ihrer vorwiegenden Lokalisierung im Gesicht auch negative Auswirkungen auf das Sozialverhalten haben kann.

Seitlich setzen an der Basalmembran der Wurzelscheide glatte Muskelzellen an, die den Musculus arrector pili bilden, der die Haare aufrichtet. Die **Dermis (Lederhaut)** lässt sich in ein oberflächliches blutgefäßreiches Stratum papillare und ein tieferes kollagenfaserreiches Stratum reticulare untergliedern. Die **Subcutis (Unterhautfettgewebe)** ist fettgewebereich.

Endokrine Organe

Endokrine Organe weisen oft eine einfache Struktur auf und bestehen aus dicht gelagerten Knäueln oder Strängen epithelialer, hormonbildender Zellen, die in engem Kontakt mit Blutcapillaren stehen. Beispiele hierfür bieten die Epithelkörperchen (Abb. 229 b) und die Langerhansschen Inseln des Pankreas (Abb. 233 b). **Epithelkörperchen** sind oft auf Präparaten der Schilddrüse mit angetroffen und bestehen aus polygonalen hellen oder dunkleren Hauptzellen, die das Parathormon bilden. Vereinzelt ist eine rot gefärbte, etwas größere mitochondrienreiche Sonderform dieser Zellen, die oxyphile Zelle, zu erkennen.

Die **Schilddrüse** (Abb. 229 b) besteht aus kleinen geschlossenen Baueinheiten, die Follikel genannt werden. Diese besitzen unregelmäßige, aber nicht selten abgerundete Gestalt und bestehen aus einer einschichtigen Wand aus Follikelepithelzellen, die lückenlos einen zentralen Raum umschließen, der mit einer PAS-positiven, homogenen Masse, dem Kolloid, gefüllt ist. Das Follikelepithel besitzt je nach Funktionszustand wechselnde Höhe (aktive Zellen sind höher als ruhende) und bildet die jodhaltigen Schilddrüsenhormone T_3 und T_4. Das Kolloid besteht ganz überwiegend aus der Speicherform dieser Hormone, dem Thyreoglobulin. Die Calcitonin bildenden Zellen der Schilddrüse (C-Zellen) liegen im Follikelepithel, sind aber auf Routinepräparaten nicht zu unterscheiden.

Die häufigste gutartige Erkrankung der Schilddrüse des Menschen ist der Kropf (Struma), der auf eine Störung der Synthese der Schilddrüsenhormone zurückgeht; häufigste Ursache ist Jodmangel in der Nahrung. Diese Krankheit ist in vielen Regionen endemisch, so auch in Mitteleuropa. Der sog. sporadische Kropf tritt vereinzelt überall auf, bei jungen Frauen häufiger als bei jungen Männern, die Ursachen hierfür sind

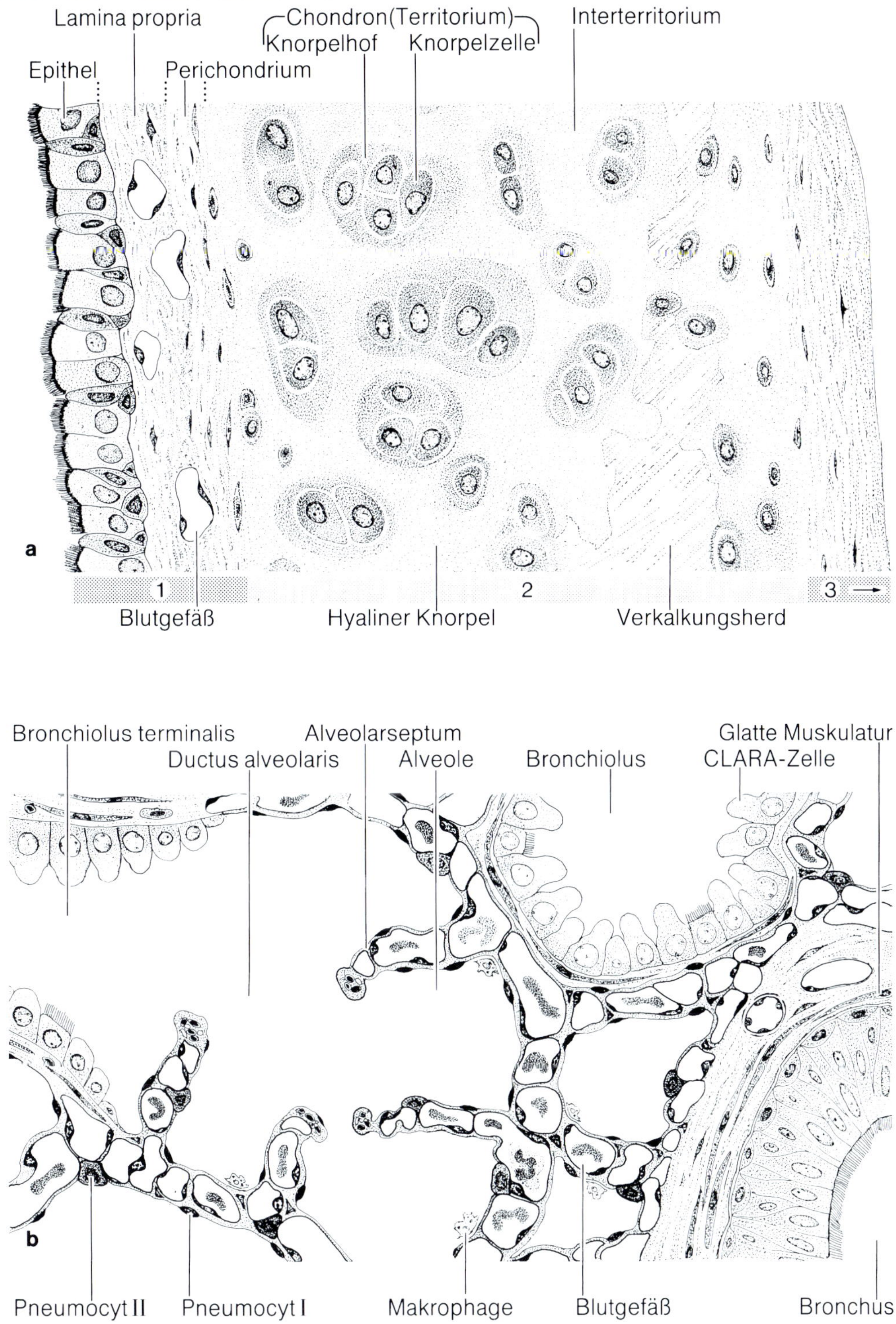

Abb. 230: Ratte. a: Trachea, 1: Tunica mucosa, 2: Trachealknorpel, 3: Tunica adventitia, b: Lunge

oft nicht bekannt, können aber vielfältig sein und z. B. durch Nahrungsbestandteile ausgelöst werden, die mit der Schilddrüsenhormonsynthese interferieren, z. B. Gemüse aus der Cruciferengruppe. Einzelnen Schilddrüsenknoten liegen meist gutartige Tumoren zugrunde. Schilddrüsencarcinome sind selten. Diese können durch ionisierende Strahlen entstehen, wie erhöhte Schilddrüsen-Carcinomraten bei den Überlebenden der Atombombenabwürfe in Hiroshima und Nagasaki zeigen.

Respirationstrakt

Trachea (Abb. 230a): Die Wand der Trachea lässt sich in verschiedene Schichten gliedern: 1. Tunica mucosa, 2. Trachealknorpel, 3. Tunica adventitia. Die **Tunica mucosa** besteht aus dem Epithel, das an das Lumen der Trachea grenzt, und der subepithelialen Lamina propria. Das Epithel ist ein mehr- (oft zwei- oder drei-) reihiges Flimmerepithel mit einzelnen Schleim bildenden Becherzellen. In der Tiefe des Epithels lagern Basalzellen (Ersatzzellen); in mittlerer Epithelhöhe finden sich Zellen, die auf dem Wege sind, sich zu Flimmer- oder Becherzellen zu differenzieren. Die Lamina propria ist reich an Kollagen- und elastischen Fasern und enthält u. a. Blutgefäße sowie vegetative Nerven. Drüsen sind selten und finden sich vereinzelt vor allem in Nähe des Kehlkopfes. Der hyaline **Knorpel** besteht aus unterschiedlich großen Nestern von Knorpelzellen, die von einem basophilen chondroitinsulfatreichen Hof umgeben werden. Eine Knorpelzellgruppe (mit Hof) wird Chondron (Territorium) genannt. Zwischen den Chondronen ist die Intercellularsubstanz des Knorpels blasser, d. h. weniger reich an Chondroitinsulfat. Bei älteren Tieren verkalkt der Knorpel. An der Oberfläche des Knorpels ist eine Übergangszone zum straffen Bindegewebe der **Tunica adventitia** bzw. der Lamina propria mucosae zu erkennen.

Lunge (Abb. 230b): Ein Schnitt durch die Lunge lässt Bronchien, Bronchiolen und die aus Alveolen aufgebaute gasaustauschende Region erkennen. Die **Bronchien** besitzen ein mehrreihiges Flimmerepithel ohne Becherzellen. Unter dem Epithel finden sich glatte Muskelzellen; Drüsen und Knorpel fehlen. Die **Bronchioli** sind durch ein prismatisches Epithel aus Clara-Zellen (mit apikalen, ins Lumen vorspringenden Zellkuppen) und einzelnen Flimmerzellen gekennzeichnet. Die Funktion der Clara-Zellen (benannt nach Max Clara, einem aus Südtirol stammenden Histologen, 1899–1966) ist nur zum Teil bekannt (Sekretion von Glykoproteinen und Entgiftung toxischer Substanzen). Sie kommen typischerweise in Luftwegen mit einem Durchmesser von 1 mm vor, d. h. in der Maus z. B. in der Trachea, beim Menschen in den Bronchioli.

Eine häufige Erkrankung der Atemwege des Menschen ist die Bronchitis, die i. a. mit Husten und vermehrter Schleimbildung einhergeht. Chronische Bronchitis wird nachhaltig vom Zigarettenrauchen, zumal in abgasbelasteten Städten, begünstigt. Mikrobielle Infektionen kommen oft sekundär hinzu. Tritt zusätzlich eine spastische, die Atemwege verengende Komponente (wie bei Allergien) auf, spricht man von chronisch obstriktiver Bronchitis. Beim Menschen nimmt in den Atemwegen u. a. die Zahl der Schleim bildenden Zellen (fehlen bei der Ratte) erheblich zu. Vom Bronchialepithel gehen beim Menschen ca. 95% aller primären Lungentumoren aus. Bronchialcarcinome sind unter den Krebserkrankungen die häufigste Todesursache. In Deutschland sterben jährlich 25000 Menschen an diesem Krebs. Es besteht eine eindeutige Beziehung zwischen Bronchialkrebs und Zigarettenrauchen.

Die **Alveolen** sind kleine, luftgekühlte, bläschenförmige Gebilde, die durch Septen (Alveolarsepten) getrennt sind. Die Alveolen werden von einem geschlossenen Epithel aus stark abgeflachten Zellen (Pneumocyten I) und kissenförmigen oder annähernd kubischen Zellen (Pneumocyten II), ausgekleidet. Die Pneumocyten I bilden zusammen mit dem Endothel der im Alveolarseptum gelegenen Blutcapillaren sowie der gemeinsamen Basalmembran dieser zwei Epithelien die Blut-Luft-Schranke, über die hinweg der Gasaustausch erfolgt. Die Pneumocyten II produzieren den „Surfactant", ein molekulares Gemisch, in dem Phospholipide und Proteine besonders wichtig sind. Der „Surfactant" setzt die Oberflächenspannung des Flüssigkeitsfilmes auf dem Alveolarepithel herab, wodurch die Entfaltung des Alveolarraumes beim Einatmen erleichtert wird. Im Alveolarlumen sind Makrophagen erkennbar. In den Alveolarsepten finden sich dicht gelagert Blutcapillaren, Kollagenfasern, elastische Fasern und Fibrocyten.

Verdauungstrakt

Die Wandung des Verdauungstraktes der Ratte ist in **1) Schleimhaut (Tunica mucosa)**, **2) Tela submucosa**, **3) Muskelwand (Tunica muscularis**, innen Ring- außen Längsmuskulatur) und **4) Tunica adventitia** (bindegewebige Außenschicht) gegliedert (Abb. 231, 232). Die Schleimhaut besteht aus Epithel, Lamina propria mucosae und Lamina muscularis mucosae. Unregelmäßig verstreut können in Mucosa und Submucosa Ansammlungen von lymphatischem Gewebe, z. B. in Form von Lymphfollikeln, vorkommen. In den **Peyerschen Plaques** ist das lymphatische Gewebe höher organisiert und besteht aus B- und T-Lymphocytenregionen sowie speziellen flachen Zotten mit M-Zellen. Die Peyerschen Plaques sind insgesamt das wichtigste lymphatische Organ des Verdauungstraktes und spielen eine wichtige Rolle bei der Entstehung der Immunität gegen die primär fremden Nahrungsbestandteile sowie bei der Abwehr von pathogenen Darmkeimen. Die M-Zellen sind epitheliale antigentransportierende Zellen. An Nervengewebe sind regelmäßig der Meissnersche Plexus (in der Submucosa) und der Auerbachsche Plexus (in der Muscularis) gut erkennbar. Die Adventitia ist oft von einem Peritonealepithel bedeckt und wird dann auch Serosa genannt.

Oesophagus (Speiseröhre; Abb. 231 a): Das Epithel des Oesophagus ist ein mehrschichtiges Plattenepithel, das deutliche Zeichen der Verhornung zeigt. Die Lamina propria enthält vor allem Bindegewebe mit Blutgefäßen und oft auch Infiltrate von Leukocyten, ein Hinweis auf entzündliche Vorgänge. Die Muscularis mucosae besteht aus glatten Muskelzellen. Die Submucosa ist schmal und enthält u. a. große Venen und Lymphgefäße. Die Muskelschicht besteht im Präparat aus quer gestreifter Skeletmuskulatur. Zwischen innerer Ring- und äußerer Längsmuskelschicht findet sich eine schmale Bindegewebszone mit auffallenden Ganglien und Nerven des Auerbachschen Plexus. Im Bindegewebe der Adventitia treten viele Blut- und Lymphgefäße sowie Fettzellen auf.

Magen (Corpus ventriculi; Abb. 231 b): Die dicke Schleimhaut des Corpus besteht überwiegend aus tubulären Drüsen, die in der Tiefe von Oberflächeneinsenkungen, Foveolae, entspringen. Die Foveolae sind von hochprismatischen Schleim bildenden Oberflächenepithelzellen ausgekleidet. In den Anfangszonen der Drüsen sind relativ kleine Nebenzellen (Schleimbildung, Regeneration der anderen Epithelzellen) erkennbar, die z. T. auch zwischen den großen Belegzellen (Salzsäurebildung) liegen. In der Tiefe der Drüsen liegen die Hauptzellen (Pepsinbildung). Vereinzelt sind schmale endokrine Zellen im Epithel nachweisbar. In der Lamina propria sind verschiedene freie Zellen (Mastzellen, Plasmazellen, Leukocyten) erkennbar. Die Muscularis mucosae (wie immer aus glatter Muskulatur) kann recht breit sein. Die Submucosa enthält u. a. große Gefäße. Zwischen den zwei Schichten der Muscularis sind regelmäßig Ganglien des Auerbachschen Plexus erkennbar. Die zur Leibeshöhle hin folgende Schicht trägt ein flaches Peritonealepithel (Serosa).

Beim Menschen kommt es recht häufig zu Entzündungen der Magenschleimhaut, einer Krankheit, die Gastritis genannt wird. Im Allgemeinen kommt es zu Atrophie der Magenschleimhaut. Akute Gastritis ist eine vorübergehende Krankheit, die sich rasch entwickelt, z. B. nach exzessivem Alkoholabusus, starkem Rauchen, schwerem Stress, massiver Medikamenteneinnahme. Im Rahmen solcher Entzündungen können grubenförmige Läsionen auftreten, die bis in die Submucosa hinabreichen und Ulcera (Singular: Ulcus) genannt werden. Aus ihnen kann es massiv bluten. Sie entstehen in den allermeisten Fällen im vorderen Duodenum und im Magen, also in Regionen, die dem sauren Magensaft ausgesetzt sind. Es handelt sich i. a. um eine chronische Krankheit, die vermutlich nicht nur mit der Magensäure, sondern auch mit dem Bakterium *Helicobacter pylori* assoziiert ist. Neben solchen „aggressiven" Faktoren spielt aber auch eine Schwächung der „defensiven" Faktoren der gesunden Schleimhaut (Oberflächenschleime, Bicarbonat, Regenerationskraft der Oberflächenepithelien, gute Schleimhautdurchblutung u. a.) eine Rolle. Auch psychovegetative und Persönlichkeitfaktoren können an der Ulcusentstehung beteiligt sein.

Duodenum (Zwölffingerdarm; Abb. 232 a): Die Schleimhaut des Duodenums bildet Zotten (finger- oder blattförmige Ausstülpungen) und Krypten (fingerförmige Einstülpungen). Die Zotten werden von einem einschichtigen prismatischen Epithel bedeckt, in dem Enterocyten (Saumzellen, resorbierende Zellen mit Bürsten-

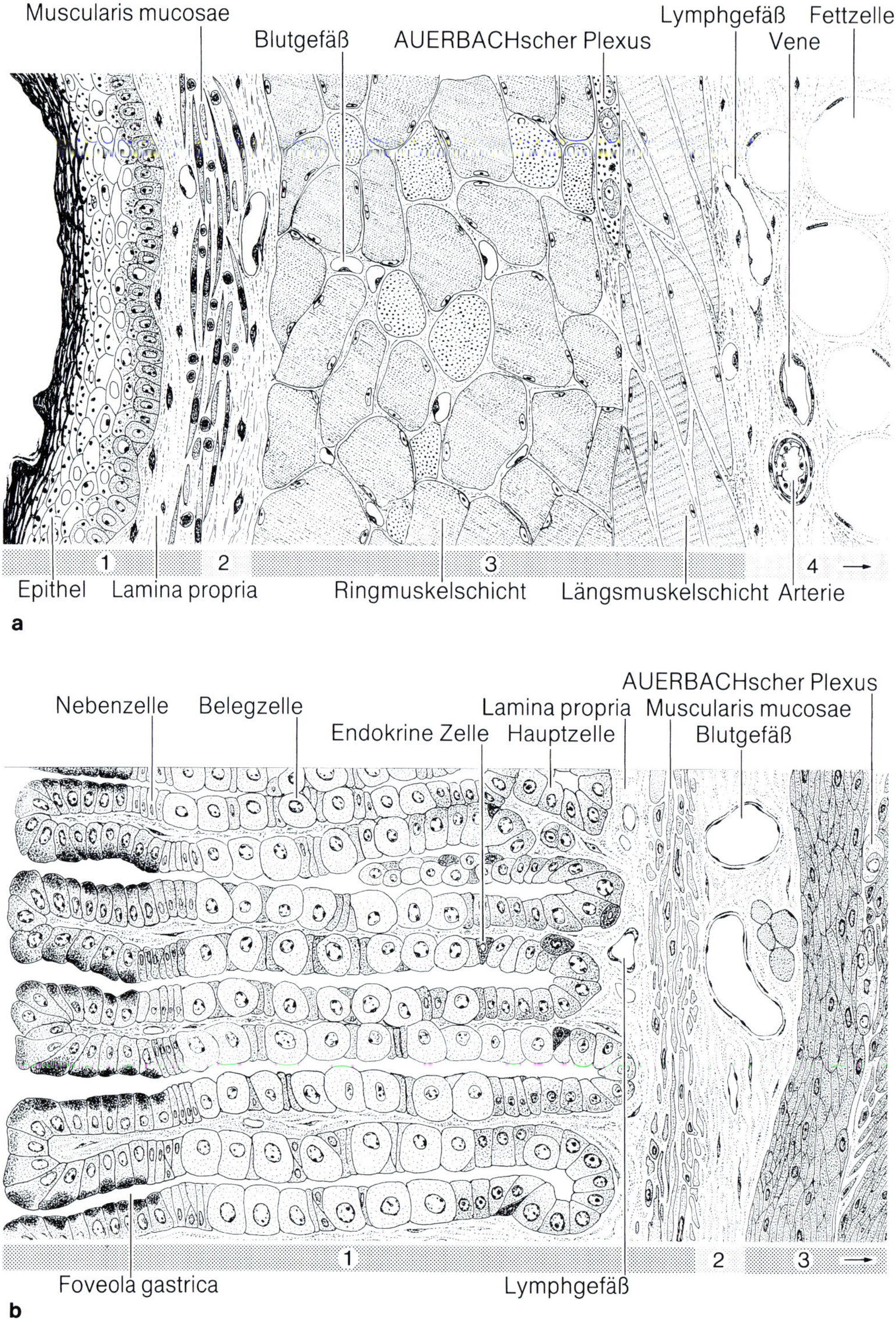

Abb. 231: Ratte. a. Oesophagus, b. Magen. 1: Mucosa, 2: Submucosa, 3: Muscularis, 4: Adventitia

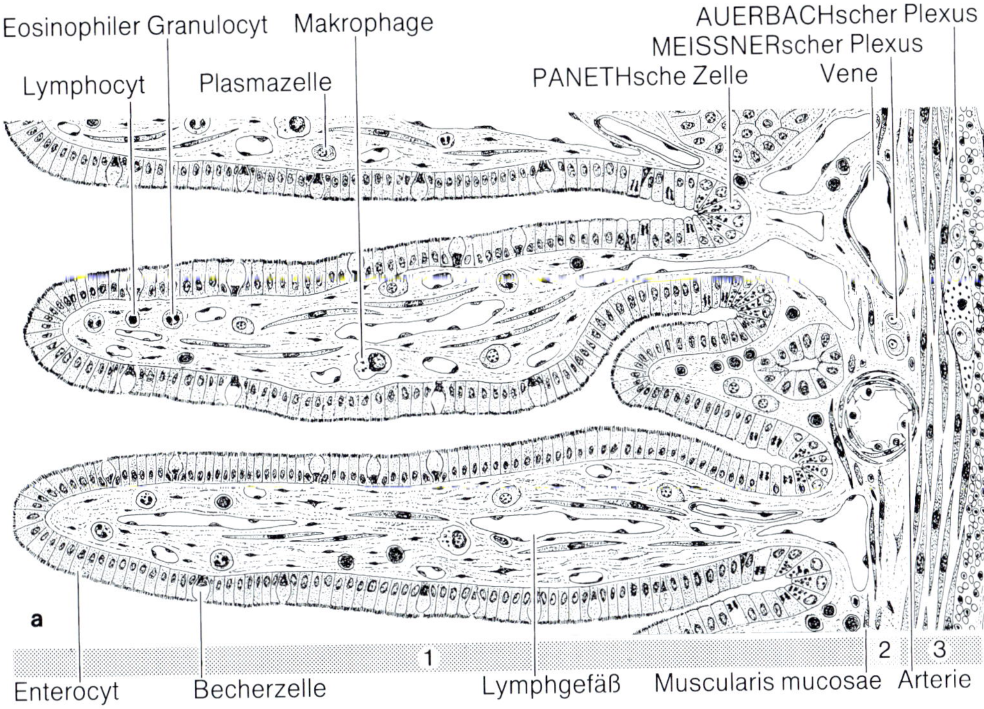

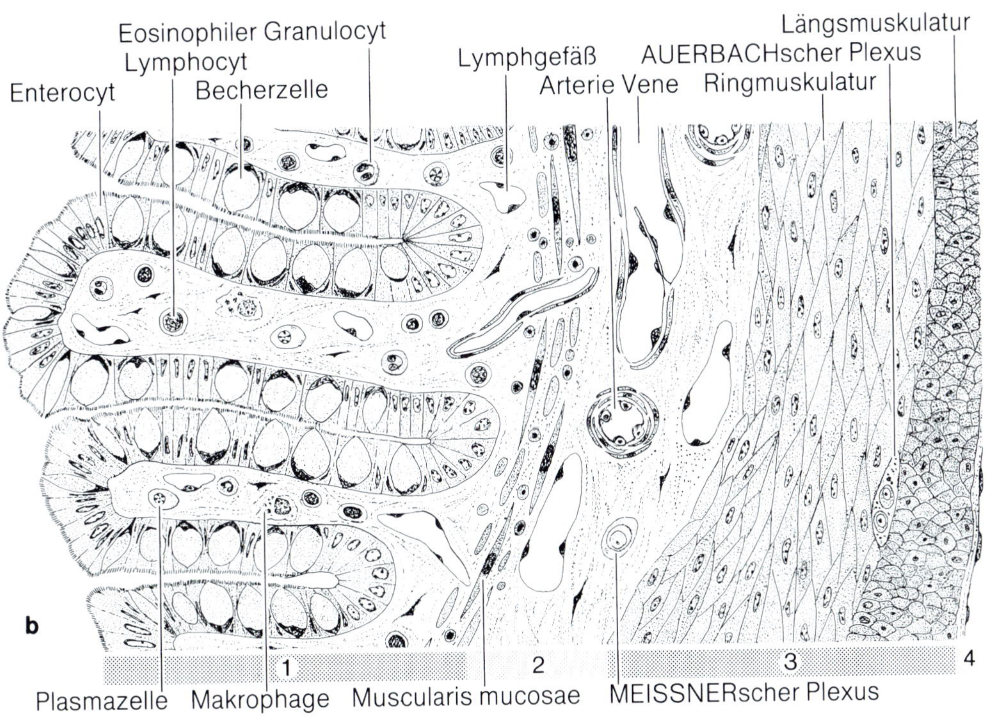

Abb. 232: Ratte. a. Duodenum; b. Colon. 1: Mucosa, 2: Submucosa, 3: Muscularis, 4: Adventitia

saum) und Becherzellen (Schleimzellen) zu unterscheiden sind. In der Tiefe der Krypten finden wir die sekretorischen Panethschen Zellen (Bildung von bakteriostatischen Substanzen) sowie unreife Epithelzellen; oft sind Mitosefiguren als Ausdruck der ständigen Neubildung von Epithelzellen in den Krypten erkennbar. In der Lamina propria der Zotten sind glatte Muskelzellen, zahlreiche Blut- und Lymphgefäße sowie freie Zellen zu unterscheiden. In der Zottenspitze lagern oft Makrophagen. Auch im Bindegewebe zwischen den Krypten finden sich zahlreiche freie Zellen (z. B. Plasmazellen, Eosinophile, Lymphocyten). Die Adventitia grenzt mittels Peritonealepithel an die Leibeshöhle (Serosa).

Colon (Dickdarm; Abb. 232 b): Die Mucosa des Colons ist durch zahlreiche tubuläre Drüsen (Krypten) gekennzeichnet, die viele Becherzellen enthalten. Zwischen den Becherzellen finden sich schmale mitochondrienreiche Enterocyten mit einem Bürstensaum sowie einzelne endokrine Zellen. Das Oberflächenepithel ist gleichartig aufgebaut, oft sind aber die Becherzellen etwas schlanker als in den Drüsen. In der Lamina propria sind zahllose freie Zellen (u. a. Plasmazellen, Makrophagen, Eosinophile, Lymphocyten) erkennbar. Die Submucosa enthält weite Lymph- und Blutgefäße, die kräftige Muscularis besteht wiederum aus glatten Muskelzellen. Die Adventitia trägt außen ein Peritonealepithel.

Leber (Abb. 233 a): Die Leber lässt sich in so genannte Zentralvenenläppchen gliedern, in deren Zentrum jeweils die Zentralvene liegt. Auf diese Vene laufen annähernd radiär die Leberzellbalken zu, zwischen denen, ebenfalls radiär, die Lebersinusoide (dünnwandige, relativ weite capillarähnliche Blutgefäße) verlaufen, die in die Zentralvene einmünden. Die Leberzellen (Hepatocyten, Leberepithelzellen) erfüllen zahlreiche Funktionen im Stoffwechsel und grenzen mit einem Pol an die Sinusoide und mit dem anderen Pol an die Gallencanaliculi. Diese sind nur in Spezialpräparaten erkennbare, spaltförmige Lücken zwischen den Leberzellen, die auch die Gallenflüssigkeit bilden. In das von Poren durchsetzte Endothel der Sinusoide eingelagert sind die phagocytierenden von Kupfferschen Sternzellen. Zwischen Endothel und Leberzellen befindet sich ein schmaler Bindegewebsraum (Dissescher Raum) mit wenigen Kollagenfasern und einzelnen speziellen Vitamin-A- und lipidspeichernden Zellen. Sinusoide und Hepatocyten besitzen keine Basalmembran, sodass insgesamt Stoffwechselvorgänge zwischen Blut und Leber erleichtert sind. In den Zwickeln zwischen drei aneinander grenzenden Leberläppchen (periportales Feld) finden sich Anschnitte von Ästen der Pfortader (groß, dünne Wand), der Leberarterie (klein, muskelreiche Wand), des Gallengangsystems (kubisches Epithel) und von Lymphgefäßen (sehr zarte Wand, oft spaltförmig). Die drei auffallenden Strukturen (Vene, Arterie, Gallengang) werden auch als Glissonsche Trias bezeichnet.

Übermäßiger Alkoholkonsum führt beim Menschen zur alkoholischen Lebererkrankung. Die Zahl der Alkoholiker ist groß; infolge Alkoholabusus sterben in zahlreiche Menschen, davon viele bei Autounfällen, bei denen Alkohol im Spiel war. In der Leber treten auf: Fettleber, alkoholische Hepatitis und Leberzirrhose. Bei der Fettleber kommt es zur (reversiblen) Einlagerung von Fetttropfen in die Hepatocyten (Leberepithelzellen). Die Verfettung beginnt im Zentrum des Leberläppchens; makroskopisch wird die Leber groß, schwer (bis zu 4–6 kg, normal 1,5 kg), weich, gelblich und fettig. Bei der alkoholischen Hepatitis kommt es zu einer ganzen Reihe von Veränderungen der Leberepithelzellen, und Neutrophile, Lymphocyten und Makrophagen wandern in Periportalfelder und Läppchen ein. In Läppchen und in Periportalfeldern vermehrt sich das Kollagen (Fibrose); z. T. kann es zu Abflussstörungen der Galle kommen. Fettleber und Hepatitis können unabhängig voneinander entstehen; aus beiden kann sich langsam die irreversible, alkoholische Leberzirrhose entwickeln. Über Jahre nimmt die Leber an Größe ab und ist schließlich ein braunes, hartes, geschrumpftes Organ. Es kommt zu erheblicher Vermehrung des Kollagens in den Läppchen und Periportalfeldern, die Läppchenstruktur wird gestört, es bilden sich Regenerationsknoten in den von kollagenem Bindegewebe eingeschlossenen Leberparenchymresten; es entstehen kleine und große Knoten, die infolge der Störung der Blutgefäßversorgung zugrunde gehen können und vernarben. Leberversagen, innere Blutungen, toxische Hirnschädigungen u. a. führen zum Tode.

Pankreas (Bauchspeicheldrüse; Abb. 233 b): Im Pankreas lassen sich exokrine und endokrine

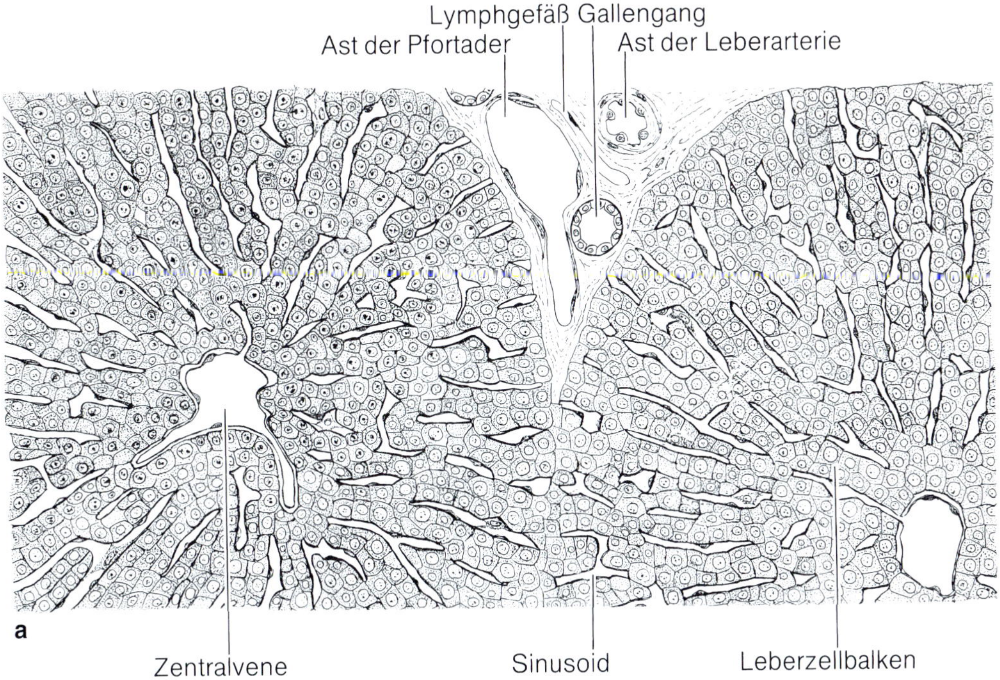

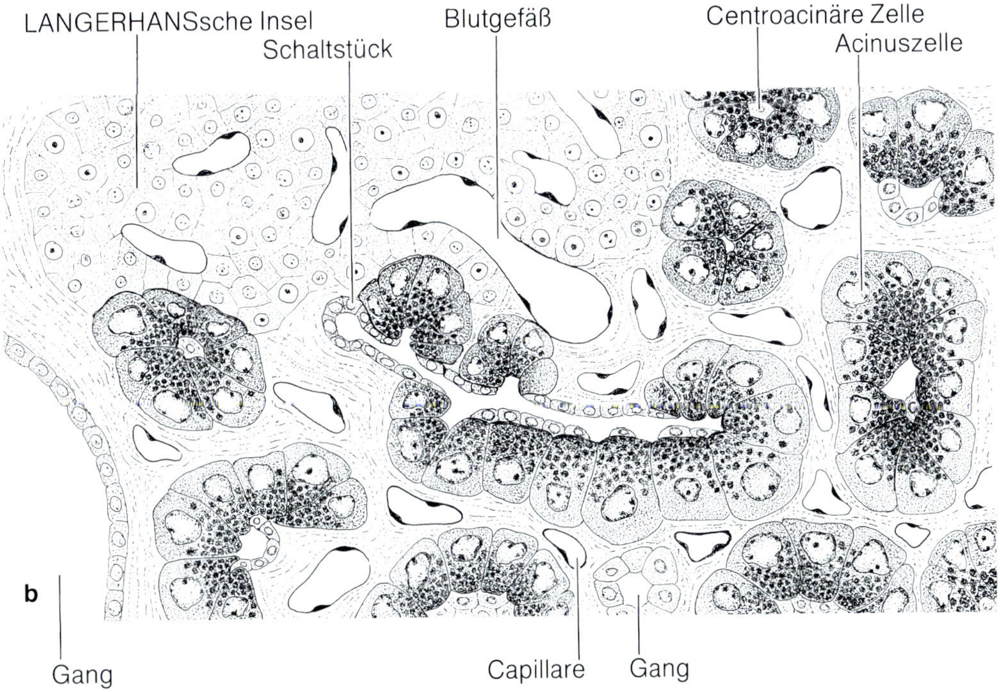

Abb. 233: Ratte. a: Leber, b: Pankreas

Anteile unterscheiden. Letztere sind durch die **Langerhansschen Inseln** repräsentiert, die im Routinepräparat aus Knäueln und Strängen heller polygonaler Zellen bestehen, zwischen denen viele Blutcapillaren erkennbar sind. Die Masse der Zellen sind B-Zellen (Insulinbildner), am Rande der Inseln sind z. T. etwas größere und stärker angefärbte A-Zellen (Glucagonbildner) nachweisbar. Weitere endokrine Zelltypen sind immunhistochemisch unterscheidbar.

Häufigste Erkrankung der Langerhansschen Inseln ist beim Menschen der Diabetes mellitus (Zuckerkrankheit). Der Mensch besitzt ca. 1 Mio. dieser Inseln, in denen die Insulin bildenden Betazellen 70% der Gesamtinselzellzahl ausmachen. Kennzeichen des Diabetes mellitus ist Hyperglykämie (erhöhter Glucosespiegel im Blut), verursacht durch absoluten Insulinmangel (Zerstörung der Beta-Zellen durch Autoimmunprozesse, Typ-I-Diabetes) oder durch gestörte Insulinsekretion verbunden mit Insulinresistenz in peripheren Geweben (Typ-II-Diabetes). Dies führt zu chronischen Störungen nicht nur des Kohlenhydrat-, sondern auch des Fett- und Proteinstoffwechsels und über Jahre schließlich zu schwer wiegenden Komplikationen, die sich vor allem an Veränderungen der Blutgefäße zeigen; dies wiederum bedingt Durchblutungsstörungen und Funktionsverluste z. B. der Niere, der Retina, der Extremitäten und in Nerven.

Das **exokrine Pankreas** ist aus acinären oder kurz-tubulären Endstücken aufgebaut. Die aus großen prismatischen Zellen mit apikalen Sekretgranula, basaler Basophilie und basalen großen Kernen bestehen. Die Endstücke (Acini) bilden Verdauungsenzyme und setzen sich in das Gangsystem fort. Der erste Abschnitt dieser Gänge, das Schaltstück, besteht aus kleinen, niedrigen oder fast kubischen Zellen, die sich bis in die Endstücke hinein ausdehnen können und hier centroacinäre Zellen genannt werden. Die Schaltstücke verbinden sich zu zunehmend größeren Gängen, die an ihrem einschichtigen, i. a. kubischen Epithel erkennbar sind (Blutgefäße haben immer ein flaches Endothel). Im Bindegewebe zwischen den Endstücken sind nach Perfusionsfixierung zahlreiche Capillaren gut sichtbar.

Milz

Die Milz (Abb. 234a) wird außen von einer straffen **Bindegewebskapsel** begrenzt, von der Trabekel, in die Blutgefäße eingelagert sind, in die Tiefe des Organs ziehen. Im Inneren der Milz findet sich das schwammige Pulpagewebe, das zwei Differenzierungen erkennen lässt: die **weiße Pulpa** und die **rote Pulpa**. Die weiße Pulpa steht in enger Beziehung zu den großen Arterien der Pulpa und besteht vorwiegend aus dicht gelagerten Lymphocyten.

Um die Pulpaarterie bilden T-Lymphocyten eine periarterielle Lymphocytenscheide (PALS), in die kleine Lymphfollikel eingelagert sind. Die Lymphfollikel bestehen aus B-Lymphocyten und lassen in Form der häufigen Sekundärfollikel ein helleres Keimzentrum und einen dunkleren Randwall erkennen. Im Keimzentrum (= Reaktionszentrum) finden sich stimulierte B-Lymphocyten, die Centroblasten (basophiles Cytoplasma) und Centrocyten heißen. Letztere differenzieren sich zu Gedächtnis- und Plasmazellen. Am Rande der weißen Pulpa, die also aus der PALS und den Follikeln besteht, ist eine Marginalzone mit vielen Makrophagen und auch Plasmazellen ausgebildet.

In dem Raum zwischen der aus dicht gelagerten, im Schnitt dunklen Lymphocyten bestehenden weißen Pulpa befindet sich die blutreiche rote Pulpa, deren wesentliche Blutgefäße die Milzsinus sind. Die Wand dieser Gefäße besteht aus lang gestreckten Endothelzellen, die von ringförmigen Basalmembranstreifen und einzelnen Kollagenfibrillen umsponnen werden. In den strangförmigen Gewebestreifen zwischen den Sinus (Pulpastränge, Billrothsche Stränge) befinden sich in den Lücken des reticulären Bindegewebes zahlreiche Erythrocyten. Diese gelangen aus offenen Endabschnitten von Arterien in diesen Bindegewebsraum und müssen sich durch schlitzförmige Öffnungen in der Wand der Sinus in das Gefäßlumen zurückbegeben. Gealterte Erythrocyten werden von Makrophagen abgebaut.

Niere

Im Präparat der Nierenrinde (Abb. 234b) sind Nierenkörperchen (Corpuscula renalia) und verschiedene Anschnitte des Tubulussystems der Nephrone zu unterscheiden.

Die **Nierenkörperchen** bestehen aus einem Knäuel capillarer Gefäße (Glomerulus) und ei-

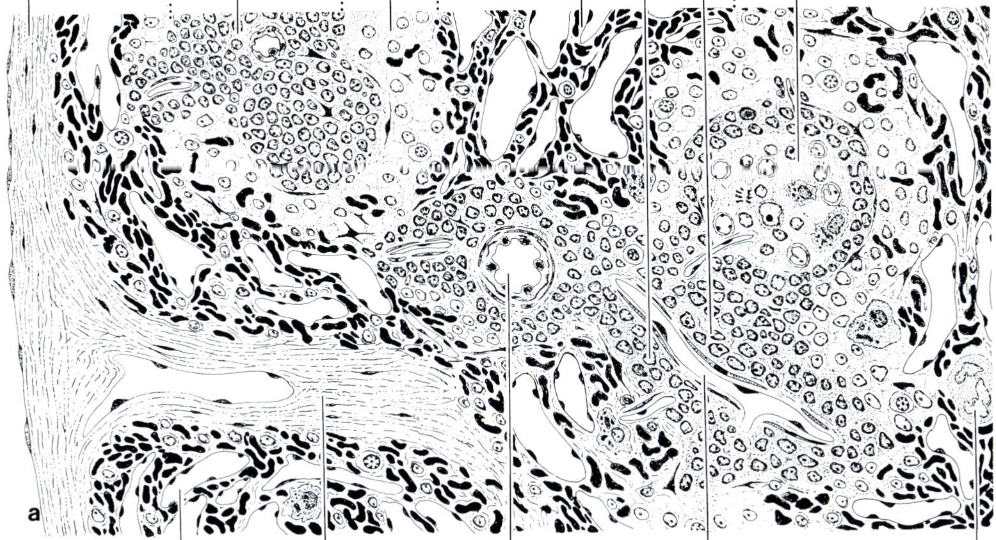

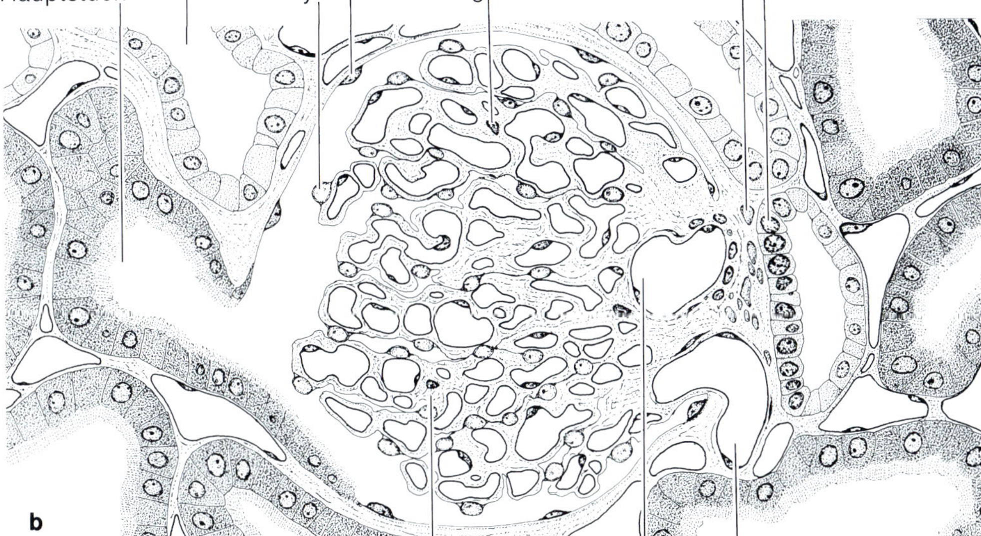

Abb. 234: Ratte. a: Milz, b: Niere; Hauptstück = proximaler Tubulus, Mittelstück = distaler Tubulus

ner dieses Knäuel umhüllenden sog. Bowmanschen Kapsel. Diese Kapsel hat ein gut erkennbares äußeres (parietales) Blatt, das die Nierenkörperchen nach außen begrenzt, und ein inneres (viscerales) Blatt, das sich dem unregelmäßig angeordneten und vielgestaltigen Capillarknäuel außen auflegt und aus Podocyten aufgebaut ist. Zwischen äußerem Blatt und dem vom inneren Blatt bedeckten Gefäßknäuel liegt der Harnraum, der das Ultrafiltrat zunächst aufnimmt. Dieser Primärharn tritt dann am Harnpol in den proximalen Tubulus über. Der Bindegewebsraum des Glomerulus wird Mesangium genannt und enthält die sog. Mesangium-Zellen, die u. a. Eigenschaften von glatten Muskelzellen besitzen. Die Capillaren des Glomerulus werden von einer zuführenden Arterie (Vas afferens) gespeist, ihr Blut wird von einer abführenden Arterie (Vas efferens) gesammelt und in den Bereich der Tubuli geführt. Das Vas afferens besitzt epithelähnliche, granulierte, umgewandelte glatte Muskelzellen in seiner Wand, die das Renin bilden. Die Stelle des Nierenkörperchens mit Vas afferens und Vas efferens wird Gefäßpol genannt.

Die proximalen Tubuli besitzen ein kubisches bis niedrig prismatisches Epithel mit kräftig gefärbtem Cytoplasma und einem hohen Bürstensaum. Die distalen Tubuli sind heller, ihr Epithel ist oft etwas niedriger, ein typischer Bürstensaum fehlt. Mit dem Gefäßpol, und zwar mit dem Vas afferens mit seinen granulierten Zellen, bildet der distale Tubulus eine Kontaktstelle mit prismatischen, besonders dicht gelagerten Zellen, die Macula densa genannt wird und die vermutlich Receptorfunktion hat. Macula densa und granulierte Zellen beteiligen sich an der Regulation der Nierendurchblutung. Tief in die Rinde können Markstrahlen eindringen. Sie bestehen aus Bündeln von Sammelrohren, die die Bauelemente des Nierenmarks sind.

Gonaden

Hoden (Abb. 235a): Baueinheiten der Hoden sind die **Tubuli seminiferi**, deren Wandepithel Keimepithel genannt wird, in dem sich Stützzellen (Sertoli-Zellen) und verschiedene Entwicklungsstadien der männlichen Keimzellen befinden. Die Spermatogonien bilden die äußere Lage des Keimepithels. Die Spermatocyten 1. Ordnung sind große, in der äußeren Zone des Keimepithels gelegene Zellen mit großem Kern mit unterschiedlichem Chromatinmuster (Stadien der Prophase der Meiose I). Die unauffälligen Spermatocyten 2. Ordnung sind schwer eindeutig zu erkennen. Die Mehrzahl der innen gelegenen Keimzellen sind Spermatiden unterschiedlicher Differenzierung, was an der unterschiedlichen Gestalt von Kern und vor allem Acrosom abzulesen ist. In fast ausgereiften Spermien ist das Acrosom lang und dolchförmig. Diese Spermien stecken vor Übertritt in das Lumen der Tubuli in Cytoplasmataschen der Sertoli-Zellen, die leicht an ihrem hellen, unregelmäßig geformten Kern mit deutlichem Nucleolus erkennbar sind. In den einzelnen Anschnitten der Tubuli finden sich im Allgemeinen ähnlich weit differenzierte Keimzellen. Im Raum zwischen den Tubuli liegen weitlumige Lymphräume und Bindegewebe mit glatten Muskelzellen an den Tubuli sowie Gruppen von **Leydigschen Zellen**. Diese sind relativ groß und besitzen ein meistens recht kräftig angefärbtes Cytoplasma (im H.E.-Präparat sind sie rosa oder rötlich angefärbt); sie bilden Testosteron.

Ovar (Abb. 235b): Das Ovar der Ratte liegt in einer Leibeshöhlentasche und wird i. a. von einem kubischen Peritonealepithel bedeckt. Es enthält in seinem Inneren verschiedene Entwicklungsstadien der Ovarialfollikel sowie ein hochdifferenziertes Bindegewebe mit endokrinen Zellen.

Die Follikel bestehen aus den Eizellen (verschiedene Differenzierungsstufen) und sie umgebenden Follikelzellen, die vor allem bei größeren Follikeln auch Granulosazellen heißen. **Primordialfollikel** sind sehr klein und besitzen eine Schicht flacher Follikelzellen, letztere sind bei **Primärfollikeln** kubisch. Die **Sekundärfollikel** besitzen i. a. zwei oder drei Schichten von Follikelzellen. In den großen **Tertiärfollikeln (Graafschen Follikeln)** bildet sich im Follikel ein flüssigkeitsgefüllter Raum (Antrum folliculi), seine Wand aus Granulosazellen ist vielschichtig, und an einer Stelle findet sich ein nicht immer angeschnittener, in das Lumen vorspringender Granulosazellhaufen (Cumulus oophorus), in dessen Mitte die große Eizelle liegt; diese wird von einer dicken extrazellulären Schicht umgeben, der Zona pellucida. Die Follikel werden ihrerseits von einer Basalmembran und von Bindegewebe umhüllt. In diesem Bindegewebe entstehen oft in unmittelbarer Nähe der Follikel, aber auch ohne nähere Beziehung

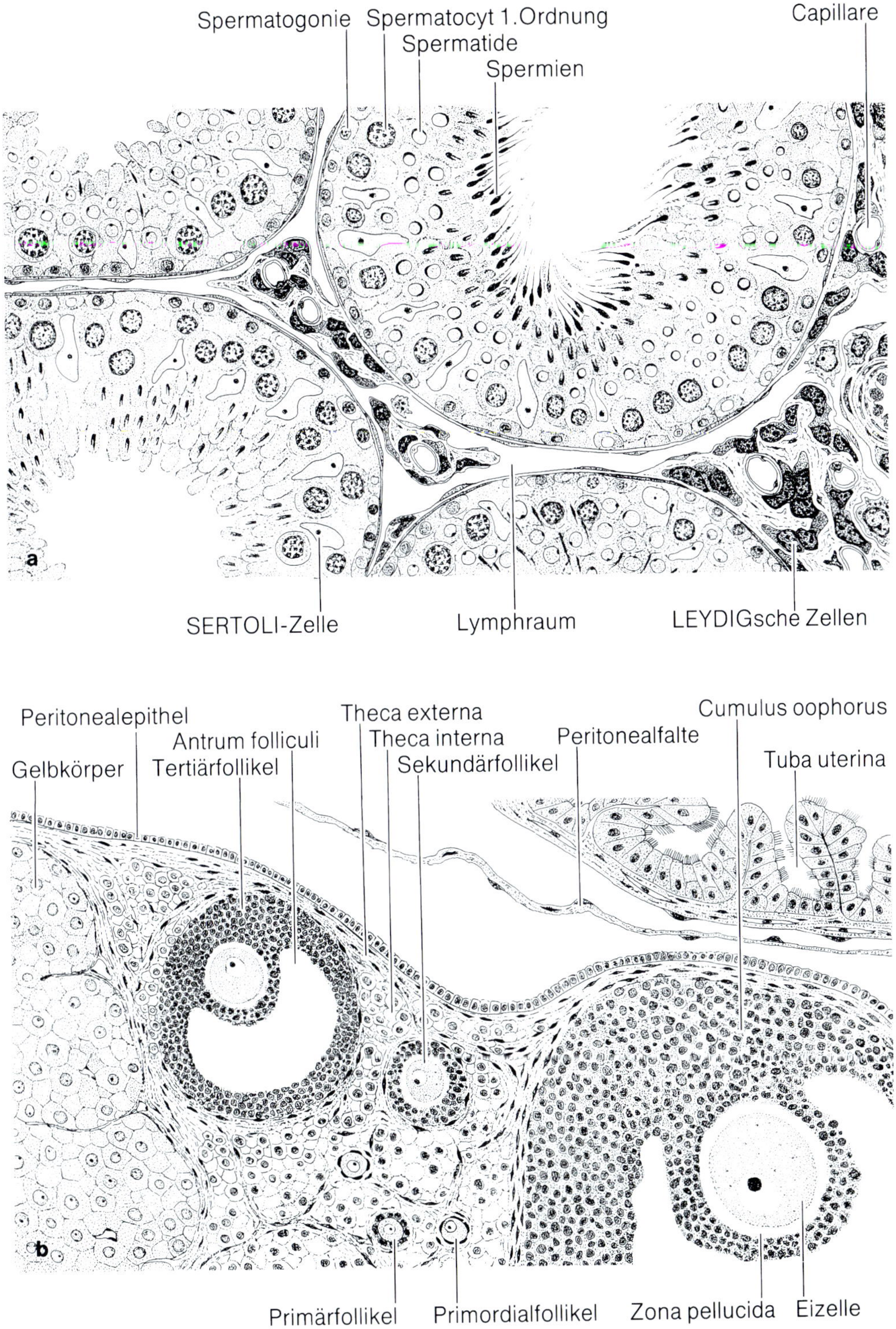

Abb. 235: Ratte. a. Hoden, b. Ovar; sprungbereite Tertiärfollikel heißen Graafsche Follikel

zu ihnen, kleine helle, sog. Theca-interna-Zellen, die weibliche Steroidhormone bilden. Weiterhin kommen im Bindegewebe um die Follikel glatte Muskelzellen vor (Theca externa). Das eigentliche Bindegewebe ist ein zellreiches, so genanntes spinozelluläres Bindegewebe. Nach dem Eisprung wandelt sich der Tertiärfollikel in einen **Gelbkörper** (**Corpus luteum**) um. In ihm sind die Granulosazellen vergrößert, bilden Steroidhormone (vor allem Progesteron) und enthalten zahlreiche Lipidtropfen, worauf die gelbliche Farbe des Gelbkörpers beruht. Die Granulosazellen werden in diesem Entwicklungsstadium Granulosaluteinzellen genannt. In die Wand des Gelbkörpers wandern Blutgefäße ein, das zentrale Lumen wandelt sich bindegewebig um. Nach Erlöschen ihrer Funktion bilden sie sich zurück. Endstadium der Gelbkörper sind die **weißen Körper** (**Corpora albicantia**), die aus kollagenreichem Narbengewebe bestehen. Follikel, die auf irgendeinem Stadium vor dem Eisprung zugrunde gehen, heißen **atretische Follikel**. Ihre Basalmembran kann verdickt sein, in ihrer Nähe vermehren und vergrößern sich die Theca-interna-Zellen und bilden vor allem Östrogene (Thecaluteinzellen).

In Nähe des Ovars sind oft Anschnitte der Tuba uterina zu finden, deren Epithel in Falten geworfen ist und aus bewimperten und unbewimperten sekretorischen Zellen besteht. In der Wand der Tuba sind u. a. glatte Muskelzellen und zahlreiche Venen erkennbar.

Stützgewebe

Knorpelgewebe ist in Form des hyalinen **Knorpels** auf Abb. 230 a (Trachea) dargestellt.

Ausgereiftes **Knochengewebe** besteht aus Osteonen, röhrenförmigen Gebilden, in deren Zentrum ein Blutgefäß (Haverssches Gefäß) verläuft (Abb. 236 a). Die dicke Wand der Osteone besteht aus verkalkter Grundsubstanz, in die Osteocyten eingemauert sind. An der inneren und äußeren Oberfläche der Knochen bilden sich lamelläre Formationen, die Generallamellen.

In den Lücken zwischen Knochenbälkchen im Inneren des Knochens befindet sich ein reticuläres Bindegewebe (**Knochenmark**), in dessen Maschenwerk die Bildung der Blutzellen erfolgt. Besonders auffallend sind die großen Megakaryocyten (mit stark zerklüftetem Kern), aus deren randlichem Cytoplasma durch Abschnürung die Thrombocyten (Blutplättchen) entstehen. Spätere Entwicklungsstadien der roten Blutzellen sind an ihren zunehmend dichten Kernen erkennbar, die am Ende der Ausreifung ausgestoßen werden. Die Granulocytenformen sind am leichtesten in ihren ausgereiften Stadien zu erkennen. Das blutzellbildende Gewebe wird von relativ weiten, venösen Gefäßen (Sinus) durchzogen. Fettzellen treten in unterschiedlicher Häufigkeit auf.

Muskulatur

Glatte Muskulatur ist auf vielen Präparaten in der Wand der Eingeweide (Abb. 231, 232) oder von Gefäßen erkennbar. Sie besteht aus langen spindelförmigen Zellen mit zigarrenförmigem Kern.

Skeletmuskulatur (Abb. 236 b) besteht aus langen, unverzweigten, quer gestreiften und vielkernigen Muskelzellen (= Muskelfasern), die durch Verschmelzung aus Myoblasten entstehen. Die Kerne der definitiven Faser sind abgeflacht und liegen am Rande. Im Inneren befinden sich dicht gelagert Myofibrillen, die das Phänomen der Querstreifung mit A- und I-Banden besitzen, dem die spezifische Anordnung der Actin- und Myosinfilamente zugrunde liegt. In den eng benachbarten Fibrillen liegen A- (dunkel) und I-Bande (hell) i. a. in gleicher Höhe, sodass die gesamte Zelle (Faser) quer gestreift aussieht. Der Oberfläche eng angeschmiegt befinden sich Ersatzzellen (Satellitenzellen), die aber schwer abgrenzbar sind und von denen eine geringe Regenerationsfähigkeit der Skeletmuskulatur ausgehen soll. Zwischen den Muskelfasern sind in reichem Maße Blutcapillaren ausgebildet.

Die **Herzmuskulatur** (Myokardmuskulatur, Abb. 236 b) besteht aus verzweigten, einkernigen, quer gestreiften Muskelzellen. Diese sind an ihren Enden über so genannte Glanzstreifen (Disci intercalares) miteinander verbunden. Im Bereich der Glanzstreifen, die als dunkel gefärbte, quer zur Längsachse verlaufende Linien erkennbar sind, finden sich Desmosomen, Z-Streifenäquivalente (Fasciae adhaerentes) und Nexus (Gap Junctions). Oft verlaufen die Glanzstreifen stufenförmig. Die Kerne sind in der Mitte der Zellen gelegen und oft kissenförmig oder fast rechteckig. An ihren Polen finden sich aufgehellte Bezirke mit Organellen oder bräunlichem Abnutzungspigment. Die

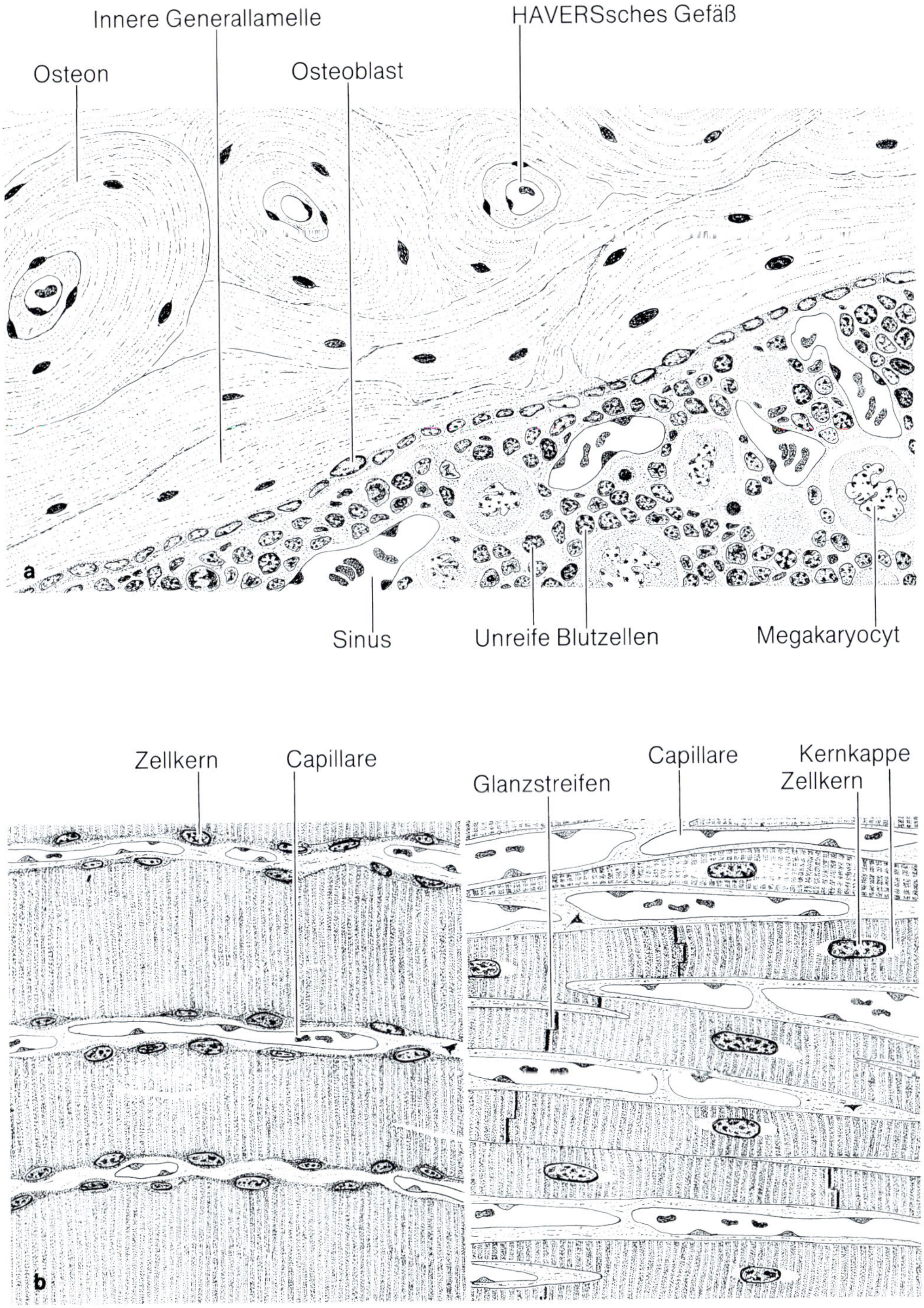

Abb. 236: Ratte. a: Knochen, b: Muskulatur, links: quer gestreifte, rechts: Herzmuskulatur

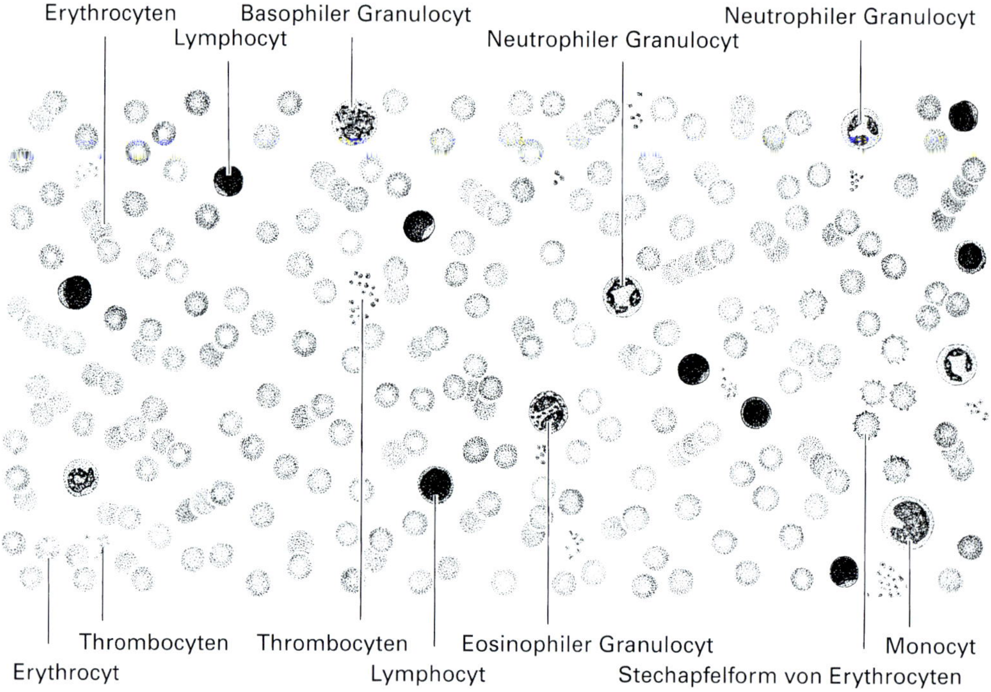

Abb. 237: Ratte. Blutausstrich, nach Pappenheim gefärbt. Stechapfelformen der Erythrocyten entstehen bei inadäquater Technik

Myofibrillen sind oft lockerer als im Skeletmuskel angeordnet, sodass sie meist als längs verlaufende Strukturen erkennbar sind. Im Querschnitt sind sie als z. T. randlich konzentrierte Punkte zu erkennen, die mit ihren hellen Zwischenräumen, in denen u. a. Mitochondrien lagern, ein Felderungsmuster bedingen (Cohnheimsche Felderung). Fasern des Erregungsleitungssystems bestehen aus hellen, fibrillenarmen Herzmuskelzellen.

Beim Myokard-(Herz-)Infarkt kommt es – wie auch bei Infarkten anderer Organe – zu einem Verschluss einer Arterie mit Schädigung der abhängigen Organregionen. Häufig stirbt das Funktionsgewebe, das von der Arterie oder einem Arterienast versorgt wird, ab und wird durch ein Narbengewebe ersetzt. Akuter Myokardinfarkt ist eine häufige Todesursache in den Industrienationen. In den USA erleiden ca. 1,5 Mio Menschen pro Jahr einen solchen Infarkt und 500 000 sterben daran. Zwischen 45. und 54. Lebensjahr sterben Männer 4–5-mal häufiger an Myokardinfarkt als Frauen. Entscheidender Risikofaktor ist die Arteriosclerose (Veränderung der Arterienwände der Herzkranzarterien mit Einlagerung von Fetten und Kalk, was zu Lumenverengung führt). Wenn es dann zur Thrombose (Blutgerinnselbildung) an so einer arteriosclerotischen Stelle kommt, kann sich das Gefäß verschließen.

Risikofaktoren der Arteriosclerose beim Menschen sind hoher Blutdruck, Diabetes mellitus (Zuckerkrankheit), Rauchen und Hyperlipidämie sowie genetische Faktoren. Das Risiko wird statistisch reduziert durch regelmäßige körperliche Betätigung (Sport), vernünftige Ernährung und Einhalten des normalen Körpergewichts.

Blutbild

Das Blutbild der Ratte ist im Vergleich zu dem des Menschen durch recht hohe Erythrocyten- und Leukocytenzahlen gekennzeichnet. Pro mm^3 Blut kommen um $8{,}5^6$–10^6 Erythrocyten

Endhirnrinde

Ein Präparat der Endhirnrinde (Abb. 240) kann i. a. nicht tiefgehend analysiert werden; es bietet aber einen Eindruck von der dichten Packung der neuronalen Perikaryen und der Komplexität ihrer Anordnung. Die Neurone sind sowohl in horizontalen Schichten als auch in vertikalen, säulenartigen Formationen angeordnet. Bei günstiger Schnittführung lassen sich in vielen Bereichen sechs Schichten unterscheiden, von denen die oberflächliche perikaryenarme Schicht I (Molekularschicht) sowie die Schichten III und V mit ihren Pyramidenzellen am klarsten zu erkennen sind. Die unterschiedlich großen Pyramidenzellen besitzen oft schmale, dreieckige oder unregelmäßig rautenförmige Anschnittfiguren ihrer Perikaryen, wobei an der schlanken Spitze, die zur Hirnoberfläche gerichtet ist, ein Apikaldendrit entspringt. Das Axon der Pyramidenzellen verlässt die Hirnrinde. Die Axone, die die Rinde verlassen, können ipsi- oder kontralaterale Rindenareale erreichen, zum Thalamus absteigen, subcorticale, überwiegend motorische Zentren erreichen oder ins Rückenmark absteigen. Die Neurone, die mit ihren Fortsätzen in der Rinde bleiben, werden Sternzellen genannt; sie treten z. B. in Schicht II und zahlreich in Schicht IV auf, die besonders in sensorischen Arealen gut entwickelt ist.

Bei den vertikalen Säulen handelt es sich um funktionell verknüpfte, sich wiederholende Baueinheiten (Module).

Die unterhalb der Rinde gelegenen Regionen bestehen aus Nervenfasersystemen (weiße Substanz) und werden Mark genannt.

Systematische Gliederung des Tierreiches

In Klammern die (häufig nur ungefähre) Anzahl der bisher beschriebenen Arten.

Es ist das Ziel der Systematik, die etwa 1,5 Millionen Tierarten so zu ordnen, dass das System die Verwandtschaft der verschiedenen Gruppen (Taxa) widerspiegelt. Unsere Kenntnisse reichen allerdings noch nicht aus, um ein allgemein akzeptiertes System aufzustellen. Daher differieren die in Lehr- und Handbüchern aufgeführten Systeme je nach der Bewertung der verschiedenen Merkmale, die man als Kriterium für phylogenetische Nähe oder Ferne heranzieht.

Nach allgemeiner Übereinkunft werden die einzelligen Tiere (Protozoa) an den Anfang des Systems gestellt, ihnen folgen die vielzelligen Tiere (Metazoa).

Unter den Metazoa bestehen die Placozoa, Porifera, Cnidaria und Ctenophora aus zwei Keimblättern (diploblastisches Niveau).

Aus drei Keimblättern sind alle anderen Metazoa, die Bilateria, aufgebaut (triploblastisches Niveau).

I. Unterreich: Protozoa
Einzellige Tiere (40 000)

Meist mikroskopisch klein, der zelluläre Aufbau ist oft hochkompliziert. Ein- bis mehrkernig; manche koloniebildend. Ungeschlechtliche Fortpflanzung durch Zweiteilung, multiple Teilung oder Knospung. Sexuelle Vorgänge verlaufen als Gametogamie oder Gamontogamie. Generationswechsel häufig. In Meer, Süßwasser und feuchter Erde; nicht wenige sind Symbionten oder Parasiten.

Neue ultrastrukturelle, biochemische und molekularbiologische Befunde haben zu sehr verschiedenen Gliederungsvorschlägen geführt. Im Folgenden ist eine klassische und einfache Gliederung beibehalten worden.

1. Stamm: Flagellata

Die Flagellaten repräsentieren eine Organisationsform, die auto- und mixotrophe sowie heterotrophe Taxa umfasst, also Pflanzen und Tiere in herkömmlichen Sinn. Von den Formen, die heute nicht mehr den Protozoen zugerechnet werden, wird *Euglena* in diesem Buch behandelt, weil sie leicht zu beschaffen ist und den Bauplan klar erkennen lässt.

Fortbewegung durch eine, mehrere oder viele Geißeln, manchmal durch Pseudopodien. Zweiteilung oder multiple Teilung. Große Vielgestaltigkeit und Vielseitigkeit der Lebensweite. Zahlreiche Parasiten, auch beim Menschen.

1. Ordnung: Choanoflagellata

Mit einem Kragen aus Mikrovilli, in dessen Zentrum eine Geißel schlägt. Marin und limnisch. *Salpingoeca.*

2. Ordnung: Trichomonadida

Einkernig, 4–6 Geißeln, davon eine Schleppgeißel; mit Axostyl und Parabasalkörper. *Trichomonas* meist in Darm und Geschlechtstrakt von Säugetieren. *Trichomonas*, *Pentatrichomonas.*

3. Ordnung: Diplomonadida

Bilateral gebaute „Doppel"-Organismen mit 2 Kernen und 4 Paar Geißeln. Darmparasiten bei Säugetieren und Mensch. *Octomitus*, *Giardia.*

4. Ordnung: Hypermastigida

Einkernig, zahlreiche Geißeln; die am stärksten differenzierten Zooflagellaten. Im Darm von Termiten und Schaben. *Lophomonas*, *Spirotrichonympha.*

5. Ordnung: Kinetoplastida

Wesentliches Kennzeichen sind Kinetoplasten. Polymorphismus. Wichtige Parasiten des Menschen. *Leishmania*, *Trypanosoma.*

6. Ordnung: Opalinida

Gleichmäßig bewimperte Parasiten im Darm von Amphibien und (seltener) von Fischen und Eidechsen. Zwei- oder vielkernig. Ungeschlechtliche Vermehrung durch Längsteilung. Gametenbildung durch multiple Teilung. *Opalina*, *Zelleriella.*

2. Stamm: Rhizopoda, Wurzelfüßer

Fortbewegung und Nahrungsaufnahme meist durch Pseudopodien. Vermehrung durch Zweiteilung, Knospung oder multiple Teilung. Geschlechtsvorgänge bei zwei Ordnungen bekannt.

1. Ordnung: Amoebina (Amöben)

Ohne Schale. Pseudopodien meist Lobopodien, seltener Filopodien; wenige ohne Pseudopodien. Begeißelte Stadien nicht selten. Fortpflanzung durch Zwei- oder multiple Teilung. Geschlechtsvorgänge unbekannt. Meer, Süßwasser, nicht wenige Kommensalen im Darm von Wirbellosen, Wirbeltieren und Mensch; einige sind Krankheitserreger. *Amoeba*, *Pelomyxa*, *Entamoeba*. – Die feuchte, verwesende Stoffe und Kot besiedelnden kollektiven Amöben (Acrasina) aggregieren nach der Nahrungsaufnahme und bilden auf Sporenträgern Sporen aus. *Dictyostelium*.

2. Ordnung: Testacea (Thekamöben)

Mit einkammeriger Schale aus organischem Material, in das bei manchen Arten Kieselsäureplättchen oder Fremdkörper (Sandkörner, Diatomeenschalen u.ä.) eingelagert sind. Mit Lobopodien oder Filopodien. *Arcella*, *Difflugia*, *Euglypha*.

3. Ordnung: Foraminifera

Mit Schale aus organischer Grundsubstanz, in die Fremdkörper oder (meist) vom Tier ausgeschiedener Kalk eingelagert ist. Ursprüngliche Formen einkammerig, sonst vielkammerig. Pseudopodien fadenförmig, aus mehreren bis vielen Einzelsträngen bestehend, zur Verzweigung und Verschmelzung neigend (Reticulopodien). Marin. Einige Arten mit Kerndualismus. Heterophasischer Generationswechsel. *Lagena*, *Polystomella*, *Globigerina*, *Globigerinoides*, *Nummulites*.

4. Ordnung: Heliozoa (Sonnentierchen)

Von kugeliger Gestalt, mit feinen, radiär abstehenden Axopodien, die durch Mikrotubuli versteift sind. Der Körper besteht aus dem äußeren, grob vakuolisierten Ectoplasma und dem inneren, fein vakuolisierten Endoplasma. Fast durchweg Süßwasserbewohner. *Actinosphaerium*, *Echinosphaerium*, *Actinophrys*.

5. Ordnung: Radiolaria (Strahlentierchen)

Pseudopodien strahlenförmig (Axopodien). Das Cytoplasma durch eine aus Polysacchariden bestehende, von Öffnungen durchsetzte Zentralkapsel in einen äußeren und einen inneren, kernhaltigen Bezirk geschieden. Ein großer oder mehrere kleine Kerne. Skelet aus Kieselsäure oder (bei Acantharien) aus Strontiumsulfat, selten fehlend. Marin. *Thalassicola*, *Collozoum*, *Acanthometron*.

3. Stamm: Sporozoa (= Apicomplexa)

Endoparasiten. Gameten häufig mit Geißeln, andere Stadien unbegeißelt. Haplohomophasischer Generationswechsel, oft mit Wirtswechsel verbunden. Auf eine geschlechtliche Fortpflanzung (Gamogonie) folgt eine ungeschlechtliche Vielteilung (Sporogonie), an deren Ende i.a. Sporocysten (Sporen) gebildet werden, die der Verbreitung dienen und die die infektiösen, beweglichen Sporozoiten enthalten. Bei vielen Sporozoen ist der Gamogonie eine weitere ungeschlechtliche Vermehrung (Schizogonie) vorgeschaltet, die zur Überschwemmung des Wirtes mit beweglichen Stadien (Merozoiten) führt.

1. Ordnung: Gregarinida (Gregarinen)

Die Gamonten legen sich paarweise aneinander und bilden beide Gameten aus. Schizogonie kann fehlen. Sporenbildung in der Gametencyste. In der Jugend Zellparasiten, später frei im Darm oder in der Leibeshöhle wirbelloser Tiere. *Monocystis*, *Gregarina*, *Schizocystis*.

2. Ordnung: Coccidia (Coccidien)

Makrogamont wird zu großem Makrogameten, aus Mikrogamont entstehen mehrere bewegliche Mikrogameten. Encystierte Zygote wird auch als Oocyste bezeichnet. Sporenbildung in der Oocyste. Überwiegend intrazellulär. Rufen zum Teil wichtige Krankheiten bei Haustieren und Menschen hervor. Parasiten von Haustieren: *Eimeria*, *Isospora*. *Toxoplasma*: Erreger der Toxoplasmose des Menschen. *Sarcocystis*: Muskelparasiten bei Haustieren und Mensch. *Plasmodium* (Malariaerreger): Parasiten in roten Blutkörperchen und in der Leber von Wirbeltieren, Entwicklung immer mit Wirtswechsel. Gamogonie und Sporogonie in blutsaugenden Dipteren (vor allem *Anopheles*).

3. Ordnung: Piroplasmida

Blutparasiten von Wirbeltieren, Erreger von Rinderseuchen, Schizogonie in Wirbeltieren, Gamogonie und Sporogonie in Zecken. *Babesia*, *Theileria*.

4. Stamm: Microspora (Microsporidia)

Mitochondrienlose, intrazelluläre Parasiten, besonders bei Arthropoden und Fischen, Sporen einzellig, mit einem Polfaden. *Glugea*, *Nosema* (Erreger der Bienenruhr).

5. Stamm: Myxozoa (Myxosporidia)

Meist amöbenartig, groß, vielkernig. Extrazelluläre Schmarotzer von Fischen. Sporen mehrzellig, meist mit zwei Polkapseln, in denen je ein Polfaden aufgespult ist. *Myxobolus*.

6. Stamm: Ciliata, Wimpertierchen

Mit Cilien besetzte, oft lebhaft bewegliche Protozoen; nur die erwachsenen Suctorien ganz ohne Wimpern. Nahrungsaufnahme durch Zellmund. Meist mit pulsierenden Vakuolen. Ungeschlechtliche Vermehrung durch Querteilung. Kerndualismus: somatischer Makronucleus und generativer Mikronucleus. Geschlechtsvorgänge in Form der Konjugation: Austausch haploider Mikronuclei. Marin, Süßwasser, einige sind Kommensalen oder Parasiten.

1. Ordnung: Holotricha

Alle Wimpern von etwa gleicher Länge. Wimpern über den ganzen Körper verteilt, auf eine Seite beschränkt oder 1 oder 2 gürtelförmige Ringe bildend. Schlinger oder Strudler. *Didinium*, *Dileptus*, *Balantidium*, *Colpoda*, *Tetrahymena*, *Paramecium*, *Ancistrum*.

2. Ordnung: Peritricha

Scheibenförmiges Mundfeld mit adoraler, im Gegensinn des Uhrzeigers ziehender Wimperspirale. Wimperkleid zurückgebildet. Meist festsitzend, häufig auf einem durch Myonemen schraubig kontrahierbaren Stiel. Bisweilen koloniebildend. *Vorticella*, *Carchesium*, *Zoothamnium*, *Trichodina*.

3. Ordnung: Spirotricha

Adorale Membranellenzone, die vom Vorderpol im Uhrzeigersinn spiralig zum Mund führt. Mit gleichmäßiger oder nur auf die Ventralseite beschränkter, manchmal auch stark oder völlig rückgebildeter Bewimperung. Marin, Süßwasser, Faulschlamm, einige auch Kommensalen auf Wirbellosen. *Bursaria*, *Blepharisma*, *Stentor*, *Folliculina*, *Stylonychia*, *Oxytricha*, *Kerona*, *Pleurotricha*, *Euplotes*, *Halteria*, *Tintinnidium*, *Saprodinium*. Hierher – oder auch in einer eigenen Ordnung (Entodiniomorpha) untergebracht – gehören zahlreiche Kommensalen des Darmtraktes von Säugern, z. B. des Pansens der Wiederkäuer. *Entodinium*, *Ophryoscolex*.

4. Ordnung: Chonotricha

Peristom mit rechtsgewundenen, parallelen Wimperreihen. Sonst keine Cilien. Vermehrung durch Knospung und durch bewimperte Schwärmer. Sessil. *Spirochona*.

5. Ordnung: Suctoria (Sauginfusorien)

Wimpern nur bei den frei schwimmenden Jugendstadien vorhanden. Nahrungsaufnahme durch röhrenförmige Tentakel. Vermehrung fast ausschließlich durch Knospung. Meist festsitzend. *Tokophrya*, *Acineta*, *Discophrya*, *Dendrocometes*.

II. Unterreich: Metazoa Vielzellige Tiere

Aus verschiedenen Körperzellen und Keimzellen aufgebaut. Etwa 1 500 000 Arten.

1. Stamm: Placozoa (1)

Bis 3 mm groß, flach, von unregelmäßiger und veränderlicher Gestalt, aus einem Epithelverband bestehend, der einen zellhaltigen Raum umschließt. Dorsal flache Zellen mit Cilien, ventral begeißelte Zylinder- und Drüsenzellen. Zentral Faserzellen mit Fortsätzen. Fortbewegung mit Geißeln. Nervenzellen fehlen. Nahrung wird von den Zylinderzellen aufgenommen. Ungeschlechtliche Fortpflanzung durch Zweiteilung und durch Bildung vielzelliger Schwärmer. Auch geschlechtliche Fortpflanzung. Küstenbereich wärmerer Meere. *Trichoplax*.

2. Stamm: **Porifera,** Schwämme (6000)

Festsitzend. Der größte Teil des Körpers besteht aus einer Grundsubstanz, in die etwa zehn Typen frei beweglicher Zellen (Mesogloea, Mesohyl) eingebettet sind. Epithelial angeordnet sind die Zellen der Körperoberfläche (Pinakocyten) und jene, die die inneren Hohlräume auskleiden (Pinakocyten bzw. Choanocyten). Poren in der Oberfläche (Dermalporen) führen in ein meist reich verzweigtes, kompliziert gestaltetes System von Kanälen und Kammern, die schließlich einen zentralen Hohlraum erreichen, der über eine größere Öffnung (Osculum) nach außen mündet. Kragengeißelzellen (Choanocyten), die einen Teil der Hohlräume auskleiden, sorgen für einen Wasserstrom, der durch die Dermalporen ein- und durch das Osculum austritt. Mit dem Wasser eingestrudelte Nahrung wird von Choanocyten aufgenommen. Im Mesohyl oft ein Skelet aus Kalk- oder Kieselsäureskleren oder/und aus Spongin. Sinnes- und echte Muskelzellen fehlen, die Existenz von Nervenzellen ist umstritten. Getrenntgeschlechtlich oder zwittrig. Geschlechtszellen verstreut im Mesohyl. Ungeschlechtliche Fortpflanzung durch Sprossung, Reduktionskörper und (vorzugsweise bei Süßwasserschwämmen) durch Gemmulae. Bis auf 150 Süßwasserarten alle marin.

1. Klasse: Calcarea, Kalkschwämme

Kleine, durchweg marine Formen. Das Skelet besteht aus Kalknadeln. Bei der **Ordnung Homocoela** ist der innere Hohlraum mit einem zusammenhängenden Epithel von Choanocyten ausgekleidet (Ascon-Typ). *Leucosolenia*, *Clathrina*. In der **Ordnung Heterocoela** stehen die Choanocyten in Radialtuben (Sycon-Typ) oder in Geißelkammern (Leucon-Typ), während der übrige Teil der inneren Hohlräume von Pinakocyten ausgekleidet wird. *Sycon*, *Leuconia*, *Amphoriscus*.

Die folgenden Klassen werden als **Silicea** (**Kieselschwämme**) zusammengefasst.

2. Klasse: Hexactinellida (Triaxonida), Glasschwämme

Oft becher- oder röhrenförmig, erinnern in ihrer Radiärsymmetrie an den Sycon-Typ. Vornehmlich aus Syncytien aufgebaut, in die u. a. die Choanocyten der Kragengeißelkammern integriert werden. Choanocytenkammern meist sackförmig, groß und oft schichtweise radiär angeordnet. Skelet aus sechsstrahligen Kieselnadeln oder davon ableitbaren Nadelformen bestehend, die isoliert liegen oder netzförmig verbunden sind. Meist Tiefseebewohner. *Euplectella*, *Hyalonema*, *Monoraphis*.

3. Klasse: Demospongiae

Mit 95% aller Arten formenreichste Klasse der Porifera. Stets Leucon-Typ. Skelet aus Kieselsäureskleren, die häufig durch Sponginfasern verkittet sind, oder nur aus Sponginfasern; bisweilen fehlt ein Skelet völlig.

Ihre Systematik beruht auf Skeletmerkmalen, Fortpflanzung, Biochemie und Ultrastruktur.

Besonders bekannte Gattungen sind der Badeschwamm (*Euspongia*), der Brotkrumenschwamm (*Halichondria*), die Süßwasserschwämme *Spongilla* und *Ephydatia* sowie der Bohrschwamm (*Cliona*).

3. Stamm: **Cnidaria,** Nesseltiere (9000)

Der meist radiärsymmetrische Körper ist aus zwei Keimblättern, Ectoderm und Entoderm, aufgebaut. Sie sind gegeneinander abgegrenzt durch eine dünne, lamellöse (Polypen) oder durch eine mehr oder weniger voluminöse, gallertartige Mesogloea (Medusen), in die Zellen aus dem Ectoderm einwandern können. Das Entoderm bildet die Wand des Gastralraumes, der neben Nahrungsaufnahme und -abbau auch der Verteilung von Nahrungsstoffen dient, also auch die Funktion eines Gefäßsystems ausübt (Gastrovaskularsystem). Kontraktile Elemente nur in Epithelzellen (Epithelmuskelzellen). Nervensystem diffus; bei Medusen auch Verdichtung von nervösen Elementen zu einem im Schirmrand verlaufenden Nervenring, bisweilen auch zu Ganglien. Kennzeichnend für die Cnidaria sind die besonders in den Tentakeln zahlreichen Nesselzellen mit Cniden (Nematocysten). Gonaden im Ectoderm oder Entoderm. Entwicklung oft über Larven (Planula, Actinula, Ephyra). Ungeschlechtliche Vermehrung durch Teilung oder Knospen ist allgemein verbreitet; sie führt häufig zur Bildung von Tierstöcken. Oft Generationswechsel (Metagenese). Teils sessil, teils frei beweglich, viele planktisch. Meist marin.

1. Klasse: Hydrozoa (2700)

Polyp und Meduse alternieren miteinander: An den Polypen entstehen ungeschlechtlich die Medusen, die sich ablösen, heranwachsen und geschlechtlich eine neue Polypengeneration erzeugen (Generationswechsel: Metagenese). Nicht selten ist die Medusengeneration reduziert. Sie kann wie die Polypengeneration ganz ausfallen. Polypen mit einheitlichem Gastralraum. Zwischen Ectoderm und Entoderm bei den Polypen eine lamelläre, bei den Medusen eine zellfreie, gallertartige Mesogloea, Medusen mit Velum (craspedote Medusen) und ectodermalen Gonaden.

1. Ordnung: Hydroidea

Die meist festsitzenden Polypen fast immer stockbildend. Die Einzelpolypen stehen durch Stolonen (Röhren aus Ectoderm, Mesogloea und Entoderm) miteinander in Verbindung. Bisweilen Polymorphismus. In der Regel mit Generationswechsel. Geschlechtliche Fortpflanzung durch Medusen, die durch Knospung entstehen, sich ablösen und frei schwimmen und mit Augen oder Statocysten ausgerüstet sind, oder als sessile Gonophoren am Polypenstock verbleiben.

Unterordnung Thecata (Thecophorae, Leptomedusae), mit Hydrotheken (Gonotheken). Medusen in der Regel scheibenförmig, mit Statocysten. Gonaden an den Radiärkanälen. *Plumularia, Campanularia, Laomedea, Obelia, Sertularia* (Seemoos).

Unterordnung Athecata (Anthomedusae) meist mit Peridermhülle, aber ohne Hydrotheken; Periderm bisweilen verkalkt (Milleporidae). Medusen glockenförmig, mit Ocellen, ohne Statocysten. Gonaden im Ectoderm der Manubriumwand. Süßwasserarten stets solitär, ohne Medusengeneration. *Hydra, Pelmatohydra, Coryne, Millepora, Tubularia, Pelagohydra, Cordylophora, Hydractinia, Bougainvillia, Eudendrium, Velella.*

2. Ordnung: Trachylina

Fast stets nur Medusenform. Polypengeneration fehlt oder ist ersetzt durch freies oder in anderen Medusen oder auch im Muttertier lebendes Actinulastadium, an dem Medusen knospen. Statocysten mit entodermalem Statolithen. Hierher – aber auch in Unterordnung Limnohydroida (Limnomedusae) der Hydroidea gestellt – gehört die einzige bei uns vorkommende Süßwassermeduse *Craspedacusta. Halammohydra.*

3. Ordnung: Siphonophora, Staatsquallen

Frei schwimmende, polymorphe Hydrozoenkolonien, deren Individuen (Zooide) teils polypoid, teils medusoid sind und entweder an einem langen Stamm oder an der Unterseite einer Scheibe sitzen. Gasgefüllte, apikale Pneumatophoren oder Körperabschnitte, die ein geringeres spezifisches Gewicht als Meerwasser haben, ermöglichen ein Schweben im Wasser. Nicht selten mit sehr langen (bis zu 50 m) Tentakeln. Geschlechtliche und ungeschlechtliche Fortpflanzung, auch Metagenese. Meist Hochseeformen. *Physalia* (Portugiesische Galeere), *Physophora.*

2. Klasse: Cubozoa, Würfelquallen (30)

Polypen klein, solitär, mit einheitlichem Magenraum. Asexuelle Vermehrung durch Bildung von Polypen, die sich ablösen. Polypen metamorphosieren zu Medusen. Diese sind vierkantig, hochgewölbt, mit subumbrellarer Ringfalte (Velarium) am ungelappten Schirmrand. Inmitten jeder der vier Schirmflächen in einer Nische je ein Sinneskolben mit Statolith, Augen und einer Ansammlung von Nervenzellen. Gonaden im Entoderm der Gastraltaschen. Spermien werden bei einem Paarungsvorgang in Spermatophoren auf die weibliche Meduse übertragen. Entwicklung im Muttertier oft bis zur Planula. Oft stark nesselnd: *Chironex* kann für den Menschen tödlich sein. Tropisch und subtropisch. *Carybdea* auch im Mittelmeer.

3. Klasse: Scyphozoa (200)

Polyp 1–7 mm lang, Gastralraum durch vier radiäre, entodermale Septen unvollständig unterteilt. Medusen – sie entstehen am Polypen als Ephyra durch terminale Knospung – oft groß; ohne Velum (acraspedot), am Rand gelappt; mit Rhopalien. Gastralraum mit 4 Taschen, dazwischen Gastralfilamente. Mesogloea gallertig und oft zellhaltig. Gonaden im Entoderm. Oft ohne Polypengeneration. Marin.

1. Ordnung: Stauromedusae, Stiel- oder Becherquallen

Polypenförmig, mit aboralem Stiel festsitzende Scyphomedusen mit vier Armpaaren, auf denen jeweils zwei Büschel kurzer Tentakel sitzen. Meist nur einige Zentimeter groß. Küstenzonen kälterer Meere. *Lucernaria, Haliclystus, Craterolophus.*

2. Ordnung: Coronata, Tiefseequallen

Exumbrella durch eine Ringfurche in eine Zentralscheibe und in eine ringförmige, äußere Zone mit Randlappen unterteilt. Polypen klein, oft stockbildend, in Peridermhülle. Strobilation von Medusen; manche Arten ohne Medusengeneration. Meist in größerer Tiefe. *Nausithoë.*

3. Ordnung: Semaeostomeae, Fahnenquallen

Das viereckige Mundrohr der Medusen ist an den Kanten zu langen, faltigen Mundarmen („Fahnen") ausgezogen; ohne Gastralsepten und ohne Ringkanal. Randlappen klein. Oft sehr große Medusen (maximal 2 m). Polypengeneration fehlt bei manchen Arten. In allen Meeren. *Pelagia, Chrysaora, Cyanea, Aurelia.*

4. Ordnung: Rhizostomeae, Wurzelmundquallen

Mundarme reich gefaltet und zu einem massigen, zylindrischen Gebilde mit sehr zahlreichen, kleinen Öffnungen verwachsen; zentrale Mundöffnung kann fehlen. Magenraum ist ein dreidimensionales Netz miteinander kommunizierender Kanäle. Ohne Ringkanal; Schirmrand ohne Tentakel, aber mit Randlappen und Rhopalien. Im Flachwasser wärmerer Meere. *Cotylorhiza, Rhizostoma.*

4. Klasse: Anthozoa, Blumenpolypen, Korallentiere (6000)

Nur in Polypenform auftretend, solitär oder stockbildend, mit entodermalen, in den Magenhohlraum vorspringenden Septen, an denen sich die Gonaden entwickeln, und ectodermalem Schlundrohr. Zwischen Ectoderm und Entoderm liegt eine meist stark entwickelte, im Allgemeinen von Zellen durchsetzte Mesogloea. Meist festsitzend.

1. Unterklasse: Octocorallia

Mit acht Septen und acht gefiederten Tentakeln. Die Geschlechtsorgane entstehen als Ausstülpungen der Septen. Stets koloniebildend.

1. Ordnung: Coenothecalia (Helioporida)

Festsitzend. Ectoderm sondert solides, blau gefärbtes Kalkskelet ab. *Heliopora* (Blaue Koralle).

2. Ordnung: Alcyonaria, Lederkorallen

Festgewachsen, ohne innere Skeletachse, nur mit einzelnen Kalkkörperchen (Skleriten) in der Mesogloea. *Alcyonium* (Tote Mannshand).

3. Ordnung: Gorgonaria, Hornkorallen

Festgewachsen mit innerer horniger, kalkiger oder hornig kalkiger Achse, die meist stark verästelt ist. Stockbildend. *Corallium* (Edelkoralle), *Eunicella.*

4. Ordnung: Pennatularia, Seefedern

Stockbildend, halbsessil, mit innerer horniger, unverästelter Achse. *Pennatula.*

2. Unterklasse: Hexacorallia

Septen meist in sechszähliger Anordnung. Tentakel hohle, meist nicht gefiederte Schläuche. Skleriten fehlen stets. Gonaden flächig.

1. Ordnung: Actiniaria, Seeanemonen

Fast nie koloniebildend, ohne Skelet. Der Zuwachs der zu Paaren gruppierten Septen erfolgt in allen Fächern. Mundrohr meist mit zwei Flimmerrinnen. *Actinia, Anemonia, Aiptasia, Calliactis Adamsia.*

2. Ordnung: Madreporaria (Scleractinia), Steinkorallen

Meist koloniebildend, mit kompaktem, vom Ectoderm der Fußscheibe abgeschiedenen Kalkskelet. *Acropora, Pocillopora, Porites.*

3. Ordnung: Corallimorpharia

Weichkörper dem der Madreporaria ähnlich. Ohne Skelet. *Discosoma.*

4. Ordnung: Antipatharia, Dornkorallen

Stets stockbildend, mit hornigem und bedorntem, biegsamen Achsenskelet. *Antipathes.*

5. Ordnung. Ceriantharia, Zylinderrosen

Nicht koloniebildend, ohne Skelet. Der Septenzuwachs erfolgt nur im ventralen Zwischenfach. *Cerianthus.*

6. Ordnung: Zoantharia, Krustenanemonen

Meist koloniebildend und mit Sandkörnchen oder anderen Fremdkörpern inkrustiert. *Epizoanthus, Parazoanthus.*

4. Stamm: Ctenophora, Rippenquallen (100)

Durchsichtig, disymmetrisch, aus zwei Epithelien und voluminöser, wasserreicher Mesogloea, die von Fasern und glatten Muskelzellen durchzogen wird. Am Körper außen als Bewegungsorgane vier Paar meridional verlaufende Reihen von Ruderplättchen („Kämme"), die aus verbundenen Cilien entstanden sind. Am aboralen Pol ein komplexer Sinneskörper mit Statocyste. Gastrovaskularsystem in genau festgelegter Ordnung röhrenförmig verzweigt, mit weitem, ectodermalem Schlund. Keine Epithelmuskelzellen; Zwitter; Entwicklung direkt; keine ungeschlechtliche Fortpflanzung. Marin; meist pelagisch.

Tentaculifera mit zwei sehr langen, in Taschen zurückziehbaren Tentakeln, deren Epithel dicht mit Kolloblasten (Klebzellen) besetzt ist. Pharynx röhrenförmig. *Pleurobrachia, Bolinopsis, Cestus, Ctenoplana, Tjalfiella.*

Atentaculata ohne Tentakel, mit sehr weitem Schlund. *Beroë.*

5. Stamm: Mesozoa (50)

Winzige, ausschließlich in marinen Wirbellosen endoparasitisch lebende Metazoen, deren Körper aus einer äußeren Lage meist bewimperter Zellen besteht, die eine oder mehrere, der Vermehrung dienende Axialzellen einschließt. Bei einem Teil der Mesozoa treten Männchen und Weibchen auf, die den Wirt verlassen (Generationswechsel). Systematische Stellung unsicher. Der einfache Bau wird vielfach als sekundär betrachtet und die Mesozoa dann als degenerierte Plathelminthes aufgefasst. *Dicyema*, *Rhopalura*.

Stämme 6 bis 25: Bilateria

Zweiseitig symmetrisch. Neben Ecto- und Entoderm tritt ein drittes Keimblatt, das Mesoderm, auf. Es handelt sich oft um ein Epithel, das Wandungen für besondere Hohlräume (Coelom- und Gonadenhöhlen, Kanäle für das Exkretions- und Blutgefäßsystem) bildet sowie am Aufbau von Binde- und Muskelgewebe beteiligt ist. Darm meist mit After. Am Vorderende entsteht das Gehirn. Zur Osmoregulation und zur Ausscheidung von Stoffwechselprodukten dienen Exkretionsorgane. Atmungsorgane und Blutgefäße sind meist entwickelt. Geschlechtliche Fortpflanzung ist die Regel, ungeschlechtliche selten.

A. Protostomia

Die den Körper durchziehenden starken Längsstränge des Nervensystems liegen ventral. Der Urmund (Blastoporus) schließt sich bis auf eine kleine Öffnung, die zum Mund wird, während der After sekundär durchbricht. Von diesem Schema ausgehend, kann das Schicksal des Urmundes sehr verschieden sein.

6. Stamm: Plathelminthes, Plattwürmer (14 500)

Körper meist abgeflacht. Körperinneres von lockerem Bindegewebe („Parenchym") erfüllt. After, Blutgefäße und spezielle Atmungsorgane fehlen. Protonephridialsystem gut entwickelt. Fast immer Zwitter.

1. Klasse: Turbellaria, Strudelwürmer (3000)

Frei lebend, Körperdecke wenigstens auf der Bauchseite bewimpert. Mit Mund, aber afterlosem, einfachem oder verzweigtem Darm. Paariges Cerebralganglion nahe dem Vorderende, von dem der an Sinneszellen reiche vordere Körperpol versorgt wird und von dem aus mehrere Paare von Marksträngen den Körper durchziehen. Mit zahlreichen Commissuren. Zwitter. Einfache Eier mit Spiralfurchung, zusammengesetzte Eier mit kompliziertem, abgewandeltem Entwicklungsgang. Bei marinen Formen häufig Larve vom Protrochula-Typ (Müllersche Larve), sonst direkte Entwicklung. Auch ungeschlechtliche Fortpflanzung kommt vor. Meist marin, aber auch im Süßwasser und in feuchten Landbiotopen.

Ordnungen: **Nemertodermatida**, **Acoela**, **Catenulida**, **Macrostomida**, **Polycladida**, **Seriata**, **Rhabdocoela**.

Convoluta, *Stenostomum*, *Thysanozoon*, *Planaria*, *Polycelis*, *Dendrocoelum*, *Rhynchodemus*, *Mesostoma*.

2. Klasse: Trematoda, Saugwürmer (6000)

Ausschließlich Parasiten. Die unbewimperte Epidermis besteht aus einer syncytialen, kernlosen außen gelegenen Cytoplasmaschicht (bisweilen als Tegument bezeichnet) und kernhaltigen, an der Außenlage „hängenden" Fortsätzen, die tief im Bindegewebe versenkt sind. Mit Haftorganen und Mund. Darm ohne After. Paariges Cerebralganglion im Bereich des Vorderendes. Entwicklung meist mit Metamorphose, oft mit Generations- und Wirtswechsel verbunden. Fast stets Zwitter.

Ordnung: Digenea

Endoparasiten mit einem Mund- und meist auch mit einem Bauchsaugnapf. Metamorphose, Generations- und Wirtswechsel. *Fasciola*, *Dicrocoelium*, *Schistosoma*, *Opisthorchis*, *Paragonimus*, *Leucochloridium*.

3. Klasse: Monogenea (2000)

Meist Ectoparasiten von wasserbewohnenden Wirbeltieren, mit starken Haftorganen (Saugnäpfen oder Haken). Entwicklung direkt aus bewimperten Jugendformen. *Polystomum*, *Diplozoon*.

4. Klasse: Cestoda, Bandwürmer (3500)

Endoparasiten; im geschlechtsreifen Zustand fast ausnahmslos in Darm oder Leibeshöhle von Wirbeltieren. Die wimperlose Körperdecke mit spe-

gen) nach rechts oder nach vorn verlagert, wobei gewöhnlich eine Kieme, eine Niere und ein Vorhof unterdrückt werden. Fast immer mit Radula, Gonade unpaar.

1. Unterklasse: Streptoneura (Prosobranchia), Vorderkiemer (59 000)

Mit ursprünglichen Merkmalen. Mantelhöhle vorn. Kiemen vor dem Herzen, die rechte bei abgeleiteten Formen zurückgebildet. Schale fast stets gut entwickelt, in der Regel schraubig, seltener kegelförmig oder rückgebildet. Fuß gewöhnlich mit Operculum. Pleurovisceralkonnektive gekreuzt (Chiastoneurie). Meist getrenntgeschlechtlich. Überwiegend marin.

1. Ordnung: Archaeogastropoda = Diotacardia

Meist 2 Herzvorhöfe, manchmal auch 2 doppelfiedrige Kiemen, von denen eine oder auch beide rückgebildet sein können und dann durch sekundäre, ringförmig angeordnete Mantelkiemen ersetzt werden. 2 Nieren, 2 Osphradien. Häufig noch Pedalstränge mit zahlreichen Commissuren. Schaleninnenwand meist mit Perlmuttschicht. *Haliotis, Fissurella, Patella, Trochus, Turbo, Neritina.*

2. Ordnung: Caenogastropoda (Monotocardia)

Herzvorhof, Kieme, Exkretionsorgan und Osphradium in Einzahl.

1. Unterordnung: Mesogastropoda

Jede Radula-Querreihe mit mindestens 5, meist mit 7 Zähnen. Mündungsrand der Schale rund oder mit kurzer Siphonalrinne. Artenreich; meist marin, aber auch Süßwasser- und Landschnecken. *Viviparus, Littorina, Cerithium, Janthina, Crepidula, Aporrhais, Pterotrachea, Cypraea.*

2. Unterordnung: Neogastropoda (Stenoglossa)

Radula ± lang, schmal, meist mit 3 Zähnen pro Querreihe, oder stilettartig. Schale mit langer Siphonalrinne: hochentwickelte, ausschließlich marine Formen. *Murex, Buccinum, Mitra, Conus.*

2. Unterklasse: Euthyneura

Keine Überkreuzung der Pleurovisceralstränge. Fast alle zwittrig.

1. Überordnung: Opisthobranchia, Hinterkiemer (13 000)

Mantelhöhle rechts, oft reduziert oder fehlend. Kieme und Herzvorhof (beide in Einzahl) liegen hinter dem Herzen. Eine Niere. Die Visceralkonnektive nur bei einer altertümlichen Gruppe überkreuzt, sonst gerade. Die Schale meist schwach entwickelt, dünn, häufig von Mantellappen überwachsen oder ganz fehlend. Oft ist auch die Kieme rückgebildet und durch sekundäre Kiemen (Hautausstülpungen) ersetzt, die paarige Längsreihen oder eine Rosette bilden. Zwitter. Fast ausschließlich marin. Mit zahlreichen Ordnungen. *Bulla, Philine, Aplysia, Clione, Elysia, Polycera, Doris, Aeolidia.*

2. Überordnung: Pulmonata, Lungenschnecken (37 000)

Schale selten zurückgebildet. Mantelhöhle rechts vorne, ohne Kiemen, ihre gefäßreiche Decke funktioniert als Lunge. Vorkammer vor dem Herzen. Nervensystem symmetrisch und konzentriert durch Verlagerung der Ganglien in den Schlundring. Zwitter. Land und Süßwasser.

1. Ordnung: Basommatophora

1 Paar Fühler. Augen liegen an der Fühlerbasis. Immer mit Schale. Atemhöhle mancher Arten zeitweise oder dauernd mit Wasser gefüllt, bei anderen Lungen zurückgebildet. Gasaustausch dann über die Haut oder durch sekundäre Kiemen. Meeresstrand und Süßwasser. *Physa, Lymnaea, Planorbis, Ancylus.*

2. Ordnung: Stylommatophora

Augen an der Spitze eines Paares einstülpbarer Fühler, vor denen meist noch ein weiteres Fühlerpaar sitzt. Schale bei vielen Arten reduziert, oft überwachsen, Mantelhöhle und Lunge fehlen dagegen nur einigen Arten. *Arion, Limax, Cepaea, Helix.*

5. Klasse: Scaphopoda, Kahnfüßer (350)

Die Schale ist ein langer Köcher, der an beiden Seiten offen ist. Kopf rückgebildet; Fuß stempelförmig, zum Graben dienend. Neben dem Mund entspringen zahlreiche Tentakel (Captacula). Im Meeresboden. *Dentalium.*

6. Klasse: Bivalvia = Lamellibranchiata, Muscheln (20 000)

Körper seitlich zusammengedrückt. Kopf stark zurückgebildet, nur durch Mund und Mundlappen repräsentiert. Ohne Radula und Kiefer. Kleinpartikelfresser. Nahrung wird meist mit dem Atemwasser durch das Wimperepithel der Kiemenoberfläche herbeigestrudelt, sortiert und dem Mund zugeführt. Die paarigen Mantellappen umgeben, an der dorsalen Mittellinie entspringend, meist den ganzen Körper; sie scheiden die zweiklappige und in der Regel symmetrische Schale aus. Die beiden Klappen haben dorsal im Schloss gelenkigen Kontakt und sind dort durch ein elastisches Ligament miteinander verbunden. Fuß keilförmig. Nervensystem symmetrisch, Cerebralganglion durch lange Konnektive mit Pedal- und Visceralganglion verbunden. Darm stark gewunden, mit seinem Endabschnitt meist durch Herzbeutel und Herzkammer hindurchziehend. Atemorgane nur noch selten Ctenidien, meist Fadenkiemen (Filibranchien) oder Blattkiemen (Eulamellibranchien). Herz mit zwei Vorkammern. 1 Paar Nieren. 1 Paar Gonaden, die durch die Nieren münden oder eigene Ausführgänge besitzen. Marin und limnisch. Die Systematik der Bilvalvia ist besonders problembehaftet. Die folgende Gliederung ist stark vereinfacht.

1. Ordnung: Protobranchia

Die urtümlichsten rezenten Muscheln. Mit Ctenidien. Schloss oft mit vielen gleichartigen Zähnen (taxodont). Kein Byssus. Nahrungsaufnahme nicht durch Kiemen, sondern durch 2 lange Mundlappenfortsätze, die aus der Schale vorgestreckt werden, mit je einer Wimperrinne Nahrung vom Boden aufkehren und dem Mund zuführen. *Nucula*, *Portlandia (Yoldia)*.

2. Ordnung: Filibranchia (Pteriomorpha)

Fadenkiemen. Ohne Siphonen. Vorderer Schließmuskel verkleinert oder fehlend. Frei oder mit Byssus festgeheftet, manche Arten auf der Unterlage festgewachsen. *Arca*, *Glycymeris*, *Mytilus*, *Lithophaga*, *Pinna*, *Pinctada* (Perlmuschel), *Pecten*, *Ostrea*.

3. Ordnung: Eulamellibranchia

Mit oft gefalteten Blattkiemen. Mantel häufig mit Siphonen. Meist zwei Schließmuskeln. Die größte Gruppe der Bivalvia.

1. Unterordnung: Schizodonta (Palaeoheterodonta)

Schloss sehr unterschiedlich, bisweilen ohne Zähne, im typischen Fall schizodont (d. h. ein kräftiger, oft gespaltener Mittelzahn der linken Klappe wird von zwei Zähnen der rechten Klappe flankiert). Ohne Byssus. Marin: *Neotrigonia*. Im Süßwasser: *Margaritifera*, *Unio*, *Anodonta*.

2. Unterordnung: Heterodonta

Schloss meist heterodont (d. h. mit 1 bis 3 wechselständig ineinander greifenden Haupt- und – davor und dahinter – bis zu 4 leistenförmigen Nebenzähnen). Siphonen mehr oder weniger gut entwickelt. Mit oder ohne Byssus. Blattkiemen; häufig gefaltet. Artenreich. Meist marin, einige im Süßwasser. *Astarte*, *Pisidium*, *Sphaerium*, *Dreissena*, *Chama*, *Cardium*, *Tridacna*, *Venus*, *Petricola*, *Macoma*, *Scrobicularia*.

3. Unterordnung: Adapedonta

Schloss zahnlos oder mit 1 bis 2 Zähnen. Schale dünn, ohne Perlmuttschicht. Mit und ohne Byssus. Im Sand grabende oder in festem Material bohrende Muscheln. *Ensis*, *Mactra*, *Mya*, *Pholas*, *Teredo*.

4. Unterordnung: Anomalodesmacea

Schale mit wenig ausgeprägtem Schloss oder ohne Zähne. Schale oft dünn, ungleichklappig, mit Perlmutt. Meist grabende, seltener bohrende Arten. *Pandora*, *Cochlodesma*, *Clavagella*, *Brechites*.

4. Ordnung: Septibranchia

Schale dünn, Siphonen meist kurz. Ohne Byssus. Atmung und Ernährung anders als bei den übrigen Muscheln: Statt der Kiemen befindet sich in der Mantelhöhle ein durchbrochenes, muskulöses, waagerecht ausgespanntes Septum. Durch dessen rhythmisches Heben und Senken werden mit dem Atemwasser Tiere bis zu 2 mm Größe eingesogen und den muskulösen Mundlappen zugeleitet. Meist in tieferen Zonen der Meere. *Poromya*, *Cetoconcha*, *Cuspidaria*.

7. Klasse: Cephalopoda,
Kopffüßer (700)

Kopf groß, Eingeweidesack in dorsoventraler Richtung stark verlängert, Mantel sehr muskulös, Mantelhöhle caudal. Vorderer Abschnitt des Fußes mit dem Kopf verschmolzen und zu Greifarmen umgebildet, hinterer zu einem Trichter, der aus der Mantelhöhe nach außen führt. Schale unpaar, meist ins Innere des Körpers aufgenommen, oft reduziert oder völlig zurückgebildet. Radula und kräftige Kiefer meist vorhanden. Enddarm fast stets mit Anhangdrüse (Tintenbeutel). Coelom bisweilen geräumig. Nervensystem zu einer den Schlund umgebenden Masse zusammengefasst und in eine knorpelige Kapsel eingeschlossen. Sinnesorgane, besonders Augen und Statocysten, hoch entwickelt. 2 oder 4 Ctenidien. Herz mit 2 oder 4 Vorkammern, außerdem unabhängige Kiemenherzen. 1 oder 2 Paar Nieren. Gonade unpaar, mit 1 oder 2 eigenen Ausführgängen. Getrenntgeschlechtlich. Eier dotterreich; Furchung discoidal. Entwicklung direkt. Marin.

1. Unterklasse: Palcephalopoda = Tetrabranchiata (6)

Mit großer, äußerer, dorsal nach vorn planspiral eingerollter und gekammerter Schale. Trichter rinnenförmig, von zwei getrennten Lappen gebildet. Mit 4 Kiemen, 4 Herzvorkammern und 4 Nierensäcken. Keine Kiemenherzen. Mund von etwa 90 saugnapflosen Tentakeln umstellt. Offene Blasenaugen. Ohne Tintenbeutel. *Nautilus*.

2. Unterklasse: Coleoida = Dibranchiata (750)

Mit innerer, mehr oder weniger rudimentärer, oder ohne Schale. Mit 2 Kiemen, 2 Herzvorkammern, 2 Nierensäcken. Mit 8 oder 10 kräftigen, oft sehr langen, saugnapftragenden Armen. Meist mit Tintenbeutel. Männchen fast immer mit Hectocotylus. Mit Muskelzellen verbundene Chromatophoren in der Haut ermöglichen einen raschen Farb- und Musterwechsel und eine hervorragende Farbanpassung. Viele Tiefseeformen mit Leuchtorganen.

Die Ordnungen 1 und 2 werden bisweilen als **Decabrachia** zusammengefasst. Gemeinsame Merkmale: außer 8 kürzeren 2 längere, gestielte Fangarme (Tentakel). Saugnäpfe gestielt, mit Hornringen. Tintenbeutel, Flossen und Radula stets vorhanden.

1. Ordnung: Sepioidea (150)

Schale als Kalkschulp oder fehlend, oder – bei den Spirulidae – wohl entwickelt, gekammert und planspiral nach vorn unten eingerollt. Tentakel können häufig in eine Tasche zurückgezogen werden. Mantel rundum mit Flossensaum. Fast alle in Bodennähe lebend. *Spirula*, *Sepia*, *Rossia*, *Sepiola*, *Idiosepius*.

2. Ordnung: Teuthoidea, Kalmare (400)

Schale zu einem elastischen, hornigen Gladius reduziert. Saugnäpfe bisweilen mit Haken, Tentakel nicht in Taschen zurückziehbar. Mit Tintenbeutel, Flossen und Radula. Häufig mit Leuchtorganen. Pelagisch. Form- und artenreich. *Loligo*, *Architeuthis* (bis zu 18 m lang), *Histioteuthis*, *Ommastrephes*, *Chiroteuthis*.

3. Ordnung: Octopoda = Octobrachia, Kraken (200)

Körper sackförmig, meist ohne Flossen. Schale reduziert oder völlig fehlend. *Argonauta* mit großer, sekundärer Schale. Acht Arme, keine Tentakel. Saugnäpfe nicht gestielt, ohne Hornring. Tintenbeutel nicht immer vorhanden. Einige Arten ohne Radula. Ohne Leuchtorgane. *Cirroteuthis*, *Opisthoteuthis*, *Argonauta*, *Ozaena* (= *Eledone*), *Octopus*.

13. Stamm: Sipunculida (320)

Körper walzenförmig, vorne zu einem einziehbaren „Rüssel“ verschmälert. Körperdecke ein Hautmuskelschlauch mit Kollagencuticula. Mund an der Rüsselspitze, fast stets von bewimperten Tentakeln umstellt. Darm haarnadelförmig, die beiden Schenkel meist schraubig umeinander gewunden. After dorsal in Höhe der Rüsselbasis. Gehirn über dem Schlund, ein Schlundring führt zum unpaaren Bauchstrang. Coelom einheitlich; von ihm aus dringt ein Hohlraumsystem in die Haut ein. Ein weiteres Hohlraumsystem besteht aus einem den Schlund umgebenden Gefäßring, von dem aus Kanäle in die Tentakel ziehen. Blutgefäßsystem nur als Darmnetz ausgebildet. 1–3 Paar Metanephridien beginnen im Coelom, münden ventral und leiten auch die Geschlechtsprodukte aus. Getrenntgeschlechtlich. Spiralfurchung. Larve vom Trochophora-Typ, aber ohne Protonephridien. Marine Bodenbewohner. *Sipunculus*, *Phascolosoma*.

14. Stamm: Echiurida (150)

Körper sackförmig. Hautmuskelschlauch mit dünner Cuticula. Mund überragt von einem langen Kopflappen (Prostomium). Vorn ventral zwei Borsten in Borstentaschen, außerdem manchmal Borstenkränze am Körperende. Darm stark gewunden; After terminal. Nervensystem aus Schlundring und davon ausgehendem, unpaarem, ventralem Markstrang. Einheitliches, fast den ganzen Rumpf durchziehendes Coelom. Geschlossenes Blutgefäßsystem. Exkretionsorgane: 2 in den Enddarm mündende Analschläuche mit vielen Wimpertrichtern und – im Vorderkörper – 1 bis 4 Paar (oder mehr) Metanephridien, die auch Geschlechtszellen ausleiten. Getrenntgeschlechtlich. Bisweilen Zwergmännchen (mit Protonephridien). Metamorphose; Larve trochophoraähnlich. Marine Bodenbewohner. *Echiurus*, *Bonellia*.

15. Stamm: Annelida, Ringelwürmer (17 000)

Wurmförmige, segmentierte Bilateria. Epidermis mit Kollagencuticula. Hautmuskelschlauch aus Längs-, Ring- und Diagonalmuskeln. Körper gegliedert in einen ersten, vor dem Mund gelegenen Abschnitt ohne Coelomhöhle, das Prostomium, dem mehr oder weniger zahlreiche Rumpfsegmente (Metameren) mit je einem Coelomsackpaar folgen, und in einen letzten, wiederum coelomfreien Abschnitt, das Pygidium. Nicht selten sind ein oder einige Rumpfsegmente mit dem Prostomium zur Bildung eines Kopfes verschmolzen (Cephalisation). Pro Metamer häufig außer den paarigen Coelomsäcken ein Paar Ganglien, ein Paar Nephridien, ein Paar Gonaden und ein Paar Parapodien. Die Ganglien eines Segments sind untereinander durch eine Commissur, aufeinander folgende Ganglien durch Konnektive verbunden. Das über dem Schlund gelegene Cerebralganglion (Gehirn) hat über den Schlund umgreifende Konnektive Anschluss an die ventrale Ganglienkette (Bauchmark). Blutgefäßsystem meist geschlossen. Gasaustausch über die Körperoberfläche oder durch Kiemen. Getrenntgeschlechtlich (die Mehrzahl) oder Zwitter. Ungeschlechtliche Fortpflanzung selten. Spiralfurchung. Bei marinen Arten als typische Larvenform die Trochophora. Marin und limnisch, eine geringe Anzahl terrestrisch.

1. Klasse: Polychaeta, Vielborster (13 000)

Meist lang gestreckte Anneliden mit homonomer oder heteronomer Segmentierung. Prostomium meist mit paarigen Antennen und/oder Palpen. Segmentale, oft aus einem dorsalen und einem ventralen Ast bestehende und durch Muskulatur bewegliche Parapodien. Jeder Ast mit einem Borstenbündel, einer kräftigen Stützborste (Acicula) und einem Cirrus. Coelom und Gefäßsystem wohl entwickelt. Atmung über Parapodien, Tentakelkrone oder Kiemen als parapodiale Anhänge. Meist getrenntgeschlechtlich. In der Regel ein Paar Gonaden pro Segment. Entwicklung häufig indirekt über die Trochophora. Ungeschlechtliche Fortpflanzung selten. Marin; nur wenige im Süßwasser oder in feuchten Biotopen. Manche sind Kommensalen oder Parasiten auf oder in marinen Wirbellosen.

Die folgenden Ordnungen 1–3 werden auch als **Errantia** zusammengefasst. Gemeinsame Merkmale: Segmente mit Ausnahme der vordersten, von denen sich ein bis einige zur Bildung des Kopfes eng an das Prostomium anschließen können, gleichartig. Bei geschlechtsreifen Tieren mancher Arten der Nereimorpha und Eunicida birgt nur ein meist ziemlich großer Teil der hinteren Segmente Gonaden. Diese „epitoken" Metameren sind dann anders gestaltet als die davor liegenden „atoken" Segmente. Prostomium oft mit Augen, Palpen und Tentakeln. Parapodien meist wohl entwickelt. Fast ausschließlich frei bewegliche Räuber mit oft kräftigen Kiefern; wenige leben planktisch.

1. Ordnung: Amphinomorpha

Ventraler Blindsack des Vorderdarmes als unbewehrter Rüssel ausstülpbar. Neben den paarigen, metameren Ganglien des Bauchmarks in jedem Segment ein Paar lateraler Podialganglien. Einige Arten mit Giftborsten. *Eurythoë*, *Euphrosine*.

2. Ordnung: Nereimorpha = Phyllodocida

Der Pharynx ist vorstülpbar und meist mit Kiefern bewehrt. Podialganglien nur durch Commissuren mit den Metameren des Bauchmarks, aber nicht durch Konnektive miteinander verbunden. *Aphrodita*, *Harmothoe*, *Phyllodoce*, *Eulalia*, *Tomopteris*, *Hesione*, *Syllis*, *Autolytus*, *Nereis*, *Nephtys*, *Glycera*.

3. Ordnung: Eunicida

Schlund mit ventralem, ausstülpbarem Blindsack, der mit kompliziertem Kieferapparat ausgestattet ist. *Eunice*, *Ophryotrocha*, *Histriobdella*, *Ichthyotomus*.

Die Ordnungen 4–7 werden auch als **Sedentaria** zusammengefasst. Gemeinsame Merkmale: Körper oft deutlich heteronom segmentiert, Prostomium klein oder undeutlich; meist ohne Anhänge. Pharynx oft reduziert; nie mit Kiefern. Keine Podialganglien. Kiemen, wenn vorhanden, meist auf bestimmte Körperabschnitte beschränkt. Sessil oder halbsessil; meist in Röhren lebend. Mikrophag.

4. Ordnung: Spiomorpha

Körper oft nur undeutlich heteronom. Prostomium ohne oder mit unpaarer Antenne. Peristomium häufig mit zwei mehr oder weniger langen Tentakeln. Rüssel meist vorstülpbar, unbewaffnet. *Spio*, *Polydora*, *Chaetopterus*, *Orbinia*.

5. Ordnung: Drilomorpha

Heteronomie oft undeutlich. Prostomium ohne Anhänge. Mundhöhle als Rüssel ausstülpbar. *Cirratulus*, *Ophelia*, *Capitella*, *Arenicola*, *Maldane*, *Owenia*.

6. Ordnung: Terebellomorpha

Körper in zwei oder drei Abschnitte gegliedert. Prostomium mit Tentakelkrone aus vielen fadenförmigen, beweglichen Greiftentakeln, deren Basen den Mund umgeben. *Pectinaria*, *Ampharete*, *Terebella*, *Lanice*, *Polycirrus*.

7. Ordnung: Serpulimorpha

Körper in Thorax und in Abdomen gegliedert. Prostomium mehr oder weniger stark reduziert, die Palpen jedoch sind zu einer gefiederten, oft bunten Tentakelkrone geworden, die Plankton zum Mund transportiert und als Kieme dient. *Serpula, Pomatoceros, Spirorbis, Protula, Sabella, Branchiomma, Spirographis.*

8. Ordnung: Archiannelida

Mehrere, vermutlich nicht näher miteinander verwandte, durch Rückbildung vereinfachte Familien. Homonom segmentiert. Prostomium klein, meist ohne Anhänge. Parapodien reduziert oder fehlend, manchmal ohne Borsten. Fortbewegung durch Cilien. Meist klein und Bewohner des Sandlückensystems. *Nerilla, Troglochaetus* (im Süßwasser), *Protodrilus, Polygordius, Dinophilus.*

2. Klasse: Myzostomida

An Crinoidea parasitierende, flache, runde oder ovale Anneliden. Fünf Paar Parapodien mit je einer kräftigen Hakenborste. Schlund zu einem Saugorgan entwickelt; Mitteldarm meist verzweigt. Gehirn klein. Blutgefäße und Kiemen fehlen. Coelom ungegliedert, klein, durch Bindegewebe eingeengt. Zwitter. Begattung wechselseitig. Trochophora. Marin. *Myzostoma.*

3. Klasse: Clitellata, Gürtelwürmer

Parapodien und meist auch Fühler, Cirren und Kiemen fehlen. Wenigstens zur Fortpflanzungszeit Clitellum vorhanden: drüsige, gürtelförmige Umbildung der Epidermis in bestimmten, aufeinander folgenden Segmenten im Bereich der Geschlechtsöffnungen. Gonaden oft auf wenig Segmente beschränkt. Zwitter. Direkte Entwicklung.

1. Unterklasse: Oligochaeta, Wenigborster (3500)

Innere und äußere Segmentierung deutlich. Borsten in geringer Zahl, segmental meist in vier Gruppen angeordnet. Hoden vor den Ovarien. Proterandrische Zwitter. Im Süßwasser oder terrestrisch, einige marin.

1. Ordnung: Plesiopora

Ein Paar Hoden, ein Paar Ovarien. Ausmündung der paarigen Samenleiter im Segment hinter dem Hodensegment. Terrestrisch, in Süßwasser und Meer. *Aeolosoma, Nais, Dero, Ripistes, Stylaria, Tubifex, Branchiura, Enchytraeus.*

2. Ordnung: Prosopora

Ein bis vier Paar Hoden, ein bis drei Paar Ovarien. Mündung der Samenleiter in dem einzigen bzw. im hintersten Hodensegment. Im Süßwasser. *Lumbriculus, Branchiobdella.*

3. Ordnung: Opisthopora

Je ein oder zwei Paar Hoden und Ovarien. Samenleiter münden meist mehrere Segmente hinter den Hodensegmenten. Meist terrestrisch. *Haplotaxis, Lumbricus, Eisenia, Allolobophora, Megascolex.*

2. Unterklasse: Hirudinea, Egel (650)

Meist abgeflacht. Fast immer mit 32 Segmenten; äußere Metamerie durch sekundäre Ringelung allerdings verwischt. Bis auf *Acanthobdella* ohne Borsten und mit Mund- und Endsaugnapf. Coelom fast immer auf ein Röhrensystem eingeengt, das den Charakter eines Blutgefäßsystems annehmen kann. Mitteldarm meist mit segmentalen Blindsäcken. Hoden – oft zahlreich – hinter den Ovarien. Entwicklung direkt. Räuber oder Blutsauger.

1. Ordnung: Acanthobdellida, Borstenegel

Körper drehrund; 30 Segmente. Nur End-, aber kein Mundsaugnapf. Coelomsäcke in den ersten fünf Segmenten gut entwickelt. Blutgefäße mit eigener Wand. Mit Borsten an den Segmenten 2–6. Nur eine Art: *Acanthobdella peledina.*

2. Ordnung: Rhynchobdellida, Rüsselegel

Coelom bis auf kanalartige Reste eingeengt. Ausstülpbarer Rüssel ohne Kiefer. *Glossiphonia, Theromyzon, Haementeria, Piscicola.*

3. Ordnung: Gnathobdellida, Kieferegel

Coelom nur mehr enge Kanäle, die als Blutgefäße funktionieren. Primäre Blutgefäße zurückgebildet. Mit drei feinbezahnten, halbkreisförmigen, wie Sägen funktionierenden Kiefern im Schlund. *Hirudo, Haemopis, Haemadipsa.*

4. Ordnung: Pharyngobdellida, Schlundegel

Coelom ein enges Kanalsystem, welches das Blutgefäßsystem ersetzt. Weder vorstülpbarer Rüssel noch Kiefer. *Erpobdella.*

16. Stamm: Pogonophora (115)

Die lang gestreckten Pogonophoren leben in Röhren, die Chitin und Protein enthalten. Hautmuskelschlauch aus Epidermis mit kollagenhaltiger Cuticula und äußerer Ring- und innerer Längsmuskulatur. Der Körper besteht aus vier Abschnitten: einem kurzen Protosoma mit einem bis zu 2000

Tentakeln, in die Ausläufer des unpaaren, protosomalen Coeloms eindringen, einem Meso- und einem Metasoma mit jeweils paarigem Coelom und einem aus 5–23 Segmenten bestehenden Opisthosoma mit paarigen Coelomsäcken und segmentalen Borsten. Protosoma mit einem Paar von Coelomodukten, die vielleicht als Nephridien funktionieren, Metasoma mit zwei Gonodukten. Mund und Darmkanal nur während der Entwicklung. Mitteldarm wird zu bakterienhaltigem Trophosom. Das Nervensystem besteht aus einem Gehirn und in der Epidermis liegenden Nervenbahnen. Blutgefäßsystem geschlossen, mit im Protosoma hinter den Tentakeln liegendem Herz; Hämoglobin im Blut gelöst. Die paarigen Gonaden liegen im Metasoma. Die Geschlechtszellen gelangen ins Coelom und über die Gonodukte nach außen; Spermien meist in Spermatophoren; meist getrenntgeschlechtlich. In Weichböden aller Meere, u. a. in größeren Tiefen. Systematische Einordnung nahe Annelida. *Lamellisabella*, *Siboglinum*; *Riftia* (nahe marinen Hydrothermalquellen).

17. Stamm: Tardigrada, Bärtierchen (700)

Sehr kleine, äußerlich wenig deutlich in Kopf und vier Segmente gegliederte Tiere. 4 Paar teilweise einziehbare Extremitäten (Stummelfüße) mit Krallen oder Haftscheiben. Epidermis mit chitinhaltiger Cuticula. Muskulatur zu segmentalen Gruppen angeordnet. Am Vorderende Mund und bei ursprünglichen Formen fadenförmige Cirren. Darmrohr unverzweigt. Leibeshöhle ein Mixocoel. Atemorgane und Gefäßsystem fehlen. Nervensystem aus Cerebralganglion, Unterschlundganglion und vier, durch Konnektive verbundenen Rumpfganglienpaaren bestehend. Zwei Pigmentbecherocellen auf dem Gehirn. Exkretion durch Epidermis, Enddarm und Malpighische Gefäße. Getrenntgeschlechtlich, legen Eier. Entwicklung direkt. Marin und im Süßwasser, überwiegend in Moos und kleinen temporären Wasseransammlungen, deren Austrocknen sie in Trockenstarre als sog. Tönnchen überdauern. Pflanzenfresser, manche Räuber. *Batillipes*, *Macrobiotus*, *Hypsibius*, *Milnesium*.

18. Stamm: Pentastomida, Zungenwürmer (100)

Lang gestreckte, bisweilen zungenförmige Parasiten der Atemwege von Landwirbeltieren, v. a. Reptilien. Körper geringelt. Hautmuskelschlauch: Epidermis mit Chitincuticula, quer gestreifte Ring-, Längs- und Transversalmuskulatur. Ursprüngliche Formen haben nicht weit hinter dem Mund zwei Paar ungegliederte, krallenbewehrte Extremitätenpaare, von denen bei den übrigen Arten nur die Krallen erhalten blieben. Leibeshöhle ist ein Mixocoel. Nervensystem nur bei ursprünglichen Arten mit Oberschlundganglion und Bauchmark aus wenigen Ganglienpaaren, sonst nur ein oder einige Ganglienknoten im Vorderkörper. Zirkulations- und Atemorgane fehlen. Getrenntgeschlechtlich. Ovipar. Furchung total. Metamorphose mit Wirtswechsel. *Cephalobaena*, *Raillietiella*, *Reighardia*, *Porocephalus*, *Armillifer*, *Linguatula*.

19. Stamm: Onychophora (110)

Vereinen in ihrer Organisation Anneliden- und Arthropodenmerkmale. Körper wurmförmig mit 13 bis 43 Paar stummelartigen, krallenbewehrten Laufbeinen, die Segmente kennzeichnen. Körperoberfläche geringelt, jedoch nicht segmentiert. Hautmuskelschlauch aus Epidermis mit dünner Chitincuticula und Ring-, Diagonal- und Längsmuskulatur. Kopf mit Mund und je einem Paar geringelter Antennen, sichelförmiger Kiefer, Oralpapillen und kleiner Linsenaugen. Leibeshöhle ist ein Mixocoel. Blutgefäßsystem offen, Herz röhrenförmig mit segmentalen Ostien. Atmung durch unregelmäßig verteilte (pro Segment bis zu 75) Tracheenbüschel. Nervensystem: paariges Oberschlundganglion und 2 ventrale, weit seitlich verlaufende Bauchstränge mit zahlreichen Commissuren. Verdauungstrakt gerade. Exkretion durch segmentale Metanephridien, deren Wimpertrichter in Coelomsäcken liegen. Getrenntgeschlechtlich. Meist lebend gebärend. Räuberisch in Feuchtluftspalten des Bodens usw. Vorwiegend auf der südlichen Hemisphäre. *Peripatus*, *Peripatopsis*.

20. Stamm: Arthropoda, Gliederfüßer (1 Million)

Der Körper hat eine chitinhaltige Cuticula und ist embryonal wie bei den Anneliden in gleichartige Segmente gegliedert, die je ein Paar Coelomsäcke ausbilden. Im Laufe der Entwicklung gruppieren sich die Segmente zu verschieden gestalteten Körperabschnitten (Tagmata), und die Wände der Coelomsäcke bilden sich in Muskeln, Fettkörper usw. um, sodass sekundäre und primäre Leibeshöhle ein Mixocoel bilden. Bei den ursprünglichen

Gruppen bildet jedes Segment 1 Paar Extremitäten aus. Jede Extremität besteht aus einer Anzahl rohrförmiger, starr cuticularisierter Glieder, die durch eine biegsame Gelenkhaut miteinander verbunden sind. Immer ist wenigstens ein Extremitätenpaar zu Mundwerkzeugen oder Antennen umgebildet. Muskulatur quer gestreift. Das Zentralnervensystem besteht aus einem über dem Schlund gelegenen Gehirn (Oberschlundganglion) und einem Bauchmark aus hintereinander liegenden, paarigen Ganglien, die durch Konnektive miteinander verbunden sind. Die ursprünglich strickleiterförmig angeordneten Ganglien des Bauchmarks sind einander nicht selten genähert oder zu einer ventralen Ganglienmasse verschmolzen. Blutkreislauf offen. Atemorgane: Kiemen, Fächerlungen oder Tracheen. Als spezifische Exkretionsorgane dienen Metanephridien oder Malpighische Gefäße. Sinnesorgane reich entwickelt. Fast stets getrenntgeschlechtlich. Furchung fast immer superfiziell. Postembryonale Entwicklung direkt oder indirekt (Metamorphose), immer mit Häutungen verbunden. Weitaus artenreichster Tierstamm.

1. Unterstamm: Trilobitomorpha

Einzige Klasse: Trilobita

Schon im Unteren Kambrium auftretende und im Perm ausgestorbene, marine Arthropoden, deren Körper sich in Kopf, Rumpf und Hinterkörper gliedert. Der Kopf ist dorsal von einem einheitlichen Rückenschild überdeckt, seine Segmente sind miteinander verschmolzen. Segmente des Rumpfes gegeneinander abgesetzt, die des Hinterkörpers wieder verschmolzen. Die Antennen sind vielgliedrig, geißelförmig. Sämtliche Beine gleichförmig und zweiästig. Am Kopfschild Komplexaugen.

2. Unterstamm: Chelicerata

Der Körper der Chelicerata besteht aus einem sechs Paar Gliedmaßen tragenden Vorderkörper (Prosoma) und einem Hinterkörper (Opisthosoma). Das Prosoma wird häufig von einem einheitlichen Rückenschild überdacht. Das 1. Gliedmaßenpaar sind die Cheliceren, das sind zwei- oder dreigliedrige Extremitäten, die oft eine Schere (Chela) oder eine Subchela tragen. Darm oft mit großen Divertikeln.

1. Klasse: Merostomata (5)

Wasserbewohnende, kiemenatmende Chelicerata, die am Opisthosoma breite, blattförmige Extremitäten tragen, an deren Hinterseite jederseits eine Reihe von Kiemenblättern angeheftet ist.

Ordnung: Xiphosura, Schwertschwänze. Vorderleib mit breitem, dorsoventral abgeflachtem, halbkreisförmigem Rückenschild. Auf die scherenförmigen Cheliceren folgen 5 Paar Laufbeine, deren Basis einen zum Mund hin gerichteten, ladenartigen Fortsatz aufweist. Hinterkörper mit langem Schwanzstachel und 6 Paar breiten, plattenförmigen Extremitäten, von denen die hinteren 5 Paar blattförmige Kiemen tragen. Herz lang, hinten geschlossen; Blutkreislauf offen, Gefäßsystem jedoch reich entwickelt. Darm mit Mitteldarmdrüse. Aus den Eiern schlüpfen Larven. Marin. *Limulus* (nordamerikanische Atlantikküste), *Tachypleus* und *Carcinoscorpius* (Südostasien).

2. Klasse: Arachnida, Spinnentiere (80 000)

Meist Landtiere, deren Atemorgane als Fächerlungen oder als Sieb- oder Röhrentracheen entwickelt sind. Opisthosoma in seltenen Fällen mit Rudimenten von Extremitäten (Kämme der Skorpione, Spinnwarzen der Spinnen), meist jedoch ohne jede Spur von Gliedmaßen. Vorderkörper mit Cheliceren und 5 Beinpaaren, von denen das 1. (Pedipalpen) häufig im Zusammenhang mit der Nahrungsaufnahme umgewandelt ist, wobei der Telopodit häufig zu einem kleinen Taster, manchmal aber zu großen Scheren umgebildet wird. Exkretion durch röhrenförmige, dünne, entodermale Blindschläuche (Malpighische Gefäße) und Nephridien (Coxaldrüsen).

1. Ordnung: Scorpiones, Skorpione (1 000)

Das Prosoma hat eine einheitliche Rückendecke, das Opisthosoma ist geteilt in einen breiten, gegliederten, vorderen Abschnitt und einen schmalen, aus 5 Ringen bestehenden hinteren Teil, dessen letztes Segment eine blasenförmige Giftdrüse trägt, die in einem Stachel endigt. Die Pedipalpen bilden große, waagerecht getragene Scheren. 4 Paar Fächerlungen. *Androctonus, Buthus, Mesobuthus, Euscorpius.*

2. Ordnung: Pedipalpi, Geißelskorpione und Geißelspinnen (200)

Das 1. Beinpaar ist zu einem sehr dünnen, oft extrem langen und vielgliedrigen Tastbein ausgezogen. Die Pedipalpen bilden entweder Scheren oder kräftige Raubbeine. Der Vorderkörper hat meist einen einheitlichen Rückenschild, der gegliederte Hinterkörper sitzt mit einer stielartigen Verschmälerung daran und hat manchmal die letzten 3 Segmente zu sehr engen, kurzen Ringen verschmälert, die einen oft langen Anhang (Flagellum) tragen. Fast immer 2 Fächerlungen. *Thelyphonus.*

3. Ordnung: Palpigradi (60)

Prosoma dreigeteilt, Opisthosoma zweigeteilt in ein großes Mesosoma und ein kurzes Metasoma, das einen langen, vielgliedrigen Telsonanhang (Flagellum) trägt. Erstes Beinpaar Tastorgan. Herz und Atemorgane fehlen. *Koenenia.*

4. Ordnung: Araneae, Webspinnen (30000)

Prosoma mit einheitlichem Rückenschild, Opisthosoma gestielt, fast immer ungegliedert; mit Spinnwarzen. Cheliceren zweigliedrig, Klaue gegen das Grundglied einschlagbar. Pedipalpen bein- oder tasterartig.

1. Unterordnung: Mesothelae

Opisthosoma deutlich segmentiert. Je 2 Paar Spinnwarzen auf dem 4. und 5. Opisthosomalsegment, also in der Mitte des Hinterkörpers. 2 Paar Fächerlungen. Cheliceren orthognath. Nur 9 Arten. *Liphistius.*

2. Unterordnung: Opisthothelae

Opisthosoma unsegmentiert, sackförmig. Spinnwarzen am Opisthosomaende; die beiden vorderen mittleren zu einem einheitlichen Organ verschmolzen.

a) Cribellatae

Die vorderen, mittleren Spinnwarzen sind zum Cribellum, einer Platte mit sehr vielen, außerordentlich feinen Spinnspulen, umgebildet. Metatarsus des 4. Laufbeinpaares mit Kräuselkamm (Calamistrum). Palaeocribellatae: Cheliceren orthognath, 2 Paar Fächerlungen. *Hypochilus*, Neocribellatae: Cheliceren labidognath, 1 Paar Fächerlungen. *Eresus, Uloborus.*

b) Ecribellatae

Ohne Cribellum und Calamistrum. Die vorderen, mittleren Spinnwarzen zum Colulus verschmolzen. Orthognatha: Cheliceren orthognath, 2 Paar Fächerlungen. *Cteniza, Avicularia, Atypus.* Labidognatha: Cheliceren labidognath, 1 Paar Fächerlungen und 1 Paar Röhrentracheen. *Scytodes, Latrodectus, Araneus, Argiope, Agelena, Tegenaria, Argyroneta, Dolomedes, Lycosa, Cheiracanthium, Salticus.*

5. Ordnung: Pseudoscorpiones, Afterskorpione (2000)

Der Vorderkörper mit einheitlichem Rückenschild, der ein oder zwei quer verlaufende Furchen zeigen kann. Hinterleib breit ansetzend und gegliedert. Pedipalpen als waagerecht getragene Scheren entwickelt wie bei den Skorpionen. Zwergformen. *Chelifer.*

6. Ordnung: Opiliones, Weberknechte (3200)

Der gegliederte Hinterkörper sitzt in voller Breite dem Vorderkörper an. Vorderkörper meist geteilt in ein ungegliedertes, oft weichhäutiges Proterosoma, das bis zum 2. Laufbeinpaar reicht, sowie zwei folgende Tergite über dem 3. und 4. Laufbein. Pedipalpen teils als Taster, teils als vertikal getragene, bestachelte Raubbeine ausgebildet. Atmung durch stark verzweigte Röhrentracheen. *Opilio, Phalangium.*

7. Ordnung: Solifugae, Walzenspinnen (900)

Der Vorderkörper gliedert sich dorsal in einen großen, vorderen Abschnitt (Proterosoma), der rückwärts bis zum 2. Laufbein reicht, sowie zwei einfache Tergite, von denen je eines zum Segment des 3. und 4. Laufbeines gehört. Hinterkörper gegliedert. Pedipalpen laufbeinförmig. Erstes Laufbeinpaar schwach, als Tastbein gebraucht. Atmung durch sehr stark verzweigte Röhrentracheen. *Galeodes.*

8. Ordnung: Ricinulei, Kapuzenspinnen (30)

Prosoma vorn mit beweglichem Fortsatz, der wie eine Kapuze über die Mundwerkzeuge geklappt werden kann. Opisthosoma segmentiert, setzt breit am Prosoma an. *Cryptocellus.*

9. Ordnung: Acari, Milben (40000)

Zwergformen, die äußerst vielgestaltig sind. Der Körper ist in Gnathosoma und Idiosoma gegliedert. Das Gnathosoma umfasst die Mundgegend (Cheliceren, Pedipalpen) und ist durch eine Falte gegen das Idiosoma (Rumpf) abgegrenzt. In den einzelnen Milbengruppen kann es zu weiteren, sekundären Untergliederungen des Körpers kommen. Pedipalpen ursprünglich tasterförmig. Atmung durch Tracheen oder Atemorgane völlig rückgebildet. Sind an Land in allen möglichen Biotopen verbreitet, kommen auch in Süß- und Salzwasser vor. Zahlreiche Parasiten. *Parasitus, Varroa, Ixodes, Acarapis, Tetranychus, Demodex, Trombicula, Hydrachna, Acarus, Glycyphagus, Sarcoptes, Eriophyes.*

3. Klasse: Pantopoda, Asselspinnen (1 000)

Marin. Körperstamm so schmal, dass Darmdivertikel und der größte Teil der Gonaden nur in den Grundgliedern der Laufbeine Platz finden. Der Hinterleib ist zu einem ganz kurzen, ungegliederten Stummel zurückgebildet. Außer Cheliceren und Pedipalpen, die rudimentär sein können, sind 5–7 Paar weitere Extremitäten vorhanden. *Nymphon, Pycnogonum.*

3. Unterstamm: Crustacea, Krebse (50 000)

Körper aus Acron, 5 Gliedmaßen tragenden Kopf- sowie einer unterschiedlichen Anzahl von Rumpfmetameren und dem Telson aufgebaut; nur selten in Kopf, Thorax und Abdomen (= Pleon) gegliedert. Meist verschmilzt der Kopf mit einem oder einigen Thoraxsegmenten zum Cephalothorax. Die Tagmata des Körpers sind dann: Cephalothorax, Peraeon (= restliche Thoraxsegmente) und Pleon (Abdomen). Kopf mit 2 Paar Antennen und 3 Paar Mundgliedmaßen (Mandibeln, 1. und 2. Maxillen), zu denen weitere, mehr oder weniger deutlich zu Mundwerkzeugen differenzierte Beinpaare (Maxillipeden) der folgenden Segmente treten können. Pleon meist ohne Extremitäten; wenn Pleopoden vorhanden, sind sie kleiner und von anderer Gestalt als die Peraeopoden. Verbreitet ist der zweireihige Spaltfuß mit Endopodit und Exopodit. Darm oft mit Mitteldarmdrüsen. Die Atmung erfolgt durch Kiemen, die teils durch dünnhäutige Anhänge der Extremitäten (Epipodite), teils durch die zarte, innere Wand einer breiten Kopfduplikatur, des Carapax, gebildet werden. Exkretion durch Nephridien im Segment der 2. Antenne (Antennennephridien) oder der 2. Maxille (Maxillarnephridien) sowie durch Kiemen. Fast immer getrenntgeschlechtlich. Entwicklung meist indirekt. Ursprüngliche Larvenform ist der Nauplius mit 3 Extremitätenpaaren und dem unpaaren Naupliusauge. Weitere Larvenformen sind Zoëa und Megalopa. Vor allem im Meer, auch im Süßwasser und am Land. Viele sind Parasiten und Kommensalen.

1. Klasse: Remipedia (9)

Weitgehende homonom segmentierte Kleinkrebse mariner Höhlen. *Speleonectes.*

2. Klasse: Cephalocarida (9)

Marine Zwergformen, Kopf mit kurzem Carapax. 9 beintragende Thorax- und 10 gliedmaßenlose Pleomeren. Furca sehr lang. Augen degeneriert. Spaltbeine. *Hutchinsoniella.*

3. Klasse: Phyllopoda, Blattfußkrebse (1 000)

Die Beine sind meist als Turgorextremitäten (Blattbeine) ausgebildet. Kopf mit einer fast immer großen, seinen Hinterrand weit überragenden, oft schalenartigen Integumentduplikatur (Carapax). Komplexaugen einander genähert oder miteinander verschmolzen. Unpaares Naupliusauge aus 4 Pigmentbecherocellen.

1. Ordnung: Notostraca

Carapax breit und flach, überdeckt die meisten beintragenden Segmente und ist nur seitlich leicht ventralwärts gebogen. 2. Antennen reduziert. Rumpf in zahlreiche Ringe gegliedert mit bis zu 60 Beinpaaren; nur die letzten Segmente gliedmaßenlos. Furca mit 2 langen, geringelten (geißelförmigen) Anhängen. In ephemeren Süßgewässern. *Triops, Lepidurus.*

2. Ordnung: Conchostraca

Rumpf aus vielen Metameren mit 10 bis 20 Blattbeinpaaren. Carapax zweilappig; umschließt fast immer den ganzen Körper; mit Schließmuskel. Komplexaugen nicht verschmolzen. Furca krallenförmig. In kleinen, ephemeren Gewässern. *Limnadia, Leptestheria.*

3. Ordnung: Cladocera, Wasserflöhe

Rumpf nur aus wenigen Metameren, höchstens 6 Blattbeinpaare. Carapax zweilappig, umhüllt meist den gesamten Rumpf, aber nie den Kopf. Komplexaugen zu unpaarem Auge verschmolzen. 2. Antennen Hauptfortbewegungsorgane. Furca krallenförmig. Wenige marin, die meisten im Süßwasser. Häufig Heterogonie. *Sida, Daphnia, Scapholeberis, Bosmina, Chydorus.* Räuberische Formen mit Stabbeinen und zu Brutsack reduziertem Carapax. *Polyphemus, Podon, Evadne, Leptodora.*

4. Klasse: Anostraca (180)

Langgestreckte, relativ einförmig segmentierte Krebse ohne Carapax. Thoracopoden sind weichhäutige Turgorextremitäten, die der Fortbewegung dienen und organisches Geschwebsel aus dem Wasser filtrieren und dem Mund zuführen. Paarige, gestielte Komplexaugen. Zur Paarungszeit umklammern die Männchen mit den stark vergrößerten 2. Antennen die Weibchen. *Artemia, Branchipus, Chirocephalus.*

5. Klasse: Ostracoda, Muschelkrebse (12 000)

Kleinformen, deren ganzer Körper eingehüllt ist in die beiden stark gewölbten Schalen eines zweiklappigen Carapax. Außer den 5 Paar Kopfextremitäten höchstens 2 Paar Rumpfgliedmaßen. Rumpf ungegliedert. 2. Antennen wichtigstes Fortbewegungsorgan. Furca paarig oder unpaar, selten zurückgebildet. Marin und limnisch, meist am Boden, wenige pelagisch. Einige im Waldhumus. *Cypridina*, *Gigantocypris*, *Polycope*, *Cypris*, *Cythereis*.

6. Klasse: Copepoda, Ruderfußkrebse, Hüpferlinge (10 000)

Kleinkrebse. Das 1., häufig auch das 2. der 6 Thoraxsegmente mit dem Kopf zum Cephalothorax verschmolzen. Extremitäten des 1. Thoraxsegments zu Maxillipeden umgebildet, die übrigen 5 Paar sind kurzgliedrige, gleichartige Spaltbeine. Pleon aus 5 Segmenten, ohne Extremitäten. 1. Antennen sind einästige, sehr lange, häufig reich beborstete Schwebeorgane. Nur Naupliusauge. Zweigeschlechtliche Fortpflanzung; Parthenogenese selten. Im Meer (die überwiegende Zahl der Arten) und in stehenden Süßgewässern, vor allem im Plankton; wenige in feuchten Biotopen an Land. Die zahlreichen parasitischen Arten bilden im weiblichen Geschlecht Körper und Gliedmaßen häufig derartig um, dass sie nicht mehr als Copepoden, ja nicht einmal als Krebse kenntlich sind. Nur ein Copepodenmerkmal behalten auch sie bei: Ihre Eier bleiben in Form eines paarigen oder unpaaren Klumpens oder Stranges an der Geschlechtsöffnung bis zum Ausschlüpfen der Nauplien hängen. Mit zahlreichen Ordnungen, z. B. Calanoida mit *Calanus* und *Diaptomus*, Harpacticoidea, und Cyclopoidea mit *Cyclops*.

7. Klasse: Branchiura, Fischläuse (130)

Körper flach scheibenförmig, Kopf und die ersten beiden Thoraxsegmente zum schildförmigen Carapax verschmolzen. Pleon verkürzt, zu einer zweilappigen „Schwanzflosse“ reduziert. Antennen hakenbewehrte Klammerorgane. 1. Maxillen mit Klammerhaken oder Saugscheiben. 4 Paar Spaltfüße. Naupliusauge und 1 Paar Komplexaugen. Zu 90% im Süßwasser, der Rest marin. Ectoparasiten an Fischen. *Argulus*.

8. Klasse: Mystacocarda (11)

Rumpf aus 11 gleichförmigen Segmenten. Kleinformen (0,5 mm) mit lang gestrecktem Körper, ohne Carapax. Auf die z. T. sehr lang beborsteten Mundwerkzeuge folgen 1 Paar Kieferfüße und nur 4 kurze, eingliedrige Beinpaare. Keine Komplexaugen. *Derocheilocaris*.

9. Klasse: Tantulocarida (25)

Ectoparasiten anderer Krebse im Tiefsee-Benthos. Jugendstadien segmentiert, Adulte sackförmig. *Onceroxenus*.

10. Klasse: Ascothoracida (70)

Parasiten mit lang gestrecktem, gegliedertem Rumpf, der in einer Furca endigt. 1. Antenne trägt Schere, 2. Antenne zurückgebildet. Mundwerkzeuge eingliedrige, spitze Stilette. Die 6 Paar Thoracopoden teils als Spalt-, teils als Stabbeine, manchmal schwach oder gar nicht ausgebildet. 5 Hinterleibssegmente. Carapax 2 große Schalenklappen bildend, die den Körper wenigstens beim Weibchen völlig einhüllen. Keine Komplexaugen. *Ascothorax*.

11. Klasse: Cirripedia, Rankenfüßer (1 000)

Frei lebende, festsitzende oder parasitische Krebse, deren Körper in Anpassung an die Lebensweise starke bis extreme Abwandlungen erfahren hat. Die Nauplien entwickeln sich zur ostracodenähnlichen, zweischaligen Cyprislarve, die sich mit dem Vorderkopf – mithilfe der ersten Antennen – festsetzt.

1. Ordnung: Thoracica

1. Antenne der Cyprislarve mit Haftscheibe und Zementdrüse. Adulti mit stielförmig verlängertem oder zu einer breiten Platte umgeformtem Vorderkopf auf leblosem Material oder auf Tieren festsitzend. Eine vom rumpfnahen Teil des stiel- bzw. plattenförmigen Vorderkopfes ausgehende Hautduplikatur umhüllt als Mantel (= Carapax) schalenartig den Körper. In der Außenschicht der Mantelcuticula sind bewegliche Kalkplatten eingelagert. Komplexaugen, 2. Antennen und Herz fehlen. Keine Pleopoden. Die 6 Paar zweiästigen Thorakalbeine sind zu langen, vielgliedrigen und reich behaarten Rankenfüßen umgebildet, die bei geöffnetem Carapax Kleinorganismen aus dem Wasser filtern. Meist Zwitter. Mit Stiel: Entenmuscheln (*Lepas*). Ohne Stiel: Seepocken (*Balanus*).

2. Ordnung: Acrothoracica

Kleine, parasitische, sackförmige Cirripedia. Carapax ohne Kalkplatten. Nur 4 Paar einästige Thoracopoden. Bohren sich in Schalen von Molluscen ein. *Trypetesa* (= *Alcippe*).

3. Ordnung: Rhizocephala

Innenparasiten bei Decapoden. Nur die Larven als Krebse erkennbar. Die Adulti bestehen aus einem Röhrennetz, das den gesamten Körper des Wirtes durchsetzt. Nach außen ragt nur der Brutsack mit

Mantelhöhle, Ganglion und großem Ovarium. Getrenntgeschlechtlich. *Sacculina, Peltogaster.*

12. Klasse: Malacostraca (20 000)

Der Rumpf besteht aus 8 Thorax- und primär 7 Hinterleibssegmenten. Im Gegensatz zu den anderen Klassen tragen in den meisten Fällen auch die Abdominalsegmente Beine (Pleopoden). Die Thoracopoden sind – soweit sie nicht zu Maxillipeden differenziert sind – in sehr vielen Fällen als Stabbeine ausgebildet, die denen der Insekten ähneln. Die Pleopoden hingegen sind Spaltbeine, deren Äste einander mehr oder weniger gleichen und die nicht zum Schreiten dienen. Die des 6. Pleonsegments sind zurückgebildet, die des 7. Segments sind als Uropoden anders gestaltet als die übrigen und nach hinten gerichtet. In vielen Fällen bilden sie zusammen mit dem Telson den Schwanzfächer. Vorderdarm mit Kau- und Filtermagen. Als Exkretionsorgane funktionieren Antennen- oder Maxillarnephridien, selten beide. Die Geschlechtsöffnung liegt beim Weibchen im 6., beim Männchen im 8. Rumpfsegment. Komplexaugen sind fast immer vorhanden.

1. Unterklasse: Phyllocarida

7 Hinterleibsringe und Furca vorhanden. Der große, muschelschalenförmige Carapax bedeckt den Thorax. Thoraxextremitäten als Blattbeine, Hinterleibsextremitäten als Spaltbeine ausgebildet. Augen gestielt. Marin. Einzige **Ordnung**: Leptostraca (10). *Nebalia.*

2. Unterklasse: Syncarida (115)

Kein Carapax. Kopf nicht immer mit dem 1. Thoraxsegment verwachsen. Rumpfsegmente recht gleichförmig. Bei den großen Arten tragen die Thoraxbeine je 2 Epipoditen. 2 Ordnungen:
Anaspidacea. Oberirdisch lebend. Im Süßwasser. *Anaspides.*
Bathynellacea. In Brunnen, Grundwasser und im Mesopsammon. Zwergformen. *Bathynella.*

3. Unterklasse: Pancarida (9)

Carapax mit dem 1. Thoracomer verwachsen, ragt nach hinten über weitere Thoraxsegmente hinweg und bildet auf diese Weise bei Weibchen einen dorsalen Brutsack. Das 1. Brustbein ist zu einem Kieferfuß umgewandelt, die übrigen weisen einen Exopoditen auf. Pleopoden sind nur an den beiden vorderen Abdominalsegmenten vorhanden und eingliedrig. Einzige **Ordnung**: **Thermosbaenacea**. Zwerghafte Bewohner unterirdischer Gewässer und des Mesopsammons. *Thermosbaena.*

4. Unterklasse: Hoplocarida (350)

Der Carapax ist flach, lässt die 4 letzten Thoraxsegmente unbedeckt und überragt die Seitenkante des Thorax nur wenig. Die Thoracopoden 2–5 tragen Subchelae, besonders das 2. ist zu einem sehr starken Raubbein entwickelt. Die 6.–8. Thoraxgliedmaßen sind Laufbeine. Augen auf beweglichen Stielen. Marin. Einzige **Ordnung**: **Stomatopoda**, Fangheuschrecken-Krebse. *Squilla.*

5. Unterklasse: Peracarida, Ranzenkrebse

Carapax, wenn vorhanden, vier oder mehr Brustsegmente frei lassend. Mindestens das 1. Brustsegment ist stets mit dem Kopf verschmolzen. Weibchen mit Bruttasche (Marsupium), die aus blattförmigen Anhängen der Beine gebildet ist. Direkte Entwicklung.

1. Ordnung: Mysidacea (780)

Carapax erstreckt sich über den größten Teil des Thorax, ist aber höchstens mit drei Brustsegmenten verwachsen. Komplexaugen gestielt. Brustbeine mit Schwimmfußästen (Exopoditen). Das erste Fußpaar oder die beiden ersten zu Kieferfüßen umgewandelt. In den Endopoditen der Uropoden findet sich oft eine Statocyste. Marin, vereinzelt im Süßwasser. *Lophogaster, Mysis, Leptomysis.*

2. Ordnung: Cumacea (800)

Carapax mit den ersten 3 bis 6 Brustsegmenten verwachsen. Augen sitzend, in die Mediane gerückt und mehr oder weniger rückgebildet. Einige Brustbeine mit Schwimmfußästen, die ersten drei Fußpaare zu Kieferfüßen umgewandelt. Marin. *Diastylis.*

3. Ordnung: Spelaeogriphacea (2)

Kopf und 1. Thoraxsegment miteinander verschmolzen. Carapax seitliche Atemhöhlen bildend, in denen die Epipoditen der 1. Kieferfüße schwingen, nicht über das 2. Thoraxsegment hinausragend. Pleopoden als breite Schwimmbeine gebildet. *Spelaeogriphus*, augenloses Höhlentier.

4. Ordnung: Tanaidacea, Scherenasseln (500)

Carapax kurz, rückgebildet. Kopf mit den ersten beiden Thoraxsegmenten verwachsen. Augen fehlend oder auf kurzen, unbeweglichen Kopfauswüchsen stehend. Das erste Fußpaar zu Kieferfüßen umgewandelt, das zweite mit einer Schere versehen. Pleopoden zweiästig. Marin. *Tanais.*

5. Ordnung: Isopoda, Asseln (8000)

Körper meist dorsoventral abgeflacht. Carapax fehlt. Das erste (selten zweite) Thoraxsegment mit dem Kopf verwachsen. Telson fast stets mit dem letzten Abdominalsegment verwachsen. Augen sitzend. Brustbeine ohne Exopoditen, das erste Paar zu Kieferfüßen umgewandelt. Pleon oft sehr kurz. Pleopoden zweiästig. Herz kurz, ganz oder teilweise im Hinterleib liegend. Teilweise Parasiten und dann stark umgebildet. Meist marin, doch auch auf dem Lande, vereinzelt im Süßwasser. *Asellus* (Wasserassel), *Oniscus* (Mauerassel), *Porcellio* (Kellerassel); *Ligia*, *Idotea*.

6. Ordnung: Amphipoda, Flohkrebse (6000)

Körper meist seitlich abgeflacht. Carapax fehlt. Das erste Thoraxsegment oder die beiden ersten mit dem Kopf verwachsen. Augen sitzend. Brustbeine ohne Exopoditen, das erste Paar zu Kieferfüßen umgewandelt. Pleopoden zweiästig, die 3 vorderen Paare zum Schwimmen, die 3 hinteren zum Springen dienend. Meist marin, auch im Süßwasser und terrestrisch. *Gammarus*, *Talitrus*, *Orchestia*, *Caprella*.

6. Unterklasse: Eucarida

Carapax dorsal fast immer mit allen Thoraxsegmenten verwachsen. Augen auf beweglichen Stielen. Herz sackförmig. Meist mit Metamorphose.

1. Ordnung: Euphausiacea, Leuchtkrebse (85)

Kein Beinpaar zu Kieferfüßen umgewandelt. Kiemen frei, in nur einer Reihe am Grundglied der Thorakalbeine. Fast stets mit Leuchtorganen versehen. Marin. *Euphausia* (*E. superba:* Antarktischer Krill).

2. Ordnung: Decapoda (10000)

Die ersten drei Thoracopoden sind zu Kieferfüßen umgewandelt, das folgende Extremitätenpaar in der Regel mit Schere versehen. Kiemen vom Carapax überdeckt, meist in mehreren Reihen, sowohl am Grundglied der Thorakalfüße wie am Körper selbst sitzend. Meist marin, einige Süßwasser- und Landformen.

1. Unterordnung: Natantia

Körper meist seitlich abgeflacht, Abdomen stets länger als Cephalothorax. Abdominalfüße meist wohl entwickelt, zum Schwimmen gebraucht. *Penaeus*, *Alpheus*, *Palaemon*, *Crangon*.

2. Unterordnung: Reptantia

Körper nicht seitlich, aber oft dorsoventral abgeflacht. Abdomen vielfach verkürzt, Abdominalfüße oft reduziert oder fehlend. *Scyllarus*, *Nephrops*, *Homarus*, *Astacus*, *Pagurus*, *Galathea*, *Porcellana*, *Carcinus*, *Eriocheir*, *Pinnotheres*.

4. Unterstamm: Tracheata

1 Paar Antennen. Auf die Mandibeln folgen in den meisten Fällen 2 Paar Maxillen. Die Atmung erfolgt durch Tracheen, die, sich stark verzweigend, den Sauerstoff bis zu den Organen transportieren. Der Darmkanal besitzt niemals ausgedehnte und verästelte Blindschläuche. Die Exkretion wird hauptsächlich von ectodermalen, dünnen Darmblindschläuchen, den Malpighischen Gefäßen, besorgt. Die Nephridialorgane treten stark zurück. Primär Landtiere.

1. Klasse: Myriapoda, Tausendfüßler (11000)

Rumpf besteht aus einer oft recht großen Anzahl gleichartiger, meist beintragender Segmente. Alle Antennenglieder besitzen eigene Muskeln.

1. Unterklasse: Chilopoda, Hundertfüßer (2800)

Rumpf lang gestreckt, aus vielen, gleichartigen Segmenten bestehend, die mit Ausnahme der letzten beiden je ein gut entwickeltes Beinpaar tragen. Das 1. Bein ist zu zangenartigen Kieferfüßen, in denen eine Giftdrüse mündet, umgebildet. Tracheen mit Stigmen an allen oder zahlreichen Segmenten. Herz und gut ausgebildetes Arteriensystem vorhanden. Die Gonaden münden im letzten Segment vor dem After. *Lithobius*, *Scolopendra*, *Geophilus*, *Scutigera*.

2. Unterklasse: Symphyla (120)

Mit 12 Laufbeinpaaren und einem Paar Spinngriffel am Körperende. Zwischen den Laufbeinhüften zumindest des 3.–9. Segmentes liegen 1 Paar Ventralsäcke. Die Tracheen münden durch 1 Paar Stigmen am Kopf. *Scutigerella*.

3. Unterklasse: Diplopoda, Doppelfüßer (7200)

Abgesehen von den vorderen 4 Ringen tragen die übrigen, meist sehr zahlreichen sämtlich je 2 Beinpaare und besitzen auch 2 Ganglien, stellen also Doppelsegmente dar. 2 Paar Mundwerkzeuge: Mandibeln und die zu einer breiten, den Mundvorraum verschließenden Platte (Gnathochilarium) umgestalteten 1. Maxillen. Cuticula meist mit Kalkeinlagerung, starr. Tracheen- und Blutgefäßsystem vorhanden. Stigmen an fast allen Segmenten. *Polyxenus*, *Glomeris*, *Julus*.

4. Unterklasse: Pauropoda, Wenigfüßler (360)

Zwergformen mit überaus dünnem Integument. Die Antennen zweiästig mit Geißelhaaren. Mundwerkzeuge wie Diplopoda. 9 Beinpaare. Tracheen und Gefäßsystem fehlen. *Pauropus*.

2. Klasse: Insecta = Hexapoda, Insekten (854 000)

Körper in Kopf, Brust und Hinterleib gegliedert. Die Brust (Thorax) besteht aus drei Segmenten mit je einem Beinpaar (Hexapoda), Hinterleib (Abdomen) ursprünglich aus 11 Segmenten bestehend, bei den Imagines stets ohne Beine, aber nicht selten mit stark umgebildeten Extremitäten (Gonopoden usw.). Am Kopf ein Paar Antennen, ein Paar Mandibeln, ein Paar Maxillen und ein unpaares Labium, das durch Verschmelzen des 2. Maxillenpaares entstanden ist. Tracheensystem fast immer sehr vollkommen, Blutgefäßsystem einfach. Exkretionsorgane: Malpighische Gefäße. Getrenntgeschlechtlich. Bisweilen Parthenogenese. Entwicklung meist mit Metamorphose. Artenreichste Tierklasse. – Ein kleiner Teil der Insekten ist primär flügellos. Sie werden häufig als Apterygota zusammengefasst und den geflügelten und höchstens sekundär flügellosen übrigen Insekten, den Pterygota, gegenübergestellt. Da die Apterygota im Gegensatz zu den Pterygota keine einheitliche Verwandtschaftsgruppe bilden und außerdem zwei ihrer Unterklassen den geflügelten Insekten näher stehen als den übrigen ungeflügelten, hat man diese Einteilung zugunsten anderer taxonomischer Gliederungen verlassen.

a. Entognatha

Meist kleine, primär flügellose Insekten. Metamorphose undeutlich oder fehlend. Mandibeln und Maxillen hochspezialisiert und in einer Tasche versenkt, die vom Labium und den Kopfseiten gebildet wird. Mandibeln mit nur einem Gelenk. Die Antennen sind Gliederantennen, d.h. mit Ausnahme des letzten Gliedes besitzen alle Fühlerglieder eigene Muskulatur. Komplexaugen reduziert oder fehlend.

1. Unterklasse: Diplura (500)

Ursprünglichste Entognatha mit vielgliedrigen Gliederantennen. Augen fehlen. Abdomen schon beim Schlüpfen mit 11 Segmenten. Die ersten 7 Abdominalsegmente mit je einem Paar Styli. Ein Paar lange, fadenförmige oder kurze, zangenartige Cerci am 11. Segment. *Campodea*, *Projapyx*.

2. Unterklasse: Protura (140)

Ohne Antennen und Augen. Das Abdomen erreicht die volle Segmentzahl (11) erst im Laufe der postembryonalen Entwicklung. Stummelförmige Extremitäten am 1. bis 3. und Gonopoden am 8. und 9. Abdominalsegment. *Eosentomon*.

3. Unterklasse: Collembola, Springschwänze (2 000)

Antennen höchstens 4-gliedrig. Sehr einfache Komplexaugen und 4 einfache Ocellen. Die auf 6 reduzierte Anzahl der Abdominalsegmente wird erst während der Postembryonalentwicklung erreicht. Abdomen mit 3 spezialisierten Extremitätenpaaren; die des 3. und 4. Segments bilden den Springapparat. *Entomobrya*, *Isotoma*, *Sminthurus*, *Podura*.

b. Ectognatha

Mandibeln und Maxillen arbeiten frei an der Unterseite des Kopfes. Mandibeln nur bei den Archaeognatha mit einem, sonst mit 2 weit voneinander entfernten Gelenkköpfen. Die Fühler sind Geißelantennen, d.h. nur das Grundglied (Scapus) besitzt Muskulatur; das 2. Glied (Pedicellus) beherbergt ein als Johnstonsches Organ bezeichnetes Sinnesorgan. Meist mit Komplexaugen und Ocellen. Fast immer mit Flügeln; primär flügellos sind nur die oft unter der Bezeichnung Thysanura in einer Unterklasse vereinten Archaeognatha und Zygentoma. Die Entwicklung erfolgt meist mit mehr oder weniger starker Umwandlung ihrer Gestalt (Metamorphose) und der Lebensweise.

4. Unterklasse: Archaeognatha, Felsenspringer (220)

Mandibeln mit nur einem Gelenk. Coxen des Meso- und Metathorax mit Styli. Abdomen bereits beim Schlüpfen mit 11 Segmenten, das letzte mit 3 langen, gegliederten Anhängen (einem medianen Terminalfaden und zwei seitlichen Cerci), die einen Sprungapparat bilden. *Machilis*.

5. Unterklasse: Zygentoma (270)

Mandibeln mit zwei Gelenken an der Kopfkapsel befestigt. Keine Styli am Thorax, höchstens an den Abdominalsegmenten 7 bis 9. Am 11. Abdominalsegment ebenso wie die Archaeognatha mit 2 Cerci und einem Terminalfaden, die jedoch keinen Sprungapparat bilden. *Lepisma* (Silberfischchen).

6. Unterklasse: Pterygota, Geflügelte Insekten (770 000)

2 Paar Flügel, die aus Hautfalten des 2. und 3. Thoraxsegmentes entstehen und die nur selten zu-

rückgebildet wurden. Kopf mit Innenskelet (Tentorium). Mandibeln mit 2 Gelenkköpfen. 2 Haupttypen der Metamorphose: Hemimetabolie (unvollkommene Verwandlung), bei der ein Puppenstadium fehlt (Ordnungen 1 bis 19), und Holometabolie (vollkommene Verwandlung) mit Puppenstadium (Ordnungen 20 bis 30).

1. Ordnung: Ephemeroptera,
Eintagsfliegen (2000)

Mundwerkzeuge reduziert. Flügelgeäder netzförmig. Hinterleibsende mit zwei langen Cerci, dazu meist noch ein Terminalfilum. Larven wasserlebend, mit abdominalen Kiemengliedmaßen (Tracheenkiemen). *Ephemera*, *Ephoron*.

2. Ordnung: Odonata, Libellen (4700)

Kopf und Augen groß. Kauende Mundwerkzeuge. Flügelgeäder netzförmig. Larven wasserlebend, mit Fangmaske (Labium). *Calopteryx*, *Aeshna*.

3. Ordnung: Plecoptera, Steinfliegen (2000)

Mundwerkzeuge etwas reduziert. Flügel mit großem, faltbarem Analteil; Flügelgeäder netzförmig. Abdomen meist mit langen Cerci. Larven wasserlebend, mit thorakalen Kiemenanhängen. *Perla*.

4. Ordnung: Embioptera, Tarsenspinner
(200)

Kauende Mundgliedmaßen. Vorderbeine mit vergrößertem 1. Tarsus (Spinnbeine). Zwei Cerci. Weibchen flügellos. *Embia*.

5. Ordnung: Notoptera (12)

Flügellos, Komplexaugen reduziert oder fehlend. Weibchen mit Legeapparat. Cerci voll ausgebildet. *Grylloblatta*.

Überordnung: Blattopteroidea
(Ordnungen 6–9)

Mundwerkzeuge kauend. Hüften groß. Sternalskelet verschmälert. Meist mit gegliederten Cerci.

6. Ordnung: Dermaptera
Ohrwürmer (1300)

Prothorax beweglich. Vorderflügel zu kurzen Decken reduziert. Hinterflügel fast nur aus dem quer und längs faltbaren Analfächer bestehend. Cerci zu kräftigen Zangen umgewandelt. *Forficula*.

7. Ordnung: Mantodea,
Fangschrecken (1800)

Vorderbeine als Fangbeine ausgebildet. *Mantis*.

8. Ordnung: Blattodea, Schaben (3500)

Körper abgeflacht, Kopf wird von schildartig verbreitertem Pronotum ganz oder zum Teil überdeckt. *Blatta*, *Periplaneta*, *Ectobius*.

9. Ordnung: Isoptera, Termiten (2000)

Staaten bildend mit Polymorphismus. Die Arbeiter und Soldaten, also die große Mehrzahl der Individuen, sind Männchen oder Weibchen mit unentwickelten Geschlechtsorganen, ohne Flügel und meist auch ohne Augen. Vorder- und Hinterflügel der Geschlechtstiere einander ähnlich, werden nach dem Hochzeitsflug abgeworfen. Cerci kurz, gegliedert. *Calotermes*.

Überordnung: Orthopteroidea
(Ordnungen 10–12)

Kauende Mundwerkzeuge. Die beiden Flügelpaare ungleich: meist pergamentartige Vorder- und weiche, faltbare Hinterflügel. Landlebend.

10. Ordnung: Phasmida = Phasmatodea,
Gespenst- und Stabheuschrecken (2500)

Stab- und blattförmig. Prothorax klein. Flügel oft fehlend. Cerci kurz, höchstens zwei-, meist eingliedrig. Legescheide rudimentär. *Phyllium*, *Carausius*.

11. Ordnung: Ensifera, Laubheuschrecken
und Grillen (8100)

Fühler lang bis sehr lang. Legeapparat lang gestreckt, säbelförmig, Stridulationsorgane an den Vorderflügeln. Gehörorgane in den Tibien der Vorderbeine. 3. Beinpaar Sprungbeine. *Tettigonia*, *Gryllus*, *Achaeta*, *Gryllotalpa*.

12. Ordnung: Caelifera, Feldheuschrecken
(7000)

Fühler kurz. Legeapparat der Weibchen kürzer als bei den Ensifera; stielförmig. Stridulationsorgane werden nie von den Flügeln allein gebildet. Schrillleiste meist an der Hinterschenkelinnenseite, Schrillkante an den Vorderflügeln. Gehörorgane seitlich im 1. Abdominalsegment. *Locusta*.

13. Ordnung: Mantophasmatodea

Beschreibung 2002, räuberisch, Afrika.

14. Ordnung: Zoraptera (24)

Flügel schmal, behaart; Männchen oft flügellos. Cerci eingliedrig. *Zorotypus*.

Überordnung: Psocoidea (Ordnungen
15–17)

Klein, z. T. Parasiten. Mundwerkzeuge kauend bis stechend-saugend.

15. Ordnung: Psocoptera = Copeognatha, Corrodentia, Flechtlinge, Staub- und Bücherläuse (1000)

Kopf groß, prognath, Innenlade der Maxille meißelartig, in die Kopfkapsel eingesenkt. Labiale Spinndrüsen. Flügel oft reduziert. *Liposcelis*.

16. Ordnung: Phthiraptera (3700)

Kleine bis sehr kleine Ectoparasiten an Vögeln und Säugern. Flügellos, Komplexaugen stark reduziert, Ocellen fehlen. Verbringen ihr ganzes Leben vom Ei bis zur Imago auf den Wirten.

1. Unterodnung: Mallophaga, Federlinge, Haarlinge (3300)

Mundwerkzeuge kauend, aber stark modifiziert. Klammerbeine. *Trichodectes*.

2. Unterordnung: Anoplura, Läuse (400)

Abgeflacht. Mandibeln reduziert, die übrigen Mundteile als Stechborsten ausgebildet. Blut saugend an Säugern. Zum Teil augenlos. Klammerbeine mit einer Klaue. *Pediculus*, *Pthirus*.

17. Ordnung: Thysanoptera, Fransenflügler, Blasenfüße (4000)

Klein; mit stechend-saugenden Mundwerkzeugen. Rechte Mandibel stark zurückgebildet, die linke zu einer spitzen Stechborste geworden. Die stilettförmigen Lacinien der Maxillen legen sich meist zu einem Saugrohr zusammen. Zwischen den Beinklauen Haftblasen. 2 Paar schmale Flügel mit langen Fransen. *Thrips*.

Überordnung: Rhynchota, Schnabelkerfe (Ordnungen 18–20)

Mundwerkzeuge bilden Stechrüssel. Analfeld der Vorderflügel durch eine Gelenknaht abgetrennt. Hinterflügel kleiner; oft flügellos.

18. Ordnung: Auchenorrhyncha, Zikaden (28000)

Stechrüssel am ventralen Hinterende des Kopfes, jedoch nicht zwischen die Vorderhüften verlagert. Flügel häutig; werden dachartig über dem Rücken aneinander gelegt. 1. Abdominalsegment bei den Männchen mit Trommelorganen, bei beiden Geschlechtern mit Gehörorganen. *Cicada*, *Cercopis*.

19. Ordnung: Sternorrhyncha, Pflanzensauger (7700)

Klein, Flügel häutig, dachartig getragen, Weibchen oft flügellos. Basis des Stechrüssels zwischen oder hinter die Hüften der Vorderbeine verlagert. *Aphis*, *Viteus*, *Orthezia*, *Dactylopius*, *Aleurodes*, *Psylla*.

20. Ordnung: Heteroptera, Wanzen (30000)

Meist abgeflacht, Stechrüssel am Vorderende des Kopfes, in der Ruhe bauchseitig zurückgeschlagen. Prothorax frei, mit großem Halsschild, Flügel waagerecht getragen. Vorderflügel mit pergamentartigem Basal- und häutigem Endteil. Hinterflügel gewöhnlich der Länge nach faltbar; bisweilen flügellos. *Notonecta*, *Cimex*, *Pyrrhocoris*, *Triatoma*.

Überordnung: Neuropteroidea, Netzflügler i.w.S. (Ordnungen 21–23)

Mundwerkzeuge primär kauend. Prothorax frei beweglich. Flügel homonom, häutig. Abdomen mit 10 deutlichen Segmenten. Cerci, wenn vorhanden, eingliedrig. Larven oft wasserlebend.

21. Ordnung: Megaloptera, Schlammfliegen (50)

Flügel reich geädert, Hinterflügel meist groß, mit faltbarem Analteil. Larven wasserlebend, mit gegliederten Tracheenkiemen am Abdomen. *Sialis*.

22. Ordnung: Rhaphidioptera, Kamelhalsfliegen-Verwandte (200)

Prothorax halsartig verlängert und sehr beweglich. Flügel mit Pterostigma; Analfeld der Hinterflügel klein, nicht faltbar. Weibchen mit langer Legeröhre. Larven landlebend. *Raphidia*.

23. Ordnung: Planipennia, Netzflügler i.e.S. (7000)

Prothorax groß, bisweilen auffallend verlängert. Längsadern der Flügel reich verzweigt. Hinterflügel ohne Analfächer, Larven meist landlebend; Malpighische Gefäße oft zum Spinnen dienend. *Chrysopa*, *Myrmeleon*, *Mantispa*.

24. Ordnung: Coleoptera, Käfer (350000)

Mundwerkzeuge kauend. Vorderflügel zu Elytren umgebildet, die medial mit glatter Naht zusammenstoßen; Hinterflügel häutig, groß, faltbar. *Carabus*, *Dytiscus*, *Coccinella*, *Meloe*, *Chrysomela*, *Melolontha*, *Lucanus*, *Cerambyx*, *Curculio*.

25. Ordnung: Hymenoptera, Hautflügler (100000)

Mundwerkzeuge kauend bis leckend-saugend. Flügel häutig. 1 Abdominalsegment dem Thorax fest angeschlossen. Vielfach Staaten bildend. *Sirex*, *Cynips*, *Formica*, *Apis*.

26. Ordnung: Trichoptera, Köcherfliegen (5350)

Mundwerkzeuge leckend, Flügel zart, mehr oder weniger behaart, selten beschuppt. Larven wasserlebend, mit Spinndrüsen. Räuberisch oder pflanzenfressend, dann oft mit Köcher aus organischem oder anorganischem Material, oder Netzfänger. *Phryganea*.

27. Ordnung: Lepidoptera, Schmetterlinge (110000)

Mandibeln rückgebildet und Maxillen zum Saugrüssel umgeformt. Flügel beschuppt. Larven typische Raupen, mit kauenden Mundwerkzeugen, Spinndrüsen und Abdominalextremitäten. *Hepialus*, *Tinea*, *Zygaena*, *Bombyx*, *Sphinx*, *Papilio*.

28. Ordnung: Mecoptera, Schnabelfliegen (350)

Kopf meist schnabelartig verlängert. Mundteile kauend, selten stechend-saugend. Flügel fast homonom, weder beschuppt noch dicht behaart. Larven raupenähnlich, landlebend. *Panorpa*, *Boreus*.

29. Ordnung: Diptera, Zweiflügler (Mücken und Fliegen) (85000)

Mundwerkzeuge leckend oder stechend-saugend. Antennen oft stark verkürzt. Häutige Vorderflügel. Hinterflügel zu Halteren umgebildet. Larven fußlos, zum Teil wasserlebend oder parasitisch. *Anopheles*, *Culex*, *Tabanus*, *Musca*, *Calliphora*.

30. Ordnung: Siphonaptera = Aphaniptera, Flöhe (2000)

Seitlich abgeflacht. Mundwerkzeuge stechend-saugend. Sprungbeine. Flügellose, meist blinde Blutsauger an Warmblütern. Larven fußlos. *Pulex*, *Ctenocephalides*, *Xenopsylla*.

31. Ordnung. Strepsiptera, Fächerflügler (400)

Endoparasiten anderer Insekten. Starker Sexualdimorphismus: Weibchen flügellos, meist madenförmig, Männchen als Imago frei lebend; Mundwerkzeuge verkümmert, Vorderflügel zu Halteren umgebildet. *Stylops*.

21. Stamm: Tentaculata (6000)

Festsitzend. Körper in Pro-, Meso- und Metasoma gegliedert. Alle drei Abschnitte mit Coelom. Protocoel stark reduziert; Meso- und Metacoel paarig. Das Prosoma ist eine Falte (Epistom) über dem Mund. Das Mesosoma nimmt den vorderen Körperbereich ein; es bildet 2 Arme (Lophophore), die bewimperte Tentakel tragen, in die Ausstülpungen des Mesocoels eindringen. Der Mund liegt innerhalb, der After außerhalb des Tentakelkranzes, ist ihm jedoch – der Darm ist U-förmig gebogen – genähert. Das mit den geräumigen Metacoel ausgestattete Metasoma stellt den Hauptteil des Körpers dar; in ihm sind Darm, Gonaden und Nephridien untergebracht.

1. Klasse: Phoronidea (18)

Körper lang gestreckt, in eine Chitinröhre eingeschlossen. Kolonieweise lebend. Epistom mit Coelom. Mesosoma mit zwei spiralig eingerollten Lophophoren, die mit einer Doppelreihe von Tentakeln besetzt sind. Metasoma am Körperende verdickt. Hautmuskelschlauch mit Ring- und Längsmuskulatur. Geschlossenes Blutgefäßsystem mit kontraktilem Dorsalgefäß, in dem das Blut nach vorn fließt. Nervensystem mit kleinem Cerebralganglion hinter dem Epistom. Metanephridien. Meist getrenntgeschlechtlich. Furchung total. Larve vom Trochophoratyp: Actinotrocha. Marine Bodenbewohner. *Phoronis*.

2. Klasse: Bryozoa, Moostierchen (5600)

Stockbildend. Cuticula oft verkalkt. Tentakelkranz hufeisen- oder kreisförmig um den Mund. Körper in Cystid und Polypid gegliedert. Nephridien fehlen. Zwitter. Ungeschlechtliche Fortpflanzung (Knospung) allgemein verbreitet. Polymorphismus häufig. Bei Süßwasserformen Dauerknospen (Statoblasten). Marin und im Süßwasser. *Cristatella*, *Plumatella*, *Membranipora*, *Flustra*.

3. Klasse: Brachiopoda, Armfüßer (280)

Körper dorsoventral abgeplattet, mit zweiklappiger Kalkschale. Die Tentakel stehen auf zwei spiralig eingerollten Armen. Der Darm endet meist blind. Blutgefäßsystem mit dorsalem Herz. Ein, selten zwei Paar Nephridien, die gleichzeitig als Geschlechtsgänge dienen. Getrenntgeschlechtlich. Festsitzend an meist kurzem Stiel. Marin. *Lingula*, *Terebratula*.

Incertae sedis

22. Stamm: Chaetognatha, Pfeilwürmer (80)

Marine, überwiegend räuberische, glashelle Planktonorganismen. Coelom in 3 Abschnitte zerlegt. Kopf mit cuticularen Greifhaken. Nervensystem

Kiemendeckel; 1. Kiemenspalte klein: Spiraculum (Spritzloch), Kiemensepten vollständig, keine Schwimmblase. In den Nieren der fast ausschließlich marinen Knorpelfische große Glomeruli, osmotische Balance mit Meerwasser durch hohen Harnstoffgehalt im Blut. Vielgestaltige Verhältnisse der Harn- und Geschlechtswege; innere Befruchtung, oft intrauterine Entwicklung.

1. Ordnung: Elasmobranchii,
Haie (340) und Rochen (430)

Körperform spindelförmig (Haie) bis abgeflacht (Rochen). Mund quer und ventral. Brustflossen horizontal, Schwanzflosse meist heterozerk. Kein Kiemendeckel. Oft Ovoviviparie und Viviparie. Meist Räuber, vereinzelt Planktonfresser (Riesen- und Walhaie, bis ca. 20 m groß). *Hexanchus, Prionace, Scyliorhinus, Squalus (Acanthias), Raja.*

2. Ordnung: Holocephala,
Chimären (30)

Haut ohne Schuppen, Schwanzflosse diphyzerk. Chorda persistierend, von schmalen Knorpelringen umgeben, darüber Knorpelbögen. Das Palatoquadratum ist mit dem Schädel verwachsen (autostyler Schädel). Mund mit Zahnplatten. Kein Spiraculum. 4 Kiemenspalten, von einem häutigen Kiemendeckel überdeckt. Meist in größeren Meerestiefen. *Chimaera, Hydrolagus.*

2. Klasse: Osteichthyes,
Knochenfische (ca. 24 000)

Skelet zum Teil oder ganz verknöchert. 5 dicht beieinander liegende Kiemenspalten. Kiemensepten mehr oder weniger verkürzt. Kiemen in einer gemeinsamen Kammer liegend und von einem knöchernen Kiemendeckel überlagert. Lungen-Schwimmblasenorgan vorhanden oder sekundär fehlend. Verbindung zwischen Nieren und Genitalsystem geht durch schrittweises Entstehen eines sekundären Samenleiters verloren.

1. Unterklasse: Actinopterygii,
Strahlenflosser (ca. 24 000)

In die paarigen Flossen treten außer bei Polypterini keine Muskeln ein. Ihre Basis besteht aus Skeletstücken, an die sich eine Anzahl parallel oder strahlenförmig in die Flosse hineinragender Stücke (Radialia) anschließt. Der Hauptabschnitt der Flossenhaut aber wird gestützt von dünnen, biegsamen, knöchernen Flossenstrahlen (Lepidotrichia), der Flossensaum von biegsamen „Horn"-strahlen, den Actinotrichia. Meist zwei Nasengruben mit je zwei Nasenöffnungen für Wasserein- und -ausstrom.

Die folgenden konventionell unterschiedenen 3 Überordnungen gehen durch fossile Vertreter ohne scharfe Grenze ineinander über.

1. Überordnung: Chondrostei,
Altfische (27)

Vielfach altertümliche Merkmale, daneben Rückbildungen und abgeleitete Eigenmerkmale. Schädel der rezenten Formen mit erheblichen knorpeligen Anteilen des Neurocraniums, auch Körperskelet oft knorpelig (Name). Schwanzflosse heterozerk. Spiraculum vorhanden. Mitteldarm mit Spiralfalte.

1. Ordnung: Polypterini, Flösselhechte (10)

Die Rückenflosse besteht aus sehr vielen kurzen Abschnitten. Rhombische, zu festem Panzer zusammengeschlossene Ganoidschuppen. Paarige, gekammerte, ventral in den Schlund mündende Lungen. Süßgewässer Afrikas. *Polypterus, Erpetoichthys.*

2. Ordnung: Acipenserini,
Störartige (25)

Der Schädel überragt den sehr unterschiedlich gestalteten Mund mit einem Rostrum. Die Schuppen haben bei den rezenten Arten kein Ganoin, sind entweder ganz verschwunden oder ziehen höchstens in 5 Reihen über den Körper. Große Chorda dorsalis. Keine Wirbelkörper, aber knorpelige Bögen. Unpaare Schwimmblase. *Acipenser, Polyodon.*

2. Überordnung: Holostei (ca. 10)

Ganoidschuppen, Schädel und Achsenskelet weitgehend verknöchert. Chorda rückgebildet. Wirbelkörper gut ausgebildet. Spiraculum geschlossen. Keine Spiralfalte. Conus arteriosus und dorsal in den Schlund mündende, unpaare, gekammerte Schwimmblase vorhanden, die noch Atemfunktion hat. Schwanzflosse heterozerk. Heute nur noch in Nordamerika. *Amia, Lepisosteus.*

3. Überordnung: Teleostei (ca. 24 000)

Die Teleostei mit mehr als 30 Ordnungen schließen sich eng an die vorige Überordnung an. Wirbel amphicoel. Innenskelet der paarigen Flossen sehr kurz. Statt der Ganoidschuppen treten aber meist dünne Ctenoid- oder Cycloidschuppen auf, die sich i. a. dachziegelartig überdecken. Vor dem Herzen Bulbus arteriosus mit nur einem Klappenpaar. Die Schwimmblase ist ungekammert, falls sie nicht fehlt. Enorme Vielfalt bezüglich Anatomie, physiologischer Leistungen, Fortpflanzungsbiologie und Anpassungen an die verschiedenartigsten Lebensräume. Es ist noch nicht gelungen, die Vielfalt der Teleostei in ein allgemein akzeptiertes System zu bringen. Besonders bekannte Ordnungen sind Anguilliformes (Aalfische), Clupeiformes (Heringsverwandte), Cypriniformes (Karpfenfische), Characiformes (Salmler), Siluriformes (Welse), Salmoniformes (Lachsverwandte), Gadiformes (Dorschfische), Cyprinodontiformes (Kleinkärpflinge), Perciformes (Barschfische) und Pleuronectiformes (Plattfische).

2. Unterklasse: Sarcopterygii (Choanichthyes) (7)

1. Überordnung: Dipnoi, Lungenfische (6)

Es sind gekammerte, meist paarige, ventral in den Schlund mündende Lungen mit Lungenarterien und -venen vorhanden. *Neoceratodus* besitzt typische Archipterygien, die bei den anderen Gattungen zu biegsamen Stäben umgewandelt sind. Gut ausgebildete Chorda. Wirbelkörper fehlen, knorpelige Bögen sind vorhanden und können verknöchern. Der autostyle Schädel der rezenten Arten ist weitgehend knorpelig, ihm liegen nur wenige Hautknochen auf. Zahnreihen verwachsen zu speziellen Zahnplatten. Mitteldarm mit Spiralfalte. Larven mit äußeren Kiemen. *Neoceratodus, Protopterus, Lepidosiren.* Die letzteren beiden können Trockenperioden in Schleimkokons überdauern.

2. Überordnung: Crossopterygii, Quastenflosser (1)

Die paarigen Flossen enthalten Muskulatur und sind in der basalen Hälfte beschuppt. Vom Skelet der Gliedmaßen palaeozoischer Crossopterygii lässt sich das der Tetrapodengliedmaßen ableiten. Die einzige rezente Gattung der im Palaeozoikum verbreiteten Gruppe hat keine Wirbelkörper, sondern eine persistierende, nicht eingeschnürte Chorda, der knorpelige Bögen aufsitzen. Ihr Neurocranium ist zum Teil knorpelig, dorsal aber von einer Anzahl Deckknochen bedeckt. Abgerundete, dachziegelartig angeordnete Cosmoidschuppen. Darm mit Spiralfalte. Unpaare, zu Fettkörper umgewandelte Lunge. Bei den fossilen Rhipidistia (den Vorfahren der Tetrapoda) öffneten sich die Nasenhöhlen durch Choanen in den Rachen. Westlicher Indik und vor Sulawesi. *Latimeria.*

Tetrapoda, Landwirbeltiere

Die Landwirbeltiere entstanden wohl im Devon. Ihre Ahnen waren Süßwasser besiedelnde Rhipidistia. Die Extremitäten sind kräftig, tragen den Körper und sind über starke Extremitätengürtel mit der Wirbelsäule verbunden. Autopodium wohl primär fünfstrahlig. Skelet weitgehend verknöchert. Zahl der Schädelknochen erheblich verringert. Epidermis verhornt. Lungenatmung, lediglich bei Amphibienlarven und neotenen Amphibien noch Kiemen.

3. Klasse: Amphibia, Lurche (2900)

Kopf vom Rumpf deutlich abgesetzt. Haut drüsenreich, kaum verhornt, selten (einige Gymnophionen) noch mit Cutisverknöcherungen versehen. Gelenkverbindung zwischen Schädel und Wirbelsäule durch zwei Condyli occipitales. Primäres Kiefergelenk. Das Hyomandibulare ist zum Gehörknöchelchen (Columella) geworden. Rippen, wenn vorhanden, ohne Verbindung mit dem Brustbein. Wirbelsäule und Becken durch einen Sakralwirbel verbunden. Spirakularkanal zum Mittelohr umgebildet. Die Nasenhöhlen stehen über die Choanen mit der Mundhöhle in Verbindung. Atmung durch Kiemen oder Lungen, Kiemen fast nur bei den Larven, selten beide Atmungsorgane dauernd nebeneinander. Herz mit einer Herzkammer und zwei Vorkammern. Bleibendes Exkretionsorgan ist der Opisthonephros. Sein cranialer Teil wird zum Nebenhoden. Der Wolffsche Gang dient entweder als Harnsamenleiter oder, infolge Entwicklung sekundärer Harnleiter, lediglich als Samenleiter. Mehr oder minder ausgeprägte Metamorphose. Süßwasser und Land.

1. Ordnung: Urodela, Schwanzlurche (220)

Viele ursprüngliche Merkmale. Körper lang gestreckt, mit langem Schwanz. Mit 2 Paar kurzen Gliedmaßen, die hinteren bisweilen rückgebildet. Freie Rippen vorhanden. Manche Formen dauernd kiemenatmend. Paukenhöhle fehlt. *Salamandra, Triturus, Proteus.*

2. Ordnung: Gymnophiona, Blindwühlen (150)

Wurmförmiger Körper, Schwanz (hinter dem After gelegener Körperabschnitt) sehr kurz. Extremitätengürtel und Gliedmaßen fehlen. Die Larven mancher Arten mit äußeren Kiemen. Tropische, meist unterirdisch lebende Tiere. *Ichthyophis, Dermophis.*

3. Ordnung: Anura, Frösche (4000)

Rumpf verkürzt, ohne Schwanz. Die zwei Paar Gliedmaßen sind stark entwickelt, die größeren Hintergliedmaßen sind Sprung- und Schwimmbeine. Unterkiefer zahnlos. Paukenhöhle meist vorhanden. Larven mit Kiemen. *Xenopus, Rana, Hyla, Bufo, Bombina.*

4. Klasse: Reptilia, Kriechtiere (6000)

Die Reptilien leiten sich von palaeozoischen Amphibien ab. Ihre Haut ist sehr drüsenarm. Die Oberhaut bildet stets Hornschuppen oder -platten, die Cutis oft Knochenplatten aus. Schädel mit unpaarem Condylus occipitalis; primäres Kiefergelenk. Die Bezahnung ist meist homodont. Herzkammer bei den Krokodilen vollständig, sonst unvollständig zweigeteilt. 2 Aortenbögen.

1. Ordnung: Chelonia = Testudines, Schildkröten (212)

Körper von Knochenpanzer umschlossen, der vorn und hinten offen ist und dem Hornschilde auflagern; Schwanz kurz, Hals relativ lang. Die Knochenplatten der Dorsalseite sind fast stets mit dem Achsenskelet fest verbunden. Sekundärer knöcherner Gaumen von recht verschiedener Ausdehnung. Bei rezenten Arten keine Zähne vorhanden, aber in der Regel scharfe Hornscheiden auf den Kieferrändern. Besiedeln verschiedenartige aquatische und terrestrische Lebensräume, sind aber vielfach durch den Menschen in ihrer Existenz bedroht. *Testudo, Chelonia, Dermochelys, Trionyx.*

2. Ordnung: Rhynchocephalia, Brückenechsen (2)

Eidechsenähnlich, Schädel diapsid (doppelter Jochbogen); gut entwickeltes Parietalauge. *Sphenodon* (*Hatteria*) auf Neuseeland.

3. Ordnung: Squamata, Schuppenkriechtiere (5700)

Haut von Schuppen bedeckt. Quadratum beweglich. Columella cranii gewöhnlich vorhanden. Wirbel fast stets procoel.

1. Unterordnung: Lacertilia, Eidechsen (3000)

Extremitäten im Allgemeinen gut entwickelt, selten rückgebildet. Schädel gewöhnlich fest und mit Scheitelloch für das noch oft vorhandene Parietalauge. Trommelfell fast immer vorhanden. Meist mit beweglichen Augenlidern und Nickhaut. *Anolis, Hemidactylus, Agama, Lacerta, Chamaeleo.*

2. Unterordnung: Amphisbaenia, Doppelschleichen (41)

Wurmförmige, im Boden lebende Tiere mit fast immer reduzierten Gliedmaßen. Gehirnschädel ganz geschlossen. Nur linker Lungenflügel vorhanden. Augen reduziert und unter der Haut verborgen. *Bipes, Amphisbaena, Blanus, Rhineura.*

3. Unterordnung: Serpentes, Ophidia, Schlangen (2700)

Extremitäten und Schultergürtel fast immer vollständig rückgebildet; Gaumen- und Kieferknochen verschiebbar. Schädel ohne Scheitelloch. Häufig mit Giftzähnen ausgerüstet. Augenlider zu einer durchsichtigen „Brille" verwachsen. Linker Lungenflügel mehr oder weniger reduziert. Paukenhöhle und Harnblase fehlen stets. *Python, Natrix, Elaphe, Naja, Vipera.*

4. Ordnung: Crocodilia, Krokodile (21)

Körper gestreckt, mit langem, seitlich zusammengedrückten Schwanz. Haut mit großen Hornschilden, die von Knochenplatten unterlagert sind. Bauchrippen. Ausgedehnter sekundärer, knöcherner Gaumen. Schädel diapsid. Zähne in Alveolen eingelassen. Linkes und rechtes Herz bis auf das verschließbare Foramen panizzae an der Basis der Aortenbögen vollständig getrennt. Keine Harnblase. *Alligator, Crocodylus.*

5. Klasse: Aves, Vögel (9000)

Leiten sich von mesozoischen Archosauriern ab, denen u.a. die Krokodile, Ptero- und Dinosaurier angehören. Haut mit Federn bedeckt, manche Teile auch mit Hornschilden. Vorderextremitäten in Flügel umgewandelt. Verbindung zwischen Beckengürtel und Wirbelsäule sehr ausgedehnt, indem außer den 2 ursprünglichen Sakralwirbeln noch zahlreiche Lenden- und Schwanzwirbel mit dem Darmbein verwachsen; Beckensymphyse fast stets offen. Schädel mit relativ großer Hirnkapsel, Quadratum beweglich, Condylus occipitalis unpaar. Zähne durch Hornschnabel ersetzt. Lunge mit Luftsäcken. Herz vollständig zweigeteilt. Nur ein Aortenbogen (der rechte). Ovar und Eileiter der rechten Seite oft verkümmert. Körpertemperatur konstant. Die rezenten Vögel werden in zahlreiche Ordnungen eingeteilt. Die großen, nicht flugfähigen Laufvögel – Strauße (Afrika), Nandus (Südamerika), Kasuare und Emus (Australien; Kasuare auch Neuguinea und benachbarte Inseln), Kiwis (Neuseeland) – bilden vermutlich zusammen mit den Steißhühnern Südamerikas eine natürliche Verwandtschaftsgruppe, die u.a. spezielle Übereinstimmungen im Bau des Oberkiefers und Gaumens aufweisen. Sie werden als **Palaeognathae** den übrigen Ordnungen gegenübergestellt, die als **Neognathae** zusammengefasst werden. Die Verwandtschaftsbeziehungen der Neognathae sind besonders schwer zu ermitteln und daher umstritten. Selbst der Umfang der einzelnen Gruppen, die als Ordnungen geführt werden, ist nicht in jedem Fall unumstritten. An den Anfang der Neognathae werden 5 Ordnungen von Wasservögeln gestellt (Gaviiformes [Seetaucher], Podicipediformes [Lappentaucher], Procellariiformes [Röhrennasen], Sphenisciformes [Pinguine] und Pelecaniformes [Ruderfüßer]). Es folgen etwa 15 weitere Ordnungen, z.B. Schreitvögel, Greife, Entenvögel, Taubenvögel, Eulen und Spechtartige sowie am Ende der Neognathe die kleinen bis mittelgroßen Passeriformes (Sperlingsvögel), die in 4 größere Familiengruppen gegliedert werden, die Eurylaimi, Thyranni, Menurae und Passeres. Letztere schwerpunktmäßig in der Alten Welt verbreitet sind. Beispielhaft seien einige Familien genannt, die auch Vertreter in Mitteleuropa besitzen: Lerchen (Alaudidae), Schwalben (Hirundinidae), Würger (Laniidae), Zaunkönige (Troglodytidae), Drosseln (Turdidae), Zweigsänger (Laubsänger, Grasmücken u. a.; Sylviidae), Schnäpper (Muscicapidae), Meisen (Paridae), Emberizidae (Ammern), Fringillidae (Finken) und Corvidae (Raben, Krähen, Häher u. a.).

6. Klasse: Mammalia, Säugetiere (4250)

Haut drüsenreich, von Haaren bedeckt; Ernährung der Neugeborenen mit Milch, dem Sekret spezialisierter Hautdrüsen, den Milchdrüsen. Außer bei Prototheria Plazentabildung. Schädel mit 2 Gelenkhöckern zum 1. Halswirbel (Atlas). 2. Halswirbel (Axis) hochspezialisiert mit Drehgelenk zum Atlas. Zahl der Halswirbel meistens 7. Zwischen Squamosum und Dentale bildet sich ein neues (sekundäres) Kiefergelenk aus, während das Quadratum zum Amboss, das Articulare zum Hammer wird, die neben dem Steigbügel als Gehörknöchelchen dienen. Das Trommelfell wird vom Tympanicum umschlossen, das dem Reptilienunterkiefer entstammt (Angulare). Bezahnung ursprünglich diphyodont, d. h. aus Milch- und Dauergebiss bestehend, doch können eine Zahngeneration oder auch beide unterdrückt werden. Zähne in Incisivi, Canini, Praemolaren und Molaren differenziert (Heterodontie). Starke Entwicklung des Endhirns, dessen Rinde bei den höheren Formen Windungen und Furchen ausbildet. Mittelohr stets, äußeres Ohr meist vorhanden; Schnecke lang und meist eingerollt (bis zu 5 Windungen beim Wasserschwein). Vollständiges Diaphragma, das Bauch- und Brusthöhle trennt. Herz vollständig zweigeteilt. Linker Aortenbogen wird zur großen Körperschlagader, der rechte Aortenbogen geht im Abgangsstück der rechten A. subclavia auf.

1. Unterklasse: Prototheria

Isolierte Gruppe mit manchen ursprünglichen Merkmalen. Ovipar. Australien und Neuguinea.

1. Ordnung: Monotremata, Kloakentiere (6)

Eier legende Säugetiere mit persistierender Kloake. Große Milchdrüsen. Zum Teil mit temporärem Beutel, Beutelknochen stets vorhanden. Bezahnung sekundär fehlend. *Echidna* (Ameisenigel), *Ornithorhynchus* (Schnabeltier).

2. Unterklasse: Theria

Hierzu zählen mit Ausnahme der Monotremata alle rezenten Säugetiere. Sie sind vivipar.

1. Überordnung: Metatheria, Didelphia, Beuteltiere (240)

Lebend gebärende Säugetiere mit relativ kleinem Hirnschädel. Hemisphären des Endhirns oft glatt, Beutelknochen vorhanden. Das Milchgebiss bleibt bestehen, nur der 3. Prämolar wird gewechselt. Meist zwei getrennte Scheiden, die proximal zu einem unpaaren Sinus vaginalis verschmelzen und distal mittels eines Sinus (Canalis) urogenitalis ausmünden. Uterus stets paarig. Weibchen meist mit Beutel, in dem die frühzeitig geborenen Jungen sich weiter entwickeln. Plazentabildung geht vom Dottersack aus, bei *Perameles* zusätzlich von der Allantois. Eine **Ordnung**: **Marsupialia**. *Didelphis*, *Chironectes*, *Caenolestes* in Amerika. Die folgenden Formen leben in der australischen Region, z. T. bis Ceram und Celebes. *Dasyurus*, *Sarcophilus*, *Notoryctes*, *Phascolarctos* (Koala), *Vombatus*, *Hypsiprymnodon*, *Dendrolagus* (Baumkänguruh), *Macropus*.

2. Überordnung: Eutheria, Placentalia (4000)

Lebend gebärende Säugetiere; Plazentabildung geht vom Trophoblasten und der Allantois aus. Uterus paarig oder streckenweise bis vollkommen unpaar.

1. Ordnung: Insectivora, Insektenfresser (341)

Altertümliche Stammgruppe der Eutheria mit vielen ursprünglichen Merkmalen, z. B. im Bau des Gehirnes und des Gebisses. Chrysochloridae (Goldmulle), Tenrecidae (Borstenigel), Potamogalidae, Solenodontidae, Erinaceidae (Igel), Soricidae (Spitzmäuse), Talpidae (Maulwürfe).

2. Ordnung: Macroscelidea, Rüsselspringer (21)

Maus- bis rattengroße, den Insektenfressern nahe stehende Säuger mit rüsselartig verlängerter, beweglicher Schnauze, großen Augen und – gegenüber den Insectivora – höher entwickeltem Gehirn. Hinterbeine verlängert; Fortbewegung (meist) ein springmausartiges Hüpfen. Afrika. *Macroscelides*, *Elephantulus*, *Rhynchocyon*.

3. Ordnung: Scandentia, Spitzhörnchen (18)

Etwa 20 cm große, im Habitus an Eichhörnchen erinnernde Säuger mit langem, meist buschigem Schwanz und großen Augen. 5 Zehen; Daumen abspreiz-, aber nicht opponierbar. Tagaktive Allesfresser. S- und SO-Asien. *Tupaia*, *Ptilocercus*.

4. Ordnung: Primates, Herrentiere (178)

Meist baumlebende Sohlengänger mit fünfstrahligen Extremitäten, meist mit Plattnägeln und opponierbarem Daumen. Augenhöhlen mehr oder weniger nach vorn gerichtet, zunehmend binokulares Sehen.

1. Unterordnung: Lemuriformes,
Lemurenartige (25)

Maus- bis hundegroße Halbaffen Madagaskars und der Komoren. Noch vor wenigen tausend Jahren existierten bis schimpansengroße Formen. Riechhirn gut entwickelt. Meist nachtaktive Alles- oder Pflanzenfresser. Von Ausrottung bedroht. *Cheirogaleus*, *Lemur*, *Propithecus*, *Indri*, *Daubentonia*.

2. Unterordnung: Lorisiformes,
Loris (11)

Meist kleine, nachtaktive, kurzschwänzige Greifkletterer oder langschwänzige Springkletterer mit großen Augen. Afrika, Süd- und Südostasien. *Loris*, *Nycticebus*, *Galago*.

3. Unterordnung: Tarsiiformes,
Koboldmakis (3)

Etwa siebenschläfergroße, nachtaktive Springkletterer. Hinterbeine, besonders Fußwurzel, verlängert. Finger und Zehen mit Haftkuppen, 2. und 3. Zehen mit Krallen, die übrigen mit Nägeln. Sehr große, wenig bewegliche Augen. Kopf um fast 180° drehbar. Südostasien. *Tarsius*.

4. Unterordnung: Simiae,
Affen und Mensch (139)

Augenhöhe von der Schläfengrube abgeschlossen. Gesichtsschädel mehr oder weniger verkürzt. Eckzähne in der Regel gut entwickelt. Das große, meist reich gefurchte Endhirn überdeckt das Kleinhirn. Uterus einfach. Meist tagaktiv.

1. Überfamilie: Platyrrhini,
Neuweltaffen (69)

Vielgestaltige, tag- oder nachtaktive Baumbewohner. Abstand zwischen den beiden Nasenöffnungen ist groß. 3 Prämolaren. Süd- und Mittelamerika. *Aotes*, *Callicebus*, *Saimiri*, *Cebus*, *Ateles*, *Alouatta*, *Callimico*, *Callithrix*, *Saguinus*.

2. Überfamilie: Catarrhini,
Altweltaffen (70)

Tagaktiv. Baumbewohner oder terrestrisch. Der Abstand zwischen den Nasenlöchern ist schmal. Mit 2 Prämolaren. Afrika, Eurasien.

a. Cercopithecoidea, Hundsaffen: *Macaca*, *Papio*, *Mandrillus*, *Cercocebus*, *Cercopithecus*, *Erythrocebus*, *Presbytis*, *Rhinopithecus*, *Nasalis*, *Colobus*.

b. Hominoidea, Menschenaffen und Mensch: Hylobatidae: Gibbons: *Hylobates*. Hominidae: Orang-Utan (*Pongo*), Gorilla (*Gorilla*), Schimpanse und Bonobo (*Pan*) sowie Mensch (*Homo*).

5. Ordnung: Chiroptera,
Flattertiere, Fledermäuse (989)

Aktiver Flatterflug und meist hochspezialisierter Orientierungsapparat mit Ultraschall. Nackte oder dünnbehaarte Flughaut, die sich zwischen dem 2.–5. Finger, den Seiten des Rumpfes und den Hinterextremitäten ausspannt, bisweilen auch den Schwanz einschließend. Finger der Vorderextremitäten stark verlängert. Brustbein mit Knochenkamm. Gebiss vielgestaltig, an unterschiedliche Ernährungsweisen angepasst (Insekten-, Pollen-, Fruchtfresser, Blutlecker u. a.). Alte und Neue Welt. *Rousettus*, *Vespertilio*.

6. Ordnung: Dermoptera,
Pelzflatterer (2)

Mit behaarter Flughaut, die sich zwischen Hals und Rumpf, Extremitäten und Schwanz ausspannt und als Fallschirm dient; Finger nicht verlängert. Südostasien. *Galeopithecus*.

7. Ordnung: Xenarthra,
(Zahnarme), Faultiere,
Ameisenbären, Gürteltiere (31)

Haarkleid normal oder (Gürteltiere) stark rückgebildet und Haut dann mit großen, aneinander stoßenden Hornplatten und unterliegenden Hautknochen. Gebiss oft in Rückbildung, meist monophyodont und homodont, stets schmelzlos. Brust- und Lendenwirbel mit accessorischen Gelenkfortsätzen. Neue Welt, v. a. Südamerika. *Bradypus*, *Myrmecophaga*, *Dasypus*.

8. Ordnung: Pholidota,
Schuppentiere (7)

Haut des Rückens mit Hornschuppen in dachziegelartiger Anordnung. Haarkleid fast völlig rückgebildet. Gebiss völlig rückgebildet. Zunge wurmförmig. Afrika, Süd- und Südostasien. *Manis*.

9. Ordnung: Rodentia,
Nagetiere (ca. 1800)

Im Ober- und im Unterkiefer stehen nur je 1 Paar Nagezähne, die zeitlebens wachsen und lediglich an der Vorderseite mit Schmelz überzogen sind. Eckzähne fehlen. Das Unterkiefergelenk gestattet im Wesentlichen neben dem Öffnen des Mundes nur ein Vor- und Zurückschieben des Unterkiefers;

transversale Bewegungen sind nur im geringem Maße möglich. Systematische Gliederung infolge vieler Parallelbildungen schwierig und umstritten. Weltweit. Zahlreiche Lebensformtypen. Herbi- und/oder omnivor.

In Mitteleuropa Sciuridae (Hörnchen), Castoridae (Biber), Gliridae (Bilche oder Schläfer), Cricetidae (Hamster), Arvicolidae (Wühlmäuse), Muridae (Langschwanzmäuse), Zapodidae (Hüpfmäuse).

10. Ordnung: Carnivora,
Raubtiere (261)

Fast stets räuberisch, Schneidezähne klein, Eckzähne mehr oder weniger vorspringend. Backenzähne von recht verschiedener Form. Plazenta gürtelförmig.

1. Unterordnung: Fissipedia,
Landraubtiere (230)

Terrestrische Raubtiere, mit scharfkralligen Extremitäten, getrennten Zehen und schneidendem Gebiß; große, gebogene und spitze Eckzähne und ungleiche Backenzähne, von denen oben der 4. Prämolar und unten der 1. Molar einen Brechscherenapparat bilden. Weltweit; in Australien durch den Menschen eingeführt. *Ursus*, *Mustela*, *Viverra*, *Genetta*, *Mungos*, *Felis*, *Hyaena*, *Canis*.

2. Unterordnung: Pinnipedia,
Flossenfüßer, Robben (31)

Überwiegend im Wasser lebende Raubtiere, von spindelförmigem Körperbau. Schwanz stark verkürzt. Extremitäten zu breiten Ruderflossen umgewandelt. Zehen durch Schwimmhaut verbunden. Eckzähne wenig vorspringend (nur beim Walross stark vergrößert), Backenzähne gleichförmig. Vorwiegend in kälteren Gewässern beider Hemisphären. *Zalophus*, *Callorhinus*, *Odebenus*, *Monachus*, *Lobodon*, *Leptonychotes*, *Phoca*.

11. Ordnung: Lagomorpha, Hasen (67)

Zwei Paar obere Incisivi, die zeitlebens wachsen und ganz mit Schmelz überzogen sind. Eckzähne fehlen. Das Unterkiefergelenk gestattet auch kräftige transversale Bewegungen. Hinterbeine meist länger als Vorderbeine. Zwei Kotsorten: harter Darmkot und weicher, vitaminreicher Blinddarmkot, der gefressen wird. Neue und Alte Welt; in Australien durch den Menschen eingeführt. *Ochotona*, *Lepus*, *Oryctolagus*, *Sylvilagus*.

12. Ordnung: Tubulidentata, Erdferkel (1)

Spärlich behaart, Schnauze lang ausgezogen. Incisivi und Canini fehlen. Backenzähne dauerwachsend und aus zahlreichen Dentinröhrchen aufgebaut; Termitenfresser. Afrika. *Orycteropus*.

13. Ordnung: Perissodactyla (Mesaxonia),
Unpaarhufer (17)

Mittlere Zehe dominiert, die anderen bilden sich verschiedenartig zurück. Gebiss vollständig, bisweilen fehlen die Eckzähne. Prämolaren und Molaren von ungefähr der gleichen Größe und Form. Große Pflanzenfresser. Mehrzahl von Ausrottung bedroht. *Tapirus*, *Rhinoceros*, *Dicerorhinus*, *Ceratotherium*, *Diceros*, *Equus*.

14. Ordnung: Hyracoidea, Schliefer (8)

Klein, murmeltierähnlich. Vorn 4, hinten 3 Zehen; mit breiten, gekrümmten Nagelhufen. Obere Schneidezähne dreikantig, immer wachsend; Eckzähne nur im Milchgebiss. Backenzähne z. T. an die der Nashörner erinnernd. Pflanzenfresser. Afrika, Vorderer Orient. *Hyrax*.

15. Ordnung: Sirenia, Seekühe (5)

Groß, dauernd im Wasser lebende, Pflanzen fressende Säugetiere. Vorderextremitäten zu Flossen umgewandelt. Hinterextremitäten geschwunden. Schwanz zu einer horizontalen Flosse verbreitert. Haarkleid stark rückgebildet. Backenzähne zahlreich, mehrhöckerig, vordere Zähne meist rudimentär. Dugongmännchen mit stoßzahnähnlichen oberen Schneidezähnen. *Trichechus* (Karibik, Westafrika), *Dugong* (Rotes Meer bis Australien).

16. Ordnung: Proboscidea,
Rüsseltiere (2)

Größte landlebende Säugetiere. Die fünf Zehen tragen nagelähnliche Hufe. Säulenartige Beine. Nase und Oberlippe bilden einen langen Rüssel. Zwei obere Schneidezähne sind immer wachsende Stoßzähne, deretwegen die Elefanten verfolgt werden und von Ausrottung bedroht sind. Pflanzenfresser mit sehr großen Backenzähnen, die aus mehreren transversalen Lamellen zusammengesetzt sind. *Elephas* (Indischer Elefant), *Loxodonta* (Afrikanischer Elefant).

17. Ordnung: Artiodactyla (Paraxonia),
Paarhufer (154)

Dritte und vierte Zehe dominieren, die anderen sind mehr oder weniger rudimentär. Die Prämolaren sind von den Molaren schärfer unterschieden als bei den Unpaarhufern. Obere Schneidezähne und Eckzähne oft reduziert. Pflanzenfresser. Weltweit; in Australien durch den Menschen eingeführt.

1. Unterordnung: Suiformes,
Schweine, Flusspferde (12)

Gruppe mit vielen ursprünglichen Merkmalen. Extremitäten vierzehig. Eckzähne und obere Schneidezähne stets vorhanden, Backenzähne bunodont.

Orbita hinten offen. Nicht wiederkäuend. Haut mit oft spärlichem Haarkleid und Speckschicht. Pflanzen- oder Allesfresser. *Hippopotamus*, *Sus*, *Phacochoerus*.

2. Unterordnung: Tylopoda;
Schwielensohler (Kamele) (4)

Hochbeinig, schlankhalsig. Ohne Horn- oder Geweihbildungen. Füße mit Sohlenpolstern, bewegliche, gespaltene, große Oberlippe. Im Oberkiefer 1 Paar, im Unterkiefer 3 Paar Schneidezähne. Eckzähne nach hinten gekrümmt. Wiederkäuend. *Camelus*, *Lama*.

3. Unterordnung: Ruminantia,
Wiederkäuer (138)

Schlank, hochbeinig. Orbita hinten geschlossen. Fast immer mit Horn- oder Geweihbildungen. Treten nur mit der Spitze der 3. und 4. Zehe auf. Obere Schneidezähne fehlen immer, obere Eckzähne oft. Backenzähne selenodont. Wiederkäuend. *Tragulus*, *Cervus*, *Giraffa*, *Antilocapra*, *Anoa*, *Syncerus*, *Bos*, *Aepyceros*, *Kobus*, *Connochaetes*.

18. Ordnung: Cetacea, Wale (80)

Rein wasserlebend und dadurch stark umgewandelt. Körper fischförmig, Haarkleid gewöhnlich vollkommen rückgebildet. Hochentwickeltes Gehirn. Vorderextremität flossenartig. Hinterextremität äußerlich völlig fehlend, ihr Skelet und der Beckengürtel fast völlig rückgebildet, Schwanz zu einer breiten, horizontalen Flosse umgebildet.

1. Unterordnung: Mysticeti, Bartenwale

Marin, sehr groß (Blauwal bis 30 m lang), durch sinnlose Verfolgung stark bedroht. Nahrung i.a. Krill. *Eschrichtius*, *Balaena*, *Balaenoptera*.

2. Unterordnung: Odontoceti, Zahnwale

Limnisch und marin. Nahrung insbesondere Fische und Cephalopoden. *Platanista*, *Inia*, *Physeter*, *Monodon*, *Delphinus*, *Phocoena*.

Wörterverzeichnis biologischer Fachausdrücke

Abkürzungen: l. = lateinisch; latin. – latinisiert; gr. = griechisch

a-, ab- l. weg von, von, weg
a(n) – gr. ohne, nicht, negativ
Abdomen l. Leib, Bauch; (Hinterleib)
abducens l. wegführend
Abduktor l. abducere, wegführen
Aberration l. aberratio, Ablenkung, Abweichung
aboral l. ab-, weg von; os, oris, Mund; (der Mundöffnung entgegengesetzt)
Acantho- gr. akantha, Dorn, Spitze
Acarus latin. von gr. akarí, Milbe
accessorius l. hinzutretend
Acicula l. kleine Nadel
Acrania gr. a-, ohne; kraníon, Schädel
Acron gr. akros, spitz, hoch
Actin gr. aktís, aktînos, Strahl
acusticus l. von gr. akouein, hören
ad- (acc-, aff- usw.) l. an, zu, hinzu
Adduktor l. adducere, heranführen
adult l. adultus, geschlechtsreif; erwachsen
Ästhetasken, Ästheten gr. aisthanesthai, empfinden; askós, Schlauch
afferens l. heranbringend, hinzubringend
Agamet gr. agametos, unvermählt
Agamogonie gr. a-, nicht; gamein, begatten; goné, Erzeugung
Agnatha gr. ~; gnathos, Kiefer
Akinese gr. ~; kinesis, Bewegung; (Starre, Bewegungshemmung)
Akontie gr. akontion, Wurfspieß
akrodont, gr. akros, hoch, spitz; odūs, Zahn
Albino l. albus, weiß
Alisphenoid l. ala, Flügel; gr. sphen, Keil
Allantois gr. Verkleinerungsform von allâs (-antos), Wurst, länglicher Sack
allometrisch gr. allos, anders; metron, Maß; (unterschiedliche Wachstumsgeschwindigkeit verschiedener Körperteile)
Alveole l. alveolus, kleine Wanne, kleine Mulde
Ambulakral- l. ambulare, herumwandern; ambulacrum, Wandelgang
Ammocoetes gr. ammos, Sand; koite, Lager
Amnion gr. Schafhaut, von amnós, Lamm
Amoeba gr. amoibé, Wechsel
Amoebocyten gr. ~; latin. cyte, Zelle, von gr. kytos, Gefäß
Amphi-, amphi- gr. ampho, beide; amphis, beiderseits; amphi, um herum
Amphibia gr. ~; bios, Leben; (im Wasser und auf dem Land)
amphicoel gr. ~; koilos, ausgehöhlt
Amphidisk gr. ~; diskos, Scheibe
ana- gr. hinauf, über-, darüber-, hin, wieder
anal l. analis, zum After gehörig; von anus, After
Anastomose gr. ana, weiter; stoma, Mündung; (Querverbindung)
Angulare l. angularis, winkelig; von angulus, Winkel
animal l. animalis, tierisch, lebendig
Anisogamie gr. anisos, ungleich; gamein, (be-)gatten
Anisomyaria gr. ~; Verkleinerungsform von mys, Muskel
Annelida l. an(n)ellus, kleiner Ring
Anodonta gr. an-, ohne; odontes, Zähne
Anonymus gr. ~; onoma (auch onyma), Name
Anostraca gr. ~; ostrakon, Schale
ante- l. vor
Anter-, anterior l. anterior, der vordere, dem Vorderende zu, vorne
Antho- gr. anthos, Blume
Anthozoa gr. ~; zoon, Tier
Anthrop(o)-, Anthropus gr. anthropos, Mensch
anti- gr. anti, gegen
Anura gr. an-, ohne; urá, Schwanz
anus l. After
Apex l. apex, Scheitel
Aphaniptera gr. aphanes, unscheinbar; pteron, Flügel
Aphis gr. Blattlaus
apikal l. apex, apicis, Scheitel, Spitze; (im Bereich der Körperspitze gelegen)
Apis l. Honigbiene
Aplacophora gr. a-, ohne; plax, plakos, Platte, Schild; phoros, Träger
Apo-, apo- gr. von- weg, von etwas fort, entfernt von
Apoda gr. a-, ohne; pūs, podos, Fuß
apomorph gr. apo- von- weg; morphe, die Gestalt
Apopyle s. apo-; gr. pyle, Pforte
Append-, Appendix l. Anhang
Apteryx, Aterygota gr. a-, ohne; pteryx, pterygos, Flügel
Arachnida gr. arachne, Spinne
Aranea l. aranea, Spinne
Archae(o)- gr. archaios, alt
Arolium gr. aroo, pflügen; leios, glatt, kahl
Arrectores pilorum l. arrigere, aufrichten; pilus, Haar
Arthro- gr. arthron, Glied, Gelenk
Arthropoda gr. ~; pūs, podos, Fuß
Articulamentum l. von articulus, Glied, Gelenk
Articulare, Articulata l. articulus, Glied, Gelenk

Asc(o)- gr. askós, Schlauch
Ascaris gr. Eingeweidewurm, von askarizo, ich hüpfe („Springwurm")
ascendens l. aufsteigend
Aschelminthes gr. akós, lederner Schlauch, Sack; helmis, helminthos, Wurm
Aspido- gr. aspis, aspidos, Schild
Astacus gr. astakós, Flusskrebs
Ast(e)r gr. astér, Stern
Astro- gr. ástron, Gestirn
Athecata gr. a-, ohne, theke, Hülle, Behälter
atok gr. a-, ohne; tokos, Nachkommen (steril)
Atri- l. atrium, Eingangshalle, Vorhof
Auchenorrhyncha gr. auchén, Nacken; rhynchos, Schnauze, Rüssel
Aurikel l. auriculus, Öhrchen
Autogamie gr. autos, selbst; gamein, sich gatten
autostyl, gr. ~; stylos, Säule
Autotomie gr. ~; tomé, Schnitt
Aves l. avis, Vogel
axial l. axis, Achse
Axocoel gr. axon, Achse; koiloma, Hohlraum
Axopodien gr. ~; pūs, podos, Fuß

Bas(i)- gr. basis, Grund, Grundlage
Basioccipitale gr. ~; l. occiput, Hinterkopf
Basipodit gr. ~; pūs, podos, Fuß
Basisphenoid gr. ~; sphen, Keil
Basommatophora gr. ~; omma, Auge; phorein, tragen
Bathy- gr. bathys, tief
Batrachia gr. batrachos, Frosch
Bdell- gr. bdella, Blutegel
bi- l. zwei, doppelt
Bilateria l. ~; latus, lateris, Seite
Bio- gr. bios, Leben
Bivalvia l. bi, zwei; valvae, Flügeltür
Blast(o)-, -blast gr. blastos, Keim
Blastostyl gr. ~; stylos, Stiel, Säule
Blatta, Blattariae, Blattoidea l. blatta, Schabe
Blepharoblast gr. blepharon, Wimper; blastos, Keim
Bombyx gr. Seidenraupe
Botryoid- gr. botrys, Traube; → -id-
Brachi(o)- gr. brachion, Arm
Brachy- gr. brachys, kurz
Branch- branchi(o), gr. branchia, Kiemen
Branchialsipho gr. ~; siphon, Röhre
Branchiostoma gr. ~; stoma, Maul
Bronchie gr. bronchos, Luftröhre
Bryozoa gr. bryon, Moos; zoon, Tier
Buccalganglion l. bucca, Backe; gr. ganglion, Knoten
Bulbus l. bulbus, Zwiebel, Knolle
Bulla l. Kapsel
bunodont gr. bunos, Hügel; odontes, Zähne
Bursa l. Tasche, Beutel
Byssos gr. Seide, Flachs

Caecum l. caecus, blind
Caelifera l. caelum, Stichel, Meißel; ferre, tragen
Calamistrum l. Brenneisen zum Kräuseln der Haare
Campanularia l. campanula, Glöckchen
Capitulum, Caput l. caput, Haupt
Carapax span. carapacho, oberer Teil des Schildkrötenpanzers; l. capa, Kappe
Carcinus gr. karkinos, Krebs
Cardia gr. kardia, Herz, Magenmund
cardiaca latin. von gr.
Cardo l. Türangel
Carnivora, carnivor l. caro, carnis, Fleisch; vorare, verschlingen
Carotis gr. karotís, von kara, Kopf
Carpus, Carpalia gr. kapos, Handwurzel
Cartilago l. Knorpel
Catarhina gr. kata, hinab; rhis, rhinós, Nase
caudad, schwanzwärts; von l. cauda, Schwanz
caudal l. caudalis, am Schwanz, am Körperende gelegen
Centriol l. centriolum, Verkleinerungsform von gr. kentron, Mitte
centro- latin. centrum, von gr. kentron, Mittelpunkt
Cephal(o)- gr. kephale, Kopf
Cercarie, Cercus gr. kerkos, Schwanz
cerebral, Cerebrum l. cerebrum, Gehirn
-ceros gr. keras, Horn
Cervicalia l. cervix, Nacken
Cestoda gr. kestós, Gürtel
Chaetognatha, -chaet-, gr. chaite, Mähne, Borste; gnathos, Kiefer
Chela, gr. chele, Krebsschere
Chelicerata, Chelicere gr. ~; keras, Horn
Chelonia gr. chelone, Schildkröte
Chiasma gr. Überkreuzung
Chiastoneurie gr. ~; neuron, Nerv
Chilopoda gr. chilioi, tausend (oder: gr. cheilos, Lippe); pūs, podos, Fuß
Chiroptera gr. cheir, Hand; pteron, Flügel
Chloro- gr. chloros, gelbgrün
Chloroplasten gr. ~; plastos, geformt
Choane, Choanocyt gr. choanos, Trichter; latin, cyte, Zelle von gr. kytos, Gefäß
choledochus gr. chole, Galle; doche, Gefäß
chondr- gr. chondros, Knorpel, Kern
Chondrichthyes gr. ~; ichthyes, Fische
Chondrostei gr. ~; osteon, Knochen
Chorda gr. chorde, Darmsaite
Choroidea, Chorion gr. chorion, Hüllmembran
Chromatin gr. chroma, Farbe
Chromatophore gr. ~; phorein, tragen
Chromosom gr. ~; soma, Körper
Chrys(o)- gr. chrysos, Gold
Ciliata l. cilium, Augenlid, Wimper
circum- l. rings herum
Cirripedia, Cirrus l. cirrus, Ranke; pedes, Füße
Cladocera gr. klados, Zweig; keras, Horn

Clitellata, Clitellum l. clitella, Packsattel
Clitoris gr. kleitorís, Kitzler
Clype, Clypeus l. clipeus, Schild
Cnidaria, Cnide, Cnido- gr. knide, Nessel
Cnidocil gr. ~; l. cilium, Wimper
Co(n)- l. cum, mit, zusammen
Coccidia, Cocc gr. kokkos, Kern der Granatfrucht u. ä.
Cochlea latin., von gr. kochlias, Schnecke
Coecum → Caecum
Coel-, coel gr. koilos, hohl
Coelom gr. koiloma, Hohlraum
Coenosark gr. koinos, gemeinsam; sarx, sarkos, Fleisch
Coenurus gr. ~; urá, Schwanz
Coleoptera gr. koleos, Schwertscheide, pteron, Flügel
Collembola gr. kólla, Leim; embolon, Rammsporn, Keil
Collum l. Hals
Colon gr. kolon, Dickdarm
Colulus l. Verkleinerungsform von colus, Spinnrocken
Columella l. kleine Säule
Commissur l. commissura, Verbindung
co(n)- l. zusammen mit
Conchifera gr. konche, Muschelschale; l. ferre, tragen
Conchiolin gr. konche, Muschelschale, Muschel
Condylus gr. kondylos, Gelenkhöcker
Connectiv l. connectivus, von connectere, verbinden
contra l. gegen, gegenüber, wider, im Widerspruch
Conus latin. von gr. kônos, Kegel
Copeognatha gr. kope, Ruder(griff); gnathos, Kiefer
Copepoda, Copepodit gr. ~; pūs, podos, Fuß
Cor l. Herz
Coracoid gr. korax, korakos, Rabe; eidos, Gestalt (rabenschnabelartig)
Cornea l. corneus, hornig
Corrodentia l. corrodere, zernagen
Cortical- l. zur Rinde (cortex) gehörig
Coxa l. Hüfte
cranial gr. kranion, Schädel; schädelwärts; am Vorderende gelegen
Crasped-, craspedot gr. kraspedon, Rand, Saum
Cribellum l. Verkleinerung von cribrum, Sieb
Crinoidea gr. krinon, Lilie
Crista l. Leiste, Kamm
Crossopterygii gr. krossoi, Quasten; pteryx, Flügel, Flosse
Crustacea l. crusta, Schale, Kruste
Crypt(o)- gr. kryptos, verborgen
Ctenidium, Cteno- gr. kteis, ktenos, Kamm
Cubo- l. cubus, Würfel
Cupula l. Verkleinerung von cupa, Becher, Gewölbe
Cuticula l. Häutchen
Cutis l. Haut
Cyanin gr. kyaneos, schwarzblau
Cyclo-, Cycloid- gr. kyklos, Kreis
Cyrtocyt gr. kyrte, Fischerreuse; kytos, Gefäß
Cyste, Cystid gr. kystis, Blase, Beutel
Cysticercus gr. ~; kerkos, Schwanz
Cyto- gr. kytos, Gefäß
Cytopyge Zellafter, gr. ~; pyge, After, Steiß
Cytostom, Zellmund, gr. ~; stoma, Mund

de(s) l. ab, abwärts, weg
Deca- gr. deka, zehn
Decabrachia gr. ~; brachion, Arm
Decapoda gr. ~; pūs, podos, Fuß
deferens l. herabführend
Demospongiae gr. demos, Volk; l. spongia von gr. spongos, Schwamm
Dentale, Dentin, -dent-, l. dens, dentis, Zahn
Depressor l. deprimere, niederdrücken, senken
Derm-, Dermal-, Dermato- gr. derma, Haut
descendens l. herabsteigend
Desmomyaria gr. desmos, Band; mys, Muskel
Desmonemen gr. ~; nema, Faden
Deutero- gr. deuteros, zweiter
Deuterostomia gr. ~; stoma, Mund
Deutomerit gr. ~; meros, Teil
dexter l. rechts
di- gr. di-, Doppel-
dia-, di- gr. dia, (hin)durch, zwischen
Diaphragma gr. Grenzwand
Diastema gr. Intervall
Diastole gr. diastole, Dehnung, Trennung, Herzerweiterung)
dicondyl, Dicondylie gr. di-, Doppel-; kondylos, Gelenkhöcker
Didelphia gr. ~; delphys, Gebärmutter
Diencephalon gr. dia, zwischen; enkephalos, Gehirn
Dinoflagellata gr. dinos, Wirbel, Strudel, l. flagellum, Geißel
Diotocardia gr. di-, Doppel-; ūs, otos, Ohr; kardia, Herz
Diphycerkie gr. diphys, zweigestaltet; kerkos, Schwanz
diphyodont gr. ~; odontes, Zähne
Dipleurula gr. di-, Doppel-; pleura, Seite
Diplopoda gr. diploos, doppelt pūs, podos, Fuß
Dipnoi gr. dipnoos, mit zwei Atemwegen (von pnéo, atmen)
Diptera gr. ~; pteron, Flügel
dis-, di- l. auseinander, zer-
discoidal gr. diskoeidés, scheibenähnlich
Dissepiment l. von dissaeprie, durch eine Wand trennen
distal l. distare, getrennt stehen, weiter von der Körpermitte entfernt (als andere Teile)
dorsal l. dorsalis, auf dem Rücken befindlich; an der Rückenseite
-duct, Ductus l. ductus, Gang

Duodenum l. duodeni, je zwölf
Duplicidentata l. ~; dentatus, bezahnt
Dynein gr. dynamis, Kraft, Stärke

e-, eff-, ex- l. aus-, heraus von, von, ohne, weg, ab-
Echino- gr. echinos, Igel
Echiurida gr. ~; echis, Natter, ūrá, Schwanz
Ecribellatae l. e- ohne; cribrum, Sieb
Ecto- gr. ektos, außen
Ectoderm gr. ~; derma, Haut
ectolecithal gr. ~; lekithos, Dotter
Ectoprocta gr. ~; proktos, After
Edentata l. edentatus, zahnlos
efferent l. efferre, hinaustragen
Egestion- l. egestio, das Fortschaffen
ejaculatorius, l. eiaculatio, Ausstoßung, Samenerguß
ek- gr. aus, heraus
Elaeoblast gr. elaion, Öl; blastos, Keim
Elasmobranchii gr. elasmos, Band, branchia, Kiemen
Elytren gr. elytron, Hülle, Scheide
Embryo gr. embryon, das Ungeborene
en- gr. in, hinein
Encephalon gr. enkephalos, Gehirn
Endit, endo- gr. endon, innen
Endopodit gr. ~; pūs, podos, Fuß
Endostyl gr. ~; stylon, Griffel
Ensifera l. ensis, Schwert; ferre, tragen
Enteron, entero- gr. Eingeweide
Ento-, gr. entos, innerhalb
Ependym gr. ependyma, Oberkleid
Ephemeroptera gr. ephemeros, eintägig; pteron, Flügel
Ephippium gr. ephippion, Satteldecke
Ephyra gr. Meernymphe
Ep(i)- gr. auf, darauf, darüber, daran
Epididymis gr. epi-, dabei; didymos, Zwilling
Epiglottis gr. epi-, darüber; glotta, glossa, Zunge
Epigyne gr. ~; gyne, Weib
epimastigot gr. epi-, auf, oben; mastix, Peitsche, Geißel
Epimer, Epimerit gr. epi-, daneben; meros, Teil
Epiphyse gr. epiphyomai, auf etwas wachsen
Epipodit gr. epi-, über; pūs, podos, Fuß
Epiprokt gr. ~; proktos, After
Epistropheus gr. erster Halswirbel, von epistrephein, umdrehen, also: Umdreher
Epithel gr. epi, darüber; thēleîn, üppig gedeihen, wachsen
epitok gr. epi, daran; tokos, Geburt
Ergastoplasma gr. ergastes, Arbeiter; plasma, Gebilde
Errantia i. errare, umherirren
Erythrocyt gr. erythros, rot; latin. cyte, Zelle, von gr. kytos, Gefäß
Ethmoid gr. ethmos, Sieb; → -id-
Eu- gr. gut, richtig, echt
Eury-, eury- gr. eurys, breit, mit weitem Spielraum
euryhalin gr. ~; hals, halós, Salz
eurytherm gr. ~; thermós, warm
Euthyneura gr. euthys, gerade; neuron, Band, Sehne
evers l. eversus, nach auswärts gewendet
Evertebrata l. e-, ohne; vertebratus, mit Wirbeln
Ex- l. aus, außen von
Exit, Exopodit gr. exo-, außerhalb; pūs, podos, Fuß
Exkremente l. excrementum, Kot, Faeces
Exkrete, Exkretion l. excretum, Aussonderung
extra- l. außerhalb
Extrusom l. ex-, aus, heraus; trudere, trusi, pressen; gr. soma, Körper
Exumbrella l. ex-, außen; umbrella, Schirm

Facialis l. facies, Gesicht
falciparum l. falx, Sichel; parere, gebären
Fasciola l. kleine Binde
Femur l. Oberschenkel
-fer l. ferre, tragen
fertil l. fertilis, fruchtbar
Fibrille l. Verkleinerung von fibra, Faser
Filibranchia l. filum, Faden; gr. branchia, Kiemen
filiformis l. filum, Faden; forma, Gestalt
Filopodien l. ~; gr. pūs, podos, Fuß
Fiss(i)- l. fissum, gespalten
Flabellum l. Fächer, Wedel
Flagellata, Flagellum l. flagellum, Geißel
Follikel l. folliculus, kleiner Sack
Foramen l. Öffnung, Loch
Foraminifera l. ~; ferre, tragen
frontal, Frontale l. frontalis, zur Stirn gehörig (s. dorsal)
Fundus l. Grund, Boden
Funiculus l. kleiner Strang
Furca l. zweizinkige Gabel
Furcula l. kleine Gabel

Galea l. Helm
Gameten, -gamie gr. gamein, sich gatten, begatten
Gamogonie gr. ~; gone, Zeugung
Gamont gr. ~; on, ontos, seiend
Ganglion gr. Knoten
Gast(e)r(o)- gr. gaster, Bauch, Magen
Gastroneuralia gr. ~; neuron, Nerv
Gemmula l. kleine Knospe
Gen, -gen gr. gignesthai, genésthai, entstehen, werden
Gena l. Wange
Genea-, genea-, geneal gr. geneá, Geschlecht, Abkunft
Genese, -genese gr. genesis, Erzeugung, Entstehung
Geo- gr. gê, Erde
Germarium l. germen, Keim
Glandula l. Drüse
Globulus l. Kügelchen
Glochidium gr. Verkleinerung von glochis, Stachel

Glomerulus l. Verkleinerung von glomus, Knäuel
Gloss-, Glossa, Glott- gr. glossa, glotta, Zunge
Glutinante l. glutinare, kleben
Gnath-, -gnatha gr. gnathos, Kiefer
Gnathobdellida gr. ~; bdella, Blutegel
Gonade, -gon- gr. gone, Erzeugung
Gonapophyse gr. ~, apophysis, Auswuchs, Fortsatz
Gonophor gr. ~; phero, ich trage
Gonotheca gr. ~; theke, Behälter
Granulum l. Verkleinerung von granum, Korn
Gubernaculum l. Steuerruder
Gymno- gr. gymnos, nackt
Gymnophiona gr. ~; ophis, Schlange
-gyne gr. gyne, Frau, Weib
gynandromorph gr. ~; aner, andros, Mann; morphe, Gestalt

Haem-, Häm(o)- gr. haima, Blut
Hämocyanin gr. haima, Blut; kyaneos, schwarzblau
Hämoglobin gr. ~; l. globus, Kugel
halophil gr. hals, Salz; philos, Freund
Haltere gr. halteres, Hanteln
Hamulus l. kleiner Haken (hamus)
Haplo-, haploid gr. (h)aploos, einfach
Haplonemen gr. ~; nema, Faden
Haustellum, Haustrum l. Instrument zum Schöpfen (haurire, haustus)
Hectocotylus gr. hekto-, hundert; kotyle Napf
Heliozoa, Helio- gr. helios, Sonne; zoon, Tier
Helix gr. gewunden
-helminth- gr. helmis, helminthos, Wurm
Hemi- gr. halb
hepato, hepaticus gr. hepar, Leber
Hermaphrodit gr. hermaphroditos, Zwitter
Hetero- gr. heteros, anderer
Heterocerkie gr. ~; kerkos, Schwanz
heterodont gr. ~; odontes, Zähne
Heterogonie gr. ~; gone, Abkunft
heteronom gr. ~; nomos, Regel
Heteroptera gr. ~; pteron, Flügel
Heterotricha gr. ~; thrix, trichos, Haar
heterotroph gr. ~; throphe, Nahrung
hexa- gr. sechs
Hexapoda gr. ~; pūs, podos, Fuß
Hilus l. korrekt: hilum, Einbuchtung, Nabel
Hippo- gr. hippos, Pferd
Histo-, Histozoa gr. histós, Gewebe; zoon, Tier
Holo- gr. holos, ganz
Holocephali gr. ~; kephale, Kopf
Holostei gr. ~; osteon, Knochen
Hom-, hom(o)- gr. homos, gleich, derselbe
Homo, Homin- l. homo, hominis, Mensch
Homocerkie gr. homos, gleich, derselbe; kerkos, Schwanz
Homocoela gr. ~; koilos, hohl
homodont gr. ~; odontes, Zähne
homoiotherm gr. homoios, gleichartig, ähnlich; thermos, warm
homolog gr. homos, gleich; logos, Verhältnis
homonom gr. ~; nomos, Regel
Humerus l. Oberarmknochen
Hyal-, hyalin gr. hyalinos, von hyalos, Glas (durchsichtig)
Hydr(o)- gr. hydor, Wasser
Hydrant, Hydranth gr. ~; anthos, Blume
Hydrocaulus gr. ~; kaulos, Stengel
Hydrocoel gr. ~; koilos, hohl
Hydrozoa gr. ~; zoa, Tiere
hygro- gr. hygros, feucht
Hymeno- gr. hymen, hymenos, Häutchen
Hymenoptera gr. ~; pteron, Flügel
Hyo-, Hyoid gr. hyoeides, y-ähnlich
Hyper, gr. über, hinaus
Hypo- gr. unter
Hypodermis gr. ~; derma, Haut
Hypopharynx gr. pharynx, Schlund
Hypophyse gr. ~; physis, Wuchs
Hypostom gr. ~; stoma, Mund
Hypostracum gr. ~; ostrakon, Schale

Ichthy(o)- gr. ichthys, Fisch
-id gr. -eidés, -artig, -förmig, von eidos, Art
Ileum, Ilium l. Eingeweide, Darmbein
Imago l. Bild, Abbildung (Vollinsekt)
Immersion l. immergere, eintauchen
in- l. a) in, hinein, b) un-, ohne
Incus l. Amboss
Infra- l. unterhalb
Infundibulum l. Trichter
Infusion l. infusio, Aufguss
Ingestion l. ingestio, das Einführen
Inguinal- l. inguina, Weichen, Leistengegend
Insecta l. von insecare, einschneiden, kerben
Inter- l. zwischen, dazwischen
interstitiell l. interstitium, Zwischenraum
Intestinum l. Darm
Intima l. intimus, der Innerste
Intra- l. innerhalb, innen
Introvert l. ~; verto, wenden, umkehren
Intussuszeption l. intus, hinein; suscipere, aufnehmen
invers l. inversus, umgekehrt, abgewendet
Invertebrata l. in-, ohne; vertebra, Wirbel
in vitro l. im Glase
in vivo l. in lebendem Zustand
Iridocyten gr. iris, Regenbogen, latin. cyte, Zelle
Irregularia l. in-, un-; regula, Regel
Ischium l. gr. ischion, Hüftknochen, Sitzbein
Iso- gr. isos, gleich
Isogameten gr. ~; gametes, Gatte
Isogamie gr. ~; gamein, begatten, sich gatten
Isopoda gr. ~; pūs, podos, Fuß
Isoptera gr. ~; pteron, Flügel

Jugale l. jugum, Joch

Kamptozoa gr. kampto, krümme; zoa, Tiere
Karyon gr. Kern
kata-, hinab, durch – hin
Keratin, Keratosa gr. keras, Horn
Kineto-, Kinetosom gr. kinein, bewegen; soma, Körper
Kollagen gr. kolla, Leim; → gen
Konjugation l. conjugatio, Verbindung, Paarung
Konnektiv l. connectivus, von connectere, verbinden

Labellum Labium l. labium, Unterlippe
labidognath gr. labis, Zange; gnathos, Kiefer
Labrum l. Oberlippe
Lacinia l. Zipfel, Fetzen
Lacrimale l. lacrima, Träne
Lagena l. Flasche
Lagomorpha gr. lagos, Hase; morphe, Gestalt
Lamellibranchia l. lamella, Blättchen; gr. branchia, Kiemen
Lamina l. Blatt, Platte
latent, Latenz- l. latere, verborgen sein
lateral, Lateral- l. lateralis, seitlich
Lecitho- gr. lekithos, Dotter
-lemm gr. lemma, Schale, Hülse
Lepido-, Lepidoptera gr. lepis, Schuppe; pteron, Flügel
Lepto- gr. leptos, zart
Leptostraca gr. ~; ostrakon, Schale
Leptotän gr. ~; tainia, Band
Leuc(o)- gr. leukos, weiß
Ligula l. ligula, kleine Zunge
Limn(o)- gr. limne, stehendes Gewässer
Lith(o)- gr. lithos, Stein
Lobo-, Lobus gr. lobós, Lappen
Lobopodien gr. ~; pūs, podos, Fuß
Lophocyt gr. lophos, Helmbusch, Hügel; latin. cyte, Zelle
Lophophor gr. ~; phoreus, Träger
Lysosom gr. lysis, Lösung, Auflösung; soma, Körper

Macr(o)-, Makr(o)- gr. makrós, lang
Madreporenplatte (vielleicht) ital. madre, Mutter; gr. pôros, Kalkstein, oder póros, Loch
Malacostraca gr. malakos, weich, zart; ostrakon, Schale
Malleus l. Hammer
Mallophaga gr. mallos, Wolle; phagein, fressen
Mammalia l. mamma, weibliche Brust
Mandibel, Mandibulare l. mandibula, Unterkiefer (bei Insekten Oberkiefer)
Manubrium l. Griff, Stiel
Marginalia l. marginalis, zum Rand gehörig
Marsupialia l. marsupium, Beutel
Mastig(o)- gr. mastix, mastigos, Geißel
Mastigonema gr. ~; nema, Faden
Mastigophora gr. ~; phoreus, Träger
Maxillare l. Oberkiefer (bei Insekten Unterkiefer)
Mecoptera gr. mekos, Länge; pteron, Flügel
medial l. in der Mitte liegend
Medulla l. Mark
Mega- gr. megas, groß
Meiose gr. meiosis, Verringerung
Mentum l. Kinn
-merit, Mero- gr. meros, Teil
Merozoit gr. ~; zoon, Lebewesen
Mes(o)-, gr. mesos, mitten
Mesencephalon gr. ~; enkephalos, Gehirn
Mesenchym gr. ~; enchyma, das Eingegossene, Füllung
Mesenterium gr. ~; enteron, Eingeweide
Mesoderm gr. ~; derma, Haut
Mesogloea gr. ~; gloios, klebriges Öl
Mesorchium gr. ~; orchis, Hoden
Mesothelae gr. ~; thele, Brustwarze
Meta- gr. meta, nach, hinterher, um- (Veränderung)
Metabolie gr. metabolé, Veränderung
Metacarpus gr. ~; karpos, Handwurzel
Metagenese gr. ~; genesis, Erzeugung
Metamerie gr. ~; meros, Teil
Metamorphose gr. ~; morphosis, Gestaltung
Metanephridium, Metanephros gr. ~; nephros, Niere
Micr-, Mikro- gr. mikros, klein
Mikrovilli gr. ~; l. villus, zottiges Haar
Mikrotulus gr. ~; l. tubulus, Röhrchen
Mitochondrien gr. mitos, Faden; chondros, Korn
Mitose gr. mitosis, fädige Anordnung; von mitos, Faden
Mix(o)-, -mixis gr. meixis, Vermischung
mixotroph gr. ~; trophe, Nahrung
Mollusca i. mollis, weich
Mon(o)- gr. monos, einzig, allein, einzeln
Monoplacophora gr. ~; plax, plakos, Platte, phorein, tragen
Monothalamia gr. ~; thalamos, Kammer
Monotocardia gr. ~; ûs, otos, Ohr; kardia, Herz
Monotremata gr. ~; trema, Öffnung
Morph(o)- gr. morphe, Gestalt
Musca l. Fliege
Mycetocyten gr. mykes, myketos, Pilz; latin. cyte von gr. kytos, Gefäß
Myelencephalon gr. myelos, Mark; enkephalos, Hirn
Myo-, Muskel-, von gr. mys, myos, Maus (Muskel)
Myoblast gr. ~; blastós, Keim
Myofibrille gr. ~; fibrilla von fibra, Faser
Myosin, Muskelprotein, gr. ~
Myotom gr. ~; tome, Abschnitt
Myri- gr. myrios, zahllos
Myriapoda gr. ~; pūs, podos, Fuß
Myrmeleon gr. myrmex, Ameise; leon, Löwe
Myx(o)- gr. myxa, Schleim

Nannoplankton gr. nanos oder nannos, Zwerg; plankton, das Umhergetriebene
Natantia l. natans, schwimmend
Nautilus gr. nautilos, Schiffer
Nekrose, nekrotisch gr. nekros, tot
Nema- gr. nema, nematos, Faden
Nemathelminthes gr. ~; helmis, Wurm
Nematomorpha gr. ~; morphe, Gestalt
Nemertini gr. Nemertes, Name einer Nereide
Neo- gr. neos, neu, jung
Neocribellata gr. ~; l. cribellum, kleines Sieb (cribrum)
Neogastropoda gr. ~; Gastropoda, Bauchfüßer, Schnecken
Neotenie gr. ~; teinein, (sich) strecken, tendieren zu (im Jugend- bzw. Larvenstadium verharren)
Nephr(id)- gr. nephros, Niere
Nephridium gr. ~; Verkleinerungsform
Nephromixien gr. ~; → Mix-
Nephrostom gr. ~; stoma, Öffnung, Trichter
Nephrotom gr. ~; tome, Abschnitt
Neur(o)-, Neural-, -neura gr. neuron, Sehne, Nerv
Neurolemm gr. ~; lemma, Schale, Hülse
Neuropil gr. ~; pilos, Filz
Neuroptera gr. ~; pteron, Flügel
Nidamental- l. nidamentum, Nistmaterial; von nidus, Nest
Noctiluca l. nox, Nacht; lux, Licht
Nomenklatur l. nomen, Name; calare, rufen
Noto-, Notum gr. noton, Rücken
Nucleus l. nucleus, Kern
Nudibranchia l. nudus, nackt; gr. branchia, Kiemen
Nummulit l. nummulus, kleines Geldstück

obliquus l. schief, schräg
Occipital- l. occiput, Hinterhaupt
Ocell-, Ocellus l. Verkleinerung von oculus, Auge
Octo- gr. okto, acht
Octobrachia gr. ~; brachion, Arm
Octocorallia gr. ~; korallion, rote Koralle
Oculomotorius l. oculus, Auge; motor, Beweger
Oculus l. Auge
Odont-, -odont gr. odontes, Zähne
Ökologie gr. oikos, Wohnung; logos, Lehre
Oesophagus gr. oisophagos, Schlund
Oestrus gr. oistros, Brunst, Brunft
officinalis l. in der Apotheke (officina) gebräuchlich
Olfactorius l. olfacere, riechen
Oligo- gr. oligos, wenig
Oligochaeta gr. ~; chaite, Borste
Oligotricha gr. ~; thrix, trichos, Haar
oligotroph gr. ~; trophe, Nahrung
Omentum l. Eingeweidenetz
Ommatidium gr. Verkleinerung von omma, Auge
Omni- l. omnis, alles, jeder
Oncosphaera l. uncus, Haken; gr. sphaira, Kugel
Ontogenie gr. on, das Seiende, das Wesen; génesis, Entstehung
Onychophora gr. onyx, Kralle; phoreus, Träger
Oo- gr. oon, Ei
Oocyste gr. ~; kystis, Blase
Ookinet gr. ~; kinetos, beweglich
Ootyp gr. ~; typos, Form, Gepräge
Operculum l. Deckel
Ophi- gr. ophis, Schlange
Ophiuroidea gr. ~; ūra, Schwanz; → -id
Opilio l. Schafhirt
Opistho- gr. opisthen, hinten
Opisthobranchia gr. ~; branchia, Kiemen
Opistonephros gr. ~; nephros, Niere
Opisthosoma gr. ~; soma, Körper
Opisthothelae gr. ~; thele, Brustwarze
Opticus gr. optikós, zum Sehen gehörig
oral l. oralis, zum Mund gehörig, mundwärts
Orbitale l. orbitus, Kreisbahn
Orch-, -orch gr. orchis, Hoden
Ornis, Ornith- gr. ornis, ornithos, Vogel
Ortho- gr. orthos, gerade
orthognath gr. ~; gnathos, Kiefer
Orthoneurie gr. ~; neuron, Nerv (Sehne)
Orthoptera gr. ~; pteron, Flügel
os l. Mund, Maul, Öffnung
os, ossi-, l. os, Knochen
Osculum l. Mündchen
Osphradium gr. osphrainomai, ich wittere
Ostariophysi gr. ostarion, Knöchelchen; physa, Blase
Oste-, -ostei gr. osteon, Knochen
Osteichthyes gr. ~; ichthyes, Fische
Ostium l. Tür
Ostrac(o)-, Ostracoda gr. ostrakon, Schale, Gehäuse
Ostrea l. Auster, Muschel
Ot(o)- gr. ûs, otos, Ohr
Otolith gr. ~; lithos, Stein
Ov(i)- l. ovum, Ei
Ovar, Ovariole, Ovarium l. ovarius, zum Ei gehörig
Oviduct l. ~; ductus, Gang
ovipar l. ~; parere, gebären
Ovipositor l. ~; ponere, stellen, legen
Ovulation l. ovulatio, Eiablage, Eiaustritt

Pachy- gr. pachys, dick
Pachytän gr. ~; tainia, Band
Pädogamie gr. pais, paidos, Kind; gamein, begatten
Pädogenese gr. ~; genesis, Entstehung
Paläo- gr. palaios, alt
Palaeocribellatae gr. ~; l. cribellum, Verkleinerung von cribrum, Sieb
Palatinum l. palatum, Gaumen
Pallium l. Mantel
Palpifer l. palpus, Taster; ferre, tragen
Palpigradi l. ~; gradus, Schritt

Pan-, Pant(o)- gr. pas (pantos), jeder, alles, ganz
Pantopoda gr. ~; pūs, podos, Fuß
Papillae l. papilla, Brustwarze
Papulae l. papula, Bläschen
Para- gr. neben
Parabronchus gr. ~; bronchos, Luftröhre
Paraglossa gr. ~; glossa, Zunge
Paraphyse gr. ~; physis, Wuchs
Parapodium gr. ~; pūs, podos, Fuß
Paraproct dgr. ~; proktos, After
Parasomal- gr. ~; soma, Körper
Parenchym gr. ~; enchyma, das Eingegossene, Füllung
parietal, Parietale l. parietalis, zur Wand gehörig
Parotis gr. para, neben; ûs, otos, Ohr
Pars l. Teil
Parthenogenese gr. parthenos, Jungfrau; genesis, Entstehung
Patella l. Schale, Schüssel
Pecten l. Kamm
Pectoralis l. pectus, pectoris, Brust
Ped-, Pedes l. pes, pedis, Fuß
Pedalganglion l. ~; gr. ganglion, Knoten
Pedicellarie l. pedicella, Verkleinerung von pedica, Fußschlinge
Pedicellus l. Verkleinerung von pediculus, Stängel, Stiel, Füßchen
Pediculus l. Laus
Pedipalpi l. pes, pedis, Fuß; palpus, Taster
Pelagial, pelagisch gr. pelagios, auf offener See
Pellicula l. pellicula, Häutchen
Penetranz l. penetrare, durchdringen
Peniculus l. kleine Bürste
Penta – gr. pente, fünf
Pentamerie gr. ~; meros, Teil
Pentastomida gr. ~; stoma, Mund
Per-, per- l. durch
Peraeon gr. peraióō, hinübertransportieren
Peraeopod gr. ~; pūs, podos, Fuß
Peri- gr. um – herum
Periderm gr. ~; derma, Haut
Perikard gr. ~; kardia, Herz
Perikaryon gr. ~; karyon, Nuss
Periostracum gr. ~; ostrakon, Schale, Gehäuse
Peripatus gr. perípatos, Spaziergang
peripher gr. periphéreia, der Umkreis; am Rande liegend, an der Außenseite
Perisarc gr. peri, um – herum; sarx, sarkos, Fleisch
Perissodactyla gr. perissos, ungerade (Zahl); daktylos, Finger
Peristom gr. peri-, um – herum; stoma, Mund
Peritoneum l. Bauchfell; gr. peritonaios, umspannend
Permeation l. permeare, durchwandern
Petiolus l. Füßchen, Stiel
Petrosum l. petrosus, felsig
-phag, Phago- gr. phagein, fressen
Phagocytose gr. ~; → Cyto-
Phalangen gr. phalanx, phalangos, Walze, Schlachtreihe
Pharynx gr. Schlund
Phasmida gr. phasma, Gespenst
-pher, -phor gr. pherein, tragen, -phoros, -träger
-phil, Phil(o) gr. philein, lieben
-phob, Phobie gr. phobos, Furcht
Phototaxis gr. phos, photos, Licht; taxis, Aufstellung, Ausrichtung
Phragma gr. Zaun, Tennwand
Phyll(o)-, -phyll gr. phyllon, Blatt
Phyllobranchien gr. ~; branchia, Kiemen
Phyllopoda gr. pūs, podos, Fuß
Phylogenie gr. phylon, Stamm; genesis, Entstehung
Physiologie gr. physis, Natur; logos, Lehre
Phyt(o)- gr. phyton, Gewächs, Pflanze
Pilidium gr. pilidion, kleine Filzmütze
Pinakocyt gr. pinax, pinakos, Tafel, Teller; → Cyto-
Pineal- l. pinea, Pinien-(Kiefern-)Kern
Pinn- l. pinna, Feder, Flügel
Pinocytose gr. pino, ich trinke; latin. cyte, Zelle
Pisces l. Fische
Placo-, Placoid- gr. plakos, Platte
Placophora gr. ~; phoreus, Träger
Plankton gr. das Umhergetriebene
Planta l. Fußsohle
Planula l. Verkleinerung von gr. planos, umherirrend
Plasma gr. bildsame Masse
Plasmotomie gr. ~; tome, Schnitt, das Schneiden
Plat(y)- gr. platys, breit, platt
platybasisch gr. ~; basis, Grund
Plathelminthes gr. ~; helmis, helminthos, Wurm
Plazenta l. placenta, Kuchen
Plecoptera gr. plekein, flechten; pteron, Flügel
Pleon gr. pléo, ich schwimme
Pleopod gr. ~; pūs, podos, Fuß
Plerocercoid gr. pleres, voll; kerkos, Schwanz
Pleur(o)-, Pleura, pleural, Pleurum gr. pleura, Seite
Pleurobranchien gr. ~; branchia, Kiemen
Plexus l. Geflecht
pleurodont gr. ~; odus, Zahn
Plica l. Falte
Pod(o)-, -pod- gr. pūs, podos, Fuß
Podobranchien gr. ~; branchia, Kiemen
Pogonophora gr. pogon, Bart; phorein, tragen
poikilotherm gr. poikilos, bunt, mannigfaltig; thermos, warm
Poly- gr. viel
Polychaeta gr. ~; chaite, Borste
Polycladida gr. ~; klados, Zweig
Polymastigina gr. ~; mastix, Geißel
Polymorphismus gr. ~; morphe, Gestalt
Polyp gr. polypūs, von ~ und pūs, Fuß
Polyplacophora gr. polys, viel, plax, plakos, Platte
Polythalamia gr. ~; thalamos, Kammer
Pons l. Brücke

Porifera l. porus, von gr. póros, Loch; ferre, tragen
Post- l. nach, hinter, hinten
posterior l. später, hinten, am Körperende gelegen
Prae- l. vorne, vorher, voran, vor
Praeputium l. Vorhaut
Praetarsus l. prae, vor, vorne; tarsus, Fuß(wurzel)
Priapulida l. nach dem Gott Priapus
Primates l. primas, ein Vornehmer, jemand mit einem Vorrang
Pro- gr. und l. vor
Proboscis gr. proboskís, Rüssel, von pro, vor, und bósko, ich füttere, weide
Procercoid gr. vor; kerkos, Schwanz
Processus l. procedere, hervortreten, fortschreiten
-proct gr. proktos, After
Proglottiden gr. proglottis, Zungenspitze
Pronephros gr. pro, vor; nephros, Niere
Proso- gr. prosō, vorne, vorwärts
Prosobranchia gr. ~; → Branch-
Prosopyle gr. ~; pyle, Pforte
Prostata gr. prostates, Vorsteher
Prostomium gr. pro, vor; stoma, Mund
Prot(o)- gr. protos, erster
Proterandrie gr. proteron, vorher; anér, andros, Mann
Proterogynie gr. ~; gyne, Weib
Protobranchia gr. ~; branchia, Kiemen
Protocerebrum gr. protos, erster; l. cerebrum, Gehirn
Protocoel gr. ~; koilos, hohl
protomastigot gr. ~; mastix, Peitsche, Geißel
Protomerit gr. ~; meros, Teil
Protonephridien gr. ~; nephros, Niere
Protoplasma gr. ~; plasma, bildsame Masse
Protopodit gr. ~; pūs, podos, Fuß
Protostomia gr. ~; stoma, Mund
Prototroch gr. ~; trochos, Rad
Protozoa gr. ~; zoa, Tiere
proximal l. proximus, der nächste (rumpfwärts, der Körpermitte zu gelegen)
Pseudo- gr. pseudes, falsch
Pseudopodium gr. ~; pūs, podos, Fuß
Pseudostom grt. ~; stoma, Mund
Pter(o)-, petra gr. pteron, Flügel
Pterygoid gr. ~; → -id
Pubis l. Schamgegend, Schambein
Pulmo l. Lunge
Pulvilli l. pulvillus, kleines Poster
-pyge, Pygidium gr. pyge, Steiß, After
Pygostyl gr. ~; stylos, Pfeiler, Stütze
Pyknose, pyknotisch gr. pyknos, dicht, dick
Pylorus gr. pyloros, Pförtner
Pyr(o)- gr. pyr, Feuer

Quadratum l. Quadrat
Quartana l. Viertages-(Fieber, d.h. jeden 3. Tag eintretend), von quartus, der vierte

radial l. radialis, strahlig, in der Radialebene gelegen
Radiolaria l. radiolus, kleiner Strahl, von radius, Strahl
Radula l. Schabeisen
Ramus l. Ast, Zweig
Rana l. Frosch
re- l. zurück, entgegen, nochmal
Receptaculum l. Behälter
Receptor l. receptor, Aufnehmer, Empfänger
Rectum l. rectus, gerade
Redie benannt nach dem Forscher Francesco Redi 1626–1697, Hofarzt in Florenz
Regularia l. regularis, regelmäßig
Reno-, l. ren, renis, Niere
Reptantia l. reptare, kriechen
Respiration l. respiratio, das Atemholen, die Atmung
Reticulum l. kleines Netz
Retina l. rete, Netz
Retractor l. Rückzieher
Rhabdit gr. rhabdos, Stab
Rhabdomer gr. ~; meros, Teil
Rhachis gr. Rückgrat
Rhaph- gr. rhaphe, Naht
Rhin(o)- gr. rhis, rhinos, Nase
Rhizo- gr. rhiza, Wurzel
Rhizopoda gr. ~; pūs, podos, Fuß
Rhopalium gr. Verkleinerung von rhopalon, Keule
Rhynch(o)- gr. rhynchos, Rüssel, Schnauze
Rhynchobdellida gr. ~; bdella, Blutegel
Rhynchota gr. ~; ūs, ōtos Ohr
Rodentia l. rodere, nagen
Rostellum l. kleiner Schnabel
rostral l. rostrum, Schnabel; davor, in Richtung Vorderende
Rostrum l. Schnabel
Rotatoria l. rotator, Dreher
Ruminantia l. ruminare, wiederkäuen

Sacculus l. Säckchen
Sacrum l. sacer, heilig
sagitta l. Pfeil
sagittal l. sagittalis, zur Symmetrieebene gehörig
Sapro- gr. sapros, faulig
Sarco- gr. sarx, Fleisch
Scaphognathit gr. skaphe, Aushöhlung, Nachen, Kahn; gnathos, Kiefer
Scaphopoda gr. ~; pūs, podos, Fuß
Scapula l. Schulterblatt
Scapus l. Schaft, Stiel
Schizo- gr. schizein, spalten
Schizocoel gr. ~; koilos, hohl
Schizogonie gr. ~; gone, Abkunft
Scler-, Skler- gr. skleros, hart
Scleroblast gr. ~; blastos, Keim
Scolex gr. skolex, Wurm
Scutellum, Scutum l. scutum, Schild
Scyph- gr. skyphos, Becher

Scyphistoma gr. ~; stoma, Mund
Sedentaria l. sedentarius, festsitzend
Semaeostomeae gr. semeion (auch mit ai geschrieben), Fahne; stoma, Mund
Semi- l. semis, halb
seminalis l. semen, Samen
Sensillum l. sensus, Sinn
Septibranchia l. saeptum (im Mittelalter auch mit e geschrieben), Zaun, Schranke; gr. branchia, Kiemen
Septum l. ~
sessil l. sessilis, (auf einer Unterlage) aufsitzend
Simiae l. simia, Affe
Simplicidentata l. simplex, einfach; dentatus, bezahnt
sinister l. links
Sinus l. Bucht, Falte
Sipho(n)- gr. siphon, Röhre
Siphonoglyphe gr. ~; glyphe, Furche, Kerbe
Skler(o)-, skler-, Sklerit gr. skleros, hart
-skop- gr. skopein, sehen
Solen(o)- gr. solen, Röhre, Rinne
Solenocyten gr. ~; latin. cyte, Zelle
Solifugae l. sol, Sonne; fuga, Flucht
Som-, Somato-, -som gr. soma, somatos, Körper
Somatopleura gr. ~; pleura, Seite
Species l. Art, Gestalt
Spermatophore gr. sperma, Same; phorein, tragen
Sphenoid, Sphen- gr. sphen, Keil
Sphinkter gr. sphingein, zuschnüren
Spiculum l. Spitze, Stachel
Spina l. Dorn, Stachel, Gräte, Rückgrat
Spir- 1. gr. speira, Windung; 2. l. spirare, atmen
Spiralia l. spiralis, gewunden
Spirographis l. ~; graphe, Schrift
Splanchn- gr. splanchna, Eingeweide
Splanchnopleura gr. ~; pleura, Seite
Spongia, Spongi- l. spongia, Schwamm
Spongioblast gr. ~; blaste, Keim
Sporo-, sporidia gr. sporos, Saat
Sporocyste gr. ~; kystis, Blase
Sporogonie gr. ~; gone, Abkunft
Squamosum l. squamosus, schuppig
Stapes l. (mittelalterlich), Steigbügel
Statoblast l. status, Stellung Lage; gr. blaste, Gebilde
Statocyste l. ~; gr. kystis, Blase
Statolith l. ~; gr. lithos, Stein
Stauro- gr. stauros, Pfahl
Sten-, steno- gr. stenós, eng
Stenotele gr. ~; l. telum, Wurfgeschoss
Stereo- gr. stereos, steif, fest, dreidimensional
Sternorrhyncha gr. sternon, Brustbein; rhynchos, Schnauze, Rüssel
Sternum gr. ~ Brustbein
Stigma gr. Stich, Mal, Fleck
Stipes l. Pfahl, Baumstamm
Stolo l. Wurzelspross
Stom-, Stoma-, -stom gr. stoma, Mund
Stomodaeum gr. daiomai, ich teile ab
Stratum l. Schicht, Lage
Streps-, Strept- gr. streptos, gewunden, verdreht
Streptoneurie gr. ~; neuron, Nerv
Strobilation gr. strobilos, Kreisel, Wirbel, Nadelholzzapfen
Styl-, -styl, Styli gr. stylos, Säule, Pfeiler
Stylommatophora gr. ~; omma, Auge; phorein, tragen
Sub- l. sub, unter, in Zusammensetzungen: ein wenig
Subchela l. ~; gr. chele, Krebsschere
Subitan- l. subitaneus, rasch entstehend
Submentum l. sub, unter; mentum, Kinn
subterminal l. sub, unter; terminalis, am Ende befindlich
Subumbrella l. ~; umbrella, Schirm
Suctoria l. suctor, Sauger
Super-, Supra- l. super, supra, über, oberhalb
superficiell l. superficies, Oberfläche
Symbiose gr. symbiosis, Zusammenleben
Syn-, sym- gr. mit, zusammen, gemeinsam
Synapse gr. synapsis, Verknüpfung, Berührungsstelle
Syncytium gr. ~; latin. cyte, Zelle von gr. kytos, Gefäß
Synkaryon gr. ~; karyon, Kern
synonym gr. ~; onoma (oder onyma) Name
Syrinx gr. Hirtenflöte
Systole gr. Kontraktion, von systellomai, ich schrumpfe

Taenia latin. von gr. tainia, Band; taeniola, Bändchen
Tagma, Mehrz. Tagmata; gr. Anordnung, Gruppe
Tapetum l. Teppich
Tardigrada l. tardus, langsam; gradus, Schritt
Tarsalia von Tarsus
Tarsus gr. tarsós, Fußsohle, Fußwurzel
Tax-, Taxo- gr. taxis, Reihe, Ordnung, Einordnung
Taxonomie gr. ~; nomos, Regel, Gesetz
Tectum l. Dach
Tegmentum l. Decke
Tel(o)- gr. telos, Ende, Ziel
Tele- gr. têle, aus der Ferne, fern
Telencephalon gr. telos, Ende, Ziel; enkephalon, Gehirn
Teleostei gr. teleos, vollkommen; osteon, Knochen
telolecithal gr. ~, (hier oberer Pol); lekithos, Dotter
Telson gr. Grenzmark
Tentaculata l. tentaculum, Fühler
Tergit, Tergum l. tergum, Rücken
terminal l. am Ende befindlich
Testacea l. testaceus, mit Schale (testa)
Testis l. Hoden
Tetra- gr. vier
Thalamo-, -thalamia gr. thalamos, Kammer

Thalass(o)- gr. thalassa, Meer
Theca, Thec-, theca gr. theke, Behälter
Theria, -theria gr. therion, (Säuge-)Tier
Thigmo- gr. thigma, Berührung
Thorac(o)-, Thorax gr. thorax, Panzer
Thyroidea gr. thyreoeidés, schildförmig, von thyreós, Langschild, [illegible] id
Thysanoptera gr. thysanos, Franse; pteron, Flügel
Tibia l. Schienbein
Tok-, -tok gr. tokos, Geburt
Tom-, -tom gr. tome, Schnitt, Abschnitt
Tonsillen l. tonsillae, Mandeln
Tormos gr. Loch, in das ein Zapfen gesteckt wird
Tox(o)- gr. toxikos, giftig
Trachea gr. Luftrühre, von trachys, rauh, steif, fest
Trachee s. Trachea
Trachy- gr. trachys, rauh, fest, starr, steif
Tractus l. tractus, Strang
trans- l. jenseits, über hinaus, über
transversal l. transversalis, quer, schräg liegend
Trematoda gr. trêma, Loch, Saugnapf
Tri- gr. und l., dreifach-
Trich-, Tricho- gr. thrix, trichos, Haar
Trichobothrium gr. ~; bothros, Grube
Trichobranchien gr. ~; branchia, Kiemen
Trichocyste gr. ~; kystis, Blase
Trichoptera gr. ~; pteron, Flügel
Tricladida gr. tri, dreifach; klados, Zweig
Trigeminus l. Drilling
Tritocerebrum gr. tritos, dritter; l. cerebrum, Gehirn
Trivium l. Dreiweg, Scheideweg
Troch(o)-, -troch gr. trochos, Rad, Ring, Scheibe
Trochanter, Trochantinus gr. ~; anteres, gegenüber
Trochlearis latin, trochlea, Rolle, Winde, Flaschenzug, von gr. trochileia
Trochophora gr. trochos, Rad, Reifen; phorein, tragen
Troph(e)-, troph gr. trophe, Ernährung
Trophozoit gr. ~; zoé, Leben
tropibasisch gr. tropis, Kiel; basis, Grund
Tropismen gr. tropos, Wendung
Truncus l. Stamm
Tuba l. Röhre
Tuberculum l. Knötchen
Tubularia l. tubulus, Röhrchen
Tunica, Tunicata l. tunica, Kleid, Rock, Hülle
Turbellaria l. turbare, wirbeln
Turgor l. das Angeschwollensein
Tympanal-, Tympanicum l. tympanum, Handtrommel
Typhlosolis gr. typhlos, blind; Verkleinerungsform von solen, Rinne

Ulna l. Elle
Umbrella l. Schirm
uncinatus l. mit Haken versehen
undulierend l. kleine Wellen schlagend
Unguis l. Nagel, Klaue
Ungulata Huftiere, l. ungula, Huf
Ureter gr. ūretér, Harnleiter
Urethra gr. ūrethra, Harnröhre
Uro- gr. ūra, Schwanz oder gr. ûron, Harn
Urodela gr. [illegible], delos, deutlich, sichtbar
Uropod gr. ūra, Schwanz; pūs, Fuß
Uterus l. Gebärmutter
Utriculus l. kleiner Schlauch
Uvula l. kleine Traube

Vagina l. Scheide
vagus l. umherschweifend
Valva l. Türflügel, Klappe
Valvifer l. ~; ferre, tragen
Vas l. Gefäß
vascular l. vasculum, kleines Gefäß
Veliger l. Segel tragend, von velum, Segel; gerere, tragen
Velum l. Segel
Vena l. Blutader
Venter l. Bauch
ventral l. ventralis, an der Bauchseite, zum Bauch gehörig
Ventrikel l. ventriculus, Bäuchlein, Magen; Herzkammer, Gehirnkammer
Vermes l. vermis, Wurm
Vertebra l. Gelenk, speziell Rückenwirbel, von vertere, drehen
Vertebrata l. vertebratus, mit Wirbeln versehen
Vertex l. Scheitel
Vesica, Vesicula l. Blase, Bläschen
Vestibulum l. Vorhof
Villi l. villus, Zotte
Viscera l. Eingeweide
visceral l. visceralis, zu den Eingeweiden gehörig
Visceropleura l. ~; pleura, Seite
Vitellarium l. vitellum, Dotter
vivax l. lebhaft
vivipar l. vivus, lebendig; parere, gebären
Volvente l. volvere, sich rollen (um)
Vomer l. Pflugschar

-xanth- gr. xanthos, gelb
Xanthophyll gr. ~; phyllon, Blatt
Xiph- gr. xiphos, Schwert
Xiphosura gr. ~; ūra, Schwanz

Zoëa gr. zoon, Tier aus zoe, Leben
Zonula l. Verkleinerung von gr. zone, Zone
Zoo-, -zoon gr. zoon, Tier
Zoochlorellen gr. ~; chloros, gelbgrün
Zooxanthellen gr. ~; xanthos, gelb
Zyg(o)- gr. zygon, Joch (verbinden, zusammen-)
Zygote gr. ~
Zyste gr. kystis, Blase

Register